Pavimentação Asfáltica

materiais, projeto e restauração

José Tadeu Balbo

© Copyright 2007 Oficina de Textos
1ª reimpressão 2011 | 2ª reimpressão 2015

Grafia atualizada conforme o Acordo Ortográfico da Língua Portuguesa de 1990, em vigor no Brasil desde 2009.

CONSELHO EDITORIAL Cylon Gonçalves da Silva; José Galizia Tundisi;
Luis Enrique Sánchez; Paulo Helene; Rosely Ferreira dos Santos;
Teresa Gallotti Florenzano

ASSISTÊNCIA EDITORIAL Ana Paula Ribeiro
CAPA E PROJETO GRÁFICO Malu Vallim
DIAGRAMAÇÃO Douglas da Rocha Yoshida, Heloisa Hernandez e Malu Vallim
PREPARAÇÃO DE FIGURAS Douglas Yoshida e Malu Vallim
PREPARAÇÃO DE TEXTO Rachel Kopit Cunha
REVISÃO DE TEXTO Alessandra Biral, Felipe Marques, Gerson Silva, Maurício Katayama, Regina Gimenez Sirlei da Silva Panochia

Dados Internacionais de Catalogação na Publicação (CIP)
(Câmara Brasileira do Livro, SP, Brasil)

Balbo, José Tadeu
Pavimentação asfáltica : materiais, projetos e restauração/
José Tadeu Balbo. -- São Paulo : Oficina de Textos, 2007.

Bibliografia.
ISBN 978-85-86238-56-7

1. Materiais de construção 2. Pavimentação asfáltica 3. Pavimentos - Defeitos 4. Pavimentos - Degradação 5. Pavimentos - Restauração I. Título.

07-2480   CDD-625.85

Índice para catálogo sistemático:
1. Pavimentação asfáltica : Materiais, projetos e
restauração : Engenharia civil   625.85

Todos os direitos reservados à **Oficina de Textos**
Rua Cubatão, 959
04013-043 São Paulo SP Brasil
Fone: (11) 3085-7933   Fax: (11) 3083-0849
site: www.ofitexto.com.br   e-mail: atend@ofitexto.com.br

◆ APRESENTAÇÃO

This book provides students and practitioners a wealth of knowledge on pavement engineering. Highway and airport pavements are an essential part of the infrastructure of any country and have a huge effect on its ability to grow economically. An engineer responsible for design, construction, rehabilitation, or maintenance of pavements bears great responsibility toward the society for providing cost-effective, safe, and reliable solutions. The unrelenting increases in highway and airport traffic volumes and weights require better and better design methodologies, material selection, and construction practices. Over the last 50 years the area of pavement engineering has evolved into a major discipline of civil engineering which is taught in many major universities around the world. However, there is a limited number of available text books and many of these are outdated. Professor Balbo's book fills this gap for Brazilian engineers and students.

The book covers a wide range of topics, including basic concepts of pavement engineering, pavement materials, pavement performance, structural analysis, traffic analysis, design of new and rehabilitated pavements, and structural evaluation. It covers well-established design methodologies, Brazilian practices, as well as the state-of-the art concepts.

We recommend this book to students and practitioners as an excellent source of current knowledge that can serve as a text book or as a long lasting reference book.

Este livro oferece a estudantes e profissionais conhecimentos sólidos na área de engenharia de pavimentação. Pavimentos de rodovias e aeroportos são partes essenciais da infraestrutura de qualquer país e têm grande efeito na sua capacidade de crescimento econômico. O engenheiro encarregado pelo projeto, construção e recuperação ou manutenção de pavimentos tem grande responsabilidade perante a sociedade de proporcionar soluções econômicas, seguras e confiáveis. A constante elevação dos volumes e cargas no tráfego rodoviário e aéreo exigem, cada vez mais, metodologias de projeto, seleção de material e métodos construtivos melhores. Nos últimos 50 anos, a área de engenharia de pavimentos tornou-se uma das principais disciplinas da engenharia civil e é ensinada em muitas universidades ao redor do mundo. Contudo, há um número limitado de livros técnicos de referência e muitos estão desatualizados. O livro do professor Balbo vem preencher essa lacuna para os engenheiros e estudantes brasileiros.

O livro aborda uma ampla gama de tópicos, incluindo conceitos básicos de engenharia de pavimentos, materiais de pavimentação, comportamento do pavimento, análise estrutural e de tráfego, projeto de pavimentos novos e recuperados, e avaliação estrutural. Apresenta metodologias de projeto bem estabelecidas, exemplos brasileiros, assim como os conceitos mais atuais.

Recomendamos este livro a estudantes e profissionais da área como excelente fonte de conhecimento que pode servir tanto para estudos como para consulta, por muito tempo.

Michael Darter, PhD
Emeritus Professor, University of Illinois at Urbana-Champain
Lev Khazanovich, PhD
Associate Professor, University of Minnesota at Twin Cities

◆ Prefácio

Este livro não nasceu da noite para o dia. Nos últimos anos, recebi inúmeras cobranças de colegas e alunos que me solicitavam essa contribuição, de maneira a sistematizar minhas apostilas e meus cursos ministrados sobre o assunto para estudantes de engenharia, em diversas oportunidades. Infelizmente, não havia tempo suficiente para as tarefas de redação, preparação de exemplos, busca de bibliografia mais atualizada, revisões sucessivas, próprias de um livro técnico. E, para desestimular a redação de um livro no meio acadêmico, há o fato de que nas avaliações, em diversos níveis, da vida acadêmica, consideram-se fundamentalmente as publicações em *journals* indexados de circulação internacional, nos quais as contribuições dos cientistas de engenharia devem estar presentes. Confesso, portanto, que, embora pessoalmente dê um valor imenso à formação dos novos engenheiros, não é de se esperar que haja uma motivação entusiasta para a elaboração de obras didáticas em nosso meio. Isso depende essencialmente de um incentivo e de uma subsequente ação rápida. E isso ocorreu no final de 2005.

Em novembro daquele ano, em uma conversa com um professor e muito amigo da Epusp, ficou muito claro para mim que a questão da pavimentação asfáltica era matéria que merecia, mais do que outras, maior atenção de minha parte, uma vez que a quase totalidade dos sistemas viários do País emprega tal solução. Não que não tivesse dado atenção a essa realidade; prova disso é que já publicara um livro didático sobre o assunto. Mas a necessidade de sistematizar o conhecimento sobre pavimentação para que estivesse disponível, de maneira didática, aos estudantes de engenharia foi, entre outros fatores, a minha principal motivação para a elaboração da obra. E passaram-se oito meses, com o trabalho concentrado nas poucas horas livres, cujo resultado é uma obra um tanto ampla. Embora eu seja mais especialista em determinados pontos, todos, ou quase todos, merecem ser abordados e tratados cuidadosamente. Espero, sinceramente, que esta obra seja de leitura agradável e útil para a formação dos atuais e futuros profissionais.

Neste livro, a forma de tratamento dos conceitos expostos sobre diversos materiais e técnicas de projeto procurou basear-se em conceitos mecanicistas, que é a maneira mais natural de os engenheiros enfrentarem questões técnicas. Tentou-se expor as formulações mecanicistas de forma até um ponto palatável para estudantes de graduação, procurando clareza e completeza e apoiando-se, quando necessário, na Ciência dos Materiais e na Teoria da Elasticidade. O texto enfoca um curso típico apresentado aos estudantes de engenharia civil da Universidade de São Paulo, dedicando, contudo, maior reflexão e exposição crítica em seu último capítulo. Além disso, dá atenção especial à questão do tratamento do tráfego, bem como às inexoráveis relações entre o tráfego e o clima atuantes e os processos de degradação estrutural dos pavimentos. Nos capítulos sobre materiais, reconheço uma ausência de abrangência de todas as possibilidades no País; procurei, porém, a conceituação dos materiais mais empregados tradicionalmente, bem como uma introdução a novos materiais ambientalmente sustentáveis.

Grande parte do conteúdo exposto foi de fato aprendido (com o requerido e humilde esforço de intenso estudo e prática) ao longo da vivência profissional, em especial em trabalhos científicos, teóricos ou laboratoriais, cujos autores dedicaram sua inteligência e capacidade em formular soluções e novos paradigmas que resultaram em teses acadêmicas e artigos científicos de qualidade superior. Seria impossível agradecer a todos eles, mas menciono, nos momentos adequados, os nomes completos de tais acadêmicos e profissionais brasileiros, que me foram fonte de inspiração. Particularmente, recordo, com gratidão, alguns deles, com quem tive a oportunidade de trabalhar em estrita cooperação científica, que me permitiram reflexões mais maduras sobre assuntos de pavimentação de sua especialidade: Job Shuji Nogami (solos tropicais), Willy Wilk (estabilização com cimentos), Anastasios Ioannides (modelos estruturais de sistemas elásticos de camadas). A esses mestres, no Brasil e no exterior, dedico minhas homenagens e agradecimentos.

Não menos importante neste processo foi a necessária revisão de textos, capítulos ou parte de capítulos. Para esse trabalho, solicitei a colaboração de respeitados profissionais brasileiros, que me alertaram para várias questões terminológicas e de definições, visando a maior clareza e correção de exposição de ideias e evitando imprecisões que pudessem prejudicar o aprendizado, bem como algumas colocações conflitantes. Sou humildemente grato a tais colegas, de seriedade incontestável, aos quais couberam as seguintes tarefas de revisão:
- ◆ *Manoel Henrique Alba Sória*, professor-doutor em Engenharia Civil e livre-docente da Escola de Engenharia de São Carlos, da Universidade de São Paulo, que foi bastante rigoroso na revisão dos textos sobre asfaltos e misturas asfálticas;
- ◆ *Régis Martins Rodrigues*, professor-doutor em Engenharia Civil e professor-adjunto do Instituto Tecnológico de Aeronáutica, que pacientemente revisou o extenso capítulo sobre avaliação mecanicista, sugerindo a inserção de alguns aspectos essenciais para a melhor compreensão de modelos, como, por exemplo, os efeitos de variabilidade de parâmetros de camadas;
- ◆ *Dirce Carregã Balzan*, professora de Geologia de Engenharia e de Maciços e Obras de Terra, da Universidade Santa Cecília, em Santos; geóloga e mestre em Engenharia Geotécnica pela Universidade de São Paulo e também geóloga da Secretaria de Infraestrutura Urbana do Município de São Paulo (antiga Secretaria de Vias Públicas), à qual coube a análise dos conceitos e da terminologia expressos sobre gênese e formação dos solos tropicais;

◆ Prefácio

◆ *Edson de Moura*, tecnólogo e mestre em Engenharia Civil, professor da Faculdade de Tecnologia de São Paulo, do Centro Educacional Paula Souza e da Universidade Estadual Paulista, que revisou os conceitos e exemplos sobre classificação, escavação e compactação de solos;

◆ *Job Shuji Nogami*, professor-doutor aposentado em Engenharia de Minas da Escola Politécnica da Universidade de São Paulo e engenheiro de pesquisas do Departamento de Estradas de Rodagem do Estado de São Paulo, que há anos havia revisado os textos sobre agregados para pavimentação. Neste livro, o conteúdo foi somente complementado com ilustrações, sendo mantida a revisão em sua forma final de 1996.

Em meio à tarefa de reflexão e redação dos textos no ano de 2006 (que eu relutava em não acabar rapidamente por circunstâncias adversas), fui agraciado com a compreensão e a admiração de algumas pessoas, às quais dedico esta obra *in pectoris*.

São Paulo, fevereiro de 2007.

José Tadeu Balbo

◆ Sumário

1 Introdução às Ideias de Pavimentação — 13
1.1 Pavimentos: uma questão de cidadania — 13
1.2 Funções dos pavimentos — 15
1.3 Breve viagem pelo tempo — 16
1.4 Registros marcantes dos últimos cem anos — 23

2 Nomenclatura das Camadas dos Pavimentos e seus Materiais de Construção — 35
2.1 As camadas dos pavimentos — 35
2.2 Nomenclatura técnica dos materiais de camadas dos pavimentos — 40
2.3 Agora é a sua vez — 42

3 Bases Classificatórias das Estruturas de Pavimentos — 45
3.1 Imprecisões das classificações tradicionais — 45
3.2 Mediação entre rigidez e flexibilidade — 46
3.3 Pavimento asfáltico que se torna rígido — 47
3.4 Pavimento asfáltico perpétuo — 48
3.5 Caso insolúvel do pavimento semirrígido: uma solução — 50
3.6 Pavimento de concreto que não é rígido — 52
3.7 Pavimento de concreto restaurado que é rígido? — 54
3.8 Pavimento de concreto que pode ser rígido ou flexível — 54
3.9 Como classificar o pavimento com base em concreto e revestimento asfáltico? Um novo paradigma — 55
3.10 Considerações finais sobre a classificação dos pavimentos — 56
3.11 Esquemas estruturais de distribuição de esforços — 57
3.12 Quadro auxiliar para a classificação de estruturas de pavimentos — 60
3.13 Fixação de conceitos: exercitando a classificação mista — 60
3.14 Agora é a sua vez — 64

4 Materiais de Insumo para Pavimentação — 65
4.1 Introdução aos principais materiais de pavimentação — 65
4.2 Solos tropicais: uma visão de seus tipos e de sua classificação — 65
4.3 Um grão de informação sobre os agregados para misturas — 96
4.4 Asfaltos, seus derivados e seus modificadores — 107
4.5 Ligantes hidráulicos: castelos de cristais hidratados — 142

5 Materiais Preparados para Pavimentação — 155
5.1 Camadas granulares e de solos estabilizados granulometricamente — 155
5.2 Compactação dos solos, agregados e misturas — 165
5.3 Misturas asfálticas a quente para camadas de revestimentos — 168
5.4 Revestimentos por tratamentos superficiais e penetração de asfaltos — 188
5.5 Misturas asfálticas a frio — 191
5.6 Imprimações e pinturas asfálticas — 194

5.7 Materiais estabilizados com cimentos: uma redescoberta no século XX — 195
5.8 Concretos Compactados com Rolo (CCR): um salto de qualidade sobre as bases cimentadas — 202
5.9 Materiais alternativos ambientais — 204

6 Resistência, Elasticidade e Viscoelasticidade dos Materiais de Pavimentação — 211
6.1 Interações estruturais das cargas do tráfego com os materiais das camadas de pavimentos — 211
6.2 Medida de resistência de materiais de pavimentação — 214
6.3 Resistência para materiais de pavimentação típicos no Brasil — 223
6.4 Conceituação de módulo de resiliência e sua determinação — 226
6.5 Módulos de resiliência dos materiais de pavimentação mais comuns — 233
6.6 Viscoelasticidade ou anelasticidade — 247
6.7 Módulo de elasticidade complexo dos materiais — 254
6.8 Para sua análise e reflexão — 255

7 Processos de Degradação dos Pavimentos Associados ao Tráfego e ao Clima — 257
7.1 Dialética sobre processos de degradação dos pavimentos — 257
7.2 Esforços excessivos em camadas – Ruptura por resistência — 260
7.3 Fissuração de materiais – Danificação por fadiga — 261
7.4 Causa primária de desconforto – Deformação plástica das camadas — 275
7.5 Fissuração durante a cura de concretos – Retração hidráulica — 278
7.6 Fissuras transversais por retração térmica (Volumétrica) — 280
7.7 Difícil problemática – Propagação de fissuras (Reflexão de trincas) — 280
7.8 Contaminação dos materiais – Bombeamento de finos — 281
7.9 Oxidação dos asfaltos dos revestimentos — 282
7.10 Degradação funcional – Perda de condição operacional adequada — 285
7.11 Efeitos deletérios do clima — 286
7.12 Síntese dos processos de degradação por tipo de material — 295
7.13 Faça você mesmo — 295

8 Interação Carga-Estrutura e Teorias de Análise de Camadas — 297
8.1 Teoria de Boussinesq – Ponto de partida para as aánálises no século XX — 297
8.2 Teoria de Sistema de Camadas Elásticas para análise estrutural de pavimentos — 302
8.3 Introdução ao emprego da TSCE com o Elsym 5 — 307
8.4 Tensões normais e principais – Interpretando as saídas de programas — 309
8.5 Deformações e deflexões – Dois conceitos inconfundíveis — 313
8.6 Conceito elementar de curvatura (Flexão pura) – Efeito placa — 319
8.7 Carga de roda equivalente – Superposição de efeitos de múltiplas cargas — 321
8.8 Equivalência estrutural entre camadas – Um conceito do passado ainda presente — 326

♦ SUMÁRIO

9 CONSIDERAÇÃO DO TRÁFEGO MISTO RODOVIÁRIO E URBANO EM PROJETOS DE PAVIMENTOS   **339**

    9.1 Veículos comerciais rodoviários   339
    9.2 Equivalência entre cargas   343
    9.3 Composição do tráfego misto   352
    9.4 Pesagem de eixos de veículos comerciais   359
    9.5 Estimativa do número de repetições de carga do eixo-padrão (N)   360
    9.6 Praticando o Dimensionamento do Tráfego para Análises e Projetos de Pavimentos   367

10 DIMENSIONAMENTO DE PAVIMENTOS ASFÁLTICOS   **375**

    10.1 Métodos empíricos, semiempíricos e empírico-mecanicistas   375
    10.2 Breve histórico do desenvolvimento do critério do CBR   377
    10.3 Método do extinto Departamento Nacional de Estradas de Rodagem   383
    10.4 Método da AASHTO (Versões de 1986 e 1993) – Uma visão geral do modelo   386
    10.5 Método da AASHTO (Versão 2002) – Conceito geral   393
    10.6 Método da Prefeitura de São Paulo (Vias Públicas) – 2004   395
    10.7 Exercícios resolvidos   396
    10.8 Exercícios propostos   399

11 AVALIAÇÃO ESTRUTURAL DE PAVIMENTOS ASFÁLTICOS   **403**

    11.1 Necessidade e objetivos da avaliação estrutural   403
    11.2 Avaliação estrutural destrutiva (Prospecções)   404
    11.3 Prospecção não destrutiva de pavimentos   406
    11.4 Medidas de deflexões   406
    11.5 Estimativa do Número Estrutural (SNC) do pavimento   413
    11.6 Determinação de parâmetros em segmentos homogêneos de pavimentos   416
    11.7 Determinação de deformações nas camadas – Uma breve apresentação do conceito   418
    11.8 Agora é sua vez... Acompanhe atentamente o exercício resolvido   420

12 REFORÇOS ESTRUTURAIS PARA PAVIMENTOS ASFÁLTICOS   **423**

    12.1 Critérios de projeto de camadas asfálticas de reforço   423
    12.2 Métodos de dimensionamento de reforços   429
    12.3 Método de resistência (ou Método do CBR)   430
    12.4 Método DNER-PRO 11/79-B   431
    12.5 Método do Asphalt Institute   434
    12.6 Método DNER-PRO 10/79-A   436
    12.7 Método DNER-PRO 159/85   443
    12.8 Método DNER-PRO 269/94   451
    12.9 Alguns exercícios sobre reforços   454

13 ANÁLISE MECANICISTA DE ESTRUTURAS DE PAVIMENTOS   **465**
COM A TEORIA DE SISTEMAS DE CAMADAS ELÁSTICAS

13.1 Necessidade da análise estrutural de pavimentos   465
13.2 Aprender com as respostas estruturais pautadas pela TSCE   468
13.3 Retroanálise de módulos de resiliência com a TSCE   478
13.4 Modelos fechados desenvolvidos com a TSCE   489
13.5 Introdução ao critério do dano contínuo por fadiga   495
13.6 Linearidade entre tensão (deformação) e carga   500
13.7 Modelos de fadiga aplicáveis aos projetos de pavimentação   503
13.8 Análise de projetos – Situações comuns da experiência diária   510
13.9 Algumas limitações – Etapas a superar   525
13.10 Avaliação da degradação de bases cimentadas –   529
Um dilema antigo e modelos alternativos
13.11 Deformação permanente e trilha de roda – Princípios de verificação estrutural   542
13.12 Conclusão   544

REFERÊNCIAS BIBLIOGRÁFICAS   **547**

Introdução às Ideias de Pavimentação

1.1 Pavimentos: uma Questão de Cidadania

O homem, a fim de obter melhor acesso às áreas cultiváveis e às fontes de madeira, rochas, minerais e água, além do desejo de expandir sua área ou território de influência, criou o que chamamos de estradas, cuja lembrança mais remota provém da China – país que as inventou. Bem mais tarde, os romanos aperfeiçoaram as estradas, instalando pavimentos e drenagem, com o intuito de torná-las duradouras. Segundo autores alemães, durante a fase áurea de Roma, mais de 80 mil km de estradas foram construídos, permitindo aos dominadores o transporte de legiões militares e o acesso a bens disponíveis nos longínquos territórios dominados. Os romanos também procuraram estabelecer rotas por terra mais racionais, para galgar montanhas e atingir os principais portos no Mediterrâneo, combinando meios de transporte da maneira mais eficiente que seus estrategistas poderiam conceber.

Tamanha foi a importância desses caminhos pavimentados para a sociedade romana que, na época áurea de Otávio Augusto (30 a.C. a 14 d.C.), por solicitação do Senado e da população do Império, o senhor de Roma era responsável direto pela manutenção das grandes vias de circulação, serviço de extrema necessidade para a estabilidade política, econômica, militar e sobretudo para a agricultura como atividade econômica (Rostovtzeff, 1983).

Já havia o entendimento, naquela época, de que rodovias faziam parte de sociedades desenvolvidas, sofriam degradação ao longo dos anos e sua manutenção era imprescindível. A decadência do Império Romano representou a ruína desse sistema de interligação terrestre, quando a Europa resvalava para sistemas econômicos e políticos mais rudimentares por séculos.

A necessidade de construção e conservação de estradas somente voltaria a ter grande impacto durante o governo francês de Luís XIV, que fundou a École Nationale des Ponts et Chaussées em meados do século XVIII, decretando seu desejo de construção de seis mil léguas de estradas.

No final do século XVIII, por iniciativa do governador da capitania de São Paulo, Bernardo José de Lorena, e sob a supervisão de engenheiros da Escola de Fortificações de Lisboa, foi construída a primeira estrada pavimentada no País, tratada sob vários aspectos com base em preceitos de engenharia, que receberia a alcunha de seu idealizador: a Calçada do Lorena, que ligava o Planalto Paulista ao porto de Santos.

No Brasil, constantemente, a imprensa retoma a questão rodoviária como assunto em destaque, mas, pelo menos aparentemente, sem uma solução a se mirar adiante. Do ponto de vista da evolução da sociedade, o sistema rodoviário não nos permite ufanar-nos de nosso desenvolvimentismo. Uma pesquisa da Confederação Nacional dos Transportes (CNT), em 2005, revelou que mais de 70% do nosso sistema rodoviário é deficiente, e as rodovias de padrão adequado praticamente se restringem ao Estado de São Paulo (rodovias estaduais), o que não é novidade, pois, há anos, o Department of Commerce dos EUA, em sua *home page*, orienta turistas americanos sobre o fato de que as únicas rodovias que rivalizam com estradas americanas e europeias encontram-se onde a CNT aponta como uma ilha de qualidade. A deficiência no sistema rodoviário já é uma questão bem antiga no País; no entanto, não iremos nos deter nas razões históricas para esse estado, mas na forma de se encarar tal questão, o que é urgente e inadiável, sob imputação de responsabilidade e de incompetência. Exemplos concretos apoiam o raciocínio.

No início da década de 1980, no Estado de São Paulo, uma rodovia federal, construída em 1972 e totalmente desprovida de manutenção em dez anos sucessivos, em trecho de 83 km de extensão, apresentava tamanha quantidade de buracos que todo tráfego comercial seguia uma rota alternativa cerca de 45 km mais extensa, utilizando uma rodovia estadual, para que, saindo de uma extremidade, atingisse a outra, sem danos. Portanto, um acréscimo de 50% na extensão do trajeto, com aumento do tempo de viagem, do consumo de lubrificantes e combustíveis, além de sobrecarregar o tráfego da rodovia alternativa. Devido a constantes acidentes com vítimas no trecho esburacado, não havia alternativa de pressionar o governo senão uma passeata. Perdida no cerrado paulista, o socorro para essa rodovia tardou mais cinco anos.

Outro caso explícito: a BR-101, na região nordeste do Estado de Santa Catarina, em sua rota cheia de problemas urbanos, carente de melhorias, como pontes, viadutos, acostamentos, sinalização adequada, além da necessidade de duplicação e segregação do tráfego, apresentava taxa média crescente de acidentes com mortes próxima a 25% ao ano. Após o início das obras de duplicação, em 1997, esse número despencou, passando a uma taxa média negativa anual de 50% em três anos sucessivos (Tabela 1.1). Mesmo tardias, ainda que bem-vindas, as melhorias são uma prova do grande interesse social e público pela adequação da infraestrutura rodoviária.

Há duas décadas, com enfoque mais orientado para a agropecuária, muitas foram as pressões de associações de transportadores rodoviários para que sucessivos governos se sensibilizassem com a necessidade de um plano nacional de recuperação e administração da manutenção rodoviária, além da implantação de novas vias. Mais recentemente, tem havido pressões dos próprios agricultores. Como as condições de transporte

Tabela 1.1 *Redução em índices de acidentes em rodovia federal restaurada e duplicada*

Ano	Acidentes	Feridos	Vítimas fatais
1994	1.145	704	78
1995	1.282	759	108
1996	1.495	813	123
1997	1.440	728	85
1998	1.285	505	65
1999	1.169	494	42

Fonte: 16º DRF-DNER, BR–101/SC, km 0 – km 129.

são ineficientes por falta de manutenção das rodovias e por inexistência de trechos rodoviários adequados que liguem a produção a terminais de exportação a menores custos, há prejuízos imensuráveis para a competitividade dos produtos brasileiros nos mercados europeus. Dessa maneira, os resultados recentemente apontados pela CNT são provas cabais de que esses formadores de opinião ainda não sensibilizaram os governos, ou de que os governos fazem de conta que nada se passa.

É hora, portanto, de mudar o foco, a forma de ação e os agentes de pressão. A questão é de cidadania, muito mais grave e delicada que uma questão meramente econômica ou subordinada a interesses privados; é de interesse público. Sim, porque estradas servem para dar acesso: à educação e à saúde (analise no imenso território do País quão significativa é a parcela da população que não se beneficia desses serviços por não existirem estradas adequadas); à cultura e ao lazer (e queremos exercitar essas possibilidades sem riscos); ao convívio social (pois quantas pessoas não necessitam das estradas para estabelecer esse convívio com familiares e amigos); ao trabalho. No entanto, não se trata de privilégio de alguns grupos, pois suas gritantes deficiências (buracos, pontes ruindo, ausência de sinalização, assoreamento de drenos, rompimento de taludes etc.) afetam todos, sem distinção de classe social, cor, credo e ideologia.

É, portanto, já passada a hora de organizações de interesse público e social, como o próprio Conselho de Desenvolvimento Econômico e Social, discutirem a questão da cidadania vinculada à recuperação e à manutenção do sistema rodoviário, e exigirem atitudes concretas. Sem estradas adequadas não apenas continuaremos a ser uma região fora do espectro das nações desenvolvidas, como também continuaremos a ser um País que não oferece acesso aos bens para sua população. Não nos ufanemos, portanto, de nossa infraestrutura rodoviária, ainda bastante arcaica, que demonstra baixa tecnologia a serviço, reflexo de nosso atraso como sociedade moderna.

1.2 Funções dos Pavimentos

Pavimentar uma via de circulação de veículos é obra civil que enseja, antes de tudo, a melhoria operacional para o tráfego, na medida em que é criada uma superfície *mais regular* (garantia de melhor conforto no deslocamento do veículo), uma superfície *mais aderente* (garantia de mais segurança em condições de pista úmida ou molhada), uma superfície *menos ruidosa* diante da ação dinâmica dos pneumáticos (garantia de melhor conforto ambiental em vias urbanas e rurais), seja qual for a melhoria física oferecida.

Ao se dar condição para uma via de melhor qualidade de rolamento, automaticamente se proporciona aos usuários uma expressiva redução nos custos operacionais, haja vista que os custos de operação e de manutenção dos veículos estão associados às condições de superfície dos pavimentos. A regularidade também permite o deslocamento a maior velocidade, que, por um lado, representa maior consumo de combustível, e por outro, proporciona economia nos tempos de viagem.

A garantia de uma superfície aderente aos pneumáticos dos veículos também reflete em redução nos custos operacionais das vias e rodovias, pois os acidentes de trânsito são minimizados; tais custos possuem matizes que os tornam, muitas vezes, de difícil ponderação, emanando reflexos para a sociedade como um todo.

A diminuição de níveis de ruídos nas rodovias e vias urbanas não é algo em que se tenha investido em pesquisa de campo em nosso país até o presente. Revestimentos com agregados expostos ou ainda com grande porosidade, sejam de concreto ou asfálticos de cimento Portland, têm sido desenvolvidos há vários anos em países da Europa, como uma exigência da sociedade.

Além dos requisitos já citados para a pavimentação de vias, há que se lembrar que as estruturas de pavimento têm como função precípua suportar os esforços oriundos de cargas e de ações climáticas, sem que apresentem processos de deterioração de modo prematuro. Em outras palavras, seleciona-se e dimensiona-se um pavimento em função do tráfego e das condições ambientais, além das questões de economia e disponibilidade de materiais, sempre presentes. Tais estruturas devem suportar, de modo adequado, as ações externas assim impostas.

Dessa forma, a pavimentação tem como meta propiciar um tráfego confortável e seguro, com estruturas e materiais capazes de suportar os esforços decorrentes da ação do tráfego combinados com as condições climáticas, a um mínimo custo, ou seja, buscando, sempre que possível, o aproveitamento de materiais locais para as obras, garantindo um bom desempenho em termos de custos operacionais e de manutenção ao longo dos anos de serviço desta infraestrutura social. Aliás, nesses aspectos, reside a verdadeira arte e a ciência da engenharia de pavimentação, que, como pura técnica (sem aplicação de conceitos científicos, mas como uma arte de saber fazer), já era assim entendida há mais de dois milênios.

O objetivo imediato na escolha e seleção de tipos de pavimento a serem empregados em determinada obra e, por consequência, dos materiais a serem aplicados é a minimização de custos, mantidas as demais condições e exigências já discutidas. Esta questão é crucial, pois os custos de pavimentação para as agências e os operadores viários, com inevitáveis reflexos para os usuários, são fatores limitantes na concepção de um projeto. Na obra de pavimentação, é necessária a pesquisa dos materiais disponíveis nas proximidades, comercializados ou não, considerando sua dificuldade de exploração e de transporte. Esses fatores devem ser ponderados, na análise de alternativas de materiais de pavimentação, com os demais fatores técnicos relevantes, o que, evidentemente, foge de soluções de projeto preconcebidas, exigindo-se, portanto, maturidade para um estudo local profundo sobre as melhores disponibilidades e alternativas de materiais de construção.

1.3 Breve Viagem pelo Tempo

Construir vias de transporte é uma preocupação e atividade de remotas civilizações, gerada por razões de ordem econômica, de integração regional e de cunho militar; pavimentar as vias, ainda na Antiguidade, tornou-se atividade essencial para a adequação e preservação dos caminhos mais estratégicos.

Os egípcios estavam entre os primeiros povos a dar aos caminhos abertos uma verdadeira forma de via, construindo drenos laterais e executando até mesmo, ainda que primariamente, a pavimentação (Corini, 1947). De certa maneira, os serviços de pavimentação até então executados por egípcios e também pelos gregos restringiam-se a extensões de vias dedicadas a serviços religiosos e desfiles militares e reais, com um sentido mais decorativo para as festividades.

O estabelecimento das primeiras técnicas de pavimentação, considerando seus objetivos, extensões e impactos sociais, deve ser atribuído à forma de organização da vida urbana dos povos etruscos e cartagineses, de cujas experiências tirou proveito a civilização romana, criando e aperfeiçoando técnicas que perduraram por dois mil anos, estendendo-se por outros continentes além da Europa, servindo de referência para a primeira obra de pavimentação estradal no Brasil Colônia.

Entre as diversas vias romanas, a Via Appia foi uma das pioneiras a merecer atenções técnicas específicas no que tange à pavimentação. Teve sua construção iniciada no ano de 312 a.C., por iniciativa do censor Claudio Appio Cieco, responsável por seu projeto e construção. Ligava Roma e Taranto, com o objetivo principal de estabelecer comunicação entre a sede romana e as províncias orientais.

As técnicas de pavimentação utilizadas pelos romanos aprimoravam-se à medida que Roma, *Mater Viae*, durante o período de consolidação da República, empenhava-se constantemente na abertura de novos caminhos, como forma de expansão de seu território. Os construtores da época eram obrigados a tirar o melhor proveito possível dos materiais disponíveis nas regiões próximas. A necessidade de aproveitamento de materiais locais para obras de pavimentação já se tratava, portanto, de um conceito da arquitetura romana. As Figuras 1.1 e 1.2 apresentam um pavimento típico de estradas romanas e suas camadas constituintes.

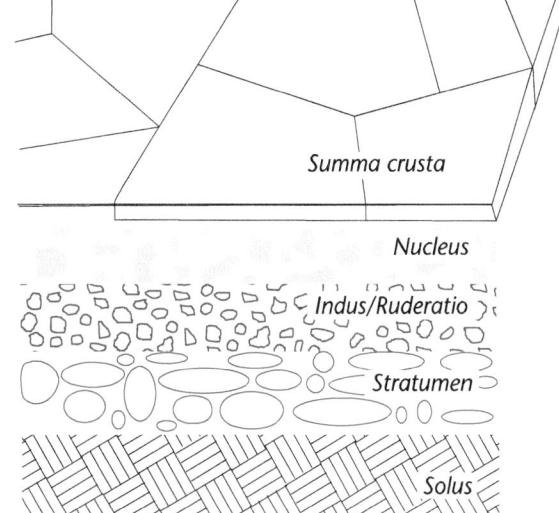

Fig. 1.1 *Pavimento romano típico em via consular*

Fig. 1.2 *Camadas dos pavimentos*

As estradas romanas perfaziam ligações entre importantes cidades e portos, servindo, em especial, como meio de escoamento de bens agrícolas e como caminhos estáveis para a movimentação de legiões e suas investidas territoriais militares. No Quadro 1.1 são apresentados alguns dados referentes a tais estradas.

Quadro 1.1 *Informações básicas sobre as estradas romanas*

DESIGNAÇÃO	DESTINO/LIGAÇÕES - DATA APROXIMADA DA CONSTRUÇÃO
Ostiense	Roma a Antica Ostia
Domitia	Para Nives (Espanha)
Salaria	Roma, Ancona, Trento
Augusta	Barcelona, Valência, Cartagena, Córdoba, Sevilha e Atlântico
Aemilia	Rimini, Bolonha, Piacenza - 187 a.C.
Appia	Taranto, Brindisi - 312 a.C.
Julia Augusta	Gênova a Haute Provence
Engatia	Albânia, Tessaloniki, Antipolis, Kpsela (Turquia), Constantinopla - 2 a.D.
Aemilie Scauri	Gênova a Dertona
Agripa	Arles a Lyon
Domitiania	Nápolis a Reggio Calábria
Aurelia	Roma, Pisa, Cosa - 241 a.C.
Valeria	Tivoli a Ostia - 307 a.C.
Titurbina	Roma a Tivoli
Severiana	Roma a Terracina
Claudia Valeria	Collarmere a Pescara
Galie	Vale D'Aosta a Gália
Claudia Augusta	Bolzano a Augsburg, Trento a Verona - 47 a.D.
Cassia	Roma a Lucca e Pisa
Flaminia	Rimini a Roma - 220 a.C.
Traiana	Benevento a Brindisi
Latina	Roma a Cápua
Collatina	Roma a Collatia
Gabiniana	Iugoslávia - 48 a.C.
Clodia	Roma a Vetulonia
Ruta De La Plata	Gijón, Leon, Salamanca, Caeres, Merida e Sevilha - 139 a.C.
Decia	Constanza a Bregenz e Salzburgo – 249 a.C.
Postumia	Gênova a Piacenza, Cremona, Verona, Aquileia - 148 a.C.
Ermine	Londres a Lincoln e York
Fosse Street	Exeters a Leiscester
Stane Street	Chichester a Londres
Watling Street	Londres a Leicester
Colônia-Bolonha-Sur Mer	300 a.D.

Fonte: Römische Strassen, Brücken und Tunnel – <http://www.antikefan.de>

Durante o período republicano de Roma, diversas vias com grandes extensões foram construídas, utilizando-se as técnicas construtivas já bem conhecidas e dominadas pelos romanos. Entre essas vias, podem ser citadas a Via Aurelia, a Via Flaminia e a Via Clodia. No período de Júlio César, cônsul romano, quando então se almejou a grande expansão de Roma, regiões longínquas como a Gália e a Dalmácia foram alcançadas e conectadas à sede romana graças à construção de vias pavimentadas. Marcas dessa presença são ainda hoje encontradas desde a Europa Oriental até o norte da Europa Ocidental, incluindo o Reino Unido. Na Figura 1.3 são representadas as principais ligações estradais construídas pelos romanos.

O processo construtivo para a execução de pavimentos nas grandes estradas romanas (Corini, 1947) compreendia as seguintes etapas básicas:

◆ Preparação do terreno natural – Geralmente os terrenos eram escavados até ser encontrado material "duro" ou "consistente". Em regiões de vales, onde os terrenos ofereciam pouca resistência, muitas vezes era utilizada a técnica de cravação de estacas de madeira; nivelamento e compactação do solo eram realizados manualmente, com instrumentos rudimentares.

◆ Execução de lastro de pedras – Após a compactação do solo de fundação, era executado um lastro de pedras designado por *stratumen*, muitas vezes empastado com cal hidráulica, cuja espessura dependia das condições do terreno e da importância da via, variando de 300 mm a 600 mm; esse lastro de pedras tinha a função de melhorar as condições de apoio para as camadas superiores.

Fig. 1.3 *Mapa das principais estradas romanas (sem escala) Fonte: adaptado de Römische Strassen, Brücken und Tunnel – <http://www.antikefan.de>*

◆ Execução de camadas de misturas com aglomerantes hidráulicos – Sobre o *stratumen*, executava-se uma camada denominada *indus* ou *ruderatio* (Bolis e Di Renzo, 1949), constituída por uma mistura de pedras, fragmentos de tijolos e ladrilhos (entulhos de construção civil), além de pedaços de ferro, aglomerados por uma pasta contendo cal, areia, argila e pozolana (cinza volante vulcânica natural, procedente das proximidades de Pozzuolli, na região de Nápoles). Essa mistura era compactada com espessura final em torno de 250 mm a 300 mm.

◆ Após o *indus*, executava-se a camada denominada *nucleus*, composta de pedras mais miúdas e misturadas com pasta semelhante àquela utilizada no *indus*. O material era compactado com auxílio de pequenos bastões compactadores, de maneira a atingir uma espessura final de 300 mm a 500 mm. Uma das funções do *nucleus* era a impermeabilização do pavimento.

◆ Execução do revestimento – Para as grandes vias urbanas e de interligação entre regiões economicamente mais importantes, a camada de revestimento constituía-se de rochas básicas (geralmente calcário dos Apeninos), recortadas e justapostas, e recebia o nome de *summa crusta*. Nas grandes vias consulares, utilizavam-se no revestimento saibros aglomerados com pasta de cal, o que era denominado *glarea stratae*.

Os veículos de carga utilizados na época constituíam-se de grandes reboques apoiados em eixo ligado a rodas de madeira maciça, que recebiam o nome de *plostrum*. Observa-se, pela natureza das técnicas construtivas empregadas, que a civilização romana foi a primeira, de fato, a empregar a pavimentação como meio de se alcançar objetivos semelhantes aos buscados no mundo moderno. O termo *pavimentum* é de origem latina e foi absorvido em vários idiomas que receberam influência da língua romana.

Durante a Baixa Idade Média, considerada a decadência econômica dos povos europeus, além do isolamento social e político das regiões do continente, as vias construídas no período romano foram, em geral, abandonadas, resultando em sua completa deterioração pelo intemperismo e pela ausência de manutenção.

No fim da Baixa Idade Média, com o ressurgimento da indústria artesanal, a construção e a pavimentação de vias foram retomadas, embora em escala reduzida, ainda sendo empregadas as técnicas romanas de pavimentação. Dada a situação econômica desfavorável daquela época, os revestimentos de pedras justapostas foram abandonados, não se utilizando então materiais cimentícios; quando possível, eliminavam-se as misturas.

O uso das técnicas romanas de pavimentação, ainda que de forma bastante limitada, estendeu-se praticamente até meados do século XVIII, quando, em 1770, o engenheiro Pier-Maria Jerolame Trésaguet inovou os critérios de pavimentação na França, colocando suas técnicas em prática (Bonzano, 1950). Trésaguet propunha o seguinte método construtivo para os pavimentos:

♦ Fundação – A seção transversal do terreno deveria ser acabada em forma de um arco e sobre ela colocava-se, com o uso de bastões compactadores, uma camada de 30 cm de pedras cravadas, cuja finalidade era uma uniformização das condições de apoio.

♦ Camadas superiores – Preparada a fundação, era então executada uma camada de 8 cm a 10 cm de pedras trituradas dispostas à mão e posteriormente compactadas, de maneira a ocorrerem poucos espaços vazios. Na execução da camada final, deveriam ser utilizadas pedras de razoável resistência, que pudessem ser trituradas até atingir o diâmetro de "uma noz", com média entre 70 mm e 80 mm (Figura 1.4).

Posteriormente, em 1820, o engenheiro escocês John Loudon Mac-Adam, baseado em sua experiência em construção e manutenção de estradas, publicou suas notas técnicas, nas quais expunha diversas ideias que divergiam das técnicas construtivas propostas anos antes por seu colega francês. Resumidamente, Mac-Adam defendia os seguintes argumentos:

♦ A cravação de pedras na fundação para uniformizar as condições do terreno, empregada pelos romanos, seria um procedimento técnico dispensável (Bonzano, 1950).

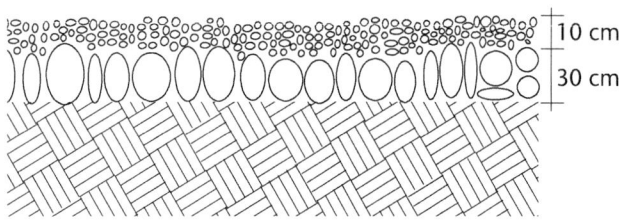

Fig. 1.4 *Pavimento de Trésaguet (séc. XVIII)*

◆ A camada de material granular não necessitaria de confinamento, o que impediria um melhor escoamento da água.

◆ As pedras deveriam apresentar diâmetro uniforme, com valor máximo de 40 mm (forma cúbica) e 50 mm (forma esférica), sendo, para tanto, necessário um rigoroso controle de qualidade, além do peneiramento para a eliminação de detritos resultantes da lapidação e de materiais terrosos.

◆ As pedras seriam então espalhadas em camadas sobrepostas, de espessura crescente, não havendo necessidade do uso de aglomerantes, pois a própria água lançada sobre as camadas faria o papel de ligante. A espessura final da camada poderia variar entre 15 cm e 25 cm, dependendo das condições de fundação (Figura 1.5).

Assim, pela primeira vez criou-se uma especificação para o material atualmente conhecido por macadame hidráulico. As ideias polêmicas (e às vezes duvidosas) sustentadas por Mac-Adam encontraram grande resistência nos conceitos e técnicas defendidas pelo seu contemporâneo e conterrâneo, o engenheiro inglês Thomas Telford.

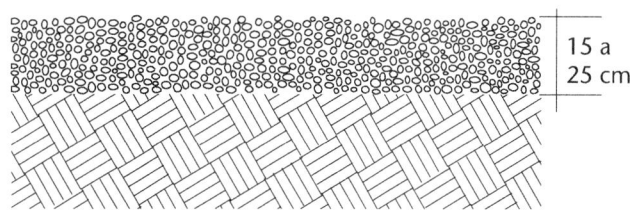

Fig. 1.5 *Pavimento de Mac-Adam (séc. XIX)*

Segundo Telford, a fundação robusta era muito conveniente para a garantia de um comportamento homogêneo do pavimento em zonas com variabilidade de solos de fundação (Bolis e Di Renzo, 1949). Para contra-argumentar as ideias de Mac-Adam, dizia o técnico inglês que a razão dos sucessos que seu colega havia obtido em suas experiências estava no fato de os terrenos de fundação utilizados apresentarem boas condições de suporte e de a intensidade de tráfego ser pequena, não se podendo generalizar as conclusões obtidas por Mac-Adam para outras condições. As bases lançadas por Mac-Adam eram empíricas. Os trabalhos desenvolvidos por Telford na Inglaterra fizeram com que ele merecesse receber o título de "Pontífice Máximo das Estradas".

Entre 1825 e 1895, ocorreram períodos de consolidação de diversas teorias, como a elasticidade, a resistência dos materiais, a geodésica e a geometria prática, que muito contribuíram direta ou indiretamente na criação de regras e normas para a construção de vias. A Teoria Clássica das Placas Isótropas foi consolidada por Kirchoff e seria aplicada, um século mais tarde, na solução de pavimentos de concreto plenamente apoiados sobre fundação elástica.

Com a expansão da utilização do cimento Portland nas construções, na segunda metade do século XIX, o concreto viria a ser utilizado na pavimentação de vias, como ocorreu pela primeira vez em Grenoble (França), em 1876 (Corini, 1947). Nos Estados Unidos, também nesse mesmo ano, na cidade de Bellafontaine, Ohio, era construído o primeiro pavimento urbano de concreto – fato bem documentado, ao contrário do caso francês, que, embora mal documentado, é atestado por alguns professores europeus na primeira metade do século XX.

A Calçada do Lorena

As técnicas de construção difundidas pelos romanos em seus domínios foram também perpetuadas em outros continentes. Analisando o trabalho de pesquisa de doutorado do prof. Benedito Lima de Toledo, da Faculdade de Arquitetura e Urbanismo da Universidade de São Paulo, verifica-se que tais técnicas, adaptadas às condições locais, também foram empregadas na construção de pavimentos no Brasil: o primeiro emprego foi na "Calçada do Lorena", construída em 1792, entre Riacho Grande e Cubatão, na então Capitania de São Paulo, sob a direção do engenheiro-militar português João da Costa Ferreira.

Essa pavimentação pioneira no Brasil Colonial (a não ser que não queiramos tratar por pavimentação as técnicas romanas – *pavimentum* – ou ainda considerar que não se pavimenta com paralelepípedos) era composta de revestimentos como aqueles empregados dois milênios antes, em pedras recortadas justapostas, com cerca
de 200 mm de espessura, assentes sobre base de 300 mm a 500 mm de pedregulho e saibro existentes na região da serra do Mar e baixada santista (Figuras 1.6 e 1.7).

O prof. Pedro Carlos da Silva Telles, docente do Instituto Militar de Engenharia no Rio de Janeiro, em sua obra *História da Engenharia do Brasil*, categoriza a Calçada do Lorena como uma das duas mais importantes obras de engenharia do período colonial brasileiro (a outra grande obra foi o Aqueduto da Carioca).

A primeira rodovia pavimentada no País da qual se tem registro histórico é a ligação São Paulo-Santos, e não a ligação Rio-Petrópolis (esta pavimentada com técnica semelhante cerca de noventa anos mais tarde). O mérito da obra deve ser atribuído, do ponto de vista de engenharia, aos engenheiros da Escola de Fortificações de Lisboa, conhecedores das técnicas romanas de pavimentação.

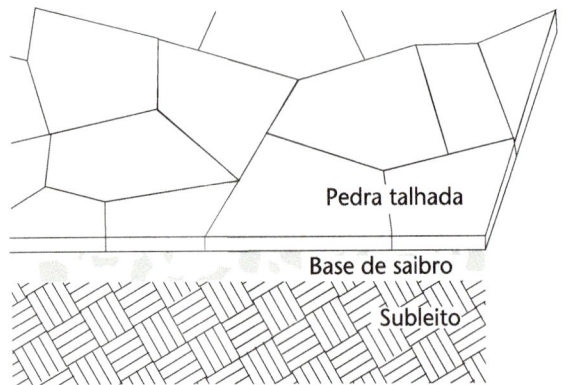

Fig. 1.6 *Seção típica de pavimento na Calçada do Lorena (Antigo Caminho do Mar)*

Fig. 1.7 *Vista da Calçada do Lorena*

Em 1870, foi construído o primeiro pavimento com revestimento betuminoso em Newark, New Jersey (EUA), por intermédio do químico belga E. J. DeSmedt; em 1876, em Washington (D.C.) se executava pela primeira vez o revestimento betuminoso do tipo *sheet asphalt* com material asfáltico importado de lago (Asphalt Institute, 1973).

Em 1885, J. Boussinesq publicou o trabalho *Application des potentiels a l'étude de l'equilibre et du movement des solides elastiques*, que seria, 50 anos mais tarde, o ponto de partida para o desenvolvimento de diversos modelos analíticos para o estudo da resposta estrutural de pavimentos, bem como na formulação do critério de dimensionamento de pavimentos do U. S. Corps of Engineers.

1.4 Registros Marcantes dos Últimos Cem Anos

1.4.1 No mundo

Já no final do século XIX, o uso crescente das vias pelos veículos tracionados mecanicamente trouxe à tona as diversas deficiências da utilização pura e simples de camadas granulares em pavimentos, como propunham franceses e ingleses cem anos antes.

Em 1890, os pavimentos de concreto passaram a ser utilizados com frequência na Alemanha e, a partir de 1909, nos Estados Unidos, sendo que neste país já se contava, desde o início do século XX, com uma significativa produção de asfalto derivado de petróleo por refinamento para aplicação em pavimentos.

Em 1909, ocorreu a fundação da Association Internationale Permanent des Congréss de la Route, ou Piarc, que, a partir de 1996, foi denominada World Road Association, mantendo, contudo, o logo "Piarc – Via Vita". O Congresso de Paris em 2007 é, portanto, o congresso centenário da Piarc.

Na década de 1920, o advento da Mecânica dos Solos deu grande impulso às pesquisas aplicadas à pavimentação, em especial por pesquisadores ligados a universidades e a agências viárias americanas. Entre 1928 e 1929, O. J. Porter, engenheiro da California Division of Highways, realizou pesquisas que permitiram definir algumas das principais causas da ruptura dos pavimentos flexíveis, apresentando, então, a primeira curva empírica para dimensionamento com base em um critério de resistência ao cisalhamento do subleito indiretamente obtida pelo ensaio do California Bearing Ratio (CBR) – Índice de Suporte Californiano. Na mesma época e local, estabelecia-se o ensaio de Proctor (nome em homenagem ao autor) para a compactação de solos. Tais trabalhos geraram frutos inimagináveis anos mais tarde, em especial nos critérios de projeto de pavimentos asfálticos e flexíveis estabelecidos pelo U. S. Army Corps of Engineers (Usace).

Em 1927, Harald Malcom Westergaard, imigrante sueco, professor da Universidade de Illinois em Urbana, publicava sua Teoria para Projeto de Pavimentos de Concreto nos anais do Highway Research Board (HRB), atual Transportation Research Board, com a qual propunha equações analíticas para o cálculo de espessuras de placas de concreto apoiadas sobre o subleito de vias, baseadas no cálculo de deformações e momentos fletores. Os trabalhos de Westergaard são clássicos e ponto de passagem e análise obrigatória para quem deseja se aprofundar no estudo de pavimentos de concreto.

Nos anos 1930, um experimento instrumentado e monitorado, com larga aplicação de pavimentos de concreto, conhecido como Arlington Experimental Farm, coordenado pelo Bureau of Public Roads (BPR) nos Estados Unidos, tinha como um dos objetivos principais verificar experimentalmente a adequação das equações propostas por Westergaard quase uma década antes. As equações de Westergaard foram sucessivamente revisadas, até 1948, pelo próprio autor, poucos anos antes de seu falecimento.

A segunda descoberta das técnicas de estabilização química de solos e agregados com o uso de ligantes hidráulicos ocorreu ainda na década de 1940, motivada pelo fato de em muitas regiões não se dispor facilmente de material britado de boa qualidade para a execução de bases e sub-bases de pavimentos. Registros mais remotos de tal técnica, com boas fontes de informação, datam de 1939, no Estado da Carolina do Sul (EUA), embora devamos reconhecer que registros anteriores sobre estabilização com cimento já ocorressem no Reino Unido desde a primeira década do século XX e também, de modo não documentado, na Alemanha, durante sua fase de expansão, quando foram empregados solos estabilizados com cimento em pistas de pouso e decolagem de aeronaves.

Em 1943, o engenheiro e professor D. M. Burmister (Universidade de Colúmbia) desenvolveu, como resultado de um trabalho analítico de extensão das equações de Boussinesq para sistemas estruturais compostos por várias camadas, sua Teoria de Tensões e Deslocamentos em Sistemas de Camadas, publicada em três artigos sucessivos no *Journal of Applied Physics*. Cabe aqui observar também que o engenheiro que desejar estudar com mais profundidade o comportamento mecânico de pavimentos flexíveis deverá ter por meta o correto entendimento da modelagem proposta por Burmister.

Os trabalhos de Burmister são ponto de partida para o desenvolvimento, a partir dos anos 1960, de inúmeros programas de computador para o cálculo de deformações e tensões em camadas de pavimentos flexíveis, por exemplo, os pioneiros programas Dama 2, Bisar, e o popular programa Elsym 5 (Elastic Layer Model 5), na versão do Federal Highway Administration (FHWA) de 1986.

Devido ao envolvimento americano na Segunda Guerra Mundial, o Usace formalizava sua metodologia para o dimensionamento de pavimentos para aeroportos, baseada nos meios empíricos desenvolvidos por Porter no final da década de 1920, e mais tarde absorvida e normalizada por outras agências viárias fora dos Estados Unidos; ficava estabelecido e consolidado o critério do California Bearing Ratio (CBR).

Em 1945, o Highway Research Board (HRB) revisava e publicava a classificação de solos para fins rodoviários do Bureau of Public Roads, que se tornou conhecida internacionalmente pela classificação HRB-AASHO (American Association of State Highway Officials). Tal classificação, ainda que de aplicação bastante limitada para solos em condições de ambiente tropical, como no caso do Brasil, é bastante empregada por agências viárias, devendo o engenheiro conhecê-la adequadamente.

Do ponto de vista prático e experimental, em 1953 foi apresentado um equipamento, baseado no princípio de funcionamento de um braço de alavanca, para a medida de deformações (deflexões) em pavimentos, quando submetidos a cargas oriundas de eixo de caminhão. Esse equipamento foi criado pelo engenheiro A. C. Benkelman, do BPR, e mais tarde recebeu o nome de seu idealizador. A utilização da viga de Benkelman para a avaliação da capacidade estrutural dos pavimentos foi disseminada por todos os continentes, sendo até hoje um instrumento muito empregado.

A medida de deflexões passou então a ser considerada um critério de partida para a avaliação estrutural de pavimentos asfálticos, tendo sido desenvolvidos nos últimos 30 anos do século XX alguns equipamentos para medição automatizada de deflexões, como é o caso do *falling weight deflectometer* (defletômetro de impacto), bastante popular atualmente.

Nos anos 1950, foi concebido um grande plano de pavimentação nos Estados Unidos, para a ligação entre os Estados americanos de cidades de médio e grande porte, denominado Interstate System, que culminou no planejamento dos experimentos realizados pela AASHO (atual AASHTO, American Association of State Highway and Transportation Officials). Os engenheiros da AASHO, congregando representantes de todos os Estados, conceberam uma pesquisa sobre o desempenho de pavimentos, compreendendo seis pistas experimentais com dezenas de seções de pavimentos, empregando diversos tipos de materiais de construção (tratou-se da maior pesquisa já realizada, sendo inclusive integrada ao Museu Smithsonian, em 2004).

Em 1958, iniciou-se a construção e a monitoração da pista experimental da AASHO (Figura 1.8A), que viria arejar e influenciar com novas ideias os conceitos de pavimentação, em especial pela criação de uma forma de qualificar e quantificar a condição de ruptura do pavimento, levando em conta a opinião do usuário (conceito de serventia-desempenho), e pelo estabelecimento de um divisor de águas no que dizia respeito aos conceitos de equivalência entre cargas. Também florescem os conceitos de modelagem físico-empírica do desempenho dos pavimentos. Esse experimento custou US$ 27 milhões em valores de 1960.

A AASHO Road Test estudou o desempenho de pavimentos asfálticos com revestimentos asfálticos convencionais usinados a quente (25 mm a 150 mm), bases em britas graduadas (até 230 mm), sub-bases em misturas de areia e cascalho (até 40 mm), sendo o subleito no local dos testes classificado como A-6 no critério HRB-AASHO. Os pavimentos de concreto (placas) foram construídos com concretos resistentes à tração na flexão de aproximadamente 5 MPa e com abatimento no tronco de cone de 65 mm.

Fig. 1.8 *(A) Vista da AASHO Road Test (fonte: www.fhwa.dot.gov) e (B) vista da MnRoad (fonte: www.tfhrc.gov/pubrds)*

Os mesmos tipos de base e sub-bases de pavimentos asfálticos (12 tipos de seções diferentes) foram empregados nos pavimentos de concreto (9 tipos de seções diferentes). Os testes analisaram 836 seções de pavimentos sobre os aspectos de degradação funcional e estrutural (Figura 1.9), para mais de um milhão de repetições de eixos equivalentes.

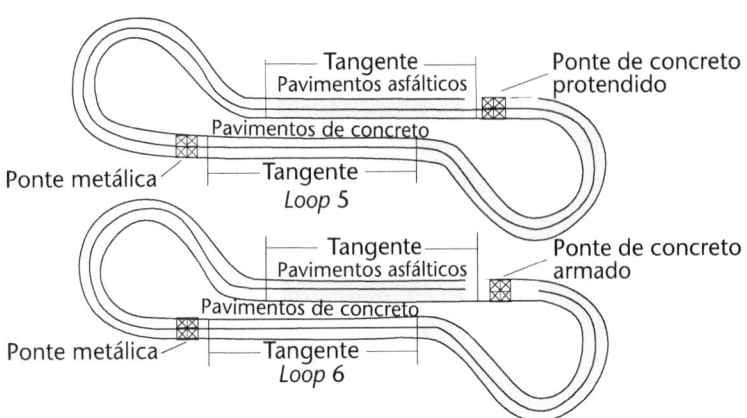

Fig. 1.9 *Esquema de testes nos* loops *5 e 6 na AASHO* Road Test
Fonte: adaptado de <www.camineros.com>.

Testes dessa natureza em escala real ainda são realizados atualmente nos Estados Unidos, como, por exemplo, o MnRoad, do Departamento de Transportes do Estado de Minnesota, nas proximidades de Saint Paul, cujo programa de testes cobre duas décadas (1994-2014), compreendendo um *loop* com 17 seções de pavimentos e uma linha principal na rodovia ao lado, com 23 seções de teste (Figura 1.8B), previstas 20 milhões de repetições de eixos equivalentes.

Em função do experimento realizado, sucessivos guias de projeto de pavimentos foram lançados pela AASHTO, como a versão de 1993, com o suplemento de 1998 (para pavimentos de concreto). Mais recentemente, uma nova versão com viés empírico-mecanicista, informatizada, foi lançada em 2002. O guia da AASHTO para projeto de pavimentos teve influência marcante em alguns países e regiões do mundo, sendo muito empregado em países da América Espanhola, o que não ocorre no Brasil.

Na década de 1960, com o crescimento progressivo das técnicas computacionais, as diversas teorias elásticas desenvolvidas no passado puderam ser facilmente empregadas para a análise de deformações e tensões em estruturas de pavimentos, mediante uma diversidade de programas computacionais desenvolvidos por autores de vários países. Destacaram-se, nos últimos anos, os seguintes programas computacionais:

◆ **Pavimentos de concreto**: programa ILSL2 (Figura 1.10), desenvolvido na Universidade de Illinois (diversas versões sob orientação do prof. Ernest Baremberg); sua versão comercialmente disponível é denominada *ISLAB-2005*, cuja coordenação técnica coube ao prof. Lev Kazanovich, da Universidade de Minnesota). Programa Feacons IV, desenvolvido na Universidade da Flórida (prof. Mang Tia). Programas fechados para placas, em três dimensões, foram desenvolvidos sob a coordenação do prof. Mahoney – Everfe – (Universidade de Washington) e pelo prof. Nishizawa (Faculdade Nacional de Tecnologia de Ishikawa).

◆ **Pavimentos asfálticos flexíveis**: os programas Elsym 5 (desenvolvido originalmente na Universidade da Califórnia) e Bisar (desenvolvido pela Shell) são os mais empregados entre os abertos ao público. O Julea é o programa atualmente empregado para análises mecanicistas pelo método da AASHTO 2002. Existem muitos outros programas que empregam modelos de camadas elásticas para o tratamento dos pavimentos asfálticos. Um dos mais avançados, que permite análises de 20 camadas, é o MnLayer, desenvolvido conjuntamente pelos grupos da Universidade de Minnesota e da Universidade de São Paulo, e será disponibilizado na Internet, gratuitamente, em agosto de 2007 (ver home page www.ptr.poli.usp.br/lmp).

Em 1966, a Portland Cement Association (PCA) dos Estados Unidos oferecia à comunidade rodoviária seu método de dimensionamento de pavimentos de concreto simples (placas), sem barras de transferência de cargas em juntas, fundamentado nos modelos analíticos de Westergaard e na experimentação à fadiga do concreto. Tal método seria reformulado posteriormente. Em 1984, a PCA publicava novo critério para cálculo de tensões de tração na flexão em placas de concreto, desta vez baseado no

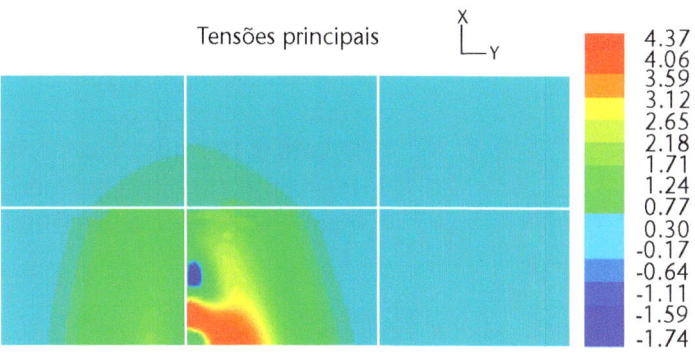

Fig. 1.10 Saída típica do programa de elementos finitos
Fonte: ISLAB, 2000.

método dos elementos finitos e considerando a presença de barras de transferência de cargas em juntas; além disso, introduzia o modo de danificação por erosão de camadas granulares em bases, com fundamentos empíricos, até mesmo sobre resultados de desempenho verificados na AASHO Road Test.

No início da década de 1970, tiveram grande impulso nos países tecnologicamente mais desenvolvidos os conceitos relativos à gerência de pavimentos, que deram ensejo ao desenvolvimento de programas computacionais para análises técnico-econômicas de alternativas de pavimentação, custeado pelo Banco Mundial. Inicialmente, pesquisas de desempenho de pavimentos asfálticos e de custos de operação de veículos foram desenvolvidas em regiões de clima tropical quente e úmido, como Quênia, Caribe e Brasil. O programa, denominado HDM-3, passou a ser de uso obrigatório em estudos de financiamento internacionais.

Na década de 1990, diversas pesquisas complementares desenvolvidas em climas temperados e na Ásia, utilizando tecnologias veiculares modernas comparadas àquelas de 30 anos antes, possibilitaram o estabelecimento de diversos modelos de degradação de pavimentos e de custos operacionais dos veículos. Os trabalhos permitiram englobar análises de pavimentos de concreto, de aspectos ambientais, de congestionamentos e de acidentes em rodovias. O programa atual, denominado Highway Development and Management 4 (HDM-4), opera em ambiente Windows e sua distribuição é administrada pela Associação Rodoviária Mundial (Piarc).

Observou-se, a partir dos anos 1960, uma preocupação mais intensa nos países da Europa ocidental com o emprego de misturas asfálticas (revestimentos) que oferecessem, além de maior durabilidade, maior capacidade de escoamento de águas pluviais, bem como maior aderência aos pneumáticos de veículos.

Misturas asfálticas com ajuste da matriz de agregados graúdos, com elevada resistência ao cisalhamento, foram desenvolvidas a partir de finais dos anos 1960. Na década de 1990, verificou-se a expansão do emprego de concretos de elevada resistência na pavimentação em concreto de cimento Portland, bem como dos concretos de rápida liberação ao tráfego.

Na monitoração para determinar os processos de degradação de pavimentos e modelagem de desempenho dessas estruturas, três vieses foram explorados: pistas experimentais de pequena extensão, na maioria dos casos circulares (Figura 1.11); a ampla monitoração de pavimentos rodoviários (em especial pelo programa Strategic Highway Research Program, nos Estados Unidos) e também o emprego de equipamentos do tipo Heavy Vehicle Simulator (Figura 1.12), que, posicionados sobre uma faixa de pavimento construído, executam, em curto período de tempo, um grande número de simulações de eixos comerciais rodoviários, permitindo uma análise de diversas alternativas de materiais de pavimentação em uma condição real (de estruturas e climas) nas estradas.

Um passo importante no futuro próximo, em evolução acelerada nos países desenvolvidos, será a incorporação de critérios de fratura (progressão de fissuras) de materiais em especificações de dosagem e no dimensionamento de pavimentos.

1.4.2 No Brasil

O investimento rodoviário estatal

No início do século XX, no Brasil, era comum o emprego da expressão "macadamizar", significando a execução de camada de macadame hidráulico ou betuminoso sobre os subleitos, pavimentando, mesmo que primariamente para os padrões atuais, as estradas de terra. A primeira experiência de expressivo porte no País durante o século XX, consideradas as extensões pavimentadas e as condições geométricas gerais da rodovia, bem como a existência de registros precisos sobre a obra, ocorreu na construção do Caminho do Mar (Figura 1.13), de São Paulo a Cubatão, conduzida pela então Diretoria de Estradas de Rodagem da Secretaria de Viação e Obras Públicas do Estado de São Paulo. Tal estrada de rodagem empregou amplamente misturas asfálticas em sua maior extensão.

Em 1922, um trecho do Caminho do Mar entre o Marco do Lorena e o Rancho da Maioridade (8 km de pista simples), local mais íngreme

Fig. 1.11 *Pista circular de testes de pavimentos no HTL, Zurique, Suíça*
Fonte: cedido pelo engenheiro Mauro Beglini.

Fig. 1.12 *Simulador de Airbus A-380 na pista experimental da Federal Aviation Administration (Atlantic City, N.J., EUA)*

da serra do Mar, foi pavimentado com concreto de cimento Portland. Trata-se do registro mais antigo documentado de pavimentação em concreto de uma estrada no País (Reis, 1995). Não obstante, há uma datação mais precisa sobre a construção deste trecho de serra em concreto, que se iniciou em 1925 e terminou em 1926, segundo Simões (1929). Em 1927, a estrada entre Rio de Janeiro e Petrópolis é pavimentada (Figura 1.14), em seu trecho em serra (então com cerca de 23 km), com concreto de cimento Portland (Penteado, 1929).

Segundo Reis (1995), em 1926, o governo do Estado de São Paulo concluía a construção de 334 km de novas estradas, com emprego de vários tipos de pavimentos (asfálticos, concreto, paralelepípedos), além de concluir revestimentos primários com cascalho em 357 km de estradas. Em 1928, segundo Simões (1929), já havia no Estado aproximadamente 1.385 km de estradas revestidas com cascalho ou macadame hidráulico.

Fig. 1.13 *Vista do Caminho do Mar*

Ressalta-se que, mesmo antes dessa data, já existiam razoáveis extensões da estrada de ligação entre São Paulo e Santos revestidas com macadame hidráulico, sendo o trecho da baixada entre Cubatão e Santos pavimentado com revestimento asfáltico em 1928, ao longo de 14 km de extensão (Simões, 1929). Há registros mais antigos disponíveis sobre o emprego de macadame hidráulico, como a construção da Avenida Paulista (1903), e de misturas asfálticas, como a Rua 24 de Maio (1910), além de concreto, como a Rua Vital Brasil (1913), todas em São Paulo.

Fig. 1.14 *Vista do traçado da rodovia Rio-Teresópolis encaixado na Serra do Mar*

Penteado (1929) nos transmite que, na construção da rodovia Rio-Petrópolis, a pavimentação deu-se em cerca de 16 mil m² com uso de concreto, 77 mil m² com macadame betuminoso, 350 mil m² com macadame hidráulico, além de outras soluções menos onerosas na época. Em 1927, com a criação de um fundo especial para a construção e conservação de estradas de rodagem, sob a presidência de Washington Luís Pereira de Sousa, o governo federal passa a investir na construção da malha rodoviária federal.

A construção da atual BR-232, do Recife a Caruaru, iniciou-se em 1938. No Estado de Pernambuco, em especial na sua capital, grande quantidade de pavimentos de concreto foi construída desde a década de 1950, muitos deles em serviço até hoje, sem problemas estruturais graves.

Na década de 1940, com inspiração nas *autobahem* alemãs e nas *autostrade* italianas, construídas na década de 1930, deu-se início à construção da Via Anhanguera e da Via Anchieta no Estado de São Paulo, as primeiras autoestradas do Brasil, sendo utilizadas novamente técnicas de pavimentação em concreto de cimento Portland, como era comum na Alemanha daqueles anos. Os estudos para tais rodovias (de fato, as primeiras autoestradas nacionais) datam de 1934, logo após a criação do Departamento de Estradas de Rodagem do Estado de São Paulo. Em 1939, iniciou-se a construção da Via Anchieta; em 1940, da Via Anhanguera, cujo primeiro trecho pavimentado, em concreto, foi inaugurado em abril de 1948 (São Paulo-Jundiaí). O trecho Jundiaí-Campinas, com revestimento asfáltico, foi inaugurado em 1950.

Em 1956, deu-se início a um vasto plano de pavimentação das rodovias paulistas, que foi inovador no Brasil, introduzindo a utilização da estabilização de solos com cimento e da estabilização granulométrica de materiais de construção viária, e o aproveitamento de solos granulares saprolíticos em pavimentos. No final da década de 1950, um fato fundamental no País foi a criação de uma comissão técnica especial no âmbito do Departamento Nacional de Estradas de Rodagem (DNER), com a participação do Departamento de Estradas de Rodagem do Estado de São Paulo, para o projeto e a construção da Rodovia Presidente Dutra. Essa obra contribuiu para a formação de uma escola rodoviária no âmbito do extinto DNER. De início, o trecho de partida da Rodovia Presidente Dutra, na baixada fluminense, com cerca de 60 km, foi pavimentado com concreto. O restante da rodovia foi pavimentado principalmente com macadame hidráulico e revestimentos asfálticos.

Com certeza, há muitos eventos marcantes para a pavimentação do País de norte a sul, como a construção da Rodovia Presidente Castello Branco (São Paulo, 1967), a Rodovia Porto Alegre-Osório (Rio Grande do Sul, 1974), a Rodovia dos Imigrantes (São Paulo, 1973), entre outras. Estas permitiram a introdução do emprego de britas graduadas tratadas com cimento como base de pavimentos asfálticos no Brasil. Ainda nos últimos anos do século XX, encontrava-se em fase de duplicação a ligação São Paulo-Florianópolis, cujos reflexos na melhoria global da operação da BR-116 e da BR-101 mostraram-se expressivos.

Na década de 1990, o governo federal e os governos estaduais no Brasil engajaram-se em processo de concessão da operação e manutenção de rodovias à iniciativa privada. Embora no Estado de São Paulo a tarifação por pedágios existisse desde a década de 1970 nas principais rodovias, a administração pública decidiu pela privatização da operação, como alternativa mais eficiente de garantia de investimentos privados no setor rodoviário. No Estado de São Paulo, esperavam-se reflexos do aumento de capacidade viária de rodovias pelas concessionárias; no País, em geral, para o caso das rodovias federais concessionadas, esperava-se uma melhoria na qualidade de conservação e manutenção, em uma primeira fase.

A pesquisa acadêmica tecnológica

Devemos inicialmente recordar que a pesquisa acadêmica organizada e oficial com a pós-graduação, ou seja, marcada por espírito mais científico do que empreendedor, ocorre no final dos anos 1960, com a criação dos primeiros programas de pós-graduação em Engenharia Civil no Brasil. Em nível acadêmico, considerados os esforços de grupos organizados e com objetivos orientados e específicos, de 1970 a 1990, para mencionar alguns ícones no País, destacam-se as pesquisas para bases classificatórias para os solos tropicais com finalidades rodoviárias, por meio de experimentos e resultados obtidos sob a liderança do prof. Job Shuji Nogami e seus colaboradores, associados à Universidade de São Paulo e ao Departamento de Estradas de Rodagem do Estado de São Paulo, do qual Nogami foi engenheiro de laboratório e de pesquisas.

    Por falta de divulgação de tais pesquisas no exterior, embora não desconhecidas completamente, algumas vezes, os méritos de estudos a respeito de solos tropicais, evidentemente frutos de pesquisas do grupo anteriormente mencionado, e sobretudo da persistência e meticulosidade do prof. Nogami, são atribuídos a outros autores nacionais, como já escutamos nos Estados Unidos para nosso espanto (a regra universal acadêmica é "publicar ou desaparecer").

    A introdução dos ensaios de resiliência para materiais de pavimentação no Brasil ocorreu graças aos esforços pioneiros do prof. Jacques de Medina, da Universidade Federal do Rio de Janeiro, que orientou pesquisas de profissionais de grande renome no País, em especial no que diz respeito ao comportamento de misturas asfálticas. Sem sombra de dúvidas, os depositários maiores da introdução dos conceitos de resiliência em pavimentação no Brasil, bem como dos estudos pioneiros sobre comportamento elástico e plástico de misturas asfálticas, são os pesquisadores daquele grupo.

    Na década de 1980, o Instituto de Pesquisas Rodoviárias (IPR) do DNER envidou esforços ao se aparelhar para a realização de ensaios de resiliência, de grande interesse para pavimentação asfáltica, quando tivemos a honra de participar intensamente dos trabalhos elaborados por um seleto grupo de pesquisadores, entre os quais estavam Salomão Pinto, Ernesto Simões Preussler, Régis Martins Rodrigues e Jorge Augusto Pereira Ceratti. Atualmente, os melhores centros acadêmicos do Brasil encontram-se aparelhados para a realização de testes dessa natureza, além de algumas poucas empresas do setor privado que investiram nessa importante tecnologia.

    Em termos de pesquisa experimental com possibilidade de modelagem de desempenho de bases granulares com materiais disponíveis regionalmente e de revestimentos asfálticos, a equipe da Universidade Federal do Rio Grande do Sul iniciou a construção e o emprego de um simulador de tráfego desenvolvido com o apoio do Departamento Autônomo de Estradas de Rodagem do Estado do Rio Grande do Sul, em meados de 1990. Aliás, um programa de pesquisa que deveria ser paradigma para outros DERs do País. Diversos estudos de excelente qualidade, envolvendo bases de pavimentos com solos saprolíticos e vários tipos de revestimento asfáltico, em escala real, foram realizados desde então, culminando na publicação de artigo internacional no *Journal of the Transportation Research Board*, encabeçado pelo prof. Washington Nuñez Perez.

    Atualmente, a pesquisa sobre misturas asfálticas tem um completo engajamento da Petrobras, que vem financiando maciçamente o aparelhamento dos laboratórios dos maiores centros de pesquisa de universidades brasileiras, o que trará reflexos altamente benéficos para a formação de profissionais e pesquisadores, bem como para a melhoria da qualidade das misturas asfálticas empregadas no País nos anos vindouros. Além disso, é de se esperar, em médio prazo, a melhoria na elaboração de diversas normas e procedimentos relacionados a misturas asfálticas em função desse investimento em pesquisa.

Na área de pavimentação em concreto, como se comentou no 81st Annual Meeting of the Transportation Research Board, em Washington, D.C., os trabalhos de instrumentação de pistas experimentais em concreto, incluindo seções com placas aderidas a base cimentada e também de *whitetopping* ultradelgado, desenvolvidos pelo Laboratório de Mecânica de Pavimentos da Escola Politécnica da Universidade de São Paulo (Epusp), com apoio da Fundação de Amparo à Pesquisa do Estado de São Paulo (Fapesp), constituíram um divisor de águas para o conhecimento dos efeitos de climas tropicais sobre pavimentos de concreto. Os trabalhos têm tido muita aceitação em outros países de clima tropical da África e da Oceania.

Na pesquisa sobre efeitos do clima em placas de concreto, iniciada em 1998 (porém, vislumbrada dez anos antes, quando do desenvolvimento do programa de elementos finitos Rigipave 1.0 para pavimentos de concreto), pela primeira vez no mundo, em condições de ambiente tropical, foram aferidos e avaliados os gradientes térmicos em placas de concreto e sua influência nas deformações e tensões dessas placas. Tais trabalhos apresentaram impactos positivos, até mesmo no exterior, dada sua originalidade, qualidade de informações e utilidade para outras regiões tropicais do mundo, ao versar sobre o uso do concreto para a restauração de pavimentos asfálticos (*whitetoppings*), e a pista experimental, construída em 1999, encontra-se ainda em serviço, sem perda de qualidade estrutural. Os trabalhos desenvolvidos serviram de fundamentação para a edição da primeira norma oficial de projeto de pavimentos de concreto no País, pela Prefeitura de São Paulo.

Existem ainda outros excelentes grupos de pesquisa em universidades de diversos Estados, formados por jovens doutores, que recentemente vêm se esforçando para consolidar linhas de pesquisa, de cujos esforços espera-se, para o futuro, a possibilidade de construção de conhecimentos realmente novos e originais, com suas especificidades locais (o País é continental), configurando-se em realizações de equipes, e não isoladas. Esse trabalho no meio acadêmico é de "formiguinha", demandando coragem e paciência, além de dedicação exclusiva, devendo ser encarado como "sacerdócio" para que tenha frutos interessantes para a sociedade (pois a presença ou não de tal consciência é que diferencia pesquisadores e grupos). Além disso, deve-se considerar que nem todos os setores das cadeias construtivas dos materiais de pavimentação têm demonstrado interesse em investimentos na área da pesquisa tecnológica, o que dificulta o avanço de certas soluções, que muitas vezes ficam engessadas sob antigos paradigmas.

Há de se considerar, para o leitor mais atento, que pavimentação é uma área tecnológica com um atraso bastante significativo em relação aos países tecnologicamente mais evoluídos, e que necessitamos de investimentos ordenados em vários setores: de pesquisa (desenvolvimento de novas e apropriadas técnicas), de engenharia consultiva (atualização profunda de normas de projeto e especificações construtivas com base em pesquisas e experiências genuinamente nacionais), de construção (superação da obsolescência de equipamentos de construção e melhoria brutal de mão de obra) e de controle de qualidade (emprego de técnicas coerentes e modernas de conformidade de execução de materiais). Há que existir mais esforço de engenharia na área de pavimentação, sem amadorismos, pois retóricas "marqueteiras" não convencem mais, haja vista recentes insucessos urbanos e rurais com soluções que muitas vezes são apresentadas como remédio para todos os males.

A amplitude do salto a ser dado para extirpar tal atraso é proporcional a esse atraso, sem ufanismos. Há esforços louváveis em andamento, como o espetacular crescimento da pesquisa na área de misturas asfálticas, mas o tamanho do buraco é tão grande quanto o Brasil, sendo, portanto, a pavimentação viária um setor que demanda muitos profissionais qualificados e tecnicamente atualizados. Eis aí uma grande oportunidade de mercado de trabalho para as novas gerações de engenheiros civis.

Nomenclatura das Camadas dos Pavimentos e seus Materiais de Construção

2.1 As Camadas dos Pavimentos

O pavimento é uma estrutura não perene, composta por camadas sobrepostas de diferentes materiais compactados a partir do subleito do corpo estradal, adequada para atender estrutural e operacionalmente ao tráfego, de maneira durável e ao mínimo custo possível, considerados diferentes horizontes para serviços de manutenção preventiva, corretiva e de reabilitação, obrigatórios.

A estrutura do pavimento é concebida, em seu sentido puramente estrutural, para receber e transmitir esforços de maneira a aliviar pressões sobre as camadas inferiores, que geralmente são menos resistentes, embora isso não seja tomado como regra geral. Para que funcione adequadamente, todas as peças que a compõem devem trabalhar deformações compatíveis com sua natureza e capacidade portante, isto é, de modo que não ocorram processos de ruptura ou danificação de forma prematura e inadvertida nos materiais que constituem as camadas do pavimento (Figura 2.1).

As cargas são transmitidas à fundação de forma aliviada e também criteriosa, impedindo a ocorrência de deformações incompatíveis com a utilização da estrutura ou mesmo de rupturas na fundação, que geram estados de tensão não previstos inicialmente nos cálculos e induzem toda a estrutura a um comportamento mecânico inapropriado e à degradação acelerada ou prematura.

Cada camada do pavimento possui uma ou mais funções específicas, que devem proporcionar aos veículos as condições adequadas de suporte e rolamento em qualquer condição climática. As cargas aplicadas sobre a superfície do pavimento acabam por gerar determinado estado de tensões na estrutura, que muito dependerá do comportamento mecânico de cada uma das camadas e do conjunto destas. Recorde-se que as cargas são aplicadas por veículos e também pelo ambiente, geralmente de modo transitório; são, portanto, cíclicas ou repetitivas, o que não implica repetição constante de suas respectivas magnitudes.

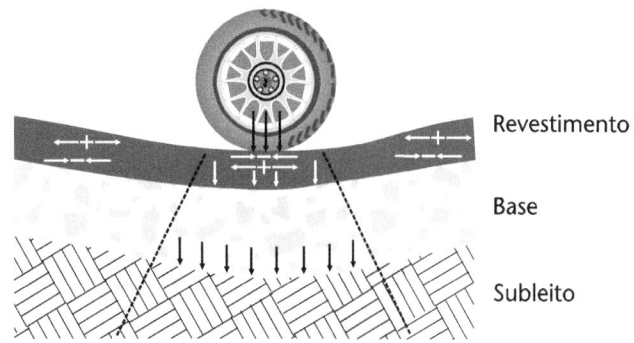

Fig. 2.1 *Esforços em camadas do pavimento*

Em linhas gerais, pode-se dizer que as cargas externas geram esforços solicitantes verticais e horizontais. Os esforços verticais podem ser reduzidos a solicitações de compressão e de cisalhamento; os esforços horizontais podem inclusive solicitar certos materiais à tração ou simplesmente atuar confinando outros materiais. Como tais solicitações podem condicionar uma escolha de camadas?

Considere-se, por exemplo, uma camada de material britado compactado sobre o subleito. Essa camada poderia suportar determinadas tensões verticais sobre ela, aplicadas por intermédio de mobilização de esforços e cisalhamento entre os grãos dos agregados; todavia, não resistiria às tensões horizontais oriundas de uma carga cinemática aplicada diretamente sobre sua superfície. Além desse comportamento estrutural, não se trata de camada impermeável, o que geralmente não é desejável para um revestimento de pavimento. Uma camada de revestimento é então necessária sobre uma base granular para absorver determinados esforços que não são compatíveis com suas funções estruturais, além de impedir a entrada de água nesta, o que aceleraria sua degradação.

Quais nomes deveriam ser dados a estas camadas seria uma dúvida básica. Respeitando uma terminologia coerente, de uma forma mais completa possível, o pavimento possui as seguintes camadas: *revestimento, base, sub-base, reforço do subleito* e *subleito*, sendo este último a fundação e parte integrante da estrutura (Figura 2.2). Dependendo do caso, o pavimento poderá não possuir camada de sub-base ou de reforço; mas a existência de revestimento, nem que seja primário (cascalhamento, agulhamento), e de fundação (subleito) são condições mínimas para que a estrutura seja chamada de pavimento, razão pela qual se descarta aqui, por completo, o emprego do termo "pavimento sobre ponte". Todo pavimento possui solo de fundação, o que não existe sobre o tabuleiro da ponte (Figura 2.3).

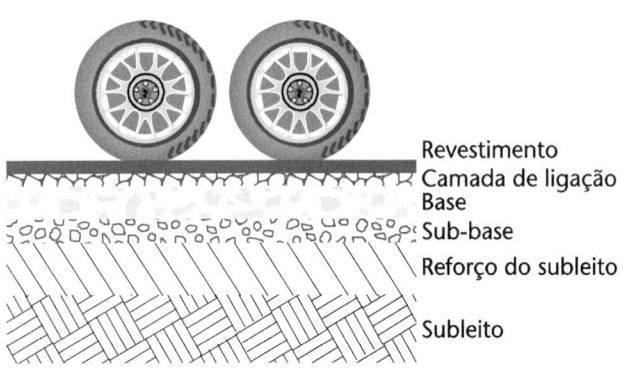

Fig. 2.2 *Camadas genéricas de um pavimento*

Fig. 2.3 *Diferença notável entre revestimento e pavimento sobre tabuleiro de ponte*

2.1.1 Revestimentos

O revestimento deverá, entre outras funções, receber as cargas, estáticas ou dinâmicas, sem sofrer grandes deformações elásticas ou plásticas, desagregação de componentes ou, ainda, perda de compactação; necessita, portanto, ser composto de materiais bem aglutinados ou dispostos de maneira a evitar sua movimentação horizontal. Alguns materiais permitem tais condições: pedras cortadas justapostas (caso dos pavimentos romanos), paralelepípedos, blocos pré-moldados de concreto, placas de concreto, concreto compactado com rolo, tratamentos superficiais betuminosos e misturas asfálticas em geral.

Os revestimentos asfálticos são muitas vezes subdivididos em duas ou mais camadas por razões técnicas, construtivas e de custo. Assim, é comum encontrar expressões como "camada de rolamento" e "camada de ligação" (do inglês *binder*) para descrever um revestimento dividido em duas camadas de diferentes materiais. Façam-se as distinções entre possíveis camadas de revestimento asfáltico, de acordo com a terminologia empregada no meio rodoviário, conforme apresentado no Quadro 2.1.

Quadro 2.1 *Termos aplicáveis a camadas de revestimento asfáltico*

Designação do revestimento	Definição	Associações
Camada de rolamento	É a camada superficial do pavimento, diretamente em contato com as cargas e com ações ambientais	Camada de desgaste, capa de rolamento, revestimento
Camada de ligação	É a camada intermediária, também em mistura asfáltica, entre a camada de rolamento e a base do pavimento	Camada de *binder* ou simplesmente *binder*
Camada de nivelamento	Em geral, é a primeira camada de mistura asfáltica empregada na execução de reforços (recapeamento), cuja função é corrigir os desníveis em pista, afundamentos localizados, enfim, nivelar o perfil do greide para posterior execução da nova camada de rolamento	Camada de reperfilagem ou simplesmente reperfilagem
Camada de reforço	Nova camada de rolamento, após anos de uso do pavimento existente, executada por razões funcionais, estruturais ou ambas	"Recape" e recapeamento são termos populares (usa-se também a expressão "pano asfáltico", que muitas vezes parece comprometer menos)

2.1.2 Subleitos

Quanto ao subleito, os esforços impostos sobre sua superfície serão aliviados em sua profundidade (normalmente se dispersam no primeiro metro). Deve-se, portanto, ter maior preocupação com seus estratos superiores, onde os esforços solicitantes atuam com maior magnitude. O subleito será constituído de material natural consolidado e compactado, por exemplo, nos cortes do corpo estradal, ou por um material transportado e compactado, no caso dos aterros. Eventualmente, será também aterro sobre corte de características medíocres para subleito.

2.1.3 Reforços de subleitos

De que maneira ocorrerão as camadas intermediárias dos pavimentos? Admita-se um dado subleito composto de solo com pequena ou medíocre resistência aos esforços verticais (de cisalhamento) que ocorreriam sobre sua superfície. Ora, nesse caso, é preciso pensar em se executar sobre o subleito uma camada de solo de melhor qualidade, que sirva como um reforço sobre sua superfície, de maneira que a fundação subjacente a esse reforço receba pressões de menor magnitude, compatíveis com sua resistência.

Sobre a camada de reforço com solo de maior qualidade serão toleradas maiores pressões oriundas das cargas aplicadas sobre o pavimento, já que, obrigatoriamente, é mais resistente que o solo de fundação (portanto, empregar um solo, em camada de reforço de subleito, que apresente propriedades elásticas e resistentes idênticas às do solo do subleito seria um caso de insanidade técnica do projetista ou construtor).

O emprego de camada de reforço de subleito não é obrigatório, pois espessuras maiores de camadas superiores poderiam, em tese, aliviar as pressões sobre um subleito medíocre. Contudo, procura-se utilizá-lo em tais circunstâncias por razões econômicas, pois subleitos de resistência baixa exigiriam, para alguns tipos de pavimentos (especialmente os flexíveis), do ponto de vista de projeto, camadas mais espessas de base e sub-base. Logicamente, o reforço do subleito, por sua vez, resistirá a solicitações de maior ordem de grandeza, respondendo parcialmente pelas funções do subleito e exigindo menores espessuras de base e sub-base sobre si, sendo em geral menos custoso o emprego de solos de reforço, em vez de maiores espessuras de camadas granulares ou cimentadas, quaisquer que sejam.

2.1.4 Bases e sub-bases

Pode-se concluir que os esforços verticais transmitidos ao subleito devem ser compatíveis com sua capacidade de resistir a eles. Essa assertiva é naturalmente válida para qualquer outra camada superior do pavimento. Para aliviar as pressões sobre as camadas de solo inferiores, surgem as camadas de base e sub-base, que também podem desempenhar papel importante na drenagem subsuperficial dos pavimentos.

Quando a camada de base exigida para desempenhar tal função (distribuir os esforços para camadas inferiores) é muito espessa, procura-se, por razões de natureza construtiva e econômica, dividi-la em duas camadas, criando-se, assim, uma sub-base, geralmente de menor custo.

As bases podem ser constituídas por solo estabilizado naturalmente, misturas de solos e agregados (solo-brita), brita graduada, brita graduada tratada com cimento, solo estabilizado quimicamente com ligante hidráulico ou asfáltico, concretos etc. Para as sub-bases, podem ser utilizados os mesmos materiais citados para o caso das bases. No caso de solos estabilizados quimicamente, de maneira geral, os consumos de agentes aglomerantes são pequenos.

Um aspecto importante deve ser discutido quanto ao emprego dos termos base e sub-base no caso dos pavimentos de concreto. Não é incomum engenheiros atribuírem o nome de sub-base à camada subjacente a uma placa de CCP. A razão de tal fato reside em uma equivocada ideia de que a placa de CCP faria o papel de revestimento e de base simultaneamente, o que não se justifica, pois o papel da base não pode ser tomado como meramente estrutural, mas também hidráulico, no caso de material granular. Além disso, criaríamos uma dificuldade em termos práticos: quando o pavimento de concreto possui duas camadas entre o revestimento e o subleito, deveríamos denominá-las por sub-base 1 e sub-base 2? O bom senso nega esta solução.

Outra justificativa para tal fato talvez seja um apego ao passado, quando então se prescrevia tal terminologia, mais em um sentido vantajoso de um pavimento de concreto "não necessitar de base"; ora, mas continuava necessitando de sub-base e, talvez, de duas sub-bases. Modernamente, nos congressos e jornais internacionais de cunho científico, o termo base é empregado indistintamente para aquela camada subjacente à placa de concreto, razão pela qual se adota aqui essa terminologia. Assim, para finalidades didáticas gerais, sempre a base está abaixo do revestimento do pavimento e, quando necessária, a sub-base está imediatamente abaixo da camada de base (Figura 2.4).

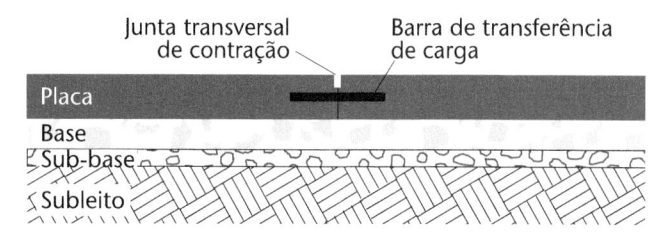

Fig. 2.4 *Seção longitudinal típica de um pavimento de concreto simples*

A ENFADONHA QUESTÃO SOBRE "PAVIMENTOS ECOLÓGICOS DRENANTES"

Pavimentos drenantes são aqueles cujo revestimento é composto por um material com elevado índice de vazios, podendo ser mistura asfáltica (chamada de camada porosa de atrito) e também concreto de cimento Portland, embora mais raro. Seu objetivo é permitir que águas pluviais sejam rapidamente eliminadas da superfície do revestimento, penetrando nessa camada de tal sorte a evitar lâmina d'água na superfície, potencial causadora de hidroplanagem, e o lançamento de jato nos vidros de veículos durante períodos chuvosos; cumprem ainda a tarefa de absorver ruídos dos veículos.

Se existisse tal tipo de revestimento (Figura 2.5), uma camada subjacente a ele deveria ser obrigatoriamente impermeável. Isso é necessário para que as camadas granulares e de subleito não fiquem saturadas, pois perderiam de maneira expressiva sua resistência, causando ruína precoce das estruturas de pavimento. Além disso, desencadearia um processo de degradação conhecido por bombeamento de finos do subleito para as camadas superiores, que, além de ampliar as perdas de capacidade do pavimento, acabaria por colmatar os vazios da camada porosa superficial, obstruindo sua função drenante.

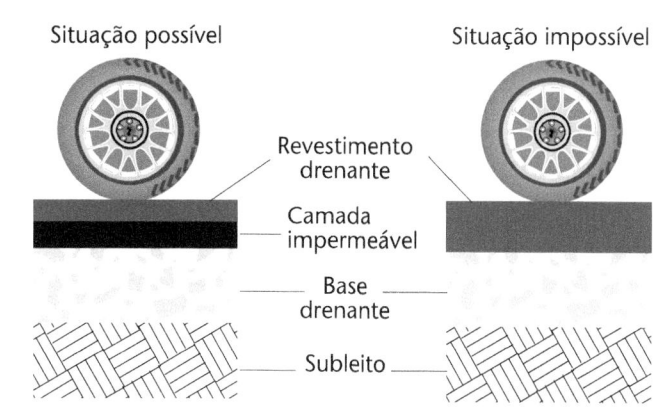

Fig. 2.5 *Situações de drenagem superficial no revestimento do pavimento*

2.1.5 Imprimações entre camadas

Entre muitas das camadas de pavimento mencionadas, faz-se necessária a execução de um filme asfáltico, que será denominado "pintura de ligação" (com função de aderir uma camada à outra) ou "imprimação impermeabilizante" (com a função de impermeabilizar uma camada de solo ou granular antes do lançamento da camada superior). Entre quaisquer camadas de revestimento asfáltico, sempre é aplicada uma pintura de ligação. As pinturas de ligação são aplicadas com emulsões asfálticas, e as imprimações impermeabilizantes, com asfaltos diluídos.

2.2 Nomenclatura Técnica dos Materiais de Camadas dos Pavimentos

Existem incontáveis possibilidades de formulação e elaboração de materiais de pavimentação, considerando as peculiaridades regionais de cada obra viária. Portanto, o objetivo aqui não será esgotá-las, mas, precisamente, apontar os tipos mais comuns e genéricos de materiais de pavimentação, entre os quais poderiam ser encaixadas muitas das outras inúmeras possibilidades existentes.

No Quadro 2.2 são apresentados os tipos mais comuns de materiais encontrados nas camadas de pavimentos, com sua respectiva abreviatura normalmente empregada no meio rodoviário. No Quadro 2.3 são apresentadas as aplicações desses materiais em diferentes camadas de pavimentos. As seguintes generalidades devem ser consideradas na assimilação da terminologia empregada:

- As expressões *concreto betuminoso usinado a quente* (CBUQ) ou simplesmente *concreto asfáltico* são intercambiáveis em senso comum; há, atualmente, tendência no emprego da expressão *concreto asfáltico usinado a quente*, conforme novo conjunto de normas oficiais da Secretaria de Infraestrutura Urbana da Prefeitura de São Paulo.
- Para os concretos asfálticos, qualquer que seja a designação empregada, pode ser exigida a complementação "modificado com polímeros". Na atualidade, tem-se empregado apenas *concreto asfáltico modificado com polímeros*. Podem surgir termos complementares, como "modificado com EVA", entre outros.
- O *stone matrix* (ou *mastic*) *asphalt* é também um concreto asfáltico usinado a quente.
- *Camada porosa de atrito* é também um concreto asfáltico usinado a quente, porém com estrutura mais aberta e porosa.
- *Concreto de alto desempenho* é derivado do inglês *high performance concrete*, e foi empregado para grandes estruturas na década de 1990; no entanto, em termos de pavimentação, a expressão "concreto de elevada resistência" seria mais específica quanto ao tipo de especialidade desse concreto.
- *Solos lateríticos concrecionados* recebem, em diversas áreas do Brasil, denominações regionais, como, por exemplo, *laterita*, *canga* e *piçarra*.
- *Solos saprolíticos* são materiais de decomposição de rocha (solo residual ainda jovem) de natureza granular e que muitas vezes são denominados *saibro* ou *cascalho*, dependendo da região. Extremamente comum de serem encontrados em regiões costeiras no Brasil, como no litoral catarinense e no Estado do Espírito Santo, bem como no nordeste de Minas Gerais e sul da Bahia.
- Genericamente, um pavimento poderá possuir várias camadas com misturas asfálticas, incluindo sua base e sub-base.

Quadro 2.2 *Materiais mais comuns em pavimentação*

TIPO DE MATERIAL OU MISTURA	NOMENCLATURA	ABREVIATURA
Asfálticos	Camada porosa de atrito	CPA
	Concreto asfáltico usinado a quente	CAUQ
	Concreto betuminoso usinado a quente	CBUQ
	Concreto asfáltico usinado a frio	CAUF
	Concreto asfáltico modificado com polímeros	CAMP
	Concreto asfáltico modificado com borracha	CAMB
	Lama asfáltica	LA
	Macadame betuminoso	MB
	Microconcreto asfáltico	MCA
	Pré-misturado a frio	PMF
	Pré-misturado a quente	PMQ
	Solo-betume	SB
	Stone matrix (ou *mastic*) *asphalt*	SMA
	Tratamento superficial duplo	TSD
	Tratamento superficial simples	TSS
	Tratamento superficial triplo	TST
	Pintura de ligação	LIG
	Imprimação impermeabilizante	IMP
	Tratamento antipó	TAP
Concretos	Blocos pré-moldados de concreto	BLO
	Concreto autonivelante	CAN
	Concreto compactado com rolo	CCR
	Concreto de cimento Portland	CCP
	Concreto de alto desempenho	CAD
	Concreto de elevada resistência	CER
	Placas de concreto pré-moldadas	CPM
	Concreto armado	CAR
	Concreto protendido	CPT
Cimentados	Brita graduada tratada com cimento	BGTC
	Solo melhorado com cimento	SMC
	Solo-brita-cimento	SBC
	Solo-cimento	SC
	Solo-cal	SCA
Granulares e solos	Bica corrida	BC
	Brita graduada simples	BGS
	Escória	ESC
	Macadame hidráulico	MH
	Macadame seco	MS
	Paralelepípedo	PAR
	Solo arenoso fino laterítico	SAFL
	Solo argiloso laterítico	SAL
	Solo laterítico concrecionado	SLC
	Solo-brita ou solo-agregado	SB
	Solo saprolítico	SS
	Agregado reciclado de entulho de construção e de demolição	RCD
	Camada final de terraplenagem	CFT

Quadro 2.3 *Aplicações dos materiais em camadas de pavimentos*

CAMADA	ASFÁLTICOS	CONCRETOS	CIMENTADOS	GRANULARES E SOLOS
Revestimento	CAUQ CAUF CAMP CAMB CPA LA MCA PMF PMQ SMA TSD TSS TST	BLO CAN CCR CCP CER CPM CAD CAR CPT	Não se aplicam	PAR Tratamento primário com cravação de brita ou cascalho sem controle de granulometria
Base	MB PMF PMQ SB CAUQ CAUF CAMP	CCR CCP CAR CPT	BGTC SBC SC SCA	BC BGS MH MS SAFL SAL SLC SS SB RCD
Sub-base	SB MB CAUQ CAMP CAUF	Não se aplicam	BGTC SMC SBC SC SCA	BC BGS MH MS SAFL SAL SLC SS SB RCD
Reforço do subleito	Não se aplicam	Não se aplicam	SMC SCA	SAFL SAL SLC SS SB RCD
Subleito	Não se aplicam	Não se aplicam	Não se aplicam	CFT

2.3 AGORA É A SUA VEZ

1. Confira, em seu município ou Estado, quais são os materiais de pavimentação empregados pela agência viária (uma forma é consultar a tabela de preços para concorrências do órgão em questão na internet).

2. Procure verificar quais materiais de pavimentação alternativos vêm sendo aplicados pela prefeitura de sua cidade.

3. Procure conhecer, na Secretaria de Infraestrutura, de Obras ou de Vias Públicas de seu município, como tem sido realizada a reciclagem e triagem de agregados de construção e de demolição para emprego posterior em outras obras.

4. Verifique em quais camadas de pavimentos os agregados reciclados têm sido empregados.

5. Pesquise se tais agregados poderão ser empregados para a preparação de misturas asfálticas e de materiais estabilizados com cimento ou concreto.

6. Faça tabelas complementares aos Quadros 2.2 e 2.3 para os materiais empregados em seu Estado ou município.

7. Procure saber o que são os fresados de misturas asfálticas e como vêm sendo empregados em seu município.

Bases Classificatórias das Estruturas de Pavimentos

3.1 Imprecisões das Classificações Tradicionais

Em engenharia, as tentativas de classificações e definições encontram-se, muitas vezes, tão crivadas de limitações que acabam se tornando ineficientes, sendo então preferível e até desejável não impor definições muito rígidas, mas apontar limitações de utilização de um dado termo ou expressão.

Esse é o caso da classificação das estruturas de pavimentos, considerada a inexistência de definições clássicas absolutamente coerentes, o que leva a aparentes divergências em tentativas de classificação emanadas por técnicos da área rodoviária. Na década de 1980, tentativas práticas no meio profissional de encarar tal questão esbarraram no engano de tentar aplicar definições supostamente racionais. O termo "racional" referia-se, então, a uma abordagem em termos de efeitos e consequências das ações em estruturas de pavimentos.

Para exemplificar, era comum dizer-se que definições "teóricas" ou "racionais" eram mediadas, para pavimentos asfálticos com bases tratadas com cimento, em supostos fatos (antes, versões) de que essas estruturas possuem um componente peculiar que lhes confere uma camada "fortemente resistente à tração". No entanto, isso gera incorreções de certa forma graves, tendo em vista que não indicam expressamente qual seria a magnitude dessa resistência.

Aliás, se colocada tal magnitude em termos comparativos com a de outro material tradicional em engenharia civil, o concreto de cimento Portland, não se afirmaria com frequência que materiais estabilizados com ligantes hidráulicos são fortemente resistentes à tração.

No Reino Unido, Croney e Croney (1991) não apresentam a expressão "pavimento semirrígido" como diferenciadora de estruturas clássicas de pavimentos; usam apenas os termos "rígido", que obriga a presença de revestimento em concreto de cimento Portland, e "flexível", que sempre comportaria um revestimento asfáltico, de modo que o uso de um deles elimina a hipótese restante. Os pavimentos seriam, então, ou flexíveis ou rígidos.

Yoder e Witczak (1975), nos EUA, também se restringem aos termos rígido e flexível, apresentando definições similares de tal sorte que, ao tentar-se produzir um texto acadêmico ou em discussão no meio profissional, tratando-se, por exemplo, de um pavimento do tipo composto ou semirrígido, dadas as definições desses dois clássicos da literatura internacional, ressente-se da ausência de um sólido apoio, parecendo que outros conceitos são intangíveis ou não correspondem a algo real, encaminhando-se a questão a reducionismos típicos.

Assim, a tarefa de definir e classificar deixa de ser primária, permitindo-se incorrer, muitas vezes, em diversas terminologias não universais, confusas e com muitas redundâncias, o que não é absolutamente didático. Exemplos dessas situações são discutidos na sequência.

Um pavimento com revestimento asfáltico e base de solo-cimento é chamado, na nomenclatura internacional, de semirrígido. No meio profissional e mesmo acadêmico, vez ou outra, há quem conteste o uso desse termo, com base em assertivas da seguinte espécie: "uma janela ou encontra-se aberta ou fechada; não pode estar semiaberta ou semifechada". Argumentos desse tipo ou com outros sofismas podem até mesmo não encontrar respaldo na Filologia, além, evidentemente, de não resolverem uma questão mais séria e de natureza de Engenharia.

Outra tentativa de terminologia ou classificação que parece fugir do problema estrutural e mecânico é argumentar que a definição não deve ser realizada pela estrutura como um todo, aplicando-se os termos rígido ou flexível às camadas, independentemente. Assim, seria possível dizer, por exemplo, que um pavimento qualquer é composto por um revestimento flexível e uma base rígida, ou vice-versa. Nessa linha de raciocínio, dir-se-ia que o revestimento é rígido se for de concreto de cimento Portland e que é flexível se de mistura asfáltica, por exemplo. A base é rígida se composta por material tratado com cimento e flexível, se de material granular.

Embora atrativa, se se tomar a Ciência dos Materiais para a mediação do problema, recair-se-á em situações duvidosas, se não contraditórias. Por exemplo, a rigidez de um material não se explica apenas por suas constantes elásticas mais comuns, como o módulo de elasticidade e o coeficiente de Poisson. Medidas mais complexas, como a deformação de ruptura, para a estimativa da fragilidade do material, bem como de sua tenacidade, para estimativa da resistência após fissuração do material, devem ser consideradas na elaboração do problema, de modo que não ocorram confusões sobre a rigidez de uma mistura de solo-cimento com um concreto compactado com rolo, pois essas generalizações são inaceitáveis.

3.2 Mediação entre Rigidez e Flexibilidade

Ao retomar a dificuldade anteriormente mencionada sobre o que é uma estrutura de pavimento com resposta estrutural rígida ou flexível, é necessário, em uma época de inúmeras inovações de materiais, adotar medidas laboratoriais e de pista e também métodos teóricos de cálculo, além de permitir-se a recepção de classificações mais abrangentes e, no mínimo, mais consistentes. Assim, seria interessante enfrentar o problema tomando as contradições das definições típicas e clássicas conforme já referidas. Para isso, seguem exemplos reais de pista.

Empregar a expressão "pavimento rígido" ainda é a predileção de muitos arautos dos pavimentos de concreto. Será que, na prática, essa preferência se sustenta? Existem fortes razões que nos fazem acreditar que não. São vários os exemplos contrários ao emprego exclusivo da expressão "pavimento rígido" para pavimentos com concreto de cimento Portland no revestimento.

Embora não usem essa expressão para caracterizar um pavimento em termos classificatórios, Yoder e Witczak (1975) fornecem uma clara diretriz que pode ser tomada quando discutem a diferença mais expressiva entre pavimentos rígidos e flexíveis, que é a forma como cada qual distribui os esforços sobre si aplicados no solo da fundação (subleito).

Enquanto uma dada carga atuante sobre um pavimento flexível impõe nessa estrutura um campo de tensões muito concentrado, nas proximidades do ponto de aplicação dessa carga (Figura 3.1), em um pavimento rígido, verifica-se um campo de tensões bem mais disperso, com os efeitos da carga distribuídos de maneira semelhante em toda a dimensão da placa (Figura 3.2), o que proporciona menores magnitudes de esforços verticais (pressões) sobre o subleito. Assim, em linhas gerais, um pavimento com resposta mecânica rígida impõe pressões bem mais reduzidas sobre o subleito, para uma mesma carga aplicada. Qualquer simulação de programas de camadas elásticas levaria o leitor a essa conclusão.

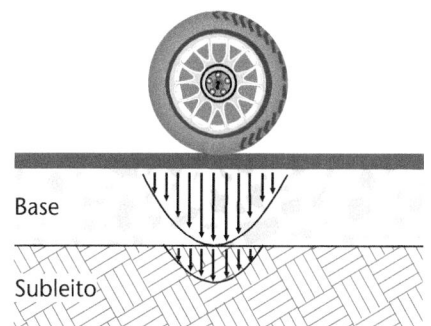

Fig. 3.1 *Resposta mecânica de pavimento flexível: pressões concentradas*

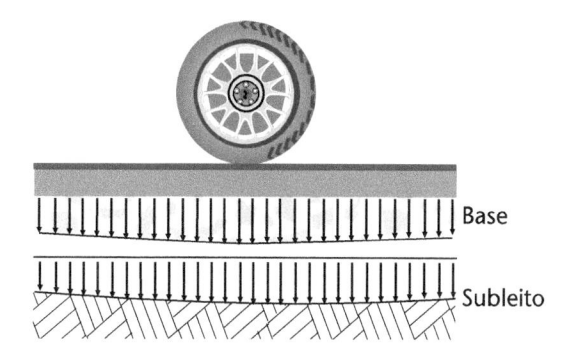

Fig. 3.2 *Resposta mecânica de pavimento rígido: pressões distribuídas*

3.3 Pavimento Asfáltico que se Torna Rígido

Existe um tipo de pavimento que, embora bastante desconhecido no Brasil, foi empregado exaustivamente nas décadas de 1970 e 1980, nos Estados do norte dos EUA (os mais frios), na tentativa de obter-se resultados mais longevos para os pavimentos asfálticos. Na língua inglesa, a expressão *full depth asphalt pavement* foi cunhada para designar um pavimento asfáltico composto integralmente por camadas de misturas asfálticas, fosse revestimento, base, ou sub-base, sobre o subleito (Figura 3.3).

As misturas asfálticas herdam as propriedades reológicas dos asfaltos, que são materiais viscoelastoplásticos e termoplásticos, cuja elasticidade se altera em função da temperatura, por força da mudança da viscosidade do material em várias condições térmicas. Assim, quando a temperatura atinge aproximadamente 65ºC, em asfaltos comuns, chega-se a um estágio que é conhecido como ponto de

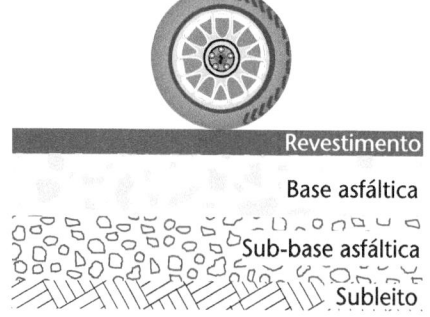

Fig. 3.3 *Pavimento do tipo* full depth asphalt pavement

amolecimento, e o material entra, então, em fluxo viscoso. Há, no sentido oposto, um ponto denominado vitrificação, ou seja, em que o asfalto se torna frágil, o que ocorre a temperaturas muito baixas. A propósito, os modificadores, como os polímeros, atuam na estrutura interna dos asfaltos, alterando tais pontos de amolecimento e de vitrificação, como veremos em capítulo específico.

No entanto, os asfaltos, tendo sua viscosidade muito aumentada devido à queda de temperatura, apresentam um incremento expressivo em seu módulo de elasticidade ou de resiliência, atingindo valores de oito a dez vezes superiores àqueles encontrados em temperaturas convencionais de testes em laboratório (25°C). Isso significa que as propriedades elásticas dos asfaltos aproximam-se francamente de valores comumente encontrados em misturas cimentadas (britas graduadas tratadas com cimento, solo-cimento) e até mesmo de concretos (compactados ou vibrados). Digamos que, partindo de 3.000 MPa, o valor do módulo de resiliência atingiria 25.000 MPa, quando a temperatura é muito baixa, típica de invernos gelados nas regiões de clima temperado.

Essa alteração, que ocorre anualmente em rodovias em climas frios, implica uma contração bastante importante da massa asfáltica como um todo, que tem como consequência o surgimento de fissuras transversais na pista de rolamento, afastadas entre si de 5 m a 10 m. Situações dessa natureza requerem medidas de manutenção preventiva anuais nesses pavimentos (selagem de fissuras), o que, afortunadamente, não ocorre em nosso país, quente e úmido.

Ora, a combinação das fissuras mencionadas, de espessuras de mais de 300 mm de misturas asfálticas, com valores de módulo de elasticidade tão elevados resulta em verdadeiras placas de concreto asfáltico, muito rígidas, que correspondem exatamente a placas de concreto de cimento Portland. São placas rígidas, sem amenidades. De fato, quem percorre tais pavimentos sente solavancos em cada junta, como nos antigos pavimentos de concreto, nos quais não se empregavam as barras de transferência de cargas nessas juntas transversais. Portanto, após sofrerem fissuração, essas placas rígidas de concreto asfáltico sofrem escalonamento no decorrer do tempo, dificultando a manutenção dos pavimentos.

Como consequência desse processo, quando ocorre queda de temperatura da água presente no subleito (o período de chuvas ocorre no inverno, em climas temperados), que resulta no congelamento e, portanto, no enrijecimento do subleito, o pavimento torna-se tipicamente rígido, com baixíssimas deflexões medidas durante os invernos, exatamente como sempre respondem mecanicamente os pavimentos de concreto: com baixa deformabilidade.

3.4 Pavimento Asfáltico Perpétuo

Esse termo soa como uma digressão, pois não há pavimentação que, primeiro, não exija manutenção e, segundo, seja perpétua. Isso seria o sonho de todo administrador público; contudo, isso não existe. O que existe, de fato, é uma grande evolução no conceito de pavimento tipo *full depth asphalt pavement* em relação à solução concebida há mais de quatro décadas.

O conceito de pavimento asfáltico perpétuo foi densamente explorado na circular 503 do *Transportation Research Board* (Newcomb et al., 2001), apresentada ao público em dezembro de 2001, após consolidados 13 anos de experimentação em verdadeira grandeza desse tipo de pavimento, que pudesse fazer frente à degradação rápida em rodovias de elevado volume de tráfego (considerada a ação ambiental simultânea). Incluíam-se nesse processo de degradação o controle de fadiga de misturas asfálticas, o controle de deformações plásticas na camada de rolamento em mistura asfáltica e a construção de camadas de sub-base que pudessem apresentar comportamento satisfatório quanto à ação de gelo e desgelo na estrutura, ou seja, alternativa para materiais granulares suscetíveis à saturação e ao bombeamento de materiais finos.

Dentro de tal conceito inovador, os experimentos resultaram na indicação de um pavimento completamente formado por camadas de misturas asfálticas, da sub-base ao revestimento, que comportaria os seguintes conceitos e tecnologias em misturas asfálticas, diferentemente do emprego de misturas asfálticas convencionais da década de 1960:

- ◆ Revestimento altamente resistente ao cisalhamento e, portanto, às deformações plásticas, para fazer frente ao tráfego pesado, com durabilidade superior a 12 anos (após esse período, fresagem e reforço), desde que alvo de manutenção preventiva entre o oitavo e o décimo ano de uso, papel que caberia a misturas do tipo SMA, preferencialmente.
- ◆ Base em mistura asfáltica densa, com elevado módulo de elasticidade, que, atuando mais em forma de placa (no clima temperado, em função de fissuras de retração, ainda que bastante espaçadas entre si quando em misturas asfálticas) que como camada elástica e flexível, contribua para evitar estados de tensão mais importantes na camada de revestimento.
- ◆ Sub-base em mistura asfáltica bastante flexível, preferencialmente elaborada com asfaltos que incorporam polímeros, que, nesse caso, dadas suas características, poderia ser uma camada mais flexível e resistente à fadiga (mais elástica e flexível).

As espessuras recorrentes nos experimentos relatados apontam para revestimentos de 40 mm a 75 mm, bases de 100 mm a 180 mm e sub-bases de 75 mm a 100 mm (Newcomb et al., 2001). É evidente que tal tipo de pavimento representa uma evolução considerável sobre o antigo conceito de *full depth asphalt pavement* lançado pelo Instituto do Asfalto dos EUA, na década de 1960. Com esse tipo de solução, objetiva-se a construção de pavimentos asfálticos de alto desempenho, que possam ter uma durabilidade de mais de 40 anos, apenas com três atividades de reforço estrutural nesse período, garantidos os trabalhos de manutenção preventiva com aplicação de camada de microconcreto asfáltico.

Embora o documento (Newcomb et al., 2001) não aborde as considerações que se seguem, é importante pontuar o porquê dessa solução, moderna e estruturalmente comedida, porém baseada em um conceito já anterior à década de 1950. Sabe-se que a presença de uma camada de base com material de elevada rigidez e apenas de uma base, em geral estabilizada com cimento Portland ou mesmo com concreto (convencional ou magro, compactado com rolos, nesse caso), tem como resultado mais notável para o desempenho do pavimento exatamente a minimização da ocorrência de trilhas de roda, em especial durante a fase em que a base rígida responde no domínio elástico.

Enfim, o pavimento perpétuo é, na realidade, um pavimento que apresenta baixa deformabilidade, devido à rigidez de sua base asfáltica especial. Durante o inverno, as camadas de revestimento e de sub-base adquirem rigidez maior ainda, conferindo à estrutura uma resposta mecânica como placa, sob ação de cargas externas dos veículos. Em decorrência, tem-se então um pavimento tipicamente rígido em sua resposta estrutural.

3.5 Caso Insolúvel do Pavimento Semirrígido: uma Solução

Quanto à questão do termo semirrígido, mesmo que à primeira vista a tarefa se vislumbre como quase impossível, a especulação mecânica experimental e intuitiva conduz à possibilidade de indicar os limites do uso do termo, percorrendo-se alguns caminhos já conhecidos e fixando-se algumas ideias básicas.

Um pavimento semirrígido, que deve possuir revestimento asfáltico e uma camada composta por material estabilizado com ligante hidráulico – sendo excluída, nesse caso, a possibilidade de uma camada em qualquer tipo de concreto –, deveria, intuitivamente falando, apresentar um comportamento a meio caminho entre pavimentos flexíveis e rígidos. Isso porque estabilização de solos e de britas com ligantes hidráulicos não concedem características de rigidez, como a fragilidade e a tenacidade típica dos concretos, embora possam produzir módulos de elasticidade até semelhantes ao concreto, porém superiores algumas múltiplas unidades àqueles típicos dos concretos asfálticos.

Esse conceito intuitivo é confirmado pelos experimentos realizados por Childs e Nussbaum (1962), nos laboratórios da Portland Cement Association (PCA). Esses pesquisadores apresentaram dados bastante esclarecedores sobre a capacidade de difusão de tensões sobre o subleito, inerentes às bases estabilizadas com ligantes hidráulicos, seja o material básico constituído de solo fino, seja de agregados, bem ou malgraduados.

Tais experimentos, realizados em escala real, mostraram que tensões transmitidas ao subleito por cargas idênticas eram equivalentes para as espessuras de 0,25 m de material granular (agregados) não estabilizado e de 0,10 m de misturas cimentadas, o que reflete a grande capacidade destas últimas no que concerne à difusão de pressões sobre o subleito.

Outra noção óbvia é que, ao adicionar um ligante hidráulico a um material de pavimentação, este, com o endurecimento da pasta de cimento, passa a resistir a esforços de tração, além de ter evidentes ganhos de resistência à compressão, tudo como consequência da presença do cimento hidratado.

Cabe, nesse ponto, recordar ainda que os teores de cimento utilizados em estabilização de materiais de pavimentação são sensivelmente inferiores àqueles encontrados no concreto de cimento Portland (em BGTC, por exemplo, o consumo atinge no máximo 70 kg/m^3, contra um mínimo aproximado de 110 kg/m^3 em concretos compactados com rolo). Essa é mais uma razão para acreditar que em estabilização opera-se entre os limites de estruturas flexíveis e rígidas.

Diante dos fatos expostos, não é incabível a tentativa de se utilizar o prefixo "semi" para expressar algo que não se encontra em extremos bem definidos, mas entre tais extremos. Isso conduz também a uma grande dificuldade de classificação; prova disso são as tentativas de não se definir a estrutura de pavimento como um todo, mas sim por meio de suas camadas componentes, diferenciando-se os materiais adotados como rígidos ou flexíveis. Em nosso entendimento, isso não resolve de forma apropriada a questão.

Surge, em meio a essas ideias, outra dificuldade para o enquadramento dos pavimentos semirrígidos: trata-se das práticas francesa e americana de utilizar camadas de reforço para a manutenção de pavimentos originalmente flexíveis, constituídas de materiais estabilizados com ligantes hidráulicos. Tal prática modifica a forma de comportamento do pavimento original. A dificuldade consiste no fato de que, tradicionalmente, o termo semirrígido é empregado para designar pavimentos novos. Como então enquadrar os pavimentos restaurados de acordo com a técnica mencionada?

Acrescentando ainda outra situação encontrada na literatura rodoviária internacional, como enquadrar pavimentos que possuem uma camada constituída de material estabilizado com ligante hidráulico que, entretanto, não é a camada de base do pavimento? As situações possíveis para estruturas de pavimentos com camadas de materiais estabilizados com ligantes hidráulicos, discutidas anteriormente, são apresentadas na Figura 3.4, cuja observação propicia alguns comentários de natureza pragmática.

A princípio, o caso A ilustrado na Figura 3.4 seria a típica estrutura de pavimento semirrígido na acepção do termo, como é designado pelos técnicos rodoviários. Basta fazer a ressalva de que a sub-base desse pavimento poderia também ser constituída de material estabilizado com ligante hidráulico, não prejudicando o emprego da expressão. Esse pavimento semirrígido fica bem definido ao ser classificado como pavimento semirrígido convencional.

Já no caso B, o material estabilizado com ligante hidráulico é encontrado na sub-base do pavimento, sendo a base composta por material estabilizado com ligante betuminoso. Na literatura técnica, tal estrutura é, por vezes, designada como híbrida ou mista. Assim, a classificação como pavimento semirrígido híbrido nos parece bastante apropriada.

No caso C, a presença de base granular sobre a sub-base estabilizada sugere o emprego da expressão pavimento invertido, ou ainda, "em sanduíche", para distingui-lo dos demais pavimentos. Não se prescinde, todavia, do termo semirrígido, o que o encaminha para a nomenclatura de pavimento semirrígido invertido.

Por fim, o caso D indica uma estrutura de pavimento composta por um antigo pavimento flexível ou semirrígido, restaurada com a sobreposição de outras camadas (que não concreto), incluída uma camada de material estabilizado com ligante hidráulico, para a qual não existe uma denominação consagrada. Em todas as situações mencionadas, julga-se estar diante de estruturas semirrígidas de pavimentos, já que não se pode classificá-las adequadamente como flexíveis ou rígidas.

Caso A
Estrutura semirrígida tradicional

Camada	Material
Revestimento	Mistura betuminosa
Base	Material estabilizado com ligante hidráulico
Sub-base	Material não estabilizado ou estabilizado com ligante hidráulico
Subleito	

Caso B
Estrutura semirrígida híbrida ou mista

Camada	Material
Revestimento	Mistura betuminosa
Base	Material estabilizado com ligante betuminoso
Sub-base	Material estabilizado com ligante hidráulico
Subleito	

Caso C
Estrutura semirrígida invertida

Camada	Material
Revestimento	Mistura betuminosa
Base	Material não estabilizado
Sub-base	Material estabilizado com ligante hidráulico
Subleito	

Caso D
Estrutura semirrígida após reabilitação

Camada	Material
Novo revestimento	Mistura betuminosa
Camada de ligação	Material estabilizado com ligante hidráulico
Pavimento flexível original	

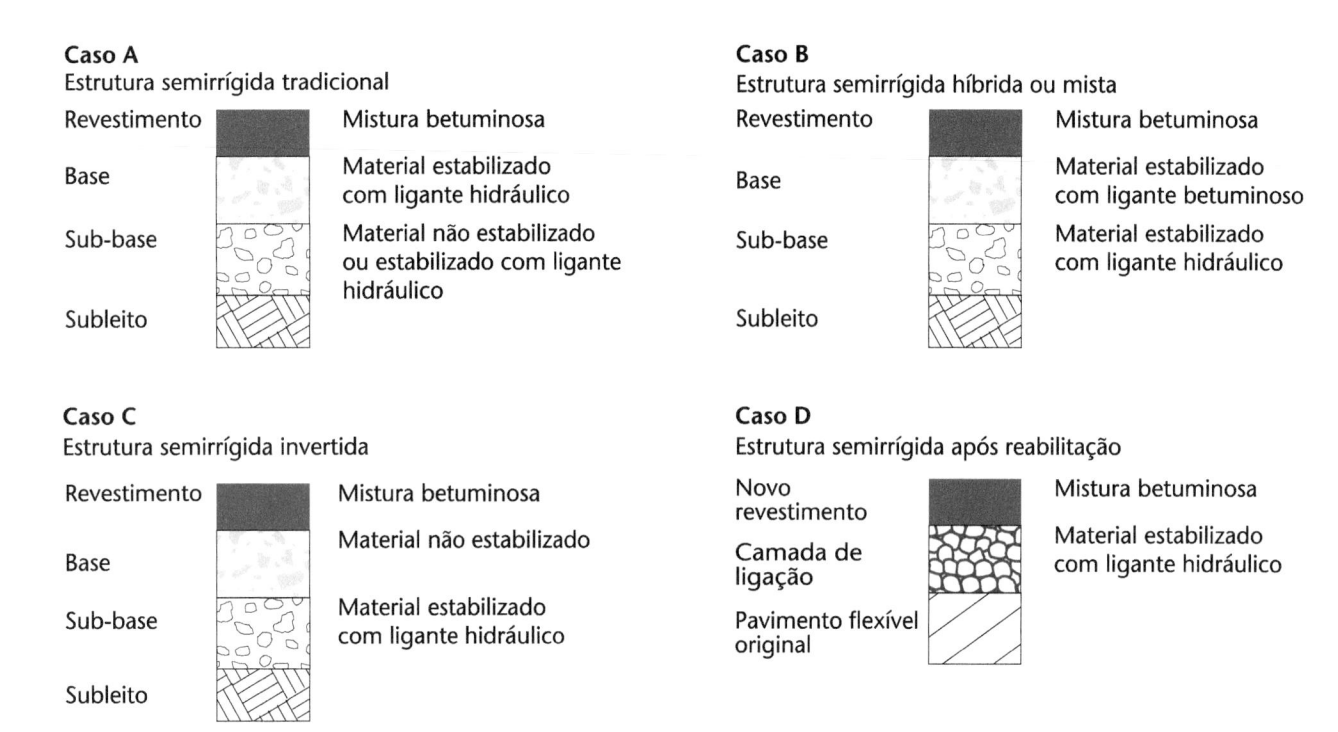

Fig. 3.4 *Diversos tipos de pavimentos semirrígidos*

Diante das evidentes dificuldades, preferimos considerar que, conforme consagração técnica internacional, a expressão "pavimento semirrígido" é plenamente aplicável àqueles pavimentos constituídos por revestimento betuminoso, que, em suas estruturas, apresentam, no mínimo, uma camada de material estabilizado ou tratado com ligante hidráulico (Piarc, 1991), o que lhe confere um comportamento sensivelmente diferenciado dos pavimentos flexíveis com relação à distribuição de tensões sobre o subleito. No entanto, para melhor delimitar o emprego da expressão, é preciso eliminar os casos de pavimentos que porventura apresentem uma camada de concreto de cimento Portland, vibrado ou compactado, pois o termo rígido seria então aplicável conforme as reflexões aqui apresentadas.

É conveniente, para finalizar os comentários sobre esse tipo de pavimento, recordar que as misturas estabilizadas com ligantes hidráulicos sofrem um intenso e rápido processo de fadiga, em comparação aos concretos, devido à sua natureza quase frágil, sujeita à fluência ao longo de ciclos repetidos de carregamento e com tenacidade sofrível, características bastante associadas às matrizes muito heterogêneas dos materiais tratados com cimento (Balbo, 2005). Por essa razão, sofrem intensa fissuração e perdem rapidamente a rigidez, com excessiva nucleação de fratura em sua estrutura interna. Assim, um pavimento semirrígido hoje, quando construído, será um pavimento com respostas flexíveis dentro de algum tempo.

3.6 Pavimento de Concreto que não é Rígido

Whitetopping ultradelgado é o pavimento resultante do processo de restauração de um pavimento asfáltico existente, que não apresente fissuras de fadiga importantes, com a aplicação de uma camada de concreto de alto desempenho (elevada resistência), de espessura entre 50 mm e 100 mm, sobre a superfície asfáltica devidamente fresada, para garantia de ancoragem entre ambas as camadas: o novo revestimento em concreto e a camada de rolamento asfáltica preexistente.

A ideia mais profunda, nesse caso, é a obtenção de uma ação composta, quando ambas as camadas estarão sujeitas a esforços de tração na flexão, dividindo entre si a tarefa de difundir os esforços oriundos das cargas do tráfego. Note bem que se fala em ação composta e obrigatória, o que exige a exclusão de situações inversas, quando apenas a camada de concreto resiste aos esforços de flexão, ou ainda quando, estando não aderidas, as camadas de concreto e asfáltica apresentam uma linha neutra cada uma, independentes entre si. Nesse último caso, sem dúvida, há cooperação da camada asfáltica inferior; todavia, uma cooperação praticamente inócua. Na Figura 3.5, procurou-se ilustrar tais ideias.

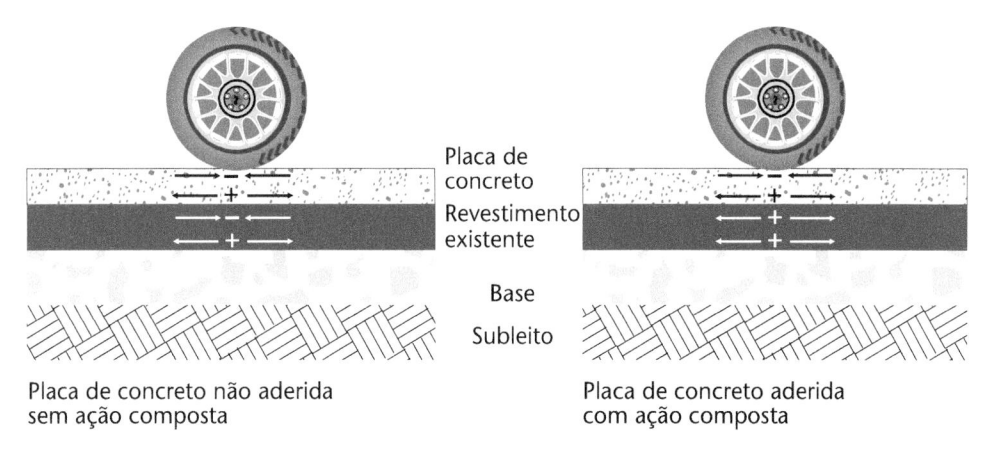

Fig. 3.5 *Possíveis ações de distribuição de esforços horizontais entre placas de concreto e camadas de misturas asfálticas*

Com base na terminologia tradicional, em termos de classificação de pavimentos, incorrer-se-ia no caso de se admitir, *a priori*, que o pavimento desse tipo seria rígido, considerando-se o fato complementar de que o concreto empregado, se do tipo de alto desempenho, apresenta módulo de elasticidade mínimo de 35.000 MPa. Experimentos em verdadeira grandeza, conduzidos por Pereira e Balbo (2004), trouxeram informações bastante divergentes dessa tendência. Na Figura 3.6 são apresentadas as linhas de influência longitudinais de carga sobre um pavimento asfáltico antes (CA) e após a restauração (seções A e B) com o emprego de *whitetopping* ultradelgado.

Verifica-se claramente que, por comparação a pavimentos flexíveis, rígidos e semirrígidos, as deflexões após a restauração foram modificadas nos seguintes termos:

◆ Ocorreram reduções de cerca de 50% em relação às deflexões anteriores à restauração com o revestimento com concreto de alto desempenho, denotando um efeito de reforço estrutural apresentado pela nova camada de revestimento em concreto de elevada rigidez.

◆ A forma das deflexões originais nessa bacia de deflexões era típica de um pavimento flexível; após restauração, os esforços verticais nas proximidades da zona de aplicação de carga sofreram muita redução, resultando em linhas de deflexões típicas de pavimentos semirrígidos.

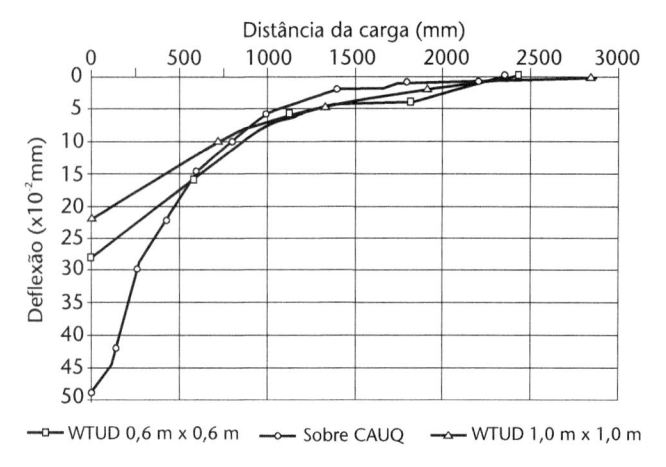

Fig. 3.6 *Deflexões apuradas em* whitetopping *ultradelgado no campus da USP, em São Paulo*

De qualquer maneira, as deflexões resultantes foram ainda elevadas (superiores a 20 centésimos de mm), para um pavimento rígido; a forma das bacias ainda se distancia daquela típica de pavimentos rígidos. Em consequência de tal fato, mecanicamente, a resposta estrutural do *whitetopping* ultradelgado não resultou rígida, o que impede o pavimento de ser classificado como rígido, embora um concreto muito rígido seja o novo revestimento, de modo que a definição tradicional não se aplica e torna-se um tanto sofista.

A razão principal para tal comportamento consiste na distância ou no espaçamento entre as juntas do concreto, que não ultrapassam 1 m em ambas as direções, transversal e longitudinal, gerando ou aproximando-se, assim, de um sistema de pavimento em blocos, no qual praticamente não há transferência de cargas entre juntas, e toda a pressão aplicada sobre uma placa pequena é distribuída apenas sob a área dessa placa. A flexibilidade diminuiu; contudo, não é uma estrutura rígida na acepção do termo.

3.7 Pavimento de Concreto Restaurado é Rígido?

Um caso bastante comum em algumas capitais brasileiras, que, no passado (até meio século atrás), desenvolveram suas infraestruturas viárias com o emprego intensivo de pavimentos de concreto moldados *in loco* (Porto Alegre, Recife, São Paulo), é o revestimento asfáltico como camada de rolamento sobre os antigos pavimentos de concreto.

Segundo os clássicos, ao olhar um pavimento nessas condições, identificando-se a mistura asfáltica como camada de rolamento, tem-se, por indução, que o pavimento é flexível. Correto? Errado, certamente. Apenas um termo pode ser aplicado com correção, o qual é defendido por muitas correntes de técnicos: *blacktopping*, para contrapor-se ao *whitetopping*.

3.8 Pavimento de Concreto que Pode Ser Rígido ou Flexível

O sistema de pavimentação em blocos intertravados ou articulados de concreto, embora resulte em revestimento composto de elementos pré-fabricados com concreto, conforme estudos de Knapton (1977), apresenta comportamento, como camada de revestimento, muito similar às camadas de concretos asfálticos, impondo pressões verticais nas camadas subjacentes de mesma intensidade. Evidentemente, tal fato coloca uma limitação enorme na classificação tradicional, pois os pavimentos com revestimento em blocos de concreto vão se apresentar rígidos, não pelo fato de os blocos serem de concreto, mas em função de seu tipo de base.

Se a base for de concreto, compactado ou vibrado, a resposta estrutural será rígida: baixas deflexões e baixas pressões nas camadas de fundação. Se a base for de material mais flexível, como diversos materiais granulares (britas graduadas, macadames hidráulicos, bicas corridas, solo-brita etc.), a resposta mecânica será flexível, com grandes pressões sobre a fundação.

3.9 Como Classificar o Pavimento com Base em Concreto e Revestimento Asfáltico? Um Novo Paradigma

A escola europeia de pavimentação, ao menos a ocidental, sempre deixou transparecer que o segredo de um pavimento de grande durabilidade é sua base. A questão é simples: trata-se de fazer manutenção na superfície evitando-se, ao máximo, intervenções que requeiram a remoção de uma base inservível. *Malheureusement*, essa condição está distante de existir, o que significa dizer que, um dia, o pavimento necessitará de reconstrução.

É penoso o esforço de técnicos europeus e americanos, cada vez mais exigentes, que propalam, em congressos internacionais, suas necessidades de desenvolver tecnologias de pavimentação com durabilidade mínima de 50 anos; caso contrário, não existirá orçamento que suporte as necessidades de manutenção nas próximas duas décadas.

Nesse aspecto, talvez esses engenheiros devam aprender conosco, pois construímos, por exemplo, as avenidas marginais aos rios Pinheiros e Tietê, em São Paulo, em 1967, e temos certeza de que elas hão de resistir até 2067. A quais custos de manutenção? Isso é incerto. Bastaria fazermos uma conta de 100 mm de fresagem e 100 mm de reposição, preferencialmente com concreto asfáltico modificado com polímeros, a cada cinco anos, para chegarmos lá.

Enquanto mantemos nossa tranquilidade, nossos colegas continuam ansiosos, construindo anéis rodoviários em torno de metrópoles, com bases em concreto armado e revestimentos delgados com misturas asfálticas do tipo Stone Matrix Asphalt (SMA), Camada Porosa de Atrito (CPA), Concreto Asfáltico Modificado com Polímeros (CAMP) etc. À parte nossas diferenças regionais, muitas vezes peculiares demais para o gosto de alguns (especialmente para os usuários), estas soluções novas (barbarismos) nos levam a um novo paradigma, até mesmo de natureza classificatória: esses pavimentos, com base em concreto e revestimento asfáltico, serão de concreto ou asfálticos? Serão, ainda, rígidos ou flexíveis?

Quem acompanhou atentamente as reflexões até aqui apresentadas sobre a classificação de pavimentos, provavelmente não terá dúvidas em responder à pergunta formulada. No entanto, como enquadrá-la de maneira coerente? A pergunta é pertinente, uma vez que teríamos imensa dificuldade em dizer que o pavimento é asfáltico, nesse caso, pois uma base robusta de concreto, a esta altura, seria um indicativo de que o pavimento é uma estrutura muito rígida. Permito-me aproveitar de todos os predicados pertinentes vistos anteriormente e explorá-los de modo objetivo e sucinto, conforme apresentado no Quadro 3.1.

Quadro 3.1 *Pequena digressão sobre o que é verdadeiro ou falso para pavimentos novos com revestimento em mistura asfáltica e base em concreto*

Termos para denominação	Conceitos básicos implícitos	Correspondência
Asfáltico	Revestimento asfáltico	Verdadeira
Concreto	Revestimento em concreto	Falsa
Rígido	Distribuição de pressões	Verdadeira
Flexível	Concentração de pressões	Falsa
Semirrígido	Base cimentada; excluídos os concretos	Falsa
Invertido	Camada granular intermediária	Falsa
Híbrido	Conjunto de camadas muito distintas	Verdadeira
Composto	Concreto aderido à base asfáltica ou de concreto	Falsa
Full depth asphalt	Todas as camadas em misturas asfálticas	Falsa

Em função das características indicadas, uma expressão apropriada para a denominação de pavimentos novos com essa constituição estrutural foi proposta recentemente: pavimento asfáltico rígido-híbrido (Balbo, 2005), termo que parece atender (não obrigatoriamente satisfazer) a várias correntes, pois é asfáltico (tem mistura asfáltica no revestimento), rígido (possui base em concreto muito rígido), híbrido (usa mistura asfáltica e concreto, em uma grande comunhão entre consumidores e fornecedores de vários setores da construção). Se o termo será bem aceito ou não, o futuro dirá; antes, porém, deverá surgir um grupo que sairá na frente, em uma tentativa de buscar outras soluções duradouras para pavimentação. Uma dica: comecem com a base em CCR.

3.10 Considerações Finais sobre a Classificação dos Pavimentos

Conforme já dissemos, cada tipo de pavimento apresentará, no decorrer de sua vida de serviço, diversas manifestações de defeitos bastante relacionados não somente com os tipos de material empregado, como também com os tipos de resposta mecânica observada na estrutura.

Portanto, não apenas os tipos de material, mas também o comportamento estrutural do pavimento, fornecem, conjuntamente, informações utilíssimas aos engenheiros, para que entendam os problemas técnicos de pavimentação e as formas mais adequadas de manutenção.

Para resguardarmos os conceitos relativos a materiais e estruturas, deveremos, na formulação de bases classificatórias, estar atentos aos seguintes conceitos:

- Os termos rígido e flexível dizem respeito às respostas estruturais dos materiais isoladamente e, mais importante ainda, às respostas estruturais do pavimento como um todo. Podem, portanto, descrever bem o comportamento do pavimento sob a ação de esforços externos.
- Esses termos podem ser bastante inadequados para descrever ou classificar um pavimento quando se toma o revestimento como referência, impondo-se à resposta estrutural isolada de um material (fato verdadeiro) o peso de identificar um pavimento, pois, como se discorreu,

dependendo de sua formulação e das condições climáticas vigentes em dado momento, as misturas asfálticas poderão ser bastante flexíveis ou bastante rígidas.

◆ Não há como colocar em condições idênticas, em termos de heterogeneidade da matriz e sua consequente tenacidade, concretos de cimento Portland e materiais estabilizados (tratados) com cimento. Estes últimos, por si só, não oferecem um comportamento rígido extremado ao pavimento, levando as estruturas a apresentarem comportamento intermediário.

◆ Quando se empregam as expressões *pavimento asfáltico* ou *pavimento de concreto*, delimita-se com precisão qual o tipo de material presente no revestimento (visualmente passível de classificação); não se depreende da expressão, contudo, qual seria o comportamento mecânico oferecido pela estrutura de pavimento.

Um último comentário: evite a expressão pavimento *semiflexível*. Os pavimentos de blocos pré-moldados (*precast blocks*), ou ainda, os pavimentos intertravados (*interlocked blocks*), consolidam, com essas denominações, terminologias aceitas internacionalmente. Evite sempre o não consagrado, pois, na era da internet, isso apenas distancia o conhecimento.

Para concluir, ao classificarmos um pavimento quanto às respostas estruturais, de modo coerente, devemos sempre refletir sobre as seguintes questões técnicas, simultaneamente:

◆ Quais são as reações horizontais da camada de rolamento (funcionando em tração, em compressão ou em ambas as condições)?
◆ Qual é a forma de resposta da camada de base (compressão ou flexão)?
◆ De que maneira as pressões verticais são distribuídas sobre as camadas granulares inferiores e de subleito?
◆ Se existe camada asfáltica, ela se encontra totalmente em flexão e tracionada (ou seja, não há linha neutra em sua espessura)?

3.11 Esquemas Estruturais de Distribuição de Esforços

A Figura 3.7 tem como objetivo apresentar diversos tipos de respostas estruturais em vários pavimentos, e por simplicidade e clareza, são representados tão somente os esforços horizontais típicos, de tração ou de compressão, nas proximidades de faces superiores e inferiores de cada camada dos pavimentos. Na maioria dos casos, também por simplicidade, são representadas apenas as camadas de base e de sub-base e, quando dessa maneira, tolerando uma camada de sub-base granular não indicada nas figuras, que teria suas fibras submetidas sempre a esforços de compressão.

A existência de esforços contrários no topo e no fundo de uma camada sugere a existência de uma linha neutra. Para a interpretação dos esforços, deve-se imaginar uma linha vertical imediatamente abaixo do ponto de

Pavimentação Asfáltica

aplicação de cargas. Os seguintes conceitos, de forma indutiva, podem ser estabelecidos com relação aos casos apresentados:

◆ Camadas de base granulares estão sempre submetidas à compressão por confinamento, em todas as suas fibras.
◆ Camadas de misturas asfálticas apoiadas sobre base granular ficam sujeitas à presença de linha neutra em sua espessura, ocorrendo, portanto, compressão no topo e tração no fundo do material.

Asfáltico e flexível	Semirrígido convencional ou híbrido *Blacktoppings* Asfálticos rígidos-híbridos	Concreto sobre base granular (rígido)

Concreto sobre base cimentada ou em concreto não aderida (rígido)	Compostos Concreto aderido em base cimentada ou em concreto (rígido) *Whitetoppings* aderidos	Blocos de concreto sobre base granular (concreto e flexível)

Blocos de concreto sobre base cimentada ou em concreto (concreto e rígido)	Asfáltico perpétuo (rígido)	Semirrígido invertido

Fig. 3.7 *Esforços junto das interfaces nas camadas dos pavimentos*

♦ Camadas de misturas asfálticas apoiadas sobre bases de elevada rigidez ficam submetidas, pelo menos quando não ocorrem ainda francos processos de fadiga na camada subjacente, a esforços de compressão em toda a sua altura (espessura); portanto, sem existir linha neutra na camada. Considera-se que as misturas asfálticas, nessas condições, estejam sempre aderidas às bases de elevada rigidez.

♦ Há comportamento composto entre revestimentos de concreto e bases cimentadas ou de concreto aderidas, bem como entre revestimentos de concreto e camadas de base asfálticas quando devidamente aderidas.

♦ O comportamento composto é evidente entre a camada de base e de sub-base nos pavimentos perpétuos, pois há aderência entre ambas, o que naturalmente obriga a igualdade de deformações na interface aderida.

♦ Quando ocorre comportamento composto entre duas camadas, a camada superior tem sua face inferior tracionada, e a camada inferior encontra-se, em todas as suas fibras horizontais, também tracionada.

♦ A natureza dos esforços de tração e compressão é decorrente do comportamento em flexão sob ação de cargas dos materiais tratados com ligantes asfálticos ou hidráulicos. A exceção a essa situação é o pavimento em blocos sobre base granular, onde, embora ocorra um efeito de arqueamento entre os blocos do revestimento pelo atrito nas juntas localizadas entre eles, deslocando-os monoliticamente, não surgem os efeitos típicos de comportamentos à tração na flexão.

♦ Nos pavimentos semirrígidos invertidos, há ocorrência de duas linhas neutras, uma no revestimento asfáltico e outra na sub-base cimentada. Ambas as camadas trabalham em flexão, enquanto a camada de base granular encontra-se em forte condição de confinamento, contida por duas camadas em flexão e com deformações bastante distintas – a camada superior deforma-se mais.

O termo monolítico é empregado para designar a condição de contato pleno, antes e após a deformação da estrutura de pavimento, para indicar a continuidade de transmissão de esforços verticais entre as faces de cada camada. Quando houvesse perda desse comportamento monolítico – como seria possível em uma placa de concreto que perdeu apoio em sua face inferior devido à erosão da base, por exemplo –, o elemento sem apoio ficaria submetido a estados de tensão bastante críticos em comparação à situação desejável de contato pleno.

Uma boa classificação e nomenclatura, com viés duplo, material-estrutural, permite ao leitor visualizar e antever os processos de deterioração por fadiga nos materiais tratados com ligantes hidráulicos e asfálticos, quando submetidos a esforços repetitivos de tração na flexão. Devem, ainda, ser cuidadosamente observadas, em função de tal processo de danificação estrutural, três questões com sérias implicações para o processo de manutenção dos pavimentos:

◆ Após a ocorrência de degradação por fadiga em uma dada camada, a classificação, do ponto de vista estrutural, com base no comportamento da estrutura, deve ser revista?
◆ Há implicações para as demais camadas, do ponto de vista de coalescência de fraturas, com fissuração por fadiga no pavimento?
◆ Quais são as implicações futuras, tendo em vista tais processos de fendilhamento, para o desempenho de possíveis serviços de manutenção preventiva, corretiva e de restauração desses pavimentos?

As respostas a essas questões implicam reflexões de natureza terminológica (classificação de pavimentos), de entendimento dos processos de fratura e de análise de viabilidade e custos futuros de manutenção das estruturas de pavimento. Nenhuma delas tem respostas triviais. O ciclo de vida dos pavimentos é um processo que será mais bem compreendido com monitoração periódica das estruturas e elaboração de vantagens econômicas (confronto de custos-benefícios) de cada alternativa de pavimentação, que não possui, certamente, uma regra geral. Depende, contrariamente, de questões climáticas, de disponibilidade e acessibilidade dos materiais de construção, de custos e dos padrões de qualidade oferecidos aos usuários, tendo em vista questões de segurança, conforto e custos operacionais dos veículos.

3.12 Quadro Auxiliar para a Classificação de Estruturas de Pavimentos

A evolução e a construção de novos paradigmas, apesar de não alterar conceitos e, quando muito, associá-los, geram necessidades de novas denominações e classificações no mundo prático, pelo menos para finalidade de clareza nas aplicações de Engenharia. No Quadro 3.2, longe de tratar-se de uma proposta definitiva, são apresentadas possíveis terminologias para a classificação de pavimentos, com vista às necessidades práticas atuais, evitando, todavia, redundâncias e imprecisões. Observe que um mesmo pavimento poderá enquadrar-se em mais de uma das denominações previstas.

3.13 Fixação de Conceitos: Exercitando a Classificação Mista

Os Quadros 3.3 a 3.5, sem buscar explorar todas as possibilidades, apresentam um amplo leque de tipos de pavimento e suas possíveis classificações e associações, tendo por referência os materiais que eventualmente venham a compor sua estrutura. Nesses quadros, por exemplo, não foram abordadas as possibilidades de revestimentos asfálticos delgados (tratamentos superficiais, microrrevestimentos asfálticos etc.); também não se objetivou, na questão de situações pós-restauração, a abordagem exaustiva de inúmeras técnicas de manutenção pertinentes, nem a descrição do caso de pavimentos com revestimentos primários, incluindo aqueles com filmes asfálticos para selagem de bases. Ao orientar-se pelos referidos quadros, os seguintes critérios devem ser preservados:

Quadro 3.2 *Classificação dos pavimentos por materiais (MA) e por comportamento mecânico (CM)*

TIPOS DE PAVIMENTO	DEFINIÇÕES	OBSERVAÇÕES E ASSOCIAÇÕES
Concreto (MA)	Composto por revestimento em concreto de cimento Portland, vibrado ou compactado, com ou sem juntas, armado ou não, incluindo pré-moldados, em blocos ou em placas.	Classificação em função do tipo de revestimento.
Asfáltico (MA)	Pavimento que possui revestimento asfáltico.	Classificação em função do tipo de revestimento.
Blocos de concreto (MA)	Revestimento em blocos intertravados ou articulados de concreto.	O termo diz respeito ao tipo de revestimento (bloco de concreto pré-moldado) empregado. Seu comportamento será rígido ou flexível em função da presença ou não de camada tratada com cimento.
Semirrígido (MA)	Composto por revestimento asfáltico com base ou sub-base em material tratado com cimento de elevada rigidez, excluídos quaisquer tipos de concreto.	Estrutura *convencional*: base e, eventualmente, sub-base em mistura tratada com ligante hidráulico. Estrutura *híbrida* ou *mista*: base em mistura betuminosa e sub-base em material tratado com cimento. Estrutura *invertida*: base granular não tratada e sub-base tratada com cimento.
Full depth asphalt (MA)	Composto exclusivamente por camadas de misturas asfálticas aplicadas sobre o subleito.	A expressão explicita o tipo de material presente em camadas. Dependendo das espessuras e das condições climáticas, poderá ser rígido ou flexível.
Asfáltico rígido-híbrido (MA/CM)	Com base em concreto, obrigatoriamente, tem-se uma estrutura mista (híbrida), sendo a base responsável pelas respostas estruturais.	Pavimentos de concreto ainda com boas respostas estruturais, porém, restaurados, por razões funcionais, com reforços asfálticos, encaixam-se perfeitamente nesta condição.
Rígido (CM)	É o pavimento no qual uma camada, absorvendo grande parcela de esforços horizontais solicitantes, acaba por gerar pressões verticais bastante aliviadas e bem distribuídas sobre as camadas inferiores.	O termo dá noção de comportamento. Se um revestimento asfáltico for muito espesso ou vier a apresentar módulo de resiliência muito acima dos padrões normais, poderá conceder comportamento rígido ao pavimento.
Flexível (CM)	É o pavimento no qual a absorção de esforços dá-se de forma dividida entre várias camadas, encontrando-se as tensões verticais em camadas inferiores, concentradas em região próxima da área de aplicação da carga.	O termo refere-se a comportamento. Um pavimento semirrígido, à medida que sua camada cimentada degrada, vai, pouco a pouco, apresentando comportamento flexível em termos de distribuição de tensões.
Pavimento composto (CM)	Exige ação composta, isto é, fibra inferior da camada superior trabalhando à tração e camada inferior aderida gerando completa zona de tração.	Aplicável principalmente a *whitetoppings* aderidos à base asfáltica. Nos *blacktoppings*, a camada asfáltica de revestimento trabalha em completa compressão.

♦ O material concreto é qualquer um dos seguintes tipos de concreto: compactado com rolo, simples, armado, continuamente armado, moldados *in loco* ou pré-moldados, na forma de placas de concreto. Os blocos de concreto possuem tratamento diferenciado dos demais.
♦ Os cimentados são solos ou agregados estabilizados com ligantes hidráulicos.
♦ Os revestimentos asfálticos são misturas asfálticas densas, usinadas a frio ou a quente.

Quadro 3.3 *Possibilidades de classificação atinentes às estruturas de pavimento com revestimentos asfálticos*

REVESTIMENTO	TIPO DE BASE	TIPO DE SUB-BASE	CLASSIFICAÇÃO MISTA (TIPO DE PAVIMENTO)		
			MATERIAL DO REVESTIMENTO	RESPOSTA ESTRUTURAL	ASSOCIAÇÕES
Asfáltico com misturas densas	Granular	— Granular Cimentada Concreto Asfáltica	Asfáltico	Flexível Flexível Semirrígido Rígido Flexível	 Invertido Invertido
	Cimentada	— Granular Cimentada Concreto Asfáltica		Semirrígido Semirrígido Semirrígido Rígido Semirrígido	 Composto se aderido Composto se aderido Híbrido/composto
	Concreto	— Granular Cimentada Concreto Asfáltica		Rígido-híbrido Rígido-híbrido Rígido-híbrido Rígido-híbrido Rígido-híbrido	 Composto se aderido Composto se aderido Composto se aderido
	Asfáltica	— Granular Cimentada Concreto Asfáltica		Flexível ou rígido Flexível ou rígido Semirrígido Rígido *Full depth* ou perpétuo	 Híbrido

Quadro 3.4 *Possibilidades de classificação atinentes às estruturas de pavimento com revestimentos em concreto*

REVESTIMENTO	TIPO DE BASE	TIPO DE SUB-BASE	CLASSIFICAÇÃO MISTA (TIPO DE PAVIMENTO)		
			MATERIAL DO REVESTIMENTO	RESPOSTA ESTRUTURAL	ASSOCIAÇÕES
Concreto em placas, moldado aderido *in loco* ou pré-moldado	Granular	— Granular Cimentada Concreto Asfáltica	Concreto	Rígido Rígido Rígido Rígido Rígido	

Quadro 3.4 *Possibilidades de classificação atinentes às estruturas de pavimento com revestimentos em concreto (continuação)*

Revestimento	Tipo de base	Tipo de sub-base	Classificação mista (tipo de pavimento)		
			Material do revestimento	Resposta estrutural	Associações
Concreto em placas, moldado aderido *in loco* ou pré-moldado	Cimentada	—	Concreto	Rígido	Composto se aderido
		Granular		Rígido	Composto se aderido
		Cimentada		Rígido	Composto se aderido
		Concreto		Rígido	Composto se aderido
		Asfáltica		Rígido	Composto se aderido
	Concreto	—		Rígido	Composto se aderido
		Granular		Rígido	Composto se aderido
		Cimentada		Rígido	Composto se aderido
		Concreto		Rígido	Composto se aderido
		Asfáltica		Rígido	Composto se aderido
	Asfáltica	—		Rígido	Composto se aderido
		Granular		Rígido	Composto se aderido
		Cimentada		Rígido	Composto se aderido
		Concreto		Rígido	Composto se aderido
		Asfáltica		Rígido	Composto se aderido
WTUD*	Asfáltica	Qualquer	Concreto (CAD)	Concreto	Composto

*whitetopping ultradelgado

Quadro 3.5 *Possibilidades de classificação atinentes às estruturas de pavimento com revestimentos em blocos de concreto*

Revestimento	Tipo de base	Tipo de sub-base	Classificação mista (tipo de pavimento)		
			Material do revestimento	Resposta estrutural	Associações
Blocos de concreto pré-moldados	Granular	—	Concreto	Intertravado flexível	
		Granular		Intertravado flexível	
		Cimentada		Intertravado rígido	
		Concreto		Intertravado rígido	
		Asfáltica		Intertravado flexível	
	Cimentada	—		Intertravado rígido	
		Granular		Intertravado rígido	
		Cimentada		Intertravado rígido	
		Concreto		Intertravado rígido	
		Asfáltica		Intertravado rígido	Bases híbridas
	Concreto	—		Intertravado rígido	
		Granular		Intertravado rígido	
		Cimentada		Intertravado rígido	
		Concreto		Intertravado rígido	
		Asfáltica		Intertravado rígido	Bases híbridas
	Asfáltica	—	Concreto	Intertravado flexível	
		Granular		Intertravado flexível	
		Cimentada		Intertravado rígido	Bases híbridas
		Concreto		Intertravado rígido	Bases híbridas
		Asfáltica		Intertravado flexível	

3.14 Agora é a sua Vez

1. Você acha que todos os pavimentos devem ser compostos?
2. Você acha que todos os pavimentos devem ser monolíticos?
3. O termo semirrígido é uma digressão ou uma convenção?
4. Os pavimentos de concreto são perpétuos?
5. Os pavimentos asfálticos são perpétuos?
6. A temperatura afeta a classificação de um pavimento?
7. As espessuras de concreto (em placas) afetam a classificação dos pavimentos?
8. A classificação de pavimentos é um ato filosófico?
9. Defina uma estrutura de pavimento factível que não se enquadre em condição alguma dos Quadros 3.3 a 3.5.
10. Dê as associações classificatórias mistas para os pavimentos abaixo descritos:

Revestimento	Camada de Ligação	Base	Sub-base	Reforço	Classificações possíveis
CAUQ	CAUQ	BGS	—	—	
CAUQ	PMQ	BGTC	BGS	—	
CAUQ	PMQ	BGS	BGTC	—	
CAMP	—	BGTC	BGS	—	
CAMP	PMQ	BGS	SB	—	
CPA	CAUQ	BGTC	BGS	—	
CPA	PMQ	BGS	SC	SMC	
CCP	—	BGS	—	—	
CPA	—	CCP	BGS	—	
CAMP	—	CCP	CCR	—	
CCR	—	BGS	—	—	
CAMP	—	CCR	BGS	—	
CCP	—	CAUQ	—	—	
CAD/WTUD	—	CAUQ	MH	—	
BL	—	CAUQ	BGS	—	
BL	—	BGTC	BGS	—	
BL	—	BGS	CCP	—	
PAR	—	BGTC	—	—	
CAUQ	TSS	PAR	MH	—	
CAUQ	PMQ	BGS	CCP	CCR	

Materiais de Insumo para Pavimentação

4.1 Introdução aos Principais Materiais de Pavimentação

No Capítulo 2, quando se discorreu sobre nomenclatura e classificação dos materiais e camadas de pavimentos, foram referenciados inúmeros materiais possíveis. Aqui não se objetiva consolidar um tratado sobre este universo, mas apresentar, com detalhe, os principais e mais empregados materiais de pavimentação, ao menos em número razoável de obras urbanas e rurais, mesmo sabendo-se que faltariam muitos materiais típicos empregados em diversas regiões do Brasil.

Apresentaremos, detalhadamente, questões relacionadas aos solos tropicais e às misturas asfálticas, sendo que se procurou apresentar alguns dos mais importantes materiais de pavimentação, com tópicos sobre suas aplicações, características físicas e método construtivo. No Capítulo 6, quando serão apresentados os conceitos sobre resistência e deformabilidade dos materiais, veremos também os parâmetros e valores típicos para materiais nacionais.

4.2 Solos Tropicais: Uma Visão de seus Tipos e de sua Classificação

4.2.1 Considerações iniciais

O estudo de solos para finalidades de pavimentação é fundamental tanto do ponto de vista de análise de materiais como de análise de projetos. Conforme mencionado no Capítulo 2, não existe pavimento sem fundação, ou seja, sem subleito. Verificou-se também que existem possibilidades de emprego de solos em bases, sub-bases e reforços de pavimentos, razão pela qual qualquer estudo relacionado à pavimentação não prescinde jamais de um estudo adequado dos solos empregados nas obras.

O estudo de solos para finalidades rodoviárias no Brasil exige, naturalmente, conhecimentos da Mecânica dos Solos tradicional, como o conhecimento e discernimento das peculiaridades da formação e comportamento dos solos em clima tropical úmido, área do conhecimento fundada nos trabalhos do prof. Job Shuji Nogami, da Escola Politécnica da USP; tal consideração fundamenta-se no fato de que, muitas vezes, as classificações e diretrizes tradicionais (estrangeiras) para emprego de solos para pavimentação não permitem tomar partido de propriedades muito apropriadas para a pavimentação de determinados solos tropicais e emprego com menores custos.

Se se tomar comparativamente as definições atribuídas aos solos por engenheiros, geólogos e pedologistas, as diferenças são gritantes. Há, em função das tradicionais difusas conceituações, contradições em termos práticos de classificação e definição do tipo de solo em discussão; por exemplo, para o interesse da pedologia, quando apenas o material superficial (até 1,5 m) interessa para a agricultura, poderia não fazer diferença classificar um solo transportado como um solo residual; ou ainda, para os geólogos, classificar como rocha uma argila muito rija ou terciária.

No Quadro 4.1 são apresentadas as classificações tradicionais empregadas nas diversas ciências, de onde podem ser inferidas as relevantes diferenças entre as formas de conceituação dos solos. Adotam-se aqui as conceituações propostas por Vargas (1978), para quem *todo material não consolidado e ocorrente acima das rochas e empregado em construção civil é chamado de solo*, e por Nogami (1992), como *material natural não consolidado e constituído por grãos facilmente separáveis (mecanicamente ou hidraulicamente), escaváveis com equipamentos convencionais de terraplenagem*.

Quadro 4.1 *Conceituação de solos em áreas do saber*

PEDOLOGIA
Solo é material natural constituído por minerais e matéria orgânica, geralmente não consolidado, diferenciado por horizontes, distinguindo-se do material genético subjacente em morfologia, constituição, propriedades físicas e características biológicas.
GEOLOGIA
A superfície da Terra é composta por rochas; o material não consolidado (sedimentos) é denominado regolito. Por ação do intemperismo, a parte superficial dos sedimentos modifica-se e fica exposta a atividades biológicas; esta camada modificada é chamada de solo, jazendo sobre a camada inferior de sedimentos não modificados.
ENGENHARIA CIVIL
Solo é qualquer depósito solto ou fofo, resultante da ação do intemperismo ou da degradação de rochas, ou ainda, da decomposição de vegetais. Incluem-se assim, na categoria dos solos, diversos materiais não consolidados, como sedimentos (pedregulhos, areias, siltes ou argilas), turfas, depósitos calcários como as areias de conchas e corais (como em Fernando de Noronha), os depósitos piroclásticos resultantes de erupções e lavas (cinzas vulcânicas), bem como os solos residuais jovens ou maduros.

Na definição da pedologia, nota-se uma preocupação exclusiva com o material não consolidado superficial, com componentes orgânicos, de interesse para a agricultura. Na geologia, o entendimento de solo abrange a camada superior de sedimentos que sofreu ação do intemperismo. Na engenharia civil, a conceituação de solo é bem mais ampla, em termos de origem do material não consolidado e posição relativa do depósito nos horizontes.

4.2.2 Origem dos solos

Segundo Vargas (1986), os solos têm origem imediata ou remota na decomposição das rochas. O solo é *residual* se resultante de uma decomposição de rocha que permaneceu estável no próprio local; o solo é dito *transportado* se, decomposto em local remoto, foi deslocado por ação da água, do vento ou da gravidade. O transporte por ação da força da água é resultante de enxurradas, formando, em muitas situações, em vales adjacentes a leitos de rios, os terraços aluvionares ou aluviões; podem ser fluviais, deltaicos ou de estuários. Podem, ainda, ocorrer tipos de solos resultantes de transporte de solos que sofreram mistura com outros materiais orgânicos decompostos.

O transporte pelo vento, ou eólico, resultou na formação de praias e desertos (formação de dunas e *loess*); uma vez que a direção de ação dos ventos é bastante mutável, as deposições ocorridas não preservam uma orientação preferencial, ocasionando o que se denomina estratificação cruzada (formação de estratos sedimentares de direções discordantes e aleatórias).

A ação da gravidade faz com que surjam os *colúvios* (ou *solos coluviais*). Ela recebe a contribuição das chuvas, descalçando e deslocando grandes massas de material para regiões mais baixas, como os pés de taludes naturais (resultando nos *tálus*). Tais massas de solos deslocam-se mais rapidamente em topografias acidentadas com escarpas (serra do Mar ou Atlântica) e mais lentamente em regiões suavemente onduladas (planalto Brasileiro).

Os *solos orgânicos* provêm de várias origens, como a impregnação de ma-téria orgânica em sedimentos preexistentes, a transformação carbonífera de materiais, a absorção em solo de carapaças de moluscos, gerando, nesse último caso, as terras diatomáceas, como encontradas no Estado da Flórida (EUA).

Outro modo de formação dos solos é a chamada *evolução pedogenética*, para a qual três condições devem concorrer: a *lixiviação* do horizonte superficial e posterior *impregnação com húmus* deste horizonte e a *concentração de partículas coloidais* no horizonte profundo (Vargas, 1986). Tal processo é muito importante para a formação dos solos lateríticos porosos, bem como das concreções lateríticas (ou lateritas). Segundo Nogami (1992), tais solos ocorrem nos horizontes A e B, sendo de grande interesse para a agricultura.

Vargas (1986) apresenta uma classificação genética dos solos com base no último processo geológico ocorrido, conforme se segue:

♦ *Solo residual*: solo que sofreu decomposição e alteração, permanecendo em seu local de origem;
♦ *Solo residual maduro*: solo que, localizado imediatamente abaixo da superfície, é muito homogêneo e não guarda mais nenhuma estrutura da rocha matriz (fábrica);
♦ *Saprólito*: trata-se do solo que, mesmo mantendo a estrutura de sua fábrica (veios, fissuras, xistosidade etc.), não apresenta consistência, sendo, portanto, facilmente desmontável.

Nogami (1992) define como *solo saprolítico* aquele solo residual jovem, ou seja, genuinamente residual, que preserva a estrutura herdada (fábrica). O *solo laterítico* (Nogami e Vilibor, 1995) é aquele solo de comportamento geotécnico laterítico conforme parâmetros da classificação MCT dos solos tropicais proposta pelos autores (apresentada neste capítulo).

Um *solo tropical* é aquele que apresenta diferenciação em suas propriedades e em seu comportamento em comparação aos solos não tropicais, "em decorrência da atuação no mesmo de processos geológicos e/ou pedológicos, típicos das regiões tropicais úmidas" (Nogami e Vilibor, 1995). O clima tropical aqui subentendido é aquele no qual a temperatura média anual supera 20°C, ocorrendo índices pluviométricos acima de 1.000 mm/ano, excluída qualquer possibilidade de congelamento do solo nos invernos. Na Figura 4.1 são apresentados alguns perfis de solos tropicais.

A conceituação de solo laterítico é bem distinta da conceituação que lhe é dada em pedologia (como solo superficial pedogenético), ou ainda, da antiga

Fig. 4.1 *Perfis de alguns solos típicos do Brasil (alto, esq., latossolo órtico; alto, dir., solo plintítico, ambos de <www.cnps.embrapa.br>; abaixo, esq., areia aluvial, <http://sistemasdeproducao/cnptia.embrapa.br>; abaixo, dir., argila laterítica vermelha, <http://edafologia.ugr.es>)*

conceituação empregada no meio rodoviário brasileiro para o que denominamos de concreções lateríticas ou lateritas. As ocorrências dos solos tropicais lateríticos diferem-se das ocorrências de solos em regiões frias e sujeitas ao congelamento do solo nas estações frias, em especial nos seguintes aspectos: há ocorrência comum de grandes espessuras de solo no horizonte superficial (próximas a 10 m), ocorrências de até dezenas de metros de espessura em horizontes saprolíticos e presença marcante e frequente de solos transportados bastante antigos, provavelmente cenozoicos.

4.2.3 Processos de formação dos solos (intemperismo climático e geológico)

Vargas (1986) relata o processo de formação dos solos como dependente, em um primeiro estágio, da expansão e da contração térmica, que ocasionam a fratura da rocha. A alteração química é parte de estágios posteriores de decomposição, por ação de água ácida e de ácidos orgânicos, que conduzem à alteração dos minerais, transformando-os em areias ou argilas; tais transformações são muito dependentes do tipo de rocha e do clima.

A ação do intemperismo é diferenciada, uma vez que as rochas são compostas por minerais que desagregam de modos e com velocidades diferentes (Nogami, 1992). Há minerais que pouco desagregam, como é o caso do quartzo e de minerais pesados, como a magnetita, a ilmenita, a turmalina, a granada, o zircão. Grande ação de intemperismo é necessária para a degradação de rochas ricas em quartzo, por exemplo, sendo que, após sua decomposição, o solo resultante será arenoso ou a própria areia (como as areias quartzosas que ocorrem na depressão periférica do Estado de São Paulo).

Há também os minerais que se decompõem muito e com maior facilidade, como os silicatos, calcários e argilitos. Os silicatos (feldspatos, micas, anfibólios, piroxênios, olivinas) resultam, após sua decomposição, em caulinitas (que é argilomineral) e nas esmectitas (com diâmetros de solos argilosos); tais transformações para caulinitas, bastante estáveis, são favorecidas em presença de boa drenagem dos terrenos; inversamente, terrenos maldrenados favorecem a formação de esmectitas, mais ativas do ponto de vista coloidal.

No caso dos calcários, ricos em carbonatos, que são minerais solúveis, resultam em solos saprolíticos de granulação fina, siltosos ou argilosos. As rochas sedimentares argilosas, como folhelhos ou argilitos, geralmente dão origem a solos saprolíticos argilosos ou argilas.

4.2.4 Determinação da origem de solos tropicais

Nogami (1971) apresenta sugestões e recomendações para se estabelecer a origem dos solos encontrados nos climas tropicais úmidos, eventualmente com determinação da origem geológica, analisando características não habitualmente abordadas pela mecânica dos solos tradicional, como a cor do solo, sua macrotextura e sua composição mineralógica. Na sequência, procura-se sistematizar tais recomendações.

Cor do solo

A noção de cor de um solo deve ser entendida conforme a condição em que se encontra o material (é variável no processo geológico). A cor dos componentes de um solo é aquela individualizada para as partículas de minerais que o compõem. A cor resultante do solo é a cor observada a uma distância que não permite individualizar o conjunto de cores que o compõem.

A cor em estado úmido é aquela observada nas proximidades da umidade ótima de compactação. A cor em estado seco ao ar permite, em certos casos, fazer distinções relacionadas à origem dos solos, como no caso da terra roxa (resultante da decomposição de basaltos e diabásios) e do sangue de tatu (resultante da decomposição de folhelhos).

A análise da cor apresentada pelo solo pode ser instrumento auxiliar em sua classificação genética. Os solos lateríticos bem drenados apresentam coloração de vermelha a amarela; os solos de alteração de rochas e os solos transportados apresentam-se amarelados, róseos e cinzentos.

A identificação dos solos pelas cores também pode auxiliar na determinação de suas origens geológicas, como no caso da terra roxa, do sangue de tatu e dos solos transportados terciários, como os da Formação São Paulo, onde ocorrem argilas cinza-esverdeado com presença de mosqueamento (solo variegado).

Por meio da cor do solo, também é possível, em alguns casos, a determinação das condições de drenagem locais; por exemplo, no caso dos solos de alteração de granito, que apresentam cores do róseo ao avermelhado quando em boas condições de drenagem, e cores do cinza ao esbranquiçado quando mal drenados.

Macroestrutura do solo

A macroestrutura de um solo é decorrente de um dos seguintes processos: sedimentação, evolução pedogenética ou meteorização (intemperismo). No primeiro caso, de processo de sedimentação estudado em estratigrafia, típico dos solos transportados, observam-se macrotexturas do tipo estratificada (cruzada, plano-paralela etc.). A evolução pedogenética relaciona-se com a presença de aglomerados e vazios nos solos, devendo ser descritas suas disposições, formas e nitidez (é o caso da ocorrência de solos lateríticos concrecionados).

O intemperismo é um processo marcante nas regiões tropicais úmidas, gerando macroestruturas presentes nos solos de alteração e nos solos transportados terciários. As macroestruturas relacionadas ao intemperismo são divididas em duas categorias: herdadas e não herdadas da rocha-mãe ou matriz. Em macroestruturas herdadas da rocha matriz, os minerais estáveis preservam suas formas e posições; por sua vez, os minerais instáveis acabam por dar origem a outros minerais secundários. Para exemplificar, tem-se o caso dos granitos, quando o quartzo permanece quartzo após a meteorização e os feldspatos transformam-se em caulinitas (no caso de solos bem drenados) ou em esmectitas. No Quadro 4.2 são sistematizadas as possibilidades de determinação da origem dos solos a partir da identificação da macroestrutura presente.

Quadro 4.2 *Utilidades da identificação da macroestrutura dos solos*

IDENTIFICAÇÕES POSSÍVEIS PELA MACROESTRUTURA	EXEMPLIFICAÇÃO DE MACROESTRUTURAS
Classificação genética geral do solo	Solos superficiais: macroestrutura porosa e homogênea Solos de alteração: herdada da rocha matriz Solos transportados: decorrentes do processo de sedimentação
Diferenciar solos naturais locais de remanejados	Aterros com macroestrutura destruída
Determinação da rocha matriz por amostra de solo de alteração	Basalto vesicular: presença de veios nos solos Gnaisse: presença de xistosidade ou listras nos solos ("bacon")
Determinação do processo geológico de sedimentação nos solos transportados quaternários (holocênicos)	Depósitos eólicos: ausência de estratificação e classificação granulométrica apurada Depósitos fluviais: estratificação cruzada intercalada entre camadas plano-horizontais
Determinação de formação sedimentar terciária	Formação São Paulo: mosqueamento
Previsão de comportamento mecânico-hidráulico dos solos	Resistência ao cisalhamento: xistosidade ou laminação Permeabilidade: porosidade Resistência à erosão: lamelas

Fonte: adaptado de Nogami, 1971.

Minerais presentes nos solos

Nas regiões de clima temperado, há grande predominância de frações de areia e de silte constituídas por quartzo originário de rocha de composição quartzosa. Em solos de climas tropicais úmidos, muitas vezes minerais que não o quartzo estão presentes nas frações de areia e de silte, como feldspato, mica, magnetita, ilmenita etc. (Nogami, 1971). Nos solos tropicais, junto da fração areia, também são encontradas concreções lateríticas, torrões cimentados e fragmentos de rochas. No Quadro 4.3 são indicadas as possibilidades de auxílio a partir da identificação de minerais presentes na fração areia dos solos tropicais.

Quadro 4.3 *Utilidades de identificação da mineralogia da fração areia dos solos tropicais*

IDENTIFICAÇÕES POSSÍVEIS PELOS MINERAIS PRESENTES NA FRAÇÃO AREIA	EXEMPLIFICAÇÃO
Determinação da origem do solo	Solo superficial: minerais não alteráveis Solo de alteração: minerais instáveis Solos terciários: minerais instáveis Solos quaternários: minerais estáveis
Identificação da rocha matriz	Basaltos e diabásios: presença de magnetita e de ilmenita sem grãos de quartzo (exceto em veios e amídalas) Granitos: os solos superficiais apresentam grãos de quartzo angulosos e grosseiros Granitos: os solos de alteração apresentam grande quantidade de quartzo, mica e feldspato Arenitos (eólicos): solos de alteração com grãos de quartzo muito arredondados
Previsão de comportamento	Mau comportamento previsível se houver ocorrência de muita mica, muita esmectita etc.

Fonte: adaptado de Nogami, 1972.

Peculiaridades dos solos tropicais

Do ponto de vista de propriedades mecânicas e hidráulicas dos solos lateríticos tropicais, no Quadro 4.4 são apresentadas as peculiaridades desses materiais, de maior interesse imediato para pavimentação. No Quadro 4.5 são apresentadas, de modo sintetizado, algumas particularidades encontradas em solos típicos do clima tropical úmido no Estado de São Paulo, tanto de solos lateríticos como de saprolíticos, no que se refere aos horizontes de ocorrência e à constituição e forma dos grãos das frações areia, silte e argila.

Fatos curiosos para todos aqueles que começam a estudar as propriedades de solos tropicais lateríticos são sua porosidade típica (no estado natural) e sua resistência mecânica muito superior (no estado compacto), muitas vezes, aos solos convencionalmente tratados na Mecânica dos Solos clássica (Bernucci, 1987). Nogami e Villibor (1995) discutem intensamente essas particularidades e sua relação com o processo de laterização dos solos nas regiões de clima quente e úmido. A laterização resulta em uma presença marcante de minerais cauliníticos e óxidos hidratados de ferro ou de alumínio nas frações finas dos solos tropicais, o que acaba por determinar microestruturas muito agregadas entre as partículas bastante estáveis, sendo assim muito porosos e permeáveis, sejam solos arenosos ou argilosos. Entre outros fatores, Bernucci (1987) aponta que a intensa cimentação e a elevada tensão de sucção por secagem conjuntamente melhoram as características de resistência e permeabilidade dos solos lateríticos tropicais.

Quadro 4.4 *Peculiaridades mecânicas e hidráulicas de solos tropicais*

Propriedade	Solos Lateríticos	Solos Saprolíticos
Contração	Elevada (argilas) Baixa (areias)	Média a elevada
Expansão	Baixa	Baixa a elevada
Suporte a seco	Elevado a muito elevado	Médio a elevado
Permeabilidade	Baixa	Baixa a média

Fonte: adaptado de Nogami, 1971.

4.2.5 Classificação dos solos para finalidades rodoviárias

Estudaremos, a seguir, a classificação de solos para finalidades rodoviárias. Deve-se estar atento aos comentários sobre as classificações tradicionais frente às características dos solos tropicais, considerando que, na maioria das vezes, seu emprego conduz à subutilização do material do ponto de vista de suas potencialidades, como material para reforços, bases e sub-bases de pavimentos, devendo o engenheiro, sempre que possível, tomar partido de suas características favoráveis, empregando os critérios de análise desenvolvidos no Brasil.

Uma classificação ideal de solos seria aquela que busca relacionar o potencial de um solo quanto a uma dada aplicação em camada de pavimento, o que depende não somente de testes de suas propriedades físicas, mas também de suas correlações com o comportamento observado em obras quando empregado.

Diferenciação granulométrica

A definição de limites granulométricos (quanto ao diâmetro dos grãos) constitui uma forma de classificação arbitrária que procura estabelecer padrões. Na Tabela 4.1 é apresentada a classificação usualmente empregada, definida pelo Usace. O ensaio de peneiramento é empregado para a separação granulométrica

Quadro 4.5 *Peculiaridades de solos tropicais no Estado de São Paulo*

Aspecto Geral	Detalhes	Peculiaridades
Horizontes de solos	Horizonte B latossólico	Diferenciação de horizontes: pequena Espessura: grande (até 10 m) Cores: vermelha, amarela, marrom Macroestrutura: elevada porosidade Frações: argila até areia argilosa
	Horizonte B podzólico	Diferenciação de horizontes: nítida Espessura: menos de 1 m até poucos metros Cores: vermelha e amarela Macroestrutura: cerosidade Frações: horizonte argiloso (maldrenado)
	Textural de terra roxa estruturada	Diferenciação de horizontes: pequena Espessura: vários metros Cores: vermelha e marrom Macroestrutura: elevada porosidade; cerosidade Frações: muito argiloso no Horizonte B, com elevada porcentagem de óxidos de ferro anidros
	Horizonte saprolítico	Macroestrutura: herdada da rocha matriz Os principais tipos no Estado de São Paulo são: Granitos: presença de matacões Basaltos: camadas plano-horizontais associadas a derrames Gnaisses: camadas inclinadas e dobradas (associadas a metamorfismo) Arenitos: camadas plano-paralelas com estratificações cruzadas Folhelhos: camadas com estratificações concordantes
Presença de linha de seixos		Ocorrência comum no limite inferior do horizonte laterítico Os solos separados por linhas de seixo possuem origens diferentes
Fração areia	Solos lateríticos	Quartzo frequentemente presente com coloração evidenciando uma película de óxidos Presença de minerais pesados (magnetita, ilmenita) e resistentes ao intemperismo Concreções lateríticas com óxidos hidratados de ferro e alumínio
	Solos saprolíticos	Grãos parcialmente intemperizados formando vazios O feldspato é um mineral comum, tendo muita afinidade com a água As micas lamelares (e elásticas) são presentes e responsáveis por características como a expansão, massa específica aparente seca reduzida após compactação, elevada umidade ótima e baixa capacidade de suporte
Fração silte	Solos lateríticos	O mineral predominante é o quartzo, e nos basaltos predominam as magnetitas e ilmenitas. Ocorrem torrões de argila
	Solos saprolíticos	O quartzo é mineral muito comum. Ocorrem as caulinitas (contribuem para a expansão) e as micas (expansão, pouca contração, baixa capacidade de suporte)

Quadro 4.5 *Peculiaridades de solos tropicais no Estado de São Paulo (continuação)*

Aspecto Geral	Detalhes	Peculiaridades
Fração argila	Solos lateríticos	Porcentagem elevada de óxidos de ferro e alumínio. Presença de caolinita cuja atividade é reduzida por ação dos óxidos
	Solos saprolíticos	Presença de argilo-minerais ativos como a esmectita e a illita ou predominância de caolinitas

Fonte: adaptado de Nogami, 1971.

Tabela 4.1 *Frações dos solos e seus diâmetros segundo AASHO e USCS*

Fração	Subdivisões	Diâmetros-limite (mm)
Pedras	—	> 76
Pedregulhos	Graúdo	19 a 76
	Miúdo	4,76 a 19
Areias	Grossa	2 a 4,76
	Média	0,42 a 2
	Fina	0,074 a 0,42
Siltes	—	0,074 a 0,002
Argilas	—	< 0,002

das frações superiores a 0,074 mm, e o de sedimentação, para as frações inferiores, com a finalidade de definir as proporções de cada uma delas.

Os siltes e as argilas devem ser ainda diferenciados por outras propriedades físicas. Os siltes apresentam resistência seca baixa e constituem conglomerados que são facilmente quebráveis com os dedos; quando umedecidos e agitados na mão, adquirem um aspecto brilhante ou vítreo que desaparece quando esfregados. As argilas são mais intemperizadas e coloidais.

Relações entre sólidos e umidade

Os solos são compostos de três frações: os sólidos (minerais), a água (umidade presente) e o ar (em seus poros). Para finalidades práticas de engenharia, este conjunto é considerado um todo. Na Figura 4.2 são apresentadas as proporções entre as substâncias constituintes dos solos, de modo genérico.

Com base nessa figura, podem ser estabelecidas as relações apresentadas no Quadro 4.6. Com o advento do Sistema Internacional de Unidades (SI), passou-se a adotar a nomenclatura peso específico para relações entre massas e volumes, que seriam expressas em termos de kN/m³. Usa-se ainda, muitas vezes, a expressão massa específica, mesmo sem fazer a conversão entre peso e massa de 9,81 m/s².

Compactação dos solos

Os solos que serão aproveitados de caixas de empréstimo (geralmente alargamentos de cortes estradais) para a execução de aterros ou Camada Final de Terraplenagem (CFT), ou as jazidas (provenientes de cortes ou especificamente selecionadas) para CFT, reforços de subleitos ou ainda bases ou sub-bases, apresentam condições de umidade muitas vezes variáveis ao longo das estações climáticas. Assim, uma dada umidade natural verificada no mês de julho no Estado de São Paulo pode se diferenciar muito da umidade no momento de sua escavação, por exemplo, no mês de outubro, após o início das chuvas.

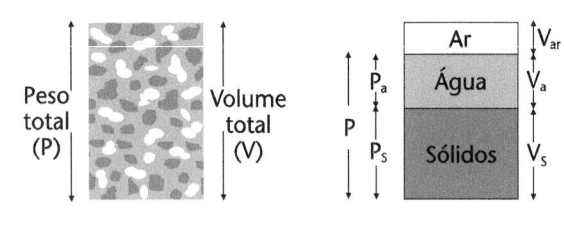

Fig. 4.2 *Constituintes dos solos (proporções esquemáticas)*

Quadro 4.6 *Relações entre pesos e volumes dos constituintes dos solos*

Parâmetro	Relação	Definição
Volume total	$V = V_s + V_a + V_{ar} = V_s + V_a$	É a soma de todos os volumes dos componentes, podendo-se desprezar o ar
Índice de vazios	$e = \dfrac{V_v}{V_s}$	A relação entre o volume de vazios (ar e água) e o volume de sólidos. A água está apenas preenchendo vazios, mas não é o solo
Porosidade	$n = \dfrac{V_v}{V}$	A relação entre o volume de vazios e o volume total
Grau de saturação	$S = \dfrac{V_a}{V_v}$	A relação entre o volume de água e o volume de vazios (o quanto os vazios estão preenchidos por água)
Umidade do solo	$h(\%) = \dfrac{P_a}{P_s}$	A relação entre o peso de água e o peso de sólidos no solo
Peso unitário ou específico do solo	$\gamma = \dfrac{P}{V} = \dfrac{P_s}{V}(1+h)$	A relação entre o peso total do solo e seu volume total, incluindo vazios preenchidos e não preenchidos
Peso específico aparente seco	$\gamma_{as} = \dfrac{P_s}{V} = \dfrac{\gamma}{1+h}$	É o peso específico, eliminada a água presente no solo

A determinação da umidade natural do solo é fundamental para sua compactação, uma vez que a umidade presente pode alterar expressivamente a massa específica desejável para o solo após compactado. Como os solos são sempre compactados para empregos em pavimentação (desde as camadas de aterros), é necessário estabelecer *a priori* quais as características potenciais e desejáveis de massa específica a serem atingidas, pois tais estados de compactação dos solos afetam diretamente sua resistência, o que se correlaciona ao desempenho de um dado pavimento.

A técnica convencionalmente empregada para caracterizar o potencial de compactação dos solos e agregados consiste no ensaio de compactação (idealizado por Proctor em 1928) mormente realizado em laboratório. Este ensaio é realizado com base no método DNER-ME 129/94, prestando-se para definir as relações entre a massa específica aparente seca do material compactado e sua umidade de compactação, aplicando-se às frações dos materiais passantes pela peneira de abertura de 19 mm.

Basicamente, em um cilindro metálico de 152,4 mm de diâmetro, são compactadas sucessivamente cinco camadas (conforme a energia de compactação) do solo a ser caracterizado. A quantidade de solo a ser compactado, em cinco camadas, deve ser tal que resulte em uma altura total do corpo de prova de 110 mm após a compactação. A compactação é realizada em níveis de energia (por unidade de volume) compatíveis com a aplicação desejada em campo para o material segundo especificação pertinente. Os níveis de energia empregados são aqueles indicados na Tabela 4.2.

O solo é previamente preparado (destorroado, secado e peneirado), sendo posteriormente a amostra homogeneizada com quantidade de água que leve a um determinado valor de umidade. Durante a compactação de cada camada, um peso de aproximadamente 4,536 kg deve cair de uma altura de aproximadamente 457,2 mm, sendo os golpes distribuídos de maneira uniforme sobre a superfície da camada.

Tabela 4.2 *Energias de compactação empregadas*

Tipo de energia	Cilindro (Ø em mm)	Soquete (kg)	Altura de queda (mm)	Número de golpes por camada	Número de camadas	Empregos típicos
Normal (PN)	101	2,50	305	26	3	Solos de subleitos e de reforços
	152	4,54	457,2	12	5	
Intermediária (PI)	101	4,54	457,2	21	3	Solos lateríticos arenosos em bases e sub-bases
	152	4,54	457,2	26	5	
Modificada (PM)	101	4,54	457,2	27	5	BC, BGS, BGTC, SB
	152	4,54	457,2	55	5	

Fonte: NBR 7182/1986.

A energia por unidade de volume de compactação aplicada em cada tipo de ensaio indicado na Tabela 4.2 pode ser calculada pela expressão:

$$\text{Energia} = \frac{\text{Peso do soquete} \times \text{altura de queda} \times \text{n}° \text{ de golpes} \times \text{n}° \text{ de camadas}}{\text{Volume do cilindro}}$$

Após a compactação das cinco camadas (ou conforme a energia especificada), determina-se a massa úmida do solo compactado e, sucessivamente, coleta-se amostra de cerca de 0,25 kg da região central do solo compactado para determinação do teor de umidade. A operação deve ser repetida tantas vezes quantas forem necessárias, preparando-se as amostras com teores de umidade sucessivamente crescentes, de modo que seja possível, após o ensaio, traçar-se um gráfico relacionando o peso específico aparente seco ao teor de umidade da amostra, conforme exemplos nas Figuras 4.3 e 4.4; no caso dos solos finos, todos foram compactados na energia normal (PN).

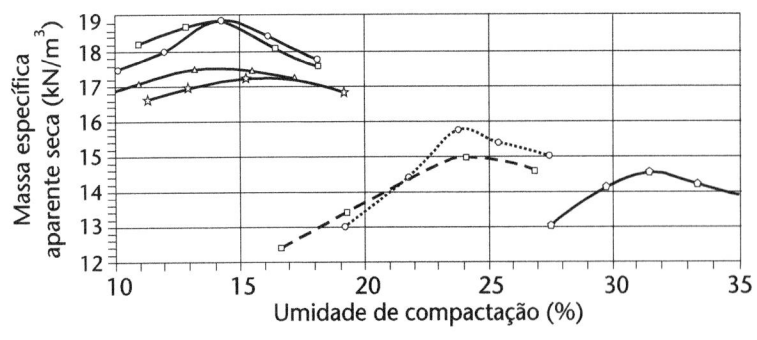

Observa-se do gráfico na Figura 4.3 que existe um ponto, para uma dada energia de compactação, em que o *peso específico aparente seco* atinge seu *valor máximo* ($\gamma_{as,máx}$). O ramo da curva que precede tal ponto é denominado por ramo seco e o ramo posterior (à direita) é o ramo úmido da curva de compactação. A umidade correspondente à massa específica aparente máxima é denominada *umidade ótima* (h_{ot}).

No ramo seco, ocorre um estado desordenado na distribuição das partículas do solo, não existindo uma quantidade de água suficiente para que, por meio de uma lubrificação das partículas, o esforço de compactação possa ordenar

—○— Solo Arenoso Fino (LA') — 1 Fazenda Itaquerê
—□— Solo Argiloso Laterítico (LG') de Ibiúna (SP)
—△— Solo Arenoso Siltoso (NA') na Avenida dos Bandeirantes (SP)
—○— Solo Argiloso (LG') poroso do Planalto Paulista
—○— Solo Arenoso Fino (LA') — 2 Fazenda Itaquerê
—☆— Solo Siltoargiloso (NS') na Avenida dos Bandeirantes (SP)
····○···· Solo Argiloso (LG') poroso do Planalto Paulista

Fig. 4.3 *Curvas de compactação de alguns solos finos*

tal disposição; isso ocorre aproximadamente na umidade ótima de compactação. No ramo úmido, por sua vez, tem-se um estado de excessiva umidade que não permite, para um dado esforço de compactação, o rearranjo das partículas, sendo que, em tais situações, a água presente causa perda de coesão ou atrito entre elas.

Portanto, ao atingir o maior peso específico aparente seco para um dado esforço de compactação, obtém-se um arranjo das partículas de tal sorte que o material resultará em uma menor quantidade de vazios, com maior coesão ou atrito e, consequentemente, uma maior resistência, que é o fator fundamental em termos do projeto estrutural dos pavimentos.

Na Figura 4.4, observa-se que, por comparação aos resultados apresentados na Figura 4.3, os materiais granulares (como as britas graduadas) possuem inclinações nos ramos seco e úmido mais suaves que em um solo fino argiloso, por exemplo. Isso implica que, no caso das britas graduadas, variações na umidade de compactação em torno da ótima acarretam menores decréscimos em seu peso específico aparente seco, sendo, portanto, os solos finos mais sensíveis a alterações no teor de umidade.

Observa-se também na Figura 4.4 que, se incrementado o esforço de compactação (no exemplo, da energia intermediária para a modificada), além de se atingir peso específico aparente seco superior, tal valor é conseguido à custa de menor teor de umidade na mistura.

A curva de saturação indicada na Figura 4.4 indica a quantidade de poros no solo ocupada pela água, sendo geralmente representadas as curvas para um grau de saturação de 100% (para o solo saturado). Assim, os pontos da curva de compactação abaixo da linha de saturação representam condições em que há, no material compactado, poros não preenchidos por água. Esta relação entre o peso específico aparente seco (γ_{as}) e a umidade (h), para um grau de saturação (S) de 100%, é dada pela seguinte expressão em função da massa específica da água (δ_a) e da massa específica dos grãos do solo ou agregado (δ_s):

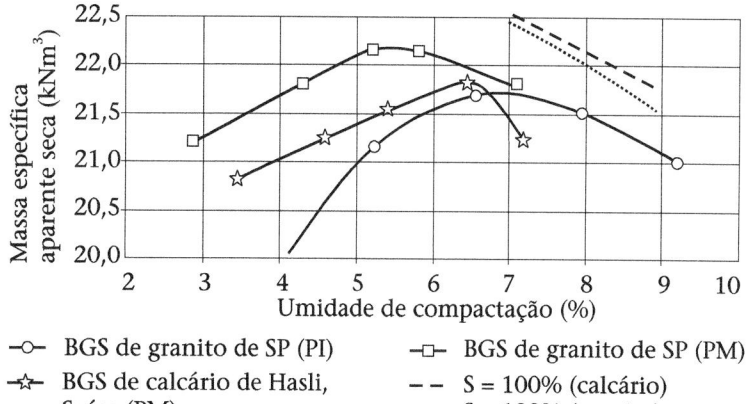

Fig. 4.4 *Curvas de compactação de britas graduadas simples (pedras britadas)*

$$\gamma_{as} = \frac{S}{\dfrac{h}{\delta_a} + \dfrac{S}{\delta_s}}$$

Embora para solos tropicais haja disponíveis tecnologias de análise de compactação específicas (apresentadas mais adiante), prevalece, ainda em nossos dias, o emprego corrente dos ensaios tradicionais de compactação de solos e agregados, que se prestam como referências para as especificações de serviços de compactação de camadas de aterros e de pavimentos, devendo tais valores típicos (umidade ótima e peso específico aparente seco máximo) constituir objeto de controle para a garantia de qualidade do serviço acabado.

Índices físicos tradicionais

As classificações HRB-AASHO e Unificada apoiam-se nos índices de consistência do solo, denominados Limites de Atterberg, para o enquadramento do material. Como mostra a Figura 4.5, o solo pode se apresentar com consistência líquida, plástica, semissólida ou sólida. O estado semissólido é aquele no qual o material sofre processo de retração.

Fig. 4.5 *Estados de consistência de um solo (Limites de Atterberg)*

O *Limite de Liquidez* (LL) é tomado como a umidade na qual o solo passa do estado líquido para o estado plástico. Sua determinação é realizada definindo-se a umidade na qual, empregando-se o aparelho de Casagrande, o solo ranhurado (com cinzel apropriado causando uma abertura de 12,5 mm) em uma concha metálica tem tal ranhura fechada, quando, após 25 golpes desta concha, choca-se com uma superfície de baquelita, caindo de uma altura de 10 mm. Prepara-se o solo com algumas umidades e anota-se o número de golpes que leva ao fechamento da ranhura. Traça-se, em escala logarítmica para o número de golpes, o gráfico com os pontos obtidos de umidade *versus* número de golpes e determina-se a umidade para 25 golpes – este é o LL (Figura 4.6).

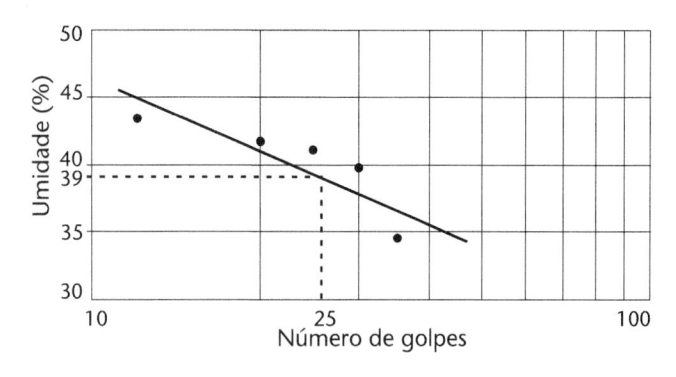

Fig. 4.6 *Determinação do Limite de Liquidez para solo laterítico argiloso poroso de Ibiúna (SP)*

O *Limite de Plasticidade* (LP) diz respeito à umidade na qual o solo rompe quando rolado nas mãos, formando cilindros, ao apresentar diâmetro de 3,2 mm, considerando-se que, em tal condição, o solo estaria a umidade imediatamente superior à medida, passando do estado plástico para o estado semissólido. Ambos os ensaios são realizados com material passante pela peneira de abertura #40 (0,42 mm). O solo argiloso laterítico apresentado quanto ao LL na Figura 4.6 apresentou LP para umidade de 30,1%.

O *Índice de Plasticidade* (IP) é definido como a diferença entre as umidades de passagem do estado líquido para o estado plástico (LL) e de passagem do estado plástico para o estado semissólido (LP); portanto, IP = LL – LP. No caso da argila laterítica estudada nos parágrafos anteriores, IP = 39% – 30,1% = 9,9%. O *Índice de Liquidez* (IL) refere-se à consistência apresentada pelo solo coesivo em seu estado de umidade natural, sendo calculado pela expressão:

$$IL = \frac{h_{nat} - LP}{LL - LP}$$

Casagrande (1932) estudou as relações empíricas para solos coesivos, entre os valores de PI e LL, tendo definido a chamada *Carta de Plasticidade*, conforme representada na Figura 4.7. A Linha A separa as argilas inorgânicas do siltes inorgânicos. A linha U é aproximadamente o limite superior da relação entre IP e LL para qualquer solo. O ponto indicado na área de siltes inorgânicos de compressibilidade média e siltes orgânicos é onde recai a argila laterítica porosa ao lado apresentada para os cálculos dos índices físicos, denotando a incapacidade desses índices de classificar, para finalidades (rodoviárias) de previsão de propriedades dos solos, um solo de clima tropical quente e úmido. A carta da Figura 4.7 foi concebida essencialmente para solos de clima temperado.

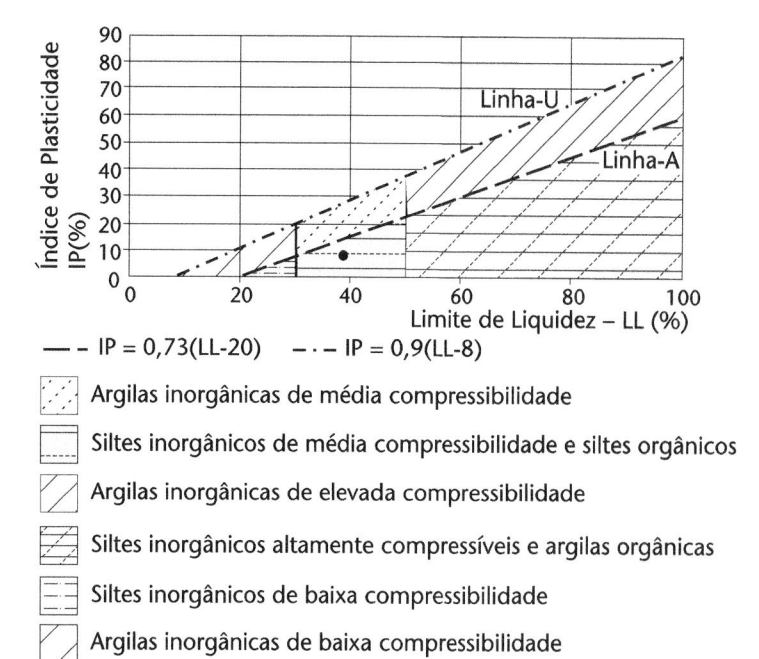

Fig. 4.7 *Carta de Plasticidade de Arthur Casagrande*

4.2.6 Classificação HRB-AASHO

A classificação HRB-AASHO constitui uma revisão da classificação do Bureau of Public Roads datada de 1945. É uma classificação de solos para finalidades rodoviárias que foi, e ainda é, bastante empregada no Brasil, sendo também o sistema de classificação mais conhecido mundialmente; o engenheiro civil tem necessidade de conhecê-la pelo menos do ponto de vista de sua formulação.

Baseia-se tal classificação na granulometria do solo, em seus índices físicos (LL e LP) e no índice de grupo (IG), um parâmetro arbitrário e estimativo da capacidade de suporte do material, que se correlaciona (para os solos de climas temperados) com o valor do CBR do solo por meio da expressão:

$$CBR = 14{,}1 \times \log_{10} \frac{26}{IG}$$

Tal índice de grupo é calculado com base em características granulométricas e nos índices físicos do solo, conforme segue:

$$IG = (F - 35) \times [0{,}2 + 0{,}005 \times (LL - 40)] + 0{,}01 \times (F - 15) \times (IP - 10)$$

sendo
F = % passante na peneira #200
LL = Limite de Liquidez
IP = LL − LP = Índice de Plasticidade

Na determinação do Índice de Grupo, devem ser considerados os seguintes critérios:

- Se IG resultar negativo, então IG = 0.
- Arredondar o valor do IG para o inteiro mais próximo.
- O IG para solos A-1-a, A-1-b, A-2-4, A-2-5 e A-3 é sempre nulo.
- O cálculo do IG para solos dos grupos A-2-6 e A-2-7 é feito parcialmente apenas pelo IP:

$$IG = 0,01 \times (F - 15) \times (IP - 10)$$

Os limites de diâmetros de grãos aplicáveis a este sistema classificatório enquadram-se nos seguintes valores: pedregulhos de 7,6 mm a 2,0 mm (#10); areia grossa de 2,0 mm a 0,42 mm (#40); areia fina de 0,42 a 0,075 mm (#200); e silte e argila com diâmetro inferior a 0,075 mm (passante na #200). No Quadro 4.7 é apresentada a base classificatória do sistema HRB-AASHO.

Quadro 4.7 *Sistema classificatório de solos HRB-AASHO*

Classe Geral	A–1		A–3	A–2				A–4	A–5	A–6	A–7
Subgrupo	A–1–a	A–1–b		A–2–4	A–2–5	A–2–6	A–2–7				A–7–5 / A–7–6
Granulometria (% que passa)											
#10	50 máx.										
#40	30 máx.	50 máx.	51 mín.								
#200	15 máx.	25 máx.	10 máx.	35 máx.	35 máx.	35 máx.	35 máx.	36 mín.	36 mín.	36 mín.	36 mín.
Índices físicos											
LL				40 máx.	41 mín.	40 máx.	41 mín.	40 máx.	41 mín.	40 máx.	41 mín.
IP	6 máx.	6 máx.	NP	10 máx.	10 máx.	11 mín.	11 mín.	10 máx.	10 máx.	11 mín.	11 mín.
IG	0	0	0	0	0	4 máx.	4 máx.	8 máx.	12 máx.	16 máx.	20 máx.
Tipos visuais	Pedras britadas, pedregulhos e areias		Areia fina	Areia ou pedregulho siltoso		Areia ou pedregulho argiloso		Solos siltosos		Solos argilosos	
Comportamento esperado como subleito de pavimentos	Excelente a bom							Regular a pobre			

Verifica-se, no sistema classificatório proposto, que existem limites arbitrados, como a fração passante máxima ou mínima na peneira #200, o que pode dar um comportamento de solo fino argiloso ou siltoso ao material; isso também pode ser concluído quanto a valores de índices físicos. Observa-se, por exemplo, que um solo argiloso apresentaria IG muito elevado, o que induz a imaginar um valor de CBR muito baixo (já que são parâmetros inversamente relacionados).

Nos solos tropicais, tais constatações são pífias, uma vez que, para exemplificar, um solo arenoso fino laterítico, muitas vezes classificado como A–2–4, pode ter fração fina mais argilosa, com comportamento quanto à retração típico de argila durante a secagem após a compactação. Também, contrariamente ao que se esperaria de um solo classificado como A–7–6, por exemplo, uma argila laterítica porosa pode apresentar valores de CBR razoáveis (8% a 12%), sendo muito pouco expansiva, de excelente comportamento como subleito, reforço de subleito etc., contrariamente às argilas identificadas em climas temperados.

Especialmente quanto aos solos finos, pode-se afirmar que o sistema classificatório apresentado não distingue o comportamento e a aplicabilidade de solos tropicais como camadas de pavimentos, levando até mesmo à subutilização de muitos solos tropicais de características excelentes para pavimentação, o que indica fortemente a inviabilidade do emprego de tal classificação para grande parte dos solos ocorrentes no Brasil.

4.2.7 Classificação unificada

O Sistema de Classificação Unificada de Solos (Unified Soil Classification System) foi desenvolvido pelo prof. Arthur Casagrande, sendo também conhecido por Classificação para Aeroportos. Emprega tal classificação características relacionadas à granulometria dos solos e seus índices físicos, conforme já apresentados. Quanto à granulometria, emprega a mesma divisão do Usace, apenas não fazendo subdivisões para a fração pedregulho. A simbologia empregada por este sistema classificatório é apresentada no Quadro 4.8, cujas iniciais referem-se a palavras ou expressões na língua inglesa, não devendo ser traduzidas. Os grupos (Figura 4.8) e critérios de classificação são apresentados no Quadro 4.9.

Quadro 4.8 *Simbologia empregada na classificação unificada*

Símbolo	Significado
G	Pedregulho
S	Areia
M	Silte
C	Argila
O	Orgânico
W	Bem-graduado
P	Malgraduado
U	Graduação uniforme
L	LL baixo (< 50%)
H	LL alto (> 50%)

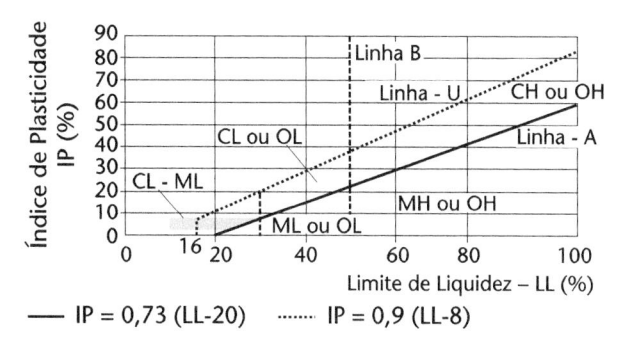

Fig. 4.8 *Posição de solos finos na Carta de Plasticidade*

4.2.8 Classificação MCT para solos tropicais

O sistema classificatório MCT (de Miniatura, Compactado, Tropical) foi concebido como forma de enquadramento dos solos finos tropicais, tendo em vista suas propriedades mecânicas e hidráulicas quando compactados e ainda em face de seu potencial para emprego em camadas de pavimentos. Possui forte base de observação de trechos experimentais de pavimentos em escala real, e seus ensaios são concebidos de modo a relacionar o comportamento observado em campo com parâmetros de fácil mensuração em laboratório.

Embora não tendo o impacto internacional merecido, a classificação MCT poderia ser empregada com sucesso em países com clima tropical úmido onde existem abundantes ocorrências de solos finos lateríticos ou não lateríticos, que, neste critério, são denominados, respectivamente, solos de comportamento laterítico e solos de comportamento não laterítico.

Por comportamento laterítico, recorre-se principalmente ao fato de horizontes de solos residuais maduros ou de solos transportados intemperizados serem finos em termos granulométricos e muito estáveis (do ponto de vista de suscetibilidade à água e às condições climáticas em geral). O solo (de comportamento) não laterítico é aquele que apresenta semelhança com os solos residuais jovens ou saprolíticos, que contêm grande quantidade de minerais instáveis, estando sujeitos a alterações em função de condições climáticas, inclusive não drenando bem a água presente e perdendo muita resistência em condições de saturação. Os fundamentos do método de classificação MCT podem ser encontrados em Nogami (1990).

Quadro 4.9 *Características dos solos de acordo com sua classificação*

GRUPO	CRITÉRIO DE CLASSIFICAÇÃO
GW	Menos de 5% passando pela #200; D_{60}/D_{10} superior ou igual a 4; $(D_{30})^2/(D_{10} \times D_{60})$ entre 1 e 3
GP	Menos de 5% passando pela #200; não atendendo aos demais critérios para GW
GM	Mais de 12% passando pela #200; Limites de Atterberg caem abaixo da Linha A ou IP inferior a 4
GC	Mais de 12% passando pela #200; Limites de Atterberg caem abaixo da Linha A; IP superior a 7
GC-GM	Mais de 12% passando pela #200; Limites de Atterberg caem na área marcada como CL-ML na Figura 4.8
GW-GM	5 a 12% passando na #200; atende aos critérios de GW e GM
GW-GC	5 a 12% passando na #200; atende aos critérios de GW e GC
GP-GM	5 a 12% passando na #200; atende aos critérios de GP e GM
GP-GC	5 a 12% passando na #200; atende aos critérios de GP e GC
SW	Menos de 5% passando pela #200; D_{60}/D_{10} superior ou igual a 6; $(D_{30})^2/(D_{10} \times D_{60})$ entre 1 e 3
SP	Menos de 5% passando pela #200; não atendendo aos demais critérios para GW
SM	Mais de 12% passando pela #200; Limites de Atterberg caem abaixo da Linha A ou IP inferior a 4
SC	Mais de 12% passando pela #200; Limites de Atterberg caem abaixo da Linha A; IP superior a 7
SC-SM	Mais de 12% passando pela #200; Limites de Atterberg caem na área marcada como CL-ML na Figura 4.8
SW-SM	5 a 12% passando na #200; atende aos critérios de SW e SM
SW-SC	5 a 12% passando na #200; atende aos critérios de SW e SC
SP-SM	5 a 12% passando na #200; atende aos critérios de SP e SM
SP-SC	5 a 12% passando na #200; atende aos critérios de SP e SC
CL	Inorgânico; LL < 50; IP > 7; cai sobre ou acima da Linha A (Zona CL na Figura 4.8)
ML	Inorgânico; LL < 50; IP < 4 ou cai acima da Linha A (Zona ML na Figura 4.8)
OL	Orgânico; (LL seco em estufa/LL não seco) < 0,75; LL < 50 (Zona OL na Figura 4.8)
CH	Inorgânico; LL ≥ 50; IP cai sobre ou abaixo da Linha A (Zona CH na Figura 4.8)
MH	Inorgânico; LL ≥ 50; IP cai abaixo da Linha A (Zona MH na Figura 4.8)
OH	Orgânico; (LL seco em estufa/LL não seco) < 0,75; LL ≥ 50 (Zona OH na Figura 4.8)
CL-ML	Inorgânico; recai sobre a área marcada como CL-ML na Figura 4.8
Pt	Solos altamente orgânicos

Fonte: Usace.

Ensaios mecânicos e hidráulicos

Basicamente, a classificação MCT é dependente de uma série de ensaios que se presta para a determinação de parâmetros relacionados a propriedades mecânicas e hidráulicas dos solos finos tropicais. Todos os procedimentos de ensaio são realizados com amostras de solos compactadas em moldes cilíndricos de 50 mm de diâmetro, sendo a compactação a seção plena, empregando-se massa de 2,27 kg ou 4,5 kg com queda de uma altura de 305 mm. A altura do corpo de prova a ser moldado é controlada durante a compactação. O ensaio de compactação padrão MCT é normalizado pelo DNER (ME 228/94).

O ensaio de *resistência* ao qual é submetido o corpo de prova é chamado de *mini-CBR*, sendo muito similar ao ensaio convencional de CBR, exceto por suas dimensões, que são reduzidas, com os padrões de compactação e testes conforme o Quadro 4.10. O pistão que aplica carga sobre a superfície do corpo de prova durante o ensaio tem um diâmetro de 16 mm. O resultado do ensaio é empregado no dimensionamento de pavimentos. Os valores de mini-CBR e de CBR convencional são muito similares, sendo que, na prática, adotam-se como equivalentes. É bastante comum a determinação da relação entre o mini-CBR imerso e o mini-CBR, denominada RIS (Relação Imerso/Seco).

Quadro 4.10 *Características de ensaio de compactação e mini-CBR com amostras reduzidas*

ENSAIOS DO MÉTODO MCT	PADRÕES DO ENSAIO MINIATURA
Dimensão de moldes	Cilindro com diâmetro interno de 50 mm e volume de 100 mℓ
Quantidade de amostra	Massa de 0,2 kg para compactação e diâmetro dos grãos máximo de 2 mm
Forma de compactação	Na energia normal: soquete de 2,27 kg, altura de queda de 305 mm e 5 golpes por face Na energia intermediária: soquete de 4,50 kg, altura de queda de 305 mm e 6 golpes por face
Ensaio de penetração	Diâmetro do pistão de penetração de 16 mm, velocidade de penetração de 1,27 mm/min. E prensa com capacidade de 3 kN
Imersão do corpo de prova	20 h (1 dia na prática)

Fonte: adaptado de Nogami e Villibor, 1995.

O ensaio de *contração*, importante na seleção de solos sujeitos a secagem, permite uma medida da variação do comprimento axial do corpo de prova após compactação quando exposto às condições atmosféricas (ao ar). A contração é uma propriedade importante durante a secagem de solos lateríticos (arenosos e argilosos), podendo seu potencial ser previsto durante o ensaio conjuntamente com a classificação do solo.

A *infiltrabilidade* do solo compactado é medida colocando-se o corpo de prova sobre uma base constituída de placa porosa que se encontra, por sua vez, apoiada de tal forma que fica envolta de água, estando o recipiente de água conectado a um tubo horizontal (com diâmetro interno conhecido) com escala que permite medir a movimentação da água para o corpo de prova. A medida é dada pela razão entre a quantidade de água infiltrada e a raiz quadrada do tempo decorrido. Trata-se de uma propriedade importante para associar a capacidade de absorção de água do solo em condição de contato prolongado com a água.

A medida da *permeabilidade* do solo é também fundamental para uma estimativa de seu potencial drenante, que se relaciona com a mais rápida ou mais lenta eliminação da água infiltrada no solo. O solo compactado no molde é superficialmente lacrado com uma rolha que possui um tubo graduado externamente. O fundo da amostra é colocado sobre placa porosa imersa em água, medindo-se a quantidade de água percolando em função do tempo.

Ensaios para caracterização e classificação MCT

Os ensaios para finalidades de enquadramento dos solos finos na classificação MCT são os ensaios de *compactação mini-MCV* (do inglês *moisture condition value*) e de *perda de massa por imersão*, como apresentados e descritos na sequência. Os métodos de ensaio são preconizados nas normas DNER-ME 254/94, 256/94 e 258/94 (DNER, 1994).

O ensaio *mini-MCV* de compactação é capaz de fornecer o desvio da umidade em relação à umidade ótima de compactação e também o grau de compactação de um solo. O ensaio consiste em verificar a altura do corpo de prova (ganho de densidade) em função de um número crescente de golpes, conseguindo-se, então, relacionar o peso específico do solo em função do logaritmo do número de golpes. O solo pode ser, assim, calibrado para várias umidades de preparação, definindo-se conjuntos de curvas, relacionando-se o peso específico seco do solo compactado com o número de golpes aplicados, para cada umidade desejada; cria-se assim um conjunto de curvas de compactação. O valor mini-MCV em função do número de golpes aplicados no corpo de prova (B_i) é dado por:

$$\text{mini-MCV} = 10 \times \log_{10} B_i$$

Sua execução é realizada com o solo em estudo em quatro teores de umidade diferentes após a amostra ser seca ao ar, com diâmetro de grãos máximo de 2 mm, empregando-se cerca de 0,2 kg do solo por corpo de prova. A compactação é realizada anotando-se a altura do corpo de prova para golpes padronizados (altura A1, golpe 1; sequencialmente para 2, 3, 4, 6, 8, 12, 16, 32, 64, 128 e 256 golpes). O critério de parada é definido quando a variação de altura $A_{i+1} - A_i$ é inferior a 0,1 mm ou quando o corpo de prova exsudar, ou ainda, quando ocorrer $4n - n \leq 2$ mm. As curvas de compactação mini-MCV são lançadas graficamente como apresentado na Figura 4.9, com Ai × número de golpes (B_i). Assim, para cada teor de umidade do solo será traçada uma curva de alturas em função do número de golpes. O valor mini-MCV é calculado para a altura 2 mm, quando se determina B_i para cada teor de umidade.

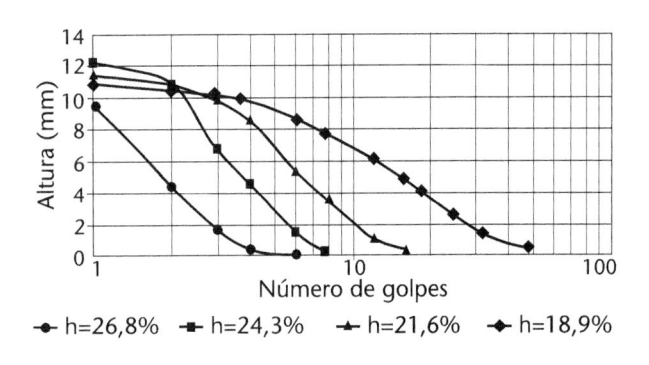

Fig. 4.9 *Resultado de ensaio mini-MCV (altura versus número de golpes) para argila laterítica porosa (LG')*

No ponto mini-MCV = 10 (ou B_i = 10 golpes), traça-se uma reta auxiliar paralela às curvas mini-MCV entre alturas de 2 mm a 6 mm, podendo-se, em seguida, determinar o coeficiente angular, denominado por c', sem o sinal dessa reta auxiliar correspondente. O valor de c', que se apresenta influenciado pela granulometria do solo, é relativamente constante em uma faixa larga de umidade e possui as seguintes peculiaridades:

◆ o coeficiente c' é elevado para argilas e solos argilosos;
◆ apresenta-se inferior a 1,0 para areias e siltes não plásticos e pouco coesivos.

Assim, o coeficiente c' é a inclinação da curva mais próxima de MCV = 10 na faixa entre alturas de 2 mm a 6 mm, que, no caso do mesmo solo em estudo neste texto, resulta em:

$$c' = \frac{12-8}{3,6-1,1} = 1,57$$

Com base nos testes de compactação, são determinados os pesos específicos aparentes secos para o solo em suas condições de umidade de ensaio, mas para várias energias de compactação, que correspondem ao número de golpes aplicados a cada medida de altura A_i. Com base nesse conjunto de curvas de compactação (Figura 4.10), por convenção, calcula-se a inclinação da parte retilínea da curva de compactação MCV para 12 golpes, no ramo seco de compactação, sendo a medida realizada próxima ao ponto de peso específico aparente seco máximo; tal inclinação é denominada coeficiente d' na classificação MCT, que é a taxa de redução de altura em função do número de golpes, ou seja, a menor ou maior facilidade de densificação mostrada pelo material. No caso apresentado, a inclinação d' é definida pela relação retilínea entre a diferença de peso específico aparente seco máximo sobre a diferença entre umidades, no ramo seco, curva de 12 golpes, para pontos correspondentes, o que leva a:

$$d' = \frac{15,3-14,4}{18,9-16,6} \times 100 = 39,13(\%)$$

Para a distinção (entre diferentes solos) do parâmetro mini-MCV na curva de deformabilidade, fixou-se arbitrariamente o valor para o qual a relação 4n – n for 2 mm.

Segundo Nogami e Villibor (1995), os solos de comportamento não laterítico siltosos se apresentam frequentemente com d' inferior a 5, as argilas não lateríticas com d' inferior a 10, e as argilas lateríticas com d' superior a 20. Nas areias puras, o valor de d' é bastante baixo, ao passo que, nas areias argilosas, pode-se ter d' superior a 100.

No ensaio de *perda por imersão*, a amostra de solo compactada no molde é parcialmente extraída até que se obtenha uma saliência de 10 mm do corpo de prova cilíndrico. Nessas condições (parcialmente no molde), o corpo de prova é colocado em repouso imerso em água, em posição horizontal, por um período de 24 horas, sendo uma cápsula colocada abaixo da área exposta da amostra para que, ocorrendo a erosão da parte exposta da amostra (ou mais ainda), o solo caia dentro da cápsula, a fim de ser medida tal massa desprendida do corpo de prova (Figura 4.11).

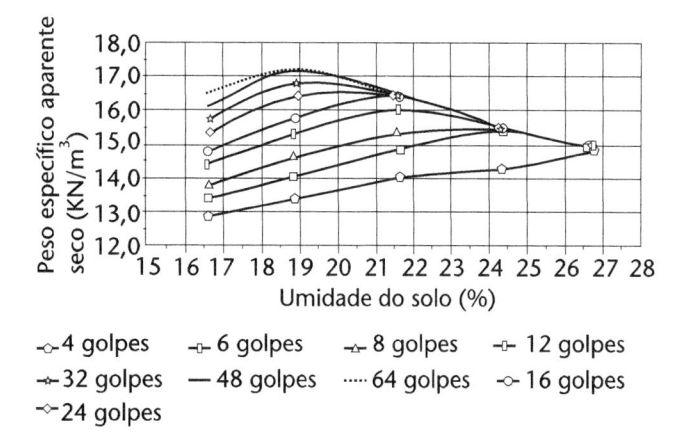

Fig. 4.10 *Curvas de compactação MCV e determinação do coeficiente d' para solo argiloso*

O ensaio é realizado com um conjunto de cinco corpos de prova compactados em umidades diferentes, o que se traduz por variações nos resultados em função dessas umidades de moldagem. Parte da massa que se descola do corpo de prova original durante a imersão é perdida. Tal ensaio tem especial interesse na verificação do potencial erosivo de solos sujeitos a longos períodos de

Fig. 4.11 *Detalhe do ensaio de perda por imersão*

saturação, além de colaborar para a determinação de um parâmetro para classificação.

Decorrido tal prazo, o molde é cuidadosamente retirado e a amostra remanescente dentro da cápsula também, sendo a cápsula com o solo erodido nela recolhido levada à secagem em estufa para determinação da massa desprendida do corpo de prova. A relação entre a massa desprendida e a massa da amostra exposta ao cilindro (correspondente a 10 mm externos) é denominada perda por imersão (em porcentagem). A perda por imersão (P_i) é então calculada pela fórmula:

$$P_i = \frac{M_d}{M_t} \times A \times 10$$

sendo M_d a massa desprendida do corpo de prova (em g), M_t a massa total do corpo de prova (em g), A a altura do corpo de prova (em mm) e 10 o multiplicador para se chegar à massa correspondente dos 10 mm expostos no cilindro do corpo de prova.

Os valores de perda por imersão são lançados graficamente em função do mini-MCV de cada curva de deformabilidade para uma altura $A_n = 2$ mm na curva de compactação mini-MCV do solo, o que, para o caso da argila laterítica porosa de Ibiúna (SP), apresentada como exemplo, resultou nos valores indicados na Figura 4.12. Observe que esta argila apresentou clara tendência de aumento de seu potencial erosivo com o aumento da umidade de compactação do material. O valor típico de perda por imersão (P_i) é extraído da curva $P_i \times$ mini-MCV, dentro das seguintes regras:

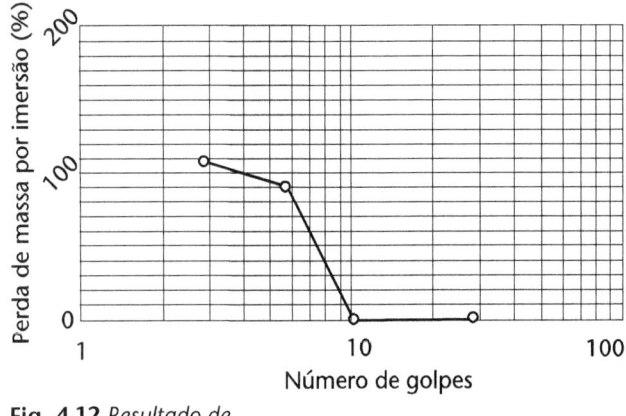

Fig. 4.12 *Resultado de ensaio de perda de massa por imersão em argila laterítica*

◆ Se o solo apresenta peso específico aparente seco baixo, quando a altura final (A_f) do corpo de prova para mini-MCV=10 for maior ou igual a 48 mm, então P_i é determinado para mini-MCV=10.

◆ Se o solo apresentar elevado peso específico, não obedecendo à condição acima, então P_i é determinado para mini-MCV=15.

Para finalizar a classificação MCT, é necessário o cálculo do parâmetro e', que é dado pela expressão:

$$e' = \sqrt[3]{\left(\frac{20}{d'} + \frac{P_i}{100}\right)}$$

A altura final do corpo de prova correspondente à curva de deformabilidade considerada para a obtenção do parâmetro c' foi, no exemplo apresentado, inferior a 48 mm; logo, toma-se como valor de P_i, conforme esclarecimentos acima, o valor para 15 golpes. Portanto, tem-se que:

$$e' = \sqrt[3]{\left(\frac{20}{39,13} + \frac{0}{100}\right)} = 0,8$$

A classificação MCT, conforme apresentada na Figura 4.13 (carta de classificação de solos MCT), fica determinada para um dado tipo de solo fino em função dos parâmetros e' e c'. A razão para os autores desta classificação terem adotado o equacionamento para e' como uma raiz cúbica foi permitir que os tipos genéticos de solos ocupassem, na carta de classificação, áreas semelhantes, para melhor visualização dos resultados. Nesta carta de classificação para solos finos tropicais, as seguintes nomenclaturas são empregadas:

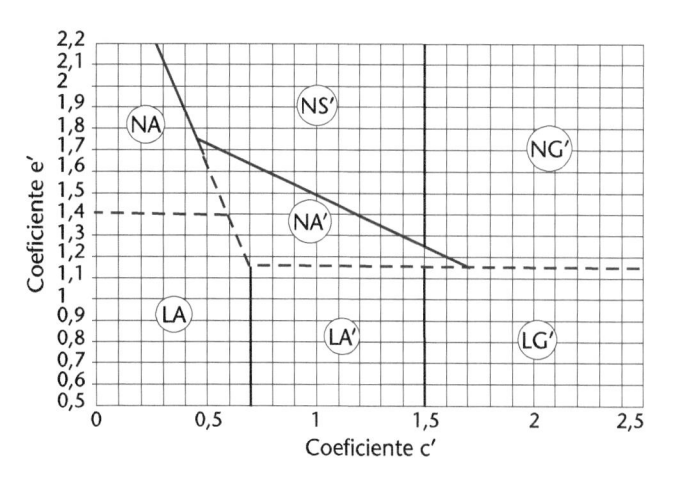

Fig. 4.13 *Carta de classificação para solos finos tropicais MCT*

- L é indicativo de um solo de *comportamento laterítico*, isto é, um solo bastante maduro e estável nas condições tropicais, não expansível ou pouco expansível, em geral com propriedades mecânicas e hidráulicas favoráveis do ponto de vista de pavimentação, dependendo do caso, empregável como camada de subleito, reforço do subleito e mesmo em bases e sub-bases em algumas situações.
- N é indicativo de um solo de comportamento não laterítico, o que, em geral, é desfavorável do ponto de vista de pavimentação, em termos de suas propriedades como permeabilidade e expansão, podendo ainda, em alguns casos, apresentar até resistência elevada. Em geral, o módulo de resiliência desses solos é desfavorável do ponto de vista de deformabilidade da estrutura de pavimentos asfálticos.
- A representa areia; A', um solo com matiz arenoso; S', os solos tipicamente siltosos e G', os solos francamente argilosos. Note que tais solos vêm sendo preferencialmente empregados nas situações indicadas no Quadro 4.11 e que o solo apresentado para introdução dessa metodologia se enquadra como LG' nessa classificação.

Quadro 4.11 *Empregos comuns dos solos tropicais em rodovias brasileiras*

TIPO MCT	DENOMINAÇÃO	EMPREGOS EM CAMADAS DE PAVIMENTOS
LA	Areias finas	Subleitos e reforços de subleitos (eventualmente como base ou sub-base)
LA'	Solos arenosos finos	Subleitos, reforços, sub-base e bases
LG'	Argilas lateríticas	Subleitos e reforços de subleitos
NA'	Solos arenosos não lateríticos	Subleitos quando não substituíveis (raramente como base ou sub-base)
NS'	Solos siltosos não lateríticos	Subleitos quando não substituíveis, embora não recomendável
NG'	Argilas não lateríticas	Subleitos quando não substituíveis

Na carta de classificação MCT apresentada na Figura 4.13, observa-se que o comportamento laterítico de solos começa a manifestar-se com d' > 0 e P_i < 100%. Em termos do coeficiente e', a linha divisória entre solos de comportamento laterítico (L) e não laterítico (N) é de 1,15; no caso de solos com pouca argila (finos), essa transição ocorria normalmente para valores mais elevados de perda por imersão, o que levou a impor um coeficiente e' divisório de 1,4 (Nogami e Villibor, 1995).

Peculiaridades dos solos da classificação MCT

Os solos de natureza laterítica apresentam algumas particularidades bastante favoráveis, quando analisadas em conjunto, para sua aplicação como camadas de pavimentos. São elas sua elevada capacidade de suporte (resistência) e baixa suscetibilidade à presença de água (expansão baixa); após imersão do material compactado, não há perda importante em sua resistência. Segundo Nogami e Villibor (1995), determinados tipos de rochas podem dar origem, dependendo do estado evolutivo da decomposição da rocha e do intemperismo atuante, a diferentes tipos de solos nos trópicos, em regiões de clima quente e úmido. No Quadro 4.12 são apresentados os casos mais típicos de ocorrências de solos tropicais associados às rochas existentes.

Quadro 4.12 *Tipos de solos MCT produzidos por diversas rochas matrizes*

Rocha matriz	Solos residuais lateríticos	Solos residuais não lateríticos
Granito	LG'	NS', NA
Basalto	LG'	NG'. NS'
Diabásio	LG'	NG'. NS'
Gnaisse	LG'	NS', NA'
Micaxisto	LG', LA'	NS', NA, NA'
Filito	LG', LA'	NS', NA, NA'
Quartzito	—	NA'
Calcário	LG', LA'	—
Folhelhos	LG'	NG'
Arenitos	LA', LG', LA	NA, NA'

Fonte: adaptado de Nogami e Villibor, 1995.

Os solos lateríticos (L), em geral, apresentam matiz vermelho a amarelo, possuindo na natureza vários metros de espessura, até além de 5 m. No horizonte A, em geral, apresentam-se arenosos com muita matéria orgânica impregnada, devendo ser descartados. No horizonte B, mostram agregação intensa de grãos mais finos, com aspecto fissurado ou poroso (Nogami e Villibor, 1995). A presença de caulinita, um mineral bastante estável, é predominante nos solos lateríticos, além de intensa presença de óxidos de ferro e de alumínio. Na fração areia, há predominância de quartzo, minerais pesados e concreções lateríticas nos solos lateríticos (L). No Quadro 4.13 são apresentadas algumas dessas peculiaridades mais marcantes nos solos finos tropicais.

Quadro 4.13 *Peculiaridades dos solos finos tropicais da classificação MCT*

GRUPO MCT	DESCRIÇÃO	MINERAIS PRESENTES	PECULIARIDADES
NA	Areias, siltes, areias siltosas	Quartzo Mica (sericita)	Quartzosos são pouco expansivos Micáceos são muito expansivos
NA'	Areias quartzosas com finos de comportamento não laterítico	Aqueles de rochas ricas em quartzo (granitos, gnaisses, arenitos e quartzitos)	
NS'	Saprolíticos siltoarenosos	Feldspatos, micas e quartzos	Baixa resistência e baixo módulo de resiliência, muito erodíveis e muito expansivos
NG'	Saprolíticos argilosos	Aqueles presentes em rochas argilosas ou cristalinas: anfibólios, piroxênios, feldspatos cálcicos	Muito plásticos Muito expansivos
LA	Areias com poucos finos de comportamento laterítico	Areias quartzosas (horizonte B)	Pouco coesivos São mais erodíveis que LA'
LA'	Latossolos arenosos e solos podzólicos (horizonte B)	Óxidos e hidróxidos de ferro, hidróxidos de alumínio	Matizes vermelho e amarelo e pouco erodíveis; fissuram bastante se expostos às intempéries; elevada resistência e módulo de resiliência; boa coesão; pouca contração por perda de umidade
LG'	Argilas e argilas arenosas (horizonte B)	Aqueles presentes em latossolos, solos podzólicos e na terra roxa estruturada	Mais resistentes à erosão que LA'; são permeáveis, apesar de serem argilas

Fonte: adaptado de Nogami e Villibor, 1995.

Na Tabela 4.3 são apresentados resultados típicos de classificação de solos bastante comuns na cidade de São Paulo, encontrados em subleitos de vias como as Marginais Pinheiros e Tietê, bem como na região do Planalto Paulista (Avenida dos Bandeirantes) e na Avenida Paulista, onde uma argila porosa predomina. Observa-se que as classificações HRB-AASHO e USCS não possuem condições de indicar um aproveitamento favorável dos solos como subleitos, uma vez que praticamente não diferenciam os solos com naturezas genéticas completamente

Tabela 4.3 *Classificação de solos comuns de subleitos na cidade de São Paulo pelos critérios HRB, USCS e MCT*

SOLO	h_{ot} (%)	$\gamma_{as,máx}$ (kN/m³)	EXP. (%)	#10 (%)	#40 (%)	#200 (%)	LL (%)	IP (%)	HRB	USCS	MCT
1	15,4	17,6	0,30	100	90	54	28	19	A-6	CL	NA'
2	15,8	17,4	0,20	100	90	56	29	24	A-6	CL	NS'
3	13,6	17,6	0,50	100	86	52	30	22	A-6	CL	NA'
4	23,8	15,8	0,20	100	92	76	49	28	A-7-6	CL	LG'
5	24,3	15,8	0,10	100	92	77	41	26	A-7-6	CL	LG'
6	24,5	15,9	0,10	100	92	80	47	28	A-7-6	CL	LG'
7	27,2	15,3	0,05	100	95	85	42	30	A-7-6	CL	LG'
8	30,8	14,7	0,05	100	97	92	51	31	A-6	CH	LG'

diferentes e com propriedades mecânicas e hidráulicas muito distintas. Em especial, a Classificação Unificada (USCS) não diferencia em nada os solos. A classificação MCT estabelece claras distinções entre os solos finos analisados.

Empregos típicos dos solos tropicais

Os solos naturalmente constituem os materiais dos subleitos de pavimentos, sendo também empregados em camadas de reforço de subleito, como já se discorreu no Capítulo 2. Nestas condições, os solos estão presentes em subleitos e em reforços de subleitos na forma em que se encontram na natureza, isto é, sem adições que os modifiquem sobremaneira.

Os solos tropicais têm sido empregados desde a metade do século passado no Brasil, até mesmo como camadas de sub-base e de base de pavimentos. Do ponto de vista de classificação tradicional de solos (HRB), tais solos identificados, por suas propriedades granulométricas e por seus índices físicos, não seriam tidos como prestáveis para emprego em camadas de pavimentos; contudo, a experiência nacional, a partir dos Solos Arenosos Finos Lateríticos (SAFL), das argilas lateríticas e dos solos lateríticos concrecionados, revelou, contrariamente às expectativas ditadas por normas estrangeiras, que eles poderiam ser empregados em diversas situações como camada de base. São milhares de quilômetros de vias rurais e urbanas que empregam solos tropicais em pavimentos, com resultados bastante favoráveis quanto a seu comportamento como camada de base ou sub-base de pavimentos.

As argilas lateríticas encontradas sob a forma de terra roxa estruturada, ou ainda, as argilas lateríticas porosas, ao contrário do que poderia indicar ou sugerir a classificação rodoviária do HRB-AASHO, também foram empregadas como camadas de pavimentos, preferencialmente para reforços de subleitos de características pobres (e de comportamento não laterítico), ou ainda, em misturas do tipo solo-brita (ou solo-agregado), não se excluindo seu emprego como sub-base ou até mesmo como base, dependendo das condições gerais de projeto. Tais solos argilosos, ao contrário daqueles encontrados em países de clima temperado, são pouco suscetíveis à água, comportando-se muito bem como camada de pavimento, apresentando média capacidade de suporte e elevado módulo de resiliência.

Por tais razões, há muito interesse no desenvolvimento do emprego de solos de comportamento laterítico em várias regiões do Brasil onde são disponíveis, pois permitem uma pavimentação a custos mais acessíveis, o que tem sido feito há muitas décadas no País. Em face de tais constatações, compreende-se a não aplicabilidade de métodos de classificação importados de regiões de clima temperado para a previsão do comportamento dos solos tropicais em camadas de pavimentos.

Diante do estado da arte atual do conhecimento, julga-se conveniente a aplicação da metodologia MCT para a classificação dos solos tropicais, tendo em vista que ela procura relacionar o potencial de um solo para uma dada aplicação, com larga base experimental que envolveu a análise de inúmeros trechos pavimentados e a consolidação de ensaios de laboratório específicos para a previsão de propriedades mecânicas e hidráulicas dos solos tropicais.

Deve-se estar atento ao fato de algumas classificações se prenderem a ensaios com amostras perturbadas, sendo que não existe uma correlação direta entre as resistências obtidas em laboratório e aquelas encontradas nas condições de campo. Há até mesmo um índice de sensibilidade definido como a relação entre a resistência à compressão (não confinada) de amostras não perturbadas e remoldadas (na mesma umidade), sendo que as argilas sensíveis, por exemplo, apresentam valores para este índice de 4 a 8, e as argilas muito sensíveis, superior a 8. Tal tipo de índice pouco significa para uma classificação que leve em consideração os potenciais de resistência e de deformação de um solo em suas condições de aplicação em campo.

4.2.9 Métodos e equipamentos de escavação dos solos

Aspectos gerais

A escavação de solos refere-se tanto à escavação de solos finos quanto à escavação de agregados naturalmente disponíveis para obras de pavimentação; deste modo, os conceitos apresentados neste tema são igualmente aplicáveis aos agregados que são tratados em item à parte. A escavação de materiais, bem como o transporte do material escavado, sua disposição e sua compactação são temas que fazem parte da área técnica conhecida por Terraplenagem.

Convencionalmente, os materiais explorados em jazidas para as obras civis são diferenciados, do ponto de vista de terraplenagem, quanto à sua dificuldade de escavação. No Quadro 4.14 são apresentadas as categorias de materiais quanto à escavação; neste item, será tratada tão somente a escavação dos materiais ditos de 1ª e de 2ª categorias.

Quadro 4.14 *Categorias dos materiais escavados*

Categoria	Descrição	Exemplo de aplicação
Primeira	Material escavável com emprego tão somente de máquinas de terraplenagem convencionais	Solos transportados, residuais e saprolíticos, materiais soltos, extração de areia de cava ou barranco
Segunda	Material que exige emprego de explosivos de modo descontínuo para maior desagregação do material	Rochas fraturadas e alteradas, solos saprolíticos muito compactos
Terceira	Material que exige desmonte por meio de uso contínuo de explosivos, sendo apenas carregado (e não escavado) para transporte após sua fragmentação	Exploração de pedreiras, cortes estradais em rochas, desmonte de blocos rochosos ou de matacões

O processo de escavação dos solos dependerá de inúmeros fatores relacionados ao tipo de material, sua localização, as condições gerais da obra, cronograma de execução, aspectos relacionados a custos etc. Toda a seleção de processos de escavação dependerá de estudo preliminar das condições localmente existentes para uma decisão abalizada sobre tipos de máquinas e equipamentos a serem empregados, equipes e serviços de apoio necessários à manutenção dos equipamentos. No Quadro 4.15 são apresentados alguns dos fatores que influenciam a tomada de decisão sobre os processos mais adequados de escavação a serem empregados em uma determinada obra.

Quadro 4.15 *Condicionantes para escolha de processos de escavação*

CONDICIONANTES	TIPOS	DETALHAMENTO
Naturais	Solo a ser escavado	Características como granulometria e umidade interferem com o equipamento
	Topografia do terreno	Terrenos acidentados são limitantes para vários equipamentos
	Condições climáticas locais	Períodos de chuva podem exigir, em consequência dos solos e caminhos disponíveis na obra, equipamentos específicos
De execução	Prazos	O cronograma de execução ajustado ao prazo determinado para a obra afeta as quantidades de equipamentos
De custos	Distâncias de transporte	Há equipamentos pouco produtivos para determinadas distâncias entre escavação e aplicação do material escavado
	Volumes de escavação	Grandes volumes de escavação e transporte exigem equipamentos de elevada produção
	Distâncias de transporte	Grandes distâncias elevam os custos para a execução da obra
	Tipo de equipamento	Equipamentos pesados e de grande porte normalmente representam maiores custos de investimento e depreciação ou de aluguel

A escavação de um corte estradal ou de jazida de solo é precedida pelos serviços preliminares de desmatamento, no qual os equipamentos a serem empregados dependem do tipo de vegetação existente no local, seguido do destocamento, ou seja, do arrancamento das raízes remanescentes após o corte da vegetação. Após a realização da limpeza de material orgânico da área a ser escavada, são iniciados os serviços de escavação propriamente ditos.

O perfil do solo a ser escavado deve ser necessariamente analisado, tendo por base o detalhamento geotécnico elaborado na fase de projeto de execução, quando são então identificadas as ocorrências de solos de comportamento laterítico que são ideais, no mínimo, para emprego na CFT.

Desta forma, os solos lateríticos encontrados no horizonte B devem ser escavados e mantidos em espera para aplicação nas últimas camadas a serem compactadas nos aterros, pois, em situação contrária, estar-se-ia empregando o pior solo (de comportamento saprolítico) na CFT. Os responsáveis pela obra deverão programar e organizar coerentemente tal serviço, que obrigatoriamente deverá ser considerado no detalhamento do projeto (Figura 4.14).

Dois aspectos ainda devem ser considerados quanto à disposição dos cortes estradais e taludes em jazidas de solos. Primeiramente, a ocorrência de cortes que avancem até o horizonte saprolítico tornará

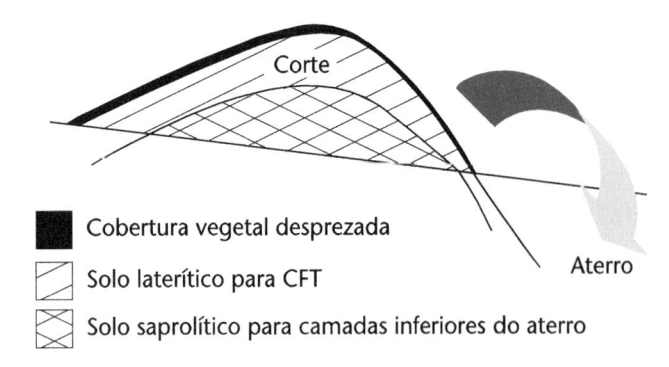

Fig. 4.14 *Aproveitamento dos solos lateríticos em cortes estradais*

o material mais suscetível a processos de erosão, o mesmo ocorrendo para alguns solos lateríticos de natureza arenosa. Esta situação poderá ser inevitável, dependendo das condições geométricas do traçado de projeto.

Do ponto de vista prático de execução dos cortes, a inclinação deverá ser bem controlada, pois erros grosseiros neste aspecto induzem o corte de volumes muito maiores que aqueles inicialmente previstos em projeto, cujos serviços não são ressarcidos pelo proprietário da obra.

Máquinas para escavação de solos

A terminologia das máquinas e equipamentos de terraplenagem é normalizada pela NBR 6141 da ABNT. As máquinas empregadas na execução de escavação de material de 1ª e 2ª categorias são descritas no Quadro 4.16. Os equipamentos listados referem-se apenas àqueles empregados em escavações de jazidas e cortes. Na Figura 4.15 são apresentadas as máquinas mais tipicamente empregadas nos serviços de terraplenagem para construção viária.

A organização do processo de escavação e transporte do material para o local de destino (usina ou pista) é realizada com base nos volumes a serem escavados, nos prazos e cronogramas, na disponibilidade de equipes e equipamentos, sendo necessário estabelecer tarefas de escavação e transporte sincronizadas de modo a se tirar o melhor partido do processo. O dimensionamento de máquinas e equipes é controlado pela produção horária e afeta diretamente os custos de execução dos serviços.

Quadro 4.16 *Tipos de máquinas para escavação de solos*

UNIDADES DE ESCAVAÇÃO	TIPO	CARACTERÍSTICAS	APLICAÇÕES E LIMITAÇÕES
Escavo-empurradoras	Tratores com implementação de lâmina frontal ou escarificador traseiro (para desmonte prévio de material de 2ª categoria)	De pneus (0,3 MPa a 0,6 MPa) para terrenos planos e bom suporte. De esteiras (até 0,8 MPa) para terrenos íngremes, baixo suporte ou pouca aderência	Pequenas distâncias (até 50 m) Empurra, não carrega
Escavo-transportadoras	Scraper rebocado com tratores de esteiras Moto-scraper (só pneus)	Os moto-scrapers podem ter um ou dois motores e tração nas quatro rodas; possuem lâmina de corte móvel no fundo da caçamba	Scrapers rebocados são para distâncias de até 200 m; moto-scrapers, de 100 m a 1.000 m
Escavo-carregadeiras	Pás-carregadeiras	Tratores sobre esteiras ou pneus com caçamba frontal carregadeira	Dependem de unidades específicas para o transporte
	Escavadeiras ou pás mecânicas	Trator sobre plataforma com esteira ou pneus com lança e pá frontal (shovel)	Dependem de unidades específicas para o transporte

Fig. 4.15 *Moto-scraper (alto, esq.; www.agmaquinas.com.br), escavadeira de lâmina frontal (alto, dir.; www.casece.com), retroescavadeira (abaixo, esq.; www.massey.com.br com foto de N. Konrad) e motoniveladora (abaixo, dir.; www.casece.com)*

Controles aplicáveis à escavação de solos

Toda a escavação de solos ou materiais, antes de mais nada, deve estar atenta aos manejos ambientais necessários. Tenha-se presente que uma escavação malplanejada pode ser a fonte de inúmeros problemas, como o carreamento de solo para rios e mananciais, implicando assoreamentos e alteração da qualidade da água (turbidez), entre outros acidentes. A escavação deverá ainda considerar aspectos relacionados a alterações no regime de águas subterrâneas e potencial erosivo dos solos.

Mitigados os aspectos ambientais, os serviços de escavação desde o princípio são objeto de controle, sendo previamente necessária a locação topográfica das linhas de *off-set*, da posição do eixo e demais pontos notáveis da plataforma estradal. Todos os pontos a serem locados para início da escavação devem constar das notas de serviço de terraplenagem, com indicação de alturas de corte, larguras de plataformas e inclinações dos taludes de cortes a serem respeitadas. A locação é fundamental, seja o corte na plataforma estradal ou em jazida afastada do eixo da obra.

Em geral, os serviços de escavação são medidos e pagos em função da categoria do material escavado e da distância de transporte entre a escavação e a pista ou a usina (pagamento por metro cúbico escavado e transportado). No Quadro 4.17 são apresentados os aspectos mais importantes relacionados aos controles aplicáveis à escavação de solos em obras rodoviárias.

Quadro 4.17 *Controles aplicáveis a serviços de escavação*

TIPO DE CONTROLE	MÉTODOS	OBJETIVO
Locação de pontos limites de escavação	Locação topográfica	Evitar alterações de limites de escavação em planta
Inclinação de cortes	Taqueometria Régua e nível de bolha	Evitar erros grosseiros que poderiam aumentar muito o volume de escavação
Cotas da plataforma	Nivelamento e contranivelamento geométrico	Variações de cotas de CFT dentro de limites toleráveis
Largura de plataforma	Taqueometria	Manter os padrões projetados de faixas, acostamentos, canteiros etc.
Tipo de material escavado	Por categorias	Estabelecer o tipo e o custo de escavação
Volumes escavados	Cálculo de áreas e volumes no corte com auxílio de topografia	Checar precisamente os volumes escavados
Volume transportado	Distância média de transporte	Checar precisamente a distância entre local de escavação e destino do material

O fator de empolamento é um conceito importante na consideração em projetos e na medição de volumes e cálculo de produção de equipamentos em terraplenagem e pavimentação. Considere a Figura 4.16, de onde se extrai que, no local do corte, o solo apresenta uma dada condição natural, com seu peso específico (no corte) *in situ* (γ_c) conformando um dado volume de corte (V_c) a ser elaborado; no transporte após sua escavação, seu peso específico diminuiu, pois ele se encontra solto (γ_s), resultando, portanto, em um volume transportado (V_s) diferente daquele natural no corte; finalmente, o mesmo material, no aterro, apresentará um peso específico compactado (γ_a) e, por conseguinte, um volume de aterro (V_a) diferente das demais situações anteriores. Apenas a massa transportada é que não se alterou, o que nos permite escrever as seguintes relações:

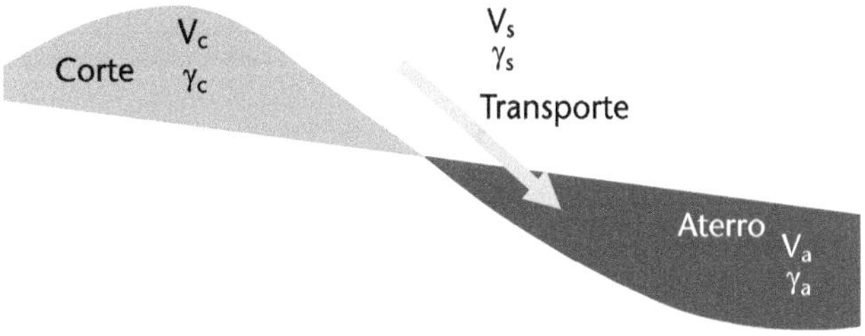

$$V_c \times \gamma_c = V_s \times \gamma_s = V_a \times \gamma_a$$

Fig. 4.16 *Relação entre massas e volumes no corte, no transporte e no aterro*

Conhecido o volume solto, é possível, portanto, o cálculo do volume de corte multiplicando-se o primeiro pela relação entre os pesos específicos do material solto e do material no corte. A essa relação entre pesos específicos dá-se o nome de *fator de empolamento*, que necessita ser empregado na expressão do cálculo da produção de escavadeiras ou unidades de transporte, uma vez que o volume de material nas caçambas desses equipamentos são volumes soltos; isso se explica porque os serviços de escavação são controlados geometricamente no local de corte (ou empréstimo ou jazida) para finalidades de medição e pagamento dos serviços de escavação. Portanto, o fator de conversão de volume solto para o volume no corte (natural) ou fator de empolamento será:

$$f = \frac{\gamma_s}{\gamma_c}$$

4.3 Um Grão de Informação sobre os Agregados para Misturas

4.3.1 Generalidades

Os agregados podem ser entendidos como conjuntos de grãos minerais, dentro de determinados limites de dimensões, naturais ou artificiais, britados ou não, utilizados na construção civil, notavelmente na fabricação de argamassas, concretos asfálticos e de cimento Portland, misturas estabilizadas com ligantes etc. No ramo da construção pesada de vias de transporte, são de notável aplicação na fabricação de diversas camadas que compõem estruturas de pavimentos e lastros de vias férreas.

Para as finalidades de pavimentação, são diversas as propriedades que devem possuir os agregados, quanto a seu desempenho, para atender aos requisitos necessários para um uso predefinido, como durabilidade, resistência, adesividade ao ligante etc., ou ainda, a combinação de diversos requisitos mínimos.

Quanto se consome de agregados para construir 1 km de estrada?

Em particular, no caso do concreto para pavimentos, cerca de 75% em volume ou 80% em peso do material são compostos por agregados pétreos, o que pode dar uma ideia inicial da importância deste elemento no concreto. Se considerarmos um apartamento de 80 m² com 50 m lineares de vigamento (15 × 25 cm²), dez pilares com altura de 2,7 m (20 × 20 cm²) e lajes com altura de 8 cm, chega-se a um volume de concreto de 9,36 m³ por apartamento; considerando-se quatro apartamentos por andar e área comum de 15%, com 15 andares e duas garagens em subsolo, mais fundações para os 44 pilares, chega-se a 803 m³ de concreto, o que representaria 642 m³ de agregados.

Num pavimento de concreto, com 230 mm de espessura de revestimento e mais 150 mm de base em CCR sobre o subleito, em uma via com três faixas de rolamento, para cada quilômetro ter-se-iam 4.104 m³ de concreto, ou seja, 3.283 m³ de agregados. Portanto, 1 km da via pavimentada consome 5,1 vezes mais agregados que o edifício de apartamentos de 15 andares consumiria.

4.3.2 Tipos de agregados

Os agregados ditos naturais são aqueles disponíveis na crosta terrestre, resultantes de diversos processos geológicos, encontrados em sua forma final de utilização ou que ainda necessitam de uma série de processos para viabilização de uso. Neste ponto, é necessário esclarecer que alguns autores limitam o uso do termo "natural" aos agregados utilizáveis sem necessidade de processos de britagem. Não se prendendo a tal pressuposto, os agregados naturais serão aqueles procedentes de rochas maciças ou alteradas, cascalheiras e areais não aluvionares, depósitos aluvionares etc. Existem alguns materiais granulares naturais, como os solos concrecionados, que, em muitas situações, são utilizados como camadas de pavimentos.

Os agregados artificiais têm sua origem a partir de rejeitos industriais, particularmente associados às indústrias siderúrgicas (escórias); mais modernamente se tem considerado fortemente o emprego de agregados reciclados de entulhos de demolição e de construção, bem como os produtos da fresagem de pavimentos existentes (também como agregados reciclados). A introdução de borracha triturada de pneus descartados e inservíveis tem estado em pauta, assim como a de outros materiais procedentes de coleta de reciclados.

A utilização desses agregados artificiais na produção de bases granulares, concretos e de misturas asfálticas é condicionada ao atendimento das mesmas especificações básicas para os agregados naturais, além de outras exigências específicas. Recorde-se também que os agregados resultantes de entulhos de construção podem ser bastante heterogêneos, com frações provenientes de concretos, argamassa, tijolos, ladrilhos hidráulicos, materiais cerâmicos etc., o que requer estudos específicos, em especial quando empregados na fabricação de concretos.

4.3.3 Rochas e suas propriedades de interesse para os agregados

Pode-se entender por rocha a associação de minerais fortemente ligados entre si (Arquié e Tourenq, 1990). A maior ou menor presença de determinadas espécies minerais, bem como sua associação, permite a classificação de uma rocha por meio de princípios básicos de mineralogia e petrologia. Vargas (1978) indica como rocha, para fins de engenharia civil, os materiais naturais da crosta terrestre "cuja resistência ao desmonte, além de ser permanente, a não ser quando em processo geológico de decomposição, só fosse vencida por meio de explosivos" (Figura 4.17). As rochas maciças podem ter sua origem a partir de três processos geológicos básicos: magmatismo, sedimentação ou metamorfismo, conforme estudado nos fundamentos da geologia.

São distintos os minerais que compõem diversos tipos de rochas, sendo que, no Quadro 4.18, apresentam-se algumas características tecnológicas importantes de alguns minerais, obtidas a partir de Pirsson (1949), Orchard (1976) e Arquié e Tourenq (1990), que podem orientar a previsão de comportamento dos agregados quando associados com alguns tipos de ligantes utilizados na construção civil. Na Tabela 4.4 são apresentadas as rochas mais comuns, indicando-se sua origem, minerais presentes, suas variações típicas etc. No Quadro 4.19, apresentam-se diversas características de interesse tecnológico das rochas com base em informações obtidas de Orchard (1976), de Nogami (1977) e de Arquié e Tourenq (1990).

Fig. 4.17 *Feição de desmonte com explosivos em jazida de basalto (São Manoel, SP)*

Quadro 4.18 *Características tecnológicas de alguns minerais*

Mineral	Massa específica (10^3 kg/m³)	Alteração	Observações
Olivina	3,5	Frequente	
Piroxênios	3,4	Frequente	
Anfibolitos	3,0 a 3,4	Frequente	Média sensibilidade à água
Muscovita	2,8	Não se altera	Forma desfavorável à adesividade
Biotita	2,7 a 3,3	Frequente	Reação com álcalis
Clorita	2,6 a 3,0		
Argilas	2,0 a 2,6		Forma desfavorável à adesividade
Quartzo	2,65	Não se altera	Reação com álcalis e levemente desfavorável à adesividade
Calcedônia	2,55 a 2,61		Fraca reação com álcalis
Opala	2,6		Reação com álcalis muito forte
Vidros vulcânicos	2,0		Forte reação com álcalis
Feldspatos	2,57 a 2,75	Frequente	
Calcita	2,71		
Dolomita	2,87		Reação com álcalis em presença de argila
Hematita	5,2		Formas hidratadas de ferro sensíveis à água
Magnetita	5,18		Muito resistente ao intemperismo
Caulinita	2,6		Muito pouco alterável
Clorita	2,7		
Calcita (pura)	2,7	Não se altera	
Pirita	5,0		Forte reação com álcalis

Tabela 4.4 *Propriedades tecnológicas de algumas rochas comuns em São Paulo*

Rocha	γ (kg/m³)	Poros (%)	Rtf (MPa)	Rc (MPa)	Rt (MPa)	E (10^4 MPa)	L.A. (%)	ν
Granito	2.500 a 2.750	0,1 a 2,5	28,9	75 a 300	2 a 25	2 a 8	30	0,10 a 0,36
Basalto	2.200 a 3.000	0,1 a 10,0	44,7	60 a 400	10 a 30	0,7 a 12	11 a 15 > 20 (vesiculares)	0,14 a 0,25
Diabásio	2.800 a 3.100	0,1 a 1,2	nd	120 a 350	1 a 35	3 a 12	11 a 15	0,12 a 0,25
Gnaisse	2.600 a 3.000	0,1 a 1,6	nd	50 a 330	5 a 20	2,3 a 8,4	20 a 60	0,03 a 0,38
Calcário sedimentar	1.700 a 2.850	0,2 a 27	15,6	10 a 250	0,5 a 25	1 a 8	20 a 50	0,15 a 0,26
Calcário metamórfico	2.600 a 2.800	0,1 a 2,0	nd	30 a 260	5 a 20	5 a 8	20 a 30	0,10 a 0,40

Fonte: Nogami, 1976.

Quadro 4.19 *Informações sobre as rochas mais comuns*

DENOMINAÇÃO	ORIGEM	MINERAIS PRESENTES	VARIEDADES E ASSOCIAÇÕES	OBSERVAÇÕES QUANTO AOS AGREGADOS RESULTANTES
Granito	Magmática plutônica	Feldspatos alcalinos, quartzo, micas e numerosos acessórios	*Família*: granitos, adamelitos, granodiorito *Variedades*: aplito, pegmatito, sienitos, tonalito	Podem apresentar elevada acidez, prejudicial à adesividade com o asfalto; seus fragmentos são pouco lamelares, apresentando boa quantidade de finos após britagem. A eventual presença de pirita nos agregados é um fator limitante para seu emprego na fabricação de concretos. Solo de alteração granular, comumente designado como "saibro" (solo saprolítico)
Basalto e diabásio	Magmática eruptiva	Plagioclásios, piroxênios, magnetita	*Família*: gabro *Variedades*: maciços e vesiculares *Basalto*: extrusivo *Diabásio*: intrusivo	Apresentam pH básico; seus fragmentos tendem a apresentar lamelaridade, resultando também poucos finos de sua britagem. As variedades vesiculares são muito porosas, exigindo cuidados na dosagem de misturas com ligantes asfálticos. No caso de variedades vítreas, a reação álcalis-agregado faz-se presente, devendo ser evitadas na fabricação de concretos. Apresentam maior dificuldade de britagem
Gnaisse	Metamórfica	Mica, quartzo, feldspato	*Formações listradas ortognaisses*: provêm de rocha ígnea *Paragnaisses*: provêm de rocha sedimentar	Apresentam acidez elevada (o que pode prejudicar a adesividade); podem ocorrer fragmentos lamelares em abundância; a quantidade de finos de britagem é igual ao que ocorre no caso dos granitos. Em geral, as pedreiras se apresentam bastante heterogêneas. Solo de alteração granular, comumente designado como "saibro" (solo saprolítico)
Calcário	Sedimentar ou metamórfica	Carbonatos de cálcio e magnésio	*Variedades*: calcífero, dolomítico, dolomita, magnesiano *Sedimentares*: de origem orgânica ou clástica *Metamórficos*: mármore e giz	Resultam em britas de boa forma, com boa adesividade e finos de boa qualidade. Todavia, são muitas vezes porosos e reativos com cimentos alcalinos. Apresentam facilidade de britagem. Uma desvantagem do emprego de agregado calcário em revestimentos de pavimentos é o rápido polimento ao qual a superfície fica sujeita pela ação do tráfego

Fonte: Nogami, 1976.

4.3.4 As areias e os pedregulhos como agregados

As areias e os pedregulhos são materiais naturais resultantes da decomposição de rochas por ação da água ou de geleiras, que foram transportados por torrentes de água e depositados, no tempo geológico. Suas principais ocorrências são nos terrenos adjacentes a cursos d'água, nos deltas de rios e em praias marinhas ou lacustres. Os agregados miúdos resultantes de britagem de pedregulhos ou rochas podem ser chamados de pó de pedregulho ou de pó de pedra, e são considerados areias artificiais.

Existem ainda as areias não aluvionares, encontradas em depósitos detríticos ocorridos em longos períodos geológicos, comumente designadas como areias de barranco. Tais depósitos de areia são, em geral, recobertos por outras formações sedimentares, razão pela qual, em alguns casos, não são totalmente puras, necessitando de lavagem prévia antes de seu uso em construção civil.

As areias, naturais ou artificiais, são comumente designadas como agregado miúdo; o DNER (1971) limita o seu diâmetro máximo em 4,8 mm.

4.3.5 Caracterização básica dos agregados

Em geral, os agregados utilizados na fabricação de concretos e misturas asfálticas, em especial os graúdos, são tratados em termos de faixas de determinados diâmetros. O extinto DNER (1971) apresenta a subdivisão para as britas classificadas conforme indicado na Tabela 4.5.

Tabela 4.5 *Diâmetros e denominação de pedras britadas*

Denominação	Faixa de diâmetro (mm)
Pó de pedra	< 2,4
Pedra 0 ou pedrisco	entre 2,4 e 9,5
Pedra 1	entre 9,5 e 19,0
Pedra 2	entre 19,0 e 38,0
Pedra 3	entre 38,0 e 76,0

A definição de porcentagens de diâmetros de agregados contidas em uma mistura é definida pelo ensaio de peneiramento (por via seca ou úmida), sendo a numeração das peneiras tomada com base na dimensão da abertura de sua malha. Uma peneira de número 20, por exemplo, possui abertura de dimensão duas vezes superior à peneira de abertura 40. Na Tabela 4.6 são apresentadas as aberturas típicas de peneiras com malhas quadradas.

Para os concretos, um parâmetro bastante usual para se caracterizar a presença de agregados mais miúdos ou graúdos é o módulo de finura (MF), calculado por meio da divisão do somatório das porcentagens retidas acumuladas em cada peneira por 100. O cálculo é realizado separadamente para agregados graúdos e miúdos, tomando-se a peneira #4 como limite entre ambos. O módulo de finura é um indicativo da maior ou menor presença de agregados graúdos na mistura; quanto menor seu valor, maior a presença de grãos mais finos na mistura.

As areias e os pedregulhos podem ser distinguidos entre si por critérios de medida, por exemplo o estabelecido pelo extinto DNER (1971), em função do diâmetro dos grãos, conforme apresentado na Tabela 4.7.

A curva de distribuição granulométrica dos agregados é representada pela relação entre a porcentagem passante em uma dada peneira e o logaritmo de sua respectiva abertura. A proporção ideal da composição granulométrica da mistura foi estudada por Fuller e Tompson no início do século XX, com base na função de potência expressa por:

$$p = 100 \times \left(\frac{d}{D}\right)^n$$

em que p é a porcentagem de material (em peso) passante em uma peneira de abertura d, e D, o diâmetro máximo de agregado contido na mistura. Estudos concluíram experimentalmente que a máxima densidade era obtida para concretos cuja distribuição granulométrica atendesse a um valor de n próximo a 0,5. Na Figura 4.18, construída com base na expressão anterior, são apresentadas diversas distribuições granulométricas ideais para vários diâmetros máximos de agregados na mistura.

Tabela 4.7 *Divisão granulométrica de areias e pedregulhos*

Tipo de areia	Diâmetro dos grãos (mm)
Fina	entre 0,05 mm (#270) e 0,425 mm (#40)
Média	entre 0,425 mm (#40) e 2 mm (#10)
Grossa	entre 2 mm (#10) e 4,8 mm (#4)
Pedregulho	entre 4,8 mm (#4) e 76 mm

De acordo com Orchard (1976), a *forma* dos grãos pode ser definida em termos de sua esfericidade e de sua angularidade. Normalmente, é tido como regra que agregados de forma cúbica ou esférica fornecem melhores propriedades aos concretos e misturas asfálticas. O que é certo é que agregados de boa forma melhoram a trabalhabilidade do concreto, principalmente porque sua superfície específica é menor que aquela de um agregado de forma irregular. A esfericidade pode ser definida, entre várias maneiras, como a relação entre o volume de uma esfera que circunscreve o grão e o volume do grão propriamente dito. O extinto DNER (1964) adotava o ensaio designado "índice de forma" para a verificação da esfericidade apresentada pelos agregados. A angulosidade, uma propriedade de difícil mensuração, está associada à presença de cantos vivos nos grãos, geralmente descrita por termos que variam de angulosos a arredondados. No Quadro 4.20 são apresentadas as formas típicas de agregados e suas denominações.

Tabela 4.6 *Aberturas de peneiras*

Peneira	Abertura (mm)
4"	101,6
2"	50,8
1"	25,4
3/4"	19,1
1/2"	12,7
3/8"	9,52
1/4"	6,35
#4	4,76
#6	3,36
#8	2,38
#10	2,00
#12	1,68
#16	1,19
#20	0,840
#30	0,590
#40	0,420
#50	0,297
#60	0,250
#70	0,210
#100	0,149
#140	0,105
#200	0,074
#270	0,053
#400	0,037

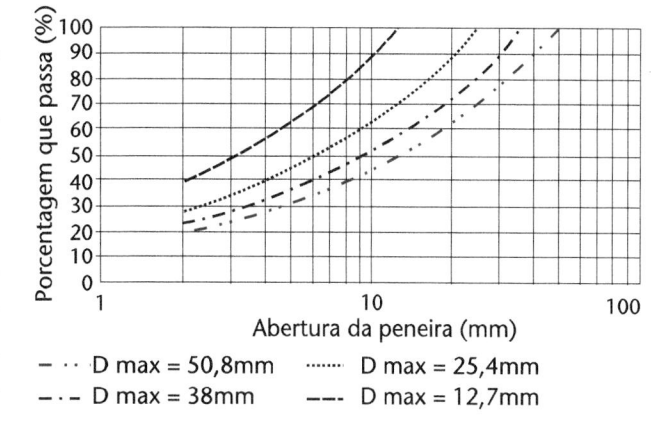

Fig. 4.18 *Distribuições granulométricas descontínuas (bem graduadas, com n = 0,5)*

A *textura* dos agregados é dependente de diversos fatores, como tipos de minerais presentes, tamanho dos cristais que compõem a rocha, sua dureza, clivagem etc. Vários termos são encontrados para descrever a textura do grão:

polida, lisa, rugosa, cristalina, porosa, ondulada etc. Não é incomum o uso de dois termos simultâneos para descrever tal característica, por exemplo, "ondulada e rugosa", "lisa e ondulada" etc. Não existe consenso na literatura de como medir quantitativamente a textura da superfície de agregados, sendo em geral tal característica um dado omisso em grande parte das especificações para agregados. A textura poderá trazer sensíveis reflexos na resistência à tração do material, quanto à questão da resistência na interface pasta/agregado, como discutido no renomado trabalho de Farran (1956). Em Woods (1960), podem ser encontrados diversos resultados ilustrativos do efeito da textura na resistência à tração da interface pasta/agregado, onde se verifica um acréscimo de cerca de 80% deste valor ao se passar do uso de um agregado muito liso para um agregado muito rugoso e poroso.

Quadro 4.20 *Classificação da forma dos grãos (representação aproximada)*

Tipo	Angular	Subangular	Subarredondado	Arredondado
Esférico				
Alongado				

FÍLER (BARBARISMO, DO INGLÊS *FILLER* = MATERIAL DE ENCHIMENTO)

O "fíler" é a fração fina original da britagem de rochas, pedregulhos ou lateritas, sendo ainda possível de receber essa denominação a cal e os ligantes hidráulicos finamente moídos, como o cimento Portland e o cimento siderúrgico, além das pozolanas resultantes da queima de carvão e da microssílica. Uma de suas funções, da qual decorre sua denominação, é o preenchimento parcial dos vazios formados pela mistura de agregados graúdos e miúdos, sendo muito comum seu emprego em misturas asfálticas, como o concreto asfáltico usinado a quente.

A *porosidade* do agregado é uma característica de elevada importância para a fabricação de misturas. Além disso, a porosidade fornece informações importantes sobre as condições de formação das rochas. Da prática é conhecido que a aderência entre pasta de cimento e agregados é maior quando estes últimos são mais porosos, e também que, durante a britagem de uma rocha, ela tende a se fraturar em regiões mais porosas (Orchard, 1976). Sabe-se ainda que agregados muito porosos afetam drasticamente a dosagem de misturas asfálticas. Existem técnicas para a aferição da porosidade de rochas; no entanto, a verificação de tal propriedade poderá ser realizada de maneira bastante simples, observando-se a absorção d'água típica dos agregados. Para grãos de diâmetro superior a 10 mm, é comum a realização do ensaio de absorção d'água, que consiste das seguintes fases:

1. Lavagem dos agregados e subsequente imersão em água por um período de 24 horas, quando então o material é pesado dentro de um cesto imerso em água, definindo-se seu peso imerso (P_i).

2. Em seguida, o excesso de água no material é eliminado de forma delicada com pano seco, de maneira a restar apenas agregados com a superfície saturada, determinando-se então seu peso (P_{sat}).
3. O último passo é a determinação do peso seco (Ps) da amostra, após permanecer em estufa (a 110°C) durante 24 horas.

As densidades e a absorção apresentadas pelos agregados podem ser calculadas segundo as expressões fornecidas no Quadro 4.21 com base nos resultados do ensaio. O conhecimento da absorção d'água apresentada pelos agregados é de fundamental importância para a correção da curva de compactação dos agregados.

A *durabilidade* dos agregados deve ser distinguida por meio de agente ou da causa da sua perda de qualidade, ao longo do tempo. Diferenciam-se aqui os agentes químicos e físicos que podem comprometer a qualidade dos agregados. Quando existe a possibilidade de uso de agregados em condições desfavoráveis quanto ao aspecto químico, em especial na presença de sulfatos, a capacidade desses últimos em atacar os agregados, comprometendo sua durabilidade, deve ser cuidadosamente analisada.

A durabilidade dos agregados pode ser analisada por meio de ensaios com vários ciclos de imersão em sulfatos e posterior secagem, como sugere o extinto DNER (1964). No que tange à perda de qualidade motivada por ações físicas, é essencial dar destaque à questão da abrasividade do agregado. A ação superficial do tráfego, em especial, exige a presença de agregados que não sofram excessivo desgaste, pois este fato se relaciona ao polimento superficial do revestimento, que ocasiona a perda significativa de aderência entre os pneus e a superfície do pavimento.

Quadro 4.21 *Expressões para cálculo de densidades e absorção por causa da porosidade dos agregados*

Característica	Fórmula de cálculo
Densidade seca dos grãos	$\delta_s = \dfrac{P_s}{P_{sat} - P_i}$
Densidade saturada dos grãos	$\delta_{sat} = \dfrac{P_{sat}}{P_{sat} - P_i}$
Densidade aparente dos grãos	$\delta_{ap} = \dfrac{P_s}{P_s - P_i}$
Absorção d'água dos grãos	$A = \dfrac{100 \times (P_{sat} - P_s)}{P_s}$ [%]

Existem muitas razões para se acreditar que ensaios para a medida de desgaste, como os testes Deval e Los Angeles, não sejam muito adequados, em face de não simularem, em laboratório, a real situação de desgaste em campo. Orchard (1976) destaca também que, embora pouco representativo, o ensaio Los Angeles é, no entanto, melhor para a diferenciação do potencial de desgaste dos agregados, pois o ensaio Deval apresenta muitas vezes resultados idênticos para agregados diferenciados quanto a este aspecto.

O ensaio Los Angeles para a avaliação do desgaste por abrasão é realizado com agregados de diâmetro inferior a 38 mm e superior a 4,8 mm; portanto, com agregados graúdos, separados segundo graduações predefinidas. Em tambor rota-tivo (máquina Los Angeles), é colocada a amostra seca de agregados, juntamente com esferas de aço (carga abrasiva) de aproximadamente 50 mm de diâmetro e 0,4 kg de peso. São então aplicadas 500 rotações no tambor à base de 30 rpm. Posteriormente, os agregados são separados das esferas e submetidos a peneiramento na malha de abertura 1,7 mm, sendo verificado o peso do material resultante. O valor do desgaste por abrasão Los Angeles (LA) é dado pela variação percentual do peso da amostra peneirada após o teste.

Existem, logicamente, agregados que apresentam maiores valores de abrasão LA por ocorrerem perdas mais significativas durante os ensaios, como os xistos, os calcários e os anfibólitos. Já os arenitos e os quartzitos tendem a apresentar baixíssimos valores de abrasão LA, pela própria dureza dos minerais de quartzo presentes. O ensaio de polimento acelerado em laboratório tem sido adotado complementarmente ou em substituição ao ensaio de abrasão LA, nos últimos anos, parecendo estar mais relacionado ao comportamento dos agregados em campo. Há, ainda, a necessidade de determinação de teor de argila ou matéria orgânica eventualmente presente em agregados, que podem ser deletérios no emprego do material. A abrasividade dos agregados é especialmente relevante quando se trata de empregá-los em pavimentos e pisos sujeitos a esforços horizontais extremos de equipamentos pesados.

4.3.6 Substâncias deletérias potencialmente presentes

A presença de algumas substâncias ou materiais alheios à natureza dos agregados poderá ter efeitos indesejáveis na trabalhabilidade, na durabilidade e na resistência do concreto, bem como de outros materiais, como os concretos asfálticos. No Quadro 4.22 é apresentada uma descrição sumária dos problemas decorrentes da presença de determinados materiais na massa de concreto.

Técnicas para a verificação da presença de diversas das impurezas aqui mencionadas são descritas por Orchard (1976) e também em diversas normas.

Quadro 4.22 *Substâncias nocivas ao concreto*

Material deletério	Problemas correlatos	Ocorrências	Medidas Cabíveis
Impurezas orgânicas	Interfere na pega, no endurecimento e na durabilidade	Agregados miúdos	Lavagem
Excesso de grãos passando pela #200	Afeta a trabalhabilidade (exige mais água); podem segregar durante vibração; argila pode afetar a durabilidade	Silte e argila	Limitar a granulometria
Torrões de argila	Afeta a trabalhabilidade, a resistência e a durabilidade	Agregados naturais não britados	Lavagem Seleção de jazida
Carvão	Afeta a durabilidade		
Películas sobre agregados	Reações alcalinas; alteração de granulometria ao soltarem-se durante a mistura	Sulfato de cálcio, gesso, opalas, óxidos de ferro	Seleção do material Verificar se a película é bem ou mal aderida
Combustíveis e voláteis	Afeta a durabilidade		
Água ácida ou alcalina	Ataque ao agregado por reações alcalinas		Selecionar água de amassamento
Açúcar	Impede a pega		
Fragmentos	Afetam a resistência e a durabilidade	Entulhos, madeira	Estocagem adequada dos agregados

De maneira geral, pode-se dizer que a presença de argilas e siltes finos, além do próprio pó de britagem, de forma excessiva, sobre a superfície dos demais grãos, obstrui as ligações necessárias entre a pasta de cimento e os agregados na interface destes últimos (Agopyan, 1986).

No caso de presença de torrões de argila, carvão ou fragmentos de rocha em deterioração, bem como de fragmentos não pétreos, uma vez que tais elementos não possuem a resistência peculiar dos demais agregados, surgem microzonas sujeitas a rompimento no meio da massa de concreto.

Atenção especial deve ser dada à possibilidade de reações álcalis-agregados, a despeito do fato de tais reações ocorrerem de forma lenta, muitas vezes tomando mais de dez anos para se manifestarem na superfície de pavimentos de concreto. Existem alguns minerais na natureza que são potencialmente reativos, como é o caso da opala, da calcedônia, dos vidros vulcânicos, dos quartzos tensionados, das dolomitas e dos filossilicatos como a vermiculita e os argilominerais.

No entanto, por razões de natureza econômica, muitas vezes é preciso conviver com agregados potencialmente deletérios, o que exige cuidados na escolha do tipo de cimento, ou seja, controlando, de forma estrita, a presença de álcalis no ligante hidráulico. Conforme Vaidergorin (1986), o uso de cimentos com baixo teor de álcalis, de cimentos de alto-forno e pozolânicos permite uma diminuição ou controle rígido de tais reações.

Especificamente, quanto ao controle de impurezas do tipo finos plásticos (argilas) em agregados miúdos, o ensaio de *equivalente* de areia é o método mais comumente utilizado. A determinação do equivalente de areia é realizada com amostra do material passante pela peneira de abertura 4,8 mm, que é agitado em solução de cloreto de cálcio em água destilada, estando ainda adicionados na solução o formaldeído e a glicerina. Os finos contidos nos agregados ficarão em suspensão, após agitação e repouso, determinando-se uma relação entre leituras no topo da areia depositada e da camada de material suspenso em proveta graduada.

No caso de impurezas orgânicas, pode ser empregado o *método colorimétrico* com a finalidade estrita de alertar para exigências de estudos mais aprofundados para a determinação de quão deletéria seria a matéria orgânica presente. Tal ensaio baseia-se na comparação da intensidade de cores entre uma solução-padrão e uma solução de hidróxido de sódio na qual a areia seca foi adicionada.

4.3.7 Produção dos agregados

A produção de agregados a partir de rochas ou pedregulhos é de extrema importância para a engenharia civil, considerando que normalmente não são encontrados em condições naturais agregados com distribuições granulométricas que atendam às diversas especificações rodoviárias. O assunto referente às instalações de britagem é bastante vasto e especializado, de maneira que nos ateremos a alguns princípios e formas de produção, de conhecimento essencial para os engenheiros, em especial no que se refere aos tipos de britadores e à classificação do material britado.

Os diferentes tipos de britadores são utilizados não apenas em função de propriedades mecânicas e físicas das rochas, mas também em função do produto final desejado, podendo ter as funções de britagem primária ou secundária, conforme o caso. O tipo mais comum de britador primário é o de mandíbula (Figura 4.19A), basicamente composto de uma superfície fixa e outra móvel, sendo esta responsável pelo esmagamento por impacto da rocha contra a superfície fixa. Possui uma entrada de material de maior dimensão, que se reduz até a parte inferior de escape do material triturado.

A britagem primária ou secundária pode ser realizada ainda por meio de britador cônico ou giratório, que dispõe de uma superfície fixa giratória disposta excentricamente dentro de um cone, onde o material é lançado e vai sendo triturado em movimento circular (Figura 4.19B). Os britadores de rolo (Figura 4.19C) são também utilizados em britagem secundária, dispondo de dois rolos que, face a face, giram em sentido contrário. A superfície de tais rolos pode ser lisa (para a obtenção de menores diâmetros de agregados) ou corrugadas.

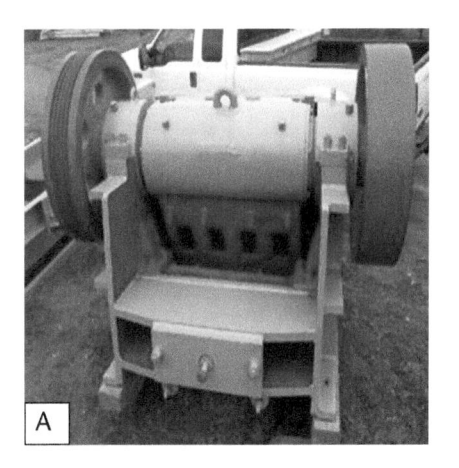

Fig. 4.19 *Esquemas de britadores do tipo mandíbula (A), giratório (B) e de rolo (C) Fonte: <www.sanger.net>; <www.minspec.com.au>; <www.anglo-crushers.8m.net>*

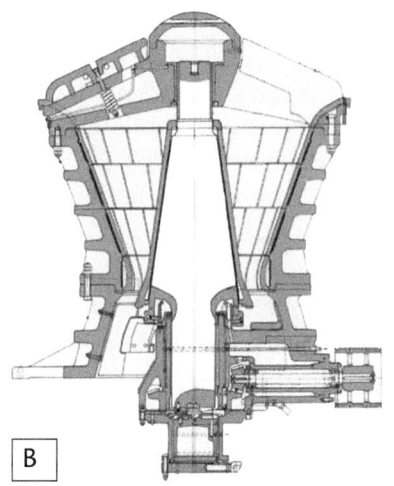

Segundo Orchard (1976), os britadores de mandíbula apresentam uma série de vantagens, comparados aos demais: produzem grãos de melhor forma, em geral consomem menos energia, são mais leves e, portanto, mais adequados para instalações móveis.

Muitas instalações de britagem utilizam dois britadores primários (de mandíbula) e um secundário (cônico). O objetivo desta combinação é evitar que no britador secundário ainda sejam produzidos agregados de maior diâmetro em grande quantidade. Além disso, exige menor esforço de uma única mandíbula como britador primário, evitando um desgaste mais acentuado do equipamento.

A distribuição granulométrica do material britado será dependente de vários fatores, entre eles, da abertura do britador e do tipo de rocha a ser processada. Rochas mais duras tendem a resultar em britas de maiores dimensões. Os britadores de mandíbula geralmente fornecem um maior índice de redução, que pode ser definido como a relação entre o maior diâmetro de rocha que entra pelo alimentador e o maior diâmetro de pedra resultante da britagem.

Às unidades classificadoras caberá a separação do material britado em determinadas faixas de diâmetro. Atualmente é mais comum o uso de peneiras vibratórias que apresentam, entre outras, a vantagem de não misturar faixas de diferentes diâmetros. As peneiras rotativas (com malha metálica cilíndrica de diferentes aberturas em sua extensão) são menos rigorosas na classificação, pois trabalham inclinadas e, por ação de força centrífuga, permitem a fuga de pedras de menores diâmetros para as malhas de maior abertura. Os classificadores podem ainda ser ditos primários ou secundários. Os materiais separados em classificador primário poderão eventualmente retornar ao britador secundário para a produção de agregados de menor diâmetro.

4.4 Asfaltos, seus Derivados e seus Modificadores

4.4.1 Até quando os asfaltos estarão disponíveis na natureza?

Soa um tanto quanto não habitual iniciar a exposição do tema, referente a um material de construção, dessa forma. Todavia, pretende-se auxiliar o leitor quanto à sua atitude frente ao uso do material no que se refere a sua preservação para as gerações futuras. O levantamento e os cálculos apresentados na Tabela 4.8 representam fielmente informações disponibilizadas pelo Geological Survey dos EUA para a revista *National Geographic*, em 2004.

Como as informações não permitem incorporar nos cálculos as novas descobertas anuais (cada vez mais raras) de fontes da matéria-prima, as perspectivas apresentadas tendem a ser um pouco exageradas. Porém, são compensadas por se empregar nos cálculos uma taxa constante de consumo de petróleo pela humanidade nas próximas décadas, que é algo exageradamente otimista. Os resultados apontam para a necessidade de preservação e reciclagem dos asfaltos como bem indispensável para as economias e gerações futuras.

As possibilidades de crises internacionais de petróleo são muito grandes nas próximas décadas; nas Américas, a escassez parece que chegará antes que em outras localidades, à exceção da Venezuela. O *The Wall Street Journal Americas* (17/8/2006) menciona estimativas atuais de 41 anos de reservas de petróleo e de 65 anos para o gás natural. Os cálculos têm como base uma demanda diária de 80 milhões de barris de petróleo, sendo ainda um barril equivalente a 42 galões, ou seja, 159 ℓ ou 0,159 m³. Tomando-se a densidade do petróleo em média de 1,05 t/m³, tal demanda representa 66,4 milhões de toneladas.

Considerando apenas novas construções de rodovias de pista simples com 7 m de largura (duas faixas de rolamento), a cada quilômetro, para uma espessura de 50 mm de revestimento em CAUQ, ter-se-ia o consumo de 350 m³ de CAUQ, que, com massa específica de 24 kN/m³, resultaria em 840 t de CAUQ. Com um teor de CAP (cimento asfáltico de petróleo) de 6% em média, o consumo de asfalto significa algo em torno de 50,4 t/km de pista simples.

Tomando-se os 66,4 milhões de toneladas de CAPs restantes para o Brasil, fabricados a partir de petróleo nacional, tal montante disponível seria suficiente para pavimentar 1.317.381 km de rodovias em pista simples, sem acostamento

Tabela 4.8 *Perspectivas de produção de petróleo nas próximas décadas*

	Zona/Continente/País (dados 2004)	Produção Anual 2002 (milhões de barris)	Reservas Comprovadas 2004 (milhões de barris)	Anos restantes (a taxa constante a partir de 2002)	Asfalto Restante em 2005 (milhões de toneladas)	Ano da Crise
América do Norte	Canadá	808	4.500	5,6	30,8	2010
	EUA	2.097	22.677	10,8	171,8	2015
	México	1.160	15.674	13,5	121,2	2018
América do Sul	Argentina	269	2.820	10,5	21,3	2014
	Brasil	546	8.500	15,6	66,4	2020
	Colômbia	211	1.842	8,7	13,6	2013
	Equador	143	4.630	32,4	37,5	2036
	Venezuela	834	77.800	93,3	642,5	2097
Europa Ocidental	Grã-Bretanha	842	4.655	5,5	31,8	2010
	Noruega	1.149	10.447	9,1	77,6	2013
	Dinamarca	135	1.277	9,5	9,5	2013
Ásia	Azerbaijão	110	7.000	63,6	57,5	2068
	Cazaquistão	299	9.000	30,1	72,6	2034
	China	1.243	18.250	14,7	142,0	2019
	Índia	242	5.371	22,2	42,8	2026
	Rússia	2.703	60.000	22,2	478,3	2026
Oceania	Austrália	227	3.500	15,4	27,3	2019
	Brunei	69	1.350	19,6	10,7	2024
	Indonésia	407	4.700	11,5	35,8	2016
	Malásia	281	3.000	10,7	22,7	2015
África	Argélia	310	11.314	36,5	91,9	2040
	Angola	326	5.412	16,6	42,5	2021
	Chade	—	1.000	—	—	—
	Congo	93	1.506	16,2	11,8	2020
	Egito	274	3.700	13,5	28,6	2018
	Gabão	91	2.499	27,5	20,1	2031
	Líbia	480	36.000	75,0	296,5	2079
	Nigéria	710	25.000	35,2	202,8	2039
Oriente Médio	Arábia Saudita	2.500	261.000	104,4	2.157,8	2108
	Catar	235	15.207	64,7	125,0	2069
	Emirados Árabes Unidos	684	97.800	143,0	810,7	2147
	Iraque	735	115.000	156,5	953,8	2160
	Irã	1.252	125.800	100,5	1.039,7	2104
	Iêmen	128	4.000	31,3	32,3	2035
	Kuwait	584	99.000	169,5	821,5	2174
	Omã	330	5.506	16,7	43,2	2021
	Síria	186	2.500	13,4	19,3	2017

revestido, ou seja, a extensão de rodovias existentes e não pavimentadas no Brasil. Os números podem parecer ainda mais catastróficos, levando-se em conta o raciocínio que se segue.

Se no Estado de São Paulo as necessidades globais fossem de 20 mil km de manutenção de pavimentos e nas rodovias federais esse montante alcançasse cerca de 30 mil km, com dois serviços de restauração (recapeamento) até o ano de 2020, considerando todas as rodovias como em pistas simples, o consumo de CAP seria de 35 milhões de toneladas, ou seja, metade do CAP disponível no cenário estudado até 2020. Dentro dessas circunstâncias, o asfalto disponível para os serviços de restauração de pavimentos no Brasil teria duração até 2040. Isso sem levar em consideração a necessidade de novas rodovias.

Ou seja, se quisermos, dentro do cenário estudado, garantir a manutenção de rodovias até o ano de 2050, aproximadamente, não poderemos arcar com o consumo de CAP para novas construções. O cenário que nos espera, como em um "voo de galinha", é que, em duas ou três décadas, se não encontrarmos novas fontes e caso programas de combustíveis alternativos não ganhem amplo espaço na produção, estaremos importando petróleo, isso se este não estiver disponibilizado completamente para os países mais desenvolvidos.

4.4.2 Asfaltos e betumes

Betumes podem ser definidos da seguinte maneira: são substâncias compostas por hidrocarbonetos pesados, com propriedades ligantes, inflamáveis, de elevada viscosidade em temperatura ambiente, e que ocorrem na natureza ou são obtidos por fabricação, a partir da destilação de petróleo, de carvão, de madeira ou de resinas. Asfalto é um produto natural (presente em rochas ou em depósitos lacustres, como os asfaltos de Trinidad e de Bermudez) ou derivado de petróleo, constituído essencialmente de betumes (Asphalt Institute, 1983). Assim, a diferenciação para materiais betuminosos, bem compreendida nos EUA, é apresentada por Goetz e Wood (1960): os materiais betuminosos são divididos em asfaltos (de petróleo) e alcatrões (obtidos pela destilação destrutiva do carvão).

A mais importante matéria-prima para a obtenção dos asfaltos é o petróleo, em que pese a existência de ocorrências de asfaltos naturais de lagos (onde o asfalto natural é resultante de um processo de lenta evaporação das frações leves de petróleo no tempo geológico) e ainda de rochas asfálticas (gilsonita), de importância econômica ainda mais limitada.

Atualmente, a teoria mais aceita para a origem do petróleo afirma que este produto tem natureza orgânica, surgindo pela ação de bactérias anaeróbicas que consumiram os organismos do plâncton marinho, em combinação com pressão e temperatura, transformando-os em hidrocarbonetos (Lombardi, 1983). No clássico *Organic Chemistry* (Morrison e Boyd, 1972), afirma-se que "variados processos de decomposição e milhões de anos de ações geológicas transformaram os complexos compostos orgânicos que formavam os tecidos das plantas e animais vivos de outrora, numa mistura de alcanos, cujas moléculas podem conter de um a 20 ou 30 átomos de carbono".

Canuto (2004) descreve com maior precisão tal processo de formação, como o acúmulo de sedimentos sobre depósitos de material de origem animal e vegetal, em fundos de mares e lagos; temperaturas e pressões elevadas em profundidades causaram a transformação da matéria orgânica de tal sorte a restarem sobretudo o carbono e o hidrogênio. Tal processo de deposição de matéria orgânica seguida de soterramento por sedimentos perdura por milhões de anos no tempo geológico.

Os hidrocarbonetos pesados constituintes do petróleo bruto são, em sua maioria, os ciclanos, os alcanos, os benzoides e os ciclano-aromáticos; geralmente são encontrados traços de oxigênio, enxofre e outros elementos no produto cru. Métodos modernos como a cromatografia líquida de alto desempenho têm sido utilizados na análise química do betume com objetivo de determinação das diversas substâncias presentes no petróleo cru (Schillinger et al., 1993). Neste ensaio, realiza-se procedimento que permite a separação das partes componentes de uma mistura por meio de suas interações com duas fases distintas, uma solvente e outra adsorvente.

A grande dificuldade, porém, do uso de técnicas de análise química na tecnologia de asfaltos para a pavimentação propriamente dita ocorre, antes de mais nada, pela inexistência de correlações entre a composição química de asfaltos e seu desempenho como material de pavimentação. Mais adiante, trataremos de um método para tal análise.

No entanto, outras duas dificuldades podem ser recordadas, pelo menos até a atualidade: a ausência de procedimentos universalmente consagrados para a definição da composição química dos asfaltos, e também o elevado custo da tecnologia, por exigência de técnicos altamente especializados e de equipamentos extremamente sofisticados (Asphalt Institute, 1983). Assim, este capítulo será limitado à descrição de conhecimentos básicos sobre tal produto, não se projetando no campo minucioso da ciência básica. Os aspectos tecnológicos aqui recordados serão bastante úteis para as aplicações deste material em pavimentação.

É conveniente recordar, nesta introdução, que os alcatrões brutos originados da destilação do carvão são também constituídos por betumes, podendo, após processo de refinamento, tornarem-se produtos de aplicação na pavimentação.

Existem nos crus de petróleo diversos tipos de hidrocarbonetos, conforme relacionados no Quadro 4.23, que se dividem em saturados (sem ligações entre carbonos) e insaturados. Os petróleos crus encontrados no Brasil, que a partir de 2006 detém produção autossuficiente e que, portanto, não importaria (por um longo período ao menos) do Oriente Médio ou do Caribe, são petróleos de base parafínica, conforme nomenclatura empregada.

4.4.3 Cimento Asfáltico de Petróleo (CAP)

Os asfaltos ou Cimentos Asfálticos de Petróleo (designados simplesmente por CAP) são obtidos a partir de processos de refinamento do petróleo cru, para as finalidades específicas de pavimentação, além de outras aplicações. São

Quadro 4.23 *Tipos de hidrocarbonetos existentes nos petróleos*

Tipo	Descrição	Base	Cadeia de hidrocarboneto
Saturados	Átomos de hidrogênio em quantidade suficiente para saturar os átomos de carbono	Parafínicos	Retilínea com ligações simples
		Naftênicos	Fechadas com ligações simples
Insaturados	Átomos de hidrogênio insuficientes para saturar os átomos de carbono	Aromáticos	Fechada, com ligações simples e duplas alternadas (núcleo benzênico)
		Diofelinas	Retilínea com ligações duplas
		Acetilênicos	Retilíneas com ligação tripla

Fonte: <www.petrobras.com.br>, com acesso em 29 set. 2005.

materiais que possuem grande quantidade de betume (hidrocarbonetos não voláteis pesados), por isso mesmo sendo muitas vezes designados também por betumes; possuem cor negra ou marrom muito escuro, sendo muito viscosos e agindo como ligantes, de consistência sólida a semissólida em temperaturas ambientes (Asphalt Institute, 1983). São dispersões de moléculas polares aromáticas em meio não polar (Branthaver et al., 1996).

O CAP, como material ligante ou aglutinante, possui geralmente boa aderência aos agregados (exceção feita a minerais argilosos, moscovita e alguns quartzos), além de apresentar propriedades impermeabilizantes, o que torna seu uso bastante popular em engenharia civil sob formas diversas. Apresenta, favoravelmente a seu uso, propriedades como flexibilidade, relativa durabilidade e grande resistência à maior parte dos ácidos, sais e álcalis, além de ser insolúvel em água. É um material termoplástico, de comportamento reológico complexo e dependente da temperatura, que, com o intemperismo, se altera, perdendo suas propriedades iniciais, tornando-se mais viscoso e frágil.

O cimento asfáltico de petróleo é um material que, além de termossuscetível, sofre transformações químicas quando exposto à radiação solar, às águas ácidas ou sulfatadas, às ações de óleos, graxas, lubrificantes e combustíveis dos veículos que trafegam pelas vias pavimentadas. Tais ações provocam um processo de oxidação do ligante asfáltico.

Em termos simplificados, o cimento asfáltico de petróleo é composto por hidrocarbonetos alifáticos e hidrocarbonetos aromáticos, além de enxofre e pequenas quantidades de nitrogênio e oxigênio; desempenham grande importância no material as frações de asfaltenos (moléculas que não se dissolvem na presença de heptano ou éter) e de maltenos. Os asfaltenos constituem a parte sólida do produto, que lhe concede rigidez, além da coloração típica; os maltenos constituem a parte oleosa e chamada de veículo, conferindo as propriedades plásticas e de viscosidade do produto.

Oxidação (envelhecimento) do CAP

Os óleos são divididos em duas categorias: saturados e aromáticos. Os óleos saturados não constituem grande problema no processo de oxidação, pois, por sua inércia química, preservam-se de alterações. Já os aromáticos oxidam-se parcialmente e dão lugar às resinas. Parte dos óleos, por terem cadeias curtas, desaparece da constituição do asfalto por se volatilizar com o aumento da temperatura. Os óleos trabalham como veículos, por onde as resinas e os asfaltenos se movem; assim, sua redução implica aumento de viscosidade do ligante.

As resinas, por sua vez, têm oxidada sua fração mais pesada, resultando em asfaltenos. O aumento da quantidade de asfaltenos e a redução da quantidade de resinas são fundamentais na determinação das novas características do asfalto depois de oxidado, tornando-o mais viscoso e frágil. Asfaltos com pequena quantidade de moléculas polares não manifestam alterações reológicas importantes na oxidação branda (Branthaver et al., 1996). Ainda, segundo Corté (2001), o incremento de asfaltenos por envelhecimento do CAP é tanto maior quanto menos viscoso (menos consistente) for o CAP inicialmente.

Os asfaltenos também se alteram e modificam seu comportamento no material. O excesso de asfaltenos (mais de 30%) causa problemas por perda de elasticidade, resultando em fissuração do material por sua fragilidade (com reflexos no comportamento à fadiga); sua escassez (menos de 20%), por outro lado, implica alta suscetibilidade à temperatura e problemas com deformações plásticas (surgimento de trilhas de roda na superfície dos pavimentos).

Com a ação dos elementos externos mencionados anteriormente, os maltenos, por meio de processos químicos de natureza complexa, transformam-se em substâncias de natureza similar aos asfaltenos, o que gera um paulatino aumento na rigidez do material, transformando-o, passo a passo, em um material mais frágil e quebradiço, muito viscoso. Esta é, normalmente, a situação dos ligantes asfálticos em misturas asfálticas já envelhecidas, que passaram por tais transformações químicas ao longo de seu serviço, por exemplo, como revestimento de pavimentos.

As consequências globais para o ligante por conta do envelhecimento dos asfaltos são explicadas pelas transformações citadas e são verificadas e quantificadas pelas seguintes características: aumento da consistência com consequente queda no valor da penetração a 25ºC; aumento do ponto de amolecimento dado pelo ensaio de anel e bola; decréscimo da suscetibilidade térmica; e aumento do ponto de fragilidade Fraas (estes parâmetros são definidos mais adiante).

Processo de fabricação

Os CAPs podem ser fabricados com características diversas conforme sua destinação final em engenharia; os CAPs também dão origem a vários tipos de materiais comumente empregados em pavimentação (emulsões e asfaltos diluídos), podendo ser modificados por outros materiais (polímeros) para se obter alterações desejáveis em suas características para determinadas aplicações.

A destilação do petróleo cru permite a obtenção de vários produtos, o que é realizado mediante aumento da temperatura do material original em vários estágios (Tabela 4.9). A vaporização, o fracionamento e a condensação resultam nas frações leves, que são a gasolina, o querosene e o diesel.

Cimento asfáltico de petróleo – CAP

- Composto essencialmente por hidrocarbonetos: parafínicos, naftênicos, aromáticos.
- Na composição de um CAP, quanto mais...
  Saturados $\Rightarrow$ menor a viscosidade do asfalto
  Aromáticos $\Rightarrow$ melhores as propriedades físicas
  Resinas $\Rightarrow$ melhor a ductilidade
  Asfaltenos $\Rightarrow$ maior a viscosidade do asfalto
- Em função de temperaturas excessivas, quanto mais...
  Calor $\Rightarrow$ maior oxidação é sofrida, tornando o material mais viscoso e quebradiço
  Frio $\Rightarrow$ maior retração térmica ocorre, resultando na fissuração do ligante asfáltico

O processo restante de destilação é executado a vácuo, para se evitar o craqueamento do asfalto, o que causaria danos para suas propriedades ligantes. Neste estágio, são obtidos o gasóleo e os resíduos asfálticos, frações pesadas da destilação. Como cada componente do petróleo possui ponto de ebulição diferente, o processo é denominado destilação fracionada. Na coluna de fracionamento, as moléculas mais pesadas não atingem seu topo, ficando em sua base, após completado o fracionamento; este material é denominado "borra".

O petróleo cru poderá apresentar alto, médio ou baixo teor de resíduo asfáltico, sendo que, no último caso (petróleos leves), a obtenção do asfalto exige processos de extração, quando são separados asfaltenos, resinas e óleos, utilizando-se hidrocarbonetos de baixo ponto de ebulição como solvente.

A destilação do petróleo permite a extração de resíduos de base parafínica (usados para a fabricação de lubrificantes) e do CAP. Do resíduo a vácuo, após processamento em unidade de desasfaltação, resultam os óleos desasfaltados (leves) e óleos asfaltados (pesados e de viscosidade muito elevada), denominados por RASF (resíduo asfáltico). Na Figura 4.20 é apresentado esquemática e simplificadamente o processo de produção de CAP.

Tabela 4.9 *Derivados de petróleo e sua temperatura no processo de destilação*

Temperatura (°C)	Produto da destilação	Porcentagem destilada	Número de átomos de Carbono
30	Gás (GLP)	2	C_1–C_4
20 – 60	Éter do petróleo		C_5–C_6
60 – 100	Nafta leve	11	C_6–C_7
40 – 205	Gasolina natural	30	C_5–C_{10} e cicloalcanos
175 – 325	Querosene	49	C_{12}–C_{18} e aromáticos
370	Óleo diesel	61	C_{15}–C_{18}
480	Gasóleo	72	C_{12} e superiores
480	Parafina		$> C_{17}$
480	Asfalto ou coque	100	Policiclanos

Fontes: Asphalt Institute, 1983; Morrison e Boyd, 1972; Atkins, 1989.

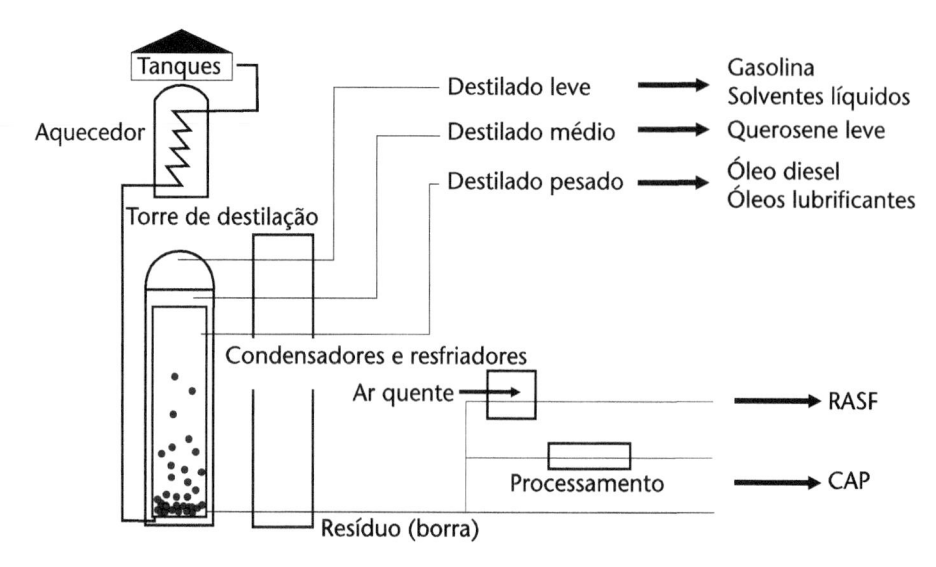

Fig. 4.20 *Esquema simplificado de produção de destilados e asfaltos em refinaria*

Diferentes processos para obtenção dos asfaltos são empregados, em função dos teores de asfalto encontrados nos crus. Se o teor é elevado, o asfalto é extraído por simples destilação a vácuo (um estágio); quando o teor é médio, a destilação ocorre sob pressão atmosférica e a vácuo (dois estágios); finalmente, nos crus leves com baixo teor de asfalto presente, além da destilação sob pressão atmosférica e a vácuo, é necessária a desasfaltação a propano (três estágios). Nos casos de crus com médio a baixo teor de asfaltos, o produto resultante apresenta elevada viscosidade.

Quando o resíduo de vácuo (asfalto) ainda apresenta frações de óleos com elevados pontos de ebulição, o processo de desasfaltação por solvente (propano ou hexano) é adotado, resultando na produção de betumes com elevado ponto de amolecimento (mais consistentes). A desasfaltação ainda remove enxofre, compostos nitrogenados, metais, resíduos de carbono e parafinas (muito comum em crus brasileiros). Estes materiais são denominados RASF (resíduos asfálticos).

Cabe observar que, antes da crise internacional do petróleo ocorrida em 1973, as refinarias nacionais trabalhavam com petróleos de uma procedência apenas, ao passo que, posteriormente, ocorreram situações de as refinarias receberem até 30 tipos de crus de diferentes procedências (Samara, 1990). Os petróleos importados do Oriente Médio, por serem de tipo mais leve, acabavam exigindo processo denominado "sopro" (produzindo uma de-hidrogenação de algumas moléculas componentes) quando se desejava a obtenção de asfaltos mais consistentes. Processos de pré-oxidação são úteis para obter asfaltos duros.

Quando se trabalha com misturas de crus de origens diversas, há maior necessidade de controle dos processos para a obtenção do produto final desejado, pois a quantidade de CAP produzida depende da origem do petróleo e de sua densidade. Na Tabela 4.10 são apresentadas, a título ilustrativo, as características médias de petróleos de diversas origens (Lombardi, 1983) e, no Quadro 4.24, as destilarias brasileiras e os processos de destilação empregados com crus de diversas procedências imediatamente antes do emprego exclusivo de crus nacionais, como ocorre na atualidade (2006).

Tabela 4.10 *Características de crus de diferentes procedências*

Origem do petróleo cru	Massa específica a 15°C (kg/m³)	Teor de Asfaltenos (%)	Resíduo em betume (% de massa sobre o bruto)
Boscan (Venezuela)	1.005	10,5	79
Rospomare	983	17,4	75
Bachaquero	975	6,4	49
Tia Juana	897	4,0	30
Safaniya	892	4,5	36
Árabe médio	891	3,5	34
Kuwait	867	1,4	19
Árabe leve	858	1,3	19
Kirkuk	843	2,1	18
Statfjord	828	0,2	—

Fonte: Lombardi, 1983.

Quadro 4.24 *Destilarias brasileiras e processos de refinação para crus importados*

Sigla	Local	Processo	Tipo de cru	Produto principal
ASFOR	Fortaleza (CE)	1 estágio	Boscan Bachaquero	CAP
RLAM	Mataripe (BA)			
RPBC	Cubatão (SP)			
REPLAN	Paulínea (SP)	2 estágios	Árabe médio	Combustíveis e solventes (o CAP é subproduto)
REGAP	Betim (MG)			
REPAR	Araucária (PR)			
REMAN	Manaus (AM)			
REFAP	Canoas (RS)			
REDUC	Duque de Caxias (RJ)	3 estágios	Árabe médio	Combustíveis
REVAP	São José dos Campos (SP)			

Fonte: adaptado de DNER, 1998.

Observe que é natural a variação das propriedades do petróleo em refinarias, e do ponto de vista de produção de asfaltos, os resultados tendem a apresentar correspondente variabilidade, muitas vezes diária, no que tange às propriedades do CAP resultante. A borra de fundo de torre de destilação, removida com gasóleo, gerando os CAPs, apresenta assim sua variabilidade. Um detalhe específico quanto ao petróleo nacional é que ele apresenta grande quantidade de saturados (parafinas), o que exige constantes ajustes no processo de destilação.

Observe também que o número geral para o que é resultado em termos de quantidade de CAP, em relação ao lote de petróleo cru destilado, é de 5%. Também é interessante notar que, como no caso de outras nações, quando se deseja um CAP de elevado desempenho, o emprego de petróleos da América

Central, como o do tipo Boscan Venezuelano, é recomendado para a fabricação de misturas asfálticas mais rígidas. Atualmente, a suficiência de fontes no Brasil dispensa a importação do produto, e as destilarias estão produzindo sempre a partir de crus nacionais.

Composição química dos CAPs

Os asfaltos podem ser fracionáveis em presença excessiva de éter ou normal-heptano (hidrocarbonetos-alcanos leves), resultando em duas partes, uma dissolvida e outra precipitada, denominadas pelos técnicos em pavimentação maltenos e asfaltenos (petrolenos), respectivamente. Há no processo, também, a precipitação de parafinas, comuns em crus nacionais. O asfalto é, assim, um sistema coloidal composto por asfaltenos dispersos em óleos aromáticos, resinas e saturados (parafinas) denominados genericamente maltenos. Os asfaltenos, que são as substâncias de maior tamanho no sistema coloidal, possuem, em média, tamanhos entre 0,1 µm e 0,001 µm.

Asfaltenos são surfatantes (tensoativos) naturais do petróleo, formados predominantemente por anéis aromáticos policondensados e cadeias alifáticas laterais, ocorrendo, em menor proporção, grupos funcionais ácidos e metais complexos. Alguns fenômenos são atribuídos à atividade superficial dos asfaltenos, como a capacidade de formar partículas em suspensão. Na Figura 4.21, temos uma representação molecular de um asfalteno.

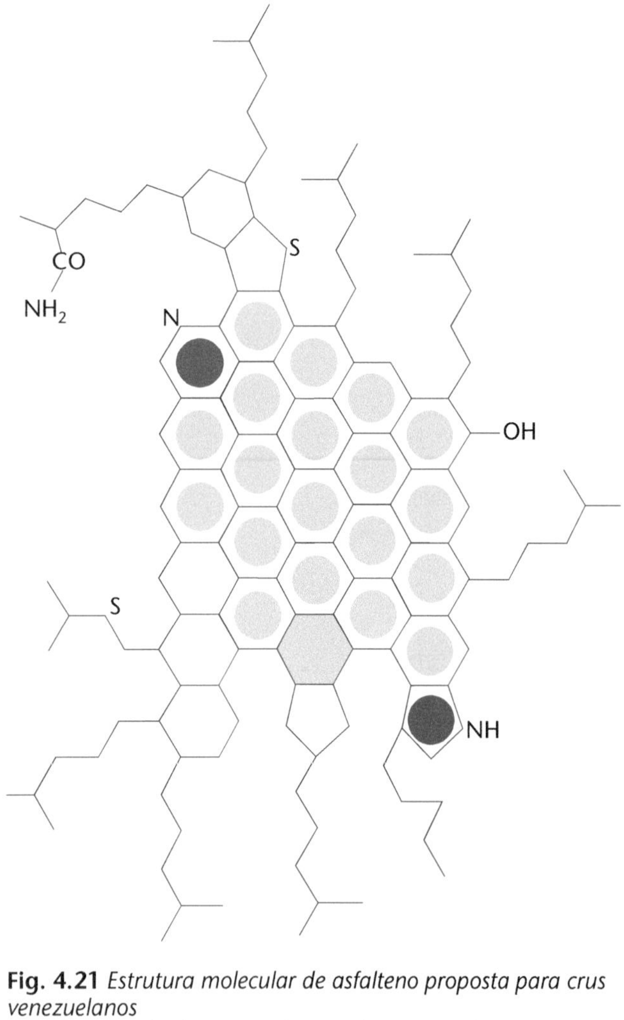

Os *asfaltenos* são insolúveis na presença de gasolina ou éter de petróleo. Estão presentes nos petróleos, no carvão e nos óleos de rochas asfálticas. São hipoteticamente formados a partir da oxidação de resinas naturais. De cor preta a marrom-escuro, constituem uma fase sólida, assemelhando-se ao pó de grafite. São responsáveis por propriedades como a cor e a dureza dos asfaltos.

Os *maltenos* (dissolúveis) são líquidos viscosos compostos por resinas e óleos. Podem ser ainda fracionados em saturados, naftenos aromáticos e aromáticos polares (Peterson, 1984). A cor das resinas varia do âmbar ao marrom-escuro, tratando-se de líquidos pesados. Os óleos podem ser chamados de meio ou veículo onde se movem as resinas e também os asfaltenos, sendo tais resinas responsáveis pela adesividade do material.

As proporções de asfaltenos e maltenos nos CAPs vão variar (até mesmo no tempo) em função de sua exposição ao oxigênio e à luz, de ambientes com elevadas temperaturas, de contato com óleos, graxas e lubrificantes, combustíveis de veículos, como já se

Fig. 4.21 *Estrutura molecular de asfalteno proposta para crus venezuelanos*
Fonte: adaptado de Intevep S.A. Tech. Rept., 1992.

discorreu anteriormente; variam também em função do tipo de agregado pétreo ao qual se associam e da espessura do filme sobre os agregados. Assim, tais variações causarão alterações nas propriedades físicas e tecnológicas dos CAPs, ocasionando sua oxidação (ou envelhecimento). Tais alterações podem ocorrer de maneira paulatina, com a evaporação de componentes voláteis ou a combinação de hidrocarbonetos com o oxigênio da atmosfera (oxidação).

Quando ocorrem reações dessa natureza, as resinas (dos maltenos) transformam-se em asfaltenos e os óleos (dos maltenos) transformam-se em resinas, gerando o aumento de consistência do CAP pelo aumento de viscosidade do produto. Configura-se assim o envelhecimento de um CAP.

As moléculas de um CAP podem também ser alteradas por intermédio de sua combinação com duas ou mais moléculas, formando-se uma molécula mais pesada, processo denominado polimerização. A modificação de um CAP pela associação com polímeros é buscada para se obter maior durabilidade e redução da suscetibilidade térmica do produto, como será discutido mais adiante.

Uma forma de caracterização da composição de um CAP é seu fracionamento químico, realizado pelo método de análise de Rostler & Sternberg (método da American Society for Testing of Materials – ASTM-2006), que consiste basicamente na separação dos asfaltenos e dos maltenos a partir da dissolução do CAP em n-heptano e, posteriormente, no fracionamento do malteno em diversas partes por precipitação química em presença de ácido sulfúrico. Rostler procurou estabelecer parâmetros, a partir do conhecimento das frações que compõem um CAP, que pudessem permitir um julgamento quanto ao desempenho esperado para tal CAP em pista.

Esse fracionamento permite a separação dos seguintes componentes de um CAP: os Asfaltenos (A), as Bases Nitrogenadas – aromáticas – (N), as resinas Acidafinas I (AI) e Acidafinas II (AII) e os Saturados (P, parafinas). Os asfaltenos constituem a parte precipitada do CAP, enquanto os quatro demais componentes formam os denominados maltenos. Autores diversos propuseram os índices indicados no Quadro 4.25 para análise dos CAPs com base nos resultados de fracionamento químico.

Quadro 4.25 *Índices empregados após o fracionamento dos asfaltos*

ÍNDICE	FÓRMULA DE CÁLCULO	SIGNIFICADO
De Qualidade de Rostler	$\dfrac{N}{P}$	Quando tal razão resulte superior a 0,5, o CAP deveria ser considerado de boa qualidade para pavimentação
De Durabilidade de Rostler	$\dfrac{N + AI}{AII + P}$	O asfalto teria boa durabilidade para tal índice, resultando numericamente entre 0,65 e 1,4
De Durabilidade de Gotolski	$\dfrac{N + AI + AII}{A + P}$	Asfaltos com alta durabilidade apresentariam resultados entre 1,3 e 2,6
De Estabilidade Coloidal de Gaestel	$\dfrac{A + P}{N + AI + AII}$	Refletindo um estado de equilíbrio coloidal do CAP cada vez menor quanto maior o resultado numérico do índice

A necessidade de elaboração de misturas asfálticas com elevado desempenho ou com alto módulo de elasticidade tem exigido uma mudança nos conceitos de fabricação dos CAPs. Na Tabela 4.11, por exemplo, são apresentados os asfaltos mais consistentes atualmente fabricados na França, classificados por sua penetração (consistência). É importante ressaltar que, quanto maior a consistência do CAP, maiores serão as temperaturas exigidas para a fabricação, o espalhamento e a compactação de misturas asfálticas em pista. Balbo e Bodi (2004), considerando tal necessidade, apontam como alternativa técnica o emprego de misturas recicladas a quente com taxa elevada de reciclagem (próxima a 100%) para a confecção de misturas asfálticas de elevado módulo de elasticidade, tirando, assim, partido do asfalto envelhecido contido em fresados de misturas asfálticas em pista há muitos anos.

Tabela 4.11 *Asfaltos de elevada viscosidade produzidos na França*

Propriedades	CAP 15/25	CAP 10/20	CAP 5/10
Ponto de amolecimento (°C)	66	62 a 72	87
Índice de suscetibilidade Pfeiffer	+0,2	+0,5	+1,0
Viscosidade cinemática a 170°C (mm^2/s)	420	700	980
Módulo complexo E* (MPa) a: 20°C	70	110	300
60°C	0,4	0,7	7

Adesividade do asfalto a um agregado

A adesividade pode ser entendida como a capacidade de um agregado ser envolvido, sem descolamento posterior, por película ou filme asfáltico (adesivo). Tal característica relaciona-se com a acidez do agregado, sendo que aqueles provenientes de rochas básicas geralmente tendem a apresentar melhor adesividade. Os testes de adesividade procuram verificar a perda ou o descolamento do filme asfáltico após o envolvimento e resfriamento dos agregados. Muitas vezes, é necessário o emprego de "dope" para a correção da acidez do agregado e melhoria da adesividade do ligante ao agregado. A acidez do agregado está relacionada à presença de sílica em sua superfície.

Classificação dos CAPs

Os CAPs podem ser classificados por suas diversas propriedades; no entanto, aquelas tradicionalmente adotadas para fins classificatórios em engenharia civil são sua consistência (medida pelo ensaio de penetração) e sua viscosidade. Nos EUA, os testes de viscosidade são conduzidos com o material original ou com o material envelhecido (oxidado). No Brasil, a base classificatória por viscosidade foi mais recentemente introduzida, durante o período 1986–2005, persistindo naqueles anos o emprego, ainda em caráter transitório, da medida de sua consistência para fins de classificação. Essa situação foi alterada recentemente, tomando-se a consistência novamente como base classificatória.

O ensaio de penetração (também chamado de consistência) fornece uma medida em décimos de milímetros da penetração no CAP de uma agulha padronizada, sob determinadas condições; valores baixos são característicos de asfaltos muito consistentes, e valores altos, de asfaltos mais moles. Na Tabela 4.12 são apresentadas algumas das diferentes classificações por penetração encontradas na literatura internacional.

Tabela 4.12 *Classificação dos CAPs por penetração*

País	TIPOS DE CAP QUANTO À PENETRAÇÃO		
	Duros	Médios	Moles
Brasil	CAP 30/45	CAP 50/70, CAP 85/100	CAP 150/200
França	CAP 20/30	CAP 40/50, CAP 60/70, CAP 80/100	CAP 180/220
EUA	CAP 40/50	CAP 60/70, CAP 85/100	CAP 120–150 CAP 200–300

A viscosidade de um líquido se relaciona com sua fricção interna; é a medida de sua resistência ao escoamento. Para a maior parte dos líquidos, a viscosidade não é constante, sendo função da taxa de cisalhamento, o que revela fluidos ditos não newtonianos, ou seja, aqueles que apresentam propriedades como a tixotropia, suscetibilidade térmica, afinam-se durante o cisalhamento, por exemplo.

A classificação por viscosidade baseia-se no valor da viscosidade em Poise a 60°C, sendo no Brasil restrita a três categorias: CAP-7 (viscosidade mínima de 700 Poise), CAP-20 e CAP-40. Nos EUA, as categorias correspondem a CAP-2,5, CAP-5, CAP-10, CAP-20, CAP-30 e CAP-40 (ASTM D 3381), todas para material original (não oxidado). Como se pode observar, ambas as classificações procuram definir a qualidade do CAP em termos de sua consistência, o que é realizado por medidas e ensaios diferentes.

Ainda durante o processo de destilação a vácuo, existe a possibilidade de se ajustar o resíduo final quanto à sua viscosidade, elevando-a (por meio de destilação a maiores temperaturas e vácuo) ou diminuindo-a. O CAP obtido pode ser misturado com outro CAP de viscosidade diferente, a fim de se obter um material de consistência intermediária.

O ensaio de viscosidade para classificação de um CAP possui mais significado e vantagem em termos de engenharia, pois se está medindo uma propriedade física, em diferentes temperaturas (que podem representar as temperaturas de mistura, de espalhamento e de compactação de uma mistura asfáltica, além de sua temperatura de serviço). Essa possibilidade representa a facilidade de se estabelecer a suscetibilidade térmica do asfalto, embora as medidas de viscosidade fiquem bem prejudicadas a baixas temperaturas. O ensaio de penetração, embora empírico, como será visto, tem a vantagem de caracterizar o CAP em temperatura relativamente baixa, sendo um teste rápido, de fácil interpretação e muito menos custoso; todavia, com a medida de penetração não se faz uma determinação de uma propriedade reológica.

Entre 1987 e 1993, o Strategic Highway Research Program (SHRP) investiu algumas dezenas de milhões de dólares na determinação de uma especificação que foi denominada Superpave (SUperior PERforming Asphalt PAVEments), que resultou em critérios mais pautados por testes reológicos de engenharia (medidas de viscosidade e de deformação) para a classificação dos CAPs, sendo tal classificação simbolizada por PG (Performance Grade), pela qual se procura adotar um tipo de CAP, dependendo da região do país, com base nas expectativas de temperaturas de serviço dos revestimentos asfálticos.

As especificações Superpave consideram, assim, a análise de características dos ligantes asfálticos (puros ou modificados) nas temperaturas de serviço possíveis, ao contrário das especificações tradicionais que requerem ensaios em temperaturas prefixadas. A nomenclatura adotada na classificação Superpave faz referência a dois aspectos climáticos: a média para vários anos da temperatura média máxima dos sete dias consecutivos mais quentes e a temperatura mínima esperada para o material em serviço em dada localidade nos EUA. Por exemplo, um CAP PG 64 – 22 refere-se a um asfalto a ser empregado em condições de serviço de 64°F de média máxima e de -22°F de temperatura mínima absoluta (Tabela 4.13).

Tabela 4.13 Classificação dos CAPs pela especificação Superpave nos EUA

Temperaturas elevadas (°F)	Temperaturas baixas associadas (°F)
PG 46	–34, –40, –46
PG 52	–10, –16, –22, –28, –34, –40, –46
PG 58	–16, –22, –28, –34, –40
PG 64	–10, –16, –22, –28, –34, –40
PG 70	–10, –16, –22, –28, –34, –40
PG 76	–10, –16, –22, –28, –34
PG 82	–10, –16, –22, –28, –34

Nota: PG significa "Performance Grade" ou Classificação por Desempenho

Na França, por exemplo, CAP 80/100 é obtido pela mistura de CAP 40/50 (em 50%) e de CAP 180/220 (em 50%), segundo Lombardi (1983); o CAP 60/70 é obtido da mistura de CAP 40/50 (em 75%) e de CAP 180/220 (em 25%). Ainda há que considerar que, naquele país, há mais de duas décadas são empregados os asfaltos consistentes, com penetração inferior a 25 décimos de mm, com o intuito de mitigação de problemas como excesso de trilhas de rodas e misturas asfálticas, bem como para a elaboração de bases asfálticas de elevado módulo de elasticidade (chamadas também de bases negras – *couche de base noir*). Até a década de 1960, o país empregava apenas CAP do tipo 80/100 e 180/220 (fabricação de emulsões); em 1966, foram introduzidos os CAPs 40/50 e 60/70. A partir de 1968, com petróleo importado da América Central, iniciou-se a fabricação de CAP 20/30.

Os cimentos asfálticos de petróleo, além de ter inúmeras aplicações diretas em pavimentação (concretos asfálticos, pré-misturados, tratamentos superficiais, imprimações), são também produtos básicos para a fabricação dos asfaltos diluídos e das emulsões asfálticas.

Características básicas dos CAPs

Os CAPs constituem, antes de tudo, material que apresenta comportamento viscoso por natureza. São também suscetíveis às variações de temperatura (termossuscetível), o que faz com que à temperatura mais elevada ocorra aumento de seu fluxo viscoso, permitindo que sejam misturados com outros materiais e, em pavimentação especificamente, eles podem ser misturados com agregados para a preparação de misturas asfálticas, que envolvem todo o agregado. Já a temperaturas muito baixas, o CAP torna-se um sistema sólido, com ruptura vítrea ou frágil, abaixo de um valor que é chamado de ponto de ruptura Fraas.

Os CAPs, dada sua natureza plástica, sofrem deformações residuais ou permanentes entre os planos de micelas asfálticas (de cerca de 10^{-8} metros), sofrendo enfraquecimento paulatino em suas fibras plásticas, até a ocorrência de ruptura ou fratura. Essa característica é ressaltada quando o material se encontra em uso a temperaturas mais elevadas, ocorrendo maiores deformações plásticas e ruptura mais frequente em revestimentos asfálticos.

Além disso, quanto mais um pavimento apresentar comportamento flexível, ou seja, sofrer maior deformação sob a ação de cargas, maiores níveis de deformações de tração serão impostos às misturas asfálticas, ocasionando maiores deformações plásticas. Dessa forma, como se observa tanto teoricamente como na prática, o emprego de espessas camadas de misturas asfálticas com CAP mais consistente, ou ainda, de bases cimentadas mais rígidas, concorre para uma significativa diminuição de deformações plásticas em misturas asfálticas de revestimentos.

Mundialmente, os técnicos de pavimentação, há muitas décadas, vinham reconhecendo que a qualidade do CAP quanto à possibilidade de obter-se um material durável para pavimentação era um séria questão a ser enfrentada. Logicamente tal qualidade, em termos de misturas asfálticas em serviço, é afetada por fatores relacionados a processos de dosagem obsoletos, equipamentos de mistura e de espalhamento também inadequados, bem como pela própria origem dos asfaltos.

Contudo há, por certo, uma propriedade do CAP que, inexoravelmente, reflete seu desempenho como ligante: sua suscetibilidade térmica. Esta questão foi abordada desde a década de 1930, com tentativas experimentais de modificação de CAP por adição de outros materiais que, ainda que em pequenas quantidades, pudessem alterar significativamente suas características originais, tornando-o menos frágil em temperaturas baixas e mais viscoso em temperaturas elevadas.

Essa modificação começava então a ser buscada por meio da adição de produtos (com afinidade química suficiente) que, se por um lado, pudessem fazer com que o CAP se tornasse "mais rígido" ao receber carregamento (sofresse menor deformação), deveriam, por outro lado, torná-lo "mais mole" o suficiente ao aliviar o carregamento, ou, em outras palavras, o CAP deveria ser menos viscoelástico, apresentando maior parcela de recuperação elástica do que viscosa. A questão da modificação de um CAP será discutida em breve, após a apresentação das principais propriedades físicas do CAP, bem como das especificações nacionais para o produto, o que é feito na sequência.

Propriedades físicas dos CAPs

No Quadro 4.26 são descritas, de forma sucinta, as propriedades físicas dos CAPs mais importantes sob a ótica da tecnologia de pavimentação.

Especificações nacionais para os CAPs

Nas Tabelas 4.14 e 4.15, apresentadas na sequência, são indicadas as características dos CAPs fabricados no Brasil, consideradas suas classificações por viscosidade (anterior) e por penetração (nova, em vigor), respectivamente. Os valores de relação de viscosidade (Rv) e de índice de suscetibilidade térmica (Is) indicados nas especificações podem ser obtidos a partir dos resultados dos ensaios de penetração (PEN) e do ponto de amolecimento (t °C), de acordo com as seguintes expressões:

Quadro 4.26 *Descrição das propriedades físicas do CAP*

PROPRIEDADE	DESCRIÇÃO
Durabilidade	A durabilidade de um CAP pode ser definida como a capacidade de o asfalto, exposto às condições climáticas ou a processos de envelhecimento, preservar suas características originais
Adesividade	Trata-se da propriedade dos CAPs de colar na superfície do agregado, fixando-o em uma mistura, por exemplo. A melhor ou pior aderência aos agregados proporcionada pelos asfaltos é uma capacidade designada por coesão. A falta de adesividade leva ao descolamento do CAP do agregado, e finos calcários podem ser adicionados aos agregados, alterando o pH e melhorando a adesividade. Ainda, a modificação de CAP com polímeros torna o material muito mais aderente e envolvente ao agregado
Suscetibilidade térmica	O CAP apresenta comportamento termoplástico, ou seja, à medida que se encontra em temperaturas mais elevadas, torna-se menos viscoso (mais mole). A suscetibilidade térmica do material é bastante importante, tendo em vista que o CAP deverá estar em estado líquido, de tal forma que possa envolver os agregados, além de permitir seu deslocamento durante a compactação de misturas betuminosas (veículo). No entanto, deverá ser viscoso em temperaturas ambientes, de modo que não ocorra perda deste envolvimento dos agregados. Tal propriedade associa-se muito ao desempenho de misturas asfálticas em pavimentos, especialmente no processo de formação de trilhas de rodas em climas quentes e de ocorrência de fissuras por retração térmica em climas frios. Trata-se ainda de propriedade bastante dependente da origem do petróleo cru Assim, CAPs de diferentes origens poderão ter mesma penetração ou consistência a 25°C, mas suscetibilidades térmicas diferentes; neste caso, um CAP pode requerer menor ou maior temperatura para se tornar mais mole e trabalhável, o que interfere na definição de temperatura adequada de compactação de misturas asfálticas
Endurecimento	O endurecimento (ou envelhecimento) dos CAPs é um processo decorrente da oxidação do material, que pode ser rápida ou lenta, tornando-o duro e quebradiço; a oxidação é promovida de forma rápida, principalmente pela presença de elevadas temperaturas, causando aumento da massa específica e da consistência do CAP, além de perda de ductilidade e de suscetibilidade térmica. O CAP é um material que, além de termossuscetível, fica sujeito a fenômenos de transformação química em função de sua exposição à radiação solar, às águas ácidas ou sulfatadas, às ações de óleos, graxas, lubrificantes e combustíveis dos veículos que trafegam pelas vias pavimentadas. Tais ações provocam o processo de oxidação ou endurecimento do ligante asfáltico. As consequências globais para o ligante por conta do envelhecimento dos asfaltos são explicadas pelas transformações citadas e são verificadas e quantificadas pelas seguintes características: aumento da consistência; aumento do ponto de amolecimento; decréscimo da suscetibilidade térmica; aumento do ponto de fragilidade Fraas. Assim, muitos cuidados são dirigidos principalmente ao processo de mistura de CAPs e agregados, quando limites habituais de tempo e temperatura de mistura não devem ser excedidos, por razões de risco de queima do material, o que causa sua oxidação e a perda de propriedades desejáveis para seu emprego em misturas asfálticas. Em pavimentos, os CAPs sofrerão um processo lento de oxidação ao longo do tempo, que pode ser minimizado pela redução do número de vazios da mistura, após sua compactação, e filmes mais espessos recobrindo os agregados, embora tal prática não possa ser disseminada genericamente por inúmeras outras razões, pois nem sempre uma mistura muito densa é ideal

$$Rv = \frac{\upsilon \,(a\ 60°C)\ \text{após ECA}}{\upsilon \,(a\ 60°C)\ \text{antes ECA}}$$

e

$$Is = \frac{500 \times \log PEN + 20 \times t\ (°C) - 1951}{120 - 50 \times \log PEN + t\ (°C)}$$

sendo υ o valor da viscosidade, ECA o ensaio de envelhecimento em estufa, PEN o valor da penetração e t a temperatura de medida de penetração. As especificações mencionadas foram estabelecidas em regulamento pelo Departamento Nacional de Combustíveis, valendo como especificações para todo o território nacional. A recentemente abandonada especificação com base na viscosidade é apresentada na Tabela 4.14. A especificação dos CAPs por penetração é aquela em vigor atualmente no País, válida para todas as refinarias brasileiras, conforme indicado na Tabela 4.15.

Tabela 4.14 *Antiga especificação dos CAPs por viscosidade*

Características	Un.	Tipos de Cimentos Asfálticos de Petróleo		
		CAP-7	CAP-20	CAP-40
Viscosidade a 60°C	P	700 a 1.500	2.000 a 3.500	4.000 a 8.000
Viscosidade Saybolt-Furol a: 135°C	s	100 (mín.)	120 (mín.)	170 (mín.)
177°C	s	15 a 60	30 a 150	40 a 150
Efeito do calor e do ar (ECA) a 163°C por 5h:				
Variação em massa	%	1,0 (máx.)	1,0 (máx.)	1,0 (máx.)
Relação de viscosidade		4,0 (máx.)	4,0 (máx.)	4,0 (máx.)
Ductilidade	mm	500 (mín.)	200 (mín.)	100 (mín.)
Índice de suscetibilidade térmica	—	–1,5 a +1,0	–1,5 a +1,0	–1,5 a +1,0
Penetração (100 g, 5s, 25°C)	0,1 mm	90 (mín.)	50 (mín.)	30 (mín.)
Ponto de fulgor	°C	220 (mín.)	235 (mín.)	235 (mín.)
Solubilidade em tricloroetileno	% massa	99,5 (mín.)	99,5 (mín.)	99,5 (mín.)

Fonte: DNC, 1993.

Tabela 4.15 *Especificação vigente dos CAPs por penetração*

Características	Un.	Tipos de Cimentos Asfálticos de Petróleo				Método ABNT
		CAP 30/45	CAP 50/70	CAP 85/100	CAP 150/200	
Penetração (100 g,5s, 25°C)	0,1 mm	30 a 45	50 a 70	85 a 100	150 a 200	NBR 6576
Ponto de amolecimento mínimo	°C	52	46	43	37	NBR 6560
Ductilidade a 25°C mínima	mm	600	600	1.000	1.000	NBR 6293
Efeito do calor e do ar (RTFOT) a 163°C: Penetração retida mínima	%	60	55	55	50	NBR 6293

Tabela 4.15 *Especificação vigente dos CAPs por penetração (continuação)*

Características	Un.	Tipos de Cimentos Asfálticos de Petróleo				Método ABNT
		CAP 30/45	CAP 50/70	CAP 85/100	CAP 150/200	
Efeito do calor e do ar (RTFOT) a 163°C:						
Variação em massa máxima	%	0,5	0,5	0,5	0,5	NBR 6293
Ductilidade a 25°C mínima	mm	100	200	500	500	
Aumento máximo do ponto de amolecimento	°C	8	8	8	8	
Índice de suscetibilidade térmica	—	-1,5 a +0,7	-1,5 a -0,7	-1,5 a +0,7	-1,5 a +0,7	—
Ponto de fulgor mínimo	°C	235	235	235	235	NBR 11341
Solubilidade mínima em tricloroetileno	%	99,5	99,5	99,5	99,5	NBR 14855
Viscosidade Saybolt-Furol mínima a:						
135°C		192	141	110	80	
150°C		90	50	43	36	NBR 14950
177°C	s	40	30	15	15	
Viscosidade Brookfield mínima a:						
135°C, SP 21, 20 rpm		374	274	214	155	
150°C, SP 21	cP	203	112	97	81	NBR 15184
177°C, SP 21		76	57	28	28	

Fonte: ANP, 2005.

Caracterização tecnológica dos CAPs

No Quadro 4.27 são descritos sucintamente os principais ensaios tecnológicos habitualmente empregados em laboratórios de análises e de obras para a verificação da concordância entre as propriedades de um dado CAP e as exigências estabelecidas pelas especificações.

4.4.4 Modificação do CAP com polímeros

Como já mencionado, a busca por processos de modificação dos CAPs passaria necessariamente por tornar o material mais rígido ao receber esforços (sofrendo menores deformações) e mais mole ao aliviar os mesmos esforços (apresentando maior recuperação elástica). Segundo Brûlé (1996), desde o início dos anos 1970, os polímeros macromoleculares termoplásticos (plastômeros e elastômeros) começaram a ser aplicados na modificação dos asfaltos, cujos objetivos principais eram:

- ◆ Elevar a coesão do material (CAP).
- ◆ Reduzir a suscetibilidade térmica do CAP.
- ◆ Baixar a viscosidade à temperatura de aplicação.
- ◆ Resultar em CAP com baixa fluência (lenta).
- ◆ O CAP apresentar elevada resistência à deformação plástica, à fissuração e à fadiga.
- ◆ Garantir uma boa adesividade.
- ◆ O CAP ter melhor resistência ao envelhecimento.

Quadro 4.27 *Resumo dos principais ensaios de caracterização tecnológica do CAP*

Ensaio	Descrição	Norma
Penetração	Este teste é realizado para a determinação da dureza ou consistência relativa de um CAP. No ensaio é medida a profundidade de penetração de uma agulha sob carga total de 100 g, a uma temperatura de 25°C, durante 5 s. O valor medido é expresso em décimos de milímetros	NBR 06576 (1998)
Viscosidade Saybolt-Furol	O ensaio de viscosidade é empregado para a determinação do estado de fluidez do CAP em diversas temperaturas de aplicação e uso do material. Trata-se de uma medida de consistência, definida pelo tempo em segundos em que uma amostra de 60 mℓ de CAP flui totalmente através de um orifício Furol, a uma dada temperatura, realizada no viscosímetro de Saybolt. Primeiramente, em um tubo com orifício inferior estrangulado é colocado o CAP, sendo posteriormente tampado. Tal tubo, disposto verticalmente na campânula superior do viscosímetro, fica em meio a um óleo que circula a temperaturas em geral superiores a 100°C. Quando o CAP no tubo atinge a temperatura especificada, a tampa superior do tubo é retirada, medindo-se o tempo necessário para que todo o CAP passe pelo orifício, depositando-se em recipiente disposto na campânula inferior. O tempo registrado é o padrão de medida de viscosidade, expresso em Segundos Saybolt-Furol (SSF)	NBR 14950 (2003)
Viscosidade cinemática	Neste processo, a viscosidade é determinada com viscosímetro de tubo capilar de vidro, sendo a base do ensaio a medida do tempo decorrido para que um determinado volume de CAP possa fluir, sendo a altura do líquido controlada, para uma dada temperatura. Conhecidos o tempo necessário e a constante de calibração do viscosímetro, a viscosidade cinemática é calculada em centistokes, havendo possibilidades de correlações entre esta e a viscosidade SSF. A grande vantagem do ensaio de viscosidade cinemática é, além de sua maior comodidade, a possibilidade de resultados mais precisos se comparados ao primeiro tipo de ensaio de viscosidade indicado	NBR 14756 (2001
Viscosidade rotacional	O viscosímetro rotacional, conhecido popularmente nos EUA como *Brookfield*, consiste em um viscosímetro cilíndrico coaxial acoplado a uma unidade de controle de temperatura, para testes com CAPs novos. Em uma câmara com temperatura controlada, o asfalto é depositado, inserindo-se nela um eixo que tem rotação com velocidade angular especificada. Com base no torque exigido para aquela rotação, é determinada a viscosidade do asfalto na temperatura desejada	NBR 15184 (2001) NBR 14541 (2004)
Ponto de fulgor	Consiste na determinação da temperatura máxima à qual pode ser aquecido o CAP sem risco de inflamação do material em presença de chama livre, como se exige no caso de seu uso em usinas misturadoras a quente. Conduzido por equipamento bastante simples, o resultado obtido (temperatura) é razoavelmente inferior àquela temperatura na qual o CAP arderia completamente. O processo consiste no preenchimento de um recipiente aberto de latão (Vaso Aberto Cleveland) com o CAP, que é aquecido inferiormente, a taxa constante. Em períodos predeterminados de níveis de temperatura do CAP se faz com que passe sobre a superfície da amostra de CAP aquecida uma pequena chama. Quando os gases desprendidos pelo aquecimento do CAP são suficientes para causar uma labareda instantânea, a temperatura correspondente é chamada de ponto de fulgor	NBR 11341 (2004)

Quadro 4.27 *Resumo dos principais ensaios de caracterização tecnológica do CAP (continuação)*

Ensaio	Descrição	Norma
Película delgada em estufa	Este ensaio, que é destinado à previsão de propriedades dos CAPs envelhecidos, é realizado por meio da verificação do endurecimento de uma película delgada de 3 mm de CAP depois de mantida por 5 h em estufa a uma temperatura de 163°C, em recipiente afixado em suporte giratório bem ventilado. O valor de temperatura especificado é aproximadamente aquele adotado em operações de usinagem, sendo importante na medida em que pode dar informações sobre a possibilidade de "queima" do CAP durante seu emprego no processo de fabricação de misturas asfálticas. A tendência ao endurecimento do CAP é aferida por comparação entre o valor da penetração inicial e o valor da penetração após o tratamento do material em estufa, sendo expresso pelo valor relativo entre ambas as medidas (penetração final/penetração inicial)	NBR 14736 (2001)
Película delgada rotacional em estufa	Emprega-se o CAP colocado em pequenas cápsulas em um disco giratório que, dentro de uma estufa a 163°C, roda constantemente durante um tempo de 75 min, sendo o CAP também submetido a jatos de ar quente para acelerar sua oxidação. O ensaio permite verificar em curto prazo a alteração da consistência por oxidação	NBR 15235 (2006)
Ductilidade	O ensaio de ductilidade é realizado por meio da extensão ou alongamento de pequenas amostras de CAP moldadas em condições normalizadas, sob condições de velocidade de alongamento e temperatura especificadas. A distância percorrida pelo extensor antes que se rompa o "fio" de CAP (resultante do alongamento da amostra), medida em centímetros, é dada como padrão de ductilidade do material. Sabe-se que os asfaltos muito dúcteis são bastante sensíveis às condições climáticas, embora possuam melhores propriedades aglutinantes. Assim, tal característica é importante, principalmente para se definir se o material apresenta pouca ou exagerada ductilidade	NBR 06293 (2001)
Solubilidade	Os betumes (ligantes dos CAPs), em sua maior parte, são dissolvidos, na presença de tricloroetileno, sulfeto de carbono ou tetracloreto de carbono. Por intermédio deste ensaio, torna-se então possível a estimativa da quantidade de betume em um dado CAP. A utilização do tetracloreto de carbono para a realização do ensaio é recomendada, tendo em vista que se trata de material não inflamável, portanto, com menores riscos de operação em laboratório	NBR 14855 (2002)
Ponto de amolecimento	Trata-se do método de ensaio conhecido por "anel e bola", uma técnica arbitrária para a definição da temperatura na qual um CAP torna-se fluido. A técnica consiste na deposição de CAP fundido em um anel de latão, que após se solidificar, é disposto horizontalmente em um banho d'água, com uma bola de aço sobre seu centro. O banho é aquecido em taxa constante preestabelecida, sendo anotada a temperatura no momento em que, após atravessar o anel, a bola tocar no fundo do vaso de vidro, sendo tal temperatura denominada ponto de amolecimento	NBR 06560 (2005)
Densidade	Trata-se da relação entre o peso de um dado volume de CAP e o mesmo volume de água, consideradas iguais condições de temperatura e pressão. Na medida de pesos específicos de amostras de CAP, é utilizado o ensaio do picnômetro	NBR 06296 (2004)

Já em 1963, na França, havia se tentado a incorporação de borracha (de pneu) triturada, por introdução direta na usina misturadora, com o agregado e o CAP; contudo, tais tentativas não resultaram favoráveis de início. A alternativa mais largamente estudada e empregada para tais objetivos simultâneos foi a incorporação de polímeros ao CAP.

Os polímeros são substâncias compostas orgânicas de pesos moleculares múltiplos variando de 10^3 a 10^6, com unidades químicas repetidas em cadeias (DNER, 1998). São obtidos diretamente da natureza, a partir de madeiras, óleos lubrificantes e cortiças, por exemplo, ou então elaborados artificialmente pela união de compostos de moléculas pequenas (monômeros). Sua classificação básica será pela sua forma de ocorrência (naturais ou sintéticos); pela forma de preparação, no caso de sintéticos (por adição ou copolimerização); pela forma de sua cadeia molecular (homogêneos ou heterogêneos); pela forma de sua estrutura (planar, tridimensional), ou ainda, com base em distinções quanto a processos industriais.

Quanto aos processos de polimerização, são chamados por adição quando apenas um tipo de monômero é empregado, ou por copolimerização, quando dois ou mais tipos de monômeros são empregados. Polímeros com melhores propriedades são geralmente obtidos neste último caso. No Quadro 4.28 é apresentada uma classificação mais apropriada para fins de técnicas de materiais de pavimentação conforme recomenda o DNER (1998).

Quadro 4.28 *Classificação dos polímeros segundo Disnnem*

TIPO DE POLÍMERO	CARACTERÍSTICAS	EXEMPLOS
Termofixos	Quando submetidos ao calor, endurecem de maneira irreversível	Poliuretano Resina epóxica
Termoplásticos	Amolecem quando submetidos ao calor e endurecem quando resfriados	Polietileno Polipropileno EVA (Etileno Acetato de Vinila)
Elastômeros	Possuem propriedades elásticas semelhantes às borrachas; ao receberem calor, decompõem-se antes mesmo de amolecerem	Estireno-Butadieno-Rubber (ou SBR, do inglês Styrene-Butadiene-Rubber)
Elastômeros termoplásticos	Apresentam comportamento de termoplástico quando são aquecidos e são, ainda, muito elásticos quando resfriados	Estireno-Butadieno-Estireno (ou SBS, do inglês Styrene-Butadiene-Styrene) Borracha vulcanizada

Fonte: DNER, 1998.

A adição de polímero termofixo a um CAP, como uma resina epóxica, resulta em ligante de excelente qualidade e desempenho como mistura asfáltica, embora as resinas normalmente sejam muito custosas (o que é um fator limitante); porém, as resinas são ativadas com agentes de endurecimento, o que ocasiona uma queda rápida de viscosidade da mistura, fato que, na grande maio-ria dos casos, impede seu emprego em misturas asfálticas. Já os polímeros de natureza exclusivamente termoplástica não modificam propriamente um CAP, causando simplesmente aumento de sua consistência, como se fosse um material fino de enchimento na massa.

Os polímeros simplesmente elastômeros são capazes de absorver elevados níveis de deformação resiliente (elástica), e não podem ser adicionados e homoge-

Principais objetivos da modificação de CAP com polímeros nas misturas asfálticas em serviço

1. Melhorar a resistência de misturas asfálticas quanto à formação de trilhas de roda em épocas quentes ou em climas quentes. O polímero deverá, portanto, aumentar a viscosidade do CAP.
2. Inibir a ruptura térmica e a propagação dessa fissura térmica empregando uma cadeia de filamentos elásticos na estrutura interna do ligante asfáltico. O papel do polímero, neste caso, é diminuir a temperatura de vitrificação (ponto de transição para comportamento frágil) do CAP.
3. No Brasil, o extinto DNER fixou as condições e características requeridas para asfaltos modificados com polímeros (DNER, 1999).

neizados com os CAPs, pela necessidade de aquecimento desses últimos; assim, os elastômeros são adicionados ao CAP por meio de emulsificação prévia do elastômero em fase aquosa, para posterior miscigenação com uma emulsão asfáltica, sendo então o látex adsorvido sobre a superfície dos gló-bulos de asfalto contidos na emulsão (as emulsões serão estudadas com mais detalhes adiante). O elastômero mais empregado para modificação do CAP é o SBR (Estireno-Butadieno-Borracha) ou látex, resultante de processo de copolimerização, como o próprio nome já indica.

Plastômeros e elastômeros

Os *plastômeros* são polímeros constituídos por polietilenos ou por polietilenos modificados, perfazendo cadeias de alcanos com elevado peso molecular. Os polietilenos de baixo peso molecular (usados para fabricação de sacos de lixo plásticos) são mais empregados, entre os plastômeros, para a modificação de asfaltos do que aqueles de baixa densidade (empregados na fabricação de galões plásticos). O plastômero mais comumente empregado para modificação do CAP é o EVA (Etileno Acetato de Vinila), e o acetato de vinila é capaz de diminuir a cristalinidade do etileno, o que o torna mais compatível para mistura com cimentos asfálticos. A particularidade dos plastômeros é sua pequena habilidade para sofrer deformações, o que torna o CAP modificado mais frágil.

Os *elastômeros* são polímeros constituídos por borrachas naturais ou sintéticas, que possuem, portanto, grande capacidade de deformar-se e de recuperar sua forma após a remoção do esforço aplicado. A presença de tal tipo de polímero em um cimento asfáltico contribui para o material resistir mais à tração quando esticado. Os tipos mais comuns empregados na modificação do CAP são o SBR (Styrene-Butadiene-Rubber), muito usado na fabricação de luvas de borracha, e uma evolução deste, o SBS (Styrene-Butadiene-Styrene, ou Estireno-Butadieno-Estireno), que usa características térmicas, além das químicas, para a formação das cadeias poliméricas. A modificação com polímeros dos CAPs, em geral, melhora sua adesividade ao agregado.

Modificação do CAP com elastômeros termoplásticos

Os elastômeros termoplásticos parecem ser, atualmente, de longe, o material polimérico mais empregado para a modificação do CAP, pois permite que seja alcançada uma alteração muito desejada em seu comportamento, qual seja, a diminuição de sua suscetibilidade térmica, tornando-o mais estável em faixa mais ampla de emprego. O copolímero SBS é o material mais empregado, embora seu processo de mistura ao CAP envolva diversos cuidados para a correta homogeneização.

O SBS faz com que um CAP, em temperaturas muito baixas, resulte menos rígido, aumentando assim sua ductilidade, evitando sua ruptura frágil quando empregado em climas temperados (abaixando seu ponto de vitrificação). Já nos climas quentes, quando ocorrem aumentos de temperatura nas misturas asfálticas, ultrapassando o ponto de amolecimento de um CAP, o SBS mantém-se sólido, conseguindo, assim, reter o aumento de fluxo viscoso no CAP.

A alteração do CAP, resultante da introdução do SBS em sua estrutura, é causada pelo fato de o SBS atuar como um conjunto de molas elásticas, de tal forma que a característica predominante do asfalto modificado passa a ser a de um material com matriz polimérica, tornando-se o próprio CAP algo complementar na estrutura do material modificado.

O DNER (1998) realizou uma pesquisa ampla para a caracterização de cimentos asfálticos modificados com polímeros, sendo que o polímero tipo SBS foi o mais investigado no trabalho. Na Tabela 4.16 são apresentadas as características de um CAP-20 original e outros modificados com diferentes proporções introduzidas de SBS. Observa-se uma série de alterações nas propriedades dos CAPs modificados em relação ao CAP original, como a melhora da recuperação elástica, o aumento da viscosidade e da consistência e o aumento do ponto de amolecimento. Todos esses aspectos refletem melhoria no comportamento das misturas elaboradas com CAP modificado com SBS.

Tabela 4.16 *Efeitos da adição de SBS nas propriedades físicas de um CAP*

CARACTERÍSTICA	CAP-20	CAP-20 + 4% SBS	CAP-20 + 6% SBS
Recuperação elástica (%)	11	80	90
Penetração a 25°C (0,1 mm)	59	74	75
Ponto de fulgor (°C)	358	320	310
Viscosidade Saybolt-Furol a 165°C (s)	47	100	168
Viscosidade absoluta a 60°C (Poise)	2.211	5.784	54.563
Ponto de amolecimento (°C)	51	60	73

Fonte: DNER, 1998.

Observa-se que os polímeros do tipo SBS de fato proporcionam uma grande capacidade de recuperação elástica (que é pequena no CAP), aumento de consistência, aumento expressivo de viscosidade e também no ponto de amolecimento, o que torna o ligante mais longevo em aplicações como revestimento de pavimentos simultaneamente sujeitos a esforços ambientais e às cargas.

Taira et al. (2003) apresentam também dados esclarecedores sobre as modificações impostas nas características de um CAP-20 após a sua mistura com polímeros do tipo SBS, que são apresentados na Tabela 4.17. Observa-se que a viscosidade absoluta do CAP modificado com polímero aumenta muito em temperaturas de aplicação em pista, e o ponto de amolecimento do material, também aumentado, refletirá um melhor comportamento quando da interação climática. O aumento do índice de suscetibilidade térmica terá consequências também positivas em preservar a rigidez da mistura que emprega o CAP modificado a temperaturas mais elevadas.

Tabela 4.17 *Efeitos da adição de SBS nas propriedades físicas de um CAP*

CARACTERÍSTICA	CAP-20 SEM POLÍMEROS	CAP-20 MOD. COM SBS
Penetração a 25°C (0,1 mm)	53	68
Ponto de fulgor (°C)	329	304
Viscosidade Saybolt-Furol (s) a:		
135°C	169	1.232
155°C	112	292
177°C	64	92
Viscosidade absoluta a 60°C (Poise)	3.300	16.000
Ponto de amolecimento (°C)	49	59
Índice de suscetibilidade térmica	-0,8	1,0

Fonte: Taira et al., 2003.

A modificação dos asfaltos é particularmente importante para que misturas abertas (pré-misturados a quente ou a frio, camada porosa de atrito etc.) possam ter sobrevida maior, pois a maior percolação de água por estas misturas mais porosas, com maiores índices de vazios, causa um maior ataque ao ligante asfáltico presente, resultando em sua mais precoce oxidação. Na evolução das investigações sobre a modificação de asfaltos, primeiramente se tentou a modificação dos asfaltos por introdução de determinados modificadores minerais, sendo que, posteriormente, a modificação por polímeros ganhou largo espaço graças aos resultados de desempenho obtidos em pista.

Compatibilidade entre polímeros e CAP

Os polímeros aplicáveis, evidentemente, devem ser quimicamente compatíveis com o asfalto a ser modificado, para que depois não ocorra a separação de fases das misturas (asfaltos + polímeros). Dá-se o nome de "soldagem química" ao processo de solidarização entre o asfalto e o modificador polimérico.

A questão da compatibilidade entre o polímero e o CAP é fundamental nos processos de modificação, pois problemas de heterogeneidade após mistura resultam em fases separadas dos materiais, e o CAP poderia ter comportamento pior que o CAP original. Por outro lado, a mistura será completamente homogênea quando os óleos do asfalto dissolverem os polímeros por completo, destruindo as interações moleculares existentes; assim, resulta a mistura em um ligante estável, porém praticamente sem alterar as propriedades do CAP, às vezes apenas aumentando sua viscosidade.

A mistura, portanto, deverá ser do tipo heterogênea, com duas fases finamente intertravadas, quando o polímero se expandirá, ao absorver parte das frações oleosas do CAP; nesta situação, o CAP é, de fato, modificado, sendo que nele existirão uma fase polimérica e uma fase asfáltica (parte pesada). O consumo de óleos do CAP para a digestão de borrachas finamente moídas incorporadas ao material deve ser compensado pela introdução de óleos extensores na mistura.

Mecanismos de modificação do CAP com polímeros

Os mecanismos de modificação do CAP com a introdução de polímeros são primariamente dependentes da quantidade de polímeros na mistura, além da natureza do polímero; segundo Brûlé (1996), somente resultariam compatíveis os polímeros dos tipos SBS e EVA. No Quadro 4.29 é apresentado, resumidamente, o modo de funcionamento dos mecanismos de modificação.

Quadro 4.29 *Mecanismos de modificação dos asfaltos por polímeros*

PORCENTAGEM DE POLÍMEROS NA MISTURA (em peso)	RESULTADOS DE MODIFICAÇÃO
Baixa (< 4%)	O CAP resulta na fase contínua e o polímero, na fase dispersa Aumenta a coesão e a elasticidade do material Como a 60°C o módulo resiliente do polímero é maior que aquele do CAP, há aumento do módulo resiliente Sob baixas temperaturas a rigidez do polímero é menor que a do CAP, sua fragilidade e, portanto, sua temperatura de vitrificação ou de reduzindo cristalização A escolha do CAP é o fator predominante no resultado
Elevada (> 7%)	Os polímeros tornam-se matriz Os polímeros são plastificados pelos óleos aromáticos do CAP e os asfaltenos são dispersos As propriedades do CAP alteram muito e dependem essencialmente daquelas dos polímeros Resultaria em um adesivo termoplástico, e não em um CAP modificado
Média (~ 5%)	Poderá resultar numa estrutura com duas fases contínuas e intertravadas entre si Mistura de controle mais difícil e com possíveis problemas de estabilidade coloidal

Fonte: adaptado de Brûlé, 1996.

Com o emprego de SBS na modificação do CAP, a aromaticidade dos maltenos do CAP é fator de elevada importância na compatibilidade. Os óleos saturados afetam a penetração e o ponto de amolecimento do CAP, tornando-o menos consistente. Para exemplificar o efeito do EVA sobre o CAP, na Figura 4.22, verifica-se que o aumento da porcentagem de EVA na mistura diminui a penetração (aumento de viscosidade) do CAP modificado (além de aumentar seu ponto de amolecimento).

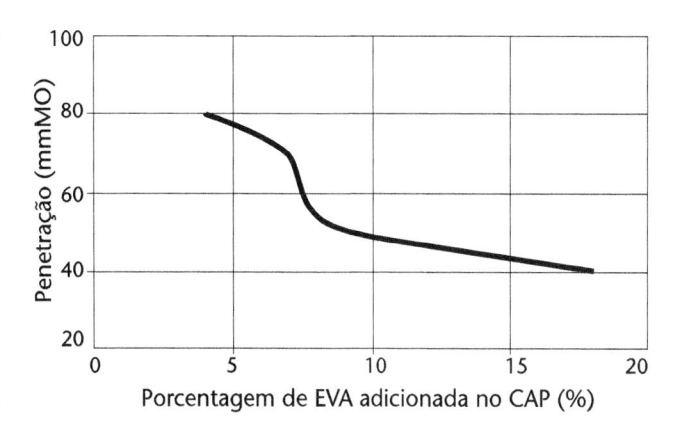

Fig. 4.22 *Efeitos do EVA na consistência de um CAP*
Fonte: Brûlé, 1996.

Até recentemente, um dos problemas re-latados com relação aos CAPs modificados era a sua estabilidade durante a armazenagem, ou seja, sua capacidade de permanecer estável, em duas fases homogeneamente intertravadas, evitando assim sua separação e sedimentação. O controle de tal estabilidade é realizado pela seleção de polímeros que possuam partículas de diâmetros bem pequenos e com densidade próxima àquela do CAP. Tais problemas de estabilidade seriam agravados pelo emprego de CAP menos viscoso.

4.4.5 Modificação do CAP por adição de borracha (em pó) triturada

Em face do apelo ambiental sobre a destinação final da borracha de pneus, as indústrias produtoras desse tipo de material devem, legalmente, dar uma destinação final ao material descartado após uso, que geralmente é a própria reciclagem da borracha. A trituração dos pneus pode resultar em dois tipos de materiais para incorporação ao asfalto, porém de forma muito distinta: como agregado ou como modificador de asfaltos. Neste capítulo, trataremos do CAP modificado com borracha triturada.

A forma mais elaborada de incorporação da borracha é triturá-la finamente (com diâmetro inferior a 2 mm) e previamente incorporá-la ao CAP, o que é realizado a quente (temperatura próxima a 200°C) em tanques, com auxílio de elevado esforço mecânico de cisalhamento, sendo o tempo de reação da mistura entre 20 min e 120 min, dependendo de inúmeras condições.

Primeiramente, há que ter controle da homogeneidade microestrutural da borracha; há preferência, assim, do emprego de borracha proveniente diretamente da linha de produção de pneus (descarte), com características homogêneas. Emprego de borracha triturada heterogênea, com diferenças de proporções entre borracha natural e sintética, resulta em variações apreciáveis nas características do CAP modificado com borracha. Há que considerar que a borracha de pneumáticos de veículos de passeio usa muito mais insumos derivados de petróleo que a borracha de pneus de caminhões, que emprega mais borracha natural.

No processo de digestão da borracha finamente moída ao CAP, há necessidade de introdução de óleos aromáticos de maltenos (saturados) que atuem sobre as partículas de borracha, para auxílio na diluição do material (digestão da borracha). Note que, se não se introduzirem óleos extensores, a borracha consumirá aromáticos dos maltenos disponíveis no CAP, que necessariamente deverão ser recompostos. A viscosidade da mistura, sem a adição de óleo extensor, poderá subir além do aceitável. Esses óleos extensores, ricos em maltenos, como os agentes de rejuvenescimento empregados na reciclagem a quente de misturas asfálticas, são aplicados em taxas de 5% a 20% do peso de CAP na mistura com borracha.

Geralmente, a borracha substitui até cerca de 15% do CAP, o que, de certa maneira, traz alguma vantagem na fabricação do material modificado, já que atualmente seu custo é da ordem de 60% do CAP. Convém ressalvar, no entanto, que os CAPs modificados com borracha, fabricados no Brasil em anos recentes, têm sido produtos híbridos, com incorporação simultânea de SBS. Esse procedimento está relacionado à baixa melhoria na recuperação elástica obtida pela incorporação exclusiva da borracha.

Quanto ao asfalto-borracha incorporado à taxa de até 15% de borracha no ligante, é produto estocável, geralmente empregado para misturas asfálticas densas. Asfaltos modificados na faixa de 18% a 25% de borracha apresentam elevada viscosidade e são preferencialmente empregados na confecção de misturas asfálticas abertas ou descontínuas (Faxina e Sória, 2003). Na Tabela 4.18 são apresentados resultados de estudos conduzidos por Faxina e Sória no que tange às alterações de características de um CAP-40, após sua modificação pela incorporação de borracha moída com auxílio de óleo extensor AR-5.

Tabela 4.18 *Efeitos da modificação de um CAP com borracha em suas características físicas*

Característica	CAP-40	CAP-40 + 12% BORRACHA +10% AR-5	CAP-40 + 20% BORRACHA +15% AR-5
Penetração a 25°C (0,1 mm)	38	77,5	79
Densidade (kN/m^3)	10,04	10,33	10,39
Viscosidade absoluta a 60°C (Poise):			
135°C	56.000	92.330	—
155°C	22.280	38.850	170.200
177°C	9.730	19.560	75.000
Ponto de amolecimento (°C)	54	48,2	52
Índice de suscetibilidade térmica	–0,9	–0,6	+0,5

Fonte: Faxina e Sória, 2003.

Observa-se, dos resultados obtidos, que, contrariamente ao caso da modificação de CAP com SBS apresentada na tabela (embora as viscosidades de CAPs empregados sejam muito diferentes), o ponto de amolecimento sofreu pequena redução. A consistência, medida pela penetração, como no caso de modificação do CAP com SBS, aumentou. A medida de viscosidade absoluta, essa sim, sofreu enorme acréscimo para quaisquer temperaturas, sendo visível que o CAP modificado com elevado teor de borracha apresentaria menor facilidade de estocagem.

4.4.6 Espuma de asfalto

Como vimos, o CAP em temperatura ambiente apresenta-se em estado semissólido e consistente, o que impede sua mescla com agregados nessas condições, sendo necessário, portanto, aquecê-lo para seu emprego nas misturas asfálticas. Uma alternativa de preparação do CAP, *a priori*, tornando-o aplicável mesmo em temperatura ambiente, seria uma redução brutal em sua consistência, o que pode ser conseguido com seu aquecimento (a temperaturas de usinagem, 175°C) e sua imediata disposição em contato com a água, o que causa uma expansão muito grande em seu volume. O CAP, nessas condições, após resfriamento, com muitas "bolhas", é denominado *espuma de asfalto*. O processo consiste no lançamento de água (em jatos) diretamente sobre o asfalto aquecido em uma câmara de expansão adequada, com pressão de 0,3 MPa a 0,4 MPa.

Observe que o produto obtido, uma espuma de asfalto, não necessita do emprego de solventes (asfaltos diluídos) ou de emulsificantes (emulsões asfálticas), e a viscosidade do CAP diminui bastante. A quantidade de água injetada no CAP quente não ultrapassa 3%, e, quando colocada em contato com a massa de CAP, em temperatura muito acima de 100°C, evapora-se, sendo, no entanto, os vapores retidos dentro da massa, que se expande ao sair da câmara, atingindo um equilíbrio de tensão superficial nas bolhas. A espuma de asfalto tem emprego preferencial na estabilização de solos e na reciclagem de camadas com incorporação de ligante asfáltico *in situ*, conforme estudado por Castro (2003).

Todo o processo é realizado com câmara de expansão móvel em pista, pois o tempo de ruptura das bolhas de asfalto com a queda de temperatura, o que gerará as gotículas de asfalto a serem misturadas com os agregados ou solos, é bastante curto, devendo a operação não ultrapassar cerca de 20 s. A qualidade do material em termos de características de aglutinação e de compactação será dependente da temperatura e do tipo de CAP empregado, bem como da quantidade de água adicionada.

4.4.7 Asfaltos Diluídos de Petróleo (ADP)

Os *Asfaltos Diluídos* ou *Recortados* de Petróleo constituem CAPs liquefeitos por adição e mistura de solventes (destilados leves de petróleo). Expostos às condições ambientais, os solventes presentes nos asfaltos diluídos evaporam, de modo a restar tão somente o CAP. Por assim apresentarem menor viscosidade, podem ser aplicados em temperaturas mais baixas. Conforme a natureza do diluente utilizado em sua fabricação, serão posteriormente classificados em asfaltos diluídos de cura rápida ou de cura lenta (a cura deve ser aqui entendida como resultante da evaporação do solvente do asfalto diluído).

Nos asfaltos diluídos de cura rápida, o diluente empregado é a nafta; nos asfaltos diluídos de cura média, o querosene, sendo, em ambos os casos, classificados segundo sua viscosidade. Os asfaltos diluídos são bastante aplicados em pavimentação como filme de impermeabilização e de ligação sobre as bases de solos e agregados antes da aplicação do revestimento sobre estas, seja o revestimento asfáltico ou de concreto. As principais aplicações dos asfaltos diluídos em serviços de pavimentação são indicadas no Quadro 4.30.

Quadro 4.30 *Tipos e aplicações dos asfaltos diluídos*

TIPO	APLICAÇÕES
CM-30	Imprimação de superfícies com textura fechada
CM-70	Imprimação de superfícies com textura aberta
CR-70	Pintura de ligação sobre superfícies não absorventes
CR-250	Tratamentos superficiais invertidos e pré-misturados a frio

Especificações para os asfaltos diluídos

Na Tabela 4.19 são indicadas as características dos asfaltos diluídos fabricados no Brasil, tendo em vista as exigências do extinto Departamento Nacional de Estradas de Rodagem (DNER).

Caracterização tecnológica dos asfaltos diluídos

No Quadro 4.31 são apresentados os ensaios típicos para a definição das características físicas dos asfaltos diluídos. Recorda-se aqui que os ensaios normalmente elaborados para os CAPs, como penetração, ductilidade e solubilidade, são aplicáveis ao resíduo dos asfaltos diluídos, que devem ser obtidos em quantidade suficiente para a realização desses procedimentos.

Tabela 4.19 Especificações para asfaltos diluídos

Características	Un.	Tipos de Asfaltos Diluídos				Método ABNT ou DNER
		CM–30	CM–70	CR–70	CR–250	
Viscosidade cinemática (a 60°C)	cSt	30–60	70–140	70–140	250–500	DNER-ME 151
Viscosidade Saybolt-Furol a:	s					DNER-ME 004
25°C		75–100	—	60–120		
50°C		—	60–120	—	125–250	
Ponto de fulgor, mínimo	°C	38	38	—	27	NBR 5765
Percentual do volume total destilado a:	%					NBR 9619
190°C		—	—	10	—	
225°C		25	20	50	35	
250°C		40–70	20–60	70	60	
315°C		75–93	65–90	85	80	
Resíduo a 360°C, por diferença, % de volume, mínimo	%	50	55	55	65	
Percentual de água em volume máximo	%	0,2	0,2	0,2	0,2	DNER-MB 37
Penetração (100 g, 5s, 25°C) sobre o resíduo	0,1 mm	80–120	80–120	80–120	80–120	DNER-ME 003
Ductilidade sobre o resíduo, mínima	mm	100	100	100	100	DNER-ME 010
Percentual de betume em peso, mínimo, sobre o resíduo	%	99	99	99	99	DNER-ME 163

Fonte: DNER-EM 362/97 e 363/97.

Quadro 4.31 Ensaios principais para caracterização de asfaltos diluídos

Ensaio	Descrição	Norma
Viscosidade	O ensaio de viscosidade Saybolt-Furol é adotado, sendo, neste caso, realizado o banho termostático com água em substituição ao óleo, tendo em vista que as temperaturas do teste são menores. As temperaturas de ensaio são definidas conforme o teor de asfalto presente no asfalto diluído	NBR 14491 (2000)
Ponto de fulgor	O procedimento é basicamente o mesmo adotado para os ensaios com CAP, devendo-se, no entanto, realizar o aquecimento indireto do asfalto diluído, em face do risco de fogo causado pela presença dos solventes	NBR 11341 (2004)
Destilação	Por meio deste teste, é possível determinar a diferença entre o volume inicial de uma amostra de asfalto diluído e o volume final do resíduo asfáltico, após a destilação, a uma temperatura de 360°C. Assim, as proporções relativas de solventes e de CAP podem ser definidas por meio de ensaio de destilação com uso de condensador comum de laboratório	NBR 14856 (2002)
Densidade	Método idêntico àquele adotado para os cimentos asfálticos de petróleo	NBR 06296 (2004)

4.4.8 Emulsões Asfálticas de Petróleo (EAP)

As emulsões são dispersões, compostas, portanto, de uma fase dispersa e um meio dispersante, como nos casos do leite e do látex da borracha. São dispersões de uma fase sólida em outra fase líquida. As emulsões asfálticas são produzidas a partir de CAP (ou de asfaltos diluídos), adicionados água e agente emulsificante em pequenas proporções (0,2% a 1%), sendo a água a fase contínua, e a fase descontínua formada por pequenos glóbulos de asfalto de diâmetro de 1 μm a 20 μm (Abeda, 2003) que se encontram em movimento desordenado em meio à fase contínua da emulsão.

O processo de fabricação da emulsão asfáltica consiste da diluição do CAP em meio solvente (fluxante), produzindo-se, assim, a fase sólida (ligante). A fase líquida é produzida com o uso de água, emulsificante, solvente e ácido. Ambas as fases são então misturadas em um moinho, onde é aplicada energia mecânica para a dispersão da mistura. Geralmente são utilizados produtos tensoativos para reduzir a tensão interfacial asfalto/água, garantindo a separação em duas fases, mesmo após estocagem.

O emulsificante deve ser um produto que possua afinidade com o asfalto e com a água, formando uma espécie de película em torno dos glóbulos de asfalto na emulsão (em geral, o sal de amina, uma base fraca, ou o sal de amônia são aplicados na produção). A água de dispersão utilizada para a fabricação das emulsões deverá estar livre da presença de íons de cálcio e de magnésio, pois estes possuem tendência a reagir com os emulsificantes, formando compostos insolúveis em água (IBP, 1983).

Dependendo do emulsificante utilizado na produção de uma emulsão asfáltica, ela resultará em aniônica (glóbulos de asfalto com cargas elétricas negativas) ou catiônica (glóbulos com cargas elétricas positivas). Após a produção, as emulsões apresentam coloração marrom-escura. O teor de ligante nas emulsões varia de 60% a 70% em volume.

A viscosidade de uma emulsão asfáltica dependerá fundamentalmente da porcentagem de CAP utilizada em sua fabricação, que é também chamada, neste caso, de resíduo de ligante. O valor da viscosidade de uma emulsão é propriedade de difícil aferição, tendo em conta as heterogeneidades do material, resultando em valores não representativos.

Uma emulsão asfáltica se converterá em duas fases distintas, por meio do processo denominado ruptura da emulsão, que ocorre na interface da emulsão com grãos de agregados. Os glóbulos de asfalto da emulsão sofrem ionização em contato com o agregado (IBP, 1990), sendo adsorvidos na superfície destes (IBP, 1983), criando um filme graxo (hidrófobo). O processo de ruptura é auxiliado também pela evaporação da água presente na emulsão. A coloração inicialmente marrom torna-se preta nesse processo, o que é indicativo da ruptura da emulsão.

A velocidade de ruptura de uma emulsão é influenciada por diversos fatores, como: tipo e quantidade de emulsificante, quantidade e viscosidade de asfaltos, superfície específica de agregados, temperaturas de aplicação, umidade da superfície de aplicação e temperatura dos agregados. Em função dessa velocidade de ruptura, as emulsões são classificadas pelos tipos: de ruptura rápida (RR), de ruptura média (RM) e de ruptura lenta (RL). As emulsões asfálticas são produzidas conforme as exigências para seu uso, sendo no Brasil classificadas em sete tipos, de acordo com suas características quanto à viscosidade, ao teor de solvente, à desemulsibilidade, ao resíduo e à sua utilização propriamente dita. No Quadro 4.32 são indicadas as emulsões especificadas no Brasil e suas aplicações em obras de pavimentação.

As emulsões RR-1C e RM-1C apresentam menor viscosidade e menor teor de resíduo, não sendo, portanto, recomendáveis para aplicações em plataformas viárias com declividade acentuada. A emulsão de ruptura lenta permite a estocagem da produção de pré-misturados por alguns dias. As emulsões LA-1C e LA-2C são fabricadas especialmente para a execução de lamas asfálticas a partir de CAP-7 ou CAP-20 (conforme classificação anterior a 2005), possuindo ruptura lenta, podendo ser catiônicas e aniônicas. As demais emulsões indicadas são geralmente catiônicas. Estocadas por longos períodos, as emulsões apresentam tendência de decantar por sedimentação ou por afloramento. Existem ainda as chamadas emulsões invertidas, nas quais o CAP é a fase contínua e a água, a fase dispersa, com aplicações mais restritas.

Quadro 4.32 *Aplicações das emulsões asfálticas*

TIPO	APLICAÇÃO
RR-1C	Pintura de ligação, tratamentos superficiais, macadame betuminoso
RR-2C	Pintura de ligação, tratamentos superficiais, macadame betuminoso
RM-1C	Pintura de ligação, pré-misturado a frio, areia-asfalto
RM-2C	Pintura de ligação, pré-misturado a frio, areia-asfalto
RL-1C	Pintura de ligação, pré-misturado a frio, areia-asfalto, solo-betume
LA-1C	Lama asfáltica, solo-betume
LA-2C	Lama asfáltica, solo-betume

Especificações para as emulsões asfálticas

Nas Tabelas 4.20 e 4.21 são indicadas as características das emulsões asfálticas e das lamas asfálticas fabricadas no Brasil, tendo em vista as exigências das especificações do Conselho Nacional do Petróleo (1988). Existem também especificações do CNP para os agentes de reciclagem emulsionados que não estão apresentados neste texto.

Caracterização tecnológica das emulsões asfálticas

No Quadro 4.33 são relacionados os ensaios típicos para a definição das características físicas das emulsões asfálticas. Recorda-se aqui que os ensaios normalmente elaborados para os CAPs, como penetração, ductilidade e solubilidade, são aplicáveis ao resíduo dos asfaltos diluídos, que devem ser obtidos em quantidade suficiente para a realização desses procedimentos.

4.4.9 Emulsões asfálticas modificadas com polímeros

O emprego de lamas asfálticas a frio, particularmente no Brasil, deixou de ser comum, progressivamente, a partir da década de 1980, como tratamento superficial delgado de rejuvenescimento e preventivo para pavimentos asfálticos.

Como maior limitante ao uso do material, ter-se-ia o fato de os glóbulos de asfalto que se aderem aos agregados após ruptura da emulsão não apresentarem grande coesão, o que gerava uma vida média de serviço deste tipo de tratamento de cerca de dois anos (DNER, 1998).

Tendo em vista que os polímeros melhoram a coesão do CAP aos agregados, passaram então tais materiais a ser empregados na modificação de asfaltos emulsionados com vista à obtenção de resultados mais duráveis para os tratamentos superficiais delgados. Essencialmente, os CAPs modificados com SBS são empregados para a preparação de emulsões asfálticas modificadas, tendo atualmente um amplo campo de aplicações em termos de tratamentos superficiais preventivos para a manutenção de revestimentos asfálticos, com destaque na atualidade para os microconcretos asfálticos a frio.

Tabela 4.20 *Especificações para emulsões asfálticas catiônicas*

Características	Un.	Método ABNT (NBR)	Tipo de Ruptura da Emulsão				
			Rápida		Média		Lenta
			RR-1C	RR-2C	RM-1C	RM-2C	RL-1C
Ensaios sobre a emulsão							
Viscosidade Saybolt-Furol a 50°C	s	14.491	20–90	100–400	20–200	100–400	Máx. 70
Sedimentação (peso máximo)	%	6.570	5	5	5	5	5
Peneiração (#20), peso máximo	%	14.393	0,1	0,1	0,1	0,1	0,1
Resistência à água, porcentagem mínima de coberturas: agregado seco agregado úmido	% %	6.300	80 80	80 80	60 80	60 80	60 80
Mistura Com cimento, máxima Com fíler calcário, máxima	% %	6.297 6.302	X X	X X	X X	X X	2,0 1,2–2,0
Carga de partícula	—	6.567	positiva	positiva	positiva	positiva	positiva
pH máximo	—	6.299	X	X	X	X	6,5
Destilação Solvente destilado, porcentagem em volume Resíduo mínimo, porcentagem em peso	— —	6.568	0–3 62	0–3 67	0–12 62	0–12 65	Nula 60
Desemulsibilidade Peso mínimo Peso máximo	% %	6.569	50 X	50 X	X 50	X 50	X X
Ensaios sobre o solvente destilado							
Destilação, 95% destilados, temperatura máxima	°C	9.619	X	X	360	360	X
Ensaios sobre o resíduo (CAP)							
Penetração	0,1 mm	6.576	50–250	50–250	50–250	50–250	50–250
Teor de asfalto, peso mínimo	%	34:000.01–006	97	97	97	97	97
Ductilidade (mínima)	cm	6.293	40	40	40	40	40

Fonte: CNP, 1988.

Tabela 4.21 Especificações das emulsões para lamas asfálticas

Características	Un.	Método ABNT (NBR)	Tipo de lama asfáltica		
			Catiônica		Especial
			LA-1C	LA-2C	LA-E
Ensaios sobre a emulsão					
Viscosidade Saybolt-Furol a 50°C	s	14.491	100	100	100
Sedimentação, 5 dias, por diferença (peso máximo)	%	6.570	5	5	5
Peneiração (#20), peso máximo	%	14.393	0,1	0,1	0,1
Mistura					
Com cimento, máxima	%	6.297	2	X	2
Com fíler calcário, máxima	%	6.302	1, 2–2, 0	1, 2–2, 0	1, 2–2, 0
Carga de partícula		6.567	positiva	positiva	X
Destilação		6.568			
Solvente destilado, porcentagem em volume			0	0	0
Resíduo mínimo, porcentagem em peso			58	58	58
Ensaios sobre o resíduo					
Penetração	0,1 mm	6.576	50–150	50-150	50–150
Teor de asfalto, peso mínimo	%	34:000.01-006	97	97	97
Ductilidade (mínima)	cm	6.293	40	40	40

Fonte: CNP, 1988.

Quadro 4.33 Ensaios tradicionais para caracterização das emulsões asfálticas

Ensaio	Descrição	Norma
Viscosidade Saybolt-Furol	Idêntico ao ensaio adotado para os asfaltos diluídos	NBR 14491 (2000)
Sedimentação	Com uso de uma proveta, a emulsão é colocada em repouso por um período de 5 dias. Ao final do período, são medidas as porcentagens de resíduos existentes no fundo e no topo da proveta, sendo a diferença entre ambas o resultado procurado. Este ensaio define a tendência apresentada pelos glóbulos de asfalto de sedimentarem durante períodos de estocagem das emulsões em tanques estáticos	NBR 06570 (2005)
Destilação	Realizado para a definição das proporções de água e de resíduo asfáltico no material. O procedimento é análogo ao adotado para o caso dos asfaltos diluídos	NBR 06568 (2005)
Peneiramento	Consiste no peneiramento da amostra de emulsão asfáltica pela peneira de abertura 0,8 mm (número 20), que posteriormente é lavada em solução diluída de oleato sódico em água destilada. A peneira é levada em estufa para a determinação da porcentagem de asfalto retido. O ensaio presta-se à determinação da presença de glóbulos de asfalto relativamente grandes na emulsão, que eventualmente prejudicariam a formação de película delgada e uniforme sobre os agregados, glóbulos que eventualmente não são detectados no ensaio de sedimentação	DNER-ME 005/94 NBR 14393

Quadro 4.33 *Ensaios tradicionais para caracterização das emulsões asfálticas (continuação)*

Ensaio	Descrição	Norma
Ruptura da emulsão	As emulsões de cura lenta não são geralmente afetadas pela mistura com soluções de cloreto de cálcio. Neste caso, o ensaio de ruptura é então realizado por meio de mistura da emulsão com cimento Portland (quando é definida a porcentagem rompida da emulsão) ou com fíler silícico (determinando-se a quantidade relativa em peso de fíler necessária para a completa ruptura da emulsão, definindo-se então um índice de ruptura)	NBR 06297 (2003)
Desemulsibilidade	Consiste em misturar uma solução de cloreto de cálcio diluído em água com a emulsão asfáltica, peneirando-se posteriormente a mistura para a determinação da quantidade de asfalto que se separou da emulsão, resultado da coagulação ou floculação dos glóbulos de asfalto. Este teste é realizado para emulsões de cura rápida e média, fornecendo uma indicação da velocidade com que os glóbulos irão unir-se quando da aplicação da emulsão em campo (velocidade de ruptura)	NBR 06569 (2000)
Carga da partícula	O ensaio consiste em se colocar uma dada quantidade de emulsão em recipiente, onde serão mergulhadas placas (cátodo e ânodo). Uma corrente elétrica atravessa a emulsão, causando a deposição de glóbulos sobre uma das placas, sendo então definido se as partículas da emulsão são carregadas positivamente (catiônicas) ou negativamente (aniônicas)	NBR 06567 (2005)
Densidade	Método idêntico àquele adotado para os cimentos asfálticos de petróleo	NBR 06296 (2004)

A técnica mais comum de fabricação das emulsões asfálticas modificadas com polímeros é a preparação prévia de emulsão do látex (tipo SBR) com agentes emulsificantes, para posterior fabricação da emulsão com a fase aquosa resultante do processo anterior. Uma outra possibilidade é a fabricação prévia do CAP modificado com SBS (elastômero termoplástico), para posterior emulsificação. O percentual de polímeros sobre o ligante (CAP) gira em torno de 1% a 4% em geral. A presença do polímero aumenta o ponto de ruptura Fraas a baixas temperaturas, além de aumentar a viscosidade e o ponto de amolecimento.

Uma emulsão com polímeros é aplicada, em média, a 70°C, sendo chave do processo a viscosidade desse material, pois o escorrimento da emulsão deve ser evitado durante a aplicação; sua desemulsibilidade é também importante em termos de liberação ao tráfego da pista. Evidentemente, materiais elaborados com emulsões modificadas por polímeros apresentam também melhora na recuperação elástica.

4.4.10 Recomendações gerais para o uso de materiais asfálticos em obras

Existem algumas recomendações básicas relativas à utilização dos materiais asfálticos, preconizadas pelo Instituto Brasileiro de Petróleo (IBP, 1990), que são recordadas na sequência, devendo ser também objeto de fiscalização e controle por parte dos usuários destes materiais, tendo em vista questões de garantia de qualidade e de segurança.

Durante o transporte de CAP em caminhões-tanque, quando aquecido por meio de maçaricos, o material deverá estar em circulação para que o calor seja distribuído de maneira uniforme. Os tanques de estocagem deverão estar perfeitamente limpos e secos para o depósito do material asfáltico.

O aquecimento de tanques de estocagem de cimentos asfálticos de petróleo ou de asfaltos diluídos deve ser realizado preferencialmente por meio de vapor d'água ou de serpentinas instaladas dentro dos tanques, por onde circulará óleo aquecido, evitando-se o aquecimento por chama direta. Cuidados especiais de aquecimento devem ser tomados com os asfaltos diluídos, por apresentarem baixo ponto de fulgor.

Quanto às emulsões asfálticas, no Quadro 4.34 são indicadas inúmeras recomendações quanto às temperaturas, transporte, estocagem e manuseio dos materiais. Depois de diluídas em água, para execução de serviços de pintura de ligação, as emulsões não deverão ser estocadas. Portanto, a quantidade de diluição da emulsão em água deverá ser programada tendo em vista as necessidades específicas dos serviços.

Quadro 4.34 *Recomendações quanto às emulsões asfálticas*

Tipo de Emulsão	Temperatura	Transporte	Estocagem	Manuseio
Ruptura rápida	Nunca aquecer acima de 70°C	Utilizar as carretas limpas e secas e a carga plena	Os tanques deverão estar perfeitamente limpos e secos	Recirculação do material em caso de estocagem por mais de 30 dias
Ruptura média	Para PMF denso, viscosidade entre 100 e 400 SSF; para PMF aberto, entre 50 e 200	Utilizar as carretas limpas e secas	Os tanques deverão estar perfeitamente limpos e secos	Recirculação do material em caso de estocagem por mais de 30 dias
Ruptura lenta	Temperatura ambiente não superior a 40°C e não inferior a 10°C	Utilizar as carretas limpas e secas	Os tanques deverão estar perfeitamente limpos e secos	Recirculação do material em caso de estocagem por mais de 30 dias
Lama asfáltica	Não aquecer para não ocorrer ruptura, pois a viscosidade é muito baixa	Utilizar as carretas limpas e secas e a carga plena, e evitar agitação	Idem, com sistema de isolamento térmico ou aquecimento mínimo em climas frios	Bastante facilitado em função da baixa viscosidade do material

Obviamente, emulsões de ruptura lenta não deverão ser utilizadas em situações de necessidade de rápida liberação do tráfego. As emulsões para lama asfáltica não deverão ser empregadas sob condições climáticas que deem indícios de possibilidade de precipitação atmosférica.

Quanto aos ensaios tecnológicos, Samara (1990) aponta para o fato de ser desnecessário o controle de viscosidade da emulsão, uma vez que, diluída em água, sua viscosidade será igual à da água. Igualmente, o ensaio de peneira seria dispensável para o caso de aplicação das emulsões em misturas usinadas, nas quais será garantida a homogeneização mecânica do material.

4.5 Ligantes Hidráulicos: Castelos de Cristais Hidratados

Em um sentido mais amplo, os aglomerantes hidráulicos já eram conhecidos da humanidade há dezenas de séculos. Já mencionamos nesta obra que os romanos, não apenas para a construção de vias pavimentadas, mas também para a construção de edificações, fortificações, cisternas e sistemas de drenagem urbana, já empregavam a mistura de solos com as pozolanas naturais da região de Nápoles e adições de cal. Outras civilizações, antes mesmo dos romanos, tinham conhecimento das propriedades aglomerantes de determinados materiais.

A primeira patente sobre tal material foi então requerida por Joseph Aspdin, em 1824, quando conseguiu um material pulverulento com alto poder de reação hidráulica de cimentação, obtido por meio de moagem fina em meio aquoso de tijolos cerâmicos e de calcário duro previamente queimados, obtendo uma lama bastante fina. Em 1850, Johnson já obtinha um produto aglomerante hidráulico resultante da queima (a 1.450°C) e moagem de mistura constituída por 80% de calcário e 20% de argila (Figura 4.23). A denominação Portland se referia à localidade na qual as rochas calcárias eram então extraídas.

Fig. 4.23 *Jazida de calcário (esq.), depósito de clínquer (centro) e moinho de fábrica de cimento (dir.)*

Por cimento Portland, modernamente, define-se: "Material pulverulento, constituído de silicatos e aluminatos de cálcio, praticamente sem cal livre [...] [que] ao ser misturado com água hidrata-se e produz o endurecimento da pasta, que pode oferecer grande resistência mecânica" (Petrucci, 1971).

Os ligantes hidráulicos utilizados para a confecção de concretos e para a estabilização de solos não se restringem aos cimentos Portland. São ainda hoje aplicáveis os ligantes pozolânicos ativados por cal, bem como o cimento Portland com adições como as pozolanas naturais, as cinzas volantes, as escórias granuladas e, ainda, a sílica ativa e o metacaulim; além disso, a própria cal é um aglomerante. Cada tipo de cimento apresenta características próprias em função da proporção de silicatos de cálcio, aluminatos de cálcio e de ferroaluminatos de cálcio, seus principais componentes (Haberli e Wilk, 1990).

Os ligantes hidráulicos, em engenharia civil, são entendidos genericamente como: "material pulverulento mineral finamente moído que, por meio de adição de água, forma uma pasta que após determinado tempo, solidificando-se, permite sua ligação com outros materiais, e tal processo pode ocorrer mesmo em meio aquoso" (Haberli e Wilk, 1990).

4.5.1 Os tipos de aglomerantes ou cimentantes hidráulicos

Vários são os tipos de cimento fabricados em tempos modernos, sendo aqui apresentados os principais (com emprego passível em pavimentação), a partir de tipificação geral proposta por Lea (1971). São eles: as cales, os cimentos naturais, os cimentos Portland, os cimentos aluminosos, os cimentos siderúrgicos e as pozolanas.

Cal

Matéria-prima rica em carbonato de cálcio (como mármores, calcários muito brandos, detritos de organismos marinhos) que, quando queimada promove a dita calcinação dos carbonatos de cálcio, produzindo o óxido de cálcio, conhecido por cal, conforme a transformação:

$$CaCO_3 \rightarrow CaO + CO_2$$

A cal virgem é obtida da queima de calcários de elevadíssima pureza (> 95% de óxidos de cálcio), os quais, quando misturados à água, são rapidamente consumidos, liberando muito calor. O endurecimento ocorre pela absorção de dióxido de carbono presente na atmosfera, formando os carbonatos de cálcio de maneira lenta; porém, tais reações não ocorrem sob a água.

Já a cal hidráulica é resultante da queima do calcário com uma dada (e pequena) quantidade de argila, a 1.000 - 1.200°C, resultando em grande quantidade de silicatos na forma $2CaO.SiO_2$, além de outros silicatos e ferroaluminatos em quantidades bem reduzidas. Tais silicatos conferem poder hidráulico à cal, permitindo o endurecimento do material mesmo sob a água.

Cimentos naturais

São materiais disponíveis na natureza formados por calcinação de uma dada matéria-prima original (em geral, rochas) composta de substâncias calcárias e argilosas.

Cimento Portland (CP)

Como já se definiu, é uma mistura de materiais calcários e argilosos, ou ainda mais um outro tipo de sílica, alumina ou óxido de ferro, que são queimados a uma temperatura até "estalarem", sendo posteriormente moídos, gerando o clínquer. Os cimentos Portland, que apresentam coloração cinza como consequência da presença de óxidos de ferro entre os compostos, são ainda passíveis de subtipificações, em função de alterações químicas em sua composição, como se apresenta na sequência.

Cimento de endurecimento rápido ou de alta resistência inicial (CP-ARI)

É o CP mais finamente moído e levemente alterado em sua composição. Embora o tempo de início de pega seja semelhante ao do CP comum, seu endurecimento após a pega é muito veloz. Os cimentos de Alta Resistência Inicial (ARI) são geralmente obtidos por meio de uma moagem muito mais enérgica do clínquer, o que resulta no aumento da finura (da superfície específica) dos grãos de cimento, proporcionando uma aceleração das reações químicas de hidratação em presença de água.

Cimento de pega rápida

É um cimento com alterações em suas propriedades químicas tal que o tempo de início de pega, após mistura com água, é muito curto, às vezes quase instantâneo.

Cimento de baixo calor de hidratação

Neste caso, o CP é alterado quimicamente, apresentando um processo de endurecimento mais lento e liberando pouco calor de hidratação em comparação ao CP comum. Em geral, as escórias granuladas de alto-forno moídas proporcionam baixo calor de hidratação.

Cimento resistente a sulfato

É o cimento quimicamente modificado em relação ao CP, de maneira a possuir e gerar compostos, após sua hidratação, altamente resistentes em meios com forte presença de sulfatos (como ambientes marinhos e lacustres). Durante o processo de moagem do CP, é possível o emprego de adições de materiais que também apresentem propriedades hidráulicas (ligantes) e que modificarão o produto final quanto a uma característica da pasta de cimento endurecida (porosidade, ganho de resistência etc.). Tais adições são realizadas no moinho, sendo acrescentadas, por exemplo, as escórias granuladas (resultando no cimento de alto-forno) ou as cinzas volantes (resultando nos cimentos pozolânicos).

Cimento aluminoso

Neste caso, o cimento é fabricado com adição de bauxita, sendo o aquecimento levado até a fundição; posteriormente, o material resfriado é finamente moído. Tal tipo de cimento apresenta coloração negra, com tempo de início de pega semelhante ao do CP. Por sua taxa de endurecimento extremamente rápida, o que permite que alcance sua resistência final no decorrer de algumas horas (em geral, menos de 24 h), este material é muito empregado para a execução de reparos em pavimentos que operacionalmente apresentam complexidades nos serviços de manutenção, como aeroportos.

Cimentos com escória granulada (cimento siderúrgico)

As escórias granuladas de alto-forno apresentam, após moagem, poder aglomerante. Na fabricação de cimentos, elas podem ser empregadas misturadas com o clínquer (em até 70% da proporção da mistura; valores próximos a 100% retratam um tipo de cimento que não tem matiz do cimento Portland, sendo assim um cimento de escória, que possui composição química bastante similar às pozolanas, também denominado cimento siderúrgico), com posterior moagem. O cimento resultante da mistura é denominado cimento de alto-forno (CP-AF). Cimentos com elevada quantidade de escória, embora possam atingir resistências finais semelhantes ao CP comum, apresentam ganho de resistência mais lento, o que inviabiliza uma imediata liberação de uma camada de pavimento, ao menos para o tráfego de obras, antes de algumas semanas.

Pozolanas e cimentos pozolânicos

Pozolana é denominação atribuída a um material muito fino que, na presença de cal e de água, produz componentes aglomerantes à temperatura ambiente. Como já se reportou, foi muito empregado pelos romanos em suas construções. As pozolanas naturais são de origem vulcânica, e são também obtidas de modo artificial durante a queima de determinadas argilas, lateritas e terras diatomáceas. A forma mais comum de obtenção de pozolanas artificiais é por meio do resíduo da queima de carvão (como no caso de inúmeras usinas termelétricas no sul do Brasil), da qual se obtém a pozolana denominada "cinza volante", por via seca ou úmida. Os cimentos pozolânicos são fabricados por meio da moagem de clínquer de CP, com adição de um tipo específico de pozolana.

4.5.2 Processo de fabricação do cimento Portland

O princípio básico de fabricação de um cimento consiste na homogeneização e moagem de calcário e argila (solo), que produz um material farináceo (a "farinha", de coloração branca) com diâmetro de cerca de 50 μm, sendo ainda adicionadas frações de gipsita que terão controle sobre o tempo de pega do cimento. Tal material é levado à queima em temperatura de 1.450°C, resultando no clínquer, um material granular de cor acinzentada; a posterior moagem de maneira enérgica deste clínquer resulta no cimento Portland. Na Figura 4.24, é apresentado esquematicamente seu processo de fabricação.

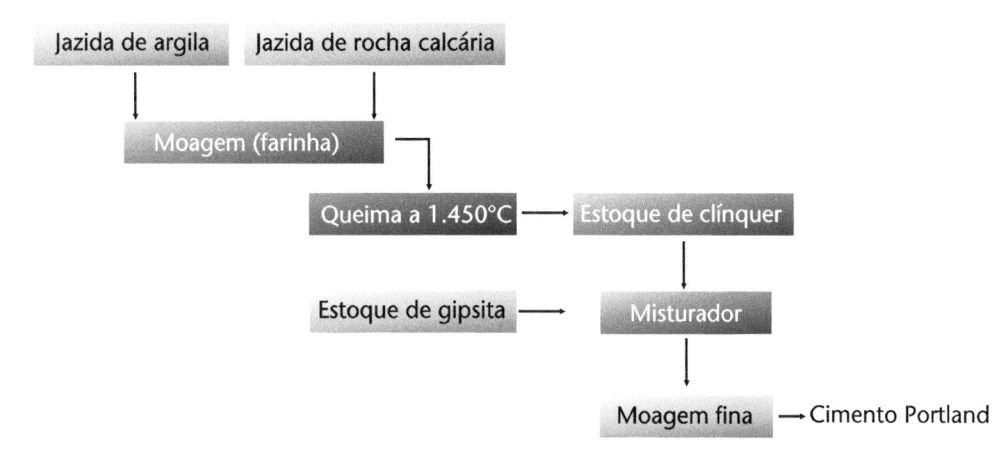

Fig. 4.24 *Esquema simplificado do processo de fabricação do CP*

4.5.3 Compostos presentes na fabricação dos cimentos

Os cimentos Portland são compostos, durante sua fabricação, por cal, sílica, alumina e óxido de ferro, além de outros compostos presentes em

Quadro 4.35 *Simbologia simplificada dos compostos do cimento*

Composto	Fórmula	Simbologia
Cal	CaO	C
Sílica	SiO_2	S
Alumina	Al_2O_3	A
Óxido de ferro	Fe_2O_3	F
Magnésia	MgO	—
Álcalis	Na_2O ou K_2O	—
Sulfatos	SO_3	—

pequenas proporções, sendo que as proporções destes insumos variam em função do tipo de cimento. Para os engenheiros civis, é comum a prática de emprego de simbologia simplificada dos compostos dos cimentos, conforme exposto no Quadro 4.35.

A cal ou óxido de cálcio, como já mencionado, é derivada do carbonato de cálcio; trata-se de substância amorfa, friável e de coloração branca. A sílica ou dióxido de silício está presente nas argilas e nas lateritas empregadas na fabricação do cimento, sendo o principal componente das pozolanas, o que confere aos cimentos pozolânicos reações e resultados semelhantes (sob alguns aspectos) ao emprego de sílicas ativas. Após a combinação da sílica com a água, emergem os chamados géis de silício, responsáveis por grande parte da resistência dos cimentos hidratados.

A alumina (ou óxido de alumínio) apresenta-se na forma de compostos inorgânicos e de maneira combinada com a sílica. Já os óxidos de ferro ocorrem em pequena quantidade e têm sua origem nas argilas e lateritas; em contrapartida, ocorrem em quantidade elevada no caso de cimentos aluminosos fabricados com bauxita.

O óxido de magnésio ou magnésia também está presente em pequenas quantidades, sendo derivado do carbonato de magnésio da rocha calcária (dolomita), bem como, ainda em proporções reduzidas, das argilas empregadas na fabricação do cimento.

4.5.4 Compostos resultantes da hidratação dos cimentos

Após a mistura do cimento com a água, uma série de reações em cadeia e complexas se desenvolve em meio a uma solução saturada, dando início à transformação dos compostos do cimento em novos compostos hidratados e posteriormente anidros, que passamos a descrever. Os principais compostos anidros são indicados no Quadro 4.36. Os silicatos de cálcio (C_2S e C_3S) são formados em meio ao aquecimento conjunto de sílica e cal. Durante a hidratação, são principalmente formados os metassilicatos ($CaO.SiO_2$), com os quais a água praticamente não reage; os ortossilicatos ($2CaO.SiO_2$), sempre presentes nos cimentos e escórias; e ainda o silicato tricálcico ($3CaO.SiO_2$), principal produto aglomerante encontrado nos CP.

Quadro 4.36 *Componentes do cimento Portland*

Composto	Fórmula	Simbologia
Silicato tricálcico	$3CaO. SiO_2$	C_3S
Silicato dicálcico	$2CaO. SiO_2$	C_2S
Aluminato tricálcico	$3CaO. Al_2O_3$	C_3A
Ferroaluminato tetracálcico	$4CaO. Al_2O_3.Fe_2O_3$	C_4AF

4.5.5 Propriedades dos compostos hidratados de cimentos

Os compostos do cimento, ao entrarem em contato com a água para a formação de pastas, argamassas ou concretos (além de outros materiais de pavimentação, como os solos finos ou granulares estabilizados com cimento), desenvolvem as reações químicas de hidratação que ocasionarão o endurecimento da mistura. Na Figura 4.25 são indicados, esquematicamente, os ganhos de resistência ao longo do tempo de hidratação do cimento por parte de cada um dos principais compostos químicos formados, o que permite a inferência de alguns pontos importantes.

Note-se que o C_3S adquire resistência elevada e o ganho é muito rápido comparado ao C_2S; portanto, afetando menos o ganho de resistência do material após 28 dias, sendo seu ganho de resistência pequeno, tendendo à estabilidade. Contrariamente, o C_2S não apresenta ganho de resistência acelerado em idades mais jovens; no entanto, apresenta ganho significativo em idades superiores a um ano de hidratação. Dessa forma, um cimento com grande quantidade de C_3S passaria a se hidratar como um cimento de alta resistência inicial; contudo, resultaria uma grande presença de cal livre no material produzido.

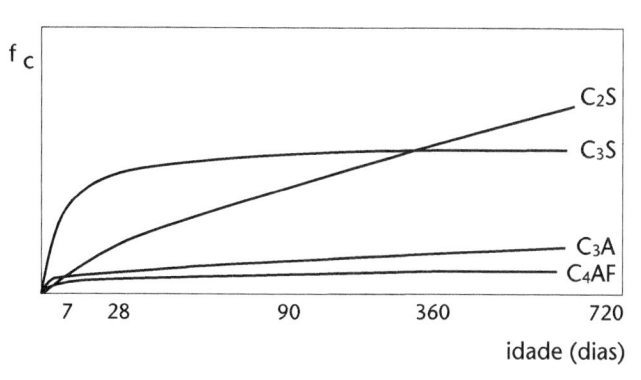

Fig. 4.25 *Ganhos de resistência dos compostos dos cimentos durante hidratação*
Fonte: adaptado de Lea, 1971.

O C_3A e o C_4AF são compostos que apresentam rápido ganho de resistência em idades muito jovens, porém estáveis após tais resultados, sendo que suas reações são aquelas que menos influenciam o ganho de resistência dos materiais, após este período inicial de hidratação. Um cimento com grande quantidade de C_3A (cimentos aluminosos) seria um cimento de resistências iniciais elevadíssimas; apresentaria, no entanto, elevado custo de fabricação, dadas as proporções relativas deste componente, resultantes da queima e moagem do clínquer, o que gera a necessidade de emprego de outras fontes ricas em óxidos de alumínio.

No Quadro 4.37 são apresentadas algumas características dos componentes dos cimentos durante as reações de hidratação, o que permite inferir que os componentes C_3S e C_3A estariam muito relacionados aos processos de retração nas misturas cimentadas e nos concretos. A identificação de proporções de um cimento pode ser realizada por exame de difração de raios X, o que permite a contagem de cristais de cimento de diferentes tipos. Os C_3S formam cristais laminados e os C_2S, cristais arredondados, por exemplo.

Os controles básicos sobre o produto fabricado são: o tempo de início e fim de pega (com agulha de Vicat), o inchamento ou estabilidade de volume da pasta (com agulha de Le Chatellier) e ensaios de resistência da pasta ou argamassa preparada com areia e relação água/cimento (a/c) padronizadas. São corriqueiros outros ensaios na fonte de produção, tais como perda ao fogo, presença de partículas insolúveis, proporções de trióxido de enxofre e de óxido de magnésio, densidade e superfície Blaine. As principais características dos compostos hidratados do cimento são descritas no Quadro 4.38.

Quadro 4.37 *Propriedades dos compostos do cimento*

PROPRIEDADE	C_3S	C_2S	C_3A	C_4AF
Resistência	Boa	Boa	Fraca	Fraca
Intensidade de reação	Média	Lenta	Rápida	Rápida
Calor desenvolvido	Médio	Baixo	Alto	Baixo

Quadro 4.38 *Características dos compostos hidratados do cimento*

C_3S	C_2S	C_3A	C_4AF
É a essência do CP Define o início da pega Exige mais água para maior trabalhabilidade	Não possui tempo de pega bem definido Garante ganho de resistência a idades elevadas	Pega quase instantânea Causa grande aumento de calor na hidratação Endurece em presença de umidade do ar Pega retardada com adição de gesso	Hidratação rápida Pega rápida porém mais lenta que a do C_3A Causa aumento de calor não tão elevado quanto o do C_3A de gesso

4.5.6 Hidratação do cimento Portland

Após mistura do CP com água, seus compostos são atacados e decompostos, formando soluções supersaturadas e instáveis, que vão paulatinamente se estabilizando à medida que, pouco a pouco, compostos sólidos vão sendo depositados. A taxa com a qual a hidratação procede é determinada pela natureza química dos compostos. A hidratação do cimento se dá de fora para dentro dos grãos de cimento, e os cristais, ao se nuclearem, vão estabelecendo pontes de ligação muito fortes entre os agregados presentes na mistura cimentada ou concreto. Além disso, os próprios cristais vão se interpenetrando, aumentando a resistência do material em seu todo. Esse processo progressivamente gera o encastelamento de cristais hidratados.

Na presença de sais como o NaCl e o $CaCl_2$, entre outros, ocorrem reduções nas reações de hidratação dos compostos do cimento. A hidratação do C_3S resulta na deposição de cal na forma de hidróxido de cálcio, conforme a reação:

$$2(3CaO.SiO_2) + 6H_2O \rightarrow 3Ca(OH)_2 + 3CaO.2SiO_2.3H_2O$$

Ocorre também a formação dos silicatos hidratados de cálcio, como se depreende da equação acima, representado por C-S-H (silicatos de cálcio hidratados), compostos de cristais em forma de agulha e de elevada cristalinidade, muito estáveis, grandes responsáveis pela resistência do material cimentado que resultarão, após o ganho de equilíbrio da solução, por remoção da cal, em sílica hidratada. Neste caso, a velocidade das reações é rápida.

No entanto, tais compostos também liberam grande quantidade de cal hidratada, que se torna expansiva a longo prazo; o uso de adições como as cinzas volantes (pozolanas artificiais), na moagem dos cimentos, presta-se ao controle da cal hidratada, uma vez que a pozolana apresenta reação cimentante em combinação com esta cal livre. As sílicas ativas fazem papel semelhante ao consumir cal livre, gerando, em qualquer dos casos, um material menos permeável, de elevada durabilidade e menos suscetível a agentes agressivos.

EFEITOS DA FINURA DO LIGANTE HIDRÁULICO

A hidratação inicia-se na superfície das partículas de cimento. Quanto mais finas as partículas de cimento, mais sua superfície específica aumenta, fazendo com que a hidratação seja muito mais veloz, como no caso do cimento ARI.

Em um quilograma de cimento Portland tem-se cerca de 7×10^9 partículas de cimento, que seriam equivalentes a uma área de 350 m² (350 m²/kg). Quanto mais fino, mais esta área é aumentada. A densidade do cimento Portland é de cerca de 31,50 kN/m³.

Com o aumento do calor de hidratação, a atuação de mecanismos de retração torna-se mais intensa, exigindo maior esforço no controle de concretos e materiais estabilizados em pista durante o período de cura.

Os sulfatos presentes no gesso conseguem penetrar na estrutura do gel de C-S-H formado ao longo da hidratação de C_2S e de C_3S, neste caso alterando a morfologia dos cristais. Os sulfatos de cálcio di-hidratados ($CaSO_4.2H_2O$), também precipitados durante as reações, são solúveis em água, como os hidróxidos de cálcio.

A velocidade da reação do C_2S, descrita pela equação abaixo, é lenta, resultando em C-S-H estável e com muito menor liberação de cal na forma de hidróxido de cálcio, o que é favorável para o material a longo prazo. Os géis de C-S-H são idênticos àqueles oriundos da hidratação do C_3S.

$$2(2CaO.SiO_2) + 4H_2O \rightarrow Ca(OH)_2 + 3CaO.2SiO_2.3H_2O$$

O C_3A reage muito rapidamente, como já assinalado, resultando na formação de cristais com forma de placas que vão se encastelando uns sobre os outros, a partir de um centro de nucleação de cristais. Tais cristais se desenvolvem muito rapidamente (em minutos) e vão aumentando de dimensões no decorrer da hidratação do composto.

Os componentes hidratados resultantes são o $4CaO.Al_2O_3.19H_2O$ e o $2CaO.Al_2O_3.8H_2O$, chamados de aluminatos hidratados. Neste caso, não ocorre a precipitação de hidróxidos de cálcio nem de hidróxidos de alumínio. O C_3A formará sal de etringita, que se aloja nos poros do concreto, tornando a massa mais compacta.

No caso do C_4AF, os compostos hidratados geram cristais em forma de placas hexagonais e também não ocorre precipitação de hidróxido de cálcio, sendo que, na presença de cal, as reações se tornam mais lentas. Os produtos são também aluminatos hidratados. Na Figura 4.26, é apresentada, esquematicamente, a formação de cristais de hidratação no entorno dos agregados em um concreto.

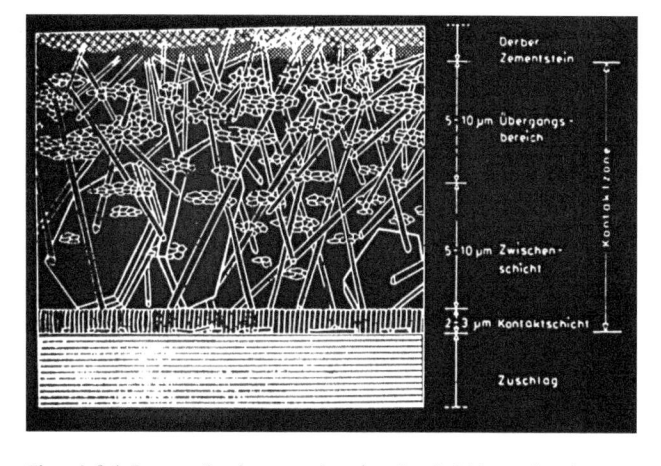

Fig. 4.26 *Formação de camadas de cristais hidratados de cimento*
Fonte: cedido pelo prof. Willy Wilk, 1992.

MECANISMOS DE LIGAÇÃO AOS AGREGADOS

Cimento asfáltico de petróleo $\Rightarrow$ adesão
Ligantes hidráulicos $\Rightarrow$ travamento de cristais desenvolvidos durante a hidratação

4.5.7 Pega e endurecimento do cimento

A *pega* do cimento é o tempo decorrido entre a adição de água ao material e o início das reações de hidratação, sendo que tal fenômeno é evidenciado pelo aumento brusco da viscosidade do concreto (ou da pasta ou argamassa), bem como pela elevação da temperatura no cerne do material em questão. O *fim de pega* é verificado quando, sob a ação de pequenas cargas, a pasta não mais apresenta deformações plásticas, o que não pode ser confundido com o final da fase de endurecimento ou de hidratação, que, em tese, consome anos e anos a fio.

A pega do cimento é afetada pelo teor de C_3A nele, por sua finura (se de alta resistência inicial), pela temperatura da massa (e ambiente), pelas adições presentes no cimento, bem como pela presença de certas substâncias na água ou nos agregados (urina e açúcar são "bons" inibidores de pega, por exemplo).

Temperaturas inferiores a 10°C restringem bastante a liberação de calor na massa, prejudicando a hidratação do cimento. Por outro lado, ventos e calor excessivo, acima de 32°C (muito comuns em obras rodoviárias onde a superfície exposta do concreto ou da mistura cimentada é grande), causam a evaporação da água da massa fresca, prejudicando a hidratação do concreto. Duas teorias tradicionais são empregadas para elucidar os processos de hidratação do cimento, conforme expostas sumariamente a seguir.

Segundo *Le Chatellier*, o *endurecimento* da pasta de cimento é causado pelo engavetamento de cristais formados em solução supersaturada de compostos hidratados. Segundo *Michaelis*, durante a hidratação, formam-se cristais com formas de agulhas e palhetas, em meio a um gel coloidal que os aprisiona, causando o endurecimento da pasta.

O controle externo do processo de hidratação do cimento pode ser realizado por meio da incorporação de aditivos na mistura, sendo que tais aditivos podem alterar ou ressaltar algumas propriedades dos concretos frescos e de materiais cimentados empregados em pavimentação.

4.5.8 Retração dos ligantes hidráulicos

Existem algumas coisas impossíveis de serem revogadas, como é o caso da força de gravidade. Nos ligantes hidráulicos, ocorre uma série de fenômenos que são genericamente descritos por *retração*, que, não podendo ser plenamente evitados, devem ser objeto de controle rigoroso, para a garantia do desempenho de camadas de pavimentos como concretos e solos e agregados estabilizados com cimentos.

O cimento, qualquer que seja ele, ao entrar em contato com a água, já ocasiona uma contração química na massa do concreto, por exemplo, que equivale a uma redução de cerca de 25,5% no volume de água, antes do início da pega. Contudo, a retração é um fenômeno posterior a isso, que possui vários mecanismos, sendo que sua consequência é a formação de fissuras no material, conforme sinteticamente exposto no Quadro 4.39.

4.5.9 Tipos de cimento produzidos no Brasil

São os seguintes os principais tipos de cimento produzidos no território nacional: cimento Portland comum; cimento Portland composto; cimento Portland de alto-forno; cimento Portland pozolânico; cimento Portland de alta resistência inicial; cimento Portland resistente aos sulfatos; cimento Portland de baixo calor de hidratação; cimento Portland branco; mais recentemente foi disponibilizado no mercado o ligante de escória granulada de alto-forno moída, mais direcionado ainda para pavimentação. No Quadro 4.40 são apresentadas as designações e normas empregadas para os cimentos Portland, além de algumas informações básicas sobre determinadas matérias-primas presentes em sua fabricação.

Quadro 4.39 *Resumo dos mecanismos de retração e de procedimentos de controle*

Mecanismo de retração	Descrição	Mecanismo	Consequências	Controle
Plástica	Evaporação da água antes do final da pega	Evaporação de água na parte superior da camada, causando desequilíbrio na mistura	Fissuras de retração na superfície pouco espaçadas e finas	Proteção contra ações climáticas (vento, insolação, baixa umidade) Umedecimento superficial
Autógena	Após início de pega	Redução volumétrica macroscópica de materiais cimentícios, após o início da pega, sem perda de massa	Surgimento de meniscos dentro dos capilares, resultando em tensões de tração	Aumento da relação a/c Aumento do C_2S no cimento
Térmica	Liberação de excessivo calor de hidratação Baixas temperaturas de operação do pavimento	Acelera a perda de água de cristalização	Fissuração na massa	Emprego de cimentos de baixo calor de hidratação Minoração do consumo de cimento
Hidráulica	Secagem forte do material após a pega	Indução de forte contração por secagem na massa, evaporando-se a água de gel ou a água livre	Surgimento de trincas transversais em camadas	Aplicação de juntas de retração Impede a baixa umidade relativa do ar Cura adequada

Quadro 4.40 *Tipos de cimento Portland produzidos no Brasil*

Tipo de Cimento	Adições	Sigla	Norma NBR
Comum	Escória, pozolana ou fíler (até 5%)	CP I-S 32 CP I-S 40	5732
Composto	Escória (6%–34%) Pozolana (6%–14%) Fíler (6%–10%)	CP II-E 32 CP II-E 40 CP II-Z 32 CP II-F 32 CP II-F 40	11578
Alto-forno	Escória (35%–70%)	CP III 32 CP III 40	5735
Pozolânico	Pozonala (15%–50%)	CP IV 32	5736
Alta resistência inicial	Materiais carbonáticos (até 5%)	CP V-ARI	5733
Resistente aos sulfatos	Designados pela sigla RS	CP III-40 RS CP V-ARI RS	5737
Baixo calor de hidratação	Designados pela sigla BC	—	13116
Branco	Estrutural Não estrutural	CPB-32 CPB	12989

4.5.10 Noções sobre ligantes hidráulicos alternativos e adições minerais

Ligante hidráulico de escória de alto-forno granulada e moída

O processo de redução do minério de ferro em ferro em um alto-forno de indústria siderúrgica emprega a adição de calcário ou dolomita com coque para a combustão do material. A *escória de alto-forno* é um subproduto desse processo, que, em estado derretido, absorve muito dos sulfatos da mistura e compreende cerca de 20% da massa de todo o material produzido no alto-forno.

Basicamente, o tipo de escória endurecida no final do processo dependerá da forma como é realizado o resfriamento da escória líquida, que pode ser de maneiras distintas. Uma delas é o lançamento desse verdadeiro "magma" não consolidado em tanques de resfriamento a ar, gerando uma estrutura de depósitos consolidados estratificados e cristalinos, que pode ser posteriormente britada e selecionada como agregado para diversas finalidades, inclusive de construção civil (bases de pavimentos, sobretudo).

Uma outra forma de resfriamento da escória fundida é a adição controlada de vapor d'água, que acelera a solidificação do material, dando ao material resultante uma estrutura mais celular e densidade menor, apresentando muita porosidade, ao contrário da escória resfriada em tanques de sedimentação.

É possível a peletização da escória de alto-forno se esta for resfriada em tambores giratórios com aplicação de água e ar para resfriamento, resultando em pelotas menos cristalinas que no caso anterior, mais vítreas e de maior densidade. Quanto mais rápido o resfriamento, maior a vitrificação e menor a cristalização, o que ocorre mais no caso de resfriamento lento.

A escória granulada de alto-forno resulta da aplicação de jatos de água (rápidos) sobre o material fundido, causando uma enorme vitrificação e quase nenhuma cristalização. Neste caso, as pelotas ou partículas resultam ainda de menor diâmetro (entre 20 mm e algo inferior a 4,8 mm – grão de areia), de textura bem lisa, além de possuir forma arredondada. Cerca de 80% da escória disponível de indústrias siderúrgicas no Brasil é desta natureza. Esta escória granulada é um produto bastante vítreo, não metálico, não cristalino, com presença predominante de silicatos, aluminossilicatos e silicatos de cálcio e alumínio, que resultam em proporções relacionadas a outros ligantes hidráulicos, como o cimento Portland, as pozolanas e as microssílicas.

As escórias granuladas, como se extrai da Tabela 4.22, após moagem, refletem características semelhantes às das pozolanas, que, normalmente, possuem maior quantidade de sílica ativa que o clínquer Portland moído, sendo, portanto, material de alta reatividade hidráulica, tanto que é empregado na fabricação de cimentos chamados de alto-forno e do próprio cimento com adição de escórias.

Tabela 4.22 *Comparação de características químicas e físicas de ligantes hidráulicos*

Características	Cimento Portland	Pozolanas Classe F	Pozolanas Classe C	Escória granulada moída	Microssílica
Percentual SiO_2	21	52	35	35	85 a 97
Percentual Al_2O_3	5	23	18	12	—
Percentual Fe_2O_3	3	11	6	1	—
Percentual CaO	62	5	21	40	< 1
Finura (m^2/kg)	370	420	420	400	15.000 a 30.000
Densidade	3,15	2,38	2,65	2,94	2,22

Fonte: Holland, 2005.

Entre o final do século XIX até meados do século XX, as escórias granuladas moídas foram muito empregadas para a fabricação de cimentos Portland compostos; posteriormente, aos poucos, esse material foi tornando-se disponível como um produto ligante hidráulico à parte, em especial a partir da década de 1980, quando as alcunhas *road binder* ou *ciment routier* passaram a ser empregadas para distinguir o cimento de escória granulada moída dos tradicionais cimentos Portland comuns ou compostos (Lewis, 1981).

Existem, atualmente, diversas aplicações desse tipo de ligante hidráulico; entre elas, o uso em bases estabilizadas para pavimentos, concreto massa (barragens), concretos pré-moldados, blocos de concreto, estruturas de concreto em ambientes muito agressivos etc.

O ligante hidráulico constituído de escória granulada moída pode ser substitutivo em proporção de 100% do cimento Portland em muitas situações, excetuando-se o caso de áreas de concreto expostas às aplicações de sais para a liquefação de gelo (pavimentos em climas temperados), quando se limita seu uso em cerca de 25% do total da composição do cimento (ASTM, 1993; ACI, 1990).

Embora o emprego de consumo elevado de ligante de escória em comparação ao cimento Portland possa representar uma diminuição sensível no ganho de resistência à compressão do concreto, em várias idades, até agora pouco se conhece a respeito da resistência à tração na flexão de concretos confeccionados com tal ligante hidráulico, para finalidades de pavimentação. Por outro lado, propriedades de interesse de concretos para a construção civil como um todo parecem já ter sido bem exploradas no passado, com resultados abertamente favoráveis.

Pozolanas de queima de carvão (usinas termelétricas)

Na produção de energia a partir da queima do carvão pulverizado, o carbono e outras matérias são consumidos, e impurezas como argilominerais, feldspatos e quartzos são carreadas pelos gases de combustão; estes materiais, após resfriamento, solidificam-se como pequenas esferas vítreas, que recebem o nome de "cinza volante". Este material é coletado e apresenta-se como um pó altamente reativo, com aparência de cimento Portland.

As cinzas volantes são silicatos vítreos que contêm sílica, alumínio, ferro e cálcio, além de outros componentes em escala muito menor. As pozolanas podem conter cálcio em menor ou maior quantidade (conforme Tabela 4.22, classificação da ASTM, em pozolanas de Classe F ou C). As pozolanas são adicionadas em até 50% ao cimento Portland para a composição de cimentos pozolânicos; sendo que, no caso das escórias granuladas moídas, apresentam o grande benefício de controlar reações expansivas no concreto ao consumir e fixar substâncias alcalinas.

Microssílicas da fabricação de ferrossilício

A sílica ativa ou microssílica é um subproduto da redução de quartzos de alto grau de pureza na fabricação de silício e ligas de ferrossilício. A sílica é condensada, formando fumaça, e depois coletada, separada e ensacada.

A microssílica possui características altamente hidráulicas, relacionadas a sua finura (0,5 μm, dez vezes inferior ao grão de cimento Portland) e composição química (Tabela 4.22), que é essencialmente a sílica. Sua ação como ligante hidráulico é semelhante à das pozolanas, que consomem cal livre nas misturas, evitando a formação de géis expansivos. Praticamente não apresenta óxidos de cálcio em sua composição. Seu emprego em misturas com cimento restringe-se a pequenas quantidades em relação ao peso de cimento (em torno de 10%), dada a enorme reatividade do material, o que tem implicações em termos de retração nas misturas.

Pozolanas naturais

Existem inúmeros tipos de pozolanas naturais que têm sido empregadas ao longo de milênios pela humanidade. O termo pozolana deriva da região portuária de Pozzuoli, próxima a Nápoles, cujo solo cinzento, resultante da deposição de cinzas de sucessivas explosões do Vesúvio, era explorado e principalmente transportado para Roma, para a construção de aquedutos, edifícios etc., pois sabia-se que a mistura deste material com cal e água causava o endurecimento da mistura, tornando-a apta para aplicações na construção urbana e rural (estradas). A *cinza vulcânica* natural era, assim, um produto muito conhecido na Antiguidade romana.

Atualmente se encontram disponíveis outros tipos de pozolanas, sendo a maioria delas materiais queimados (em fornos) e, posteriormente, finamente moídos. Destacam-se, entre elas, as *argilas calcinadas* e o *metacaulim*, uma argila calcinada com altíssima pureza de argila caulinítica. Tais materiais, pela elevadíssima reatividade, também são empregados em quantidades limitadas em misturas em relação ao peso de cimento (10%).

O emprego dessas adições, especialmente em concretos, gera implicações diversas em suas propriedades frescas (trabalhabilidade, segregação, exsudação, ar aprisionado, tempo de pega, calor de hidratação etc.) e endurecidas (retração, resistência e módulo de elasticidade, em especial), que devem ser devidamente avaliadas na concepção dos projetos de pavimentação. Um dos fatores que mais diferenciam estes materiais pozolânicos em relação ao cimento Portland é sua reatividade, também relacionada a sua finura, que é muito menor (Figura 4.27).

Fig. 4.27 *Comparação entre a finura de cimento Portland comum e a microssílica*
Fonte: Holland, 2005.

Materiais Preparados para Pavimentação

5.1 Camadas Granulares e de Solos Estabilizados Granulometricamente

As camadas com materiais que não empregam estabilização com ligante hidráulico ou asfáltico são camadas que recebem estabilização puramente mecânica por efeito de compressão e adensamento dos materiais constituintes; além disso, quando bem graduadas, dizemos que são estabilizadas granulometricamente. Camadas desse tipo, compostas por granulares (agregados), por solos ou, ainda, por mistura de ambos, ocorrem em bases, sub-bases e, eventualmente, em reforços de subleitos de pavimentos.

Além disso, o emprego de granulares pode ocorrer em revestimentos primários, ou seja, revestimentos compostos por agregados compactados (e cravados) sobre o leito de via em terra, porém não existindo, para tanto, especificações restritivas, quer sejam granulométricas, quer sejam de controle tecnológico. Neste item são apresentados os principais materiais ou misturas para camadas abaixo do revestimento (BC, BGS, MH, MS, SAFL, SAL, SLC, SS, SB) e dos revestimentos rochosos poliédricos (paralelepípedos).

Algumas definições devem ser recordadas neste momento, em especial no que diz respeito às pedras britadas empregadas em diversos tipos de camadas de pavimentos. As pedras britadas (ou simplesmente britas) são materiais resultantes da trituração ou moagem de rochas. As pedras britadas, desde longa data, têm sido utilizadas como material de base ou sub-base de pavimentos, misturadas com solos ou não, flexíveis ou rígidas, dadas as suas características de resistência, de estabilidade, de não suscetibilidade à água. Sua importância na história recente da pavimentação viária é notável, visto que até serviu de padrão para a definição da capacidade de suporte de solos quando da concepção do primeiro tipo de ensaio para esta finalidade (ensaio do CBR).

Um dos grandes fatores que determinam o sucesso no emprego das pedras britadas é a correta compactação do material, o que lhe confere grande resistência aos esforços verticais gerados na estrutura de pavimentos pela ação das cargas. Esta resistência é a resistência ao cisalhamento proporcionada pelo entrosamento entre as partículas do agregado, que melhora à medida que o esforço de compactação aumenta.

5.1.1 Bica Corrida (BC)

Definições

A bica corrida é um material britado que não passou por processo de classificação, ou seja, após sua retirada do britador secundário, não é encaminhado para peneiramento e separação de frações britadas, sendo transportado diretamente para estocagem ou para aplicação imediata em pista. Dessa maneira, não se tratando de material composto por várias frações granulométricas, em geral é mal graduado, não possuindo uma especificação para controle granulométrico (Figura 5.1).

Conforme a natureza da rocha (mais ou menos branda), os diâmetros de produtos de britagem variam apreciavelmente, e as bicas corridas produzidas com rochas de origens diferentes resultam em distribuições granulométricas bastante variáveis.

As BCs são empregadas normalmente em bases ou sub-bases de pavimentos, em geral de vias com tráfego médio a baixo, a preços inferiores ao de uma BGS, por exemplo, pois sua produção não envolve custos de classificação e de mistura do material britado. Normalmente são empregadas em camadas de 100 mm a 150 mm de espessura.

Fig. 5.1 *Má graduação de uma bica corrida*

Método de dosagem

Em termos de controle do material, embora não normalizado, é fundamental que a BC, após compactação, proporcione a resistência desejada para a camada em que é empregada, que poderia ser aferida pelo ensaio do CBR, o que pode ser realizado com ensaio *in situ*.

Método de execução

As etapas que envolvem a execução da camada de BC são:

1. Transporte do material até o local de aplicação (pista).
2. Espalhamento e umedecimento do material: o espalhamento pode ser realizado com auxílio de motoniveladora ou empregando-se distribuidor de agregados; o espargimento de água é realizado com caminhão-pipa. Grade de disco pode ser empregada na homogeneização da mistura em pista.
3. Compactação da BC (energia modificada) com auxílio de rolo de pneus com 2,5 t por roda e pressão regulável (até 0,7 MPa), e de rolo liso metálico (vibratório ou não) com cilindro de, no mínimo, 3 t.

5.1.2 Brita Graduada Simples (BGS)

Definições

As britas graduadas simples são materiais resultantes da mistura (em usina apropriada) de agregados britados que passaram por processo de peneiramento e classificados (divididos e estocados por faixas de diâmetros), sendo todas as suas frações provenientes de britagem, em geral de uma mesma rocha, resultando em mistura bem graduada (Figura 5.2), com umidade controlada em usina, seguida de compactação do material em pista. Faixas granulométricas para a BGS (válidas também para a BGTC) são apresentadas na Figura 5.3. Seu emprego é dos mais amplos em pavimentação, tendo substituído, de modo relevante, o emprego de macadames hidráulicos, comuns no passado.

Constituem camadas de base e de sub-base de elevada qualidade quando compactadas corretamente, na energia modificada ou, ainda, além dessa. São normalmente empregadas em camadas de 100 mm a 150 mm, em diversos tipos de pavimentos e para quaisquer tipos de tráfego. Enquadram-se entre os materiais estabilizados granulométrica e mecanicamente.

Fig. 5.2 *Composição granulométrica (alto), textura da BGS (esq.) e textura de uma brita mal graduada após compactação (dir.)*

Método de dosagem

O critério básico de dosagem da BGS abriga a seleção de faixa granulométrica a ser composta de maneira a resultar uma mistura bem graduada (Figura 5.3), sendo tal mistura submetida ao ensaio de compactação na energia modificada para a determinação da umidade ótima. Não se emprega o ensaio do CBR, tendo-se em conta que as britas graduadas serviram como material-padrão (CBR=100%) para a definição do CBR de um outro solo qualquer. Considera-se, assim, que a correta mistura e a compactação da BGS permitem, sem sombra de dúvida, que se alcance, no mínimo, a capacidade de suporte do material-padrão.

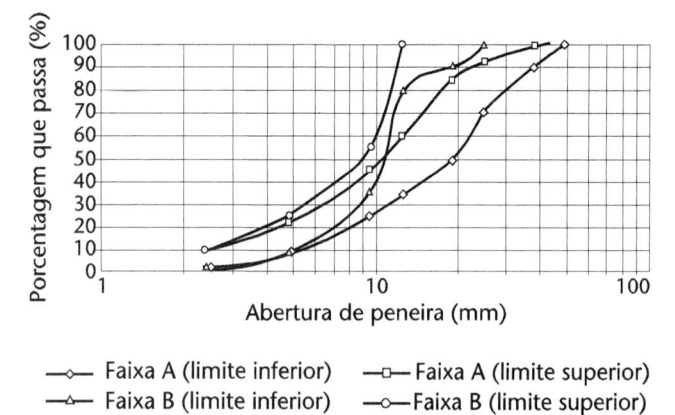

Fig. 5.3 *Faixas granulométricas para a BGS*
Fonte: ABNT.

Método de execução

As etapas que envolvem a execução da camada de BGS são as seguintes:

1. Usinagem da BGS em usina de solos ou agregados, o que exige, no mínimo, três ou quatro silos de agregados classificados, devendo a usina ser gravimétrica, sendo a água inserida durante a mistura.
2. Transporte da BGS e colocação do material em pista.
3. Espalhamento do material solto em pista: o espalhamento pode ser realizado com o auxílio de motoniveladora ou empregando-se distribuidor de agregados.
4. Compactação da BGS (energia modificada) com auxílio de rolo de pneus com 2,5 t por roda e pressão regulável (até 0,7 MPa), e de rolo liso metálico (vibratório ou não) com cilindro de, no mínimo, 3 t.

Atenção especial deve ser dada ao fenômeno da segregação dos finos ao qual estão sujeitas as BGS. Nas operações de carregamento de caminhões na usina, de transporte e de descarregamento em pista, todo o cuidado deve ser tomado para se evitar a segregação do material, que, caso se manifeste, somente poderá ser corrigida em pista com uma homogeneização, operação nem sempre de fácil execução com granulares.

5.1.3 Macadame Hidráulico (MH)

Definições

O macadame hidráulico é uma camada resultante da compressão de agregados graúdos seguida de preenchimento dos vazios do agregado graúdo por agregados miúdos, o que é realizado com auxílio de varrição, de água e de compressão mecânica. Consegue-se, com auxílio da água, a colmatação dos vazios dos agregados graúdos, sendo o material de enchimento, normalmente, o pó de pedra (Figura 5.4).

O MH é um material já secular em termos de emprego no Brasil; para exemplificar, entre as vias que empregaram esta técnica em sua pavimentação, citam-se a Avenida Paulista (1903) e a Rodovia Presidente Dutra (1956). Durante décadas, o MH foi um material preferencial para pavimentação urbana, perdendo depois terreno para a BGS; em parte, esta alteração ocorreu pelo processo artesanal e mais lento de execução do MH, cujo resultado, em termos de qualidade, fica muito suscetível à experiência de quem o executa.

Os MHs são empregados tanto em camadas de base quanto de sub-base de pavimentos, geralmente com espessura entre 100 mm e 150 mm. Não existe critério de dosagem para o material, a não ser o próprio controle granulométrico dos agregados a serem empregados, sendo o processo de enchimento de vazios observado diretamente em campo, por meio de controle visual. Na Figura 5.5

são indicadas as distribuições granulométricas aplicáveis aos agregados graúdos do MH, devendo-se recordar que são misturas mal graduadas.

Método de execução

As etapas de execução da camada de MH são as seguintes:

1. Espalhamento do agregado graúdo com o auxílio de pás-carregadeiras e motoniveladoras.
2. Compressão do agregado graúdo com rolos lisos metálicos (10 t–12 t), até estabilização do material, sem que ocorram movimentos significativos dos agregados graúdos.
3. Espalhamento e varrição manual ou mecânica dos finos (pó de pedra) sobre a superfície dos agregados graúdos, preenchendo os vazios, até que se possa apoiar o rolo compactador novamente sobre eles.
4. Nova compressão da camada com rolo metálico vibratório, para impregnação do pó de pedra, até que esteja estável.
5. Segundo espalhamento de agregados miúdos e enchimento com auxílio de água lançada por barra espargidora de caminhão-pipa, seguido de nova compressão (final).

Fig. 5.4 *MH após molhagem e compactação final (acima) e aspecto do agregado graúdo solto (abaixo)*

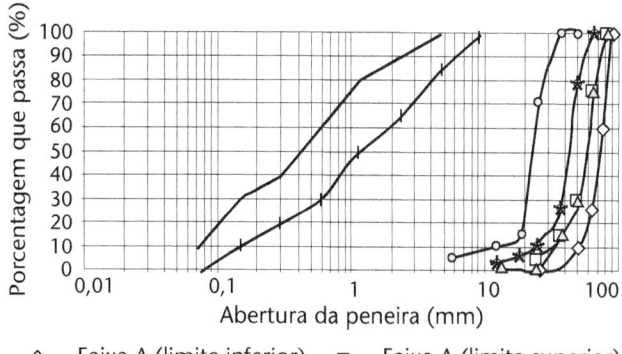

5.1.4 Macadame Seco (MS)

Definições

O macadame seco é a camada composta de materiais granulares resultante da compactação de pedra-pulmão (rachão, obtido no britador primário) seguida de seu preenchimento por agregado miúdo com grande esforço de compactação. Eventualmente, o material de enchimento poderá ser uma brita graduada ou uma brita de granulometria uniforme.

Fig. 5.5 *MH – Faixas granulométricas do agregado graúdo e miúdo*
Fonte: DER-SP.

Trata-se de uma evolução do emprego de camada de rachão como reforço do subleito, sendo atualmente empregado em camadas de base e sub-base nos Estados do Sul do Brasil, com vantagens até mesmo econômicas.

Além do emprego de rachão como material graúdo para o MS, podem ser empregados materiais de alteração de rochas que possam ser escavados com lâmina e sem emprego de explosivos, como no caso do Estado do Rio Grande do Sul, com extensas ocorrências de solo de alteração de basalto.

Dosagem

Este tipo de material não apresenta processos de dosagem, como no caso do MH, sendo, no entanto, estabelecidas, nas especificações das agências viárias que o empregam, dimensões máximas de 100 mm a 150 mm e mínimas de 50 mm para os graúdos.

As camadas de macadame seco são construídas com espessuras de 100 mm a 200 mm, com controle de acabamento visual.

Método de execução

Na execução da camada de MS, são seguidas as seguintes etapas:

1. Espalhamento do agregado graúdo com auxílio de pás-carregadeiras e motoniveladoras.
2. Compressão do agregado graúdo com rolos lisos metálicos vibratórios até estabilização do material, sem que ocorram movimentos significativos dos agregados graúdos.
3. Espalhamento dos agregados miúdos (ou, eventualmente, de brita graduada ou uniforme, dependendo do diâmetro da pedra-pulmão do MS) sobre a superfície dos agregados graúdos, e tal material de enchimento deverá estar o mais seco possível.
4. Compressão enérgica com rolos vibratórios pesados até que o material de enchimento preencha a pedra-pulmão.

5.1.5 Paralelepípedos (PAR)

Definições

Os paralelepípedos são pedras aparelhadas com faces opostas aproximadamente paralelas, com dimensões aproximadas de 220 mm a 280 mm de comprimento, de 110 mm a 150 mm de largura e de 130 mm a 150 mm de altura. São assentados sobre base granular ou cimentada recoberta com camada de bloqueio em areia (coxim de areia) de aproximadamente 30 mm, manualmente, por meio de batidas sobre tal superfície.

Os paralelepípedos são rejuntados após seu assentamento com emprego de areia grossa ou de pó de pedra, com colocação de emulsão de ruptura rápida ou, ainda, com argamassa de cimento ou areia. Não existe critério de dosagem neste caso, e o controle de acabamento é realizado com réguas e visualmente. No caso de rejuntamento com argamassa de cimento e areia, o serviço é executado com auxílio de colher de pedreiro.

Método de execução

O assentamento de paralelepípedos segue basicamente o seguinte procedimento:

1. Execução do coxim de areia sobre a base acabada.
2. Os paralelepípedos são assentados manualmente, mantendo afastamento entre si de aproximadamente 15 mm na superfície, sendo posteriormente apiloados para melhor assentamento.

3. Espalha-se o material de enchimento sobre a superfície, fazendo-se a varrição, para enchimento de juntas e remoção de excessos.

4. A superfície é então comprimida com o emprego de rolo liso metálico (10 t/12 t).

5. No caso de rejunte com emulsão de ruptura rápida, esta operação é realizada na sequência com auxílio de bico espargidor (caneta), sendo posteriormente lançado um novo material de enchimento e a remoção de excesso.

5.1.6 Solo Arenoso Fino Laterítico (SAFL)

Definições

Os solos arenosos finos lateríticos ocorrem em extensas áreas, em vários Estados brasileiros. Para o DER/SP (1995), enquadram-se nos SAFLs aqueles solos que, possuindo comportamento laterítico, segundo a classificação MCT (LA, LA' ou LG'), possuem ainda porcentagem superior a 50% retida na peneira de abertura 0,075 mm (#200), sendo a fração areia constituída de grãos de quartzo.

O DER-SP (1977) esclarecia ainda que essa fração arenosa deveria constituir-se predominantemente de areia fina. São empregados como camadas de base ou sub-base de pavimentos. Na Figura 5.6 são apresentadas as distribuições granulométricas para os SAFLs. Note-se que, quando um solo se enquadrar na faixa C, deverá ser submetido a ensaio de granulometria por sedimentação, para que possa ser identificada a porcentagem de material de diâmetro inferior a 0,002 mm, sendo então separada a fração argila da fração silte, que deverão enquadrar-se nas faixas C-1 e C-2.

Método de execução

A aplicação de solo arenoso fino segue a seguinte técnica de execução:

1. Retirada do material da jazida de SAFL e transporte até o local de aplicação.

Fig. 5.6 *Faixas granulométricas para o solo arenoso fino laterítico*
Fonte: DER/SP, 1992.

2. Espalhamento do solo selecionado sobre a superfície previamente compactada.

3. Adição de água (com caminhão-tanque) e mistura (com pulvimisturadoras ou grade de disco) até homogeneização, ou ainda, secagem do solo quando com umidade acima daquela desejada.

4. Compactação do SAFL, inicialmente com rolos pé-de-carneiro ou de pneus com baixa pressão; para o acabamento, emprega-se alta pressão nos pneus dos rolos.

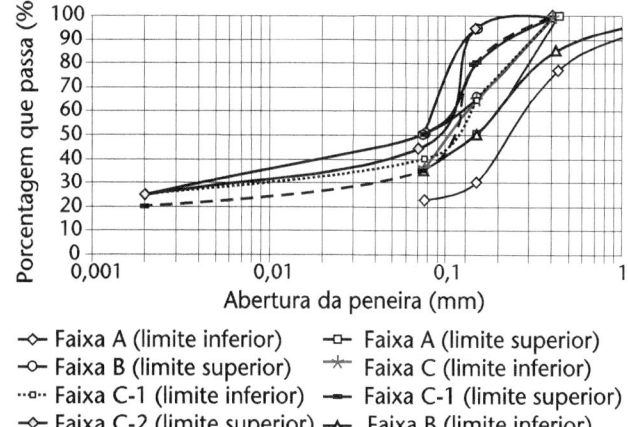

O SAFL, após sua compactação, em cerca de dois a três dias, apresentará fissuração típica na camada, visível na superfície. É ideal que só então seja executada a imprimação asfáltica da superfície, para que o material também penetre nas fissuras.

5.1.7 Solo-Brita, Solo-Agregado ou Solo Estabilizado Granulometricamente (SB)

Definições

O aproveitamento de um solo de características medíocres ou com propriedades indesejáveis para fins de pavimentação poderá ocorrer com o emprego de procedimentos de melhoria do solo com agregados, o que se denomina mistura solo-agregado ou solo-brita (SB). Muitos são os solos que podem ser modificados com o emprego desta técnica de estabilização: desde solos de comportamento não laterítico, quando não se tem opção nenhuma, como no caso de solos argilosos do tipo NG', ou ainda, com emprego de solos de comportamento laterítico, em especial os solos LA' e LG'.

Misturas solo-agregado descontínuas são misturas de solo com agregados ou materiais britados mal graduados, embora as especificações estrangeiras para solos estabilizados granulometricamente levem em consideração necessidades de boa distribuição granulométrica. A prática no clima tropical, no entanto, tem dispensado tal tipo de necessidade, uma vez que, quanto mais presentes os finos lateríticos, maior tolerância é possível na granulometria do agregado (Figura 5.7).

Os tipos de misturas mais comumente empregadas são: solo arenoso fino laterítico e agregados pétreos de granulometria uniforme, solos argilosos lateríticos e agregados uniformes e solos lateríticos concrecionados (SLC). Neste último caso, o solo já está naturalmente disponível, em geral com excesso de finos; os grãos concrecionados são o agregado, e a parte fina possui comportamento laterítico.

Tais misturas, mesmo mal graduadas, são empregadas em muitas regiões do Brasil (e em outros países com clima tropical úmido) como bases e sub-bases de pavimentos, para tráfego leve até pesado. Nogami (1992) indica misturas de solos arenosos finos com agregados mesmo para vias de tráfego pesado, restringindo o emprego de misturas com solos LG' para vias de tráfego leve.

Eventualmente a mistura de agregado pode ser realizada com solo de comportamento não laterítico, quando se busca uma melhoria, por exemplo, de resistência ao cisalhamento do reforço para o subleito, sendo, no entanto, uma situação em que geralmente não se obtêm grandes ganhos em termos de comportamento resiliente. Quando se realiza uma mistura de agregado ou brita com finos não

Fig. 5.7 *Mistura entre solo e brita descontínua com 50% em peso*

lateríticos, é vantajosa uma dosagem com o mínimo de solo possível, de maneira que prevaleçam as características mecânicas dos agregados.

As misturas de solos finos com agregados, por sua vez, são empregadas, em geral, em substituição a camadas de britas graduadas, com vantagens econômicas. Neste caso, Nogami (1992) recomenda a classificação do solo pelo método MCT; as misturas de solo-agregado devem contemplar solos preferencialmente LA', mas também apresentam resultados satisfatórios para solos LG' e LA (areia laterítica), sendo ainda admissíveis soluções com solos de comportamento não laterítico do grupo NA, caso não apresentem grande quantidade de silte e mica.

Para ter-se uma referência, os critérios tradicionais de dosagem limitam em cerca de 25% a quantidade de solo na mistura, que deve apresentar IP próximo a zero, o que, em geral, não resulta em misturas econômicas. A prática com solos tropicais lateríticos no Brasil tem demonstrado bom comportamento de misturas solo-agregado ou solo-brita, na razão de meio a meio, sendo a brita ou agregado descontínuo.

Método de execução

O emprego de misturas solo-brita ou solo-agregado não depende da disponibilidade de usina misturadora de agregados. A mistura pode ser executada em campo com emprego de pá-carregadeira ou de motoniveladora para a distribuição dos agregados. A compactação exige o emprego de rolos vibratórios devido à presença de brita.

5.1.8 Solo Saprolítico (SS)

Definições

Os solos saprolíticos ou residuais jovens, associados à rocha do substrato inferior, muitas vezes constituem alternativa importante para emprego em sub-bases e bases de pavimentos nas regiões tropicais.

Ocorrências

Tais ocorrências de solos, também muitas vezes designados popularmente por cascalheiras, são abundantes especialmente em áreas da costa brasileira com grande presença de granitos, como ao longo da faixa litorânea de Santa Catarina. Ocorrem também no nordeste de Minas Gerais, na região do vale do rio Jequitinhonha.

Condições de uso

Tais solos, quando disponíveis, são empregados nas condições em que se encontram naturalmente, desde que mantidas algumas características para os agregados: dureza dos grãos, inexistência de excesso de finos, por exemplo; seu emprego depende também da correção da umidade natural para subsequente compactação.

5.1.9 Solo Laterítico Concrecionado (SLC)

Definições

Os solos lateríticos concrecionados ou concreções lateríticas originam-se de processos pedogenéticos em climas tropicais úmidos, resultantes da cimentação por óxidos de ferro e alumínio de grãos de solos estáveis, incluindo sílicas e quartzos, no horizonte laterítico dos perfis de solos (Figura 5.8). Ocorrem com muita frequência na área de clima tropical do Brasil, envolvendo o cerrado, bem como em áreas de clima equatorial, como no Pará e no Amazonas.

Trata-se de solos que dificilmente se enquadram nas classificações tradicionais para emprego como agregado ou misturas estabilizadas. Podem, contudo, apresentar elevado grau de cimentação e de dureza, desempenhando bom comportamento mesmo como bases de pavimentos de rodovias vicinais e de baixo volume de tráfego no interior do País.

Em muitas circunstâncias, as lateritas são até mesmo peneiradas e empregadas como agregados para a confecção de misturas asfálticas e concretos em regiões com grande escassez de agregados pétreos, como no Norte do Brasil. As lateritas podem apresentar razoável porosidade, o que acarreta aumento do teor de asfalto em misturas que empreguem lateritas mais porosas. Tais tipos de solos (concreções) são encontrados com frequência em outros países de clima tropical, especialmente na África. O material recebe denominações regionais, sendo comuns as seguintes: laterita, piçarra, canga.

Os solos concrecionados (lateritas) apresentam cimentação mais madura que os solos plintíticos, formato de concreções e cores mais definidas, além de maior resistência. Humberto Santana (1970) já apresentava resultados sobre a capacidade de suporte deste tipo de material, que é encontrado em abundância no Nordeste (Piauí e Maranhão), Norte e Centro-Oeste do Brasil, e empregado naturalmente em pavimentação, em especial como sub-bases e bases, e também

Fig. 5.8 *Solos lateríticos concrecionados de Goiás (esq.) e do Pará (dir.)*

como agregado alternativo. Valores de CBR próximos a 100%, obtidos com amostras compactadas na energia intermediária, são relatados por Santana.

5.2 Compactação dos Solos, Agregados e Misturas
5.2.1 Controle de compactação

Do ponto de vista de comportamento mecânico, a compactação dos solos é realizada para atingir as características desejáveis em termos de resistência e de módulo de resiliência, que naturalmente estão associados ao nível de densificação atingido pelo material. Em relação a solos, o material a ser empregado (no aterro ou em camadas do pavimento) foi previamente estudado, na fase de estudos geotécnicos do projeto, de tal maneira que já se encontrariam caracterizadas sua resistência e módulo de resiliência em laboratório (tais parâmetros suportam o projeto do pavimento).

O valor de *massa específica aparente seca* a ser atingido foi, portanto, determinado *a priori* na fase de projeto, estando tal característica vinculada a um valor de umidade presente no material homogeneizado. Como se discorreu, o valor de umidade de compactação para obter-se a maior massa específica possível está, por sua vez, vinculado à energia ou esforço de compactação exercido sobre esse material. Assim, geralmente se refere ao padrão de energia empregado em serviços de compactação: normal ou modificada.

A energia aplicada propicia o adensamento do solo ou agregado e lhe confere resistência. Em campo, uma maior energia de compactação representa aumento no número de passadas de determinado equipamento de compactação. Para finalidades práticas, o parâmetro de controle do adensamento mecânico do solo ou agregado é o *grau de compactação* (GC) atingido, dado pela razão:

$$GC = \frac{\gamma\,\text{campo}}{\gamma\,\text{max, lab}}\;[\%]$$

Portanto, em termos de controle tecnológico, *a priori*, a massa específica aparente seca obtida em campo deve ser aferida imediatamente após a compactação do solo e comparada com aquela massa específica aparente seca máxima obtida em laboratório. Os valores de GC calculados devem respeitar os padrões exigidos nas normas e especificações de projeto para o material em questão (mínimo de 100%, 95% etc.).

Recorde-se que, no caso dos solos, o procedimento de campo exige, antes de sua compactação, a necessária verificação da umidade, pois tal valor deve coincidir com a umidade ótima estabelecida nos ensaios de compactação anteriores à aplicação do material, ou apresentar desvio, para mais ou para menos, daquela umidade, dentro de limites toleráveis. Assim, o solo, imediatamente antes de ser compactado, caso não se encontre na umidade desejada, deverá ser areado (emprego de grade de disco para revolvê-lo e perder umidade, caso esta se encontre acima do limite tolerável) ou umedecido (por aspersão de água com caminhão-pipa e subsequente homogeneização do solo) caso a umidade se encontre abaixo dos padrões desejáveis.

É apenas após tal processo de correção, seguido da homogeneização e da remoção de fragmentos estranhos porventura existentes no material solto, que se dá início à compactação do solo. A espessura de material solto (e_s) a ser lançado em campo (cada camada a ser compactada) é definida por meio do produto da relação entre massas específicas de material solto (γ_s) e compactado (γ_c), pela espessura definida em projeto para a camada compactada (e_c), empregando-se a expressão:

$$e_s = \frac{\gamma_c}{\gamma_s} \times e_c$$

Após a compactação do material, deve ser realizado o controle de massas específicas atingidas, conforme processo tradicional, para verificar-se se um determinado GC especificado foi atingido após a compactação. Há três métodos convencionalmente empregados para tal verificação.

Um dos mais comumente utilizados é o processo de cravação de cilindro metálico, com volume conhecido, que após a extração recebe arrasamento nas extremidades, sendo possível, então, após medir o peso do material dentro do cilindro, conhecer a massa específica aparente úmida do material; determinando-se sua umidade, chega-se à massa específica aparente seca do material em pista. Uma possível desvantagem desse processo é, durante a cravação, uma alteração da condição de compactação do solo nas proximidades da parede do cilindro; além disso, o método é inviável para aplicação em camadas compactadas de agregados resistentes (britas, por exemplo).

Outro processo – mais geral em termos de aplicação a diversos materiais – para a determinação da massa específica aparente seca do solo, após sua compactação em pista, é o método do frasco de areia (DNER ME 92/94), quando, por conhecimento de uma massa de areia (que possui uma massa específica previamente conhecida), que preenche uma cavidade cilíndrica aberta a partir da superfície da camada compactada, calcula-se o volume de tal cavidade (Figura 5.9). Com o solo extraído dessa cavidade, toma-se sua massa e sua umidade, sendo então diretamente calculadas a massa específica aparente úmida do solo (compactado), sua massa específica aparente seca e, finalmente, a relação entre esta última e a massa específica aparente seca obtida no ensaio de compactação para a umidade ótima, que é o GC do solo na camada acabada.

Fig. 5.9 *Aspectos do método do frasco de areia*

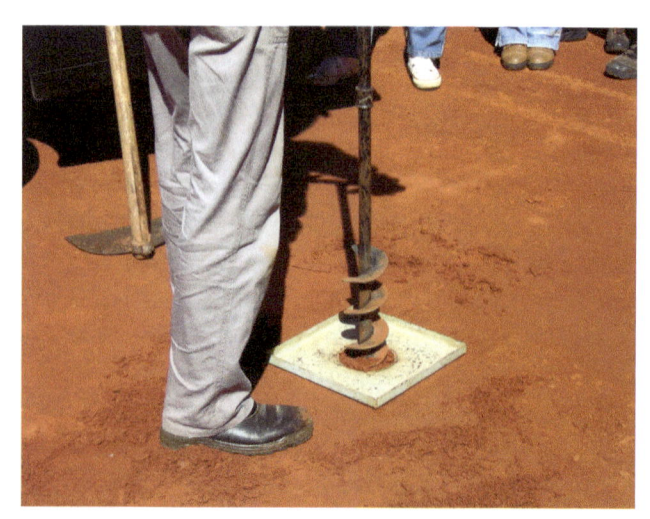

Note-se que, tratando-se de camada de solo, como o cálculo do GC depende da determinação da umidade do solo compactado, o resultado pode demorar 24 h, caso se utilize o processo da estufa para secagem do solo. Outros métodos para avaliação de umidade, como o aparelho *speedy*, permitem o cálculo rapidamente; o uso de frigideira para secagem do solo é o processo mais grosseiro para o cálculo de umidade, uma vez que o excessivo calor remove a água intersticial nas partículas de solos finos. No caso de camadas cimentadas, a espera de 24 h para o cálculo de umidade deve ser descartada, uma vez que, após um dia, o material já teria endurecido suficientemente para que se procedesse à sua remoção de modo fácil, em caso de não aceitação da camada acabada.

Quando o material se tratar de mistura elaborada em usina de solos ou agregados, o controle de umidade, além de ocorrer em campo, é executado em usina, como para os casos de BGS, BGTC, SB, SC etc. De qualquer maneira, o controle do GC em pista, na forma como se discorreu, nas camadas acabadas, torna-se mais impreciso ainda no caso de camadas granulares, como a brita graduada simples, pois a abertura de uma cavidade nesta pode perturbar muito as condições reais de compactação; o processo de cravação de cilindro, por outro lado, é inviabilizado neste caso.

Existe ainda outra forma de controle que tem sido pouco explorada, que se trata da realização de ensaios gama-densimétricos com o uso de densímetros nucleares, capazes de definir as massas específicas do solo (ou de outros materiais), após compactação de ponto a ponto da camada, o que permite a avaliação das condições de compactação do material até mesmo em profundidade. Treinamento e licença para transporte e operação de equipamentos dessa natureza, já que são dotados de fonte radioativa, têm sido fatores limitantes para sua disseminação no País.

Há muitos anos, os processos de controle de compactação *a posteriori* têm sido substituídos por processos de controle *a priori*, como ocorre no Reino Unido e na França. Nesses países, foram realizadas inúmeras pesquisas relacionando tipos de solos e outros materiais granulares com equipamentos de compactação, que permitiram estabelecer o número mínimo de passadas de determinado rolo compactador sobre a camada para que se atingisse um grau de compactação desejado, resultando em diversas tabelas de aptidão de equipamentos. No Quadro 5.1 são apresentados os principais condicionantes para o processo de compactação dos solos.

Deve ser entendido que a forma de compactação em campo (normalmente por compressão, amassamento ou vibração) se dá de maneira muito diferente daquela empregada em laboratório, que é por impacto. As diferenças mais marcantes são o amassamento de camadas contra solo confinado em cilindro no laboratório, bem como a estrutura interna resultante para um solo compactado nas duas condições distintas. Isso leva a crer que, por exemplo, umidades ótimas obtidas por meio de análises de solos compactados por equipamentos de pista possam se diferenciar, às vezes de modo significativo, daquelas obtidas em laboratório. No entanto, os testes laboratoriais são fundamentais para se determinar o potencial do material a ser empregado, e modificações racionais só são possíveis com a execução de camadas experimentais previamente à execução das obras.

Quadro 5.1 *Condicionantes e implicações para a compactação*

Condicionante	Aspecto	Implicações
Equipamento	Tipo de cilindro ou rolo	A forma da superfície deve ser adequada ao tipo de solo
	Peso do rolo	Atingir compactação adequada no fundo da camada
	Comprimento do rolo	Distribuição linear do peso do rolo
	Velocidade de rolagem	Valores acima de 2 km/h dificultam o ganho de massa específica
Solo (ou outro material) a ser compactado	Umidade	Deve estar dentro de faixas toleráveis para permitir o GC desejado; deve ser homogênea; umidade excessiva torna os solos argilosos muito plásticos
	Granulometria	Define o tipo de rolo a ser empregado
	Homogeneidade	Fundamental para evitar-se a segregação nos agregados bem graduados
	Espessura da camada	Camadas espessas exigem grande energia e muitas passagens de rolo para atingir massa específica de fundo
Suporte da camada de apoio	Deformabilidade da camada inferior	Quanto maior for sua deformabilidade, maior será o número de passadas

5.2.2 Máquinas de compactação

Cada tipo de solo (e cada tipo de material de pavimentação) necessita de emprego de equipamento adequado de compactação. Existe uma grande variedade de tipos e marcas de equipamentos de compactação no mercado. No Quadro 5.2, procurou-se apresentar uma visão geral deles, sem a preocupação de exaurir o assunto, que poderá ser mais bem ilustrado em diversos catálogos de fornecedores que indicam até mesmo as características mecânicas e os detalhes técnicos sobre as máquinas. Exemplos dos equipamentos encontram-se na Figura 5.10.

5.3 MISTURAS ASFÁLTICAS A QUENTE PARA CAMADAS DE REVESTIMENTOS

5.3.1 Concreto Asfáltico Usinado a Quente (CAUQ)

O Concreto Asfáltico Usinado a Quente, designado CAUQ ou simplesmente CA, também costumeiramente designado Concreto Betuminoso Usinado a Quente (CBUQ), pode ser considerado a mais comum e tradicional mistura asfáltica a quente empregada no País, seja pelos materiais empregados em sua fabricação, seja também pelos processos de controle exigidos para sua execução, em usina e em pista.

O CAUQ é um material para a construção de revestimentos de pavimentos, incluindo as capas de rolamento e camadas de ligação imediatamente subjacentes aos revestimentos, obtido a partir da mistura e homogeneização de agregados minerais (naturais ou artificiais, britados ou em sua forma disponível), em geral bem graduados, de material fino de enchimento – fíler (pó de pedra, finos calcários ou cimento Portland) – e de cimento asfáltico de petróleo

(CAP). Trata-se de uma mistura elaborada a quente, em usina misturadora (central de usinagem), contínua ou descontínua, de grande, médio ou pequeno

Quadro 5.2 *Tipos de equipamentos de compactação*

Classificação dos rolos compactadores	Tipo	Esforço de compactação	Características básicas		
			Forma de compactação	Empregados em solos	Espessuras acabadas
Metálicos	Liso	Pressão/ vibração	Da superfície para o fundo	Areias, arenosos, granulares	400 mm
	De grade ou de grelha	Pressão	Da superfície para o fundo	Fragmentos grossos de desmonte de rocha	200 mm
	Pé de carneiro	Amassamento	Do fundo para a superfície; grande número de passadas	Argila e argilosos	400 mm
Pneumáticos	Lisos ou ranhurados	Pressão (regulável)	Com quatro rodas dianteiras e cinco traseiras, possui pressão variável e lastro	Quase todos os tipos, exceto areias e agregados uniformes	150 mm (rolos leves) 350 mm (rolos pesados)
Combinados	Pneumático/ liso metálico	Pressão/ vibração	Da superfície para o fundo	Quase todos os tipos	200 mm
	Pneumático/ pé de carneiro	Pressão/ amassamento	Do fundo para a superfície	Argilas, argilosos	200 mm

Fig. 5.10 *Compactação de solos e misturas: espalhamento com motoniveladora (alto, esq.), aeração do solo com grade de discos (alto, dir.), compactação de solo arenoargiloso com rolo pé de carneiro (abaixo, esq.) e compactação de CCR e BGS com rolo liso metálico (abaixo, dir.). Os solos em destaque são do tipo SAFL*

Papel do Fíler no CAUQ

Além de material de enchimento, as adições minerais finamente moídas aos concretos asfálticos, que ficam dispersas no CAP, acabam por formar uma massa CAP + fíler denominada mástique asfáltico. Mais do que apenas o preenchimento de vazios na mistura, os fíleres se prestam a causar um aumento de viscosidade do CAP, o que gera incremento do ponto de amolecimento, na estabilidade, no módulo de resiliência e na resistência da mistura asfáltica, evidentemente até um dado limite de consumo dessa adição fina.

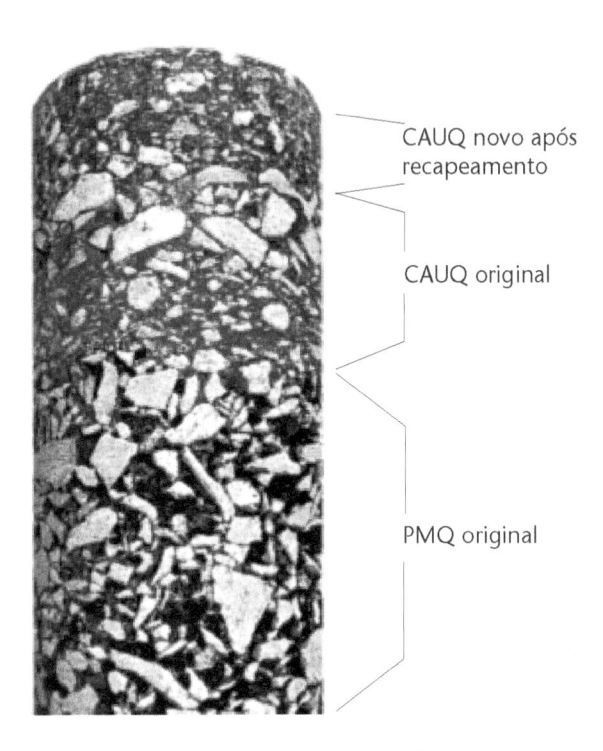

Fig. 5.11 *Amostra de camadas sucessivas de concretos asfálticos em via urbana*

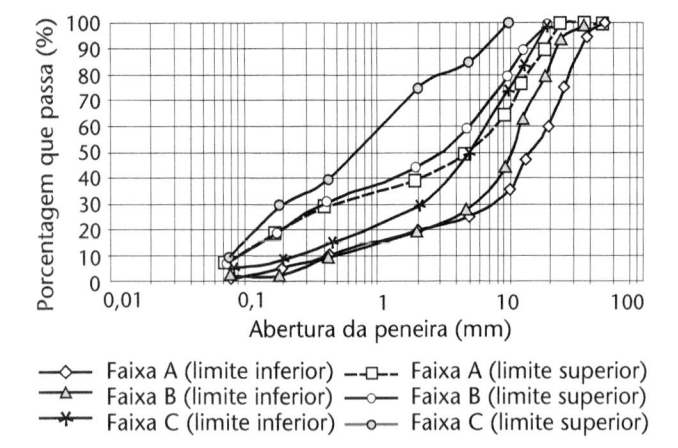

Fig. 5.12 *Curvas granulométricas para concretos asfálticos*
Fonte: DNER.

porte. Quando o CAP empregado foi previamente modificado com polímeros, o concreto asfáltico é chamado Concreto Asfáltico Modificado com Polímero (CAMP).

A granulometria específica da mistura resultará em um CAUQ mais denso (mais bem graduado e fechado), com índice de vazios entre 2% e 4% (Figura 5.11). Um CA denso exige um rigoroso controle de fabricação da mistura (Figura 5.12), quando frações de diversos diâmetros de agregados são empregadas, além do fíler, resultando em um esqueleto mineral, após compactação, com pequena quantidade de vazios (entre 2% e 4%). Um CA mais aberto, portanto com menos rigor quanto à distribuição granulométrica, em especial no que tange aos finos da mistura, é geralmente chamado de pré-misturado a quente, ou simplesmente PMQ (Figura 5.11).

Tradicionalmente, atribuía-se a tal mistura, entre outras finalidades, aquela de servir como um revestimento impermeabilizante para a estrutura de um pavimento. No entanto, com o advento das misturas elaboradas com asfaltos modificados, tal conceito de emprego de uma superfície asfáltica impermeabilizante sofreu evolução, com a utilização de camadas drenantes nas superfícies do pavimento no lugar dos tradicionais concretos asfálticos, que, no entanto, figurariam como camada inferior à qual caberia a impermeabilização da estrutura inferior do pavimento.

Em geral, a espessura final desejada para um revestimento em concreto asfáltico acaba por impor a sua compactação em camadas distintas, com ou sem a alteração de faixas granulométricas; este procedimento é empregado para a garantia da correta densificação do material (Tabela 5.1). Na ocorrência de execução de duas camadas de

Tabela 5.1 *Espessuras recomendadas para concretos asfálticos*

CAMADA	FAIXA	ESPESSURA MÁXIMA (mm)	ESPESSURA MÍNIMA (mm)	TEOR DE ASFALTO (EM % DO PESO DE AGREGADO)
De regularização ou de ligação	A	90	65	4,0–7,0
De ligação ou de rolamento	B	75	50	4,5–7,5
De rolamento	C	50	25	4,5–9,0

revestimento, a camada superficial recebe o nome de *capa de rolamento* ou *camada de desgaste*; a camada inferior recebe o nome de *binder* ou *camada de ligação*. Um concreto asfáltico poderá ainda ser utilizado como camada com a função de regularização do nível do greide de uma superfície de pavimento antiga e irregular, quando então será designado *camada de regularização* ou *camada de nivelamento* (de *reperfilagem*).

Dosagem do CAUQ pelo método de Bruce Marshall

Pode-se dizer que a dosagem de uma mistura asfáltica constitui um processo de formulação no qual se busca uma composição granulométrica de agregados com naturezas específicas e de uma adição de CAP, de tal sorte que, após mistura à temperatura adequada e subsequente compactação, for-mem tais materiais um outro material que ofereça condições mecânicas adequadas para suportar cargas que solicitam um dado pavimento, consideradas as condições climáticas locais, a posição relativa da mistura na estrutura de pavimento etc., e esse material não deverá apresentar deterioração precoce.

Os critérios de dosagem de misturas asfálticas não são únicos. Dependem do tipo de mistura, da tradição local, da disponibilidade de equipamentos de maior ou menor evolução tecnológica. Uma dosagem racional será aquela que, por meio de testes laboratoriais, procure elucidar o processo de degradação do material que possivelmente ocorrerá em pista. No Quadro 5.3, procura-se uma aproximação do que seria razoável, em termos de estudos para a formulação de misturas asfálticas adequadas, tendo em vista diversos processos de degradação do material em serviço.

> OBJETIVOS DA DOSAGEM DE UMA MISTURA ASFÁLTICA:
>
> • Obter uma mistura adequadamente trabalhável (lançamento e compactação).
>
> • Obter uma mistura estável sob ação de cargas estáticas ou móveis.
>
> • Obter uma mistura durável, com teor de asfalto adequado.
>
> • Resultar em baixa deformação permanente (trabalhar matriz pétrea e controlar o teor de asfalto).
>
> • Resultar em uma mistura pouco suscetível à fissuração por fadiga.
>
> • Possuir vazios (com ar) suficientes e não excessivos.

Quadro 5.3 *Possíveis critérios de dosagem de misturas asfálticas*

TIPOS DE PATOLOGIAS A SEREM COMBATIDAS EM PISTA	TIPO DE DOSAGEM APROPRIADA
Exsudação, escorregamento lateral	Estabilidade, fluência
Deformação plástica em trilhas de roda	Deformação plástica, estática ou dinâmica
Fissuração por fadiga	Ensaio dinâmico de fadiga
Reflexão de fissuras	Ensaios combinados de fratura e de fadiga

Historicamente, até os anos 1960, os ensaios de estabilidade e de fluência, de natureza empírica, eram cotidianamente cotejados. Posteriormente, foram introduzidos os estudos de fadiga, em laboratório, para misturas asfálticas e paulatinamente foram também desenvolvidos ensaios de deformação permanente, por meio de testes com carregamento estático ou dinâmico. Uma dosagem racional de um CA deveria compreender a verificação dos inúmeros requisitos apresentados para o material, conforme prevê a especificação *SUPERPAVE,* nos EUA. Contudo, por razões de natureza histórica, associadas às limitações tecnológicas, que ainda prevalecem no meio rodoviário nacional em trabalhos cotidianos, o método de dosagem tradicional continua a ser empregado, até mesmo como critério de controle tecnológico da execução.

Bruce Marshall, engenheiro do Bureau of Public Roads nos EUA, propôs uma técnica de dosagem de misturas asfálticas a quente na década de 1940, no âmbito do Corpo de Engenheiros do Exército dos EUA (Usace), durante a Segunda Grande Guerra, consagrando tal método, ainda utilizado no Brasil. Pesquisando sobre tal critério, o Usace acabou por estabelecer as diretrizes que até hoje prevalecem no meio rodoviário brasileiro, diretrizes empregadas, por meio das primeiras especificações, desde a década de 1960.

O método consiste na aferição de algumas propriedades de misturas elaboradas em laboratório (ou em campo), fixando-se sua distribuição granulométrica e variando-se o teor de betume nos corpos de prova (em geral de 3% a 7% de peso em relação aos agregados). Tal método, a princípio, está limitado ao emprego com misturas asfálticas a quente (CAUQ e PMQ), trabalhando-se com diâmetro máximo de agregado de 25,4 mm. Os agregados e o asfalto são aquecidos na temperatura de mistura (próxima de 175°C), separadamente, sendo depois misturados com o auxílio de misturador mecânico aquecido em laboratório. O material poderá, opcionalmente, no caso de controle tecnológico, ser retirado após processamento em usina e no momento de chegada em pista.

Definida (fixada *a priori*) uma distribuição granulométrica que comporá os agregados da mistura asfáltica, as misturas são preparadas de maneira a apresentar vazios internos preenchidos por ar entre 3% e 5%; tal critério de um valor mínimo de vazios na mistura compactada é adotado porque, em pista, caso não existam vazios, os efeitos imediatamente posteriores do tráfego poderiam resultar em exsudação do ligante asfáltico, sendo, portanto, necessário espaço livre para o fluxo de ligante em processo inicial de deformação plástica da mistura.

Após mistura, o material, colocado no molde cilíndrico, é compactado com auxílio de soquete com 4,54 kg, que cai livremente de uma altura de 457,2 mm sobre a seção plena do cilindro onde se encontra a mistura, sendo aplicados 75 golpes por face do material no cilindro; logo após, a amostra é extraída do molde cilíndrico e levada naturalmente ao resfriamento em temperatura ambiente. O cilindro para moldagem deve permitir a confecção de corpo de prova com diâmetro de 101,6 mm e altura de 63,5 mm, esta última sendo um tanto variável em função do comportamento da mistura quando de sua compactação no molde metálico.

No molde metálico para moldagem do corpo de prova, são colocados aproximadamente 1.265 g de mistura asfáltica em estudo, mantida previamente em estufa na temperatura de 145°C. Posteriormente, antes do ensaio Marshall em prensa adequada, a amostra cilíndrica da mistura asfáltica é levada em banho aquecido a temperatura constante de 60°C, em que repousa de 20 a 30 min até atingir tal temperatura. Em um equipamento específico (Figura 5.13), constituído de prensa com anel dinamométrico devidamente calibrado (para medição de força aplicada durante o teste), com dispositivo para suporte do corpo de prova, é aplicada uma carga diametral, pela imposição de deslocamento no pistão da prensa à taxa de 50,8 mm por minuto, até o rompimento da amostra. Durante o ensaio, são registrados os valores de força aplicada e de deformação sofrida diametralmente pela amostra de mistura asfáltica.

Para cada corpo de prova ensaiado (em geral para pares com diferentes teores de betume), são extraídas duas propriedades mecânicas, designadas por estabilidade e por fluência. Por estabilidade, entende-se o valor da força vertical máxima aplicada que leva a amostra (comprimida diametralmente) à ruptura, medida em quilos; por fluência, entende-se o valor da deformação vertical sofrida pela amostra imediatamente antes da ruptura, medida em centésimos de polegada ou em milímetros.

Estudos do Usace, na década de 1940, mostraram que as massas específicas atingidas em pistas de aeroportos, após cerca de 1.500 coberturas de aeronaves, eram aproximadamente equivalentes às massas específicas obtidas em laboratório quando fossem aplicados 50 golpes por face do corpo de prova compactado, como descrito anteriormente. Depois, verificou-se que o número de golpes para pneus de pressões mais elevadas seria de 75 para a equivalência entre tais pesos específicos. No critério do Usace (Brown, 1984), a pressão de

Fig. 5.13 *Prensa Marshall e corpo de prova de CAUQ após ruptura*

0,69 MPa é o limite para a dosagem entre 50 e 75 golpes, de tal forma que, com as pressões de pneus vigentes na prática atualmente, de cerca de 0,65 MPa, não haveria razões para não se aplicar o critério de 75 golpes para pavimentos rodoviários.

Outros três índices físicos da amostra compactada são empregados na dosagem Marshall: a densidade aparente do corpo de prova (relação entre sua massa e seu volume), a porcentagem de vazios (relação entre o volume de vazios e o volume total da amostra compactada) e a relação betume-vazios (RBV), que é a relação entre o volume de vazios do agregado preenchidos por betume e o volume de vazios no agregado.

Tomadas todas as medidas anteriormente descritas para os corpos de prova, são lançados graficamente os cinco índices mencionados (ver Figura 5.15) em ordenadas, em função dos teores de betume considerados para cada amostra. O processo de seleção do teor de betume ideal consiste em: (a) definir o teor de betume que conduz a uma RBV de 80%; (b) definir o teor de betume que leva a uma porcentagem de vazios de 4%; (c) definir o teor de betume que leva à maior estabilidade possível; (d) definir o teor de betume que leva à maior densidade.

Com base nas quatro leituras de teor de betume, obtém-se a média dos resultados, devendo ser tomados os seguintes critérios: (1) se o teor médio atende ao valor mínimo de estabilidade, bem como aos limites de fluência estabelecidos, então tal valor médio é adotado como teor de dosagem; (2) em caso negativo, será necessário ajustar o teor de asfalto até que tais condições sejam atendidas, o que eventualmente poderá ser atingido apenas com recorrência de alteração da distribuição granulométrica da mistura.

Na interpretação do ensaio Marshall, os dados preparatórios são fundamentais para a determinação dos parâmetros necessários. Na Figura 5.14 é apresentada, esquematicamente, a distribuição de massas e de volumes na mistura betuminosa compactada.

Massas			Volumes	
	(ar)	vazios	V_v	
	m_b	asfalto	V_b	
m_t	m_T	fíler	V_T	V_t
	m_{am}	agregado miúdo	V_{am}	V_c
	m_{ag}	agregado graúdo	V_{ag}	

Fig. 5.14 *Massas e volumes na mistura asfáltica compactada*

Os volumes ocupados pelos materiais presentes na mistura compactada serão definidos a partir de sua porcentagem e de suas massas específicas reais, para uma massa unitária igual a 100, conforme segue:

- Asfalto: $V_b = \dfrac{\%B}{\gamma_{real,\,B}}$

- Fíler: $V_f = \dfrac{\%F}{\gamma_{real,\,F}}$

- Agregado miúdo: $V_{am} = \dfrac{\%AM}{\gamma_{real,\,AM}}$

♦ Agregado graúdo: $V_{ag} = \dfrac{\%AG}{\gamma_{real,\,AG}}$

O peso específico aparente da mistura compactada é a relação entre a massa total da mistura e seu volume total; portanto, incluídos os vazios presentes na mistura. O volume total da mistura poderá ser determinado por medida direta do volume médio do cilindro do corpo de prova moldado ou, ainda, pelo método da balança hidrostática, sendo a massa específica aparente dada por:

$$\gamma_{ap} = \frac{m_t}{V_t}$$

O peso específico máximo teórico da mistura compactada, ou seja, excluídos os vazios, por sua vez, poderá, para uma massa unitária igual a 100, ser calculado pela expressão:

$$\gamma_{max} = \frac{m_t}{\dfrac{\%AG}{\delta_{real,\,AG}} + \dfrac{\%AM}{\delta_{real,\,AM}} + \dfrac{\%F}{\delta_{real,\,F}} + \dfrac{\%B}{\delta_{real,\,B}}}$$

A porcentagem de vazios na mistura compactada (%V$_v$) será dada, então, pela diferença relativa entre sua massa específica máxima e sua massa específica real, como segue:

$$\%V_v = \frac{\gamma_{max} - \gamma_{ap}}{\gamma_{max}} \times 100$$

Dentro do volume de agregados compactados, coexistem vazios preenchidos com asfalto (betume) e os vazios não preenchidos; a porcentagem de vazios cheios de betume é determinada por meio de:

$$\%V_{VCB} = \frac{V_B}{V_T} \times 100 = \frac{\dfrac{m_B}{\delta_{real,\,B}}}{\dfrac{m_T}{\gamma_{ap}}} \times 100 = \frac{m_B}{m_T} \times 100 \times \frac{\gamma_{ap}}{\delta_{real,\,B}} = \%B \times \frac{\gamma_{ap}}{\delta_{real,\,B}}$$

O total de vazios no agregado mineral será então determinado pela soma dos vazios preenchidos e não preenchidos por betume, a saber:

$$\%V_A = \%V_V + \%V_{VBC}$$

A partir das expressões acima determinadas, pode-se definir a relação Betume/Vazios (RBV) conforme segue:

$$\%RBV = \frac{\%V_{VCB}}{\%V_A} \times 100 \; [\%]$$

As expressões apresentadas permitem a determinação dos parâmetros necessários para a elaboração do ensaio Marshall, seja empregado em dosagens para formulação de misturas asfálticas, seja para o controle tecnológico dessas misturas. Na Tabela 5.2 são apresentados os requisitos mínimos requeridos, para misturas asfálticas usinadas a quente, por algumas agências viárias no Brasil. O método Marshall é ainda o critério vigente para a dosagem de misturas asfálticas (DNER-ME 43-64). Na Figura 5.15, tem-se um extrato de teste em laboratório com esse método.

Tabela 5.2 *Características de misturas tipo CAUQ quanto à estabilidade*

ÍNDICE	PMSP	DNER	DNER	DER/SP
Emprego da mistura	Capa	Capa	*Binder*	Capa
Estabilidade (kgf)	750	350	350	500
Fluência (mm)	2,0 a 4,5	2,0 a 4,5	2,0 a 4,5	2,0 a 4,5
Percentual de vazios	3 a 5	3 a 5	4 a 6	3 a 5
RBV	75 a 85	75 a 85	62 a 72	75 a 85

Mistura	%B	D aparente (g/cm^3)	V vazios (%)	RBV (%)	Estab. (kg)	Fluência (0,01 pol.)
1	4,6	2,509	7,84	59,34	847	16
2	5,1	2,519	6,64	65,84	974	18
3	5,6	2,56	4,3	76,78	1094	18
4	6,1	2,544	4,03	79,27	912	17
5	6,6	2,54	3,37	83,03	875	18

Material: concreto asfáltico usinado a quente

Resultados médios para três amostras

%AG = 66,8
%AM = 22,9
%F = 5,7

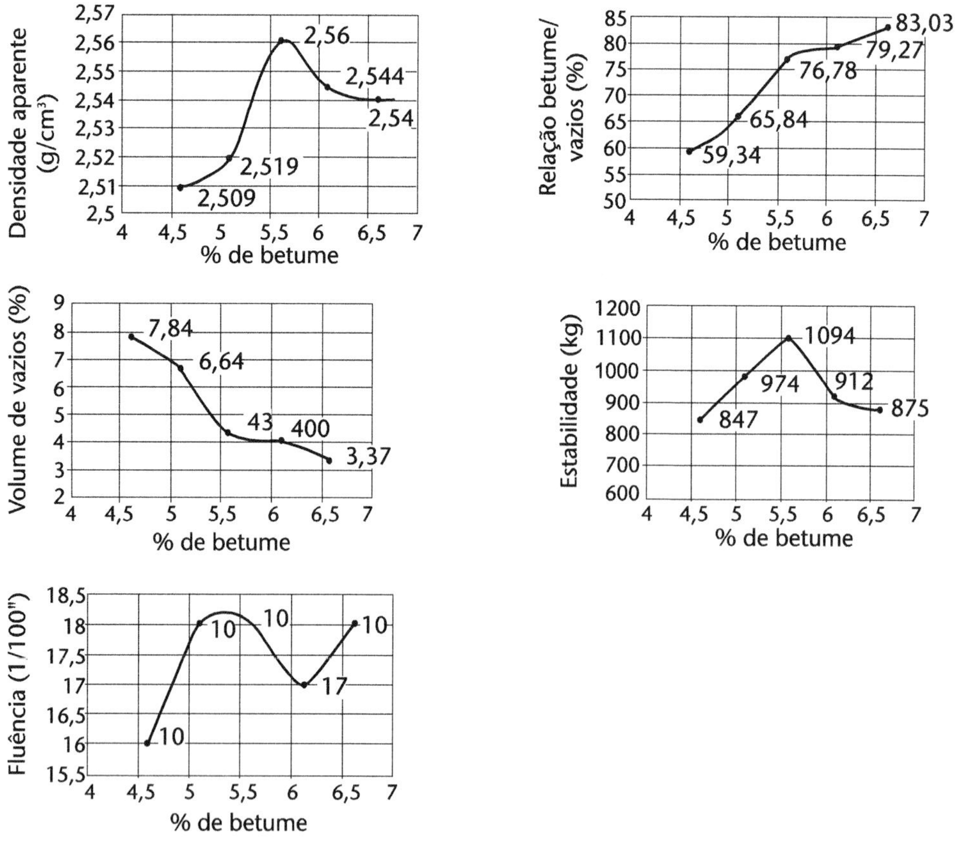

Fig. 5.15 *Exemplo de determinação de índices Marshall*
Fonte: extraído de Coelho, 1992.

Processos de dosagem de misturas asfálticas, em especial do CAUQ, ainda se encontram muito balizados pela experiência do engenheiro civil em termos de produção e aplicação do material em obras. A dosagem de CAUQ, assim, continua a apresentar fortes componentes empíricos, sendo ainda prática comum, em projetos e obras, a adoção do critério Marshall, em que pesem suas limitações. Deve ser relembrado que os requisitos de desempenho, estabelecidos em dosagem, por mais racional que esta seja, serão ou não atendidos de modo aproximativo se os processos de produção, transporte, aplicação e compactação dos CAUQs forem coerentemente controlados durante todos os momentos.

Fabricação e aplicação do CAUQ

Para sua produção, antes da usinagem dos materiais, os agregados deverão ser corretamente dosados por meio de unidades de classificação, devendo estar perfeitamente secos, o que é garantido pelo tambor de aquecimento na produção. Além da secagem completa por contato do agregado com a chama do queimador, sua temperatura é elevada a um valor compatível (cerca de 175°C) com aquele de usinagem do CAP, para que não ocasione a queda da temperatura da mistura final, que deverá chegar à pista para aplicação próximo de 140°C a 145°C.

No processo de produção, estão disponíveis na área de usinagem estoques de insumos básicos para a fabricação do CA, incluindo tanques com aquecedores para o CAP, áreas de estocagem de agregados e silos de fíler (cal ou cimento), bem como da usina misturadora, conforme exemplo da Figura 5.16.

Fig. 5.16 *Esquema de uma usina de CAUQ na Barra Funda (PMSP): tambor de mistura (dir.) e silo térmico (esq.)*

Pavimentação Asfáltica

A garantia da temperatura de aplicação em pista depende de vários fatores, como a distância entre a usina e o local de aplicação, as condições climáticas no dia, a proteção do material em caminhão (com caçamba térmica), entre outros, o que, no final das contas, deverá ser verificado em obra por meio do controle da temperatura da mistura no caminhão basculante. Isto permite inferir se a viscosidade correspondente ainda permite o espalhamento e a compactação do material, sem prejuízo ou perda de suas características de ligante homogeneamente distribuído e de massa específica mínima desejável após a compactação. Na Figura 5.17 são apresentados alguns aspectos da aplicação do CAUQ sob o ponto de vista construtivo.

5.3.2 Camada Porosa de Atrito (CPA)

Com a evolução do conceito de concreto asfáltico (impermeável), surgiram as chamadas misturas asfálticas drenantes ou porosas para emprego na superfície de pavimentos, atualmente mais conhecidas como Camada Porosa de

Fig. 5.17 *Aplicação do CAUQ: alimentação da vibroacabadora (A e B), espalhamento da mistura (C) e compactação com rolos de pneus (D)*

Atrito (CPA) ou concreto asfáltico poroso. Os primeiros experimentos com mis-turas abertas para revestimento, embora sem modificação do CAP com polímeros, ocorreram nos EUA na década de 1930, com uso mais intenso nas décadas de 1940 e 1950. Na Europa, o emprego de asfaltos modificados com polímeros para a construção de CPA em pavimentos popularizou-se na década de 1980, com destaque para países do norte, como a Bélgica e a Holanda.

As misturas asfálticas porosas foram concebidas para obter-se uma superfície altamente drenante que pudesse rapidamente drenar as águas pluviais sobre a superfície do revestimento, evitando a formação de poças, inseguras para o movimento dos veículos. Tais águas, além de causar os indesejáveis efeitos *spray* de um veículo para outro sucessivo, podem ocasionar uma película de água com espessura superior à macrotextura superficial, muitas vezes responsável pelo fenômeno da aquaplanagem ou hidroplanagem dos veículos. Verificou-se também que o emprego de CPA contribuía para uma relativa melhoria quanto à redução de ruídos gerados por veículos (redução de alguns decibéis).

Tais misturas, com grande conteúdo de vazios, obviamente exigem uma camada inferior de CAUQ densa, ainda que bem delgada, não drenante, para evitar a infiltração de água para bases e subleitos. A água seria então drenada lateral e internamente à CPA superficial. Ocorre que, com o passar dos anos, tal revestimento poroso é colmatado, por infiltração de poeira, lama, óleos, matéria orgânica etc., perdendo, com maior ou menor rapidez, suas características drenantes.

A base de funcionamento de mistura tipo CPA é o emprego de uma mistura descontínua (mal graduada) de agregados, com ou sem fíler, que incorra em uma porcentagem de vazios entre 18% e 25% na mistura. Um padrão básico para a mistura de agregados é o emprego de 85% de brita 0, de 12% de pó de pedra e de 3% de fíler (em geral, o cimento Portland), que resulta em curva granulométrica apresentada na Figura 5.18 (em comparação ao convencional concreto asfáltico). A espessura da CPA, em geral, não ultrapassa valores superiores a 50 mm. Como se pode observar, as curvas granulométricas são misturas mal graduadas, em média (nos países indicados) com agregados de diâmetro variando entre 4 mm e 12 mm.

O processo de degradação de uma mistura asfáltica aberta e muito porosa, como já se men-cionou, reside no fato de possuírem muitos vazios (saltos granulométricos), o que resulta em quantidade de pontos de ligação entre ligante asfáltico e agregados muito menor, sendo reduzidas então as quantidades de ligações coesivas causadas pelo CAP; este defeito causa a ruptura entre o CAP e o agregado, resultando em desagregação da mistura (*stripping*). Além disso, a elevada permeabilidade permite a percolação franca de água e outros líquidos que degradam as ligações de asfalto. Para superar

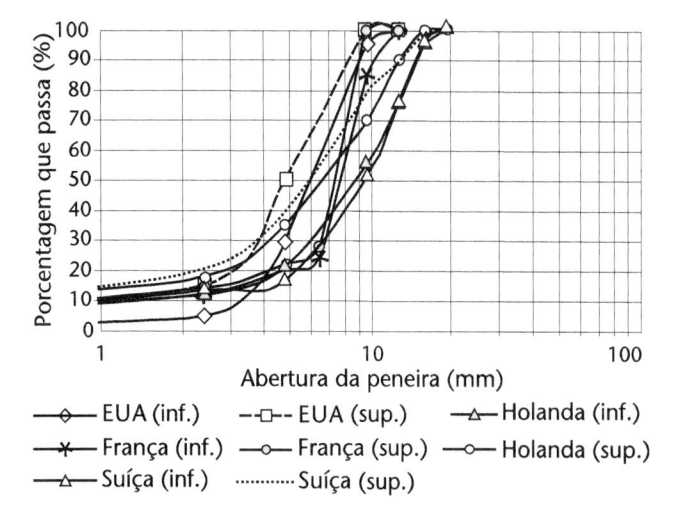

Fig. 5.18 *Algumas faixas granulométricas para a mistura de CPA*

esta situação, que incorreria em ruptura mais fácil do ligante, é forçoso o emprego de CAP modificado com polímero, para tornar o ligante mais resistente e menos suscetível à ação da água.

O controle da porcentagem de vazios na mistura é fundamental, pois é ela que garantirá a boa porosidade do CPA em pista, que atingirá coeficiente de escoamento lateral entre 4 mm e 6 mm por segundo e coeficiente de escoamento vertical entre 5 mm e 13 mm por segundo. Em face de tais considerações, a quantidade de CAP modificado deverá ser tal na CPA que exista um mínimo de ligante para a garantia de uma coesão, bem como um limite máximo de teor de ligante para evitar o fechamento da mistura por excesso (resultaria não drenante).

O controle da coesão para dosagem das misturas para CPA tem sido realizado por meio de um ensaio denominado Cantabro, que simplesmente emprega o cilindro para o ensaio de desgaste por abrasão Los Angeles sem as esferas abrasivas, sendo nele introduzidas amostras de CPA moldadas em corpos de prova do tipo Marshall, aplicando-se então 300 rotações, à temperatura de 25°C. Tem-se tolerado para a dosagem dessas misturas uma perda por desgaste de até 25% neste ensaio, para misturas com vazio entre 18% e 25%. Este ensaio tem sido o padrão para definição da quantidade mínima de ligante em misturas para CPA.

O extinto DNER (1998) estudou características de CPA com mistura-padrão de material britado e emprego de CAP-20 e também de CAP-20 modificado com SBS. Tais misturas eram compostas por 85% de brita 0, 12% de pó de pedra, 3% de fíler (cimento Portland) e o CAP. Na Figura 5.19 são apresentados alguns parâmetros de dosagem Marshall obtidos para tais misturas.

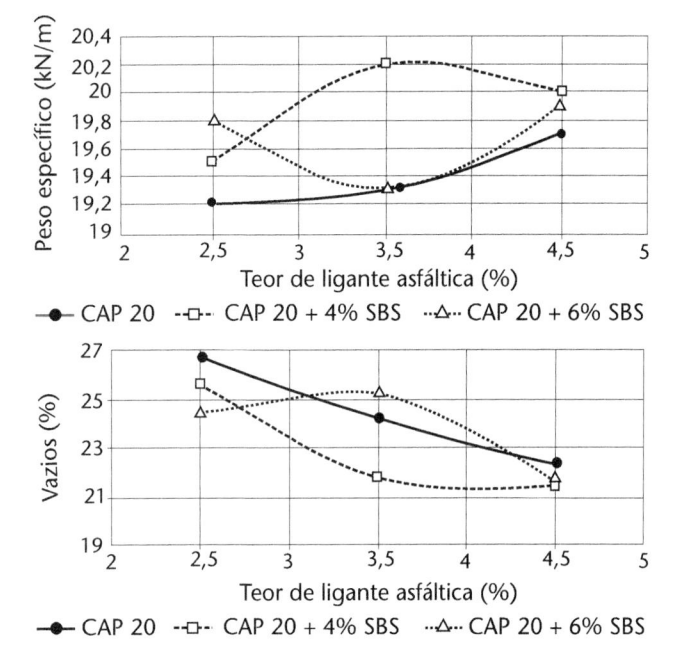

Fig. 5.19 *Peso específico e índice de vazios para CPA no ensaio Marshall Fonte: DNER, 1998.*

5.3.3 Stone Matrix Asphalt (SMA)

Atualmente, a questão do escoamento de águas é tratada de outra forma: buscam-se formulações de CA que, após compactadas, apresentem uma macrotextura tal na superfície de modo a conformar uma rede de canais que permitam o escoamento das águas sem sobreposição dos agregados. Uma dessas soluções, elaborada na década de 1960, na Alemanha, é o Stone Matrix Asphalt ou Stone Mastic Asphalt (SMA). O SMA não veio apenas para melhorar a questão da drenagem e da aderência superficial, mas, principalmente, da resistência ao cisalhamento de misturas asfálticas para revestimentos.

Como se viu, as misturas asfálticas a quente para revestimentos de pavimentos são tradicionalmente concebidas para apresentar resistência ao cisalhamento com base no conceito de enchimento de vazios pela interação entre grãos de diâmetros variados, consubstanciando uma espécie de brita graduada simples tratada com asfalto; portanto, fechada. O SMA veio inverter esse conceito.

Uma mistura de SMA, que não deixa de ser um concreto asfáltico usinado a quente, porém com várias diferenças, é preparada com um conjunto de grãos com distribuição granulométrica mais uniforme, ou seja, agregados mais graúdos e muito pouco finos, sendo então necessária uma cubicidade maior dos agregados britados para que, após compactação, apresentem grande contato face a face. Na Figura 5.20 é esquematicamente representada tal diferença na estrutura granulométrica de um SMA, de uma CPA e de um CAUQ.

CAUQ
Vazios: 3% a 5%
Teor de ligante: 4,5% a 6%

CPA
Vazios: 18% a 25%
Teor de ligante: 3,5% a 4%

SMA
Vazios: 4%
Teor de ligante: > 6%

Fig. 5.20 *Diferentes matrizes entre CAUQ, CPA e SMA Fonte: <www.trainning.ce.washington.edu/WSDOT>.*

Assim, pode-se dizer que um dos objetivos na formulação de uma mistura do tipo SMA é a maximização do contato entre as faces de agregados graúdos (Reis et al., 2002), obtendo-se com isso uma interação muito grande grão-grão, sendo bastante elevada a porcentagem de agregado graúdo na mistura (cerca de 70% a 80% de agregados retidos na peneira 10 de abertura 2 mm). Os vazios resultantes, que não são poucos nessa forma de composição granulométrica, devem ser preenchidos pelo que vem a ser chamado de *mástique asfáltico.*

O mástique asfáltico nada mais é que a mistura entre a areia (areia artificial de britagem de rochas), o pó de enchimento (fíler), o ligante asfáltico e fibras (em geral de celulose, podendo ser também de minerais). O ligante empregado é convencionalmente um CAP modificado com polímeros, dadas suas características de redução da deformação plástica (melhoria de coeficiente de restituição elástica) e melhoria no comportamento à fadiga das misturas asfálticas. O uso de CAP modificado com borracha é também possível. As fibras, necessariamente presentes nesse tipo de mistura, prestam-se a absorver excessos de ligante, evitando seu escorrimento durante o transporte e a exsudação da mistura na aplicação em pista.

A textura superficial resultante, devido à ausência de finos em quantidade no SMA, é mais rugosa e estabelece uma espécie de rede de microdrenagem superficial, o que evita a formação de lâminas finas d'água durante períodos chuvosos, favorecendo a aderência e o contato dos pneus com os agregados superficiais. A Figura 5.21 apresenta uma fotografia que caracteriza a transição entre um CAUQ e um SMA, na qual se verifica a melhor rugosidade superficial deste último e que há completa cobertura por filme asfáltico no SMA.

Fig. 5.21 *Texturas superficiais na transição de SMA para CAUQ (esq., cedida pela engª. Glenda Colim) e de camada porosa de atrito – CPA (dir.)*

As camadas de SMA são executadas com espessura única de 30 mm a 70 mm; trata-se de material empregado exclusivamente em revestimentos, dadas suas características apresentadas anteriormente. Existem várias faixas granulométricas possíveis para o material, que se constitui em tipo mal graduado, como aquelas apresentadas na Figura 5.22 para a European Standard.

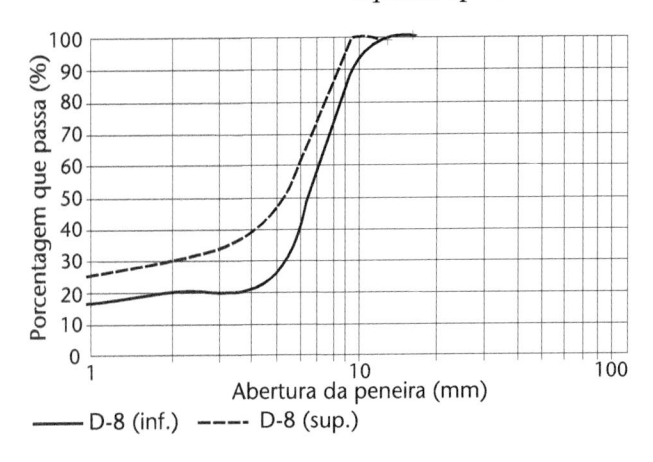

Fig. 5.22 *Algumas faixas granulométricas para o SMA Fonte: European Standard.*

5.3.4 CAUQ com Borracha de Pneu Moído (CAMB)

Além do emprego de asfaltos modificados com borracha, previamente à elaboração de mis-turas asfálticas, uma alternativa de emprego da Borracha Moída de Pneus (BMP) ou triturada é a realizada por processo ou via seca, quando o material é incorporado, em pequena quantidade, como agregado nas misturas asfálticas, dando assim uma destinação ambientalmente favorável à borracha descartada de pneus.

A incorporação por via seca, em geral, emprega borracha triturada com diâmetro superior a 0,42 mm; o material é incorporado sob a forma de agregado miúdo para a preparação de misturas asfálticas. Sandra Oda (2000) estudou diversas características dos asfaltos modificados com borracha e suas aplicações em pavimentação.

Já houve muito emprego e aplicação de borracha triturada como agregado parcial em misturas asfálticas. Um dos pioneiros foi o município de Santos (SP), em finais da década de 1990. O processo seco, em geral, emprega baixa porcentagem de borracha triturada na reposição de agregados (cerca de 2% do peso total), sendo possível o emprego de distribuições granulométricas mais finas (inferior a 1,2 mm) e mais grossas (com diâmetros de até 9,5 mm). Neste último caso, tem-se verificado algum acréscimo de deformação plástica nas misturas asfálticas, embora também ocorra aumento da elasticidade do material. As misturas que empregam borracha triturada mais fina aparentemente apresentam melhora de comportamento em relação a misturas asfálticas tradicionais (Pinheiro et al., 2003).

Pelo processo seco, Patriota et al. (2004) apresentam resultados de dosagem de misturas asfálticas usinadas a quente, permanecendo a mistura em digestão a 150°C por duas horas após a mistura, com adições de até 3% de borracha triturada como agregado, tendo sido verificada a diminuição da densidade teórica aparente das misturas com o incremento de borracha, bem como apresentação de maior flexibilidade (elasticidade).

5.3.5 Pré-Misturado a Quente (PMQ)

Definição

Os pré-misturados a quente são misturas asfálticas semelhantes aos CAUQs, porém elaboradas sem a introdução de material de enchimento. Em geral, são compostos, quanto ao diâmetro, por apenas dois tipos de agregados. Resultam, portanto, em misturas mais abertas (com maior índice de vazios) que os CAUQs, não existindo especificações rígidas quanto à dosagem dos agregados (Figura 5.23). Por resultarem em camadas mais flexíveis e serem menos custosos que os CAUQs, são preferencialmente utilizados como camada de regularização ou de ligação. As espessuras finais de compactação limitam-se entre 30 mm e 90 mm, segundo a faixa granulométrica adotada para sua fabricação (IBP, 1990).

Analisando-se tais faixas granulométricas para o PMQ na Figura 5.24, pode-se verificar que o uso de areia ou de pó de pedra (materiais com diâmetros inferiores a 2 mm, segundo a ASTM) será, naturalmente, na grande maioria das vezes, dispensado, uma vez que os limites inferiores das distribuições granulométricas toleram o fato de não haver agregados miúdos nas misturas de PMQ.

Dosagem

Os teores de CAP a serem adotados são, como no caso dos concretos asfálticos, definidos pelo método Marshall.

Fig. 5.23 *PMQ acabado após compactação*

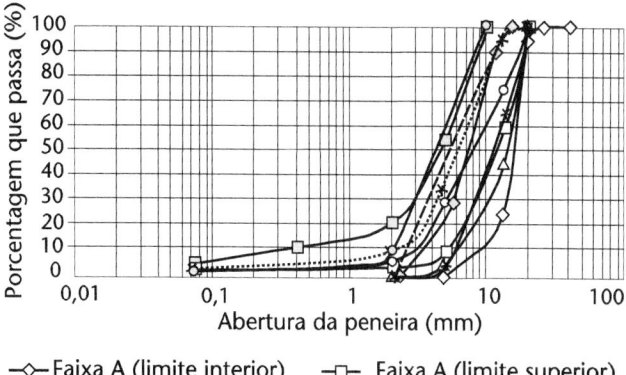

Processo construtivo

São executados com vibroacabadoras para distribuição e pré-compactação, da mesma forma que os CAUQs. Para sua distribuição em pista, é possível o uso de motoniveladoras, desde que sejam tomados cuidados especiais, a fim de minimizar a segregação do material.

5.3.6 Areia-Asfalto a Quente (AAQ)

A mistura areia-asfalto é também preparada a quente em usina adequada, sendo a fração granular composta por agregado miúdo (areia) e material de enchimento (fíler), quando for o caso. Tal material presta-se como camada de revestimento, de regula-

—◇— Faixa A (limite interior)   —□— Faixa A (limite superior)
—○— Faixa B (limite superior)   —✳— Faixa C (limite superior)
--- Faixa D (limite interior)   —○— Faixa D (limite superior)
—□— Faixa E (limite superior) —△— Faixa B (limite inferior)
—◇— Faixa E (limite inferior)   ···✳··· Faixa C (limite inferior)

Fig. 5.24 *Faixas granulométricas para o PMQ*
Fonte: DER/SC, 1992.

rização e de base de pavimentos asfálticos. Como material de enchimento, como nos demais casos, usam-se os cimentos, a cal extinta, pozolanas etc. As distribuições granulométricas para essa mistura sugeridas pelo DNIT (2005) são apresentadas na Tabela 5.3. Em sua fabricação, são empregados os CAPs 30-45, 50-70 e 85-100.

Tabela 5.3 *Distribuições granulométricas para as misturas areia-asfalto*

ABERTURA DA PENEIRA (mm)	PORCENTAGEM PASSANTE (%)	
	FAIXA A	FAIXA B
9,5	100	—
4,8	80–100	100
2,0	60–95	90–100
0,42	16–52	40–90
0,18	4–15	10–47
0,075	2–10	0–7

Fonte: DNIT 032/2005-ES.

Dosagem

Geralmente o teor de asfalto em misturas dessa natureza encontra-se entre 6% e 12% (em peso). Os teores de CAP a serem adotados são, como no caso dos concretos asfálticos, definidos pelo método Marshall.

Processo construtivo

São executados com vibroacabadoras para distribuição e pré-compactação, da mesma forma que os CAUQs. Para sua distribuição em pista, é possível o uso de motoniveladoras, desde que cuidados especiais sejam tomados, a fim de minimizar a segregação do material. Rolos de pneus e lisos são também empregados para a garantia de atendimento do grau de compactação necessário.

5.3.7 Microrrevestimento Asfáltico a Quente (MRAQ ou MCAQ)

Definição

Trata-se de camada delgada de mistura asfáltica usinada a quente, empregando preferencialmente CAP modificado com polímero, que possui espessura delgada de 20 mm a 30 mm. A distribuição granulométrica dos agregados é contínua, resultando em uma mistura fina e impermeável, sem função estrutural, empregada mais no aspecto de manutenção preventiva dos pavimentos asfálticos (Tabela 5.4).

É um material que pode ser utilizado como microrrevestimento de pavimentos de baixo custo e também como opção de manutenção de pavimentos asfálticos que apresentem alguns tipos de patologias superficiais específicas (fissurações sem desagregação). Possui ainda funções impermeabilizante e aderente (pneu-pavimento), podendo ser utilizado como camada final de pavimentos revestidos com macadames betuminosos.

Tabela 5.4 *Faixa granulométrica para o MRAQ*

PENEIRA (ABERTURA)	(% QUE PASSA)
4	100
8	80–100
16	50–90
30	30–60
50	20–45
100	10–25
200	5–15

5.3.8 Compactação e Controle de Misturas Asfálticas a Quente

Conceitos fundamentais

Acrescentamos este item para concluir a apresentação das misturas asfálticas a quente, tendo em vista a extrema necessidade de uma formação consciente e bem fundamentada do engenheiro, sobre os riscos de execução de misturas asfálticas de pouca qualidade, em especial durante as operações de transporte, lançamento e compactação do material. Uma atitude severa quanto à tecnologia do material evitaria o desperdício, algo que ocorre diariamente. Para abordar tais aspectos, vamos nos pautar em dados e opiniões de especialistas americanos na década de 1980, quando já se acumulava uma apreciável experiência de controle tecnológico nos EUA, que permitia visualizar os maiores problemas a serem enfrentados, sua mitigação, para alcance de bom desempenho do produto final.

O QUE NÃO DEVE ACONTECER NA PISTA AO LANÇAR E COMPACTAR A MISTURA ASFÁLTICA:
- A mistura não deve SEGREGAR
- A mistura não deve AFUNDAR durante sua compactação
- A mistura não deve EXSUDAR durante sua compactação

As vibroacabadoras modernas apresentam geralmente um distribuidor vibratório, que permite a regulagem, muitas delas a laser, da altura entre a face inferior da mesa de pré-compactação e a superfície existente. Em função de variáveis mais importantes, como a temperatura de distribuição da mistura asfáltica (ideal no mínimo 150°C), a velocidade da vibroacabadora, a espessura da mistura asfáltica sendo lançada e as condições ambientais, a massa asfáltica pré-compactada, após a passagem da distribuidora, vai se encontrar em um grau de compactação de cerca de 75% a 85% da densidade máxima teórica da mistura (eliminados os vazios).

O emprego de rolos compactadores tem como propósito incrementar tal grau de compactação para, no mínimo, 93% da densidade máxima teórica, o que representaria 7% de vazios. Para a compactação das misturas, modernamente são empregados os rolos compactadores autopropelidos, geralmente de três tipos: rolos lisos estáticos, rolos pneumáticos e rolos lisos vibratórios. A habilidade oferecida pelos três tipos de rolo de compactação deve ser ajustada caso a caso, o que se faz nos rolos lisos com o ajuste do lastro de carga; nos rolos pneumáticos, com a alteração nas pressões dos pneus; e nos rolos vibratórios, com a variação da frequência de vibração.

Os rolos de pneus, por permitirem ajuste de pressão, proporcionam um início de compactação com menor pressão, evitando-se os afundamentos na mistura ainda quente; seu processo de compactação é por compressão vertical e amassamento do material. Os rolos lisos são mais empregados para o acabamento da superfície. Durante tais trabalhos de compactação, ocorrem forças que se opõem a essa compactação, que devem ser adequadamente vencidas. Os agregados, em função de sua forma, apresentam uma resistência friccional, bem como o asfalto apresentará forças resistentes coesivas iniciais. Ambos os materiais, em conjunto, denotam uma dada viscosidade na mistura que também atua contrariamente a seu fluxo induzido pelos rolos de compactação.

OBJETIVOS DA CORRETA COMPACTAÇÃO DA MISTURA ASFÁLTICA (BROWN, 1984):
- Prevenir a compactação complementar proporcionada pelas cargas dos veículos pesados
- Garantir a adequada resistência ao cisalhamento do revestimento asfáltico
- Obter uma porcentagem de vazios que, quando necessário, evite a permeabilidade da superfície
- Prevenir, graças à falta de permeabilidade, oxidação excessiva da mistura

Kennedy et al. (1894) apresentaram importantes estudos que dizem respeito a como o grau de compactação seria afetado em função de inúmeras variáveis, entre elas a distribuição granulométrica dos agregados, o emprego de asfalto adicional em misturas asfálticas recicladas a quente e a temperatura de compactação. Medidas de resistência à tração, de módulo de resiliência e de estabilidade Marshall ilustram bem como as características que afetam o desempenho de misturas asfálticas são afetadas pelas variáveis consideradas. Para iniciar, na Figura 5.25 são apresentadas as curvas de variação da resistência à tração de uma mesma mistura asfáltica bem graduada e com CAP tipo AC-5 (convencional). Observa-se de tais resultados que a temperatura de compactação é muito importante no ganho de resistência de misturas asfálticas densas.

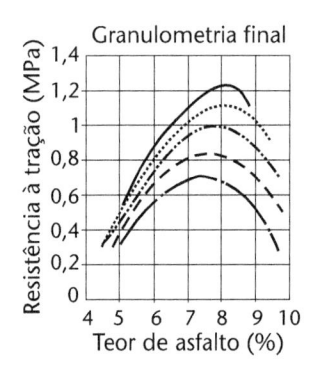

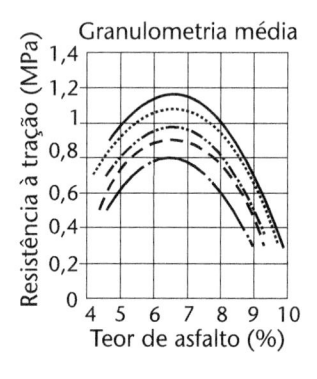

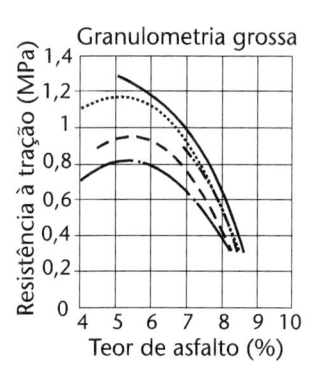

Fig. 5.25 *Resistência à tração de mistura asfáltica densa em função da temperatura de compactação*

— T = 149°C ····· T = 135°C −··− I = 107°C − − T = 93°C −··− I = 121°C

COMPACTAÇÃO DA MISTURA ASFÁLTICA EM TEMPERATURA INFERIOR À ESPECIFICADA
RESULTA EM:

- Perda de estabilidade da mistura
- Diminuição da resistência à tração da mistura
- Redução do módulo de resiliência da mistura
- Perda de peso específico e aumento dos vazios na mistura
- Maior e mais precoce deformação plástica e menor resistência à fadiga da mistura em uso
- Riscos de baixo desempenho do revestimento asfáltico em serviço (Usace – Brown, 1984)
- Maiores chances de fissuras prematuras de topo de camada

A proteção de camadas inferiores proporcionadas por misturas asfálticas densas contra a percolação de água superficial para dentro da estrutura do pavimento, segundo Brown (1984), é francamente atingida, ou seja, tem-se uma camada impermeável quando o total de vazios na mistura não é superior a 7%. Além disso, como a oxidação do asfalto na estrutura interna da camada está relacionada à permeabilidade oferecida pela camada, a taxa de oxidação está relacionada a essa permeabilidade, ou seja, é inversamente proporcional ao peso específico atingido pelo material. Essa é a razão pela qual as misturas mais abertas, como o CPA, merecem um CAP modificado mais resistente à ação da água e de solventes nela contidos, para obter melhor durabilidade e desempenho.

Quanto à densidade, é importante recordar o efeito da maior ou menor presença de finos na mistura asfáltica convencional. Quanto maior for a porcentagem de material passante pela peneira #200 (0,075 mm), maior será a redução de volume de vazios e a queda no teor de asfalto de dosagem; isso faz com que a mistura se torne mais rígida e mais difícil de compactar em campo. Segundo Brown (1984), a massa passante de material naquela abertura além de 6% a 7% causa dificuldades para se obter, em campo, um grau de compactação de 98% do peso específico, obtido em laboratório com 75 golpes por face do corpo de prova.

A compactação inicial da mistura pode ser executada com rolo metálico liso, sendo, na sequência, empregado um rolo pneumático com ajuste de pressões para se obter grau de compactação de 95% a 98% em campo. O rolo liso é usado no acabamento, eliminando as marcas irregulares eventualmente causadas pelo emprego do rolo de pneus. Como o peso específico obtido em pista está vinculado à temperatura de compactação e à forma de rolagem do material, muitas das causas do mau comportamento de misturas asfálticas se associam a processos construtivos inadequados. A má durabilidade de misturas asfálticas está relacionada, em muitas situações, à compactação inadequada em pista (Kandhal e Koehler, 1984). No Quadro 5.4 são sistematicamente descritos os principais fatores que afetam a compactação de misturas asfálticas.

Quadro 5.4 *Fatores que afetam a compactação de misturas asfálticas*

PROPRIEDADES DOS MATERIAIS	QUESTÕES DE NATUREZA CONSTRUTIVA	FATORES DE CARÁTER AMBIENTAL
Ligantes asfálticos: • Teor de ligante • Propriedades físico-químicas *Agregados*: • Composição granulométrica • Diâmetros dos grãos • Forma dos grãos • Faces fraturadas • Volume	*Usinagem*: • Tipo de usina (controle por peso ou volume) • Distância de transporte • Caçambas térmicas *Compactação*: • Tipos de rolos • Quantidade de rolos • Número de passadas • Velocidade de rolagem • Espessura solta • Deformabilidade das camadas inferiores	• Temperatura do ar • Temperatura da camada de apoio • Velocidade do vento • Radiação solar • Umidade do ar • Chuva

Monismith et al. (1989) apresentam uma ilustração já clássica no que tange à dosagem da mistura asfáltica quanto a seu teor de asfalto e os conceitos de estabilidade da mistura sob ação de cargas, bem como de durabilidade dos revestimentos asfálticos. A ilustração, reproduzida de modo adaptado na Figura 5.26, indica que, a partir de um certo ponto, o aumento do teor de asfalto na mistura causa uma perda de estabilidade, resultando em melhor desempenho, em especial no que diz respeito à fadiga (desenvolvimento de fissuras) do material.

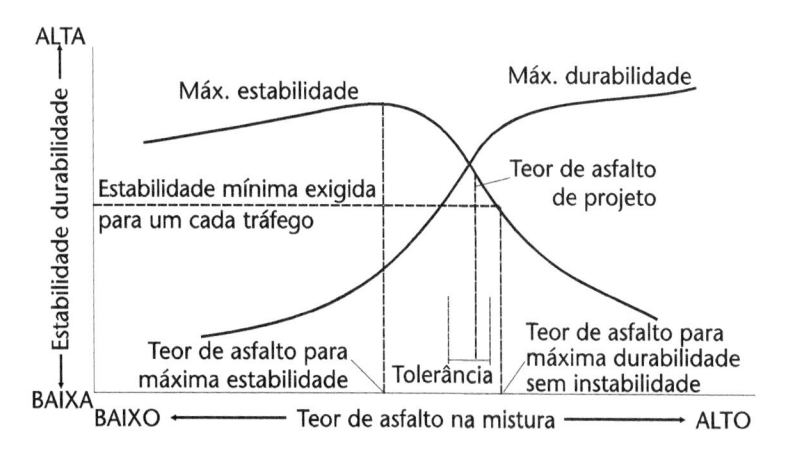

Fig. 5.26 *Estabilidade e durabilidade de misturas asfálticas em função do teor de asfalto*

Pavimentação Asfáltica

5.4 Revestimentos por Tratamentos Superficiais e Penetração de Asfaltos

5.4.1 Tratamentos Superficiais (TS)

Definição

Os tratamentos superficiais são revestimentos delgados constituídos por asfalto e agregados, executados sobre a base ou sobre o revestimento existente de um pavimento, não sendo utilizados processos de usinagem em sua execução. Existem diversas especificações de granulometria para os TS, conforme exemplo na Tabela 5.5.

Tabela 5.5 *Faixas granulométricas para tratamentos superficiais*

Peneiras (mm)	TSS Faixa A	TSS Faixa B	TSS Faixa C	TSD 1ª camada	TSD 2ª camada Faixa A	TSD 2ª camada Faixa B	TST 1ª camada	TST 2ª camada	TST 3ª camada	TSD Direto 1ª camada	TSD Direto 2ª camada	TSD Direto 3ª camada
38,1	—	—	—	—	—	—	100	—	—	100	—	—
24,5	—	—	—	100	—	—	90–100	—	—	95–100	—	—
19,1	—	—	—	90–100	—	—	20–55	—	—	35–55	100	—
12,7	—	100	100	20–55	100	—	0–10	100	—	0–15	90–100	—
9,5	100	85–100	85–100	0–15	85–100	100	0–5	90–100	100	0–5	40–70	100
4,8	85–100	10–30	0–10	0–5	10–80	85–100	—	40–70	85–100	—	0–15	85–100
2,0	10–40	0–10	0–1	—	0–10	10–40	—	0–15	10–40	—	0–3	8–32
1,2	0–5	—	—	—	—	—	—	—	—	—	—	—
0,42	—	—	—	—	—	—	—	0–5	0–5	—	—	0–6
0,075	0–2	0–2	—	0–2	0–2	0–2	0–2	0–2	0–2	0–2	—	—

Fonte: DNER, 1971.

Os materiais asfálticos aplicáveis na execução dos tratamentos superficiais são os CAPs, os asfaltos diluídos e as emulsões asfálticas. O CAP deve ser aplicado a quente, sendo utilizados os tipos menos viscosos (CAP-7 ou CAP 150/200) a fim de se conseguir boa penetração do material asfáltico na camada de agregados.

Os asfaltos diluídos de cura rápida (CR-250, CR-800 e CR-3000) podem ser utilizados desde que a camada de tratamento não esteja sendo executada sobre um revestimento asfáltico existente. Quando se opta por utilizar tal tipo de material, o tráfego sobre a superfície não poderá ser liberado antes da completa secagem do asfalto diluído para que esteja garantida a boa fixação dos agregados.

O uso de emulsões asfálticas é bastante corriqueiro para os tratamentos superficiais, em geral aquelas de ruptura rápida (RR-1C e RR-2C), que podem eventualmente ser aquecidas até determinadas temperaturas para a garantia de um bom espargimento do material.

Os teores de materiais asfálticos aplicáveis devem ser fixados, para cada caso em projeto, em função do material asfáltico disponível. Na dosagem, o tipo e as características dos agregados a serem utilizados podem ter influência marcante na fixação de teores ou taxas de aplicação.

No caso de tratamentos superficiais de penetração direta, é recomendado o uso de emulsões asfálticas de ruptura rápida.

Conforme o processo construtivo adotado para a execução, esses tratamentos podem ser designados tratamentos por "penetração invertida" ou por "penetração direta", consistindo em camada simples (TSS), dupla (TSD) ou tripla (TST).

Processo construtivo

A construção dos tratamentos superficiais consiste na aplicação de material asfáltico sobre a superfície em questão, seguida da distribuição uniforme de agregados sobre o material asfáltico, com posterior compactação (Figura 5.27). Essa sequência de operações é repetida no caso de tratamentos superficiais duplos ou triplos. Quando há mais de uma camada de aplicação de agregados, as camadas superiores são executadas, sucessivamente, com agregados de dimensões máximas decrescentes.

Cada camada que compõe o TS recebe uma taxa de imprimação do ligante conforme especificado no Quadro 5.5. Após a execução de cada camada de tratamento, deve-se esperar a fixação dos agregados pelo material asfáltico, para realizar-se a varredura da superfície terminada para a retirada de material solto.

Existem alguns cuidados necessários durante a execução dos tratamentos superficiais para que não ocorram defeitos de natureza construtiva. De acordo com Villacres (1991), espalhar os agregados imediatamente após a aplicação da emulsão é fundamental, pois longo tempo de espera causaria a não fixação dos agregados.

Problemas de exsudação do ligante asfáltico são mais comuns quando se utilizam agregados bem graduados e com forma não cúbica. Estrias longitudinais devem ser evitadas por meio da garantia de que os bicos da barra espargidora de ligante asfáltico estejam em perfeito funcionamento.

Para os tratamentos superficiais, é sempre conveniente o emprego de agregados o mais cúbicos possível, além de ser também conveniente o emprego de agregado monogranular, ou seja, mal graduado.

5.4.2 Macadame Betuminoso (MB)

Definição

Como o próprio nome indica, o macadame betuminoso apresenta sua origem no macadame hidráulico, bastante empregado desde o século

Fig. 5.27 *Aplicação de primeira camada de TSD sobre solo arenoso fino laterítico*

XIX, incluindo, logicamente, a incorporação de ligante asfáltico ao produto. A utilização dos macadames betuminosos no passado foi bastante intensa, em especial na Inglaterra (*tarmacadam*) antes da Segunda Grande Guerra e na França do pós-guerra, quando a técnica predominante era a dupla aplicação de ligantes asfálticos, primeiramente muito fluidos e, em seguida, muito viscosos (Probisa, 1983).

As emulsões asfálticas de ruptura rápida (RR-1C e RR-2C) e os CAPs de baixa viscosidade (CAP-7 ou CAP 150/200, na classificação antiga) são preferencialmente utilizados para se obter bons resultados após o espargimento.

Quadro 5.5 *Consumo de agregados e taxas de aplicação em TS*

Tipo do tratamento	Camada	Consumo de agregados (m²)	Materiais Asfálticos	Taxa de aplicação (ℓ/m²)
Simples	Faixa A*	7	Asfaltos diluídos e emulsões	0,5
Invertido	Faixa B*	12	CAP, asfaltos diluídos e emulsões	0,8
	Faixa C*	12	CAP, asfaltos diluídos e emulsões	0,8
Duplo	1ª	25	CAP, emulsões e asfaltos diluídos mais viscosos	1,3
Invertido	2ª	12	CAP, emulsões e asfaltos diluídos menos viscosos	1,0
Triplo	1ª	36	CAP, emulsões e asfaltos diluídos mais viscosos	1,5
Invertido	2ª	16	CAP, emulsões e asfaltos diluídos menos viscosos	1,5
	3ª	7	CAP, emulsões e asfaltos diluídos menos viscosos	0,5
Duplo	1ª	30-37	Emulsões	2,6–3,2
Direto	2ª	18-22	Emulsões	2,0–2,4
	3ª	7-10	Não se aplicam	—

Fonte: IBP, 1990.

O IBP (1990) recomenda que o ligante asfáltico seja aplicado à base aproximada de 1,0 ℓ/m² por centímetro de espessura da camada de agregados. A distribuição granulométrica dos agregados e as taxas de aplicação de ligantes asfálticos recomendadas pelo DER-SP são indicadas na Tabela 5.6.

Processo construtivo

Os MBs são elaborados por meio de aplicações sucessivas de material asfáltico sobre camadas compactadas de agregados. Não existe um critério de dosagem específico para o material que resulta de penetração do ligante na camada pré-executada de macadame, sendo o controle de ligante realizado por taxas de aplicação, resultantes da experiência acumulada no emprego do material e especificadas em normas técnicas.

O processo construtivo consiste na execução de camadas sucessivas de agregados, devidamente compactadas, seguida da aplicação do material asfáltico, com taxas de aplicação preestabelecidas. O diâmetro máximo dos agregados diminui de camada para camada, que devem ser executadas até se atingir a espessura definida em projeto.

Tabela 5.6 *Distribuições granulométricas para macadames betuminosos*

Peneiras (mm)	Faixa I-A	Faixa I-B	Faixa I-C	Faixa I-D	Faixa I-E	Faixa II-A	Faixa III-A
88,9	100	—	—	—	—	—	—
76,3	95–100	100	—	—	—	—	—
63,5	70–90	95–100	100	—	—	—	—
50,8	50–70	60–80	95–100	100	—	—	—
38,1	30–50	40–60	55–75	95–100	100	—	—
25,4	10–30	15–35	25–45	35–55	95–100	—	—
19,1	5–25	5–25	10–30	10–30	35–55	100	—
12,7	0–15	0–15	0–15	0–15	0–15	90–100	—
9,5	0–5	0–5	0–5	0–5	0–5	40–70	100
4,8	—	—	—	—	—	0–15	85–100
2,0	—	—	—	—	—	0–3	8–32
0,42	—	—	—	—	—	—	0–6
0,075	0–2	0–2	0–2	0–2	0–2	—	—
Espessura da camada (mm)	75–100	65–75	50–65	40–50	25–40	—	—
Agregados (kg/m^2)	160–210	135–160	110–135	80–110	55–80	6	5–8
Ligante 1ª aplicação (ℓ/m^2)	4,5–8,2	4,1–5,4	3,2–5,0	2,7–4,1	1,9–3,6	—	—
Ligante 2ª aplicação (ℓ/m^2)	5,4–6,8	3,2–6,8	3,6–4,5	1,8–4,5	1,3–2,7	—	—

Fonte: DER-SP, 1992.

5.5 Misturas Asfálticas a Frio

5.5.1 Pré-Misturado a Frio (PMF)

Definição

O pré-misturado a frio constitui uma mistura de agregados e materiais asfálticos pouco viscosos (emulsões) à temperatura ambiente, empregando algum equipamento misturador (*pugmill*), sem a necessidade de aquecimento dos agregados ou do ligante. As misturadoras podem variar de usinas de grande capacidade até caminhões-betoneira, desde que devidamente adaptados para o transporte e a injeção do ligante asfáltico.

Um aspecto a ser recordado é que, em mis-turas abertas, sempre é recorrente o problema da coesão do ligante asfáltico com o esqueleto mineral da mistura, que, além de ser reduzida, é impunemente prejudicada pela ação de água permeando a mistura, o que contribui para a oxidação e lavagem do ligante do PMF no decorrer do tempo.

O PMF pode ser elaborado com diferentes distribuições granulométricas de agregados (Tabela 5.7), resultando em misturas mais abertas ou mais

Tabela 5.7 *Faixa granulométrica para PMF*

Peneira (mm)	(% que passa)
12,7	100
9,5	75–100
4,8	50–90
2,0	35–75
0,43	10–45
0,075	2–10

Fonte: Koehler, 1993.

fechadas, ou, ainda, em misturas densas; neste caso, o resultado final poderia aproximar-se, em tese, após a ruptura completa da emulsão, do que se conhece por CAUQ. Porém, neste caso, o índice de vazios deverá ser relativamente pequeno para que possa ser empregado como revestimento asfáltico, de maneira a se evitar densificação da camada pelo tráfego e ocorrência de deformações plásticas em trilhas de roda.

Segundo o IBP (1990), as emulsões asfálticas de ruptura média são aquelas mais empregadas na elaboração dos PMF abertos; para misturas densas, podem ser utilizados os asfaltos diluídos e as emulsões de ruptura rápida. As emulsões de ruptura média são bastante interessantes nos casos em que é prevista a estocagem da mistura, antes de seu uso, por alguns dias.

Aplicações do PMF

Quando o PMF é aberto, seu índice de vazios pode chegar a 20%, resultando, neste caso, em material bastante drenante. Tal característica reporta à necessidade de cuidados especiais com a mistura: a camada inferior ao PMF deverá estar bem selada (ou mesmo ser fechada) para impedir a descida de água para camadas subjacentes, sendo então necessário que o PMF se estenda até a borda do acostamento para ocorrer drenagem lateral da água.

No caso de misturas abertas, o material terá resistência basicamente provida pelo esforço de compactação, devido ao atrito interno entre os agregados; o ligante é capaz de prover uma coesão mínima entre os grãos (Probisa, 1983). São especialmente indicadas como camada de base ou de regularização para um pavimento existente.

Além da utilização como camadas de pavimento, em nosso país é muito frequente sua aplicação como material para a execução de serviços de manutenção em vias urbanas e mesmo em rodovias (tapa-buracos).

Um PMF não apresentará, após sua execução, idênticos padrões mecânicos de um concreto asfáltico. Apesar disso, o ganho de resistência mecânica do material ocorre ao longo do tempo. No exterior, este material vem ganhando maior campo de aplicações no caso da reciclagem de antigos revestimentos asfálticos fresados.

Dosagem

Os teores de emulsão asfáltica a serem adotados são, como no caso dos CAUQs, definidos pelo método Marshall. Muito embora este ainda seja utilizado para sua dosagem na prática comum, é necessário ressalvar que não existe um critério ainda consagrado para a definição do teor ideal de ligante em laboratório, nem de seu índice de vazios, sendo, portanto, ainda aplicáveis critérios empíricos, também muitas vezes não encontrados de forma organizada na literatura.

Processo construtivo

Existe uma grande variedade de usinas fabricadas exclusivamente para a elaboração de pré-misturados a frio, como misturadoras do tipo *pugmill*, com dosadoras de agregados, o que permite a fabricação de misturas contínuas ou descontínuas. Usinas misturadoras de solos e agregados podem ser também empregadas sem maiores dificuldades, além das próprias usinas para a produção de concretos asfálticos. O espalhamento do PMF pode ser realizado com o uso de motoniveladoras, sendo as vibroacabadoras mais aconselhadas para se evitar a segregação do material.

5.5.2 Lama Asfáltica (LA) ou Microrrevestimento Asfáltico a Frio (MRAF)

Definição

As lamas asfálticas são misturas bastante fluidas de agregados miúdos, material de enchimento (fíler) e ligante asfáltico (emulsões diluídas em água), com granulometria 100% de pó de pedra (Tabela 5.8), com espessura em torno de 5 mm.

Os microrrevestimentos asfálticos são argamassas pré-misturadas que possuem cerca de 40% de pedrisco (≥ 4mm), sendo normalmente elaborados com emulsões de asfaltos modificados com polímeros. Suas espessuras variam de 8 mm a 20 mm.

Esses materiais podem ser utilizados como microrrevestimento de pavimentos de baixo custo e também como opção de manutenção de pavimentos asfálticos que apresentem alguns tipos de patologias superficiais específicas (fissurações sem desagregação). Possuem ainda função impermeabilizante e aderente (pneu-pavimento), podendo ser utilizados como camada final de pavimentos revestidos com tratamentos superficiais ou com macadames betuminosos (Cape Seal).

Tabela 5.8 *Faixas recomendadas para LA e MRAF pela ISSA (2005)*

Peneiras	Faixa I	Faixa II	Faixa III
9,5	100	100	100
4,75	100	90–100	70–90
2,36	90–100	65–90	45–70
1,18	65–90	45–70	28–50
# 30	40–65	30–50	19–34
# 50	25–42	18–30	12–25
# 100	15–30	10–21	7–18
# 200	10–20	5–15	5–15
Teor de asfalto em LA (%)	10–16	7,5–13,5	6,5–12
Teor de asfalto em MRAF (%)		5,5–9,5	5,5–9,5

Obs.: os microrrevestimentos asfálticos podem ser também elaborados a quente com CAP

5.5.3 Areia-Asfalto a Frio (AAF)

Definição

Misturas do tipo areia-asfalto a frio são bas-tante semelhantes às misturas de areia-asfalto a quente, exceção feita ao tipo de ligante e ao processo de fabricação e execução. As emulsões asfálticas de ruptura média ou lenta e os asfaltos diluídos de cura rápida ou média são os ligantes que podem ser utilizados para sua fabricação. A espessura final de uma camada de areia-asfalto a frio não deve ser superior a 40 mm (IBP, 1990).

Fabricação e aplicação em pista

Quanto à sua fabricação, usinas misturadoras do tipo *pugmill* são recomendadas, podendo-se utilizar, eventualmente, betoneiras. Para sua compactação, são toleradas, em algumas circunstâncias, as motoniveladoras; alguma aeração do material é necessária antes do início do serviço de compactação da mistura, para o qual são utilizados rolos lisos do tipo tandem.

5.5.4 Cape Seal

Nome derivado da cidade de onde se originou o emprego desta técnica (Cape Town, África do Sul), o *Cape Seal* constitui simplesmente a sucessiva execução de um Tratamento Superficial Simples (TSS) e de um Microrrevestimento Asfáltico (MRA), sendo, em ambas as camadas, empregado asfalto modificado por polímeros.

5.6 Imprimações e Pinturas Asfálticas

Definições

As imprimações impermeabilizantes e as pinturas asfálticas são serviços que consistem na aplicação de um filme asfáltico sobre uma superfície ou camada de pavimento. Ambos os tipos de serviços podem promover a aderência entre duas camadas de um pavimento. São aplicadas sobre bases granulares (imprimação impermeabilizante), sobre bases e revestimentos asfálticos (pintura de ligação), sobre revestimentos asfálticos (banho selante) e em fissuras de revestimentos asfálticos (selantes).

Imprimações asfálticas

Às imprimações asfálticas está sempre associada a função de impermeabilizar uma superfície de uma camada de pavimento. O ligante asfáltico aplicado sobre a superfície de uma base (ou de uma sub-base) de pavimento penetrará em seus extratos superiores, promovendo o enchimento dos vazios nessa região, diminuindo fatalmente as possibilidades de infiltração de águas pela superfície da camada em questão.

Além desse fato, na região onde ocorrer a penetração do ligante asfáltico, haverá evidente ganho de coesão no material; ademais, a superfície assim tratada apresentará melhores condições de aderência com uma camada de revestimento asfáltico.

Os asfaltos diluídos de baixa viscosidade e cura média (CM-30 e CM-70) são utilizados com o objetivo de permitir essa adequada penetração do ligante na parte superior da base imprimada. O DNER (1971) recomenda a adoção de taxas de aplicação de ligante entre 0,8 ℓ/m^2 e 1,6 ℓ/m^2, em função do tipo de textura da superfície a ser imprimada e do tipo de material asfáltico adotado. Assim, por exemplo, se a textura da superfície for aberta, menores taxas serão exigidas quando se utilizar o CM-30 em comparação ao CM-70.

Pinturas (banhos) selantes

As emulsões asfálticas podem ser aplicadas sobre superfícies de revestimentos que apresentem trincas interligadas sem processos de desagregação, como meio de selagem, inibindo a infiltração de água na superfície do pavimento.

Os banhos de emulsão podem ainda servir com a função específica de rejuvenescer a superfície de um revestimento asfáltico oxidado, com intenso desgaste, incrementando a coesão e fornecendo recobrimento aos agregados.

Pinturas de ligação

Quando não há necessidade específica de penetração do material asfáltico para a impermeabilização de uma superfície, sendo necessária apenas a promoção de uma superfície aderente, as pinturas de ligação são então recomendadas.

Este tipo de serviço é particularmente importante para a garantia de adequada aderência entre camadas de revestimentos asfálticos antigos e de reforço (novo revestimento), e também entre camadas asfálticas novas (de rolamento e de ligação, por exemplo).

As emulsões asfálticas são utilizadas nesses casos, as quais podem ser de ruptura rápida, média ou lenta, o que é também função da programação dos serviços de pavimentação a serem executados.

A taxa de aplicação de material asfáltico deve situar-se próxima a 0,5 ℓ/m^2, segundo o DNER, recomendando-se, para tanto, a diluição da emulsão em água, na proporção volumétrica de 1:1 (IBP, 1990).

No caso de aplicação de emulsões sobre bases estabilizadas com ligantes hidráulicos ou de concreto compactado com rolo, o DNER recomenda a irrigação das superfícies apenas para o preenchimento de vazios (não deverá apresentar excesso de água).

Em casos como o mencionado, é possível ainda a utilização de asfalto diluído de cura rápida (CR-70), uma vez que não se trata de superfícies de revestimentos asfálticos que poderiam ser danificadas pela ação dos hidrocarbonetos leves contidos no asfalto diluído.

Processo de execução

A aplicação das imprimações e pinturas de ligação se dá por meio de bicos espargidores (Figura 5.28) ou por barra espargidora fixada no caminhão que se movimenta. As taxas de aplicação são controladas conforme o material e a finalidade da aplicação.

5.7 Materiais Estabilizados com Cimentos: uma redescoberta no século XX

5.7.1 Brita Graduada Tratada com Cimento (BGTC)

Fig. 5.28 *Aplicação de imprimação impermeabilizante com bico espargidor*

Definições

A BGTC compreende uma mistura de agregados do tipo BGS (pedras britadas) com uma pequena quantidade de cimento Portland, em geral de 3% a 4% em peso da mistura total. Esse baixo consumo de cimento significa algo em torno de 75 kg/m³.

Materiais dessa natureza, embora apresentem rigidez elevada, apresentam também heterogeneidade e presença de vazios não preenchidos por cimento muito expressivas (Figura 5.29). Essa pequena quantidade de ligações pasta-agregado acarreta baixa resistência e tenacidade medíocre. Em decorrência dessas características, seu comportamento à fadiga é sofrível, comparado com misturas mais homogêneas e argamassadas, como CCR e concretos convencionais.

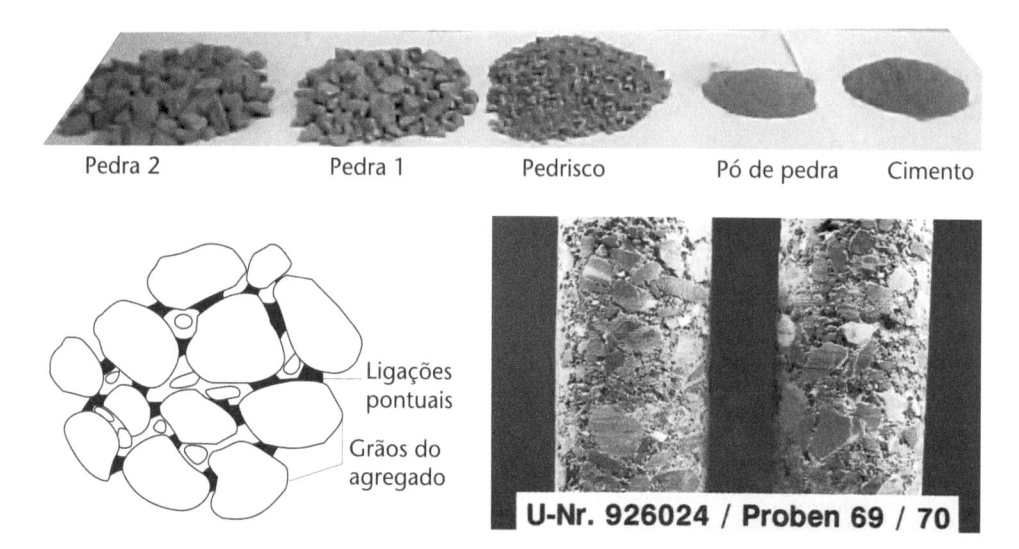

Fig. 5.29 *BGTC – estrutura interna (composição, representação dos vazios e amostras extraídas de pista)*

Dosagem da BGTC

Balbo (1993) propõe uma formulação para preparação da BGTC que possibilita a busca de melhores propriedades para o material, em termos de resistência e módulo de deformação, para um menor consumo de cimento, uma vez que o teor de umidade da mistura (relação água/cimento) é um fator muito condicionante para o ganho de resistência da BGTC. As especificações nacionais não fazem menção a essa peculiaridade da mistura. Contudo, em face das conclusões inferidas a partir de estudos experimentais, é extremamente aconselhável que o teor de umidade seja objeto de dosagem da mistura, o que se considera da seguinte maneira:

1. Proceder, inicialmente, à dosagem por consumo de cimento em peso, para valores entre 3% e 5%, como recomenda a ABNT.
2. Mediante ensaios estáticos aos 7 dias ou 28 dias de idade dos corpos de prova, selecionar o teor de cimento que permita o maior ganho de resistência para a BGTC.
3. Para o teor de cimento escolhido, realizar dosagem complementar quanto ao teor de umidade da mistura, que varia entre a umidade ótima de compactação e 2% abaixo dessa umidade de referência.
4. Por meio de ensaios estáticos aos 7 dias ou 28 dias de idade dos corpos de prova, dosados quanto ao teor de umidade, selecionar o teor de umidade que conduza ao maior ganho de resistência.
5. Se o projeto já especifica uma dada resistência, é possível pelo procedimento descrito, ou seja, controlando-se o consumo de cimento e o teor de umidade, encontrar o consumo de cimento mais econômico para atingir-se a resistência especificada.

Alternativamente, em obras de pequena responsabilidade, quando não for viável a elaboração de um completo estudo de dosagem (projeto da mistura), recomenda-se a elaboração de mistura com teor de umidade de 1% abaixo daquela de referência (umidade ótima de compactação), fixando-se o consumo de cimento entre 3% e 4% em peso.

O procedimento de dosagem complementar quanto ao teor de umidade garantirá o melhor aproveitamento possível das misturas de BGTC. Recorda-se aqui que, no caso dos materiais estabilizados com cimento, para a sua completa hidratação, seriam requeridos tão somente cerca de 20% de seu peso em água.

Método de execução

A BGTC é preparada em usina tipo *pugmill* (de agregados) com rosca sem fim, devendo o cimento e a água serem introduzidos na própria misturadora, empregada para o preparo de brita graduada simples. Dependendo das condições de obra, poderá ser adicionado um aditivo retardador de pega na mistura, em especial quando a distribuição em pista é realizada com auxílio de motoniveladora.

Cuidados especiais devem ser tomados para se evitar a segregação da mistura, como, por exemplo, diminuição da altura de queda entre a boca de saída da misturadora e a caçamba do caminhão, a circulação dos caminhões de transporte por caminhos malconservados e o descarregamento do material na pista em pilhas de formato cônico.

A BGTC, diferentemente da BGS, deverá ser compactada em espessura única, e não em camadas sobrepostas. Tal exigência implica limitações no emprego de vibroacabadoras para sua distribuição em pista, por limitações do equipamento quanto à espessura resultante, o que poderá exigir o emprego de motoniveladoras, bem como de rolos compactadores muito pesados.

Rolos lisos vibratórios são indicados para a compactação da mistura, complementados por rolos pneumáticos pesados, em especial para acabamento superficial. O processo é semelhante ao caso da BGS, não se notando, em pista, diferença visual entre ambos os materiais. Embora as normas nacionais, via de regra, ainda se reportem à exigência de grau de compactação superior a 100% da energia intermediária, é conveniente que o controle seja realizado com base na energia modificada, como se faz na Europa e nos EUA.

5.7.2 Solo Melhorado com Cimento (SMC)

Definições

O solo melhorado com cimento é um material resultante da mistura do solo natural com ligante hidráulico, que pode ser realizada tanto em pista quanto em usina de solos, resultando, após compactação (na umidade adequada), em uma camada que apresentará reduzida suscetibilidade à água, devido ao envolvimento dos grãos por uma quantidade mínima de cristais resultantes da hidratação do cimento (Figura 5.30).

Note-se que não se busca, com esta técnica, que o solo apresente resistência à compressão ou à tração na flexão para emprego em bases de pavimentos.

Busca-se tão somente uma estabilização do solo, de maneira a torná-lo menos expansivo, para que seja possível seu emprego como material de pavimentação dentro das restrições comuns de projetos.

Normalmente são atingidos valores de CBR mais elevados para estes materiais, o que deve ser considerado estatisticamente, pois, como em qualquer tipo de estabilização de solos com cimento, a pequena quantidade de cimento empregada confere ao material uma característica singular: a heterogeneidade.

Fig. 5.30 *Composição em volumes do SMC (acima) e do SC (abaixo)*

Solo argiloso laterítico (LG')
Terra Roxa Estruturada de Ourinhos (SP)

Cimento Portland CP-II-E-32
(4% em volume)

Solo laterítico arenoso de quartzo (LA)
de Boituva (SP)

Cimento Portland CP-II-E-32
(8% em volume)

A distinção mais clara entre o SMC e o SC é realizada pela quantidade de cimento empregado nas misturas e também pela finalidade dessa mistura (camada estável à ação de água ou camada trabalhando em flexão, de resistência muito elevada). Larsen (1967) apontava como misturas de SMC aquelas em que o teor de cimento fosse inferior a 7% em massa (ou 8% em volume).

O solo-cimento (SC) constitui uma mistura de solo com um dado teor de cimento que resulta, após a compactação e a hidratação do ligante hidráulico, em mistura com elevada rigidez, em comparação ao SMC. É objetivo da mistura proporcionar uma camada com elevada resistência, que acaba por trabalhar em flexão.

O SMC é uma mistura que pode ser menos ou mais rígida, dependendo do teor de cimento empregado. Logicamente, seu estado de endurecimento aproxima-se do SC quando os teores de cimento empregados são mais elevados.

5.7.3 Solo-Cimento (SC)

A ideia do emprego de misturas SC em bases de pavimentos emergiu do fato de que, em muitas obras viárias, não se encontravam disponíveis a custo razoável (causado por grandes distâncias de transporte) os materiais britados, de tal sorte que, nos primórdios de sua utilização, era indicado o material como alternativa de pavimentação de baixo custo. Fatores desta espécie foram motivadores para a introdução dessa tecnologia no Brasil a partir de 1950.

Larsen (1967) sugere teores de cimento não inferiores a 7% em massa ou 8% em volume para os solos finos, para os solos siltosos e argilosos que estudou predominantemente em seus experimentos. O autor também recorda que o atraso na compactação da mistura, seja em SC, seja em SMC, traz grandes prejuízos às propriedades mecânicas da mistura final curada, de modo que se recomenda a compressão da mistura em prazo que não supere o tempo de início de pega do SC.

O efeito do cimento nas misturas SC e SMC, diferentemente do caso dos agregados, é criar carapaças que envolvam os grãos de solo (menores que os cristais hidratados do cimento), criando uma barreira contra a água e evitando, em decorrência disso, a expansão de solos sensíveis à umidade (Figura 5.31).

Fig. 5.31 *Representação dos cristais de C-S-H envolvendo grãos de solo (esq.) e via romana com base de SC (dir.)*

Para maior clareza quanto aos volumes, na Figura 5.30 foram apresentadas as proporções reais empregadas nos tipos de mistura com cimento. Embora se mencione sempre que o solo-cimento foi uma invenção do século XX, do ponto de vista técnico, ela remonta a épocas anteriores à Era Cristã, tendo os construtores romanos empregado misturas de solos com cinza volante e cal para as bases de seus pavimentos.

Dosagem do SMC

As misturas de SMC normalmente são empregadas em camadas de reforço do subleito e, eventualmente, em sub-bases de pavimentos. Em camadas de reforço, são empregadas como material alternativo ao solo natural quando os solos disponíveis na área não apresentam melhores características que o solo presente no subleito, o que os torna, portanto, inadequados para emprego como reforço de subleito.

Quando empregado como material de reforço do subleito, eventualmente o ganho de resistência ao cisalhamento (CBR) do SMC, em comparação ao solo original, poderá ser pequeno. No caso de emprego do material como sub-base, fatalmente se está diante de uma situação diferente de dimensionamento do pavimento; neste caso, o incremento no valor de CBR, com a melhoria do solo com cimento, é o aspecto mais relevante.

O critério básico de dosagem do teor de cimento a ser adicionado ao solo deverá contemplar ambos os aspectos: garantia de um valor de expansão tolerável para o solo e verificação do CBR do material no teor que atenda às exigências de projeto, uma vez que tal valor será eventualmente necessário para o dimensionamento do pavimento.

Dosagem do SC

As misturas de SC são empregadas em camadas de base e de sub-base de pavimentos. Seu emprego é geralmente mais difundido em regiões onde não são disponíveis, a distância e custos razoáveis, material britado (rochas ou cascalhos) ou agregados naturais ou artificiais.

O emprego de SC em sub-bases de pavimentos semirrígidos invertidos exige, no conhecimento atual, características semelhantes a misturas dessa natureza empregadas em base. Dessa forma, a concepção da mistura de SC não deve se limitar ao conceito de resistência ao cisalhamento (CBR) e à expansibilidade do material, mesmo porque, com o consumo de cimento normalmente empregado (mínimo de 8% em volume), tais propriedades seriam atendidas largamente.

Considera-se modernamente a necessidade de dosagem do material, além do aspecto da umidade de compactação e sua resistência, encarando-se suas propriedades resilientes e à fadiga.

Assim, para uma dada mistura a ser empregada em camada de base ou sub-base de pavimento, seja asfáltico, seja de concreto, deverá ser dosada a mistura de modo a atender a valores mínimos de resistência à tração na flexão (ou de deformação de ruptura em tração na flexão) e módulo de resiliência.

Quanto à dosagem do material, tendo em vista seu potencial de resistência à fadiga, reconhece-se que ainda não se trata de testes corriqueiros em laboratórios, o que permite tolerar, para fins de projeto, o emprego de modelos de fadiga preexistentes que retratem aproximadamente o tipo de mistura em questão. Contudo, para as grandes obras, sobretudo quando se tem homogeneidade dos solos de jazida a serem empregados, recomenda-se fortemente a dosagem da mistura de SC à fadiga, recorrendo-se a laboratórios especializados, pois os investimentos justificam o aprofundamento dos estudos.

Método de execução

Existem dois modos de preparação das misturas de SMC e de SC: em usina misturadora de solos ou em pista. Em usina, o solo deve ser introduzido e misturado com o cimento, eventualmente se fazendo um acréscimo de água para se atender à umidade de compactação, sendo o teor de cimento introduzido em volume; este processo seria preferencial para bases e sub-bases de SC. No caso de mistura em pista, a seguinte sequência básica é adotada:

1. Espalhamento do solo na espessura solta.
2. Correção da umidade do solo com emprego de caminhão-pipa.
3. Colocação de cimento em sacarias, controlando-se o volume de cimento em função do volume de solo ainda solto, seguido de homogeneização com pulvimisturadora.

4. Compactação da mistura com rolo pé de carneiro ou de pneus de pressão regulável, ou ainda, de rolo liso.
5. Execução de imprimação da superfície acabada para proteção do material (cura).

A mistura de SC tem seu processo de execução semelhante àquele de SMC. Ressalva-se que, pelo fato de o consumo de cimento empregado ser mais elevado, os cuidados com controle de umidade e cura do material após compactação deverão ser redobrados.

5.7.4 Solo-Cal (SCA)

Definições

Trata-se de mistura de solos expansivos (em geral argilosos) com cal hidráulica. Adições de cal e água em solos resultam em reações de cimentação com a formação de compostos hidratados de cálcio, como os silicatos de cálcio hidratados e os aluminatos de cálcio hidratados. Tais reações processam-se em presença de umidade, quando a cal reage com a sílica ou com óxidos de alumínio, resultando em modificações que podem estabilizar dramaticamente a expansibilidade de solos a princípio não aproveitáveis em pavimentos.

Essas reações químicas resultam em modificações no material, muitas vezes antes da cura da mistura, podendo conceder-lhe menor suscetibilidade à água e, em muitos casos, aumento de resistência, em especial ao cisalhamento, medida pelo ensaio de CBR. No caso da mistura ainda não curada, a cal proporciona maior plasticidade e trabalhabilidade ao material, ainda que empregado em pequenas quantidades em relação ao volume total de solo; no entanto, não se pode generalizar, quanto a esse tipo de estabilização de solos, que o material terá propriedades mecânicas muito melhoradas.

Deve-se ponderar, contudo, que a reatividade do solo com a cal, resultando em reações pozolânicas, é afetada por vários fatores (TRB, 1987), por exemplo: o pH do solo, o teor de matéria orgânica, a mineralogia da argila que compõe o solo, seu grau de maturidade (de estabilidade química), entre inúmeros fatores, sendo possível até a produção de cristais expansivos durante as reações de hidratação (etringita, por exemplo), que resultariam em condições inaceitáveis para uma mistura estabilizada, já que ocorreria fatalmente deterioração desta ao longo do tempo.

A massa específica aparente seca de uma mistura de solo e cal (SCA) é menor que aquela do solo original (o que se acentua com o aumento do consumo de cal), e a umidade ótima de compactação é acrescida após a mistura do solo com a cal.

Dosagem do SCA

Existem inúmeros critérios de dosagem para misturas SCA, em especial nos EUA, que variam de acordo com o uso pretendido para a mistura (eventualmente até para proteção de corpo de aterros). Supõe-se que, quando empregado o SCA como material de reforço do subleito ou como sub-base, sua dosagem possa ser realizada com o emprego do critério do CBR (para CBR superior a 20%), acompanhada de aferição de seu módulo de resiliência, bem como de sua resistência à tração, no caso de sub-bases.

De qualquer maneira, a dosagem realizada com o intuito de se determinar o consumo adequado da cal na mistura, bem como a adição de água, implica os seguintes aspectos: (a) considerar o critério de execução a ser empregado (usinagem da mistura ou pulverização da cal em pista); e (b) considerar as condições climáticas (temperatura e umidade) no local de aplicação para especificar-se a forma mais adequada de cura de amostras.

Execução do SCA

Para mistura em pista, são adotados os seguintes procedimentos básicos:

1. Preparação do solo na faixa de rolamento (distribuição) já na umidade de compactação do SCA.
2. Aplicação da cal hidratada por aspersão (pulverização) ou em sacarias estrategicamente posicionadas em função do volume de solo e do consumo de cal por metro cúbico.
3. Alternativamente, aplicação da cal sob a forma de lama, por mistura prévia de cal e água, descontada a água presente no solo, para se manter a umidade ótima de compactação.
4. Mistura adequada por revolvimento da cal e do solo com emprego de grades de disco.
5. Compactação da mistura por meio mecânico.

A preparação prévia do SCA em usina exigirá emprego de misturadora do tipo *pugmill*, sendo então preparada a mistura nas proporções adequadas de solo, cal e água, que geralmente resulta em SCA mais homogêneo, para posterior transporte e aplicação em pista.

A compactação do material é realizada com rolos do tipo pé de carneiro, até amassamento completo do SCA, seguido de rolo pneumático para a perfeita regularização da superfície.

As temperaturas ambientes acima de 10°C são favoráveis às reações de hidratação da cal, e a camada superior do pavimento poderá ser imediatamente liberada para compactação, já que as reações da cal são lentas. A selagem da superfície de SCA acabada é conveniente, para evitar evaporação da água (e impermeabilização da camada), o que é realizado com emprego de asfalto diluído aplicado à taxa de 0,5 ℓ/m^2 a 1,1 ℓ/m^2, um dia após a compactação do material.

5.8 Concretos Compactados com Rolo (CCR): um salto de qualidade sobre as bases cimentadas

5.8.1 Definições

A rigor, os concretos compactados com rolo, obedecendo-se à nomenclatura da PIARC (1991), não podem ser enquadrados como materiais estabilizados com cimento, mas como concretos, em se considerando seu processo normal de mistura e os resultados que se obtêm em campo após cura, em especial quanto ao envolvimento dos grãos dos agregados pela pasta de cimento ou pela argamassa.

Não existe tal rigor em normativas nacionais para o enquadramento do CCR para bases e sub-bases em uma ou outra categoria, mas uma tendência, dadas certas similaridades com a BGTC, e mesmo uma forte tendência, no meio técnico mais voltado para estabilização com cimento, de tratá-lo como camada cimentada ou estabilizada com cimento. Sem radicalizar a questão, tal tendência seria justificável, então, tão somente no caso de CCR compatível, em termos de propriedades finais e emprego, com o que seria uma BGTC, mas resguardadas inúmeras diferenças entre ambos.

Deve-se, portanto, neste contexto, de mencionar o CCR com pequenos consumos de cimento, que normalmente é enquadrado como material para bases e sub-bases de pavimentos, com inúmeras vantagens sobre a BGTC. Sem o CCR, por exemplo, não é possível a construção de um pavimento asfáltico rígido-híbrido.

A expressão *concreto magro*, que era empregada para o material na década de 1970, foi cunhada a partir do inglês *lean concrete*, terminologia ainda empregada no Reino Unido. No Brasil, esse tipo de concreto passou por uma fase nos anos 1980 em que era denominado *concreto pobre rolado*, tendo sido posteriormente difundida nos países de língua inglesa a expressão *concreto compactado com rolo*, bem mais precisa que as anteriores (*rolled compacted concrete*).

O extinto DNER (1992a) define o CCR como "um concreto seco, de consistência dura e com trabalhabilidade tal, que permite receber compactação por rolos compressores, vibratórios ou não". Este aspecto é marcante, pois o CCR como concreto fresco não apresenta abatimento no ensaio de tronco de cone, ou seja, o abatimento é nulo; o material possui, dessa forma, condições de ser adensado por emprego de rolos compactadores pesados.

5.8.2 Dosagem do CCR

O consumo de cimento para a fabricação do CCR pode variar entre 80 kg/m^3 e 380 kg/m^3, neste último caso, para uso como revestimento de pavimentos. Quanto aos demais materiais que farão parte da mistura, o DNER recorda que serão os mesmos que compõem os concretos tradicionais.

O agregado miúdo, passando pela peneira número 4 (da ABNT), poderá ser a areia ou, ainda, pedrisco (brita 0), o que se sabe não ser comum nos concretos convencionais. Aqui se encontra uma importante diferença entre o CCR e a BGTC; no último caso, todas as frações dos agregados são normalmente provenientes da britagem de uma mesma rocha, possuindo, portanto, a mesma origem geológica.

Como um concreto convencional, o CCR pode ser preparado com o emprego de mistura mal graduada, de pedra 2, pedra 1 e areia, feita a ressalva de que é possível, com o emprego de misturas bem graduadas, atingir-se as mesmas resistências desejadas com consumos de cimento inferiores. Para tanto, uma das distribuições granulométricas passível de ser empregada é aquela proposta por

Pittman e Ragan (1998), descrita na Figura 5.32, que sugere, para agregado de diâmetro máximo de 19 mm, o emprego de mistura com 40% de pedra 1, 13% de pedra 0, 23,5% de pedrisco misto e 23,5% de areia.

Fig. 5.32 *Distribuição granulométrica de Pittman para o CCR (esq.), CCR de base sob revestimento em CCP (centro) e base de pavimento em CCR na Romênia (dir.)*

A dosagem do CCR deve ser realizada seguindo-se dois princípios: a tecnologia de compactação (solos) e a tecnologia de concreto, no que diz respeito às resistências a serem atingidas pelo material. Portanto, os ensaios de compactação irão definir a umidade ótima de mistura dos agregados com o cimento, o que será seguido, após cura das amostras, de medidas de resistência do CCR.

As medidas de resistência serão preferencialmente realizadas com ensaios de tração na flexão, uma vez que estes propiciam a checagem dos valores de resistência à tração especificados em projetos. Sugere-se aqui a leitura de bibliografia complementar para o aprofundamento da questão (Helene, 2005).

5.8.3 Método de execução

Quanto a aspectos de ordem construtiva, o extinto DNER (1992b) recorda que a porcentagem de material passante pela peneira de abertura 0,075 mm deverá ser zero, no caso do CCR. A faixa granulométrica contida no manual do DNER para o CCR é basicamente a faixa A da BGTC da ABNT (1992), com limites sutilmente mais amplos, englobando, portanto, tal distribuição proposta para a BGTC. Um ponto importante a ser mencionado é que o CCR é produzido com uso de centrais misturadoras (de concreto).

O transporte do material será feito, para obras amplas, em caminhões basculantes, com espalhamento por meio de motoniveladoras e compactação vibratória, com uso de rolos metálicos lisos. Como os serviços de cura do concreto devem ser providenciados, em obras de grande porte, sugere-se, alternativamente à molhagem e ao uso de mantas, o emprego de produtos de cura a serem aspergidos sobre a superfície do CCR ou, ainda, a imprimação com emulsão de ruptura rápida da superfície do CCR.

5.9 MATERIAIS ALTERNATIVOS AMBIENTAIS

Tendo em vista as grandes demandas de infraestrutura urbana, rodoviária, de aeroportos e de portos no País, há espaço e necessidade para o crescimento do emprego de materiais alternativos, incluindo a incorporação, em diferentes escalas, de agregados alternativos, que muitas vezes têm sido subutilizados ou mesmo descartados de maneira não sustentável ambientalmente.

Entre tais tipos de materiais descartados, atualmente os mais comuns são os *entulhos de construção civil e de demolição*, seja de edificações, seja de outras estruturas de concreto, bem como entulhos de demolição de antigas e degradadas capas asfálticas de pavimentos urbanos, em especial. Neste último caso, os agregados resultantes da trituração com equipamentos ditos fresadores em pista são denominados simplesmente *fresados*.

Além dos dois tipos de materiais acima mencionados, estão ainda disponíveis, em grande volume, borracha triturada de pneus inservíveis ou mesmo de descarte de indústrias de pneus, e também, em volumes muito grandes, as escórias granuladas resultantes de processos siderúrgicos. Uma breve introdução sobre esses materiais ajuda a situar a questão ambiental recorrente de descarte inadequado. Há outras possibilidades de reaproveitamento de rejeitos industriais para fins de pavimentação, que, entretanto, não serão tratadas nesta obra.

5.9.1 Escórias granuladas de altos-fornos de usinas siderúrgicas

Na década de 1980, já existiam no País pesquisas de interesse no uso de escórias granuladas de alto-forno como agregados para pavimentação, conforme se extrai de um dos trabalhos pioneiros sobre o assunto, de Octávio de Souza Campos (1987). As escórias de alto-forno são subprodutos do processo de extração de ferro, sendo constituídas, mineralogicamente falando, de todos os minerais restantes da matéria-prima original (Arquié e Tourenq, 1990).

O ferro-gusa é um produto primário durante as fases de produção do aço, como resultado da redução inicial do minério de ferro, o que ocorre em alto-forno, sendo tal processo resultante da combinação do carbono presente no coque com o oxigênio presente no minério, em reação exotérmica. O processo requer proporções estabelecidas de determinadas quantidades de minério, de coque ou de carvão vegetal, bem como de um material fundente, geralmente calcário ou dolomita. Durante o processo de fusão, a parte metálica no estado líquido é separada da não metálica, a qual forma a escória (menos densa) que incorpora todas as impurezas indesejáveis e se solidifica ao ser resfriada (Scandizi, 1990).

O material resultante do processo, ainda em fusão, com temperaturas entre 1.400°C e 1.500°C, é despejado em fossos de concreto com água corrente em seu fundo. A vaporização da água provoca a expansão do material sem resfriamento brusco (ao ar livre), causando a cristalização da escória, resultando em um material sólido de aparência magmática e de estrutura celular. Tal material é constituído, em sua maior parte, de aluminossilicatos de cálcio, com estrutura vítrea e alta reatividade, requisitos essenciais para seu uso como ligante hidráulico. Quanto mais lento é feito o resfriamento do material fundido, mais compacta (menos porosa) e mais cristalizada (Arnould e Virlogeux, 1990) se torna a escória. Para a produção de agregados a partir de tal massa sólida, é necessário algum processo de britagem posterior ao resfriamento, resultando em agregados irregulares com textura alveolar.

Segundo Arnould e Virlogeux (1990), as propriedades típicas de escórias de alto-forno são as baixas densidades com as quais ocorrem (8 kN/m³ a 9 kN/m³) e sua elevada absorção de água (15% a 25%). Se o processo de resfriamento é realizado por ação de jatos d'água, o produto obtido será designado por escória granulada, geralmente se apresentando como esferas irregulares de diâmetro de até 20 mm, aproximadamente (Figura 5.33). Cerca de 90% da escória produzida no Brasil são do tipo granulados.

Tais escórias, resultantes de um processo de expansão e resfriamento rápido, possuem densidades ainda inferiores (5 a 6 kN/m³) e resistência à compressão simples de 4 MPa; possuem ainda atividade hidráulica, sendo, em muitos casos, empregadas no preparo de camadas estabilizadas de pavimentos, como as chamadas *graves-laitier* na França (*La Route Française*, 1992).

As escórias podem ser também procedentes de aciaria, resultantes da transformação da hematita para a produção de aço. Tais escórias, tendo em vista a presença de ferro, costumam apresentar-se com densidades bastante elevadas, superiores a 30 kN/m³. Um inconveniente deste material é a frequente presença da cal anidro, o que faz recomendar sua imersão em água por longos períodos, a fim de torná-lo estável, ensejando seu uso na construção civil. Ainda, cerca de 26% das escórias são produzidos pela via semi-integrada com a reciclagem de oito milhões de toneladas de sucata anualmente.

Segundo dados do Instituto Brasileiro de Siderurgia (www.ibs.org.br/), a produção nacional de ferro-gusa vem mantendo uma taxa média anual de crescimento de 5,5% nas últimas três décadas, em função das crescentes exportações do período. Em 2005, a produção atingiu 5,59 milhões de toneladas. O ferro-gusa é, portanto, um produto bruto e representa uma das matérias-primas para a obtenção posterior do aço, e 74% da produção de aço brasileira são obtidos pela via integrada a partir do minério de ferro.

Fig. 5.33 *Aspecto visual de uma escória granulada de alto-forno*

Devido às propriedades hidráulicas latentes, as escórias granuladas vêm sendo usadas como adição à fabricação de cimentos compostos e como adição mineral ao concreto. As escórias possuem a capacidade de gerar, por ativação físico-química ou combinação com o hidróxido de cálcio liberado pela hidratação do clínquer, compostos com propriedades aglomerantes similares aos gerados pela hidratação do cimento Portland. Além disso, razões de ordem técnica e econômica, como a diminuição do consumo energético específico de fabricação do cimento que as escórias proporcionam, seu baixo custo e algumas propriedades que repercutem diretamente na durabilidade das obras em concreto (menor porosidade, resistência a sulfatos, inibidora de reação álcalis-agregados) explicam a preferência de emprego desse insumo pela indústria de cimento.

O emprego de escória de alto-forno resfriada em tanques como agregado para concretos já é fato corriqueiro em vários países (EUA, Japão, Reino Unido), e as especificações seguem normas e padrões dos agregados tradicionais (Scandizzi, 1990). Na Europa, a maior parcela da escória produzida é do tipo granulada, destinada, em sua maior parte, à produção de ligantes hidráulicos.

No Quadro 5.6 são apresentados resultados típicos de propriedades físicas de escórias britadas (de depósitos de resfriamento ao ar), indicando sua boa qualidade como agregado, como resistência ao desgaste (abrasão) e alta capacidade portante após compactação (CBR).

O DNER (1994) estabelece determinadas restrições ao emprego de escória granulada ou bri-tada como agregado para camadas de sub-base, base e revestimento de pavimentos, como: absorção de água máxima de 3%; massa específica entre 20 kN/m^3 e 30 kN/m^3; durabilidade de até 5% ao ataque no sul-fato de sódio; abrasão Los Angeles máxima de 35%; grãos compondo em até 40% para abertura de até 12,5 mm e em até 60% para diâmetros entre 12,5 mm e 50 mm.

Quadro 5.6 Características físicas de agregados de escórias resfriadas ao ar

Características	Valor típico
Abrasão Los Angeles (%)	40
Ângulo de atrito interno (graus)	40
Dureza (escala de Moh)	5–6
CBR (%)	> 100

Fonte: Noureldin e McDaniel, 1990.

5.9.2 Misturas com agregado reciclado de entulhos de construção e demolição

A Resolução 307 do Conselho Nacional de Meio Ambiente (Conama) e a norma NBR 15115 classificam como classe A os resíduos de construção, demolição, reformas e reparos de edificações, formados por componentes cerâmicos (tijolo, blocos, telhas, placas de revestimento e outros), argamassa, concretos, blocos, tubos, guias, resíduos de peças pré-moldadas e outros.

Os agregados provenientes de britagem e classificação de resíduos de construção civil e de demolição (RCD) podem ainda ser trivialmente classificados segundo sua cor predominante, por exemplo, cinza (visualmente predominante de componentes de construção de natureza cimentícia) e vermelha (visualmente predominante de componentes de construção de natureza cerâmica). Na Figura 5.34 é apresentado o aspecto geral desse tipo de agregado alternativo. Evidentemente, a aplicação dos RCD em obras de pavimentação, a princípio, limita-se àquelas de pequeno porte, pois o volume de agregados exigidos para camadas de pavimentos em rodovias, conforme se discutiu, é muito elevado.

O uso de agregados RCD é bastante viável para pavimentação, como material granular para camadas de reforço, sub-base e base de pavimentos (em geral de baixo custo), bem como para a confecção de concretos compactados com rolo. Possuem, em

Fig. 5.34 Aspecto visual de agregados reciclados de entulho de construção e de demolição

função de sua origem, elevadas porosidades, bem como determinado grau de heterogeneidade, variáveis que influem na qualidade final do produto como material de pavimentação.

A maior presença de resíduos de materiais cerâmicos confere aos RCD maior porosidade, além da coloração mais avermelhada. Além disso, trata-se geralmente de grãos mais frágeis, que, durante o processo de compactação por rolos, tendem a apresentar quebra e degradação granulométrica. Por outro lado, tal processo pode resultar em misturas com maior quantidade de finos, o que poderá até mesmo afetar favoravelmente o travamento do material, garantindo-lhe resistência. Além disso, uma grande presença de resíduos de origem cerâmica no material pode conferir-lhe certa hidraulicidade ou pozolanicidade, permitindo certo ganho de resistência do material após compactação, mesmo sem a presença de ligantes hidráulicos novos.

A porosidade do RCD poderá causar acréscimos substanciais na quantidade de água (umidade ótima de compactação) para a mistura e aplicação do material. Tal fato poderá resultar em variações nas resistências de CCR elaborados com tais materiais, eventualmente exigindo aumentos no consumo de cimento. Uma análise mais apurada da qualidade desse tipo de agregado exigiria os seguintes procedimentos convencionais:

◆ Verificação de uniformidade granulométrica após compactação.
◆ Determinação de umidade ótima de compactação.
◆ Determinação de grau de pozolanicidade do material.
◆ Determinação da porosidade dos RCD e sua relação com suas características de compactação.
◆ Determinação do ganho de resistência do material, estática ou dinâmica, após sua cura, quando em uso como concretos de pavimentação.

5.9.3 Agregados fresados de misturas asfálticas antigas

O petróleo, matéria-prima utilizada na produção de asfalto, tem futuro incerto, embora a longo prazo. Consumido em maiores quantidades que a velocidade de descoberta de novas e grandes jazidas, vem-se tornando cada vez mais escasso. A produção de materiais fresados provenientes de aberturas de valas e restauração de vias públicas, principalmente nas grandes cidades, é apreciável, como mostra o Quadro 5.7 para o município de São Paulo. Isso é fruto de recuperação de pavimentos urbanos com revestimentos degradados, que não são empregados oficialmente, nem mesmo em pequena escala, para a reciclagem das próprias misturas asfálticas (Balbo e Bodi, 2004).

A grande produção de material fresado exige uma solução alternativa para sua destinação final, para as obras que utilizam misturas asfálticas como material de construção, ou de outras maneiras. Perante essa realidade, surge a reciclagem de pavimentos asfálticos como uma alternativa econômica e ambientalmente sustentável, pois, além de apresentar um destino a todo o material fresado, apresenta as vantagens do reaproveitamento do agregado (e, em certos casos, do ligante) e conservação de energia.

Quadro 5.7 *Produção anual de resíduos de misturas asfálticas em São Paulo*

Serviço Anual	Tipo de material extraído	Quantidade estimada em 2003 (t)	Custo equivalente em agregados novos (R$ em 2004)
Abertura de valas	Misturas asfálticas em blocos	396.288	8.754.008,50
Restauração de vias públicas	Misturas asfálticas fresadas	151.200	3.553.200,00

Serviços de fresagem de revestimentos asfálticos deteriorados tornaram-se corriqueiros, em finais da década de 1980, em cidades brasileiras, dada sua conveniência, por não alterar o greide da via, o que gera conflitos com dispositivos de drenagem, gabaritos de viadutos, interseções em nível etc. Todavia, pouco se tem feito com relação ao reúso adequado do material até os dias de hoje, o que muitas vezes tem esbarrado nas dificuldades tecnológicas de reaproveitamento do material em misturas asfálticas.

Aplicações desses agregados apenas como revestimento primário, ou simplesmente "cascalhamento" de vias periféricas, têm-se mostrado ineficientes, pois os agregados são, em curto período de tempo, arrancados e carreados para sistemas de drenagem e fundos de vales. Considere-se que tal tipo de aplicação não é definitivo, portanto, quando comparado com outras aplicações, como o emprego dos agregados em concretos, com longa perspectiva de vida útil.

Na Figura 5.35, são apresentadas as distribuições granulométricas dos materiais extraídos de pista, antes e após a extração do betume em laboratório, sendo possível verificar que o material fresado encontrava-se com muitos grumos antes da reciclagem, o que acarretou aumento dos diâmetros máximos, bem como pouca presença de finos. Após a extração de betume, os materiais fresados apresentaram maior quantidade de finos, resultante do próprio processo de trituração, em comparação com a distribuição do material em pedaços. Observa-se que o material fresado antes de extração do betume oxidado apresenta menos de 20% de material com diâmetro inferior a 1 mm, o que aumenta para mais de 50% após a extração do betume na mistura fresada. De fato, o material betuminoso ainda é hábil em aglutinar os grãos mais finos, resultando em faixa relativamente grosseira na distribuição granulométrica dos fresados. Cerca de 55% do material apresentam diâmetro inferior a 5 mm, o que, após extração do betume, resulta em mais de 90%.

5.9.4 Borracha triturada

Por força da Resolução nº 258 de 26/8/1999 do Conselho Nacional de Meio Ambiente (Conama), os fabricantes e os importadores de pneus detêm a

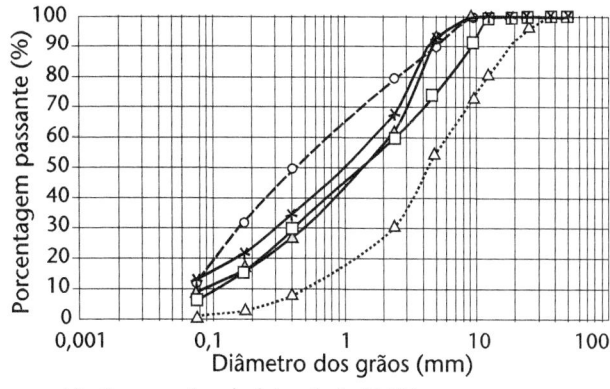

Fig.5.35 *Granulometria dos agregados extraídos por fresagem*

responsabilidade de coleta e destino ambientalmente sustentável dessas unidades descartadas, o que gera um mercado e a necessidade de emprego, com soluções definitivas, dos materiais resultantes da reciclagem dos pneus, processados ou não para reúso. A reciclagem e a disposição final desses pneus envolvem questões até mesmo de saúde pública, além da questão da segurança da estocagem desse tipo de material inflamável.

O pneu usado, que pesa, em média, cerca de 9 kg, no caso de veículos de passeio, é composto por uma estrutura formada por aço, *nylon*, fibra de *aramid*, *rayon*, fibra de vidro e/ou poliéster, além de diversos tipos de borracha natural e sintética, bem como por dezenas de outros produtos químicos necessários para sua fabricação. No que tange à reciclagem da borracha natural ou sintética, em média, cada descarte gera de 4 kg a 5 kg de borracha triturada, segundo Oda (2002).

No processo de trituração da borracha, seus componentes são separados, sendo a borracha propriamente dita levada a reduções granulométricas muitas vezes bastante finas, inferiores a 2 mm, que, entre outros usos, se prestam para a modificação de asfaltos para pavimentação, um dos usos mais nobres dessa borracha. Porém, a borracha triturada em grãos ainda maiores pode ser empregada como agregado para uso em misturas asfálticas e também em concretos compactados para pavimentação, para substituição parcial de agregados virgens, com uso mais direcionado a pequenas áreas de pisos industriais, estacionamentos, postos de serviços e parques, entre outros.

Resistência, Elasticidade e Viscoelasticidade dos Materiais de Pavimentação

6.1 Interações Estruturais das Cargas do Tráfego com os Materiais das Camadas de Pavimentos

Os efeitos dos esforços externos aplicados por rodas de veículos (como também por cargas estáticas de outra natureza), em termos das respostas estruturais, como vimos, dependerão dos materiais que constituem as camadas dos pavimentos. Pode-se dizer, *grosso modo*, que as solicitações ocorridas nessas camadas são: pressões ou tensões verticais (compressão vertical), flexão (dobramento), confinamento (compressão horizontal) e cisalhamento como resultado das pressões verticais.

6.1.1 Flexão – Dobramento das camadas

As cargas de rodas de veículos aplicadas sobre a superfície do pavimento e distribuídas entre as camadas subjacentes causam, na maioria dos materiais empregados em revestimentos e em bases (misturas asfálticas, concretos e materiais estabilizados com asfaltos ou ligantes hidráulicos), uma tendência ao *dobramento* das camadas, o que naturalmente é denominado *flexão*.

Os esforços de flexão (Figura 6.1) são mobilizados para resistirem aos deslocamentos verticais impostos pelas cargas por meio da compressão atuante.

A compressão vertical aplicada pelas cargas causa o afastamento entre as partículas (grãos) do material (na Teoria da Elasticidade matizada pelo coeficiente de Poisson), ocasionando tração/compressão nas zonas de contato entre agregados e ligantes asfálticos ou hidráulicos.

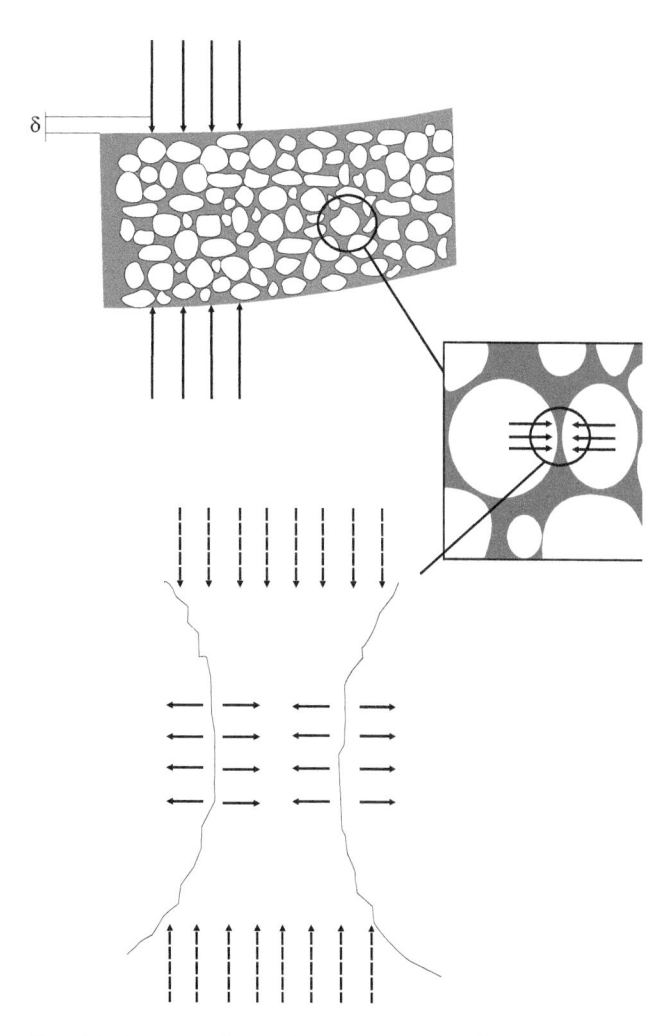

Fig. 6.1 *Ação de esforços de tração entre partículas dos materiais*

Tais esforços ou, melhor formalizando, deformações em tração, que repetidamente ocorrem em materiais de pavimentação (condição dinâmica de esforço e relaxação sucessivos), vão paulatinamente provocando deformações plásticas ou microfissuras nessas zonas; as fissuras, por sua vez, vão se nucleando de maneira incessante, levando os materiais a um estado de fadiga ou de ruptura, de descontinuidade, no qual, na zona em questão, não existe mais ação dos esforços nas formas iniciais.

Isso obriga os esforços a se redirecionarem para zonas laterais e ainda íntegras em torno das fissuras, em um ato de propagação da fissura. Mais adiante, será mais bem elaborado o processo de fadiga e de propagação das fissuras nos materiais de pavimentação.

6.1.2 Confinamento horizontal – Contenção lateral

Quando uma camada de material é limitada em sua face inferior ou superior por material de rigidez maior, ela se encontra como se estivesse travada entre outras camadas. Além disso, por uma condição de presença contínua dessa camada, que a torna quase infinita, há limitações para sua mobilidade horizontal, existindo, portanto, uma contenção lateral do mesmo material, quando não é rígido ou estável pela presença de ligantes em sua estrutura granular (Figura 6.2).

Assim, toda a massa lateral de material granular e não aderido reage à tentativa de deslocamento lateral dessa camada, criando sucessivas "barreiras de contenção". Em uma condição em que a camada estivesse travada em ambas as faces, superior e inferior, ocorreria um confinamento ainda maior do material, que apresentaria menores deslocamentos devido ao aumento fictício de sua rigidez. É o que ocorre com camadas de base granular em pavimentos semirrígidos invertidos.

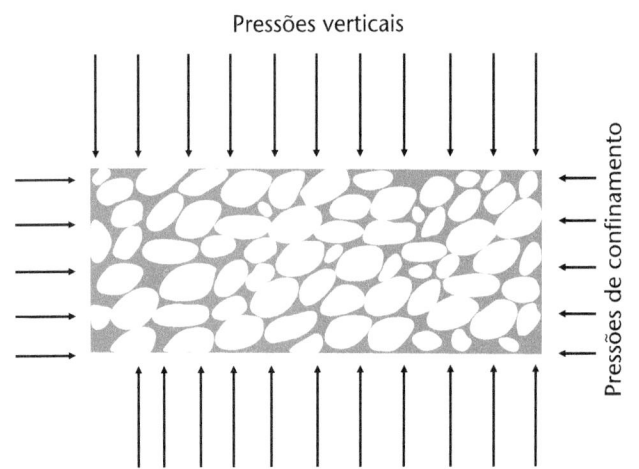

Fig. 6.2 *Ação do confinamento em matérias granulares*

6.1.3 Compressão vertical e cisalhamento das camadas

As pressões aplicadas sobre a superfície do revestimento do pavimento são dissipadas ao longo de sua profundidade e de suas camadas de tal sorte que, sobre cada linha horizontal imaginária e paralela a esta superfície, atuam também pressões verticais de magnitudes inferiores às pressões em pontos superiores. Essa distribuição de pressões na profundidade, considerados os planos horizontais, não é uniforme, sendo sua solução para rodas múltiplas mais complexa, em razão da superposição de efeitos individuais de cada carga. A própria área de contato pneu-pavimento não exerce uma pressão uniforme sobre a superfície que, todavia, para finalidades práticas, é, nesse caso, considerada uniforme (Figura 6.3).

Os esforços de compressão vertical são reduzidos por ação dos dois outros principais mecanismos, de flexão e de confinamento, ao longo da profundidade do pavimento, quando as reações horizontais aos esforços transmitidos pelas cargas são mobilizadas. A redução de pressões não é delimitada por linhas retas inclinadas a partir das extremidades do carregamento, e sim por meio de linhas curvas de atuação dos esforços, o que poderia melhor se aproximar por distribuições parabólicas ou trechos de circunferências (Figura 6.4).

A compressão vertical dos materiais componentes das camadas mobiliza, na estrutura de um material qualquer, esforços de cisalhamento (resultantes do deslocamento ou escorregamento relativo entre as partículas dos materiais), menos importantes à medida que um material venha a apresentar rigidez muito elevada e as reações de flexão se tornem muito mais importantes na mobilização de esforços resistentes, como no caso de concretos, quando, para a própria análise estrutural da camada, desprezam-se tais esforços verticais atuantes por serem muito menores que aqueles horizontais (Figura 6.5).

Com relação à grande maioria dos materiais de pavimentação, para os quais significativos esforços de cisalhamento vertical são mobilizados, o material em dado ponto transfere deformações ao ponto vizinho por forças cisalhantes. Nesses materiais, a ocorrência de deformações plásticas cumulativas torna-se importante no decorrer do tempo, causando paulatinamente formações de trilhas de roda nas zonas superficiais do pavimento, mais solicitadas pelo tráfego.

Essas formações de trilhas de roda, em pavimentos asfálticos flexíveis, são decorrentes não apenas das propriedades viscoplásticas das misturas asfálticas superiores, mas também da plasticidade natural das demais camadas in-feriores, como os solos e os materiais granulares, de tal forma que a deformação plástica total na superfície do pavimento é, em modelos constitutivos, determinada pela contribuição individual de cada camada.

Os efeitos de interação com cargas das estruturas de pavimentos, típicas estruturas de camadas, compostas por materiais das mais diversas naturezas e com propriedades reológicas bastante distintas entre si, não constituem relações triviais. O primeiro dos problemas de dimensionamento de pavimentos, que evidentemente trata de definir espessuras de camadas e tipos de materiais constituintes, foi como diferenciar a capacidade de difusão de tensões sobre a camada inferior que determinado material possuiria em relação aos outros.

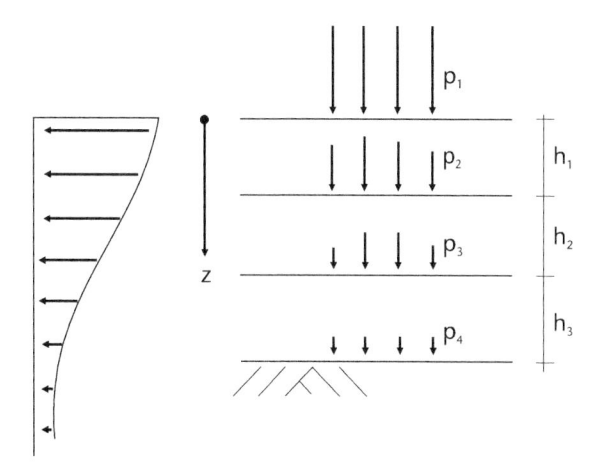

Fig. 6.3 *Pressões verticais em alívio com a profundidade*

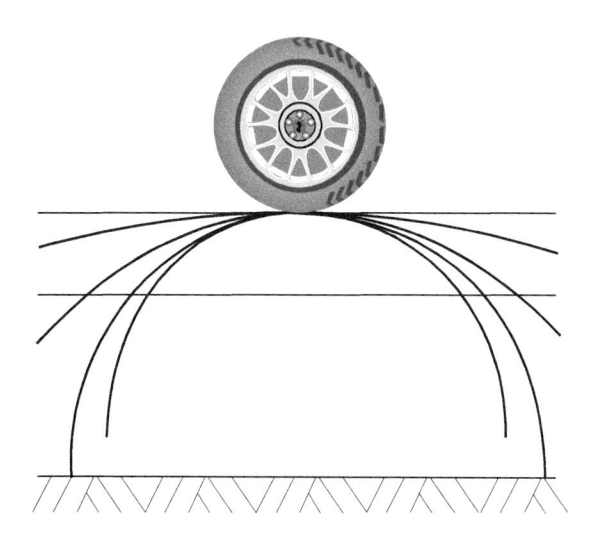

Fig. 6.4 *Formação de bulbos de tensões pela aplicação de cargas*

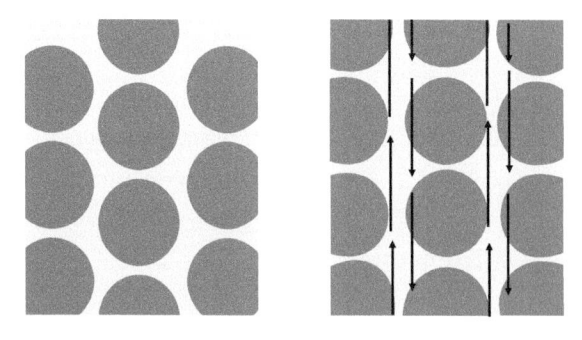

Fig. 6.5 *Escorregamento entre partículas após compressão por cisalhamento*

Isso encaminharia parcialmente a questão da definição da espessura de uma camada sobre o subleito, por exemplo, para que as pressões, aplicadas sobre a superfície do pavimento e distribuídas ao longo dessa camada, chegassem ao subleito com taxas compatíveis, não excedendo sua capacidade de resistir a tais esforços verticais. Daí a origem do conceito de equivalência estrutural entre camadas de materiais distintos, que será estudado no Capítulo 8.

Resistência é a medida do esforço solicitante registrado sobre o material no instante de sua ruptura. No Quadro 6.1 são apresentadas as formas mais comuns de medida de resistência em materiais de pavimentação. A medida de resistência a ser empregada para caracterizar um material deve estar vinculada à forma de comportamento esperado para o material como camada de pavimento e, em geral, fica atrelada ao método de projeto empregado, que, como será visto, em geral é deficitário e incompleto sob um ponto de vista estrutural mais rigoroso.

6.2 Medida de Resistência de Materiais de Pavimentação

A resistência de um material diz respeito à medida do valor da força ou pressão que causa sua ruptura, ou seja, que impõe um nível de deformação de ruptura no material. Várias configurações de ensaio são empregadas para a determinação da resistência de um material, conforme se descreve no Quadro 6.1.

Ressalve-se que, muito embora ainda existam normas quanto à fixação de resistência para misturas cimentadas com base em ensaios de compressão simples, não há relação óbvia e imediata entre essa forma de medida de resistência e a resistência mobilizada na estrutura do pavimento pelas camadas cimentadas,

Quadro 6.1 *Ensaios para medida de resistência em materiais de pavimentação*

Ensaio	Descrição	Exemplos de Aplicações
Cisalhamento direto	Empregado para aferir resistência na interface de materiais sobrepostos	Interfaces concreto/concreto, concreto/ misturas asfálticas
Cisalhamento ou CBR (*California Bearing Ratio*)	Ensaio de índice de suporte californiano: consiste na medida de deformações sobre a superfície de solos compactados com o uso de pistão de penetração, em laboratório ou em pista	Solos, materiais granulares (BGS, SB, SLC), misturas cimentadas com baixo consumo de cimento (SMC, SCA)
Compressão (uniaxial) simples	Ensaio convencional de compressão até a ruptura de corpos de prova cilíndricos (no Brasil)	CCP, CCR, BGTC e SC
Compressão diametral	Sobre amostras cilíndricas para aferição da resistência à tração indireta	CCP, CAUQ, BGTC e SC
Tração direta (tração uniaxial)	Ensaio para avaliação direta da resistência à tração de amostras cilíndricas	Pouco empregado na prática
Tração na flexão	Realizado com dois cutelos (mais comum) para determinação do momento fletor de ruptura de amostra prismática	CCP, CCR, BGTC

normalmente trabalhando em flexão quando não deterioradas. Para análises estruturais adequadas, é necessária a comparação de esforços solicitantes com as respectivas resistências à flexão no caso apontado. Vamos nos concentrar na apresentação de três ensaios de medidas de resistência fundamentais: o *California Bearing Ratio* (CBR), a tração na flexão e a tração indireta.

6.2.1 Índice de Suporte Californiano (ISC) ou *California Bearing Ratio* (CBR)

O conhecimento e o perfeito entendimento das condições do ensaio de Índice de Suporte Californiano (ISC, aqui tratado pela denominação original, CBR) são de fundamental importância para o engenheiro de pavimentos, uma vez que este ainda irá conviver com o ensaio, desenvolvido há oito décadas, por muitas décadas pela frente no Brasil. Um breve histórico sobre a consolidação desta técnica de ensaio auxilia a compreensão de seu surgimento.

No final da década de 1920, o California Division of Highways (CDH), sob a liderança técnica dos engenheiros Porter e Proctor, realizou uma extensa investigação sobre as causas de rupturas de pavimentos flexíveis (asfálticos) em rodovias estaduais. Naqueles anos, os pavimentos eram construídos com camadas granulares (BGS ou MH) sobre os subleitos, sendo recobertos por uma camada delgada de mistura asfáltica. Para as investigações, nas áreas que apresentavam rupturas dos pavimentos, caracterizadas normalmente por afundamentos plásticos, foram avaliadas objetivamente as condições de drenagem, bem como realizadas aberturas nas pistas para coleta de amostras não perturbadas, em especial dos solos de subleitos, a fim de se determinar parâmetros como umidade e massa específica.

As principais causas observadas para a ocorrência das mencionadas rupturas foram categorizadas em três tipos, em ordem decrescente de ocorrência ou importância relativa: (1) o deslocamento lateral do solo do subleito, causado pela absorção de água na estrutura e subsequente amolecimento (plastificação) desses solos; (2) a consolidação diferencial de camadas; (3) a excessiva deformação vertical dos materiais e das camadas sob ação de cargas, gerando rupturas localizadas.

As investigações forenses levaram à conclusão de que os problemas de tipos 1 e 2, conforme acima numerados, tinham como causa mais comum a inadequada compactação durante a construção dos pavimentos; também, más condições de drenagem local poderiam ter contribuído para os defeitos. Contudo, concluíam que aumentos de umidade seriam limitados pelo grau de compactação dos solos, além de os materiais trabalharem em umidade de equilíbrio. Assim, *condições de uso dos pavimentos tinham estrita relação com as condições originais de compactação das camadas.*

Com relação ao terceiro tipo de ocorrência, os investigadores do CDH observaram que isso era consequência de espessura insuficiente de pavimento (base + revestimento) para solos pobres (por natureza ou por compactação), do ponto de vista de resistência ao cisalhamento. As observações realizadas encaminharam para a exigência de *controle de compactação dos solos de subleitos, de resistência ao cisalhamento desses solos e da espessura de camadas sobre esse subleito.*

Dessas conjeturas, viria a originar-se o primeiro método de dimensionamento de pavimentos. Nessa época, as investigações ainda permitiram verificar que a classificação dos solos não explicava seu comportamento (solos idênticos, às vezes, mostraram-se contrariamente ruins ou bons).

Assim, criou-se uma consciência de que, levando-se em conta o tipo de solo e suas características (de resistência e de compactação), seria possível definir, após a investigação, por analogia com os diversos casos investigados em pistas de rodovias, qual seria a espessura de pavimento sobre o solo a fim de se evitar as rupturas mais tipicamente constatadas. Para tanto, seria necessário estabelecer um ensaio que aferisse a capacidade portante dos solos de fundações dos pavimentos, já estabelecido que tal ensaio deveria ser, ao mesmo tempo, simples e rápido, de baixo custo, para se ter uma previsão do comportamento dos solos em subleitos de pavimentos.

As primeiras tentativas de testes concentraram-se na fixação de provas de carga estáticas em campo, que, contudo, revelaram-se muito influenciadas pelas propriedades elásticas e plásticas dos solos. Além disso, existiam enormes dificuldades de tornar úmido o solo em campo até a profundidade afetada pelo teste, de maneira a representar a condição mais crítica. Diante de tal quadro, essas tentativas preliminares foram abandonadas.

Em 1929, criou-se o ensaio que seria designado *California Bearing Ratio* (CBR) como alternativa de teste para, em laboratório, simular as condições observadas em campo, fossem de umidade, fossem de massa específica após compactação, fossem de carregamento. O ensaio permitia eliminar, em grande parte, as condições de plasticidade que seriam motivo da consolidação por ação do tráfego. Duas condições fundamentais de representatividade para as situações de campo eram buscadas nesse ensaio. A primeira delas, a simulação de uma sobrecarga sobre o solo, simulando o peso da estrutura do pavimento sobre o subleito; a segunda condição era a imersão e saturação do solo previamente ao teste, para simular o degelo e saturação do solo na primavera, no hemisfério norte.

O novo teste (CBR) mediria a resistência do solo ao deslocamento lateral, combinando a influência de sua coesão e de seu atrito interno. Já se sabia, pelo arranjo do teste (Figura 6.6), que o ensaio não forneceria um valor direto da resistência ao cisalhamento do solo; para contornar essa situação, foram realizados inúmeros ensaios com misturas de agregados de boa qualidade (do tipo brita graduada e pedregulho britado graduado), empregados então como base, sabendo-se que os agregados resistiam por atrito entre os grãos. A curva média de pressão aplicada para se obter uma deformação (Figura 6.7) foi tomada para tais agregados, sendo uma curva de referência, considerando-se então o valor da pressão de referência, para um deslocamento de 0,1 polegada (2,54 mm), como CBR = 100%.

O cilindro para compactação do material (a compactação é geralmente realizada na umidade ótima) possui 152,4 mm de diâmetro interno, e a altura de solo compactado é 114,3 mm. A sobrecarga-padrão colocada sobre a superfície do solo compactado dentro do cilindro, estabelecida na época, foi de 10 libras (4,536 kg), para simulação do peso das camadas sobre o subleito. O pistão de aplicação de carga possui área de contato de aproximadamente 3" quadradas (19,36 cm^2). A velocidade de aplicação de carga é de 0,05" por minuto (1,27 mm/min).

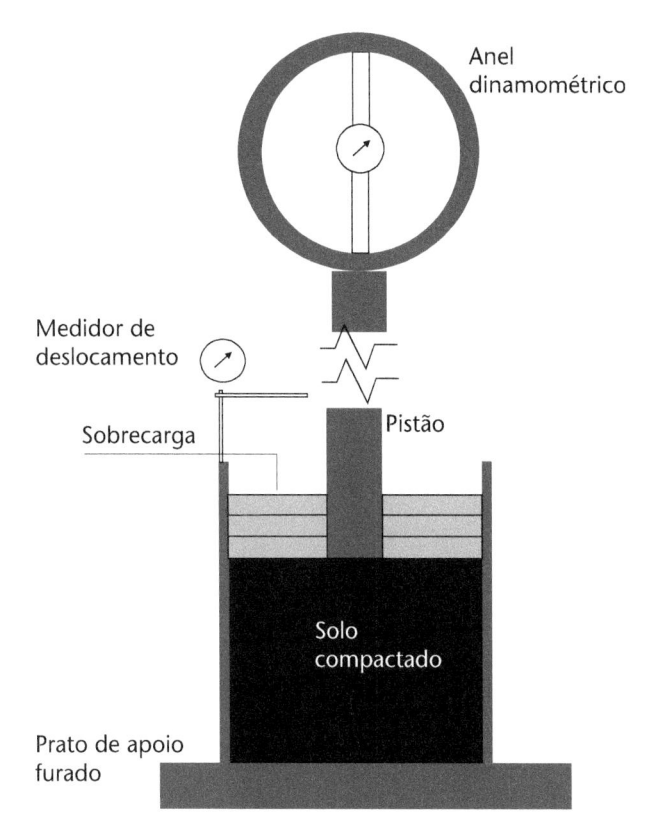

Fig. 6.6 *Arranjo para o ensaio do CBR*

O anel dinamométrico é calibrado de maneira a apresentar uma curva, relacionando deslocamento com força, uma vez que durante o ensaio, ao girar a manivela de deslocamento do pistão, no anel dinamométrico é medido o deslocamento sofrido em seu diâmetro com compressão da prensa. Note que, além disso, é medido, com um outro relógio comparador (extensômetro), o deslocamento do pistão, que ocorre na superfície do solo dentro do cilindro. A pressão aplicada durante o ensaio é dada pela expressão:

$$p = \frac{P}{3,0} [\text{lbs}/\text{pol}^2] \qquad [6.1]$$

sendo P a carga em libras-força atuando no pistão. O valor do CBR do solo é calculado para as penetrações de 0,1" e 0,2", por comparação com as pressões da curva-padrão (Figura 6.7) para esses níveis de deslocamento (respectivamente 1.000 libras e 1.500 libras por polegada quadrada ou simplesmente 7,03 MPa e 10,55 MPa), empregando-se as expressões:

$$CBR^{0,1"} = \frac{p_{solo}^{0,1"}}{p_{padrão}^{0,1"}} \times 100 \ [\%] \qquad [6.2]$$

$$CBR^{0,2"} = \frac{p_{solo}^{0,2"}}{p_{padrão}^{0,2"}} \times 100 \ [\%] \qquad [6.3]$$

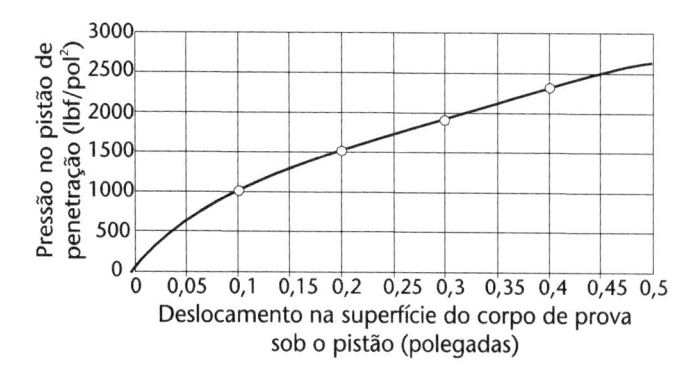

Fig. 6.7 *Curva-padrão no ensaio do CBR para agregados graduados de qualidade (1929)*

Normalmente, o valor do CBR no ensaio é medido para 0,1" de penetração; contudo, caso o valor de CBR para a penetração de 0,2" seja superior ao anterior, após a confirmação por repetição do ensaio, adota-se o último valor.

Assim, com base nesses padrões, deve-se recordar que a alteração no diâmetro do cilindro ou do pistão de aplicação de cargas, bem como na velocidade de aplicação de cargas, invalidaria o resultado do ensaio. Ressalta-se que os resultados são influenciados pela textura, pela massa específica e pela umidade do solo ou material granular em estudo. Algumas particularidades dos ensaios de CBR são apresentadas no Quadro 6.2.

Há um aspecto importante na execução do ensaio de CBR, quanto à sua transposição como norma do Brasil – trata-se de uma limitação. Vimos que a imersão da amostra por 96 horas é realizada para simular uma enorme saturação do solo durante o desgelo na primavera no hemisfério norte. Contudo, os solos

Quadro 6.2 *Condições específicas para ensaios de CBR*

Tipo de Material	Método de ensaio	Reúso do material	Comentários	Limitações
Granular	Empregar apenas material passante na peneira de abertura de 19 mm (¾"), devendo o mais grosso ser excluído e substituído por porção de material passante na # ¾" e retido na # 4,8 mm. A compactação adequada é realizada na energia modificada, pois em campo tais materiais atingem facilmente essa condição	A quebra dos grãos dificulta o reemprego do material para ensaios sucessivos, pois altera a distribuição granulométrica	Na maioria dos casos, não se expande, o que implica ser pouco efetivo o efeito da sobrecarga no ensaio	Areias: estão confinadas no cilindro, o que não representa o campo. Adota-se comumente CBR = 10%. Variabilidade de resultados e difícil execução
Finos argilosos	Compactados na energia normal (ensaio de Proctor normal) Medir expansão durante imersão de 4 dias com sobrecarga Antes do ensaio de CBR, deixar amostra drenando por 15 min	Possível desde que destorroado, secado e quarteado	Podem ser expansivos e inchar, sendo muito relevante o efeito da sobrecarga nesse aspecto	Quando amostras não perturbadas forem ensaiadas, é preferível a conformação de amostra a partir de bloco de solo extraído do subleito à cravação de cilindro biselado no subleito, o que perturba o solo original

vão trabalhar normalmente em uma umidade de equilíbrio diferente da umidade de compactação e distante da umidade de saturação. Além disso, em muitos solos tropicais, mesmo argilosos, uma grande permeabilidade é característica marcante, garantindo o rápido escoamento da água e uma drenagem satisfatória em camadas inferiores de pavimentos. Assim, o resultado do CBR, após imersão, normalmente inferior, pode ser bastante conservador em inúmeros casos. A relação CBR imerso/CBR seco poderá ser um auxílio enorme na decisão do engenheiro quanto aos valores de CBR a serem empregados em fases de projeto.

Para finalizar, no que se refere às investigações do CDH na década de 1920, conclui-se que os subleitos que se apresentaram satisfatórios eram constituídos de solos com expansão inferior a 3%, e para bases e sub-bases deveria ser exigida expansão inferior a 1%; além disso, verificou-se que a expansão era dependente da quantidade de poros (ar) no material. Note que a expansão medida em laboratório, durante a imersão, diz respeito à variação relativa da altura do corpo de prova durante os quatro dias, com presença de sobrecarga de dez libras.

6.2.2 Ensaio de compressão diametral

O ensaio de compressão diametral ou Brazilian Test, empregado inicialmente com concreto na década de 1950, por proposição do prof. Luís Fernando Lobo Carneiro, da Universidade Federal do Rio de Janeiro, constitui um arranjo simples que permite impor um plano de ruptura idêntico ao plano de aplicação da carga, conforme representado na Figura 6.8. Trata-se de um ensaio bastante empregado na atualidade para a medida da resistência à tração indireta de amostras de concretos asfálticos.

Ao tomar-se x e y como coordenadas a partir do centro do corpo de prova, observa-se no arranjo do ensaio na Figura 6.8 que, na vertical, o corpo de prova sofre compressão, e, na direção horizontal, sofre tração. As deformações horizontais definirão o deslocamento horizontal total que o material sofrerá durante os testes. As tensões verticais e horizontais no corpo de prova são dadas pelas expressões:

$$\sigma_y = -\frac{2.F}{\pi.d.h} \cdot \left[\frac{4d^2}{d^2 + 4.x^2} - 1 \right] \quad [6.4]$$

e

$$\sigma_x = \frac{2.F}{\pi.d.h} \cdot \left[\frac{d^2 - 4.x^2}{d^2 + 4.x^2} \right]^2 \quad [6.5]$$

No caso de levar-se o corpo de prova até a ruptura, a tensão de tração horizontal que rompe o material, nas proximidades de seu centro (x = 0), será:

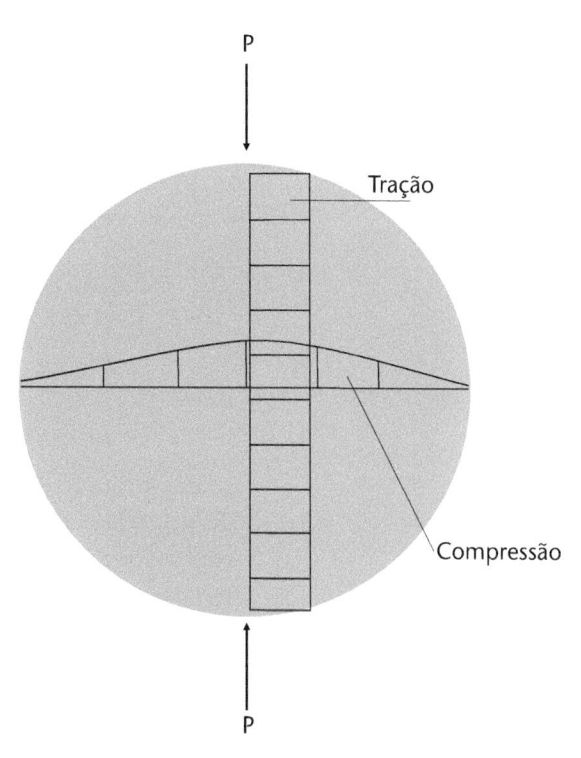

Fig. 6.8 *Arranjo do ensaio de compressão diametral*

$$\sigma x = \frac{2.F}{\pi.d.h} \cdot \left[\frac{d^2 - 4.(0)^2}{d^2 + 4.(0)^2}\right]^2 = \frac{2.F}{\pi.d.h} \quad [6.6]$$

em que F é a força aplicada; d, o diâmetro do corpo de prova e h, sua altura. Note-se que, nesse caso, ao levar uma amostra à ruptura, o plano de ruptura coincide com o plano de aplicação de cargas; caso isso não ocorra, o ensaio não terá validade garantida.

6.2.3 Ensaio de tração na flexão

A medida da resistência à tração na flexão é um dos mais importantes ensaios para materiais de pavimentação tratados com cimento (BGTC, SC) ou com concretos para pavimentação (CCP, CCR), permitindo a medida de um esforço semelhante ao qual a camada estará submetida em campo, ainda que de maneira simplificada, em uma direção apenas. Sua modelagem analítica baseia-se em princípios bastante simples de Resistência dos Materiais, conforme segue. A disposição para arranjo do ensaio é realizada de acordo com o esquema apresentado na Figura 6.9, denominando-se ensaio dos dois cutelos.

O arranjo com dois cutelos justifica-se por razões pragmáticas. Primeiramente, sabemos que os materiais não são exatamente homogêneos; assim, caso o momento fletor fosse variável na parte central do vão da vigota (corpo de prova) em teste, a combinação do esforço solicitante com uma resistência variável de seção a seção, ainda que pequena, poderia caminhar para um valor de carga de ruptura (P), que, combinada com a resistência da seção, definiria a seção de fratura.

Quando se estabelece o arranjo de dois cutelos, o momento fletor no terço central da vigota é constante, o que garante que a seção de ruptura seja aquela mais fraca (em um material heterogêneo). Além disso, o momento máximo é proporcional a um sexto da carga total aplicada. Aplicando-se uma carga apenas no centro do vão, o momento de ruptura seria proporcional a um quarto da carga e, para um arranjo de viga engastada em uma das extremidades, o momento máximo seria unitariamente proporcional à carga aplicada. Além da maior facilidade quanto às cargas de ruptura, a desvantagem dos demais arranjos mencionados é que a seção de ruptura seria predefinida no ponto exclusivo de momento máximo, que poderia, para materiais heterogêneos, não representar a seção mais fraca.

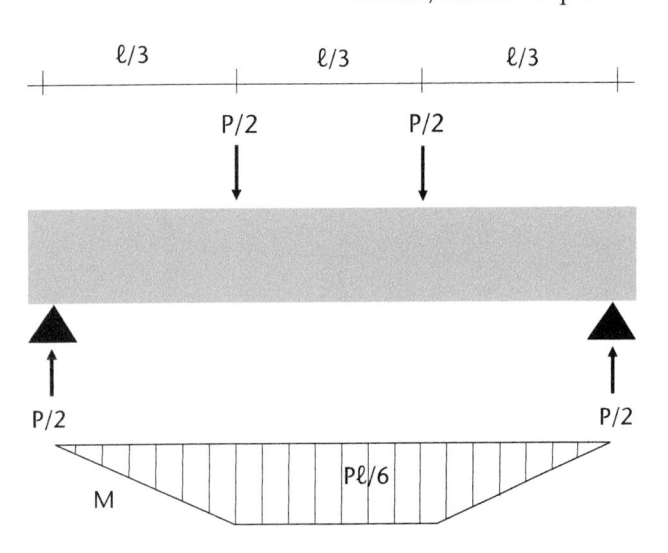

Fig. 6.9 *Esquema para ensaio de dois cutelos*

O cálculo da tensão de tração no momento da ruptura, conhecida a carga de ruptura, é dado por:

$$f_{ct,f} = \frac{M}{I} \times z \quad [6.7]$$

sendo M o momento fletor máximo; I, o momento de inércia para uma seção transversal de vigota (corpo de prova) de altura h e base b, admitindo-se a linha neutra a meia altura da seção; e z, a distância entre a linha neutra e a fibra inferior da vigota na qual a tensão é máxima, o que nos permite escrever:

$$f_{ct,f} = \frac{\frac{P\ell}{6}}{\frac{bh^3}{12}} \times \frac{h}{2} = \frac{P\ell}{bh^2} \qquad [6.8]$$

O valor da resistência à tração na flexão (nomenclatura da NBR 6118) é também chamado "módulo de ruptura", embora a linguagem acadêmica relacionada à tecnologia de concreto no Brasil tenha sido rigorosa em não se adotar essa denominação. Para se ter uma ideia desse padrão de resistência para alguns materiais de pavimentação, na Tabela 6.1 são apresentados alguns dados elucidativos.

Tabela 6.1 *Alguns valores típicos de resistência à tração na flexão*

MATERIAL	$f_{ct,f}$ (MPa)
SC	0,25 – 0,50
BGTC	0,50 – 1,0
CCR (bases de pavimentos)	0,8 – 3,5
CCR (revestimentos)	2,5 – 5,0
CCP (revestimentos em concreto simples)	4,0 – 5,5
CAD	6,0 – 10,0

6.2.4 Ensaio de cisalhamento em interfaces aderidas

Um problema pouco conhecido, porém importante, na análise de algumas situações em pavimentação, é a medida da resistência da interface aderida entre dois materiais de pavimentação quaisquer, em especial CAUQ com concretos e CCP e CCR ou BGTC. Um ensaio de simples execução foi concebido no LMP-EPUSP para a medida da resistência ao cisalhamento direto entre camadas de materiais diferentes, como apresentado na Figura 6.10, na qual se verifica que uma força vertical é aplicada sobre o topo de um material e totalmente transmitida nas interfaces aderidas a ambos os lados em outro material, sem que o material central tenha contato com a base de apoio. Esse arranjo gera uma força cortante (V) nas interfaces, sendo tal força, de cada lado, equivalente à metade da carga vertical aplicada. A tensão de cisalhamento em cada interface será:

$$\tau = \frac{V}{A} = \frac{P_{rup}}{2A} \qquad [6.9]$$

Definida a carga de ruptura (P_{rup}) da interface durante o ensaio, calcula-se então a tensão de ruptura, que é a resistência ao cisalhamento na interface

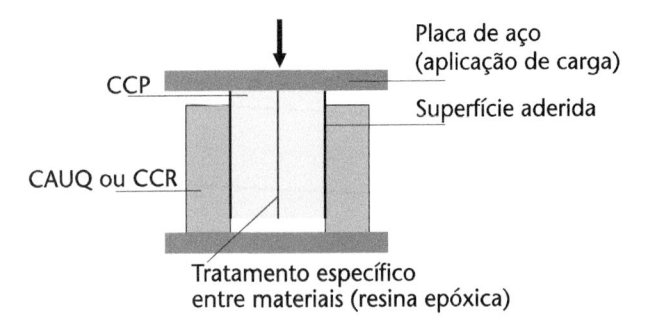

Fig. 6.10 *Arranjo do ensaio para avaliação de cisalhamento em interfaces aderidas*

aderida. O ensaio requer uma preparação esmerada dos corpos de prova, bem como seu perfeito alinhamento. Rita Moura Fortes (1999) e Deividi da Silva Pereira (2003), desenvolvendo então seus doutorados no LMP-EPUSP, estudaram exaustivamente essa resistência de interface entre alguns materiais.

Fortes (1999) analisou o caso da aderência ente concretos lançados sobre superfícies asfálticas (CAUQ) para finalidades de *whitetoppings*. Para avaliar a resistência ao cisalhamento nas interfaces, tratou a superfície asfáltica por vários processos, como fresadoras manuais ou pesadas, aplicação de resina epóxica antes do lançamento do concreto, entre outros. Na Tabela 6.2 são apresentados os resultados médios obtidos nesses estudos. Os seguintes comentários são plausíveis: (a) a fresagem uniformiza melhor a resistência; (b) apenas a fresagem com equipamento pesado traz melhoria à resistência medida; (c) apenas com uso de resina, a resistência apresenta ganho substancial.

Tabela 6.2 *Resistência ao cisalhamento na interface entre o CAUQ e o CCP*

Tratamento de interface	Tensão de ruptura (MPa)	Número de ensaios	Coeficiente de variação da amostra (%)
Nenhum	1,64	4	26
Fresagem manual	1,65	8	8
Fresagem rodoviária	1,87	16	16
Resina epóxica	2,54	6	44
Fresagem rodoviária + resina epóxica	2,62	6	15

Fonte: Fortes, 1999.

Pereira (2003) estudou, com procedimentos semelhantes, a resistência em interfaces aderidas entre CCP e CCR, sendo os corpos de prova moldados da seguinte forma: (a) lançamento de CCR e compactação nas fôrmas; (b) aguardo de tempo especificado para lançamento de CCP para complementar a fôrma (segunda camada); (c) lançamento do CCP e vibração; (d) cura do CCP; (e) corte do corpo de prova e montagem (colagem) dos corpos de prova com resina epóxica (faces centrais) para execução dos ensaios. Na Tabela 6.3 são apresentados os resultados médios encontrados nos estudos, em que se verifica que a

Tabela 6.3 *Resistência ao cisalhamento na interface entre o CCR e o CCP*

Tempo de lançamento do CCP após compactação do CCR	Tratamento entre materiais	Tensão de ruptura (MPa)	Desvio-padrão (%)
3 horas	Nenhum	3,49	0,37
24 horas		2,92	0,34
3 dias		3,45	0,40
7 dias		3,33	0,52
RR-2C	Emulsão asfáltica	0,61	0,15

Fonte: Pereira, 2003.

resistência é praticamente idêntica, independentemente de quanto tempo antes do lançamento do CCP o CCR tenha sido elaborado. Apenas se verificou queda expressiva em tal resistência quando uma emulsão asfáltica, criando uma película asfáltica, havia sido lançada sobre o CCR.

6.3 Resistência para Materiais de Pavimentação Típicos no Brasil

Na sequência, são apresentados valores típicos de resistência de materiais de pavimentação empregados no Brasil para sua condição de integridade, isto é, medidos logo após sua execução em laboratório ou mesmo em campo. Preservadas as condições de compactação adequadamente definidas em normas, é possível que as resistências dos materiais em campo atinjam com facilidade aquelas estabelecidas nos estudos de dosagem em laboratório.

Sua atitude como engenheiro civil aqui é crucial!

Fatores como incorreções na usinagem, deficiência de compactação, falta de controle de umidade e de temperatura, variabilidade de solos em jazidas, inadequação de cura de materiais estabilizados ou tratados com cimento e de concretos comprometem seriamente o desempenho do pavimento que foi dimensionado para parâmetros característicos (de projeto) no que tange a sua resistência, devendo ser elaborados (dosados, usinados e compactados) de tal forma que, em pista, sejam reproduzidas as características potenciais dos materiais aferidas em laboratório. A negligência e, muitas vezes, a ausência de controle tecnológico adequado têm sido a grande mazela de obras rodoviárias no Brasil.

6.3.1 Valores típicos de CBR para solos finos tropicais

Na Tabela 6.4 são apresentados valores típicos esperados para alguns tipos de solos finos de comportamento laterítico ou não laterítico, segundo a classificação MCT para solos tropicais. Os valores típicos (faixas) são para todos os tipos genéticos MCT, bem como a redução (em porcentagem) no valor do mini-CBR, típica para cada um dos tipos de solo. Observe que os tipos lateríticos (LA, LA' e LG') apresentam as menores perdas de resistência devido à sua saturação quando imersos em água; embora possuindo fração argilosa, os tipos LA' e LG' são solos que apresentam boa e rápida drenabilidade, tornando-se questionável, nesses casos, o emprego de valores de resistência após imersão para finalidades de

Tabela 6.4 *Resistências típicas de alguns solos finos tropicais compactados*

Tipo MCT	Mini-CBR (%) seco	Porcentagem de redução no Mini-CBR (%) após imersão
NA	4 a 30	40 a 70
NA'	12 a 30	< 40
NS'	4 a 30	40 a mais de 70
NG'	12 a 30	> 70
LA	12 a 30	< 40
LA'	12 a mais de 30	< 40
LG'	12 a 30	< 40

Fonte: Nogami e Villibor, 1995.

projetos, o que deve ser estudado caso a caso. Em um estudo para solos LA', não se verificou queda no valor da resistência, mesmo após oito dias de imersão da amostra compactada em água (Luz et al., 2004).

Cardoso (1987) apresentou modelos simplificados para determinação (por estimativa) do CBR de solos argilosos finos lateríticos tropicais (LG'), em função da umidade (h em %) e do peso específico aparente seco do material (γ_{as} em g/cm³), conforme a expressão:

$$\mathrm{CBR}(\%) = \frac{0,026 \times \gamma_{as}}{h^{3,9925} \times \gamma_{as,max}^{5,1794}} \qquad [6.10]$$

6.3.2 O CBR de solos granulares e misturas solo-agregado

No Quadro 6.3 são apresentadas as faixas típicas de resistências, em termos de valores de CBR, para diversos tipos de misturas de agregados, agregados graduados, solo-agregado, agregados disponíveis naturalmente e agregados alternativos. Os valores apresentados possuem apenas caráter indicativo e potencial, sendo, na maioria dos casos, não generalizáveis. É importante ressaltar que materiais granulares de boa resistência, como a BGS, podem sofrer perda de resistência expressiva de até 75%, após saturação (Luz et al., 2004).

Quadro 6.3 *Resistências típicas de agregados e misturas de agregados*

MATERIAL	VALOR TÍPICO DE CBR	OBSERVAÇÕES
Bica corrida	> 60%	Medida *in situ*, material não dosável
Macadame hidráulico	> 80%	Medida *in situ*, material não dosável
Brita graduada simples	> 100%	Material-padrão
Solo (50%) + brita (50%)	> 40%	Dependem da natureza do solo (L ou N)
Lateritas (SLC)	> 40%	Depende da porcentagem de finos
Saibros e cascalheiras	> 50%	Podem perder muita resistência quando úmidos
Areias finas e médias	≅10 %	Material não fica confinado em pista
Escória granulada	> 40%	Varia conforme for britada ou granulada
Agregado reciclado de entulho de construção e de demolição	5%–60%	Material bastante variável em função de sua separação por faixa granulométrica e composição densitária dos agregados

6.3.3 Solo-cimento, BGTC e CCR

Os materiais tratados ou estabilizados com cimento, bem como concretos compactados com rolo, exercem importante papel nas construções de pavimentos em vias com médio a elevado volume de tráfego. Dada a rigidez que lhes é peculiar, encadeando um efeito de resposta em placa quando a camada é solicitada pelas cargas dos veículos, trabalham em regime crítico de tração na flexão durante sua fase íntegra. Após processos de fratura, esses materiais apresentam efeito em flexão reduzido e resposta cada vez mais aproximada ao conjunto de blocos modulares. Os valores de resistência apresentados no Quadro 6.4 dizem respeito aos materiais com integridade estrutural e não fissurados.

Quadro 6.4 *Resistências típicas de materiais tratados com ligantes hidráulicos e concretos compactados*

MATERIAL	FAIXA DE RESISTÊNCIA (MPa)		OBSERVAÇÕES	FONTE
Brita graduada tratada com cimento	Compressão	8,1 (7 dias)	Faixa B da ABNT, 4% de cimento CP-II-E-32 em peso, umidade 1,5% abaixo da ótima, energia modificada, agregado proveniente de granito de São Paulo	Balbo (1993)
		13,3 (28 dias)		
		13,7 (56 dias)		
	Tração direta	0,9 (11 dias)		
		1,1 (44 dias)		
		1,2 (56 dias)		
	Tração indireta	2,3 (56 dias)		
Concreto compactado com rolo de elevada resistência	$f_{ct,f} = 5,5$		CP-II, consumo de 300 kg/m^3, granulometria com faixa de Pitman	Abreu (2002), resistências aos 28 dias, energia normal
	$f_{ct,f} = 6,5$		CP-III, consumo de 300 kg/m^3, granulometria com faixa de Pitman	
	$f_{ct,f} = 5,5$		CP-V, consumo de 250 kg/m^3, granulometria com faixa de Pitman	
	$f_{ct,f} = 6,5$		CP-V, consumo de 300 kg/m^3, granulometria com faixa de Pitman	
	$f_{ct,f} = 6,6$		CP-V, consumo de 350 kg/m^3, granulometria com faixa de Pitman	
	$f_{ct,f} = 7,6$		CP-V, consumo de 400 kg/m^3, granulometria com faixa de Pitman	
Concreto compactado com rolo	$f_{ct,f} = 1,50$		CP-II-E-32, consumo de 120 kg/m^3, granulometria com faixa de Pitman	Trichês (1993), resistências aos 28 dias, energia normal (em termos de 28 dias, pouca influência exerceu a energia de compactação)
	$f_{ct,f} = 2,20$		CP-II-E-32, consumo de 160 kg/m^3, granulometria com faixa de Pitman	
	$f_{ct,f} = 2,90$		CP-II-E-32, consumo de 200 kg/m^3, granulometria com faixa de Pitman	
	$f_{ct,f} = 3,35$		CP-II-E-32, consumo de 240 kg/m^3, granulometria com faixa de Pitman	
	$f_{ct,f} = 4,10$		CP-II-E-32, consumo de 280 kg/m^3, granulometria com faixa de Pitman	
	$f_{ct,f} = 4,50$		CP-II-E-32, consumo de 320 kg/m^3, granulometria com faixa de Pitman	

Quadro 6.4 Resistências típicas de materiais tratados com ligantes hidráulicos e concretos compactados (continuação)

MATERIAL	FAIXA DE RESISTÊNCIA (MPa)	OBSERVAÇÕES	FONTE
Solo-cimento	$f_{ct,f} = 2{,}27$	Solo NA, consumo de 6% de CP-II-E em peso	Ceratti (1991), resistências aos 28 dias
	$f_{ct,f} = 1{,}05$	Solo LA, consumo de 6% de CP-II-E em peso	
	$f_{ct,f} = 0{,}78$	Solo LG', consumo de 12% de CP-II-E em peso	
	$f_{ct,f} = 1{,}30$	Solo NA', consumo de 10% de CP-II-E em peso	
	$f_{ct,f} = 0{,}99$	Solo LA', consumo de 8% de CP-II-E em peso	
	$f_{ct,f} = 0{,}79$	Solo NA', consumo de 8% de CP-II-E em peso	

6.3.4 Misturas asfálticas

Diversos estudos têm sido realizados em obras e em institutos de pesquisa e universidades visando à caracterização de misturas asfálticas, em especial aquelas usinadas a quente, como CAUQ, CAMP, CAMB, SMA etc. Para fornecer valores ilustrativos de referência sobre a potencialidade desses materiais de pavimentação, no Quadro 6.5 são apresentados valores aferidos para esses materiais em laboratórios de pesquisa, descrevendo-se algumas peculiaridades das misturas indicadas. As fontes para a elaboração de tal resumo foram basicamente os anais dos Congressos Brasileiros de Pesquisa e Ensino em Transportes, que congregam um grande número de acadêmicos comprometidos com o desenvolvimento sistemático de tecnologia adequada para as misturas asfálticas no País; contudo, estão disponíveis diversas outras fontes de pesquisa para os interessados, como os congressos da Associação Brasileira de Pavimentação (ABPv) e do Instituto Brasileiro do Petróleo (IBP).

Embora o universo de resultados apresentado no Quadro 6.5 seja muito limitado, observa-se que misturas abertas (PMF, CPA) apresentam menor resistência à tração (no ensaio de compressão diametral) que misturas densas (CAUQ). Não se verifica alteração importante na resistência de misturas densas com o emprego de asfaltos modificados com SBS; contudo, o emprego de asfaltos modificados com EVA ou asfaltos RASF causa expressivo aumento na resistência dessas misturas. O SMA apresenta resistência ligeiramente superior a um CAUQ. Os asfaltos modificados com borracha resultam em menores resistências, e a reciclagem a quente sem adição de óleos aromáticos, ao contrário de quando adicionados, resulta em valores de resistência elevados. Tais aumentos ou decréscimos em valores de resistência, contudo, só fazem sentido em uma análise de qualidade se considerados simultaneamente os valores de módulo de resiliência dos materiais, o que conceituamos na sequência.

6.4 CONCEITUAÇÃO DE MÓDULO DE RESILIÊNCIA E SUA DETERMINAÇÃO

A interação carga-estrutura, com suas consequências sobre a deformação e a ocorrência de campos e gradientes de tensões nas camadas dos pavimentos,

Quadro 6.5 *Valores típicos de resistência à tração indireta para algumas misturas asfálticas*

MATERIAL	FAIXA DE RESISTÊNCIA (MPa)	OBSERVAÇÕES	FONTE
CAUQ	0,7 – 1,0	CAP 50-60	Preussler, 1983
	0,75 – 1,20	SBS 4%	DNER, 1998
	0,8	SBS 6%	DNER, 1998
CAMP	2,39	EVA	Rohde et al., 2005
	4,33	RASF	Rohde et al., 2005
	0,52	CAP modificado com borracha moída e óleo extensor	Faxina e Sória, 2003
CAUQ com agregado-borracha	0,7 – 0,9	Resistência diminuindo com aumento de % de borracha	Patriota et al., 2004
SMA	1,30	CAP convencional	Reis et al., 2004
	1,10 – 1,40	Betuflex	
CPA	0,31 – 0,66	CAP modificado com SBS	DNER, 1998
PMF	0,30	Emulsão RL-1C	Clerman e Ceratti, 2004
CAUQ reciclado a quente	2,42	Reciclado à taxa de 100% sem adição de CAP novo	Balbo e Bodi, 2004
CAUQ reciclado a quente	2,50 – 3,01	Reciclado à taxa de 100% com adição de CAP modificado com borracha	Balbo e Bodi, 2004
CAUQ reciclado a quente	0,5 – 1,5	Reciclado à taxa de 100% com adição de AR-500 (rejuvenescedor)	Domingues e Balbo, 2005

deve ser abordada obrigatoriamente dentro do conceito de que tal estrutura constitui um conjunto de camadas superpostas, com espessuras e propriedades reológicas distintas, respondendo monoliticamente aos esforços aplicados pelos veículos (Figura 6.11).

As constantes elásticas (parâmetros) empregadas habitualmente e mais pesquisadas para a formalização de análises de sistemas de camadas são o módulo de elasticidade ou o módulo de resiliência (a capacidade de o material não resguardar deformações depois de cessada a ação da carga) dos materiais de pavimentação, bem como seus respectivos coeficientes de Poisson, estes para a consideração dos efeitos advindos da Lei de Hooke generalizada.

Em regime de trabalho e resposta elástica, portanto fora de zonas de intensa plastificação, em-bora a cada deformação elástica estejam associadas microdeformações de natureza plástica, o módulo resiliente dos materiais de pavimentação é determinado normalmente de duas maneiras: em laboratório ou em campo; neste último caso, por meio da interpretação de deformações ocorridas durante provas de carga (retroanálise de módulo resiliente). Em laboratório, experimentalmente, o

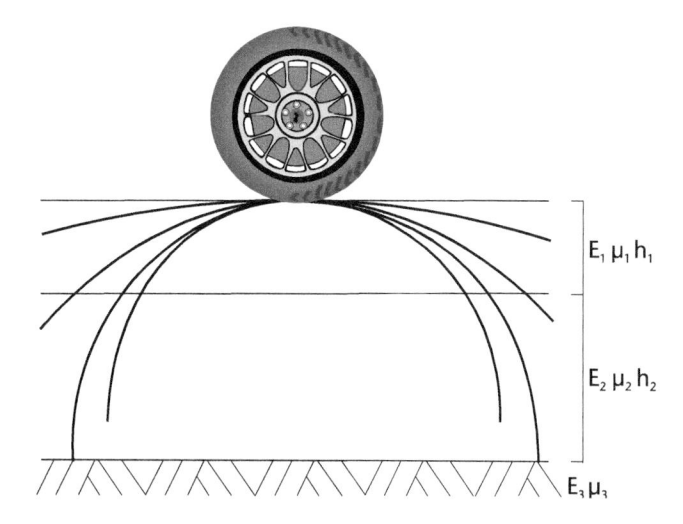

Fig. 6.11 *Estrutura de camadas com comportamentos elásticos distintos*

ELASTICIDADE E PLASTICIDADE

Elasticidade pode ser definida como a propriedade de dado material não preservar deformações residuais, ou seja, cessada a ação das forças que deformam o material, ele volta a assumir sua forma original.

Plasticidade é a propriedade inversa, ou seja, a capacidade de o material preservar deformações residuais depois de cessado o estado de esforços ao qual foi submetido, sendo tais deformações também denominadas plásticas ou permanentes.

valor do módulo resiliente é determinado pela relação entre a tensão aplicada (σ) e a respectiva deformação (ε) sofrida, conforme segue:

$$M_r = \frac{\sigma}{\varepsilon} = E \qquad [6.11]$$

Observe-se que os materiais não obrigatoriamente apresentam valor de módulo de elasticidade constante, independentemente do nível de tensão que ocorre. O material raramente ainda tem comportamento elástico linear (Figura 6.12), apresentando mais comumente resposta elástica não linear. O material ainda pode ser inicialmente mais sensível ao carregamento, de tal maneira que sejam necessárias repetidas aplicações iniciais de carga para a estabilização de uma deformação plástica inicial excessiva, que não pode ser tomada no cálculo de sua deformação resiliente. Há materiais, em especial as misturas asfálticas, que, herdando a viscoelasticidade apresentada pelos asfaltos, apresentam níveis de deformação dependentes do tempo de ação de cargas. Nesses casos, quanto mais rápida a aplicação de cargas, menor a deformação medida e maior o módulo resiliente aferido para o material.

Para materiais que não apresentam módulo resiliente constante ou linear em sua fase elástica, é necessária, quando se empregam teorias não lineares para o cálculo de deformações e tensões nas camadas, a definição de modelos constitutivos de comportamento que possam prever as variações do módulo de resiliência em função dos níveis de tensões que ocorrem nas estruturas. Assim, por exemplo, os materiais granulares, como britas graduadas e solos saprolíticos, apresentam módulo resiliente variável de ponto a ponto em sua espessura, uma vez que esse parâmetro de cálculo é dependente da magnitude da tensão de confinamento presente (Figura 6.13).

6.4.1 Ensaios triaxiais dinâmicos (confinamento)

O modelo constitutivo para o módulo resiliente dos materiais de natureza granular é dado pela expressão:

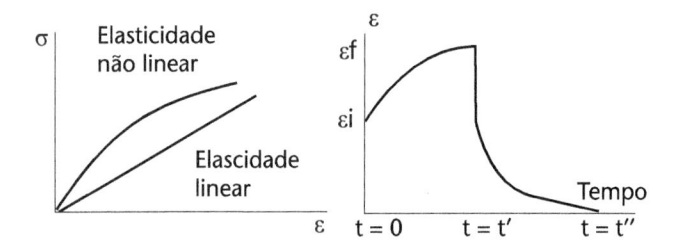

$$M_r = k_1 \cdot \sigma_3^{k_2} \qquad [6.12]$$

Fig. 6.12 *Respostas elásticas e anelásticas dos materiais*

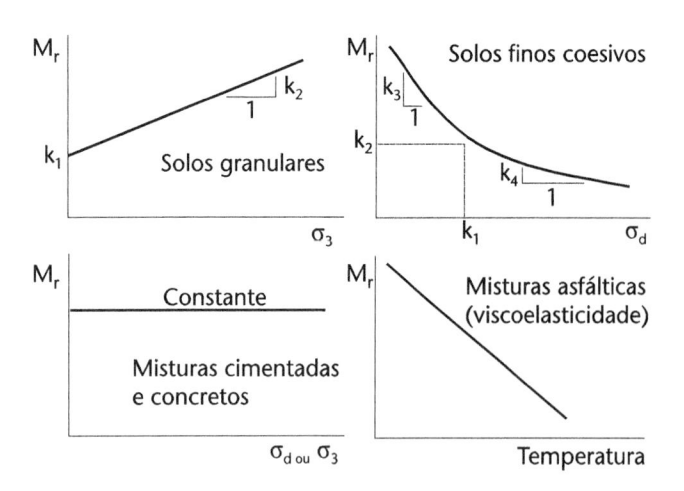

Fig. 6.13 *Comportamentos resilientes típicos*

de que se depreende que, para camadas granulares, quanto maior for a tensão de confinamento (σ_3) em ação, maior será o módulo resiliente do material. Todavia, há que se tomar cuidado com as generalizações, uma vez que alguns materiais de natureza granulométrica semelhante a típicos materiais granulares, como solos lateríticos concrecionados, podem apresentar comportamento bastante diferenciado, tendendo para o caso de solos finos coesivos, que são generalizados pelos modelos:

$$M_r = k_2 + k_3 \cdot (k_1 - \sigma_d), \text{ quando } k_1 > \sigma_d \qquad [6.13]$$

$$M_r = k_2 + k_4 \cdot (\sigma_d - k_1), \text{ quando } k_1 < \sigma_d \qquad [6.14]$$

sendo

$$\sigma_d = \sigma_1 - \sigma_3 \qquad [6.15]$$

em que σ_1 é a tensão vertical, σ_3 é a tensão de confinamento e σ_d, a tensão-desvio.

As expressões 6.13 a 6.15 são empregadas para o tratamento de dados de *ensaios triaxiais dinâmicos* (ou de cargas repetidas) realizados em laboratório com diversos materiais, como solos, granulares, misturas solo-agregados e solos estabilizados com cimento, para a determinação das constantes experimentais k_1, k_2, k_3 e k_4. O arranjo do ensaio em compressão (Quadro 6.6) é empregado e, em uma base vertical de altura h no corpo de prova, é medido o deslocamento sofrido a cada aplicação de carga (a 1 Hz).

A deformação, após ciclos de condicionamento do corpo de prova, é medida em cada ciclo de aplicação de cargas, tomando-se cerca de 200 ciclos para o cálculo da média de deformações sofridas (a deformação é a relação entre o deslocamento medido e a altura da base de medidas). O módulo de resiliência é determinado para cada ciclo de aplicações por nível de tensão-desvio aplicada, permitindo a determinação das constantes experimentais acima mencionadas.

6.4.2 Ensaio de compressão diametral – *Brazilian Test* (tração indireta)

Outro tipo de ensaio comumente empregado na determinação do módulo resiliente de misturas asfálticas e cimentadas é o chamado ensaio de compressão diametral ou ensaio de tração indireta, conhecido no exterior como *Brazilian Test* (DNER-ME 133/94). Nesse caso, a amostra constitui um corpo de prova cilíndrico, muitas vezes de tamanhos idênticos àqueles empregados para dosagem de misturas asfálticas pelo método Marshall e para compactação de materiais tratados com cimento em cilindro-padrão Proctor (o que não deixa de ser vantajoso na preparação de corpos de prova).

Coloca-se uma tira rígida de topo e outra de fundo, que garantem a distribuição, ao longo da altura da amostra, de uma força aplicada na direção diametral da amostra. É realizado o registro do deslocamento horizontal sofrido pela amostra em suas extremidades, a cada aplicação de carga, possibilitando a determinação do módulo resiliente do material, bem como de sua resistência à tração indireta, de acordo com as expressões seguintes. Trata-se do ensaio mais empregado no Brasil, sendo, até a atualidade, conduzido com frequência de aplicação de cargas de 1 Hz e tempo de duração da carga de 0,1 s sobre a amostra.

Quadro 6.6 *Formatos de ensaios para medidas de módulos resilientes de materiais*

Ensaio	Esquema do ensaio	Aplicações
Compressão		Solos, Britas graduadas, Misturas, Solo-agregado, SMC, SB, SCA (módulo de resiliência)
Tração indireta		BGTC, CA, SC, SMC (resistência, módulo de resiliência e fadiga)
Tração na flexão		CA, CCR, CCP (resistência, módulo de resiliência e fadiga)

Considera-se o estado plano de tensões e toma-se também $\tau_{xy} = 0$. Se $\sigma_z = 0$, pode-se resumir para o estado plano a deformação em x como a Lei de Hooke generalizada (Capítulo 8):

$$\varepsilon_x = \frac{1}{E}.(\sigma_x + \nu.\sigma_y) \qquad [6.16]$$

Ao substituir as Equações de tensões 6.4 e 6.5, tem-se:

$$\varepsilon_x = \frac{2.F}{\pi.d.h.E}.\left[\frac{d^4 - 8.d^2.x^2 + 16.x^2}{d^2 + 4.x^2} + \nu.\left(\frac{3.d^2 + 4.x^2}{d^2 + 4.x^2}\right)\right] \qquad [6.17]$$

O deslocamento total na horizontal (δ) é obtido pela integração ao longo do diâmetro na horizontal das deformações sofridas. Portanto:

$$\delta = \int_{-d/2}^{+d/2} \varepsilon_x.dx = \frac{F}{t.E}.\left(\frac{4}{\pi} + \nu - 1\right) \qquad [6.18]$$

Como E é o módulo de elasticidade ou de resiliência, uma vez medido o valor de δ durante ciclos repetitivos de carregamento, ter-se-á, experimentalmente:

$$M_r = \frac{F}{t.\delta}.(v + 0{,}2734) \qquad [6.19]$$

6.4.3 Ensaio de tração na flexão (dobramento)

Outro arranjo bastante empregado para a determinação de módulo resiliente do material é o ensaio dos dois cutelos, quando o corpo de prova é levado a sofrer tração na flexão. As forças ocorrem em dois pontos nos terços do vão da vigota para garantir momento fletor constante no vão central, região de solicitações máximas, conforme representados na Figura 6.9.

Os ensaios são estáticos (até a ruptura) ou cíclicos e dinâmicos (ensaios de fadiga), sendo medidas, a cada aplicação de carga, a flecha no meio do vão ou a deformação na fibra inferior do material. No primeiro caso, com base na flecha medida, o módulo resiliente do material será calculado pela expressão a seguir, obtida por meio de analogia de Mohr:

$$M_r = \frac{23.F.\ell^3}{1296.f.I} \qquad [6.20]$$

sendo:

$$I = \frac{b.h^3}{12} \qquad [6.21]$$

em que F é a força aplicada, ℓ é o comprimento do vão, f é a flecha medida no centro do vão, I é o momento da inércia da seção transversal da vigota para a linha neutra à meia altura, b é a largura da base da vigota e h, a altura da vigota. Note que, quando é determinada a deformação na fibra inferior em vez da flecha, o módulo de elasticidade em flexão é determinado de modo trivial, com base na Equação 6.11; nesse caso, é necessária a determinação da tensão de tração na flexão (σ_{tf}) atuante na fibra inferior da vigota, que, a partir da resistência dos materiais, é dada pela expressão:

$$\sigma_{tf} = \frac{M_f}{I}.z \qquad [6.22]$$

em que M_f é o momento fletor atuante no vão central e z é a distância vertical entre a linha neutra e a seção de análise, no caso, h/2.

Em misturas asfálticas, para se ter em conta a deformação cisalhante durante o teste, a Equação 6.20 deve ser substituída por:

$$M_r = \frac{23.F.\ell^3}{1296.f.I}.\left[1 + \frac{216.h^2.(1+v)}{115.\ell^2}\right] \qquad [6.23]$$

Os ensaios de tração na flexão em misturas asfálticas são realizados com um arranjo em que, após a atuação da força (1 s), tendo em vista o comportamento viscoelástico do material, o pistão que aplica a força vertical recua (sobe) e causa a flexão do lado oposto da amostra; para tanto, as reações de apoio dão-se em ambas as faces do corpo de prova. Essa configuração de ensaio é chamada flexão alternada, pois alternam-se o ciclo de tração e o ciclo de compressão da fibra superior e da fibra inferior do corpo de prova.

TEMPO E VELOCIDADE DE CARREGAMENTO AFETAM OS RESULTADOS

É importante fixar aqui a ideia de que os materiais asfálticos e, em decorrência, as misturas asfálticas, apresentam tixotropia, o que implica redistribuição de esforços aplicados conforme a velocidade e o tempo de carga impostos. De acordo com as taxas especificadas em normas para ensaios, a deformação medida durante o ensaio poderá condicionar maior ou menor valor de módulo de resiliência. No princípio do emprego desse tipo de teste, era comum a imposição de 30% a 40% da carga de ruptura até mesmo para sensibilizar os instrumentos de medida de deformação. Atualmente em discussão, essa taxa deve cair para até 15%, o que resultará em módulos medidos em laboratório de maior ordem de grandeza que aqueles atualmente consolidados no meio de engenharia para as misturas asfálticas. De qualquer maneira, é preciso ter em mente que, na realidade, o que importa ao desempenho do revestimento asfáltico será seu módulo de resiliência após execução em pista.

6.4.4 Determinação do coeficiente de Poisson

$$\upsilon = -\frac{\varepsilon_h}{\varepsilon_v}$$

O coeficiente de Poisson, cujo conhecimento é necessário nas análises de sistemas de camadas elásticas, é dado pelo inverso da relação entre a deformação vertical imposta ao material pela deformação horizontal sofrida no corpo de prova, durante um ensaio de compressão uniaxial (Figura 6.14). Tendo em vista que na atualidade não é típica a realização de ensaios para medição do coeficiente de Poisson, é importante reconhecer que muitos materiais apresentam comportamento tixotrópico, com esse parâmetro apresentando dependência até mesmo da velocidade de aplicação de cargas. Na Tabela 6.5 são apresentados valores típicos para coeficientes de Poisson para alguns materiais de pavimentação.

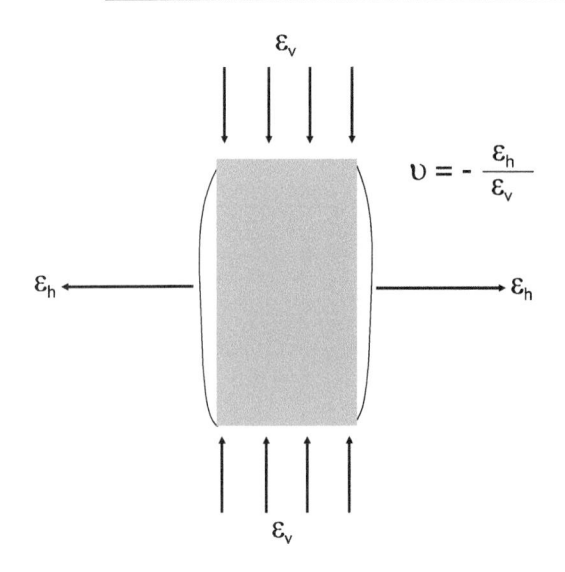

Fig. 6.14 *Esquema do ensaio de coeficiente de Poisson*

Tabela 6.5 *Valores típicos de coeficiente de Poisson*

MATERIAL	FAIXA DE VARIAÇÃO
Concretos asfálticos	0,32 – 0,38
Concreto de cimento Portland	0,15 – 0,20
BGS, MH, BC	0,35 – 0,40
CCR, BGTC	0,15 – 0,20
SC, SMC	0,20 – 0,30
SCA	0,25 – 0,30
Solos arenosos	0,30 – 0,35
Areias compactadas	0,35 – 0,40
Solos finos	0,40 – 0,45

6.4.5 Relação entre módulo de resiliência e resistência (M_r/RT)

A relação entre o valor de módulo de resiliência e a resistência à tração do material tem sido empregada simultaneamente em projetos e dosagens, em especial, de misturas asfálticas. Quanto mais rígido se apresenta um material, maior é sua capacidade como camada de reter esforços em si mesma, aumentando o efeito de placa da camada; isso necessariamente induz maiores tensões de tração no material em questão. Assim, não há ganho direto proporcional em um aumento expressivo do módulo de elasticidade da camada sem o devido incremento de sua resistência, pois, nesse caso, seria necessário aumentar a espessura da camada para diminuir as tensões de tração em sua fibra inferior.

6.5 Módulos de Resiliência dos Materiais de Pavimentação mais Comuns

Desde meados da década de 1980, muitos estudos têm sido realizados no Brasil, tanto em diversos laboratórios de pesquisa como em campo, para a determinação dos módulos de resiliência típicos de materiais de pavimentação empregados no País. Os resultados encontram-se, sobretudo, publicados em anais das Reuniões Anuais de Pavimentação (RAPv) da Associação Brasileira de Pavimentação e dos Congressos de Ensino e Pesquisa em Transportes da Anpet.

Sem querer esgotar a riqueza de informações contida em inúmeras contribuições individuais e de grupos de pesquisa no Brasil e no exterior, apresentam-se na sequência informações sobre as faixas típicas de valores de módulos de resiliência para materiais em condições estruturais de integridade, medidos geralmente por ensaios laboratoriais, embora as listagens sejam ínfimas em termos de informações disponíveis. Ao projetar e analisar estruturalmente um pavimento, o engenheiro deverá empregar seu senso crítico, bem como aproveitar outras experiências relacionadas à determinação de módulos de resiliência típicos para os materiais locais. Portanto, os dados fornecidos apresentam mais propriamente um cunho didático e de orientação do que mandatário.

Tabela 6.6 *Variação do M_r da BGS em ensaios triaxiais*

BGS	Origem geológica	M_r (MPa) secante após		Incremento de M_r após 80.000 ciclos
		100 ciclos	80.000 ciclos	
A	Granito	560	1.301	2,32
B	Gnaisse	255	413	1,62
C	Calcário	685	1.399	2,04

Fonte: Paute et al., 1987.

6.5.1 Britas graduadas simples

Quando se desejar estudar este material sob o ponto de vista tradicional de mecânica dos solos, empregando-se análises de ruptura ou de plastificação do material, devem ser tomados os seguintes parâmetros em consideração: ângulo de atrito entre 50° e 60° (portanto, elevado) e uma coesão aparente referente ao ensaio triaxial de 60 kPa a 100 kPa (Paute, 1987).

O comportamento resiliente da Brita Graduada Simples (BGS) é tipicamente linear e crescente com o incremento de tensão de confinamento na amostra. Esse fato é bastante importante no que diz respeito à atribuição de um valor de módulo de resiliência para o material (para finalidades de projeto), bem como para retroanálises de módulos de resiliência por meio de provas de carga. A dependência do módulo de resiliência da BGS, em função de seu estado de confinamento, implica maiores valores de módulos de resiliência em pista para camadas desse material que estejam prensadas entre duas camadas mais rígidas, uma acima e outra abaixo da BGS. Assim, em um pavimento asfáltico semirrígido invertido, quando a base é em BGS e a sub-base, em uma mistura cimentada de elevada rigidez, encontrando-se sua superfície travada pela camada de revestimento, a BGS trabalha com módulos de resiliência mais elevados.

Levantamentos realizados por Campos et al. (1995) em rodovia com pavimentos semirrígidos invertidos, com emprego de prova de carga por impacto (com *falling weight deflectometer*), evidenciaram sensíveis diferenças entre os módulos de resiliência de uma mesma BGS, compactada de modo idêntico, mas posicionada em bases de pavimentos flexíveis ou sub-bases de pavimentos semirrígidos. Para BGS em bases de pavimentos flexíveis, valores abaixo de 200 MPa eram comuns, enquanto para BGS em bases de pavimentos semirrígidos, muitas vezes tal valor era superado. Trabalha-se, em termos de projeto, com valores entre 300 MPa e 500 MPa para BGS confinada (no caso do pavimento semirrígido invertido). Para bases de pavimentos flexíveis em BGS, valores de 100 MPa a 250 MPa são corriqueiros, enquanto para BGS em sub-bases de pavimentos semirrígidos, valores mais baixos são considerados (entre 60 MPa e 150 MPa).

A AASHTO (1993) descreve modelos de comportamento de materiais granulares, entre os quais se enquadraria a BGS, para bases e sub-bases de pavimentos, conforme as expressões abaixo indicadas, em função do primeiro invariante de tensões ($\theta = \sigma_1 + 2.\sigma_3$, quando o ensaio é triaxial):

♦ para condição de umidade normal:

$$M_r = 5400 \times \theta^{0,6} \qquad [6.24]$$

♦ para condição saturada:

$$M_r = 4600 \times \theta^{0,6} \qquad [6.25]$$

sendo M_r e θ dados em libras por polegada quadrada.

No Brasil, para agregados de natureza granítica (BGS) compactados na energia intermediária, entre outros exemplos, foi obtida a seguinte relação (ITA, 1985):

$$M_r = 6900 \times \sigma_3^{0,7} \qquad [6.26]$$

neste caso, com M_r e σ_3 dados em kgf/cm² (que corresponde a 0,1 MPa).

Ao trabalhar em condições normais, quando a BGS ainda não sofreu contaminação por bombeamento de finos do subleito, inicialmente o módulo de resiliência do material tende a incrementar em razão do esforço de compactação oriundo dos carregamentos de veículos, até uma estabilização. Tal aspecto foi observado por Paute (1987) durante ensaios triaxiais dinâmicos sobre BGS de várias origens geológicas, conforme indicado na Tabela 6.6. Embora pudesse ser considerado vantajoso um eventual incremento no valor de M_r no material, como visto anteriormente, tal melhoria é obtida à custa de deformação plástica na camada, o que significa, em termos práticos, o surgimento de afundamentos em trilhas de roda no pavimento. Assim, extrapolando-se os resultados de laboratório, tem-se seguramente que a BGS apresentará deformação plástica (não resiliente) ao longo do tempo.

6.5.2 Macadame hidráulico, macadame seco e bica corrida

Tanto as BCs quanto os MHs apresentam valores de módulo de resiliência não superiores às BGSs, não superando, portanto, o nível de 150 MPa, o que dependerá essencialmente de seu estado de confinamento e de sua posição relativa no pavimento (base ou sub-base). Tais materiais, quando muito contaminados por finos ou saturados, podem apresentar valores de módulo de resiliência até dez vezes inferiores ao mencionado.

Resultados de retroanálises, módulos em pista de camadas de base empregando o MS com material de alteração de basalto no Rio Grande do Sul, apresentados por Nuñez et al. (1995), variaram entre 80 MPa e 160 MPa. Isso revela a possibilidade de o material atingir valores semelhantes à BGS, por exemplo. Simon et al. (1997), também por retroanálise, encontraram módulos de resiliência entre 100 MPa e 200 MPa para o MS normalmente empregado no Estado de Santa Catarina.

6.5.3 Solos finos lateríticos e não lateríticos e solos lateríticos concrecionados

Na literatura técnica nacional, são relatados diversos resultados obtidos a partir de testes laboratoriais e de campo, no que tange ao comportamento resiliente de solos de diversas regiões do País. Na sequência, objetivando uma indicação mínima de características de alguns solos, são apresentados valores típicos de módulos de resiliência extraídos de um número bastante limitado de fontes oriundas de pesquisas brasileiras.

Samuel Hantequeste Cardoso (1987) correlacionou, por meio de ensaios de CBR e testes triaxiais dinâmicos com determinação de módulos de resiliência, a estimativa do módulo de resiliência de solos argilosos finos lateríticos por meio de outros parâmetros, que foram o valor do CBR (%) do primeiro invariante de tensões e da tensão de aplicação vertical (em libras por polegada quadrada). O resultado dos estudos foi:

$$M_r = \frac{179,0412 \times CBR^{1,08774} \times \theta^{1,43833}}{\sigma_1^{1,18598}} \, [\text{lb/pol}^2] \qquad [6.27]$$

Ernesto Preussler (1983) também estabeleceu uma correlação entre o valor do módulo de resiliência e o CBR do solo, para o caso de solos finos tropicais argilosos, para nível de tensão-desvio de 0,2 MPa, para umidades no ponto ótimo ou pouco acima, após saturação resultante de imersão por quatro dias do corpo de prova. O modelo resultou:

$$M_r = 32{,}6 + 6{,}7 \times CBR \quad [MPa] \qquad [6.28]$$

Uma referência bem mais abrangente para diversos solos localizados no Estado de São Paulo é encontrada nos trabalhos laboratoriais de Salí Franzoi (1990). No Quadro 6.7 são apresentados valores médios de módulos de resiliência para diversos tipos de solos para valores constantes de tensão de confinamento $\sigma_3 = 0{,}02$ MPa e de tensão-desvio $\sigma_d = 0{,}03$ MPa. As classificações nos sistemas MCT e HRB-AASHO são apresentadas para os solos referidos, e pode-se verificar que os solos lateríticos apresentam comportamento resiliente superior àqueles não lateríticos, o que não é diferenciável com base na classificação rodoviária americana.

Assim, nos resultados obtidos por Salí Franzoi (1990), ficam evidentes peculiaridades sobre o módulo de resiliência de solos tropicais classificados de acordo com a metodologia MCT. As argilas lateríticas (LG' da capital paulista e de regiões com solos de alteração de basalto, também ocorrentes no Rio Grande do Sul, porém em camadas menos espessas) apresentam elevados valores modulares, em geral acima de 200 MPa. Solos arenosos finos lateríticos (LA') também apresentaram valores da mesma grandeza. Uma areia siltosa (LA) resultou ainda em módulo de resiliência satisfatório, com 150 MPa, e Balbo (1999) encontrou valor de mesma grandeza para uma areia quartzosa (LA) da depressão periférica do Estado de São Paulo, em Tatuí. Solos de comportamento não laterítico (NA' e NS'), por sua vez, resultaram em valores de módulo de resiliência bastante baixos, conforme se infere do Quadro 6.7.

Nilton Valle (1996) apresentou modelos de comportamento resiliente típicos para material granular natural (saprólito de granito) encontrado na faixa litorânea do Estado de Santa Catarina, bem como para brita graduada, também de origem granítica, conforme expostos no Quadro 6.8 e representados graficamente na Figura 6.15. Observe-se que o comportamento encon-

Quadro 6.7 *Valores médios de módulos de resiliência para diversos tipos de solos*

Procedência	Textura	MCT	HRB	hót(%)	M_r (MPa)
SP-310 / km 222	Areia siltosa	LA	A-2-4	10	150
SP-425 / E280	Areia	LA'	A-6	11	250
SP-255 / km 63	Areia argilosa	LA'	A-6	12	340
Jazida em S. André (SP)	Argila	LG'	A-7-5	27	200
SP-333 / km 320	Argila siltosa	LG'	A-7-5	23	500
SP-310 / km 257	Argila siltosa	LG'	A-7-5	24	300
SP-55 / km 94,9	Areia	NA'	A-1-B	14	45
SP-280 / km 40	Silte arenoso	NS'	A-6	21	32
SP-280	Silte	NS'	A-7-5	22	80
SP-310 / km 168,8	Argila	NG'	A-7-5	30	125

Fonte: Franzoi, 1990.

trado para os solos residuais de granito (saprólitos de granito) indicam, por comparação, que tais materiais, em sua condição granulométrica original na jazida, podem desempenhar, do ponto de vista mecânico, papel semelhante a uma brita graduada simples, apresentando comportamento resiliente descrito por modelo linear dependente da tensão de confinamento.

Os estudos de Vertamatti (1988a; 1988b) permitiram a caracterização resiliente de solos plintíticos e de concreções lateríticas encontradas na região Amazônica. Os primeiros apresentaram, via de regra, comportamento resiliente descrito por modelo bilinear e dependente da tensão-desvio, como para os casos de argilas e solos argilosos. Módulos de resiliência dos solos plintíticos variaram na faixa de 100 MPa a 400 MPa para valores de tensão-desvio entre 0,05 MPa e 0,15 MPa.

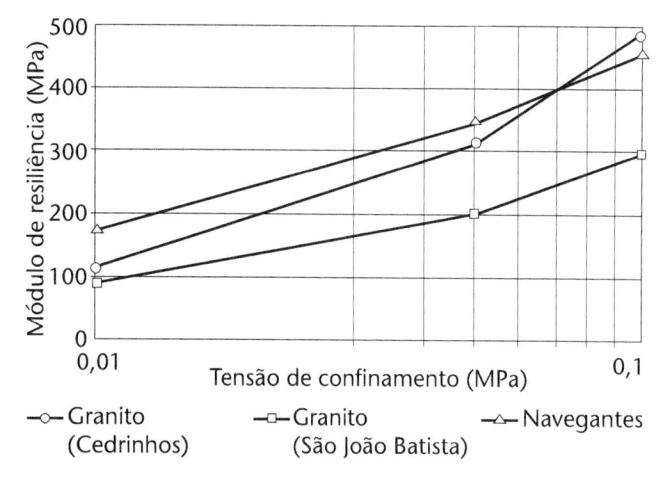

Fig. 6.15 *Comportamento resiliente de solos granulares do Estado de Santa Catarina*

Quadro 6.8 *Modelos resilientes para solos granulares de Santa Catarina*

Tipo	Procedência	Modelo de resiliência (kgf/cm^2)
Saprólito de granito	Jazida de Cedrinhos	$M_r = 4870 \times \sigma_3^{0,63}$
Saprólito de granito	Jazida São João Batista	$M_r = 2950 \times \sigma_3^{0,52}$
Brita graduada de granito	Pedreira em Navegantes	$M_r = 4572 \times \sigma_3^{0,42}$

Fonte: Nilton Valle, 1996.

Para os Solos Lateríticos Concrecionados (SLC) da Amazônia, Vertamatti (1988a; 1988b) descreve grande variabilidade de comportamento resiliente, às vezes como solo tipicamente granular, às vezes como solo tipicamente argiloso. As lateritas mais arenosas e granulares, com poucos finos, têm comportamento dependente da tensão de confinamento, apresentando valores de módulo de resiliência entre 50 MPa e 300 MPa.

Quando as lateritas eram pedregulhos argiloarenosos, o comportamento resiliente revelou-se dependente da tensão-desvio (modelo bilinear), atingindo valores de módulo de resiliência entre 300 MPa e 600 MPa. Preussler (1983) descreveu experimentalmente, como apresentado na Figura 6.16, o comportamento de laterita recolhida na BR-316 no Estado do Pará (Amazonas), sendo o material compactado na umidade ótima de 9,8% e atingindo peso específico aparente seco de 20,40 kN/m^3.

Outra maneira muito importante de avaliação dos valores de módulos de resiliência é por meio de provas de carga *in situ*, quando são então retroanalisados (Capítulo 13) os módulos de camadas e não de

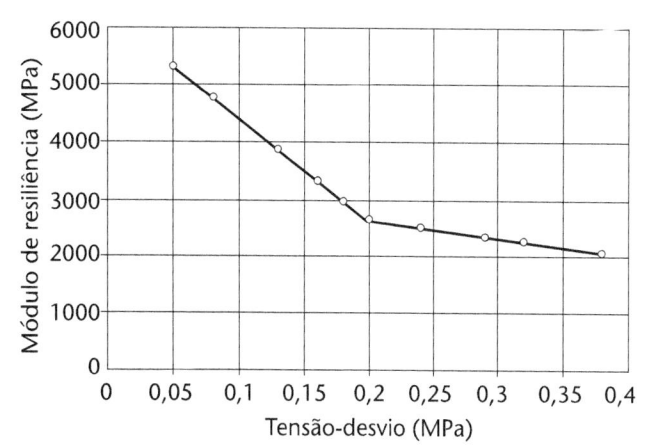

Fig. 6.16 *Comportamento resiliente de solos lateríticos concrecionados do Estado do Pará*

amostras de materiais como em laboratório. Como exemplos de resultados assim obtidos, para solos lateríticos encontrados em subleitos, reforços de subleitos, sub-bases e bases de rodovias vicinais e vias urbanas no interior de São Paulo, Leônidas Alvarez Neto (1998) apresenta uma grande série de resultados.

No Quadro 6.9, estão indicados os valores de módulos de resiliência para as camadas de solos lateríticos nos pavimentos retroanalisados, no qual se verifica o predomínio de módulos de resiliência acima de 200 MPa para os solos

Quadro 6.9 *Valores de módulos de resiliência para os solos finos*

LOCALIDADE	VIA	CAMADA	GRUPO MCT	M_r (MPa)
Araraquara	Aeroporto	Base	LA'	220
		Reforço do subleito	LG'	160
	Bueno	Base	LA'	200
		Reforço do subleito	LG'	200
São Carlos	Broa	Base	LA'	270
		Reforço do subleito	LA'	160
Ourinhos	Jardim América	Base	LA'	220
		Reforço do subleito	LG'	90
	Jardim Eldorado	Base	LA	240
		Subleito	LG'	90
	Fatec	Base	LA'	270
		Subleito	LA'	170
	Vila São Luiz	Base	LG'	100
		Subleito	LG'	100
	Jazida	Base	LG'	330
Ibaté (usina)	C/ recape	Base	LA'	230
		Reforço do subleito	LA'	270
	S/ recape	Base	LA'	300
		Reforço do subleito	LA'	150
Paulínia	Centro Cultural	Base	LG'	220
	Jandaia	Base	LG'	110
	José Losano	Base	LA'	170
	Via F	Base	LA'	220
Catanduva	Solo Sagrado I	Base	NA'	150
		Subleito	NA'	120
	Solo Sagrado II	Base	NA'	160
		Subleito	NA'	120
	Rua Platina	Base	NA'	130
		Subleito	NA'	110
	Parque Iracema I	Base	NA'	240
		Subleito	NA'	110
	Parque Iracema II	Base	NA'	170
		Subleito	LA'	120
São Paulo	Jaraguá	Base	NS'	70
	Brasília	Base	NS'	100

Fonte: Alvarez Neto, 1998.

de comportamento laterítico (LA' e LG') e uma média aproximada de 130 MPa para os solos de comportamento não laterítico.

Em termos de tendências, os resultados de campo de Leônidas Alvarez Neto (1998) corroboram com os ensaios laboratoriais de Salí Franzoi (1990), embora para solos de comportamento não laterítico as retroanálises (que também possuem restrições e imprecisões) tenham resultado em módulos de resiliência mais elevados em comparação aos resultados de laboratório, ainda que os solos estudados não sejam os mesmos para ambos os casos.

Valle e Balbo (1997) apresentam resultados para módulos de resiliência para solos residuais de granito (saprólitos) obtidos a partir da retroanálise de superfícies deformadas com emprego de FWD, para bases em britas graduadas e saprólitos de granito empregados como sub-bases em alguns trechos de pavimentos asfálticos flexíveis (Brusque-Botuverá, SC), conforme indicados na Tabela 6.7.

Tabela 6.7 *Módulos de resiliência para solos granulares em Santa Catarina*

Trecho	Módulos de resiliência retroanalisados (MPa)	
	Base em BGS	Sub-base em saprólito de granito
1	115	85
2	210	100
3	180	180
4	290	200
5	360	340
6	415	375

Fonte: Valle e Balbo, 1997.

Observe que o solo residual (saprólito), mesmo localizado em camada disposta de modo inferior à base de BGS, o que necessariamente implicaria menor estado de confinamento, apresentou módulos de resiliência retroanalisados de grandeza semelhante à camada de base em BGS; tal resposta confirma o comportamento resiliente observado em laboratório, apresentado na Figura 6.15.

Ao considerar-se que os SAFLs, após compactação, sofrem um processo de fissuração que os leva a trabalhar como uma rede de blocos interligados, poderá ser conveniente, para fins de projeto, trabalhar-se com módulos de resiliência retroanalisados, pois poderiam melhor representar as condições reais nas quais se encontram em campo (em laboratório, tal comportamento como blocos não seria passível de simulação em ensaio triaxial dinâmico).

Os solos saprolíticos devem ser bem estudados antes de seu emprego, tomando-se o cuidado de não se associar diretamente um elevado valor de CBR a um comportamento resiliente satisfatório. É o caso de saprólitos de quartzito, abundantes em algumas regiões da serra do Mar, no Estado de São Paulo, que, muitas vezes empregados como camada de reforço de subleito por apresentarem valores de CBR acima de 40%, resultaram em estruturas de pavimento muito deformáveis (muito resilientes) por apresentarem, após compactação, módulos de resiliência muito baixos (inferiores a 50 MPa).

6.5.4 Misturas solo-agregado ou solo-brita

As misturas de solos finos lateríticos com agregados, do ponto de vista de propriedades resilientes, em geral resultam em características semelhantes ou superiores ao solo considerado, o que naturalmente depende da quantidade relativa de material presente. Se uma argila laterítica LG' é misturada com brita na proporção de 30:70, logicamente o comportamento resiliente da mistura tende a ser semelhante ao da brita, e vice-versa.

Serra e Bernucci (1993) apontam melhorias no comportamento resiliente de argila laterítica LG' com adição de areia na base de 30% em massa, alterando o valor do módulo de resiliência original de 100 MPa para 200 MPa e valor de CBR de 11% para 40%, na energia intermediária. Os autores reforçam as características de contração das argilas lateríticas que resultam na fissuração da camada após secagem, e tais fissuras podem ser propagadas para os revestimentos asfálticos dependendo de sua natureza. Adições de brita na base de 30% em massa à argila do grupo LG' resultou na duplicação do CBR do material, que saltou para 60% na energia intermediária (note que solos LG' apresentam CBR entre 12% e 30%).

Misturas de SAFL com agregados resultam no aumento da capacidade de suporte do material e pouco influenciam no comportamento resiliente obtido independentemente para o próprio solo arenoso fino, quando trabalhadas na razão de 50% cada parte (em massa). Note-se que as variedades de SAFL podem apresentar tanto comportamento resiliente típico de solos granulares quanto de solos finos argilosos.

6.5.5 Solo melhorado com cimento, solo-cimento e solo-cal

Thompson (1966), estudando valores de módulo de elasticidade de misturas SCA em corpos de provas submetidos a ensaios de compressão com tensão de confinamento de 0,1 MPa (mais real para camadas inferiores em pavimentos), obteve o seguinte modelo ao relacionar módulo de elasticidade (E) e resistência à compressão (Rc) do material:

$$E = 70{,}2 + 124 \times R_C \text{ [MPa]} \qquad [6.29]$$

Note-se que valores de 700 MPa são atingidos para misturas SCA com resistência à compressão simples de 5 MPa. Misturas de solo-cimento atingem valores de módulo de resiliência de até cerca de dez vezes o mencionado. É conveniente ressalvar que uma mistura SCA poderá apresentar problemas de durabilidade ou, melhor traduzindo, perda de resistência ao longo do tempo, motivada por ciclos de molhagem do material; apenas a experiência monitorada em campo, de modo empírico, para solos específicos, poderia trazer luz sobre essa questão quando empregada a cal com solos tropicais. No entanto, misturas SCA poderiam ainda apresentar capacidade de autorreparação, com algum ganho de resistência, o que é colocado ainda como uma possibilidade teórica.

Larsen (1967) estudou várias misturas de SMC com solos predominantemente A-7-5 e A-7-6 (classificação HRB-AASHO), tendo encontrado, para teores de 3,3% e 4,7% em peso de cimento valores de resistência à compressão e de módulo de resiliência, respectivamente, de 2,4 MPa e 4,9 MPa e de 930 MPa e 1.200 MPa. O valor de módulo resiliente do material pode ser estimado em função do consumo de cimento em peso (c), em kg/m³, conforme proposto por Larsen (1967), empregando-se a expressão:

$$M_r = 140{,}62 \times c^{1,85} \text{ [MPa]} \qquad [6.30]$$

Larsen (1967) verificou também, em pista experimental, que, com a chegada da primavera no hemisfério norte e os consequentes descongelamento e saturação das camadas inferiores, a presença de SMC em bases permitia um controle razoável da deformabilidade dos pavimentos, ocorrendo acréscimos não superiores a 10% em valores de deflexões medidas em pista durante a primavera em comparação ao outono. Segundo os resultados de campo, constata-se ainda que o SMC apresentava, ao longo dos anos, perdas mais acentuadas em suas características portantes (em pista) que o SC.

A estimativa, para finalidades de anteprojeto, de valores de módulo de resiliência da mistura SC poderá ser realizada por meio de correlações já conhecidas, como aquela proposta por Larsen (1967), acima descrita. Este pesquisador da Portland Cement Association (PCA), trabalhando com misturas de SC com consumos de cimento de 8,6% e 9,9%, predominantemente com solos A-7-6 e A-7-5, obteve valores de módulo de elasticidade e de resistência à compressão simples, respectivamente de 3.700 MPa e 7.600 MPa e de 7,2 MPa e 7,8 MPa (referenciados aos 28 dias de idade das amostras).

Tais resultados sugerem que o aumento do consumo de cimento na mistura afeta muito mais sua capacidade de deformação (diminuindo-a) que o incremento de resistência da mistura. Isso deve ser bem avaliado em termos de projeto, pois, quanto mais rígida a mistura, mais a camada procurará absorver maior parcela de esforços horizontais de tração na flexão, e a resistência quanto a tal tipo de esforço não cresceria proporcionalmente.

Kolias e Williams (1978), trabalhando com mistura do tipo SC (solo fino siltoarenoso) e consumo de cimento de 10%, encontraram valor de módulo de deformação em tração de 4.800 MPa e de resistência à tração na flexão de 0,7 MPa, em laboratório. Para misturas com consumo de cimento de 7,5% para o mesmo solo, o módulo de deformação em tração resultou em 2.900 MPa. Os pesquisadores do Transport and Road Research Laboratory (TRRL), no Reino Unido, propuseram que, para vários tipos de materiais estabilizados, incluindo o SC e a BGTC, a resistência à tração na flexão da mistura deve ser estimada em um décimo da resistência à compressão do material.

No Brasil, Jorge Pereira Ceratti (1991) analisou valores de módulos de resiliência em flexão para algumas misturas típicas de SC, empregando até mesmo solos originários do Estado de São Paulo. Tais resultados indicaram variabilidade nesses valores, em função da natureza do solo estudado, conforme apresentado na Tabela 6.8. Recorda-se que tais faixas de variação de módulos de resiliência foram encontradas para amostras bastante homogêneas, em laboratório. Normalmente valores inferiores são encontrados para misturas em campo, diante de processos construtivos que envolvem sua mistura e homogeneização.

Tabela 6.8 *Módulo de resiliência de misturas SC*

CLASSIFICAÇÃO		CONSUMO DE CIMENTO EM PESO (%)	TEOR ÓTIMO DE UMIDADE (%)	MÓDULO DE RESILIÊNCIA (MPa)
MCT	HRB			
NA	A-1-b	6	10,5	13.000 a 20.000
LA	A-2-4	6	10,1	8.000 a 16.500
LG'	A-7-5	12	27,0	5.000 a 11.000
NA'	A-6	10	14,1	7.500 a 11.000
LA'	A-2-6	8	14,5	7.000 a 15.500
NA'	A-2-6	8	17,4	4.400 a 16.800

Fonte: adaptado de Ceratti, 1991.

Em razão do elevado consumo de cimento, na mistura SC, há significativa ocorrência de mecanismos de retração durante a hidratação do cimento, o que implica o surgimento de fissuras durante a cura do material em pista. Tais fissuras tendem a ocorrer transversalmente à faixa compactada, com espaçamento mais curto entre elas, à medida que o consumo de cimento for maior. Tal aspecto pode ser ainda mais relevante para misturas de SC, empregando-se solos argilosos. A faixa de variação de módulos de elasticidade observada por Ceratti (1991) comporta o modelo de Larsen (1967) anteriormente apresentado para consumos de cimento entre 7% e 10%, valores típicos para misturas do tipo SC, conforme se visualiza na Figura 6.17. Os resultados deixam clara a interferência da natureza do solo na estabilização com cimento: solos arenosos, com menor consumo de cimento, resultam ainda em materiais mais rígidos que os demais.

6.5.6 Brita graduada tratada com cimento

Balbo (1993) realizou testes para a caracterização do módulo de elasticidade da BGTC com emprego de prensa hidráulica servocontrolada. Na Tabela 6.9, são indicados os valores obtidos para o módulo de elasticidade em compressão e em tração, tangentes e secantes (a dois terços da tensão média de ruptura), para as idades indicadas, para uma BGTC composta por granitos na faixa B da ABNT e com 4% de cimento Portland em peso. Observa-se que não ocorrem melhorias significativas do valor do módulo de elasticidade entre as idades de 28 e 56 dias.

O módulo de elasticidade em compressão (secante) aos 28 dias teria atingido mais de 90% do valor de referência dos 56 dias de idade. Em outras palavras, a melhoria de tal propriedade do material não seria muito significativa para finalidades práticas, após os 28 dias de idade da mistura compactada.

Contudo, os resultados indicados são significativos no que diz respeito aos elevados valores alcançados para essa propriedade elástica da BGTC, posto que valores subestimados de 8.000 MPa a 10.000 MPa para material íntegro podem representar erros grosseiros de cálculo de tensões de tração na flexão em fases de projeto. Deve-se recordar que, em condição de integridade, as bases cimentadas em

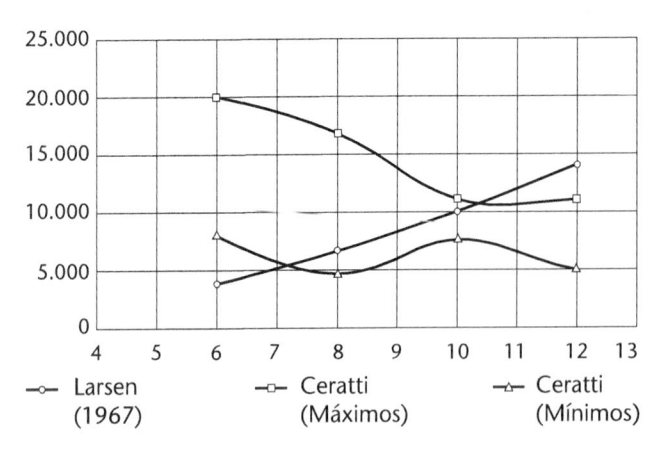

Fig. 6.17 *Variação de módulo de elasticidade em misturas SC, conforme estudos apresentados*

Tabela 6.9 *Módulo de elasticidade da BGTC*

IDADE DA BGTC	MÓDULO DE ELASTICIDADE EM COMPRESSÃO (MPa)		MÓDULO DE ELASTICIDADE EM COMPRESSÃO (MPa)	
	SECANTE	TANGENTE	SECANTE	TANGENTE
7	13.471	14.955	13.782	16.051
28	20.134	21.130	20.224	22.906
56	20.190	21.185	22.007	23.233

Fonte: Balbo, 1993.

pista apresentariam valores de rigidez semelhantes aos corpos de prova moldados em laboratório.

Quanto às diferenças entre módulos de deformação em compressão e em tração, Dac Chi (1977) afirma que, para fins de dimensionamento de pavimentos, para o caso da BGTC, valores de módulo de elasticidade em tração, em tração na flexão, em compressão etc., devem ser considerados iguais; tal atitude, segundo o referido autor, conduz a aproximações da ordem de 20%. Balbo (1993) aponta razões entre 0,96 e 1,08 entre valores de módulo de deformação em tração e em compressão para a BGTC. Estudos experimentais realizados na PCA por Larsen e Nussbaum (1967) também confirmam tais constatações, em que as relações entre módulos de elasticidade em tração e compressão variaram entre 0,94 e 1,05, para o caso de pedregulho bem graduado estabilizado com 5% de cimento.

A determinação do módulo de elasticidade do material nem sempre é possível de ser realizada em todos os projetos, o que incentiva o engenheiro a realizar estimativas por meio de correlações. Desde que seja preestabelecida a resistência característica da BGTC a ser empregada, o valor de módulo de deformação (E) da mistura poderá ser estimado por uma das seguintes relações (Balbo, 1993), em função da resistência à compressão da mistura (f_{ck}):

$$E = -5133 + 2549 \times f_{ck} - 61 \times f_{ck}^2 \text{ [MPa]} \qquad [6.31]$$

ou

$$E = 4617 \times \sqrt{f_{ck}} \text{ [MPa]} \qquad [6.32]$$

com $r^2 = 0,78$ e $r^2 = 0,71$, respectivamente.

Valores de módulo de elasticidade retroanalisados apontam resultados acima de 15.000 MPa, para misturas íntegras de BGTC, e abaixo de 10.000 MPa, para misturas em bases e sub-bases que já entraram em fase de fissuração por fadiga. É sempre útil recordar que, após a degradação da BGTC por fadiga, o material tende a apresentar comportamento de uma base granular (em blocos) com valores modulares geralmente inferiores a 2.000 MPa.

6.5.7 Concreto compactado com rolo

Em tese, o módulo de elasticidade de misturas de CCR poderá ter valor da mesma ordem de grandeza de um concreto de cimento Portland comum

(28 GPa) ou até de uma BGTC (15 GPa), quando o consumo de cimento estiver em patamares inferiores a 100 kg/m³. José Vanderlei de Abreu (2002) estudou valores de módulo de elasticidade aos 28 dias de idade para CCR, empregando cimentos dos tipos CP-II, CP-III e CP-V, conforme valores apresentados na Tabela 6.10.

Tabela 6.10 *Valores de módulo de elasticidade e de resistência à tração na flexão para CCR*

Tipo de cimento	Consumo de cimento (kg/m³)	Resistência à tração na flexão (MPa)	Módulo de elasticidade (MPa)
CP – II	300	5,50	33.390
CP – III	300	6,45	34.240
CP – V	250	5,50	32.440
	300	6,50	34.620
	350	6,55	36.380
	400	7,60	36.000

Fonte: Abreu, 2002.

Nota-se uma tendência de elevação no valor do módulo de elasticidade com o aumento do consumo de cimento e, portanto, da resistência à tração na flexão do material. Com base nos valores de Abreu (2002), para 28 dias de idade dos concretos, é possível estabelecer a seguinte correlação geral entre o módulo de elasticidade e a resistência à tração na flexão do material:

$$E = 13734 \times \sqrt{f_{ct,f}} \quad [\text{MPa}] \qquad [6.33]$$

6.5.8 Misturas asfálticas para revestimentos, binders e bases betuminosas

Ernesto Simões Preussler (1983) apresentou um estudo pioneiro na avaliação de características mecânicas resilientes de misturas asfálticas típicas em obras rodoviárias nacionais, tendo encontrado valores conforme apresentados na Tabela 6.11. Observa-se que os valores então determinados, para misturas que empregam CAP 50/60, apresentavam-se na faixa de 3.000 MPa a 5.000 MPa, bem como resistências à tração indireta da ordem de 1,0 MPa. Esses trabalhos de pesquisa permitiram estabelecer as seguintes correlações entre dados de dosagem Marshall (estabilidade em kgf e fluência em 0,01 polegada, E e F, respectivamente), conforme as equações abaixo:

$$M_r = 340 \times \left(\frac{E}{F}\right)^{0,51} \quad [\text{MPa}] \qquad [6.34]$$

$$RT = 0,06 \times \left(\frac{E}{F}\right)^{0,56} \quad [\text{MPa}] \qquad [6.35]$$

Mais recentemente, Salomão Pinto (1991) apresentou resultados para misturas do tipo CAUQ com diversos asfaltos, conforme mostrados na Tabela 6.12. Desses resultados, observam-se, em especial, aqueles valores de módulo de

Tabela 6.11 *Características de CAUQ convencionais com CAP 50/60*

Faixa (DNER)	Emprego	Ligante (%)	M_r (MPa)	RT (MPa)	E (kN)	F (mm)
A	Binder	4,5-5,5	3.000-3.700	–	5,12	3,30
B	Binder	4,3-5,4	3.200-4.900	0,81	10,25	3,81
B	Binder	4,8-5,8	2.700-3.800	0,80	11,00	3,56
B	Capa	4,8-5,8	2.700-3.800	0,73	10,70	3,56
C	Capa	5,5-6,5	3.800-3.900	0,87	11,72	3,05
C	Capa	5,5-6,5	3.800-4.300	0,96	11,30	3,05

Fonte: Preussler, 1983.

resiliência e de resistência à tração para CAUQ preparado com CAP de elevada consistência (20/45), que resultaram bastante elevados em relação aos demais, denotando uma possibilidade de misturas com elevado módulo de resiliência a partir de produção por desasfaltação a propano. Pinto sugeriu a seguinte relação geral para determinação do módulo de resiliência:

$$M_r = 6461 \times RT \quad [MPa] \qquad [6.36]$$

Tabela 6.12 *Módulos de resiliência para CAUQ convencionais*

Tipo de CAP	Procedência	Processo de fabricação	M_r (MPa)	RT (MPa)	M_r/RT
50/60	Bachaquero	Vácuo	4.000	0,65	6.154
50/60	Mistura	Vácuo	4.100	0,64	6.406
30/45	Árabe leve	Desasfaltação a propano	6.071	1,06	5.727
20/45	Árabe leve	Desasfaltação a propano	14.614	1,91	7.651
55	Mistura	Vácuo/Desasfaltação a propano	5.247	1,08	4.858
20	Mistura	Vácuo	3.591	0,83	4.327

Fonte: Pinto, 1991.

Na Tabela 6.13, são apresentadas algumas características de dosagem Marshall, bem como parâmetros relacionados ao comportamento mecânico de CAUQ elaborado com CAP-20 modificado com 4% a 6% de polímero do tipo SBS, conforme estudos do DNER (1998). A tendência observada para os CAMPs do tipo SBS foi a redução nos valores de módulo de resiliência e na resistência à tração medida no ensaio de compressão diametral, ao passo que ocorreu alguma melhoria na estabilidade do material (afetada pelo aumento de viscosidade do CAP modificado).

Tabela 6.13 *Características de asfaltos modificados com SBS*

Característica	CAUQ com CAP-20	CAMP com CAP-20 + 4% SBS	CAMP com CAP-20 + 6% SBS
Estabilidade Marshall (kN)	12,20	13,50	13,50
Fluência (mm)	3,56	4,06	4,06
Resistência à tração – 25°C (MPa)	0,97	0,74	0,83
Módulo de resiliência – 25°C (MPa)	3.224	2.272	2.327
Resistência à tração – 33°C (MPa)	0,53	0,41	0,41
Módulo de resiliência – 33°C (MPa)	1.818	1.262	1.458

Fonte: DNER, 1998.

Na Tabela 6.14, são apresentadas as características quanto à resiliência para inúmeros tipos de misturas asfálticas empregadas como revestimento ou camada de ligação de pavimentos. As seguintes observações gerais podem ser apresentadas em relação aos números e valores fornecidos nessa tabela:

- O SMA apresenta módulo de resiliência muito próximo ao do CAUQ, bem como sua resistência à tração.
- O CAP modificado com borracha torna o CAUQ mais flexível, além de reduzir sua resistência à tração.
- A presença de agregado-borracha, em misturas asfálticas, reduz seu módulo de resiliência, bem como sua resistência à tração.
- O efeito do agregado-borracha no PMF foi a redução de seu módulo de resiliência.

Tabela 6.14 *Características de diversos tipos de misturas asfálticas*

Material	Ligante	M_r (MPa)	RT (MPa)	M_r/RT	Fonte
SMA	CAP-20	3.850	1,30	2.962	Reis et al., 2002
	Betuflex 60/60	3.780	1,10	3.436	
	Betuflex 80/60	3.600	1,37	2.627	
CAUQ com CAP modificado com borracha	CAP-40 (sem borracha)	5.700	1,28	4.453	Faxina e Sória, 2003
	CAP-40 + 12% borracha + 10% AR-5	2.515	0,52	4.837	
	CAP-40 + 20% borracha + 15% AR-5	1.885	0,52	3.625	
CAUQ com agregado – borracha	Faixa C sem borracha	3.650	0,97	3.763	Pinheiro et al., 2003
	2,5% em peso de borracha c/digestão	2.700	0,57	4.737	
	2,5% em peso de borracha s/digestão	2.450	0,80	3.063	
CAUQ com agregado – borracha	Faixa C sem borracha	3.205	1,07	2.995	Patriota et al., 2004
	1% em peso de borracha c/digestão	2.953	0,90	3.281	
	2% em peso de borracha c/digestão	2.302	0,80	2.878	
	3% em peso de borracha c/digestão	1.539	0,70	2.199	
PMF denso com agregado – borracha	Faixa C: 0% borracha e emulsão RL-1C	1.218	0,30	4.060	Clerman e Ceratti, 2004
	1% de borracha	1.500	0,37	4.054	
	2% de borracha	600	0,27	2.222	
	Faixa C: 0% borracha e emulsão RL-1C após 2 meses	3.000	0,50	6.000	
	1% de borracha após 2 meses	2.000	0,65	3.077	
	2% de borracha após 2 meses	1.550	0,48	3.229	
CAUQ reciclado a quente (100% de agregados reciclados)	Blocos de CAUQ + 0,5% de CAP mod.	11.440	3,01	3.801	Balbo e Bodi, 2004
	Fresados de CAUQ	25.495	2,42	10.535	
	Fresados de CAUQ + 0,75% de CAP mod.	10.394	2,50	4.158	
CAUQ modificado com EVA	Faixa C, CAP 50/60	5.517	1,20	4.598	Rohde et al., 2005
	Faixa C, CAP 50/60 + 4% EVA	16.540	2,39	6.921	
CAUQ modificado com RASF	Faixa C, CAP produzido por desasfaltação com propano	43.775	4,33	10.110	

- O CAUQ reciclado à taxa de 100% e sem emprego de agente de reciclagem (para diminuir a viscosidade do asfalto antigo) apresenta módulo resiliente muito elevado, pelo menos três vezes superior a um CAUQ.
- O emprego de polímero do tipo EVA aumenta muito o módulo de resiliência do CAUQ.
- O CAP obtido por desasfaltação com propano resulta muito viscoso e confere elevadíssimas características resilientes e de resistência às misturas asfálticas.
- Os três últimos tipos de misturas asfálticas muito rígidas têm aplicação prática não em revestimentos, porém em bases rígidas asfálticas para a construção de pavimentos asfálticos perpétuos.

A prefeitura de São Paulo (2004), em sua Instrução de Projeto 08, para análise mecanicista de pavimentos, sugere as faixas de valores de módulos de resiliência para os materiais de pavimentação, conforme indicados no Quadro 6.10.

6.6 Viscoelasticidade ou Anelasticidade

A viscoelasticidade, ou seja, a parcela da elasticidade ou resiliência do material com dependência do tempo, manifesta-se como consequência de um

Quadro 6.10 *Estimativas de módulo de resiliência para diversos materiais*

Camada	Material	Valores sugeridos para estudos e projetos (MPa)
Subleitos	Laterítico (ILA' e LG')	$M_r = 22 \times CBR^{0,8}$
	Não laterítico (NS' e NG')	$M_r = 18 \times CBR^{0,64}$
	Arenoso pouco ou não coesivo (LA, NA e NA')	$M_r = 14 \times CBR^{0,7}$
Reforço	Laterítico (LA' e LG')	$M_r = 22 \times CBR^{0,8}$
	Não laterítico (NS' e NG')	$M_r = 18 \times (CBR_{REF})^{0,64} \times \sqrt[3]{\dfrac{3 \times CBR_{SL}}{CBR_{REF}}}$
Sub-base	Granular	$M_r = 18 \times (CBR_{REF})^{0,64} \times \sqrt[3]{\dfrac{3 \times CBR_{SL}}{CBR_{REF}}}$
Base	Granular	$100 \leq Mr \leq 500$
	Asfáltica	$800 \leq Mr \leq 1.000$
	Cimentada – BGTC	$5.000 \leq Mr \leq 15.000$
Revestimentos asfálticos	Concreto asfáltico – CAUQ	$3.000 \leq Mr \leq 5.000$
	Pré-misturado a quente – PMQ	$2.000 \leq Mr \leq 2.500$
	Binder	$1.400 \leq Mr \leq 1.800$
	Pré-misturado a frio – PMF ou macadame betuminoso Selado – MB	$1.000 \leq Mr \leq 1.400$

Fonte: PMSP, 2004.

VALORES DE MÓDULOS DE RESILIÊNCIA DE MISTURAS ASFÁLTICAS (ATENÇÃO)

Os padrões brasileiros até recentemente adotados para medidas em laboratório de módulos de resiliência, em especial de misturas asfálticas com emprego do ensaio de compressão diametral, foram introduzidos por pesquisadores da COPPE-UFRJ, com base em padrões até então internacionalmente adotados. O objetivo de tais ensaios é a obtenção de resultados para análises elástico-lineares. Sabe-se, contudo, que os limites de validade ou aproximação adequada dessa condição são dependentes da tensão aplicada e da temperatura, sendo difícil definir regras práticas para tais limites. Por exemplo, dependendo do tipo de CAP e da distribuição granulométrica da mistura asfáltica, uma variação de 1°C poderá ocasionar uma diferença de resultados superior a 10%!

Tais ensaios são bastante afetados pela forma da onda de carregamento/descarregamento, sua frequência e duração, bem como de fatores de difícil mensuração, como a própria tixotropia dos asfaltos e também da precisão dos instrumentos de leitura em laboratório. Nesse último quesito, houve muita evolução nas últimas duas décadas; no passado, era necessário aplicar nível de tensão de no mínimo 30% da tensão de ruptura do material para uma leitura adequada. Atualmente, leituras precisas de deformações são realizadas com níveis de carregamento de 10% a 15%. Isto resulta em alguma dicotomia para os resultados passados quando, aplicadas maiores tensões, obtinham-se menores valores de módulo de resiliência. Assim, valores atuais na literatura nacional vêm apresentando maiores magnitudes de módulos de resiliência que aquelas convencionalmente encontradas até recentemente.

deslocamento contínuo de moléculas ao longo do tempo, para uma carga constante, chamada de "difusão dos átomos". Trata-se, genericamente, de um processo termicamente ativado e, em decorrência desse fato, descritível por meio de equações como, por exemplo, a de Arrhenius:

$$\frac{1}{\eta} = A \cdot e^{\left(-\frac{Q}{RT}\right)} \qquad [6.37]$$

em que Q é a energia de ativação; R, a constante universal dos gases; T, a temperatura absoluta (K), e η, a resistência do material ao fluxo, chamada viscosidade, normalmente medida em [N.m^{-2}.s] ou [Pa.s] ou [0,1.Pa.s] equivalente a Poise. O recíproco da viscosidade é denominado *fluidez*. Assim, quanto mais viscoso for o material, maior é a resistência ao fluxo.

Em um material puramente viscoso, a tensão é proporcional à taxa de deformação, o que, descrito em termos de tensões e deformações em cisalhamento, resulta:

$$\dot{\gamma} = \frac{d\gamma}{dt} = \frac{\tau}{\eta} \qquad [6.38]$$

Os materiais são ditos *newtonianos* ou não na dependência entre a tensão aplicada e a taxa de deformação aferida (Figura 6.18). Se a tensão de cisalhamento, por exemplo, for linearmente proporcional à taxa de deformação, o material é chamado de newtoniano; caso contrário, é *não newtoniano*. Se a tensão for independente do valor da taxa de deformação, o material é dito plástico. Se a viscosidade determinada pela relação entre a tensão e a taxa de deformação sofre decréscimos, para um mesmo material, sem alteração de temperatura, na ocorrência de taxas de deformação elevadas ocorrem, o material é chamado *tixotrópico*.

Quanto aos mecanismos de deformação viscoplástica, existem três categorias principais: o comportamento *frágil*, isto é, a ocorrência de plastificação com níveis de deformação muito baixos (CCP, CCR, BGTC, SC etc.); o comportamento dúctil, quando o material se rompe após manifestação de sensível alongamento (CAP, aços); por fim, o comportamento elastomérico, típico de borrachas, quando o nível de deformação à ruptura é muito grande (Figura 6.19).

Quando a taxa de deformação ou a temperatura são alvos de acréscimo, o resultado é a ocorrência de maiores níveis de tensão com pequenos valores de deformação. Os materiais poliméricos, em temperaturas relativamente pouco acima daquela denominada temperatura de vitrificação, entram em fluxo viscoso, como é o caso dos asfaltos.

A deformação anelástica ou dependente do tempo é designada fluência, que denota um fluxo viscoso lento. A ação da temperatura é bastante importante nessa propriedade dos asfaltos e de materiais que o contenham, sendo a difusão um fator importante na faixa entre a temperatura de amolecimento do material e 50% desta. As medidas de fluência têm como teste básico submeter o material a uma carga e temperatura constante e medir sua deformação (Figura 6.20).

Ao denominar-se σ_a o valor da tensão aplicada; ε_a^0 a deformação instantânea sofrida na aplicação da tensão, e ta^r o tempo consumido até a ruptura do material no teste, conforme ilustrado na Figura 6.20, os estágios de deformação são denominados primário (I), secundário (II – nesse caso, com taxa de deformação constante) e final ou terciário, quando a ruptura do material é franca (III). Para cada condição de carga aplicada ao material (denotada pela tensão atuante no ensaio), o comportamento à fluência se altera.

Observe-se que, alterando-se as condições geométricas da amostra durante o ensaio, por exemplo, com estrangulamento de sua seção durante o caso de um ensaio de tração, a tensão aumenta à medida que ocorre aumento da deformação, pois há redução na seção do material em que a força é aplicada. Portanto, ruptura a carga constante é algo diferente de ruptura em tensão constante. A equação

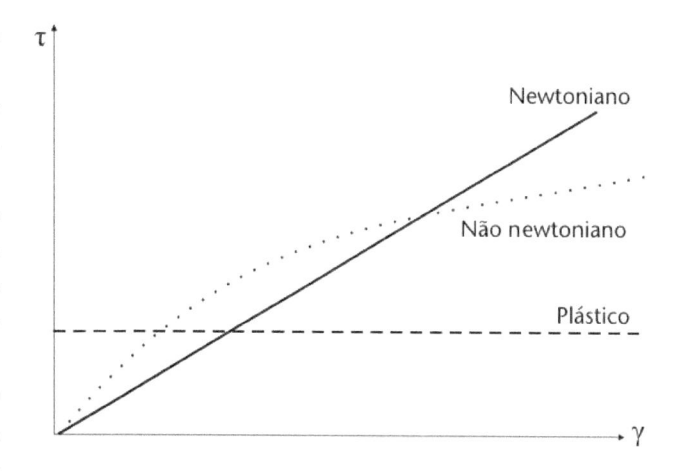

Fig. 6.18 *Comportamento de materiais em regime fluido*

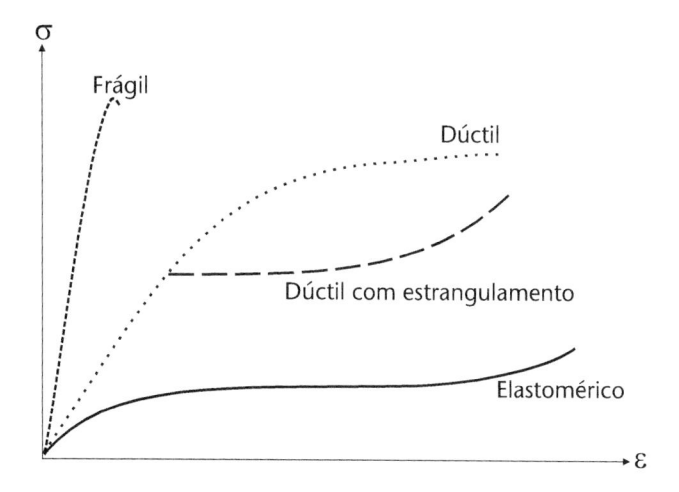

Fig. 6.19 *Comportamento frágil e dúctil de materiais*

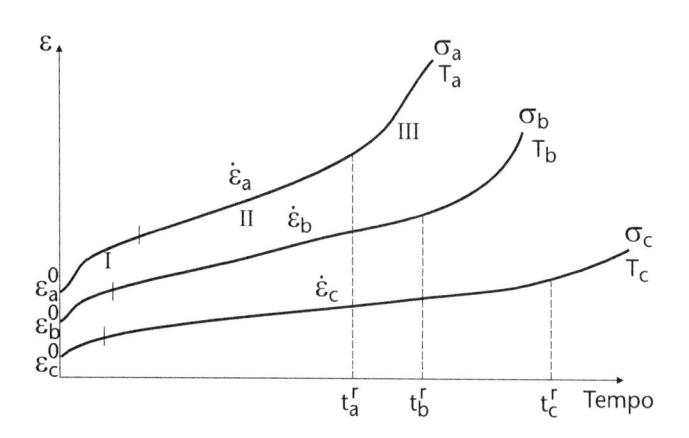

Fig. 6.20 *Variação da deformação anelástica com o tempo e a temperatura*

que descreve a fluência em função do tempo, no ensaio hipotético ilustrado pela Figura 6.20, será:

$$\varepsilon_t = \varepsilon^0 + \varepsilon[1-e^{-m.t}] + \dot{\varepsilon}_s . t \qquad [6.39]$$

sendo m um parâmetro relacionado ao tempo descrito exponencialmente.

A técnica empregada para ensaios de fluência à tensão constante é a redução da carga em função da deformação sofrida, se considerarmos o estrangulamento da amostra. Contudo, para aplicações em engenharia, normalmente a carga permanece constante durante o ensaio. Em materiais poliméricos, os ensaios são realizados buscando-se a "relaxação de tensões", quando é aplicada uma deformação constante, e mede-se a resposta em termos de redução de tensões como função do tempo.

Para a representação das deformações elástica e viscoelástica em um material, há duas componentes: uma deformação elástica imediata e recuperável e uma subsequente deformação viscoelástica dependente do tempo (que poderá atingir condição de plastificação do material em função da carga imposta). Entre diversos modelos analíticos existentes na literatura, os dois mais simples são aqueles indicados na Figura 6.21.

O modelo de Maxwell, mais simples entre os possíveis, reúne uma mola elástica e um amortecedor (viscoelástico) em série, do qual se deduz facilmente que a deformação total será a soma das duas componentes individuais de deformação e que as tensões aplicadas são idênticas tanto na mola quanto no amortecedor. Têm-se, para cada parte do sistema, as equações:

$$\frac{d\sigma}{dt} = E . \frac{d\varepsilon_1}{dt} \qquad [6.40]$$

e

$$\sigma = \eta . \frac{d\varepsilon_2}{dt} \qquad [6.41]$$

A deformação total no tempo será:

$$\frac{d\varepsilon}{dt} = \frac{d\varepsilon_1}{dt} + \frac{d\varepsilon_2}{dt} = \frac{1}{E} . \frac{d\sigma}{dt} + \frac{\sigma}{\eta} \qquad [6.42]$$

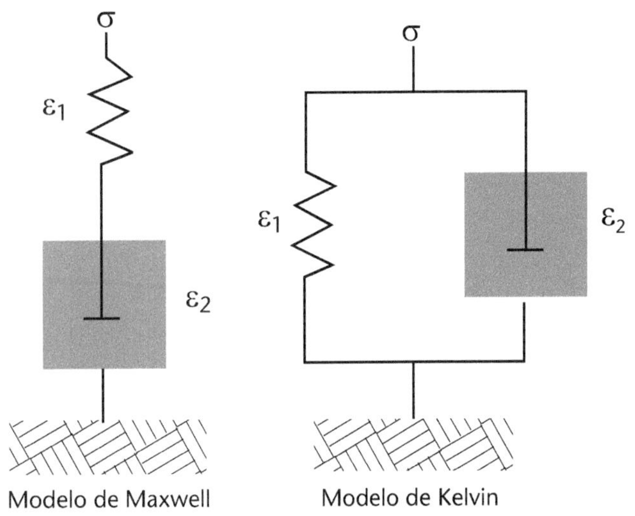

Fig. 6.21 *Representação física de comportamentos reológicos*

Para um ensaio de fluência sob condição de tensão constante, ou invariante, a derivada da tensão no tempo é nula, de onde se extrai que:

$$\frac{d\varepsilon}{dt} = \frac{\sigma}{\eta} \qquad [6.43]$$

que, integrada em função do tempo, fornece:

$$\varepsilon - \varepsilon_0 = \frac{\sigma}{\eta} . (t - t_0) \qquad [6.44]$$

Sendo σ e η constantes, o modelo resulta que a deformação aumenta linearmente no tempo, o que não é real para a fase de viscoelasticidade, quando a deformação deveria sistematicamente diminuir até se estabilizar. A alternativa é adotar um procedimento de deformação constante, quando a tensão é reduzida ao longo do tempo, denominando o critério de relaxação de tensões. Nesse caso, a derivada da deformação no tempo é nula, o que impõe:

$$0 = \frac{1}{E} \cdot \frac{d\sigma}{dt} + \frac{\sigma}{\eta} \qquad [6.45]$$

de onde se extrai:

$$\frac{d\sigma}{\sigma} = -\left(\frac{E}{\eta}\right) dt \qquad [6.46]$$

Que, após sua integração com relação ao tempo, resulta:

$$\sigma = \sigma_0 \cdot e^{-\left(\frac{E}{\eta}\right) \cdot t} \qquad [6.47]$$

na qual a razão η/E é conhecida por "tempo de relaxação". Note-se que essa equação indica que a tensão decresce em relação ao tempo de modo exponencial, o que habilita o modelo de Maxwell para a análise, uma vez conhecido o módulo de elasticidade do material.

A mesma análise de aplicabilidade pode ser realizada no modelo de Kelvin, conforme segue. Nesse caso, as componentes de tensão em cada parte do sistema são diferentes, de tal sorte que a tensão total será a soma das componentes. Admite-se igualdade de deformações em cada parte do sistema com componentes em paralelo ($\varepsilon_1 = \varepsilon_2 = \varepsilon$). Da elasticidade, extrai-se a variação de tensão em relação ao tempo na mola:

$$\frac{d\sigma_1}{dt} = E \cdot \frac{d\varepsilon}{dt} \qquad [6.48]$$

Que, após integração, fornece:

$$\sigma_1 - \sigma_0 = E \cdot (\varepsilon - \varepsilon_0) \qquad [6.49]$$

Na fase viscosa do sistema, a tensão fica descrita pela equação:

$$\sigma_2 = \eta \cdot \frac{d\varepsilon}{dt} \qquad [6.50]$$

A soma das tensões em cada fase do sistema garante que:

$$\sigma = E \cdot (\varepsilon_1 - \varepsilon_0) - \sigma_0 + \eta \cdot \frac{d\varepsilon}{dt} = E \cdot \varepsilon - \sigma_0 + \eta \cdot \frac{d\varepsilon}{dt} \qquad [6.51]$$

que fornecerá:

$$\frac{d\varepsilon}{dt} = \frac{\sigma}{\eta} - E \cdot \frac{\varepsilon}{\eta} \qquad [6.52]$$

No caso de ensaio conduzido em tensão constante, com $\sigma = \sigma_0$ invariável (e deformação variável com $\varepsilon \neq \varepsilon_0$ e $\varepsilon_0 = 0$), o modelo de Kelvin resultaria:

$$\frac{d\varepsilon}{dt} = \frac{\sigma_0}{\eta} - E \cdot \frac{\varepsilon}{\eta} \qquad [6.53]$$

Que, após integração, resulta em:

$$\varepsilon = \left(\frac{\sigma_0}{E}\right) \cdot \left[1 - e^{-\frac{E \cdot t}{\eta}}\right] \qquad [6.54]$$

sendo η/E o tempo de relaxação. Se levarmos a equação acima ao limite para o tempo tendendo ao infinito, resulta em:

$$\lim_{t \to \infty} \varepsilon = \frac{\sigma_0}{E} \qquad [6.55]$$

o que é bastante razoável. Já para o caso de deformação constante, a equação de Kelvin não resulta em uma relaxação de tensão com o tempo; ao contrário, resulta em tensão constante com o tempo, o que não descreveria o fenômeno observado durante o ensaio.

Na Figura 6.22, é apresentado o conjunto de ensaios de fluência com carga estática em laboratório para misturas asfálticas comumente empregadas no Brasil, nas faixas B e C do extinto DNER, conforme estudos de Vladimir Coelho (1996), empregando corpos de prova moldados de acordo com o critério Marshall, para temperatura controlada na câmara de ensaio de 40°C. A mistura na faixa C apresentou, no ensaio Marshall, estabilidade de 1.529 kg contra 674 kg para a mistura na faixa B, embora a fluência (Marshall) fosse ligeiramente inferior para a faixa B.

O resultado de fluência estático revela-se mais apropriado na medida dessa propriedade, uma vez que, para misturas que empregaram mesmo teor de betume (6%), poderia esperar-se melhor comportamento para a faixa C, com menor índice de vazios e entrosamento entre as partículas, no que tange à maior presença de finos no material.

Entre características dos materiais de pavimentação, a viscoelasticidade é aquela ainda menos explorada em termos investigativos. É importante recordar que vários materiais podem apresentar tal comportamento, porém aqueles para os quais entra em jogo a suscetibilidade térmica com o tempo de aplicação de cargas são as misturas asfálticas. As propriedades viscoelásticas (elasticidade dependente do tempo) dos materiais são fundamentais para a previsão de mecanismos de deformação plástica nos pavimentos em função das condições atuantes.

Existem alternativas para o tratamento de parâmetros relacionados à viscoelasticidade, como o recíproco do módulo de elasticidade do material,

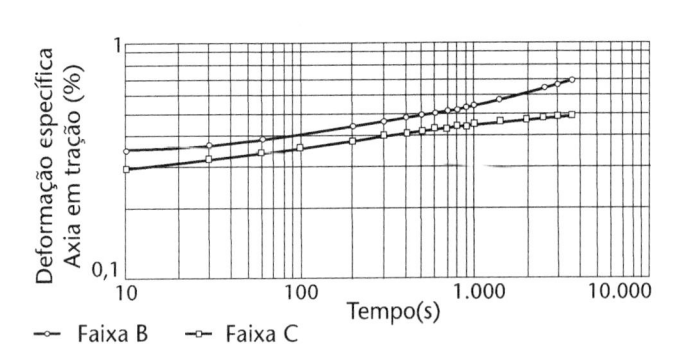

Fig. 6.22 *Resultados de ensaios de fluência com misturas asfálticas*
Fonte: Coelho, 1996.

considerada uma situação de tensão constante no tempo. Em função da deformação dependente do tempo, ε(t), o recíproco da elasticidade, denominado propriedade de *deformação em fluência* ou *compilância (creep compliance)*, é dado por:

$$C = \frac{1}{E(t)} = \frac{\varepsilon(t)}{\sigma_0}$$ [6.56]

O *módulo de relaxação* é o parâmetro determinado quando, mantido o padrão de deformação, tem-se uma função de tensão dependente do tempo:

$$E(t) = \frac{\sigma(t)}{\varepsilon_0}$$ [6.57]

Variação das Características em Serviço

Resistência e módulo de resiliência dos materiais de pavimentação são parâmetros que variam ao longo do uso dos pavimentos em serviço. Assim, não é lícito admitir que as propriedades iniciais ideais dos materiais sejam as mesmas em todo o horizonte de serviço dos pavimentos. Diversos mecanismos concorrem para a alteração dessas características, alterando o comportamento, as respostas mecânicas e, por fim, o desempenho dos pavimentos. Uma análise global apropriada do desempenho de pavimentos, em fases de projeto e planejamento, deve modernamente comportar a análise mecanicista individualizada para cada fase de degradação estrutural dos materiais componentes das camadas.

Van Der Poel (1954) já distinguia o módulo de Young, dado pela relação entre a tensão aplicada e a deformação imposta, no caso dos materiais viscoelásticos como o asfalto, empregando preferencialmente a denominação *módulo de rigidez* ou *rigidez estática* para esses casos. O módulo de rigidez (S) seria dependente do tempo de aplicação de cargas de acordo com diversos experimentos conduzidos sobre diferentes tipos de asfalto (Figura 6.23), cujas características básicas estão na Tabela 6.15.

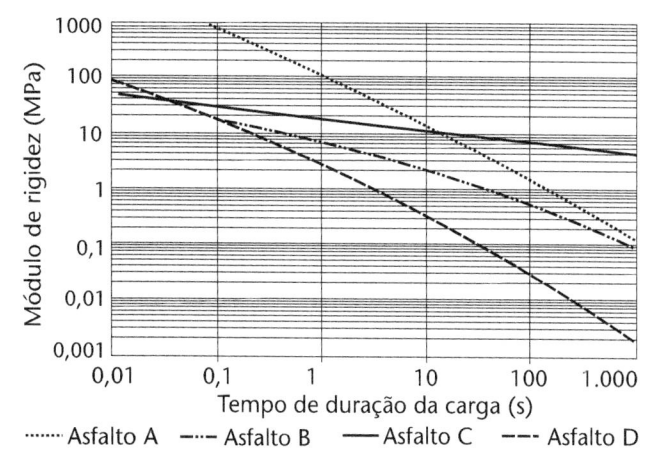

Fig. 6.23 *Variação do módulo de rigidez de asfalto em função do tempo a 25°C*
Fonte: adaptado de Van Der Poel, 1954.

Tabela 6.15 *Características de asfaltos estudados*

Asfalto	Penetração (0,1 mm)	Ponto de amolecimento (°C)	IP	Teor de asfaltenos (%)
A	3	66	-2,4	3
B	15	67	-0,2	20
C	13	120	+5,5	34
D	39	47	-2,5	—

Fonte: Van Der Poel, 1954.

6.7 Módulo de Elasticidade Complexo dos Materiais

Uma forma de caracterização da viscoelasticidade (elasticidade dependente do tempo) do material é a determinação de seu *módulo complexo* ou *dinâmico*. Atualmente, esse tipo de módulo de elasticidade é exigido para a caracterização de alguns materiais para finalidades de projeto (AASHTO, 2002). Um material elástico ideal apresenta a tensão e a deformação correspondentes em fase, ou seja, não se encontram tais fenômenos defasados, ou, vale dizer, com ângulo de fase (δ) nulo. Por outro lado, quando o material fosse hipoteticamente puramente viscoso, tensão e deformação ficariam defasadas de δ = 90°. No caso dos materiais de pavimentação, em geral, apresentam comportamento intermediário, ou seja, alguma defasagem que não chega a 90°. Esse aspecto, verificável durante um ensaio de carregamento-descarregamento repetitivo, é ilustrado na Figura 6.24.

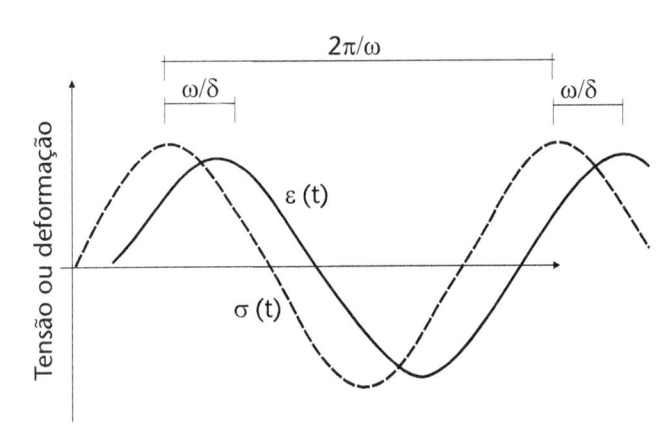

Fig. 6.24 *Defasagem entre tensão e deformação em materiais comuns*

Observa-se que existe uma defasagem entre a tensão aplicada e a deformação decorrente, sendo, portanto, tal comportamento típico de materiais que apresentam parcelas de viscoelasticidade. Se a amostra do material é submetida a uma deformação oscilatória com frequência ω, então:

$$\varepsilon = \varepsilon_0 . \text{sen}(\omega t) \quad [6.58]$$

$$\sigma = \sigma_0 . \text{sen}(\omega t + \delta) \quad [6.59]$$

Dois valores de módulo de elasticidade coexistem nas equações anteriores, sendo definidos por E' (módulo resguardado = instantâneo) e E'' (módulo dissipado, correspondente à deformação viscosa), relacionando-se entre si, conforme se extrai da Figura 6.25:

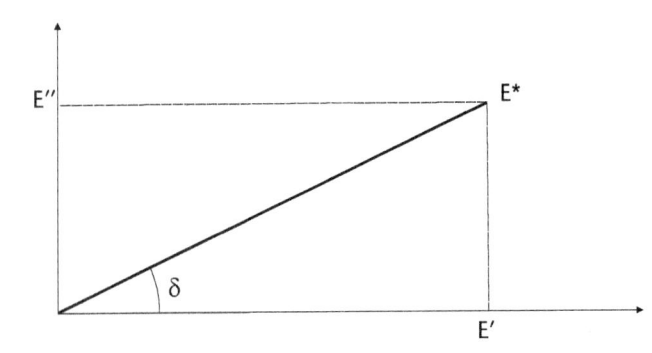

$$E' = E^* . \cos\delta \quad [6.60]$$

Fig. 6.25 *Módulos de elasticidade resguardado (E') e dissipado (E'')*

$$E'' = E^* . \text{sen}\delta \quad [6.61]$$

$$E^* = \sqrt{E'^2 + E''^2} = \sqrt{E'^2 + E^2 . \text{sen}^2\delta} = \sqrt{E'^2 + \frac{E'^2}{\cos^2\delta} . \text{sen}^2\delta} = E'\sqrt{1 + \text{tag}^2\delta} \quad [6.62]$$

Ao descrevê-los em termos de variáveis complexas, podemos assim relacionar os parâmetros:

$$\varepsilon = \varepsilon_0 . e^{i(\omega t)} \quad [6.63]$$

$$\sigma = \sigma_0 . e^{i(\omega t + \delta)} \quad [6.64]$$

O módulo de elasticidade complexo (E*) é então definido da seguinte forma (com $i = \sqrt{-1}$):

$$E^* = \frac{\sigma}{\varepsilon} = \frac{\sigma_0 \cdot e^{i(\omega t + \delta)}}{\varepsilon_0 \cdot e^{i(\omega t)}} = \frac{\sigma_0 \cdot e^{i\delta}}{\varepsilon_0} = \frac{\sigma_0}{\varepsilon_0}(\cos\delta + i.\text{sen}\,\delta) = E' + i.E'' \quad [6.65]$$

Pela Equação 6.62, fica evidente que o módulo complexo tem valor dependente do módulo resguardado (ou instantâneo) e da defasagem entre deformação e tensão, que é incrementada quanto mais viscoelástico for o material. Entende-se, portanto, que o módulo complexo do material é, no mínimo, o módulo de resiliência instantâneo (no caso de materiais de elevadíssima rigidez) ou maior (se o material apresentar viscoelasticidade). O Asphalt Institute (1982) sugeriu uma relação para determinação do módulo de elasticidade complexo para misturas asfálticas densas em função de parâmetros relacionados ao ensaio dinâmico propriamente dito, à estrutura do material, à sua temperatura e à sua viscosidade, conforme segue:

$$\log_{10}|E^*| = 5{,}553833 + 0{,}028829\left(\frac{P_{200}}{f^{0{,}17033}}\right) - 0{,}03476.V_v + 0{,}070377.\eta + \quad [6.66]$$

$$0{,}000005\left[\left(32 + \frac{T}{1{,}8}\right)^{(1{,}3+0{,}49825.\log_{10}f)} . \sqrt{\%B}\right] - 0{,}00189\left[\left(32 + \frac{T}{1{,}8}\right)^{(1{,}3+0{,}49825.\log_{10}f)} . \frac{\sqrt{\%B}}{f^{1{,}1}}\right] + 0{,}931757\left(\frac{1}{f^{0{,}02774}}\right)$$

sendo P_{200} a porcentagem de agregados passando na peneira 200; f, a frequência do carregamento (Hz); Vv, o volume de vazios não preenchidos na mistura em % (ensaio Marshall); η, a viscosidade absoluta a 21°C; %B, o teor de asfalto na mistura; e T, a temperatura do material em °C; o modelo é experimental com $r^2=0{,}939$.

6.8 Para sua Análise e Reflexão

1. Antes de prosseguir ao próximo capítulo, procure refletir sobre as possíveis causas da deterioração microestrutural dos diversos materiais de pavimentação estudados até aqui.

2. Tente individualizar os possíveis efeitos da modificação de asfaltos com polímeros diferentes, em termos de resistência e de resiliência das misturas asfálticas.

3. Procure estabelecer faixas de variação de módulo de resiliência para solos lateríticos e solos não lateríticos, tendo em vista os valores mencionados neste capítulo, bem como outros recolhidos de outras fontes estudadas.

4. Pesquise, na literatura nacional, ensaios de fluência (*creep*) com misturas asfálticas que sejam aplicáveis na análise de pavimentos.

5. A partir de alguns tipos de pavimentos de três ou quatro camadas, estabeleça a relação entre módulos de resiliência provavelmente existente entre as diversas camadas. Procure imaginar qual camada inferior ficaria menos solicitada em função desses módulos de resiliência.

Processos de Degradação dos Pavimentos Associados ao Tráfego e ao Clima

7.1 Dialética sobre Processos de Degradação dos Pavimentos

Os materiais de construção, no decorrer de sua vida de serviço, apresentam processos de danificação e deterioração (degradação) inevitáveis que, paulatinamente, implicam a alteração de suas propriedades mecânicas, ou seja, aquelas que governam seu comportamento sob ações de cargas de diversas naturezas. Portanto, as propriedades dos materiais alteram-se após a construção, piorando pouco a pouco. Tal fato se traduz nos materiais de camadas de pavimentos, sendo sua degradação motivada por cargas de veículos, produtos químicos e ações ambientais, como temperatura e umidade etc.

Dano, deterioração, degradação são nomes possíveis para descrever o processo de perda de qualidade estrutural ou funcional dos pavimentos. Assim, quando se emprega a expressão *mecanismo de ruptura,* esta poderia ser também substituída por *mecanismo de danificação* ou, ainda, por *modo de ruptura*. Não existe consenso quanto a esse aspecto nos textos de diversos pesquisadores na área de pavimentação.

Não se pode estabelecer, de modo inquestionável, o processo de degradação ou de danificação estrutural de dado pavimento, ou, ainda, dos materiais que especificamente são empregados em sua estrutura. Ao se considerarem os possíveis mecanismos de ruptura em pavimentos, deve-se pensar que existem sítios geológicos e pedológicos diversos; diferentes condições climáticas e morfológicas; políticas de cargas para diferentes veículos comerciais em diversos países; utilização de materiais peculiares em cada região do planeta, além de tradições construtivas e de projeto muito variadas. Profissionais experientes têm opiniões divergentes sobre como ocorre a ruptura de um pavimento (como exemplo disso, muitos engenheiros e pesquisadores acreditam que, no Brasil, o modo de degradação estrutural mais presente em pavimentos asfálticos é a danificação por fadiga, opinião que reflete experiência local).

Enfim, há razões de sobra para que não exista um critério universalmente aceito por todos os técnicos de como se dá a ruptura de um pavimento, nem mesmo ainda uma combinação de vários critérios universalmente aceita. Quando se procura desenvolver, ajustar ou aprimorar critérios de dimensionamento estrutural, deve-se considerar necessário o entendimento dos mecanismos de ruptura apresentado por determinado tipo de pavimento.

Dimensionar pavimentos torna-se algo impossível se não se estabelece o modo (ou modos) de ruptura *a priori*. Surge daí a ideia de que o pavimento poderá apresentar patologias cuja natureza estará associada ao critério de ruptura adotado em projeto; essas patologias estão intimamente associadas aos materiais escolhidos e às formas de degradação estrutural. Se essa relação não ocorrer, algo de errado se cometeu em algum instante do projeto ou da execução da obra.

Ainda hoje, é comum ouvir ou ler sobre critérios ditos "racionais" ou "semiteóricos" que, diferentes do critério do California Bearing Ratio (CBR), seriam melhores que aquele para finalidades de projeto de pavimentos; ou ainda que não possuem comprovação de campo, exceto o fato de apresentarem evidentes imprecisões, ao contrário do critério do CBR, extensamente utilizado nos últimos 70 anos. A questão é: será que tal critério tradicional se aplica universalmente e explica os diversos problemas que ocorrem ao longo dos anos nas estruturas de pavimentos submetidas ao tráfego? Um não categórico serve de resposta, o que não invalida a aplicabilidade do critério do CBR de acordo com suas limitações.

Ademais, o critério do CBR, baseado em um método de ensaio desenvolvido na década de 1920 nos laboratórios da Divisão de Rodovias do Estado da Califórnia, utilizado sob diversos matizes em normas de projetos de pavimentos em vários países, só não tem tradição de uso na própria região de origem. Isso não é uma tentativa de afirmar que o critério não apresenta racionalidade.

No Brasil, têm sido observados, nos últimos anos, alguns trabalhos que procuram aplicar conceitos mais recentes de mecânica de pavimentos ou ainda empíricos e de natureza funcional, que, contrariamente, têm servido para a verificação de que, em determinados casos, o critério do CBR é bastante suficiente, uma vez que tais tentativas de aprimoramento levam a resultados de dimensionamento indiferentes. Por aí permeia o fato de existirem diversos tipos de estruturas de pavimento cujo critério tradicional explica o mecanismo de deterioração observado; mas está longe de serem todas as estruturas de pavimento.

O guia para projeto de estruturas de pavimentos publicado pela American Association of State Highway and Transportation Officials (AASHTO, 1993), ao tratar do parâmetro *serventia*, recordando os tipos de patologias que mais representam essa grandeza numérica, refere-se a patologias físicas (relacionadas ao desempenho estrutural do pavimento) e a patologias funcionais (relacionadas à qualidade de rolamento oferecida pelo pavimento).

As patologias funcionais, nitidamente associadas à irregularidade presente na superfície do pavimento, são assim denominadas provavelmente por comporem a maior parcela do valor numérico da serventia, uma medida indicativa de que o pavimento atende ao tráfego com conforto e segurança em dado instante de sua vida de serviço (Figura 7.1). No entanto, tais irregularidades, longitudinais e transversais, podem ser encaradas como resultantes de processos de natureza essencialmente estrutural: deformações plásticas, que ocorrem com maior ou menor intensidade em cada uma das camadas do pavimento, incluindo-se aqui o subleito.

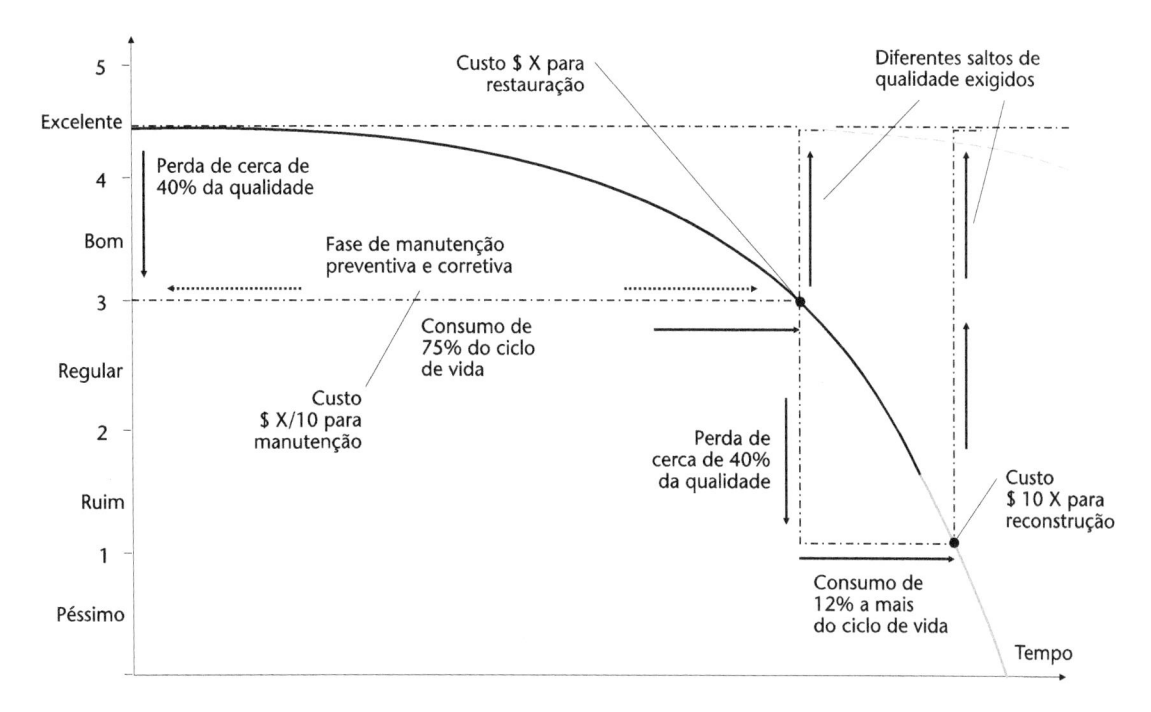

Fig. 7.1 *Variação da serventia no tempo (desempenho do pavimento)*

A AASHO Road Test adotou o critério de ruptura por serventia para definir as equações de desempenho de pavimentos. A qualidade de rolamento é avaliada na escala de zero a cinco (ordenadas), e as abscissas representam o tempo decorrido ou o tráfego acumulado.

Os custos de manutenção crescem exponencialmente com o aumento da degradação dos pavimentos. A restauração por recapeamento é admitida até determinada condição e, na ausência de manutenção naquele momento, o pavimento vai se degradar tão intensamente que sua reconstrução, parcial ou total, será inevitável em curto período de tempo.

Assim, embora o critério da AASHTO apresente um modo de ruptura para os pavimentos flexíveis um tanto quanto diferente do critério do U.S. Corps of Engineers (critério do CBR), parece claro que sob a premissa de serventia se possa abrigar tranquilamente o modo de ruptura por deformações permanentes. Isso não desmerece, por assim dizer, tal método, mesmo porque, dos experimentos da AASHO Road Test, foi possível definir critérios, objetivos e subjetivos, quantificar o estado do pavimento quanto a tais deformações, estabelecendo-se valores mínimos aceitáveis pelos usuários para o parâmetro serventia (enfim, a serventia mede o estado do pavimento em função da opinião dos usuários).

Esse introito relativamente longo serve para recordar que, muitas vezes, certas definições continuam indefinidas. Ao se falar de ruptura de pavimentos em tempos modernos, vem a tentação de classificá-la como do tipo estrutural e funcional, em dois grandes blocos. O exemplo do critério da AASHTO argumenta contra essa tentativa, pois o que é estrutural fatalmente trará consequências funcionais, de maior ou menor significância, e vice-versa. Cabe nesse ponto recordar alguns importantes modos de ruptura dos materiais de pavimentação, que acabam por condicionar o comportamento dos pavimentos sob ação das cargas rodoviárias, associando-se às patologias que se manifestaram nos materiais.

7.2 Esforços Excessivos em Camadas – Ruptura por Resistência

Os materiais de pavimentação, desde que adensados (compactados ou vibrados), apresentam resistências características a determinados tipos de esforços. Um solo compactado terá resistência à compressão, ao cisalhamento e eventualmente, ainda que muito pequena, alguma resistência à tração, caso apresente coesão. Uma brita graduada simples não mostrará resistência à tração ou à flexão, ao contrário de uma brita graduada tratada com cimento. As misturas asfálticas, a frio ou a quente, também apresentam resistências a diversos tipos de esforços, incluindo flexionais e torcionais.

Caso um esforço solicitante em algum ponto da estrutura de pavimento, em dado momento, supere numericamente o valor da resistência específica do material quanto àquele tipo de esforço, ocorrerá a sua ruptura. Em outras palavras, o material se rompe por esforço aplicado igual ou superior à sua resistência específica (sendo, portanto, sua resistência a medida do esforço aplicado no momento da ruptura). Na Figura 7.2, são registradas as rupturas em diversos arranjos de ensaios.

Um subleito pode romper-se por esforço excessivo? Sim, e trata-se de uma das condições de proteção quando utilizamos o método do DNER (ou do CBR) para dimensionar um pavimento: resistência ao cisalhamento do subleito, medida com base comparativa ao valor da resistência ao cisalhamento do material tomado como padrão (pedra britada), embora o ensaio para a medida dessa resistência seja arbitrário.

Uma camada cimentada (solo-cimento, brita graduada tratada com cimento, concreto compactado com rolo etc.) trabalha notavelmente à flexão; caso um esforço momentâneo de tração na flexão supere a capacidade de o material resistir a ele, configura-se a fissura imediata, a ruptura por resistência.

Assim, poderíamos chamar de ruptura por resistência, genericamente, qualquer ruptura motivada por esforços solicitantes superiores à resistência típica do material quanto àquela forma de solicitação. No entanto, a literatura nacional e convencional sobre pavimentação, quando se refere à ruptura do pavimento por resistência, implicitamente associa o critério do CBR, relacionado aos solos de subleito e demais camadas granulares.

Um material poderá perder um dado-padrão de resistência em função de fatores exógenos ao simples processo de interação carga-estrutura, nesse caso, por vencimento de seu limite de resistência. Por exemplo, bases executadas com materiais britados adequadamente compactados e entrosados apresentam elevada resistência a tensões de cisalhamento por efeito do atrito entre os grãos.

À medida que uma base granular é contaminada pela ação de finos transportados para seu interior devido a efeitos de bombeamento ascensional, ou ainda quando é levada a condições de saturação, os finos ou a água agem como lubrificantes nas superfícies de contato entre os grãos, causando uma apreciável diminuição da resistência, fazendo com que a ação de cargas, anteriormente suportáveis, leve o material, em nova condição, à ruptura por (perda de) resistência.

Tração direta (BGTC)

Compressão diametral (CAUQ)

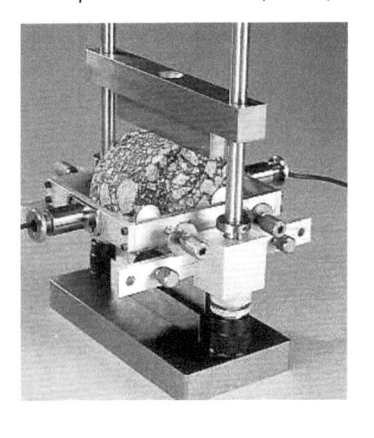

Tração na flexão (CCP)

Fig. 7.2 *Ruptura de material em diversos ensaios*

7.3 Fissuração de Materiais – Danificação por Fadiga

O fenômeno da fadiga relaciona-se ao fato de que muitos materiais, sendo sucessivamente solicitados em níveis de tensão inferiores àqueles de ruptura (para dado modo de solicitação), pouco a pouco desenvolvam alterações em sua estrutura interna, que resultam na perda de características estruturais originais. Isso gera um processo de microfissuração progressiva que culmina no desenvolvimento de fraturas e, consequentemente, no rompimento do material.

Assim, de modo contrário ao caso anterior, os níveis de deformação aplicados ao material, isoladamente, não são suficientes para levá-lo instantaneamente à ruptura. Porém, cada deformação aplicada, de forma cíclica, passo a passo, vai causando um acúmulo de incontáveis zonas de plastificação que, apesar de microscópicas e não mensuráveis unitariamente, ao longo do processo de uso da estrutura de pavimento, acabam definindo planos de fraturas e descontinuidades, prejudicando bastante as respostas estruturais inicialmente apresentadas.

O mecanismo de fratura pode ser mais bem entendido com o auxílio da Figura 7.3, na qual são visualizadas zonas de gradiente uniformes e paralelos de tensões e zonas em que, pela existência de uma fissura microscópica, surgem locais de concentração de tensões nas extremidades de fissuras. Nessas regiões, o excesso de esforço é responsável pela continuidade e progressão da abertura da fissura até a ocorrência de fratura no material. As pontas das fissuras tendem a plastificar-se cada vez mais rápido, mesmo sem o aumento do nível de tensão aplicado. É claro que tal processo intuitivamente não seria linear.

O caminhamento e a extensão da fissura para a superfície do revestimento do pavimento será oportuna para o surgimento de uma zona de completa descontinuidade transversal no material, ao longo da camada, de uma vertical imaginária. Isso implica perda de capacidade de deformação elástica e, portanto, perda de capacidade portante do material. Podem ser consideradas três causas principais dos processos de fadiga, conforme se discorre adiante.

1. O fenômeno da fadiga pode ocorrer por vazios iniciais em misturas, ou mesmo pela presença de fissuras iniciais nos materiais:

◆ Nas misturas asfálticas abertas, vazios são uma condição de manufatura do material. Nas misturas asfálticas densas, as fissuras

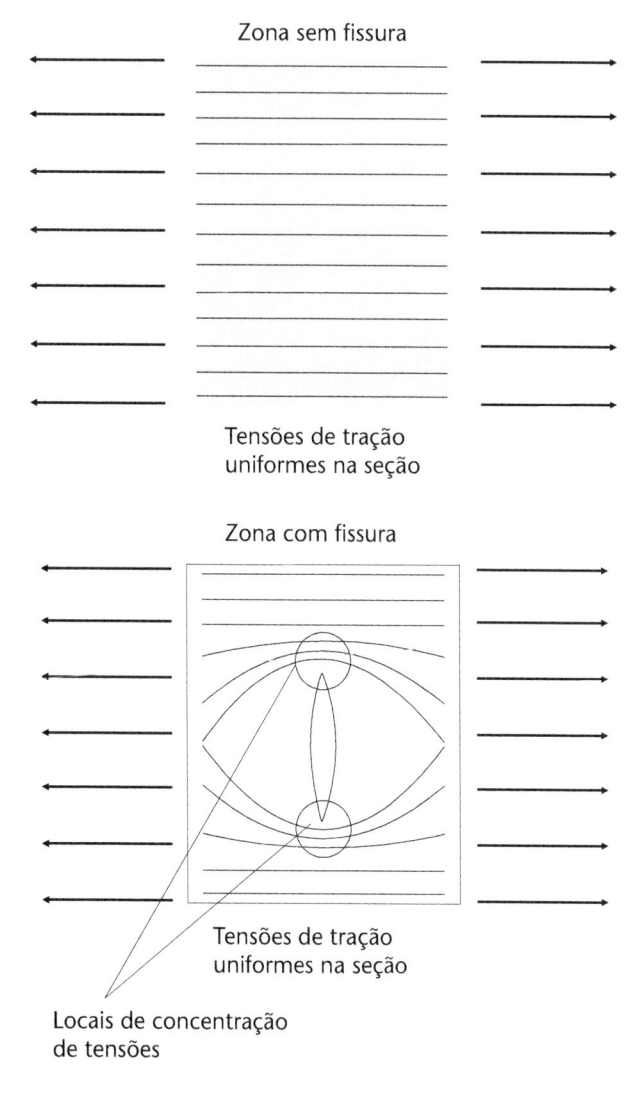

Fig. 7.3 *Concentração de tensões e abertura das fissuras*

iniciais podem estar presentes em virtude de vários fatores, como compactação energética sobre material cuja viscosidade se reduziu por causa da perda de temperatura; por exemplo, em consequência de material inadvertidamente queimado durante a mistura a quente, que se tornou quebradiço para compactação.

◆ Em concretos e materiais tratados com cimento (nesses últimos, a heterogeneidade é bem agravante), por causa da retração da massa fresca, o que ocasiona o surgimento de fissuras de retração, plásticas, dissecação entre pasta e agregados etc.

2. A deformação plástica excessiva, prematura ou a longo prazo, na estrutura do material, seja composta por ligantes dúcteis, seja por frágeis cristais de silicatos de cálcio hidratado, gera as primeiras fissuras nos materiais. Nesse caso, quanto mais frágil for uma mistura já em sua natureza heterogênea, e quanto mais vazios apresentar em sua matriz, maior será a suscetibilidade à fissuração.

3. Ocorrências de zonas de concentração de tensões na superfície (como ranhuras e sulcos) constituem fator deletério para o comportamento à fadiga dos materiais quando sujeitos a esforços de tração naquela zona (Figura 7.4). Nessas zonas, ocorre concentração de tensões que podem provocar as primeiras fissuras, em um processo que tende à progressão.

As fissuras de fadiga se manifestam nas superfícies de revestimentos asfálticos, bem como na estrutura não aparente das bases cimentadas, em todos os casos, de maneira intensa e peculiar (Figura 7.5); o processo inicia-se em inúmeras zonas dos revestimentos asfálticos e bases cimentadas, resultando, no primeiro caso, em situações como a representada na Figura 7.5. Nas placas de concreto, essa tendência é inversa, ocorrendo planos de fratura transversais e longitudinais, conforme o caso.

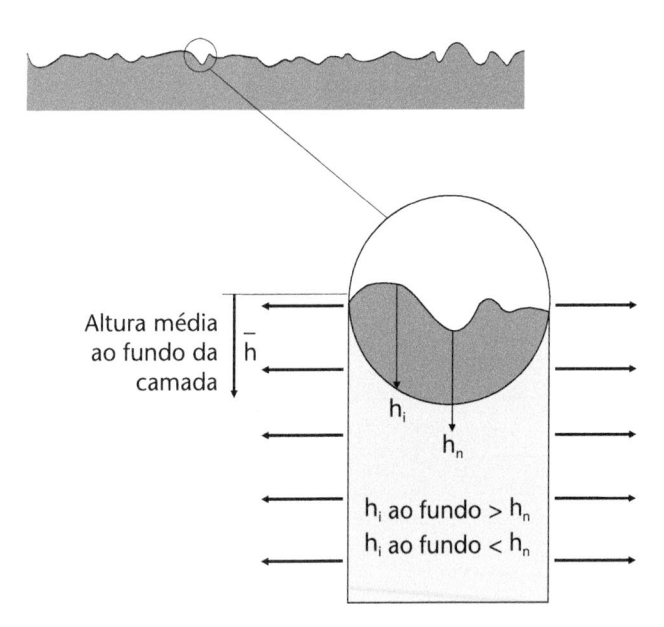

Fig. 7.4 *Condição de superfície irregular*

Analogamente aos concretos, as bases cimentadas, nas quais o cimento trabalha sob a forma de ligações pontuais entre partículas (no caso dos agregados) ou na formação de um esqueleto que fixa as partículas de dimensões menores (no caso dos solos), são sujeitas ao fenômeno da fadiga quando os cristais resultantes da hidratação do cimento, de natureza frágil sofrem paulatinas e progressivas microfissurações, não guardando deformações plásticas (permanentes) elevadas.

As misturas asfálticas também estarão sujeitas a fenômenos dessa natureza, cujo processo é diferen-

---

O consumo da resistência à fadiga de um material é um processo que consome tempo e depende de um grande número de solicitações repetidas, em face dos critérios de dimensionamento que os empregam; considerando seus conceitos implícitos, seria ilícito atribuir tal modo de ruptura a um material cujo processo de deterioração seja mais plausivelmente explicado por outro fenômeno de degradação (do qual derivou até mesmo o modo de dimensioná-lo). Por exemplo, solos compactados não possuem tal mecanismo de degradação, embora possam apresentar fissuras por contração etc.

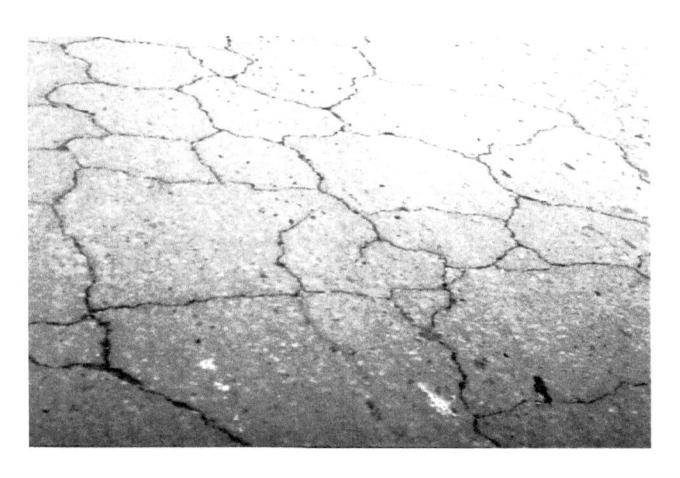

7 • Processos de Degradação dos Pavimentos Associados ao Tráfego e ao Clima

Fig. 7.5 *Padrões de fadiga em revestimento asfáltico e de concreto*

ciado do caso anterior. O agente ligante, que não possui natureza frágil e sim dúctil, suporta deformações plásticas significativas antes que ocorra a ruptura do material; no entanto, tais deformações apresentam limites a partir dos quais qualquer esforço de extensão causa uma microfissura na estrutura do material. O fenômeno é progressivo e causará a fra-tura do material ao longo do tempo.

Dada a natureza do fenômeno, sua manifestação mediante patologias na superfície do pavimento torna-se evidente pela presença de fissuras interligadas no revestimento asfáltico, restando definir se o fenômeno atém-se à base, ao revestimento ou a ambas as camadas. Na Figura 7.6, são registrados momentos de ensaios de fadiga em flexão e por compressão diametral em amostras de CCP e de CAUQ.

Nesse ponto, é importante ressaltar que, talvez por algum modismo, é comum escutar referências ao termo fadiga para descrever um processo de formação de fissuras em situações em que tal fenômeno absolutamente não toma parte do processo de degradação do material (por exemplo, dizer que alguns autores consideram a "fadiga dos solos" não justifica; é necessário isolar os fenômenos de fissuração por contração de secagem dos solos daqueles de fadiga, após um grande número de repetições de carregamentos – não se dimensiona à fadiga para situações prematuras).

É sempre bom recordar que fadiga é um processo associado a misturas com ligantes hidráulicos ou asfálticos, em geral em pavimentos muito solicitados. Além disso, para se ter certeza da aplica-

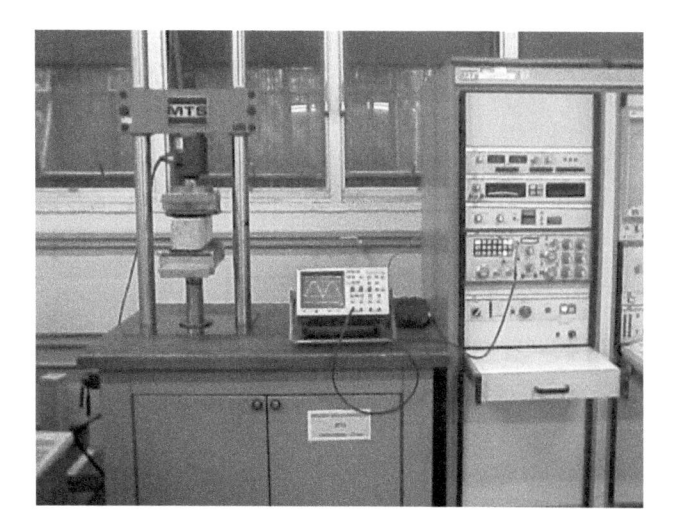

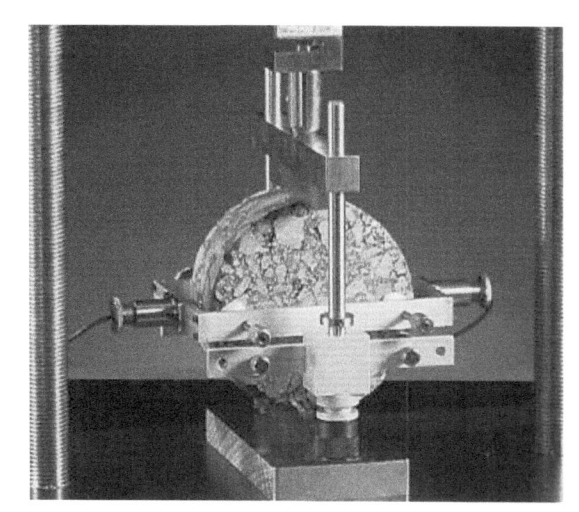

Fig. 7.6 *Ensaios de fadiga em amostras prismáticas (CCP) e cilíndricas (CAUQ)*

bilidade do termo fadiga ao fenômeno de fissuração, basta recorrer à Figura 7.3 e imaginar se o processo de fissuração do material atende ao esquema apresentado. É o que nos revelam os bons autores de textos na área da ciência dos materiais.

7.3.1 Técnicas experimentais para ensaios de fadiga

As técnicas de laboratório mais empregadas para ensaios de caracterização do comportamento à fadiga dos materiais de pavimentação resumem-se em cinco arranjos de ensaios que permitem a aplicação de esforços dinâmicos e cíclicos nas amostras moldadas ou extraídas de camadas de pavimentos. Em todos os casos, para a determinação experimental do comportamento à fadiga, os esforços em consideração são aplicados em níveis inferiores ao limite de resistência (de ruptura) do material, de modo que apenas após determinado (e desconhecido) número de ciclos ocorra uma manifestação associada ao processo de ruptura por fadiga. Algumas dessas técnicas de ensaio foram empregadas em pesquisas brasileiras, como se procura indicar de maneira sucinta no Quadro 7.1.

Basicamente, os tipos de equipamentos para ensaios de fadiga podem ser divididos em três grupos: pneumáticos, hidráulicos e eletromagnéticos (Quadro 7.2). A precisão de um ensaio de fadiga, em si mesma, será bastante variável em função do tipo de equipamento empregado. Observe-se, por exemplo, o caso de um material estabilizado com cimento. O material, de natureza frágil, deverá ser testado à fadiga com equipamento que utilize amplitudes de deformação baixas; por exemplo, se a tensão induzida pela aplicação de carga for de 1 MPa, e o concreto compactado apresentar módulo de deformação de 24.000 MPa, a deformação sofrida será de 42.10^{-6} mm/mm, à qual deverá ser sensível o sistema de leituras de deformações.

7.3.2 Dificuldades relacionadas aos ensaios de fadiga: Fator laboratório – campo

Carregamento durante ensaios em laboratório

Ao observarmos os veículos rodoviários, verificamos sua grande diversidade em termos de tipos de eixos, de distância entre eixos isolados, dimensões de pneumáticos, entre outros, o que naturalmente nos leva a acreditar que cada carga aplicada exerce pressões diferentes, resultando em estados de tensão distintas nas camadas dos pavimentos. Um dos fatores mais simples que causam diferenças notáveis entre os ensaios de fadiga e a forma de aplicação de cargas cm campo é a *variabilidade* do carregamento. Costumeiramente, realizamos os ensaios a um nível de deformação ou de tensão controlada. No primeiro caso, isso implica que, de tempos em tempos, para o caso de materiais dúcteis, necessitamos reduzir a carga aplicada para manter constante o nível de deformação que ocorre no material. No segundo caso, mantemos a tensão constante praticamente ao longo de todo o ensaio. Isso nos conduz para o fato de que a aplicação de cargas durante o ensaio é incompatível com a realidade de campo, pois a carga ou é constante ou decresce entre patamares constantes.

Quadro 7.1 *Resumo dos principais arranjos estruturais para ensaios de fadiga*

ARRANJO DO ENSAIO	DESCRIÇÃO	PESQUISAS BRASILEIRAS RELACIONADAS
Vigotas em flexão	O teste parte de um arranjo de um corpo de prova prismático, com uma dimensão predominante, a partir do esquema simples do ensaio de "dois cutelos" para a determinação da resistência à tração na flexão em uma zona com momento fletor constante. A força é aplicada verticalmente nos dois terços do comprimento da vigota, e essa aplicação poderá ser em um ou em ambos os sentidos de uma mesma direção. No segundo caso, o ensaio é, por vezes, denominado ensaio de "flexão alternada", posto que, de modo alternado, a face inferior e a superior da vigota serão submetidas a esforços de tração (na flexão).	Ceratti (1991), com SC Pinto (1991), com CAUQ Trichês (1993), com CCR Cervo (2004), com CCP
Amostras cilíndricas em torção	Neste caso, mais abordado no passado pela escola britânica, a amostra cilíndrica é submetida a esforços de torção, compostos por ciclos de aplicação harmonicamente opostos, criando zonas de tração e de compressão em uma seção circular da amostra. Os ensaios são realizados com frequências geralmente superiores a 10 Hz, estabelecendo-se um padrão de deformação que é controlado ao longo do ensaio, gerando novamente estados de tensões uniaxiais. A ruptura de materiais frágeis neste tipo de ensaio ocorre em sua seção mais fraca.	Sem registros
Tração uniaxial	Amostras cilíndricas ou prismáticas (cúbicas) podem ser sub-metidas a ensaios cíclicos de tração direta, que podem ser realizados tanto em baixas como em altas frequências (> 25 Hz). Impõe-se, novamente para este caso, um estado de tensões uniaxial, e a fratura de materiais frágeis se daria na seção transversal mais fraca da amostra. O nível de deformação possível para um material mais dúctil submetido a este tipo de ensaio seria controlado por ciclos alternados de tração-compressão da amostra.	Sem registros
Tração indireta ou compressão diametral (*Brazilian test*)	Também conhecido por ensaio dinâmico de compressão diametral, o arranjo permite a criação de uma zona tracionada que coincide com o plano de aplicação de cargas, sendo, portanto, a zona de fratura (quando for o caso) definida *a priori* neste tipo de teste. Os testes são realizados em níveis de frequência de baixo a médio (10–15 Hz), e a amostra cilíndrica, nesse caso, submetida a um estado de tensões biaxial, e as seções verticais da amostra ficam sujeitas a esforços de compressão, e as seções horizontais, por sua vez, submetidas a esforços de tração. Observe-se que, durante tal tipo de ensaio, os materiais mais dúcteis apresentarão deformações permanentes progressivas, mesmo porque não há uma alternância de esforços para uma compensação da deformação viscoelástica durante cada ciclo de aplicação de cargas.	Preussler (1983), com CAUQ Pinto (1991), com CAUQ Balbo (1993), com BGTC

* *A fadiga ocorre também por cisalhamento em misturas asfálticas muito rígidas (fissura de cima para baixo em pista).*

Quadro 7.1 *Resumo dos principais arranjos estruturais para ensaios de fadiga (continuação)*

ARRANJO DO ENSAIO	DESCRIÇÃO DO ENSAIO	PESQUISAS BRASILEIRAS RELACIONADAS
Flexão em amostras trapezoidais	A escola francesa desenvolveu um equipamento eletromagnético para a execução de ensaios de fadiga, sobretudo à deformação controlada, com emprego de corpos de prova com formato trapezoidal. Nesse caso, ocorre a aplicação de força (deslocamento) na extremidade de menor seção da amostra, enquanto a extremidade oposta encontra-se engastada em uma base, com auxílio de resina epóxica. O ensaio simula esforços de flexão na amostra, sendo facilmente controlada a deformação elástica aplicada, trabalhando em flexão alternada para a rápida recuperação da deformação, no caso de ensaios com misturas asfálticas. O ensaio é realizado com frequências inferiores a 20 Hz.	Momm (1998), com CAUQ

Ainda quanto à carga aplicada, poderíamos, em uma hipótese de cálculo, considerá-la constante; porém, a pressão aplicada pelas rodas dos veículos certamente não seria constante. Como encarar tal realidade durante os ensaios? Poderíamos dizer que as cargas e as pressões aplicadas em campo possuem uma variabilidade muito grande, não seguindo regra alguma ao longo do ciclo de vida da estrutura de pavimento. Note-se ainda outro fato: a forma geométrica da carga aplicada em campo e a forma da carga aplicada em laboratório, para qualquer um dos ensaios descritos anteriormente, não teriam nenhuma relação. Contudo, ainda há uma terceira consideração quanto ao carregamento.

Os veículos, ao se deslocarem na faixa de rolamento pela qual transitam, apresentam um deslocamento lateral aleatório, chegando a atingir 300 mm em rodovias de tráfego pesado. Embora importantes a ponto de serem levados em consideração durante avaliações de desempenho em pistas experimentais, tais deslocamentos laterais são negligenciados no dimensionamento dos pavimentos, adotando-se o fluxo canalizado para rodovias e vias urbanas. O fato de eixos se deslocarem do ponto admitido para a análise resulta em diferenças de solicitações no ponto de análise, em especial quando nos referimos à análise mecanicista para a verificação à fadiga de dado material no pavimento (este tema será mais detalhado no Capítulo 13).

Um aspecto crucial a ser recordado é a questão da frequência da aplicação de cargas em campo. Para exemplificar a questão, tomemos o eixo simples de rodas duplas do cavalo e o eixo tandem triplo de um semirreboque. Supondo que o veículo trafegue à velocidade de 80 km/h, os tempos decorridos entre as passagens sucessivas de quatro eixos tomados isoladamente, para um cálculo mais desfavorável de frequência, seriam 0,4545 s entre o primeiro e o segundo eixo, e 0,0591 s entre os demais eixos; tomando-se uma "média", teríamos 0,1909 s entre cada eixo; ou seja, uma frequência de 5 Hz. Até aqui, um número razoável. Porém, se tivermos uma via com 17.280 caminhões desse tipo circulando diariamente, isso significaria 5 s entre caminhões; para os casos de 2.880 e de 720 caminhões por dia, teríamos, entre caminhões, 30 s e 120 s de afastamento entre ocorrências de solicitação do ponto de análise. Estamos diante de

Quadro 7.2 *Resumo dos principais tipos de equipamentos para ensaios de fadiga*

Tipo	Descrição
Pneumáticos	Esses equipamentos foram os mais amplamente empregados em pesquisas acadêmicas no Brasil, publicadas até 1991. Nessas máquinas, geralmente montadas de maneira artesanal e disponíveis em vários laboratórios de pesquisa, os esforços aplicados nas amostras ensaiadas são gerados por meio de equipamento compressor de ar acoplado à válvula de pressão e pistão. Tais equipamentos oferecem enormes desvantagens, entre as quais a quase incontrolável perda de carga no sistema de transmissão do ar comprimido durante o ensaio, o que torna a constância da carga ou pressão aplicada fora de controle, levando a níveis de precisão muitas vezes inaceitáveis. Com tal tipo de equipamento, é comum a necessidade de várias paralisações durante os ensaios para a regulagem da pressão aplicada. Além disso, tais equipamentos, por sua natureza, trabalham a frequências muito baixas. Para se ter uma ideia de como a frequência é significativa na elaboração de um ensaio, se desejássemos uma aplicação de um milhão de repetições de carga a uma frequência de 1 Hz, o teste duraria quase 12 dias ininterruptos, o que provavelmente só por tal tempo de teste (desconsiderando-se as necessárias interrupções ao longo dos testes) tornasse inviáveis os trabalhos, já que diversas amostras devem ser ensaiadas para garantir um nível de precisão adequado no modelo estatístico a ser posteriormente definido.
Hidráulicos	Os equipamentos com pistão acionado hidraulicamente para a aplicação de cargas possibilitam um controle bem mais preciso, além de permitirem a elaboração de testes com frequências de aplicação de carga mais elevadas, como de 10 Hz a 50 Hz. Neste caso, confrontando-se com o exemplo anterior de duração do teste, teríamos o ensaio com um milhão de ciclos de carregamento completado após cerca de 28 horas ininterruptas de trabalho. Tal tipo de máquina de teste foi utilizado na pesquisa de Balbo (1993) – prensa alemã Hydropulse – e por Trichês (1993) – prensa americana MTS. Ocorre que, ainda oferecendo precisão incomparável à dos equipamentos pneumáticos, o curso (deslocamento) do pistão pode ser afetado pela viscosidade do óleo, o que seria desfavorável para pequenos deslocamentos, em especial para ensaios conduzidos com aplicação de carga senoidal. Em todo o caso, o emprego de equipamentos hidráulicos (servocontrolados) permite atingir precisão muito mais compatível para o tipo de problema em questão.
Eletromagnéticos	Nesse tipo de equipamento, a força (ou deslocamento) é aplicada por ação de um motor elétrico associado a uma "manivela" circular cujo pino está acoplado a um sistema de aplicação do deslocamento no corpo de prova. O movimento giratório da manivela impõe uma aplicação senoidal de carga em movimento harmônico simples (alternância de tração e compressão). Esse tipo de equipamento não está sujeito aos efeitos já descritos para os equipamentos hidráulicos durante os testes, sendo os mais aptos para ensaios com baixos valores de deformação. No entanto, a acessibilidade a equipamentos dessa natureza é muito limitada, e seus custos são mais elevados. Momm (1998) empregou equipamentos dessa natureza para seus ensaios de fadiga em concretos asfálticos.

uma repetição de cargas, em termos médios de frequência, muito inferior a 5 Hz, o que denota uma dicotomia muito grande entre campo e laboratório.

Aqui, dois aspectos devem ser recordados. A maior distância entre tempo de ocorrência de passagens de carga em campo favorece o fenômeno de autorreparação do concreto asfáltico, por exemplo, enquanto, em laboratório, tal possibilidade seria descartada em ensaios de amplitude e frequência contínua. O segundo aspecto é que aplicar frequência de 1 Hz, para exemplificar, poderia inviabilizar, por inúmeras razões, os ensaios de fadiga em laboratório. Misturas estabilizadas com cimento e concreto são muito sensíveis à frequência de aplicação de cargas, pois, quanto maior, menos tempo de atuação terá um esforço sobre as fissuras, resultando em progressão mais lenta dessas fissuras, o que condiciona um maior número de repetições de carga à fadiga em laboratório.

Uma questão ainda importante quanto ao carregamento é sua forma ao longo do tempo de aplicação. Estudos na pista experimental do Laboratoire Centrale des Ponts et Chausseés em Nantes, na França (Balay; Goux, 1994), demonstraram que os materiais nos pavimentos são submetidos a esforços de amplitude variável entre tração e compressão, com maior magnitude em tração, com a passagem da carga (um ponto de análise é primeiramente comprimido até um pico para rapidamente saltar à condição de tracionado e, logo após o pico da carga, é novamente comprimido até que se recupere elasticamente). Há, portanto, entre cargas, um tempo de relaxação para os materiais. O ideal, em face do exposto, seria que um ensaio de laboratório fosse programado para ocorrer por impulsos (havendo tempo de relaxação após a aplicação da carga), com amplitude de sinal entre tração e compressão variável, e finalmente que ainda fosse descontínuo entre sequências de amplitude variável aplicada, de modo que simulasse a passagem de cargas de um mesmo veículo com magnitudes e pressões de contato diferentes.

Em resumo, fica evidente que a forma como cargas aplicadas em campo, tanto em relação a magnitudes como ao posicionamento e à forma das solicitações, não é representada de modo válido nos ensaios normalmente realizados em laboratório. Na Figura 7.7, procurou-se extrair dos testes de Tatiana Cureau Cervo (2004) alguns aspectos relacionados tanto à influência da frequência nos testes laboratoriais como ao emprego de tensões constantes ou variáveis durante tais ensaios de fadiga, no caso com CCP.

Observe que, quanto maior a frequência, maior resistência à fadiga apresenta o mesmo concreto.

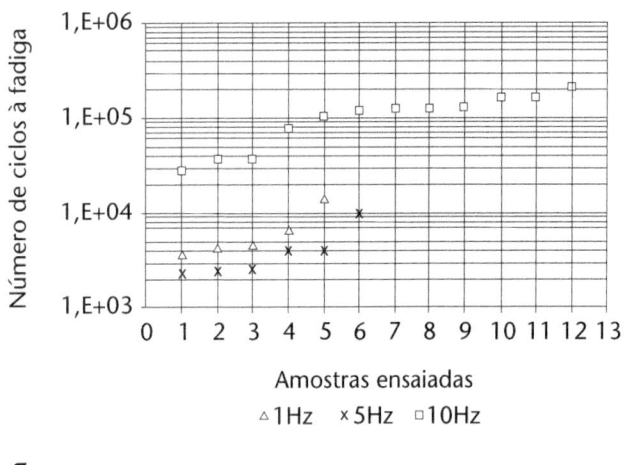

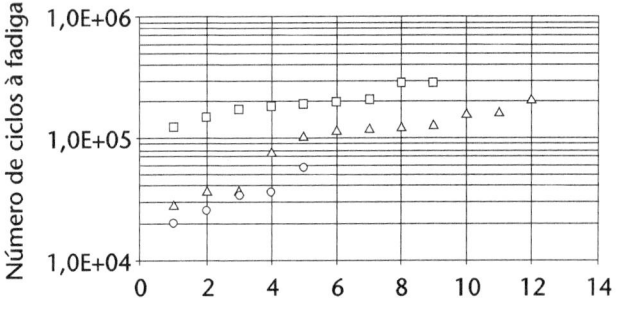

Fig. 7.7 *Efeito da frequência e da tensão variável no número de ciclos à fadiga*
Fonte: Cervo, 2004.

A explicação para tal fato reside no pequeno tempo de atuação da carga para agir na abertura crítica da fissura interna ao material. Ensaios à tensão variável e crescente resultam em maior resistência à fadiga do material se comparados ao caso de ensaios a tensões variáveis e decrescentes, que, por sua vez, se aproximam mais de ensaios à tensão constante. Tais resultados são extensíveis, a princípio, a outros tipos de concreto e misturas cimentadas.

Amostras de ensaio

A preparação de amostras para ensaio de fadiga em laboratório, em face da dispersão peculiar nos testes de fadiga (o que gera uma necessidade de ensaio de grande número de corpos de prova), tem como regra básica a homogeneidade das amostras, ou seja, uma grande similaridade entre corpos de prova preparados para os estudos. Preocupações dessa natureza têm guiado os trabalhos de diversos pesquisadores. Essa necessidade de misturas homogêneas pode ser exemplificada pelo fato de se precisar para testes, por exemplo, a tensão controlada de misturas estabilizadas com cimento e de conhecimento prévio do valor da resistência à tração do material a ser estudado. Como a modelagem matemática do fenômeno tem como parâmetro de partida tal resistência, é de se esperar que a amostra ensaiada à fadiga apresente resistência similar àquela previamente conhecida, pois será admitida como sua resistência característica a resistência medida *a priori* com outras amostras, já que não é possível medir resistência estática e dinâmica no mesmo corpo de prova. A única garantia de proximidade dessas resistências é a moldagem de corpos de prova muito homogêneos.

Os testes são, via de regra, conduzidos com misturas moldadas em laboratório. No caso de amostras cilíndricas, o material é compactado por meio estático e não por amassamento da mistura, como ocorreria em campo, o que já se torna um grau de liberdade fora de controle no processo. As amostras compactadas com emprego de soquete podem apresentar diferenças de densidade em sua profundidade que irão interferir nos resultados dos ensaios. Em campo, muitos fatores concorrem para que não exista uma homogeneidade tão grande no material, conforme mencionado inicialmente, após sua compactação. Variações em processos de usinagem do material dia após dia, variações entre qualidade de materiais de fornecedores distintos, segregação da mistura entre usinagem e espalhamento em campo, compactação variável em campo, exsudação, todos esses são fatores indicativos de uma grande heterogeneidade no material aplicado em campo. Portanto, as exigências laboratoriais para os ensaios de fadiga levam a uma homogeneidade que não reflete as condições de campo, uma vez que os materiais em pista raramente atingirão suas potenciais propriedades mecânicas ideais.

Temperatura de ensaio

Muitos materiais de pavimentação são termossuscetíveis; mesmo materiais como o CCP, que não têm tal natureza, estão sujeitos a variações de temperatura em condições de campo; tais variações induzem a um comportamento muito diferenciado em relação a uma temperatura de referência, seja por alteração de suas características de deformação (como no caso de concretos asfálticos), seja por indução de tensões de empenamento (no caso do concreto). Abordemos inicialmente o caso dos materiais termossuscetíveis. Misturas asfálticas trabalham, em condições de campo, por exemplo, no meio de uma manhã de inverno no Estado de São Paulo, com temperatura do ar de 25°C e sem vento frio, a temperaturas de 40°C apenas por irradiação solar. Durante o verão, tais temperaturas atingem picos de 55°C a 65°C. Uma faixa de variação de temperatura de misturas asfálticas na região central do Estado de São Paulo, ao longo de um ano, poderia ser considerada variando-se de 10°C a 60°C. Em regiões de clima temperado, tais temperaturas de trabalho de misturas asfálticas se encaixariam em uma faixa entre -25°C e 55°C, ou seja, com amplitudes térmicas superiores.

Ensaios de fadiga com misturas asfálticas em temperaturas superiores a 30°C ou 35°C são notoriamente inexequíveis, pois as amostras de pequena dimensão e sem nenhum confinamento lateral e de suporte acabam sofrendo fluência tão grande que inviabilizam o teste logo no início das aplicações de carga. Assim, é comum a elaboração de testes de fadiga a 20°C (no Brasil) com misturas asfálticas; 10°C é uma prática de pesquisadores europeus.

Além do aspecto da temperatura ambiente para o ensaio, deve ser recordado que, durante o ensaio, há aquecimento da amostra por atrito interno de suas partículas; mesmo estando controlada a temperatura externa, no interior da amostra ocorrem temperaturas que não são registradas ou controladas, sem ter-se, portanto, um resultado referenciado à temperatura da amostra, e sim à temperatura no ambiente do teste. Recorde-se de que no campo, ao longo de sua vida de serviço, um revestimento asfáltico trabalha com temperaturas diferentes ao longo de um mesmo dia e ao longo das estações climáticas de um ano, o que não é reprodutível no ensaio em laboratório.

No caso de concretos de cimento Portland, a questão de controle de temperatura se dá pelo fato de que a indução de gradientes térmicos em placas de concreto implica a ocorrência de tensões, mesmo na ausência de carregamentos, o que não foi considerado para os experimentos geradores da grande maioria de modelos de fadiga encontrados na literatura da área.

Temos assim, como fato, que os testes de fadiga com misturas asfálticas são conduzidos a temperaturas fora da realidade de campo, até mesmo por dificuldades tecnológicas do ensaio; para os concretos, seria conveniente a aplicação de amplitudes mínimas de tensões de tração na flexão, que representassem as condições de campo referentes exclusivamente ao empenamento ocorrido.

Critério de paralisação do ensaio

O processo de fadiga de material é percebido pela manifestação de fratura em sua estrutura visível; assim, dizemos que ocorreu fadiga quando, em campo, observamos ou fissuras incipientes ou interligadas do tipo couro de crocodilo, por exemplo, em revestimentos asfálticos. Em um ensaio de fadiga com material dúctil, ao longo dos ciclos de solicitação, a amostra vai apresentando fluência e, portanto, deformando-se. Em muitos procedimentos adotados, o critério de parada do ensaio é tido como o momento em que a força aplicada é 50% da força inicial do ensaio ou quando o módulo resiliente atinge o valor de 50% deseu valor inicial. Como se percebe, não há um critério de parada baseado na ocorrência de fratura da amostra. Além disso, é preciso recordar que, em campo, o módulo resiliente da mistura asfáltica não decresce de imediato ao longo do tempo. Em virtude da oxidação paulatina do ligante asfáltico, o módulo resiliente, exceto em variações diárias de temperatura na mistura, aumenta, tornando a mistura menos dúctil e mais quebradiça, portanto mais propensa à ocorrência de fraturas.

FATORES DIFERENCIAIS DE COMPORTAMENTO À FADIGA EM LABORATÓRIO E EM CAMPO
- Forma do carregamento (variação de cargas, pressões e frequências).
- Homogeneidade muito grande de amostras ensaiadas em laboratório.
- Temperaturas de serviço dos materiais muito variáveis em pista.
- Conceito do momento de rompimento da amostra (fissura ou deformação plástica).
- Tipo de ensaio (geometria da amostra e do carregamento aplicado).

Os aspectos acima mencionados, entre outros, fazem com que os modelos experimentais de fadiga construídos sobre testes laboratoriais, em geral, afastem-se do comportamento real, em campo, dos materiais de pavimentação sujeitos ao fenômeno. Atualmente, sabe-se que os modelos experimentais de laboratório tendem a superestimar a vida de fadiga de concretos e misturas cimentadas e a subestimá-la, no caso de misturas asfálticas. Uma saída para tal problema é a calibração de modelos que relacionem fissuração em pista e fissuração em amostras em laboratório, o que nem sempre é fácil e requer investigações forenses bastante longas e detalhadas (investimento em pesquisa!).

Tipo de Ensaio

Ligados aos estudos que compreenderam o programa Strategic Highway Research Program (Tayebali et al., 1994), estudos laboratoriais sobre fadiga de misturas asfálticas permitiram conferir que, para amostras de material idêntico, porém com corpos de prova moldados de modo diverso e ensaiados à fadiga por meio de equipamentos diferentes, o número de ciclos à fadiga suportados pelo material resultava significativamente diferente. Tomando-se como referência resultados de ensaios de fadiga realizados por meio do *split test* (ou *Brazilian test*), ensaios com trapézios em flexão resultaram em aplicações de carga de 1,5 vez a 3 vezes superiores para fadiga e ensaios em flexão com dois cutelos resultaram em 15 vezes a 40 vezes mais aplicações de carga para fadiga, mantidos níveis de deformação crítica semelhantes.

7.3.3 Representações básicas dos modelos de fadiga
Modelos à tensão controlada

Os ensaios à tensão controlada são aplicáveis aos casos de materiais que, durante a maior parte do teste, não têm seu módulo de deformação sofrendo degradação; dessa forma, tais ensaios são feitos também à deformação constante. Em geral, materiais como o CCP, o CCR e a BGTC são tratados experimentalmente por esse caminho. Os modelos resultantes de tais ensaios apresentam a relação entre tensões (tensão de ensaio, σ_{en}, sobretensão de ruptura, σ_{rup}) em função do número de ciclos à fadiga (N_f) ou vice-versa, sendo representados por modelos log-normais, do seguinte tipo:

$$\frac{\sigma_{en}}{\sigma_{rup}} = a + b \cdot \log_{10} N_f \qquad [7.1]$$

Nessa expressão, obtida por regressão dos valores experimentalmente conseguidos, a e b são constantes de regressão, sendo b a inclinação da reta que representa o modelo, indicativa da maior ou menor suscetibilidade do material sofrer fadiga. Embora se imagine que deva ser a unidade, posto que é o intercepto do modelo, em virtude da regressão (ajuste matemático dos pontos), o valor de a é, em geral, diferente da unidade (para um ciclo de uma carga de valor da carga de ruptura o material fraturaria). Observe que a tensão de ruptura no denominador é indutora de dispersões no modelo pelo simples fato de, primeiramente, não se tratar da resistência de ruptura da amostra em teste e, depois, por tratar-se de uma média estatística de algumas amostras semelhantes, porém com sua variância.

Modelos à deformação controlada

Como já se discorreu, durante ensaios à deformação controlada, ocorrem tensões decrescentes. A representação matemática dos pontos (modelo de regressão) exige o emprego de uma escala gráfica bilogarítmica, evidenciando também a não linearidade do fenômeno. O ajuste é realizado com base na expressão básica de Wöhler, sendo:

$$N_f = k \cdot S^c \qquad [7.2]$$

em que S representa a deformação específica de tração (ε_t) constante sofrida durante os ciclos de carregamento, e k e c são constantes de regressão. A expressão geralmente adotada para a representação do fenômeno parte do seguinte modelo de regressão:

$$N_f = k \cdot \left(\frac{1}{\varepsilon_t}\right)^c \qquad [7.3]$$

ou

$$N_f = k \cdot \left(\frac{1}{\varepsilon_t}\right)^c \cdot \left(\frac{1}{M_r}\right)^d \qquad [7.4]$$

sendo M_r o módulo resiliente ou complexo do material, nesse último caso, quando variações no módulo resiliente (ou no módulo complexo) da mistura asfáltica, por exemplo, por variações de temperatura, são consideradas para fins de determinação de um modelo mais amplo então obtido por correlação múltipla entre os dados oriundos de ensaios. Para um mesmo material, a ocorrência de dois níveis de fadiga distintos estaria associada a deformações também distintas, relacionando-se da seguinte maneira:

$$\frac{N_f^1}{N_f^2} = \left(\frac{\varepsilon_t^2}{\varepsilon_t^1}\right)^c \quad [7.5]$$

Nos ensaios de fadiga, tomam-se normalmente valores de $N = 10^6$ como referência, quando possível, levando-se o ensaio até tal número de ciclos. Sendo $\varepsilon_{t2} = \varepsilon_6$ e $N_1 = N_f$ o número de ciclos procurado para uma deformação constante no material de $\varepsilon_{t1} = \varepsilon_t$, a expressão anterior torna-se:

$$\frac{10^6}{N_f} = \left(\frac{\varepsilon_t}{\varepsilon_6}\right)^c \quad [7.6]$$

que pode ser reescrita sob a forma:

$$N_f = (\varepsilon_6)^c \cdot 10^6 \cdot \left(\frac{1}{\varepsilon_t}\right)^c \quad [7.7]$$

Modelo de Fadiga ou Lei de Fadiga?

As expressões anteriormente apresentadas constituem maneiras de representar o fenômeno observado em laboratório que possuem algumas limitações, conforme discorrido. É comum, diante da representação matemática sob forma logarítmica, que seja empregada a expressão "reta de fadiga" para se referir à equação matemática resultante de regressão. Recorde-se, contudo, que o fenômeno, tomada a relação de tensões em função do logaritmo de N, não é uma reta; é assim reduzida por simplicidade de representação e correlação entre as variáveis, pois, a bem da verdade, seria mais bem representada por uma relação não linear.

Para se evitar o emprego do termo "reta", por vezes emprega-se o termo "curva", o que recai em indagações sobre por que se referir a uma curva quando a representação matemática dos pontos é uma reta. Ainda há na literatura da área, comumente, a incorreção mais grave de referir-se à equação que representa o fenômeno físico por "lei", como se explicasse perfeitamente o fenômeno, denotando uma relação de *obrigatoriedade*. Certamente a expressão "modelo de fadiga" é a mais conveniente e simples por, em si mesma, não entrar no mérito de se tratar de "reta" ou "curva", além de "modelo" transparecer que a expressão indica *uma tentativa de representação da realidade*, não *uma certeza absoluta* quanto a essa possibilidade.

Imprecisões inerentes aos modelos

Como se discorreu, para testes de fadiga à tensão controlada, é necessário ter um conhecimento prévio da resistência média da amostra. A tensão de ruptura apresentará, portanto, uma faixa de variação (do próprio valor médio), contida no intervalo (para uma distribuição de Student):

$$\varepsilon_p^i = C_0 \cdot \sigma_v^{C_1} \cdot \sigma_3^{C_2} \cdot N^{C_3}$$

Os testes realizados por Balbo (1993) com BGTC resultaram em $\sigma_{rup} = 1{,}106$ MPa (em tração) para sete amostras e desvio-padrão de 0,061 MPa. Assim, a tensão de ruptura estaria, de acordo com a expressão anterior, nos limites entre 1,041 MPa e 1,171 MPa, para um nível de confiança de 95%.

Fatos, Mitos e Falácias sobre Modelos Experimentais de Fadiga

Fatos

- Os ensaios de fadiga não reproduzem, na grande maioria das vezes, durante sua elaboração, as condições às quais os materiais estarão submetidos em pista: forma de aplicação de cargas, temperaturas variáveis, alterações nos parâmetros de deformabilidade no tempo, heterogeneidade dos materiais e morfologia dos defeitos que se manifestam; tudo isso leva a margens de dúvidas inúmeras vezes difíceis de esclarecer.
- Os ensaios, em si mesmos, estão sujeitos a dispersões intrínsecas que, ainda que supridas as deficiências anteriormente apontadas, manteriam margens de erro inaceitáveis para modelos de previsão de desempenho.
- Os ensaios, vistos por outro prisma, poderiam ser mais bem empregados para a dosagem de materiais, sendo utilizados os modelos resultantes como critério de comparação de possível potencial de "desempenho" diferenciado entre materiais dosados de maneiras diferentes. No entanto, o elevado nível tecnológico dos aparatos de ensaio de fadiga, com seus consequentes custos, não permitiu, até o momento, seu emprego na dosagem racional de materiais em obras.

Mitos

- Os modelos de regressão resultantes são tomados como "leis de Fulano ou Beltrano" capazes de governar o fenômeno que ocorre em pista, acreditando-se, de modo muito despreocupado, na aplicabilidade direta de tais modelos como forma acertada de dimensionamento de pavimentos. Os fatos apresentados decretam a "fadiga" de tais lendas.

Falácias

- Os mitos são transformados em dogmas; assim, aplicações cegas dos modelos de fadiga ocorrem na prática profissional ou tornam-se objeto de desejo destemperado de engenheiros; tudo se encaminha para a venda dos mitos como verdades absolutas.

Busca da verdade

- Melhora de procedimentos e critérios para a determinação de resistência à fadiga em laboratório.
- Tratamento do fenômeno de fadiga como mecanismo de fratura não linear.
- Análise de desempenho de materiais em serviço por meio da monitoração das condições em pista.

Cuidados atinentes aos usuários

- Refletir, com base em princípios de engenharia, sobre quais modelos seriam vantajosos em projetos sobre os demais.
- Entender as condições de desenvolvimento dos modelos escolhidos (frequências utilizadas, temperaturas de testes etc.).
- Analisar atentamente se os modelos de fato foram construídos com base em experimentos objetivos.

Admitindo-se conduzir um teste a um nível de tensão de 60% da tensão de ruptura, a relação entre tensões resultaria entre 0,64 e 0,60.

Ao considerar-se o modelo de fadiga proposto por Balbo (1993), na forma da Equação 7.1 e com constantes a = 0,873 e b = –0,051, o valor provável do número de ciclos à ruptura por fadiga estaria entre 2×10^4 e 10^5, aproximadamente, ou seja, *uma incerteza próxima de dez vezes sobre o valor de N_f calculado.*

Uma forma, narrada de modo insistente na literatura, de melhorar estatisticamente os resultados experimentais é trabalhar com o maior número de amostras para cada nível de tensão dos testes de fadiga.

Ao adotar-se ainda a BGTC, a prática de ensaios de fadiga (Dac Chi, 1981) indica que o desvio-padrão de ($\log_{10} N_f$) situa-se na faixa entre 0,8 e 1,0. Ao decidir-se por oito corpos de prova para testar um dado nível de tensão, para um grau de confiança de 95%, a variável de Student é t = 2,365. Se $N_f = 10^6$ e $S_{(\log Nf)} = 1,0$, tem-se que N_f poderá ocorrer no intervalo entre $1,5 \times 10^5$ a $6,9 \times 10^6$, aproximadamente. Para 40 corpos de prova ensaiados no mesmo nível de tensões, mantidas as demais condições, este intervalo seria de $4,2 \times 10^5$ a $2,4 \times 10^6$.

Assim, se empregarmos oito amostras para ensaios que definem um ponto no modelo, a incerteza seria de 47 vezes; com 40 amostras, esta ainda seria de seis vezes. De tal modo, para um "bom" modelo com cinco pontos médios, 200 corpos de prova seriam necessários para a última precisão. A imprecisão calculada de seis vezes deve ser tomada como a ocorrência de um número de ciclos à fadiga seis vezes inferior ou superior ao número de ciclos previstos pelo modelo, *nas condições de laboratório*.

Tais incertezas são comuns em ensaios de fadiga com vários materiais. Ioannides (1997) aponta para imprecisões de dez vezes no caso dos metais, de 20 vezes para os concretos de cimento Portland e de 50 vezes para os concretos asfálticos.

7.4 Causa Primária de Desconforto – Deformação Plástica das Camadas

O comportamento mais significativo dos materiais de pavimentação (excluídos aqueles cimentados nas fases anteriores de sua degradação por fadiga) em termos de pavimentos flexíveis é aquele de natureza viscoplástica. Solos, misturas estabilizadas granulometricamente, pedras britadas e pedregulhos, a cada aplicação de carga, apresentarão uma componente de deformação residual, que, de forma cumulativa no decorrer da vida de serviço de um pavimento, contribuirá para a manifestação de deformações permanentes, em especial em trilhas de roda (Figura 7.8).

Tal tipo de processo pode ser considerado uma condição de ruptura que ocorrerá com maior ou menor participação de cada camada da estrutura do pavimento. Essa condição de ruptura está bastante associada à ruptura funcional, ou seja, à perda de qualidade de rolamento, sendo mais evidenciada em situações onde há baixa resistência de camadas inferiores (critério do CBR) ou, ainda, quando o fluxo de veículos comerciais (ônibus e/ou caminhões) é muito canalizado em faixas de rolamento estreitas (comum em vias urbanas segregadas) que empregam materiais dúcteis como revestimento.

Recorda-se, nesse ponto, que as misturas asfálticas, além de apresentarem comportamento elastoplástico (a deformação sofrida tem duas componentes, uma de natureza elástica e outra de natureza plástica), possuem também comportamento viscoelástico, isto é, apresentam deformações elásticas dependentes do

Fig. 7.8 *Deformações em trilhas de roda de pavimento flexível*

tempo de aplicação de carga. A deformação plástica encontra-se atrelada exatamente à deformação viscosa (elástica). Isso implica a ocorrência de uma deformação elástica instantânea ou imediata e de outra parcela de deformação elástica que só é mobilizada após dado tempo de atuação da carga, como já se discorreu anteriormente. Há materiais, portanto, sobre os quais a atuação de cargas estáticas de longa permanência revela significativa fluência plástica.

Os mecanismos de deformação plástica dos materiais em pista estão vinculados à compactação (redução de vazios) após a liberação do pavimento ao tráfego, bem como ao escorregamento lateral de material quando não há possibilidade de redução nos vazios, nesse caso, portanto, sem alteração de volume. O estudo de deformações permanentes em laboratório é bastante difícil, posto que, para representar bem o material em pista, é necessário que as amostras de laboratório apresentem, após compactação, estrutura de vazios semelhante ao material em pista.

Em geral, os estudos de laboratório devem caracterizar, para um longo ciclo de aplicações repetitivas de cargas, para diferentes níveis de tensão imposta, a deformação plástica sofrida pelo material, que poderá também ser descrita de maneira adimensional, ou seja, uma deformação plástica relativa à altura do corpo de prova, que é chamada de deformação específica plástica ou permanente (ε_p). Dessa forma, para cada material, determina-se uma função relacionando ε_p com o nível de pressão vertical (σ_v) aplicada. Para os materiais que dependam do confinamento horizontal (σ_3) em seu comportamento plástico, essa tensão deverá ser considerada na formulação do modelo, que resultará, por exemplo, em uma função:

$$\delta_p^T = \varepsilon_p^i \cdot h_i \qquad [7.8]$$

Essa função descreve a deformação plástica específica para um dado número de aplicação de cargas. Com base em um programa de computador que empregue a Teoria de Sistemas de Camadas Elásticas (TSCE), que será abordada no Capítulo 8, conhecida a estrutura de pavimento a ser estudada (espessuras e materiais em cada camada), determinam-se, para cada camada, a tensão vertical atuante e a tensão de confinamento em um ponto médio. O procedimento será mais refinado à medida que o programa empregado permitir uma maior subdivisão das camadas. A deformação plástica total (δ_p^T) em uma camada com determinado material de pavimentação em uma dada camada será dada por:

$$\varepsilon_p^i = K \cdot N^A \qquad [7.9]$$

sendo h_i a espessura da i-ésima camada, para dado número de repetições de carga previsto. A previsão estimativa de deformação plástica total na estrutura de pavimento após N repetições de carga é obtida pelo somatório de deformação plástica aferida para cada camada. Embora seja um conceito simples, a sistemática apresentada contém algumas limitações e restrições:

◆ A deformação plástica específica, na realidade, é uma propriedade que se manifesta não linearmente conforme haja incremento de número de aplicações de carga, uma vez que o material vai, pouco a pouco, se consolidando; em outras palavras, na determinação de ε_p^i, será mais conveniente tornar a função dependente de N, pois a taxa de incremento da deformação plástica vai diminuindo paulatinamente.
◆ Para cada caso, em tese, para cada material de pavimentação, seria necessária a formulação dos modelos de descrição da deformação plástica específica, o que se trata de um entrave no emprego da sistemática apresentada. De fato, no Brasil, até o momento, não foram estabelecidas amplas pesquisas que tornassem disponíveis modelos genéricos para camadas granulares como BGS, misturas asfálticas convencionais e subleitos típicos.
◆ Os programas de computador com TSCE normalmente disponíveis possuem limitações de número de camadas. Isso implica, por exemplo, o emprego de uma tensão de confinamento calculada à meia altura da camada de base granular, por exemplo, como genérico para toda a camada. Para melhorar a análise, seria importante variar o módulo de resiliência ao longo da profundidade da camada, já que, nessas condições, o módulo de resiliência em um ponto seria variável dependente da própria tensão de confinamento, que, por sua vez, é devida a um arranjo de camadas com distintos módulos resilientes. Apenas um programa com tolerância de muitas camadas permite um refinamento melhor nos cálculos.

A forma mais simples de determinação da função deformação plástica específica é a realização de ensaios de compressão axial, sendo necessário estabelecer o nível de tensão de confinamento horizontal para a amostra durante o ensaio e aplicar-se a tensão vertical. Os resultados, conhecido o nível de tensão aplicado, podem ser representados individualmente para cada nível de tensão pelo modelo simplificado:

$$T_{rev} = a + b \cdot T_{ar} \qquad [7.10]$$

em que N é o número de aplicação de cargas e K e A, constantes de regressão potencial dos resultados do ensaio. Svenson (1980) determinou modelos de deformação plástica dessa natureza para diversos solos de subleitos procedentes de rodovias federais, todos de natureza argilosa; na Tabela 7.1, são apresentadas as constantes de calibração para alguns dos solos estudados, cujos modelos

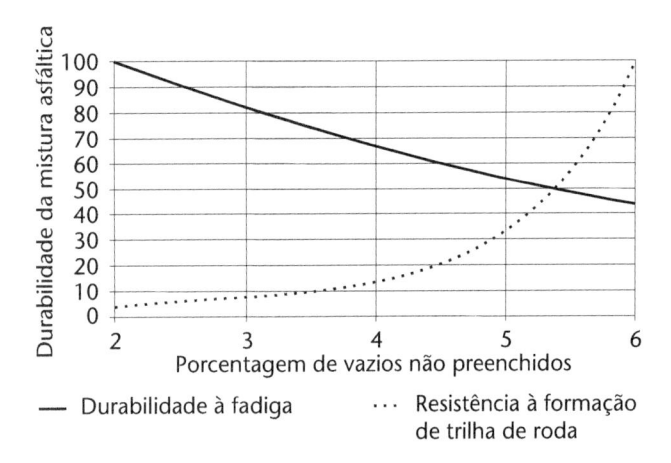

Fig. 7.9 *Efeito de vazios não preenchidos em misturas asfálticas*

— Durabilidade à fadiga
··· Resistência à formação de trilha de roda

resultaram sempre em coeficiente de determinação superior a 0,95. Para emprego em projetos, evidentemente, exceto modelos gerais consagrados, seria necessário o estudo dos solos locais e demais materiais de pavimentação.

Ao analisarem o comportamento de misturas asfálticas, Verstraeten e Francken (1979) informavam que um maior ou menor volume de vazios não preenchidos por asfalto nas misturas após sua compactação exercia influência muito diferenciada na durabilidade dessas misturas, conforme pode ser observado na Figura 7.9. O aumento do número de vazios, até certo limite, implica aumento na durabilidade quanto à formação de afundamentos em trilhas de roda; isso é explicado pelo fato de que, quanto mais ligante (mais material termoplástico) houver na mistura, mais esta fica sujeita à deformação plástica. No comportamento à fadiga, nota-se o oposto: quanto mais ligante, mais resistente e durável se torna a mistura.

Tabela 7.1 *Modelos de deformação plástica para alguns solos argilosos*

Trecho	Local	Umidade (%)	Peso específico aparente seco (KN/M³)	Tensão desvio (σ_v-σ_3) (MPa)	K (x 10^{-4})	A
1	RJ	19	17,17	0,76	29,9	0,058
2	RJ	23	16,14	0,75	49,3	0,121
3	MG	17	17,57	1,42	29,8	0,039
4	PR	19	17,29	0,70	59,9	0,066

Fonte: Svenson, 1980.

QUAL É A PARCELA DE CONTRIBUIÇÃO DE CADA CAMADA PARA A DEFORMAÇÃO PLÁSTICA TOTAL NO TEMPO?

Cardoso (1987) discute resultados obtidos por diversos outros autores, indicando que, por exemplo, em pavimentos flexíveis asfálticos, os revestimentos asfálticos contribuem na faixa de 32% a 67% da deformação plástica total sofrida pelos pavimento; Backer (1982) informa que os subleitos são as camadas que menos contribuem em termos de deformação plástica se comparados às bases granulares e aos revestimentos asfálticos.

7.5 FISSURAÇÃO DURANTE A CURA DE CONCRETOS – RETRAÇÃO HIDRÁULICA

A retração nos concretos e também nas misturas cimentadas consiste em variações volumétricas na massa que ocasionam o surgimento de fissuras em sua estrutura interna. Entre vários mecanismos de retração, é dado um destaque especial à retração hidráulica e à retração térmica que alguns materiais de pavimentação podem apresentar.

Para os concretos normais, misturas de brita graduada e cimento ou para os concretos compactados com rolo, a água de amassamento da mistura pode ser dividida em três partes, conforme a função desempenhada na massa de concreto. A água de reação é aquela porção fixa necessária para a cristalização (hidratação) dos grãos de cimento, sendo por isso chamada de *água de cristalização*. Esta água, reagindo com o cimento anidro, formará a parte sólida da pasta de cimento.

Além dessa água, há ainda a *água de gel*, adsorvida aos cristais já hidratados, cuja função é servir como "meio de comunicação e transporte de compostos para a continuidade da reação de hidratação" (Helene, 1992). Somada à parte sólida da pasta de cimento, a água de gel forma o gel de cimento hidratado.

Uma terceira parte da água de amassamento constitui a *água capilar* (ou livre), que, somada ao gel de cimento hidratado, forma a pasta de cimento. A *retração hidráulica* ou *por secagem* ocorre quando há evaporação ou da água de gel (a temperaturas superiores a 100°C) ou da água capilar (com umidade relativa do ar inferior a 100%). Trata-se de um fenômeno que se desenvolve durante a hidratação do cimento após o final da pega.

Daí infere-se a necessidade de cura adequada para as misturas cimentadas e para os concretos em idades jovens. Do exposto, entretanto, vê-se que a retração hidráulica é um fenômeno de difícil controle, especialmente quando se trabalha com grandes volumes de materiais cimentados. Quando se trabalha com pavimentos em concreto simples, a indução de fissuras, por meio da serragem de juntas, é executada para se ter um controle rigoroso do fenômeno.

No caso das bases cimentadas, que geralmente não recebem serragem de juntas para indução localizada de fissuras nem cura cuidadosa, sendo os materiais ainda mais heterogêneos que o concreto, as fissuras por retração hidráulica tendem a ocorrer com espaçamentos irregulares e preferencialmente em direção transversal à direção da pista de rolamento (Figura 7.10). O grande inconveniente em não se adotar um tratamento específico para tais fissuras, antes da execução do revestimento (serragem não cabe no caso), é que tais fissuras são, mais cedo ou mais tarde, transmitidas por propagação para revestimentos asfálticos, o que gera de imediato, no mínimo, um problema de natureza estética para a superfície dos pavimentos.

Aqui é necessário recordar que, com resultados semelhantes à retração hidráulica, o fenômeno da contração ocorre em solos de natureza coesiva por efeito de secagem do material que entra em equilíbrio higrométrico com a atmosfera, perdendo a água livre existente entre suas partículas; trata-se de um fenômeno comum de ser observado em bases de solo laterítico arenoso fino, por exemplo, alguns

Fig. 7.10 *Fissuras de retração hidráulica em base de solo-cimento e em base de concreto*

dias após sua compactação, quando um reticulado de fissuras se manifesta sobre sua superfície.

7.6 Fissuras Transversais por Retração Térmica (Volumétrica)

A retração ou contração térmica ocorre em virtude de variações de temperatura nas misturas tratadas com cimento e nos concretos de cimento Portland motivadas por reações químicas na massa fresca (liberação de calor de hidratação) ou por efeitos externos (calor, insolação). A retração térmica também está presente em revestimentos asfálticos quando os invernos são rigorosos (Figura 7.11). Tal mecanismo poderá ser minimizado, porém não completamente eliminado, mediante o uso de cimentos com baixo calor de hidratação, uso de misturas com menores traços de cimento, proteção da mistura contra o calor direto durante a cura.

Fig. 7.11 *Fissura de retração hidráulica em revestimento de concreto*

A retração térmica ainda se manifesta de outra forma, seja em misturas cimentadas, seja em misturas asfálticas: variações volumétricas dos materiais sob ação de baixas e rigorosas temperaturas. A contração térmica longitudinal da camada, especialmente em bases cimentadas, resulta no aumento da abertura de fissuras ou ainda na geração de novas fissuras transversais causadas pela restrição do movimento longitudinal dessas placas pelo contato pleno com camadas inferiores.

Para se ter uma noção de quanto o clima pode ser o motor que desencadeia o fenômeno, deve-se saber, por exemplo, que a BGTC possui deformação de ruptura à tração da ordem de 0,035‰ a 0,050‰; sendo seu coeficiente de dilatação térmica da ordem de 10^{-6} m/m°C, pouca variação de temperatura já estaria causando sua fissuração.

Em regiões de clima temperado, as baixas temperaturas propiciadas pelos rigorosos invernos causam a retração (contração) de misturas asfálticas dos revestimentos e bases, gerando fissuras transversais de retração.

Para que se evite a infiltração de água, desencadeando processos de degradação posteriores como a contaminação por finos do subleito, as fissuras são seladas com ligantes asfálticos anualmente.

7.7 Difícil Problemática – Propagação de Fissuras (Reflexão de Trincas)

A propagação de fissuras (por vezes denominada reflexão de fissuras) é um fenômeno que ocorre pelo contato pleno de uma camada superior de mistura asfáltica com uma camada inferior (mistura asfáltica ou base cimentada) que apresenta fissuras em sua superfície (as juntas transversais induzidas em con-cretos ou camadas cimentadas subjacentes são aqui incluídas) e manifesta-se como exemplificado na Figura 7.12. Na região de contato, onde existe a fissura na camada inferior, quando solicitada por uma carga, ocorre um estado diferenciado de tensões. Se a fibra inferior da mistura asfáltica do revestimento trabalha à tração na flexão, a fissura no topo da camada inferior tende a se abrir em um ponto que, por sua presença, apresentará descontinuidade de distribuição de esforços. Outro modo de abertura da fissura se dá quando a carga faz com que ocorram movimentos verticais relativos entre partes fissuradas da camada subjacente.

O emprego de bases cimentadas de baixa resistência e também de pouca tenacidade contribui fortemente para a manifestação mais precoce do fenômeno de fadiga nesses materiais.

O pavimento que era semirrígido deixa de apresentar esse comportamento, respondendo às cargas como um conjunto de blocos intertravados.

Fig. 7.12 *Reflexão de fissuras de base de solo-cimento para o revestimento asfáltico*

Além das aberturas das fissuras sob ação de cargas ocorrerem horizontalmente, os blocos apresentam movimentos verticais relativos entre si, o que prejudica fortemente as camadas asfálticas de reforço desses pavimentos do ponto de vista de rápida re-flexão de fissuras para a superfície.

Essa situação gera um esforço solicitante de magnitude superior aos esforços produzidos por cargas idênticas em regiões de interface onde não existem fissuras na camada inferior. Naturalmente, tais pontos de interface ficam sujeitos a um processo de fratura induzida pela presença da fissura, que paulatinamente se propaga para a superfície, pois, iniciada a fissura na fibra inferior naquele local, o material apresenta uma nova descontinuidade, em um processo progressivo e ascensional.

Esse tipo de ruptura tem se tornado uma preocupação cada vez mais relevante em projetos de reforço de pavimentos, o que exige o emprego de modelos teóricos mais elaborados para a consideração dos efeitos das descontinuidades existentes em camadas, bem como aponta para técnicas construtivas que, em maior ou menor grau, tratam de minimizar os problemas descritos.

7.8 Contaminação dos Materiais – Bombeamento de Finos

A contaminação de materiais de pavimentação é um termo aplicável ao fenômeno de impregnação de material fino nos interstícios de grãos do material original, o que também é relacionado ao processo de bombeamento de finos do subleito para estratos superiores do pavimento.

Esse processo somente ocorre quando as camadas inferiores de solos se encontram saturadas, sejam por drenagem inadequada do pavimento, sejam por percolação de água pluvial da superfície para o fundo do pavimento, pelas fissuras existentes nas camadas superiores. Com a passagem de cargas sobre o pavimento, nas camadas inferiores, com água em excesso, motiva-se a ocorrência do fenômeno de bombeamento de finos, resultante do alívio de pressão neutra na estrutura, com lançamento de água em sentido ascensional.

Tal fenômeno tem como consequência primária a contaminação de bases granulares ou até mesmo a ocorrência de pequenos vazios na estrutura de pavimento em virtude da perda de material. A estrutura passa então a se comportar de modo anômalo, apresentando elevada deformação, o que gera processos de afundamentos, de fissuração e de desagregação, que culminam em buracos, no caso dos pavimentos asfálticos, ou perda de suporte nas placas de concreto próximas às juntas transversais (Figura 7.13).

Com a ocorrência de bombeamento de finos do subleito para as bases granulares e revestimento, são notáveis as manchas coloridas (da cor do solo fino da fundação), expelidas pelas fissuras presentes nos revestimentos asfálticos.

Torna-se evidente, nessas situações, que os finos estão também presentes nos vazios dos materiais granulares das bases, o que reduz bruscamente sua resistência, cooperando para a rápida degradação da estrutura como um todo.

Bases contaminadas constituem um problema estrutural de limitadíssimas alternativas de solução.

Durante o movimento ascensional, a água carrega as partículas finas dos solos de subleito ou reforço (Figura 7.14), e essa mistura de água e solo percorre as camadas granulares de sub-base ou de base, quando presentes, deixando o solo (em forma de lama) se posicionar entre os grãos do material granular. Isso provoca uma brusca diminuição na capacidade de os agregados compactados resistirem às ações por meio de atrito e contato entre os grãos, pois os finos atuam lubrificando tais contatos, de tal sorte que a resistência ao cisalhamento do material (valor do CBR), bem como seu módulo resiliente, sofrem queda, atuando então a estrutura de maneira não prevista inicialmente em seu dimensionamento. Trata-se de um fenômeno importante para as camadas granulares.

Fig. 7.13 *Manchas de solo nas aberturas da superfície do pavimento*

Nos pavimentos de concreto simples (placas), a consequência natural de tal fenômeno, com material sendo eliminado pelas juntas, é a formação de vazios na zona de transição entre subleito e base granular, com tendência à perda de apoio no local, resultando em quebras de placas de concreto nas proximidades de juntas transversais.

No passado, eram comuns tentativas de trabalhar o problema em fases de projeto, considerando um fator climático regional ou local (com fundamento empírico e não generalizável), mas, pior ainda, escolhido de modo totalmente arbitrário, desprezando-se, por completo, questões de natureza probabilística. Não se trata, em face dos resultados observados em pavimentos, de uma forma racional de enfrentar a questão, mesmo porque, ainda que se empregassem fatores de segurança ou de correção empíricos, eles foram desenvolvidos no exterior, em países de condições climáticas muito diferentes das encontradas no Brasil.

7.9 Oxidação dos Asfaltos dos Revestimentos

Em termos simplificados, o cimento asfáltico de petróleo é composto por alcanos, bases de nitrogênio e outras substâncias saturadas. Desempenham

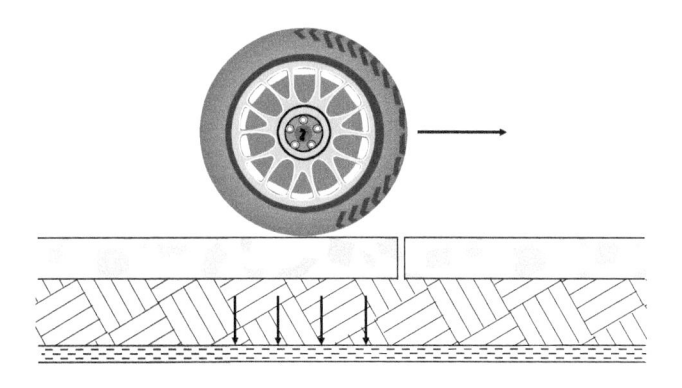

Etapa 1
As pressões são aplicadas (pelos veículos) sobre bases e subleitos, que sofreram saturação pela percolação da água para essas camadas.

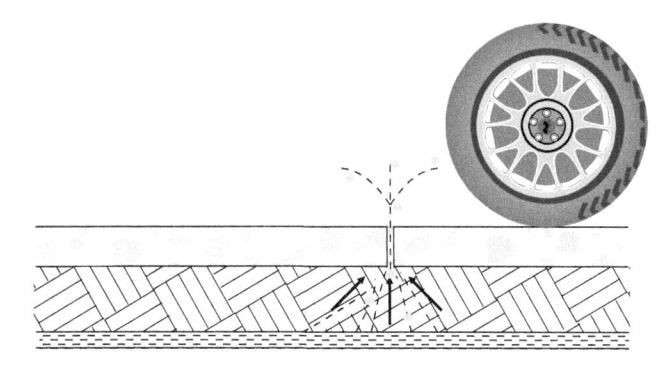

Etapa 2
A pressão neutra atua contrariamente à pressão externa aplicada, em reação, fazendo com que a água seja pressionada para cima, pois o fluido é incompressível.

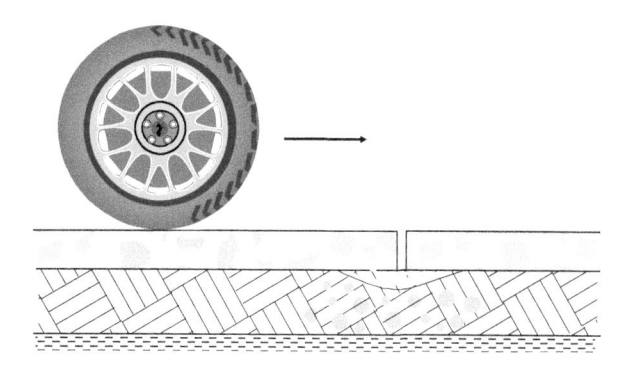

Etapa 3
Durante esse processo, a água que estava no subleito carrega as partículas finas do solo, além de o líquido ser ejetado por juntas e fissuras presentes nos revestimentos.

Etapa 4
Além de contaminar as bases granulares com o solo, que resulta em barro entre os agregados, a expulsão de água e partículas gera vazios nas camadas de subleito e de base.

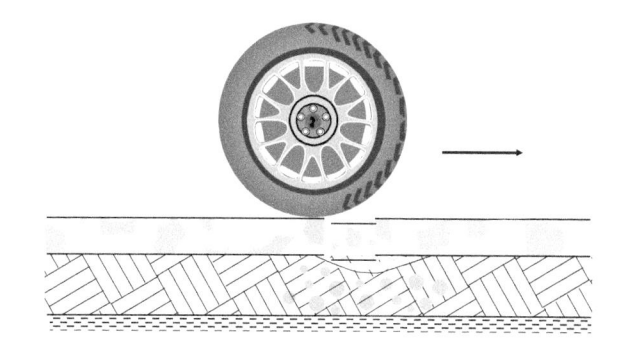

grande importância no produto as frações de asfaltenos e de maltenos. Os asfaltenos constituem a parte sólida do produto, que lhes concede rigidez, além da coloração típica; os maltenos constituem parte oleosa e chamada de veículo das demais partes sólidas, conferindo-lhes as propriedades plásticas e de viscosidade do produto.

Tais constituintes hidrocarbonetos são suscetíveis a alterações químicas irreversíveis ao longo do emprego do revestimento asfáltico. Os fatores ex-ternos que mais contribuem para essas alterações são, primeiramente, de natureza climática, como a radia-ção solar, chuvas com acidez etc. Contribui também, de forma expressiva, a ação de combustíveis e lubrificantes de veículos. Fatores secundários podem ser considerados, como a presença de águas sulfatadas e condições excepcionais de derramamento de pro-dutos em pistas por causa de acidentes.

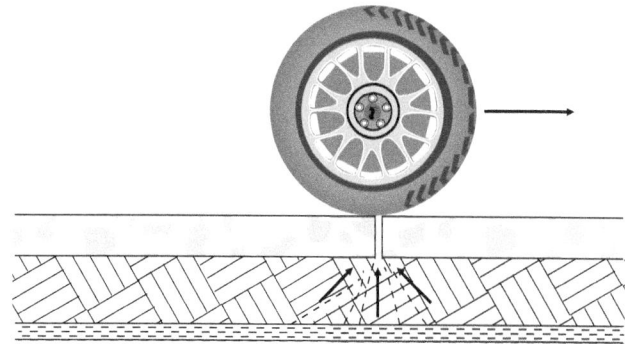

Etapa 5
As cargas atuantes não encontram reação adequada, por falta de resistência das camadas inferiores saturadas e contaminadas, bem como pela presença de vazios, causando estados críticos nos revestimentos e seu afundamento (com ou sem quebras).

Fig. 7.14 Processo de contaminação por bombeamento de finos em pavimentos

Os óleos são divididos em duas categorias: os saturados e os aromáticos. Os óleos saturados não constituem grande problema no processo de oxidação, pois, em virtude de sua inércia química, preservam-se de alterações. Já os aromáticos oxidam-se parcialmente e dão lugar às resinas. Parte dos óleos, por ter cadeias curtas, desaparece da constituição do asfalto, posto que se volatilizam com a temperatura. Os óleos trabalham como veículos, por onde as resinas e asfaltenos se movem; assim, sua redução implica aumento de viscosidade para o ligante.

As resinas, por sua vez, paulatinamente sofrem oxidação em suas frações mais pesadas, resultando em asfaltenos. O aumento da quantidade de asfaltenos e a redução da quantidade de resinas são fundamentais para a determinação das novas características do asfalto depois de envelhecido, tornando-o mais viscoso e frágil.

Os asfaltenos também se alteram e modificam seu comportamento e o do material de que é formado o asfalto. Segundo Noureldin e Wood (1987), o excesso de asfaltenos (mais de 30%) incorre em perda de elasticidade (aumento da rigidez) da mistura asfáltica, o que propicia sua fissuração; sua escassez (menos de 20%), por outro lado, implica alta suscetibilidade à temperatura e problemas com deformações permanentes (trilha de roda).

Com a ação dos elementos externos mencionados anteriormente, os maltenos, por meio de processos químico-orgânicos de natureza complexa, transformam-se em substâncias de natureza similar aos asfaltenos, o que gera um paulatino aumento na rigidez do material, transformando-o, passo a passo, em um material mais frágil e quebradiço, muito viscoso. Esta é normalmente a situação dos ligantes asfálticos em misturas asfálticas já envelhecidas, que passaram por tais transformações químicas ao longo de seu serviço como revestimento de pavimentos.

Do ponto de vista de mensuração de propriedade demonstrativa da viscosidade do CAP ao longo do tempo, Nunn e Ferne (2001) apresentam resultados bastante ilustrativos sobre o envelhecimento do CAP. Na Figura 7.15, são apresentados resultados de penetração de um CAP, originalmente de penetração 100 (décimos de milímetros), quando se observou que, sob condições rigorosas de mistura em usina a quente, o CAP extraído imediatamente após a fabricação resultava já com consistência reduzida, indicando envelhecimento mesmo durante a preparação da mistura asfáltica. Situações desse tipo são denominadas queima do asfalto.

Peres e Balbo (1998) encontraram valores de penetração da ordem de 15 a 17 décimos de mm para CAP recuperado de misturas asfálticas com mais de dez anos de serviço em vias urbanas em São Paulo; normalmente, na época da aplicação das misturas, o CAP 50/60 era regularmente empregado. Na Tabela 7.2, são apresentados resultados de fracionamento químico (empregando-se o método

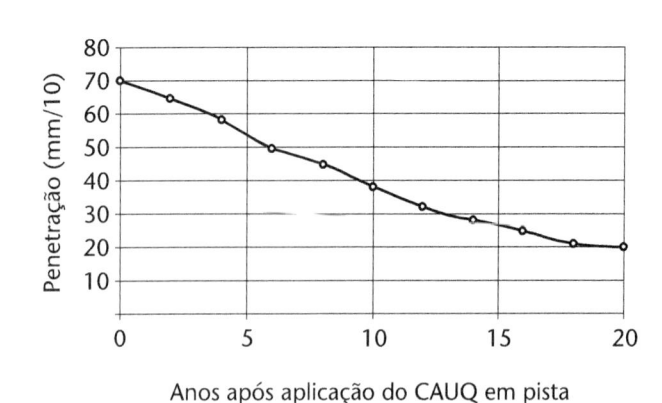

Fig. 7.15 *Variação da consistência (envelhecimento) de um CAP-100 após seu emprego*
Fonte: Nunn; Ferne, 2001.

Tabela 7.2 *Fracionamento químico de CAP virgem após seu envelhecimento*

Componentes do CAP	CAP-20 virgem (%)	CAP-20 oxidado (%)
Asfaltenos (A)	18,2	34,5
Bases nitrogenadas (N)	6,6	28,5
Primeiras acidafinas (AI)	39,2	11,1
Segundas acidafinas (AII)	21,6	16,0
Saturados (P)	14,4	9,9
Índice de Qualidade de Rostler	0,46	2,88
Índice de Durabilidade de Rostler	1,27	1,53
Índice de Durabilidade de Gotolski	2,07	1,25
Índice de Estabilidade Coloidal de Gaestel	0,21	0,80

ASTM-D-2006) realizados sobre um CAP-20 virgem (procedente de Paulínia) e sobre o mesmo CAP-20 oxidado, recolhido de revestimento de uma rodovia onde o CAP original havia sido aplicado.

De tais resultados, observa-se claramente que o CAP virgem apresenta uma porcentagem bastante inferior de asfaltenos e de bases nitrogenadas em comparação ao CAP oxidado. As acidafinas (óleos dos alcenos), em contrapartida, apresentam-se em proporções bastante superiores àquelas encontradas no CAP oxidado. Com base nos índices mostrados, seria possível concluir que o CAP virgem atende aos requisitos para uma boa qualidade e durabilidade; o CAP antigo, por outro lado, exibiria índices fora dos limites estabelecidos para boa qualidade e desempenho. Os índices indicados na Tabela 7.2 foram definidos no Capítulo 4.

7.10 Degradação Funcional – Perda de Condição Operacional Adequada

Posto que a *função* primordial do pavimento é proporcionar ao tráfego usuário condições de rolamento confortável, seguro e econômico, uma ruptura funcional se caracteriza pelo não atendimento dessas condições. Inúmeros fatores podem contribuir, individualmente ou em conjunto, para a perda do conforto e da suavidade do rolamento do ponto de vista dos usuários. Um deles é o surgimento de deformações plásticas em trilhas de roda que geram simultaneamente irregularidades transversais e longitudinais na superfície (Figura 7.16).

Diversos parâmetros e índices são utilizados para a aferição do nível de atendimento funcional ou da qualidade de rolamento oferecida por um pavimento; entre esses, destaca-se o Valor da Serventia Atual – VSA (ou, em inglês, Present Serviceability Ratio – PSR) – o primeiro dos indicadores a ser estabelecido para a aferição do atendimento funcional que um pavimento proporciona ao usuário.

O conceito de serventia, em seu mais amplo sentido, considera a segurança do usuário uma das finalidades dos pavimentos; contudo, a forma de medida dessa condição de ruptura, ou seja, a medida de serventia ou do VSA,

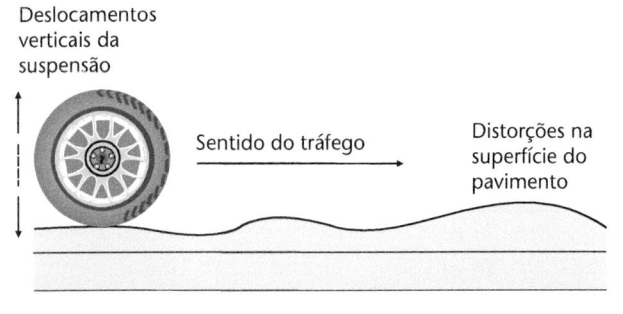

Fig. 7.16 *Superfícies deformadas e irregulares causam desconforto, desgaste veicular e riscos de acidentes*

não permite, nem ao menos implicitamente, a consideração das condições de aderência entre pneu e pavimento. Assim, pode-se afirmar que serventia é um conceito de ruptura afeto à questão do conforto ao rolamento e, sem sombra de dúvida, à economia do transporte rodoviário, uma vez que a condição de serventia oferecida pelo pavimento afeta sensivelmente os custos operacionais dos veículos.

A perda de serventia está associada a processos de degradação estrutural dos pavimentos, que ocor-rem de maneira progressiva em função de infiltração de água, bombeamento de finos, perda de resistência, desenvolvimento de fissuras e, por fim, da degradação do revestimento asfáltico (perda de material ou deformações plásticas excessivas). Em vias não atendidas por manutenção planejada, o processo se torna um verdadeiro inferno e os buracos abrem e pipocam como vírus.

Além disso, não necessariamente precisa ocorrer degradações para a superfície do pavimento apresentar ruptura funcional (perda de qualidade operacional). Em uma situação em que a superfície do pavimento não propicia, por meio de sua macrotextura, condições adequadas de rolamento para se garantirem níveis ideais de aderência entre pneu e pavimento, configura-se uma condição de ruptura por segurança. Viscoplanagem e hidroplanagem são fenômenos que, ainda em grande parte dos países em desenvolvimento, não são considerados na fase de projeto de um pavimento, quando se buscaria então projetar um concreto ou uma mistura asfáltica para o revestimento de modo a ser obtida uma superfície altamente aderente.

7.11 Efeitos Deletérios do Clima

A atuação diária e sazonal do clima não apenas implica alterações momentâneas na resposta estrutural dos pavimentos, como também e principalmente a modificação de características dos materiais, o que resulta na degradação mais célere das estruturas de pavimento, sob a ação combinada de clima e cargas atuantes. As principais ações sobre as estruturas e os materiais estão vinculadas à radiação solar, à precipitação e ao congelamento de camadas de pavimentos. Trataremos aqui conceitualmente dos principais aspectos que envolvem a relação clima-pavimento em termos de sua degradação estrutural.

O clima brasileiro apresenta-se peculiar em relação às zonas de clima temperado do mundo, onde principalmente foram desenvolvidas as tecnologias mais empregadas de pavimentação. As Figuras 7.17 e 7.18 – o conjunto de mapas oficiais desenvolvidos pelo Instituto Nacional de Meteorologia (Inmet) e pela Food and Agriculture Organization of the United Nations (FAOF) – elucidam as particularidades e as diferenças entre padrões climáticos no Brasil e em outras regiões do globo terrestre. Observa-se que, na zona intertropical do Brasil, as

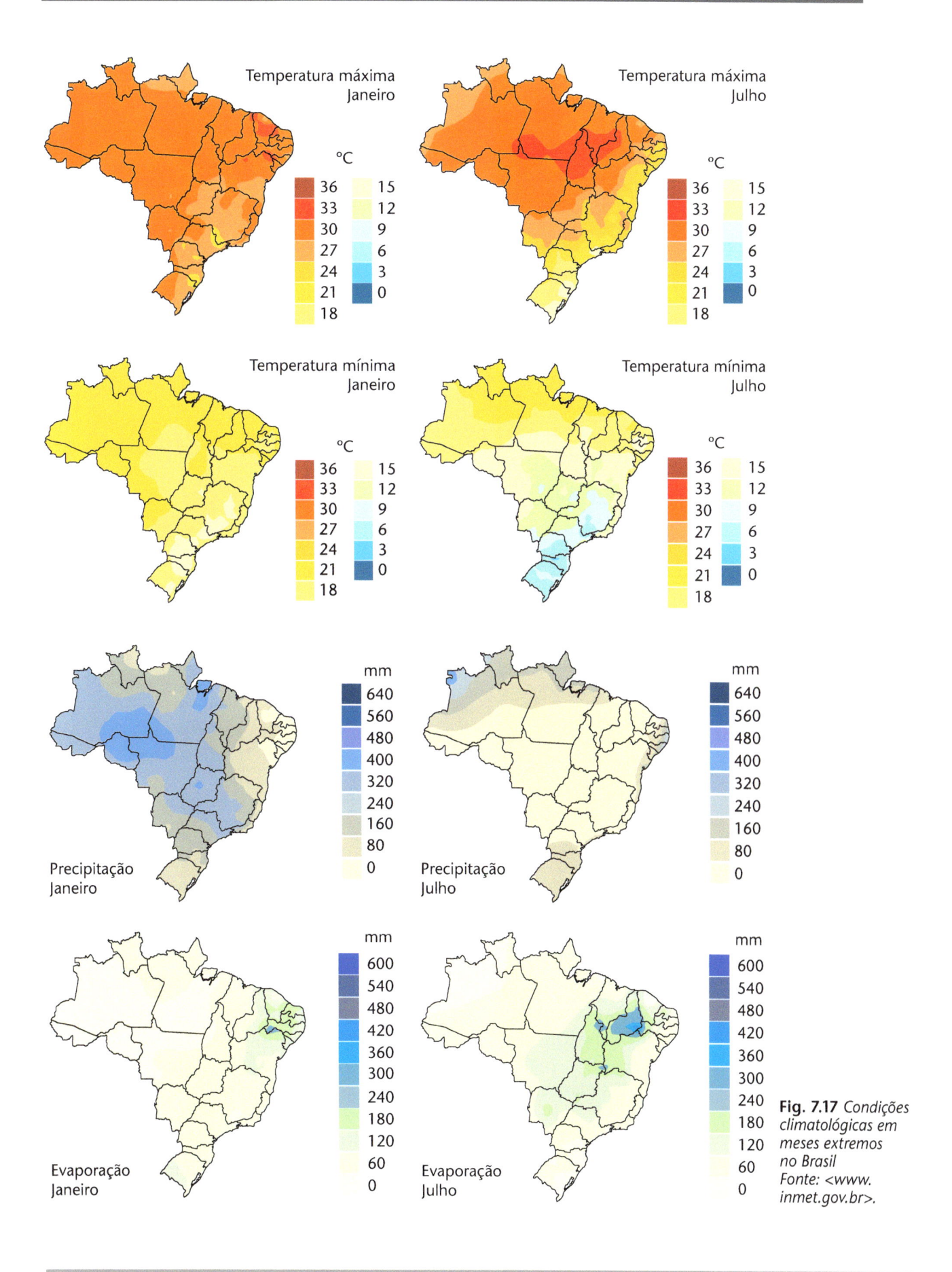

Fig. 7.17 Condições climatológicas em meses extremos no Brasil
Fonte: <www.inmet.gov.br>.

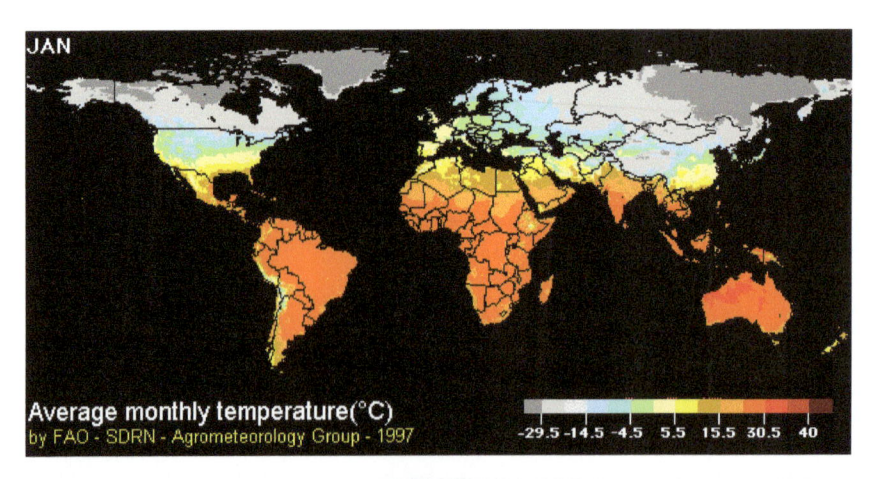

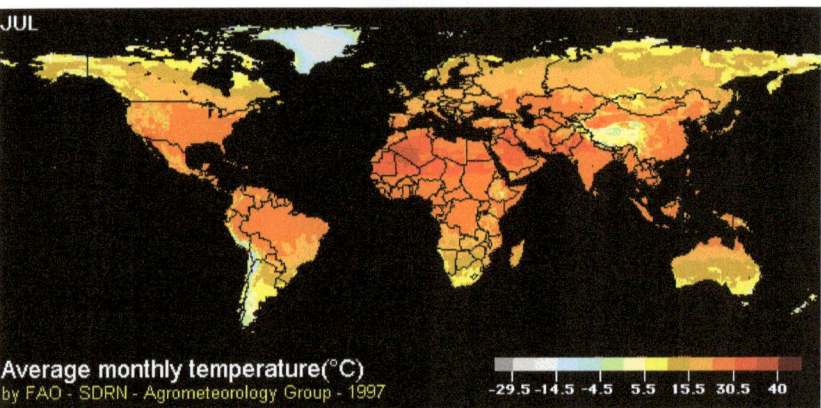

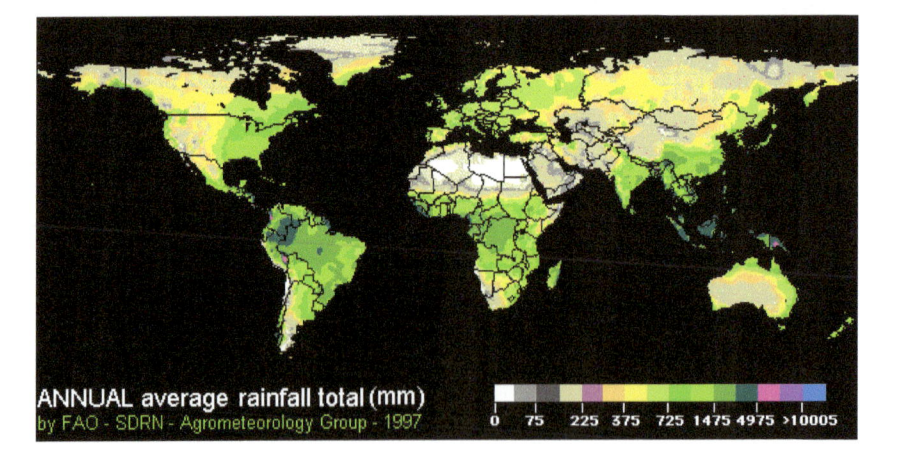

Fig. 7.18 *Padrões climáticos mundiais*
Fonte: <http://www.fao.org>.

temperaturas apresentam amplitude entre mínimas e máximas anuais de 10°C a 36°C. No Centro-Oeste, a precipitação média em janeiro é de 300 mm, e a evapotranspiração atinge 180 mm. O litoral nordestino e grande parte da Região Sul apresentam maiores índices pluviométricos durante os invernos amenos (no Nordeste, inverno significa exatamente época de chuvas).

7.11.1 Temperaturas em pavimentos asfálticos no Brasil

Laura Maria Goretti da Motta (1991) discorre intensamente sobre os efeitos das temperaturas ambientais no clima tropical do Brasil nos revestimentos asfálticos de pavimentos, com base em dados experimentais obtidos pela Coordenação dos Programas de Pós-graduação de Engenharia – Universidade Federal do Rio de Janeiro (Coppe - UFRJ), na cidade do Rio de Janeiro e em diversas outras localidades do País. Na Tabela 7.3, são apresentadas as faixas de temperaturas encontradas em grande amostragem, conforme a profundidade da mistura asfáltica dos revestimentos. A partir dos dados referentes à cidade do Rio de Janeiro, observa-se que não são normalmente encontradas temperaturas inferiores a 10°C, em profundidade alguma das misturas asfálticas. Além disso, pode-se dizer que as temperaturas mais frequentes concentram-se na amplitude entre 20°C e 40°C, o que justifica ensaios genéricos dentro desses patamares com esses materiais.

Tabela 7.3 *Temperaturas em revestimentos asfálticos no Rio de Janeiro*

Profundidade (mm)	Porcentagem do tempo na faixa de temperatura indicada						
	10–20	20–30	30–40	40–50	50–60	60–70	70–80
0	11,2	40,3	18,7	16,1	8,6	4,0	1,1
50	2,4	39,7	38,7	14,7	4,3	0,2	–
100	0,7	39,5	45,9	12,7	1,2	–	–
150	0,2	38,6	52,0	9,0	0,2	–	–
200	–	16,0	74,4	9,6	–	–	–

Fonte: Motta, 1991.

Motta (1991) também apresenta os padrões de temperaturas de revestimentos asfálticos (T_{rev}) existentes em diversas regiões do País, descritos por meio do seguinte modelo genérico em graus Celsius:

$$T_{rev} = a + b \cdot T_{ar} \qquad [7.11]$$

Na Tabela 7.4, podem ser verificados os valores para as constantes de regressão do modelo anterior para três regiões do Brasil, tendo sido observado que a faixa aproximada de variação da temperatura de misturas asfálticas em pista situa-se entre 15°C e 60°C, sem grandes discrepâncias entre as diversas regiões. Observa-se, a partir dos resultados apresentados, que há total impossibilidade de congelamento de água intersticial dos materiais dentro das condições climáticas registradas. Como bem ressalta Motta (1991), o grande problema de controle de misturas asfálticas no País refere-se à questão das altas temperaturas.

7.11.2 Viscosidade (elasticidade e plasticidade nos asfaltos)

A viscosidade dos asfaltos sofre grandes alterações em função dos efeitos climáticos. As misturas asfálticas herdam as propriedades dos asfaltos e as consequências relacionadas à ação do clima. As ações do clima podem ser entendidas como fenômenos reversíveis e irreversíveis:

◆ Reversíveis: variações horárias na temperatura do material, provocando aumento de viscosidade com queda de temperatura e diminuição de viscosidade com aumento da temperatura. Trata-se de flutuações diárias.

◆ Irreversíveis: oxidação dos asfaltos por efeito de radiação solar (além da ação química de lubrificantes), que ocorre em virtude de alterações químicas na estrutura dos hidrocarbonetos componentes dos asfaltos, de maneira paulatina, aumentando sempre a viscosidade do material.

Tabela 7.4 *Temperaturas em revestimentos asfálticos no Brasil*

Região	De 30 mm a 40 mm de profundidade			De 50 mm a 70 mm de profundidade		
	a	b	R^2	a	b	R^2
Sul	-6,51	1,61	0,92	-1,18	1,45	0,87
Sudeste	-11,39	1,76	0,84	1,32	1,26	0,83
Nordeste	-8,37	1,65	0,88	-8,19	1,69	0,88

Fonte: Motta, 1991.

A variação do módulo de resiliência (em MPa) de misturas asfálticas em função da temperatura pode ser descrita pela equação (Ullidtz, 1987):

$$\log_{10} M_r = 4,35 - \frac{T}{26} \qquad [7.12]$$

sendo T (°C) a temperatura de serviço da mistura asfáltica. Na AASHO Road Test, o efeito do congelamento das camadas, o que denota aumento de rigidez, foi bastante pronunciado também nas misturas asfálticas em camadas de revestimento e de ligação, sendo verificados valores de estabilidade Marshall na casa dos 7.000 kg para misturas à temperatura de 0°C; foi desenvolvida a seguinte relação entre estabilidade (E em kg) e temperatura (em °C) para misturas asfálticas densas:

$$\log_{10} E = 0,3433 + 10^{(0,6303 - 0,00219 \cdot T)} \qquad [7.13]$$

O aumento de rigidez da mistura asfáltica, fora condições de projeto específicas, tende a ser um fator negativo no desempenho dos pavimentos, considerando que o material passa a responder mais intensamente como placas, aliviando as tensões sob as camadas inferiores, jogando sobre si a responsabilidade de resistir a maiores magnitudes de deformações horizontais, o que pode incorrer em sua degradação mais precoce.

O aumento da viscosidade causa o aumento de rigidez da mistura asfáltica, de tal maneira que uma estrutura de pavimento, em termos de sua deformabilidade total, medida por deflexões sob ação de cargas, poderá apresentar respostas diferentes em situações extremas de clima, mesmo devido somente em relação à ação da temperatura em revestimentos asfálticos, o que também dependerá da espessura dessa camada. O Asphalt Institute (1983) sugere a carta de correção de deflexões, medidas com a viga de Benkelman, sobre pavimentos asfálticos flexíveis, conforme apresentado na Figura 7.19.

Observe que os fatores de correção de temperatura para as deflexões medidas em campo oferecidos pelo Asphalt Institute são definidos em função da espessura de base granular (compreendidas as camadas granulares inferiores); para o caso de base com espessura nula, trata-se do *full depth pavement*, ou seja, pavimento com todas as camadas compostas de misturas asfálticas, quando naturalmente se espera que a deflexão da estrutura seja bastante sensível a mudanças de temperatura, dada a alteração de rigidez muito elevada nessas camadas asfálticas. À medida que a camada de revestimento apresenta menor espessura, representada no gráfico por maiores espessuras de base, o efeito da temperatura nas deflexões naturalmente diminui.

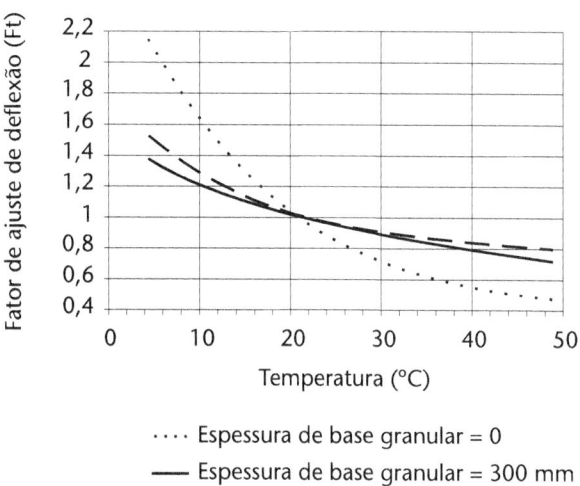

Fig. 7.19 *Variação da deflexão em pavimentos flexíveis conforme a temperatura do revestimento*

Em condições de elevadas temperaturas de operação, como é comum ocorrer em regiões de clima tropical ou mesmo árido, as misturas asfálticas podem apresentar perda elevada de rigidez associada a uma diminuição apreciável na viscosidade, a ponto de permitir a ocorrência de deformações plásticas em trilhas de roda de maneira mais intensa. Meios de corrigir situações dessa monta passam, modernamente, pelo emprego de misturas com asfaltos modificados por polímeros, que proporcionam maior viscosidade e aumento no ponto de amolecimento dos CAP.

7.11.3 Empenamento de placas de concreto

Esse aspecto, embora bastante investigado há décadas em climas temperados, passou por uma longa fase de obscurantismo quanto às condições típicas em climas tropicais. O empenamento das placas de concreto é decorrente do fato de o concreto ser um mau condutor de calor. Durante o dia, a temperatura na superfície da placa, em virtude da radiação solar e do aumento da temperatura atmosférica, vai-se elevando a uma taxa bem maior que a elevação da temperatura no fundo da placa, pois a condução de calor é lenta. Isso gera um diferencial de temperaturas entre topo e fundo de placa que tende a ser ainda não linear em grande parte do tempo. Evidentemente, os valores desses diferenciais e condições gerais variam entre as estações climáticas.

Nos dias de verão, no horário de pico de calor na superfície (das 13h às 15h, no clima tropical), as deformações na superfície atingem valores máximos e são maiores que as deformações no fundo da placa, gerando o *empenamento* do conjunto (Figura 7.20), de tal maneira que o fundo da placa poderia até perder apoio em alguns pontos. A ação do peso próprio da placa inibe essa ação, à custa de ocorrências de tensões de tração no fundo da placa, que, somadas às ações do tráfego, elevam as tensões de projeto, sendo, portanto, inalienáveis de considerações estruturais.

Andréa Arantes Severi (2002) demonstrou que a condição de empenamento positivo (temperatura de superfície maior que de fundo) prevalece para

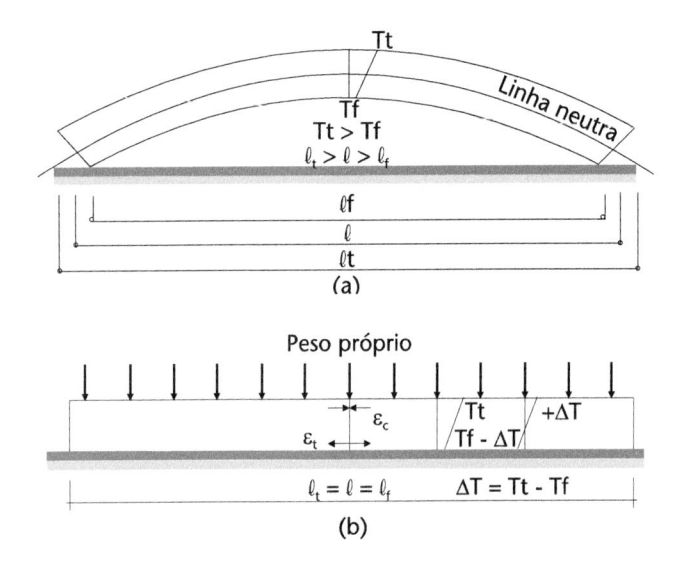

Fig. 7.20 *Empenamento da placa de concreto no período diurno*
Fonte: Rodolfo, 2001.

climas tropicais, em mais de 90% do ano, consideradas todas as condições climáticas e com medições constantes diurnas e noturnas. Marcos Paulo Rodolfo (2001) mostrou que os esforços causados pelos efeitos combinados de cargas e temperaturas poderiam causar tensões de tração na flexão nas placas de concreto com magnitudes superiores a 100% do valor esperado apenas para as cargas.

No clima temperado, contrariamente, os aspectos mais críticos relacionados ao empenamento concentram-se quando este é negativo, ou seja, quando a temperatura de fundo da placa supera a da superfície. Essa situação é muito comum durante todo o período de outono e inverno, incluindo-se os dias nublados, o que pode gerar condições críticas nas bordas empenadas (e não nos centros) das placas, contribuindo intensamente para a degradação dos pavimentos de concreto.

7.11.4 Congelamento das camadas

Um dos problemas mais comuns em regiões de clima temperado é denominado *congelamento*, que ocorre alternadamente entre ciclos de gelo e desgelo durante invernos e sucessivas primaveras, entre os meses de novembro e maio sucessivamente. Nesses climas, não representativos das condições prevalecentes no Brasil, com a chegada do outono (e da chuva quase diária e fina), as águas superficiais ou laterais, ao penetrarem em camadas inferiores dos pavimentos, vão paulatinamente congelando em consequência da baixa temperatura. A princípio, isso causa um inchamento dos solos de subleitos suscetíveis à umidade; contudo, o aspecto mais notável é que, com o congelamento da água presente nos poros dessas camadas, estas sofrem expansão de 8%, aproximadamente. Esses ciclos de expansão e contração são bastante prejudiciais a muitos materiais de construção, incluindo o concreto de cimento Portland, que deve passar por ensaios de durabilidade durante ciclos sucessivos de gelo e desgelo, em laboratório.

Após o inverno, com o início da elevação das temperaturas ambientes, a água congelada vai se liquefazendo lentamente, criando uma situação de alta saturação dos subleitos e de camadas granulares. As deflexões tendem a aumentar bastante por causa da nova condição de saturação. A resistência de solos e de bases granulares diminui em virtude da presença excessiva de água, que prejudica o contato grão-grão, agindo como lubrificante. Além disso, a passagem de cargas sobre o pavimento causará o fenômeno de bombeamento de finos, conforme estudado anteriormente.

Dados da AASHO Road Test mostram profundidade de congelamento de camadas atingindo cerca de 0,9 m abaixo do topo da CFT nos aterros das pistas experimentais, ou seja, grandes profundidades na estrutura dos pavimentos com temperaturas inferiores a 0°C. Quanto à temperatura do ar, nos picos de verão, atingiam média mensal máxima de 31°C e no inverno, média mensal mínima de -11°C. Em função dessa expectativa de perda de resistência das camadas durante a fase de descongelamento na primavera de climas temperados, muitas agências rodoviárias, no intuito de conter o bombeamento de finos e a degradação dos pavimentos, impõem restrições de cargas sobre eixos, em especial eixos tandem, para evitar a ação deletéria mais intensa durante o desgelo.

7.11.5 Umidade excessiva nas camadas

Após a compactação de solos ou granulares, o material tende a estabilizar a presença de água, fenômeno denominado umidade de equilíbrio (umidade média). Há várias condições para o aumento da presença de água nos poros e interstícios de materiais de pavimentação. Isso se dá por penetração de água em fissuras superficiais, ou ainda por infiltração lateral do escoamento nos solos de taludes. Um dos aspectos primordialmente negativos da presença de água nos materiais, que causam sua saturação, é a queda de resistência que muitos desses materiais apresentam nessas condições.

Na AASHO Road Test, as bases granulares com BGS com valores de CBR superiores a 60%, durante o período de saturação no desgelo, apresentaram quedas de até 70% nesse valor. Os subleitos com CBR de 3,5% revelaram queda para CBR de 2% durante a fase de descongelamento na primavera. Tais dados denotam a importância da saturação de camadas em sua perda de resistência, o que é altamente danoso para a estrutura de pavimento sob tráfego. Vimos, todavia, que muitos solos lateríticos praticamente não apresentam perda de resistência quando imersos em água, ou esta é muito reduzida em comparação à perda tipicamente observada em solos de climas temperados.

Nos solos tropicais, em virtude da umidade mais intensa, típica da região, haveria a tendência de maior período ou duração de saturação nas camadas. No entanto, isso é contrabalançado pela ação de chuvas de rápida duração e intensa evapotranspiração também presente nesses climas. Em compensação, em vias de fundo de vale, é comum encontrar subleitos bastante suscetíveis à água em áreas de drenagem muito precária, podendo prevalecer então longos períodos de saturação, quando a danificação das camadas se torna mais intensa, com a presença de afundamentos localizados e bombeamento de finos para camadas granulares.

Uma resumida ideia dos padrões de precipitação nas várias regiões do Brasil foi demonstrada na Figura 7.17. Na floresta equatorial, há grande volume de precipitação atmosférica, gerando padrões acima de 2.500 mm por ano, enquanto, em vários pontos litorâneos próximos à mata atlântica, valores acima de 3.000 mm são encontrados, como na serra do Mar, em São Paulo. Valores entre 1.000 mm e 1.500 mm são bastante comuns na Região Centro-Oeste e no restante do País.

Além disso, a maior ação de poropressões e de tensões de sucção com a saturação dos materiais é sentida quando há ação de cargas. Isso é um fator de

Efeitos da Temperatura em Revestimentos e Bases

Asfálticos ⇒ MICROESTRUTURAL

A diminuição da viscosidade do asfalto na matriz da mistura asfáltica, que se encontra entre os grãos do agregado, aumenta a mobilidade entre esses grãos quando as cargas atuam, em consequência de incremento na capacidade de deformação viscosa do asfalto. Em outras palavras, tem-se uma redução da resistência ao cisalhamento da mistura asfáltica em função da redução da viscosidade do ligante. As variações sazonais e no decorrer dos anos das condições de trabalho das misturas (há oxidação paulatina e perda de suscetibilidade térmica, evidentemente acompanhada pela iniciação e progressão de fissuras), ao longo do serviço dos pavimentos, influenciam seu comportamento e desempenho, sendo racional admitir a necessidade de avaliação desses efeitos em fases de projeto (o que representará um salto de qualidade neste).

Concretos ⇒ MACROESTRUTURAL

O efeito da baixa difusibilidade térmica do concreto, o que torna o material um mau condutor de calor, expande mais as fibras superiores da camada durante as horas quentes do dia, causando um empenamento para cima ou positivo. Embora por si mesmo esse empenamento não altere as propriedades dos concretos, gera, por outro lado, estados de tensões difíceis de não serem levados em consideração em fases de projeto. Aqui, vale recordar as aulas de resistência dos materiais quando vigas com restrições de movimento horizontal submetidas a variações térmicas apresentavam alterações no equilíbrio de tensões internas. Negar esse fato significa: (1) "Não tive tal conceito"; ou (2) "Fugi dessa aula"; ou (3) "Creio firmemente que Edwin Aldrin, Michael Collins e Neil Armstrong participaram de um embuste bem montado em algum estúdio em Hollywood"; ou ainda (4) "Desconheço o tal sistema de Copérnico", entre outras possibilidades.

degradação importante, sendo sempre desejável o escoamento mais rápido possível de água intersticial nos poros e vazios dos materiais componentes das camadas dos pavimentos. Além disso, se intensamente presente nos vazios de misturas asfálticas, a água colabora ativamente para a ocorrência de descolamento entre o CAP e os agregados, um processo que de início gera fissuras transversais nas trilhas de roda, bem como uma lavagem dos agregados a longo prazo. Em misturas abertas, essa lavagem pode chegar até mesmo a tornar a mistura um material sem aglutinação, solto.

Em clima temperado, com muito mais razão, as medidas de deflexões são realizadas no período mais crítico do ano, ou seja, durante o descongelamento ocorrido na primavera, quando as camadas ficam saturadas. Caso as deflexões sejam medidas em períodos de verão ou outono, são ainda necessários fatores de correção sazonal para ajustar a deflexão aos padrões típicos da época de saturação de camadas. Tais fatores de correção sazonal para as deflexões medidas são empregados no Brasil, conforme sugere o DNER-PRO 10-79, e estão indicados na Tabela 7.5.

Tabela 7.5 *Valores de fatores de correção sazonal (multiplicativos) das deflexões*

Tipo de subleito	Medida na estação seca	Medida na estação chuvosa
Arenoso e permeável	1,1 – 1,3	1,0
Argiloso e sensível à umidade	1,2 – 1,4	1,0

Fonte: DNER, 1979.

7.12 Síntese dos Processos de Degradação por Tipo de Material

Na Quadro 7.3, são apresentados os modos de ruptura discutidos anteriormente, em face dos materiais mais comuns de pavimentação empregados. Com base nessas informações, será possível, quando necessária a manutenção dos pavimentos, estabelecer as causas dos defeitos de forma mais criteriosa e cuidadosa, desde que conhecida a estrutura de pavimento objeto de um inventário sistemático de patologias.

7.13 Faça Você Mesmo

1. Descreva as sequências possíveis de processos de degradação de um pavimento asfáltico com base granular sobre o subleito.
2. Idem para um pavimento semirrígido invertido.
3. Idem para um pavimento semirrígido convencional.
4. Procure conhecer os tipos de pavimentos, com suas camadas, empregados em sua cidade. Informe-se também sobre o clima local, os tipos de tráfego nas vias e as condições de drenagem dos subleitos. Com base nessas informações, monte um quadro dos possíveis processos de degradação a serem observados nos pavimentos de ruas, avenidas, corredores de ônibus, estradas municipais etc. Após esse trabalho, vá ao campo, observe os tipos de pavimentos e procure identificar os defeitos neles existentes e a quais processos de degradação se relacionam; a seguir, faça uma análise dos estudos iniciais desenvolvidos, julgando os erros e acertos que cometeu.
5. O que pode ser entendido por degradação modular? Mostre como a BGS, o CAUQ e a BGTC podem sofrer degradação modular em campo em função das ações do tráfego e das ações ambientais.

Quadro 7.3 *Ocorrência de diversos modos de ruptura em alguns materiais de pavimentação*

Modo de Ruptura	Tipos de Materiais e Condições para Ocorrência de um Modo de Degradação						
	Concretos	Misturas Asfálticas	Tratamentos Superficiais	Lamas Asfálticas	Pedras Britadas	Solo-Cimento	Britas tratadas com cimento
Flexão (resistência)	Sim	Sim	Não	Não	Não	Sim	Sim
Cisalhamento (resistência)	Subdimensionamento	Subdimensionamento	Não	Não	Falta de travamento entre grãos	Baixo consumo de cimento; subdimensionamento	Subdimensionamento
Funcional	Em todos os tipos de materiais e pavimentos						
Fadiga	Presente	Presente	Não	Não	Não	Presente	Presente
Deformação permanente	Não	Fluência estática ou dinâmica	Não	Não	Sim, com eventual melhoria resiliente*	Após avançado estágio de fadiga	Após avançado estágio de fadiga
Retração plástica	Sim, menos provável no CCR	Não	Não	Não	Não	Não	Não

Quadro 7.3 *Ocorrência de diversos modos de ruptura em alguns materiais de pavimentação (continuação)*

MODO DE RUPTURA	TIPOS DE MATERIAIS E CONDIÇÕES PARA OCORRÊNCIA DE UM MODO DE DEGRADAÇÃO							
	CONCRETOS	MISTURAS ASFÁLTICAS	TRATAMENTOS SUPERFICIAIS	LAMAS ASFÁLTICAS	PEDRAS BRITADAS	SOLO-CIMENTO	BRITAS TRATADAS COM CIMENTO
Retração hidráulica	Sim, inevitável nos concretos	Não	Não	Não	Não	Durante a cura, é inevitável	Durante a cura, é inevitável
Retração térmica	Temperaturas extremas	Temperaturas muito baixas	Improvável	Improvável	Não	Improvável	Temperaturas muito baixas
Propagação de fissuras	Incomum	Quando sobre bases cimentadas ou sobre revestimento fissurado	Quando sobre bases cimentadas ou sobre revestimento fissurado	Quando sobre bases cimentadas ou sobre revestimento fissurado	Não	É o agente gerador da fissura de reflexão	É o agente gerador da fissura de reflexão
Contaminação	Não	Apenas infiltração por fissuras	Não	Não	Sim	Não	Apenas em fase pós-fissuração
Funcional	Em todos os tipos de materiais e pavimentos							

* Em caso de compactação posterior pelo tráfego inicial.

Interação Carga-Estrutura e Teorias de Análise de Camadas

8.1 Teoria de Boussinesq – Ponto de Partida para as Análises no Século XX

Neste texto, abordaremos mais detalhadamente as deformações elásticas sofridas pelas estruturas de pavimento. Joseph Boussinesq publicou, em 1885, o trabalho *Application des potentiels a l'etude de l'equilibre et du mouvement des solides elastiques* (Goodier, 1980; apud Timoshenko, 1951). Desde então, suas equações, que apresentavam as inter-relações entre forças de contato sobre o contorno de um sólido semi-infinito, foram utilizadas e expandidas para outras formas geométricas de aplicação de forças e serviram de fundamento para o estabelecimento da Teoria de Sistemas de Camadas Elásticas (TSCE), proposta por Burmister em 1945.

As equações de Boussinesq tratam de uma particularização da Teoria da Elasticidade formalizada por Cauchy em 1822, sendo ainda hoje e de grande aplicação em diversos estudos relacionados à Engenharia Geotécnica. Para o estudo do equilíbrio dos semiespaços elásticos, sob condições de carregamento estático, as forças internas são desprezadas, e as forças de superfície são decompostas em componentes de tensão paralelas a eixos coordenados preestabelecidos. Para a análise elástico-linear dos semiespaços, são assumidas as seguintes hipóteses, necessariamente implícitas nas equações de Boussinesq:

- o material é homogêneo;
- o material é isotrópico;
- as tensões ficam caracterizadas por duas propriedades do material (seu módulo de deformação e seu coeficiente de Poisson), o qual obedece à Lei de Hooke generalizada.

A Lei de Hooke generalizada relaciona as tensões às deformações sofridas em um ponto qualquer do material; é expressa por seis equações, sendo necessária a hipótese de que há linearidade entre deformações e tensões. Os modelos relacionais, para coordenadas cartesianas, são os seguintes:

$$\varepsilon_x = \frac{1}{E} \cdot [\sigma_x - \nu \cdot (\sigma_y + \sigma_x)] \qquad [8.1]$$

$$\varepsilon_y = \frac{1}{E} . [\sigma_y - \nu . (\sigma_x + \sigma_z)] \qquad [8.2]$$

$$\varepsilon_z = \frac{1}{E} . [\sigma_z - \nu . (\sigma_x + \sigma_y)] \qquad [8.3]$$

$$\gamma_{xy} = \frac{1}{G} . \tau_{xy} \qquad [8.4]$$

$$\gamma_{xz} = \frac{1}{G} . \tau_{xz} \qquad [8.5]$$

$$\gamma_{yz} = \frac{1}{G} . \tau_{yz} \qquad [8.6]$$

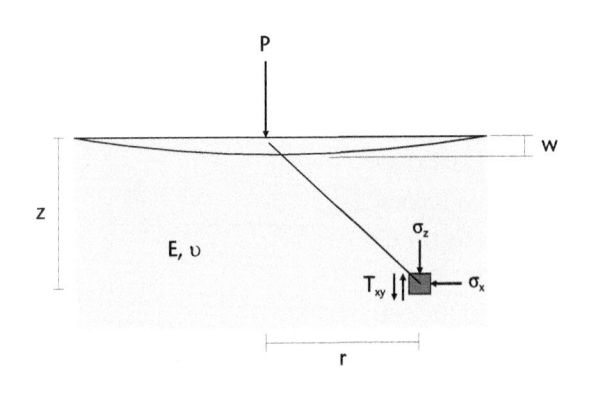

Fig. 8.1 *Esforços de uma carga externa superficial em um ponto do semiespaço elástico*

sendo E o módulo de deformação (ou módulo de Young ou módulo de elasticidade), ν o coeficiente de Poisson e G o módulo de elasticidade transversal do material, denotado pela relação entre E e ν, conforme segue:

$$G = \frac{E}{2.(1+\nu)} \qquad [8.7]$$

Boussinesq formalizou a primeira solução para o cálculo de deformações e tensões em espaço elástico semi-infinito quando uma carga pontual atua sobre sua superfície (Figura 8.1). As equações mais comumente empregadas em estudos geotécnicos, aplicadas para cargas concentradas e para cálculo de tensões e deslocamentos, são:

$$\sigma_x = \frac{P}{2\pi} . \{(1-2\nu) . [\frac{1}{r^2} - \frac{z}{r^2} . (r^2 + z^2)^{-1/2}] - 3r^2 z . (r^2 + z^2)^{-5/2}\} \qquad [8.8]$$

$$\sigma_z = -\frac{3.P}{2\pi} . z^3 . (r^2 + z^2)^{-5/2} \qquad [8.9]$$

$$\tau_{xz} = -\frac{3.P}{2\pi} . r . z^2 . (r^2 + z^2)^{-5/2} \qquad [8.10]$$

$$w = \frac{P}{2\pi \times E} . [(1+\nu) \times z^2 . (r^2 + z^2)^{-3/2} + 2 . (1-\nu^2) . (r^2 + z^2)^{-1/2}] \qquad [8.11]$$

sendo P a carga aplicada, E o módulo de elasticidade do meio, ν seu coeficiente de Poisson, σ_x a tensão normal na direção x, σ_z a tensão normal na direção z, τ_{xz} a tensão de cisalhamento em xz, w o deslocamento vertical do ponto considerado, r e z, respectivamente, as distâncias horizontal e vertical entre o ponto de aplicação de carga e o ponto considerado.

Caso haja a necessidade da determinação da deflexão no ponto de aplicação de carga, portanto com r = 0 e z = 0, a Equação 8.11 tende para um valor infinito, não sendo aplicável de tal forma. As equações podem ser formalizadas também para uma carga distribuída sobre área circular, apresentando-se então uma extensão para as equações de Boussinesq, conforme segue. Na Figura 8.2, são apresentadas, em coordenadas polares, as condições de aplicação de carga distribuída.

A Equação 8.11, levada ao infinitésimo do cálculo da deformação no ponto desejado (r,z), fornece:

[8.12]
$$\frac{\partial w}{\partial z} = \frac{P}{2\pi X E} \cdot \{3 \cdot (1+\nu) \cdot r^2 \cdot z \cdot (r^2+z^2)^{-5/2} - [3+\nu \cdot (1-2\nu)] \cdot z \cdot (r^2+z^2)^{-3/2}\}$$

Na Figura 8.2, vista do topo, temos a carga no elemento infinitesimal, que será:

$$P = p \cdot r \cdot \partial r \cdot \partial \theta \qquad [8.13]$$

que, substituída na Equação 8.12, conduz a:

[8.14]
$$\frac{\partial w}{\partial z} = \frac{p \cdot r \cdot \partial r \cdot \partial \theta}{2\pi \cdot E} \cdot \{3 \cdot (1+\nu) \cdot r^2 \cdot z \cdot (r^2+z^2)^{-5/2} - [3+\nu \cdot (1-2\nu)] \cdot z \cdot (r^2+z^2)^{-3/2}\}$$

O deslocamento sofrido na profundidade z para a área de carregamento $\partial r \cdot \partial \theta$ será:

[8.15]
$$w(r,\theta,z) = \frac{p}{2\pi \cdot E} \int_0^z \int_0^{2\pi} \int_0^r [\frac{3 \cdot (1+\nu) \cdot r^3 \cdot z}{(r^2+z^2)^{-5/2}} + \frac{(3+\nu-2\nu^2) \cdot r \cdot z)}{(r^2+z^2)^{-3/2}}] \cdot \partial r \cdot \partial \theta \cdot \partial z$$

As demais equações para tensões seriam obtidas por integração das equações respectivas para as áreas distribuídas. Para a análise de pavimentos, algumas situações são importantes, representando particularizações da equação de deslocamentos sofridos anteriormente apresentada. Na Figura 8.3, são mostradas duas situações de contorno fundamentais.

O emprego das equações de Boussinesq para a busca do deslocamento em linha abaixo do centro do carregamento resulta na seguinte função:

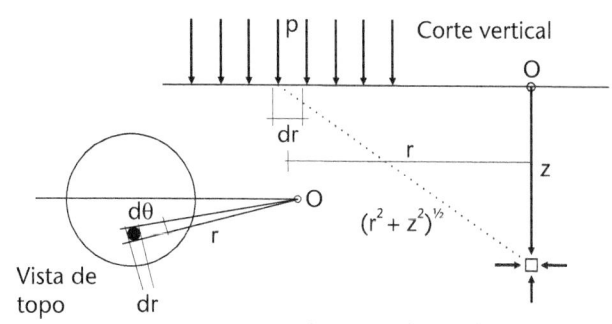

Fig. 8.2 *Esforços de uma carga externa superficial em um ponto do semi-espaço elástico*

$$w_z = \frac{p}{E} \cdot (a^2+z^2)^{1/2} \cdot [2 \cdot (1-\nu^2)-(1-\nu-2\nu^2) \cdot \text{sen}\,\alpha - (1+\nu) \cdot \text{sen}^2\alpha] \qquad [8.16]$$

sendo

$$\text{sen}\,\alpha = \frac{z}{(a^2+z^2)^{1/2}} \qquad [8.17]$$

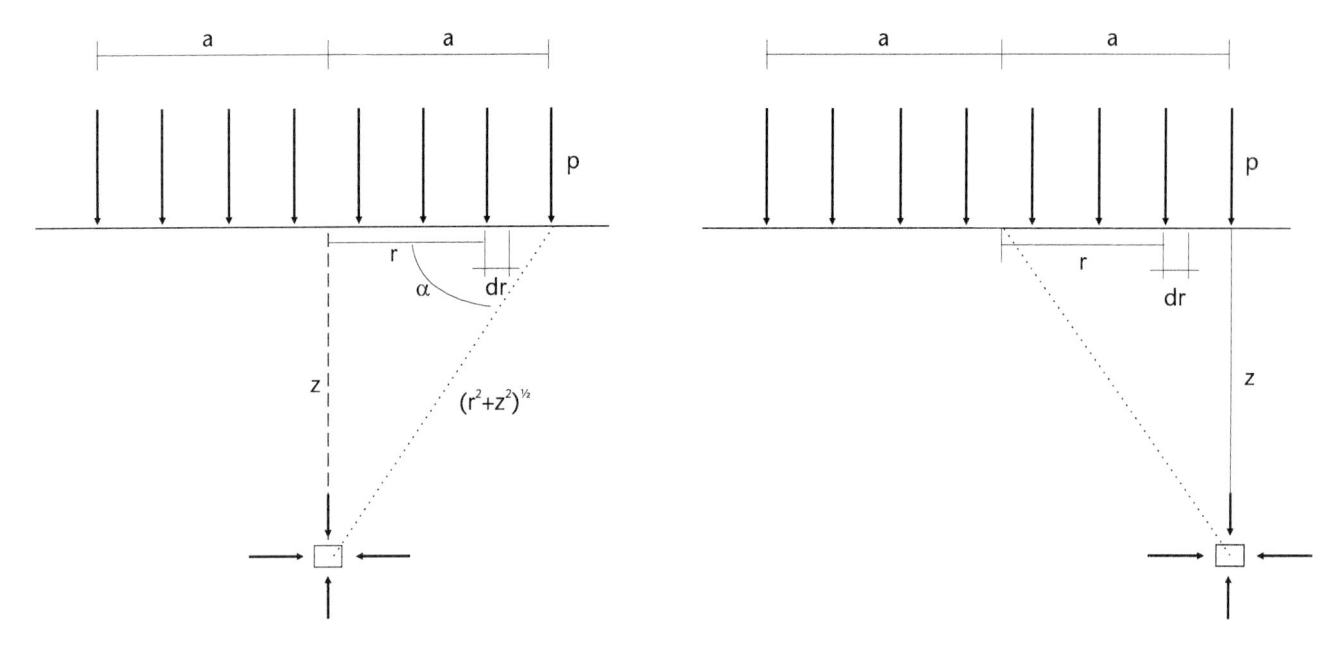

Fig. 8.3 *Esforços de uma carga externa em ponto abaixo do centro da carga e abaixo da borda da carga*

Assim, o deslocamento na superfície, no centro da carga, quando $z = 0$ e $\alpha = 0$, será:

$$w_z = 2 \cdot \frac{p.a}{E} \cdot (1-\nu^2) \qquad [8.18]$$

A solução geral para um ponto qualquer abaixo da carga circular (na superfície), para o deslocamento, será:

$$w(r,0) = 4 \cdot \frac{p.a}{E} \cdot (1-\nu^2) \cdot \frac{m}{2} \cdot (1 + \frac{1}{8}m^2 + \frac{3}{64}m^4 + ...) \qquad [8.19]$$

sendo

$$m = \frac{a}{r} \quad e \quad m < 1 \qquad [8.20]$$

e assim sendo:

$$w(r,0) = 4 \cdot \frac{p.a}{E} \cdot (1-\nu^2) \cdot \frac{a}{2 \times r} \cdot (1 + \frac{1}{8} \cdot \frac{a^2}{r^2} + \frac{3}{64} \cdot \frac{a^4}{r^4} + ...) \qquad [8.21]$$

Quando o deslocamento a ser calculado está abaixo do contorno, então $m = 1$; resolvendo a série do último termo da Equação 8.19, obtém-se, aproximadamente:

$$w(r,0) = 4 \cdot \frac{p \cdot a}{\pi \cdot E} \cdot (1-\nu^2) \qquad [8.22]$$

sendo o deslocamento na superfície, no centro da carga, $\pi/2$ vezes o deslocamento na superfície, na borda da carga.

As formulações de Boussinesq foram úteis para o desenvolvimento dos critérios de carga de roda simples equivalente e para a superposição dos efeitos de deslocamentos de várias cargas circulares, que evidentemente só tem valor físico para sistemas com comportamento elástico-linear, como prevê uma das hipóteses da Teoria da Elasticidade.

No caso de pavimentos, sistemas estruturais compostos de duas ou mais camadas, a princípio, essa teoria não seria aplicável; contudo, ela poderia ser aplicada no estudo de pavimentos com revestimentos do tipo tratamentos superficiais ou microrrevestimentos asfálticos, quando camadas de base e de subleito possuíssem características resilientes semelhantes, em uma primeira aproximação do problema. Além disso, no caso de pavimentos asfálticos do tipo *full depth*, com camadas asfálticas com propriedades similares, poderia ser empregada em primeira aproximação. Note-se que a Teoria de Boussinesq não permite inferências quanto aos efeitos da rigidez dos subleitos nas distribuições de tensões nas camadas superiores.

Na Figura 8.4, é representada a equação para cálculo de deslocamento sob o centro da área circular carregada (Equação 8.16), que pode ser reescrita das seguintes formas:

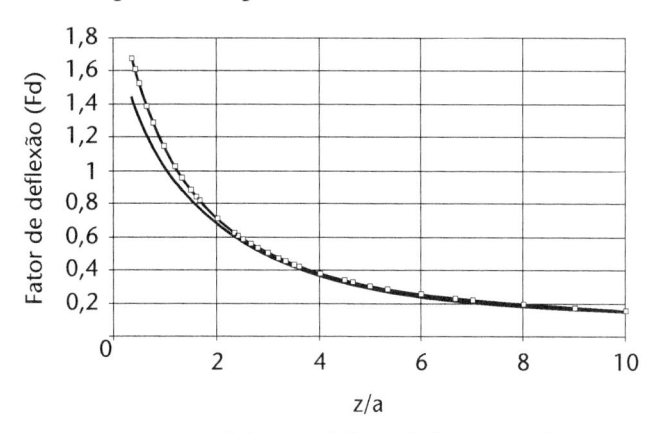

[8.23]
$$w_z = \frac{p}{E} \cdot \frac{a}{a} \cdot (a^2 + z^2)^{1/2} \cdot [2 \cdot (1 - v^2) - (1 - v - 2v^2) \cdot \text{sen}\,\alpha - (1 + v) \cdot \text{sen}^2\alpha\,]$$

Fig. 8.4 *Fatores de deflexão para pontos sob a carga, em linha vertical passando por seu centro*

ou

[8.24]
$$w_z = \frac{p \cdot a}{E} \cdot \frac{(a^2 + z^2)^{1/2}}{a} \cdot [2 \cdot (1 - v^2) - (1 - v - 2v^2) \cdot \text{sen}\,\alpha - (1 + v) \cdot \text{sen}^2\alpha\,] = \frac{p \cdot a}{E} \cdot F_d$$

em que Fd é chamado de *deflexão*. Observa-se que, em função de z/a, Fd é pouco sensível a mudanças no valor do coeficiente de Poisson.

No caso de desejar-se o cálculo do deslocamento em qualquer ponto no meio que não a superfície, emprega-se a Equação geral 8.11, que pode ser reescrita desta forma:

[8.25]
$$w = \frac{p \cdot a}{E} \cdot \frac{a}{2} \cdot [(1 + v) \cdot z^2 \cdot (r^2 + z^2)^{-3/2} + 2 \cdot (1 - v^2) \cdot (r^2 + z^2)^{-1/2}] = \frac{p \cdot a}{E} \cdot F_d$$

uma vez que raio da área circular, carga e pressão se relacionam pela equação:

$$P = \pi \cdot p \cdot a^2 \qquad [8.26]$$

Os fatores de deflexão, nesse caso, podem ser descritos em função de z/a e de r/a (r é a distância horizontal do centro da carga até o ponto em questão); na Figura 8.5, são representados os F_d, para $v = 0,5$, de onde se extrai que, quanto mais distante o ponto de análise da carga, menor será o fator de deflexão (menores serão os deslocamentos no ponto).

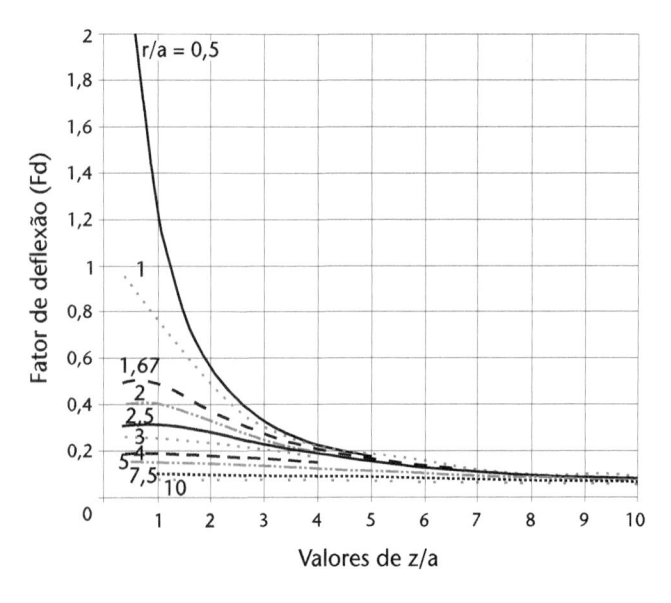

Fig. 8.5 *Fatores de deflexão para pontos dentro do meio elástico abaixo da superfície*

8.2 Teoria de Sistema de Camadas Elásticas para Análise Estrutural de Pavimentos

O grande salto qualitativo nas análises de pavimentos ocorreu em razão dos trabalhos de pesquisa analíticos desenvolvidos por Donald Burmister, professor da Columbia University, em Nova York. Entre suas publicações mais famosas, estão três artigos nos quais estabelecia as bases para o que veio a ser chamado de Teoria de Sistemas de Camadas Elásticas (TSCE), apresentando soluções analíticas para duas e três camadas. Esses artigos foram publicados no *Journal of Applied Physics*, nos meses de fevereiro, março e maio de 1945, e o primeiro deles intitulado "General theory of stresses and displacements in layered systems". Contudo, ele havia anteriormente exposto tal assunto no 23º. Encontro Anual do Highway Research Board (atual Transportation Research Board), em Washington, D.C.

Burmister, um engenheiro especialista em geotécnica, ao desenvolver tal teoria, tinha preocupações com os programas de construção de aeroportos desencadeados pela Segunda Guerra Mundial, bem como com questões relacionadas a aterros de materiais que constituíssem camadas de propriedades diferenciadas entre si. Para tanto, analisou os fatores físicos que governou a magnitude e a distribuição de tensões e deslocamentos em sistemas elásticos, inicialmente de duas camadas (Figura 8.6).

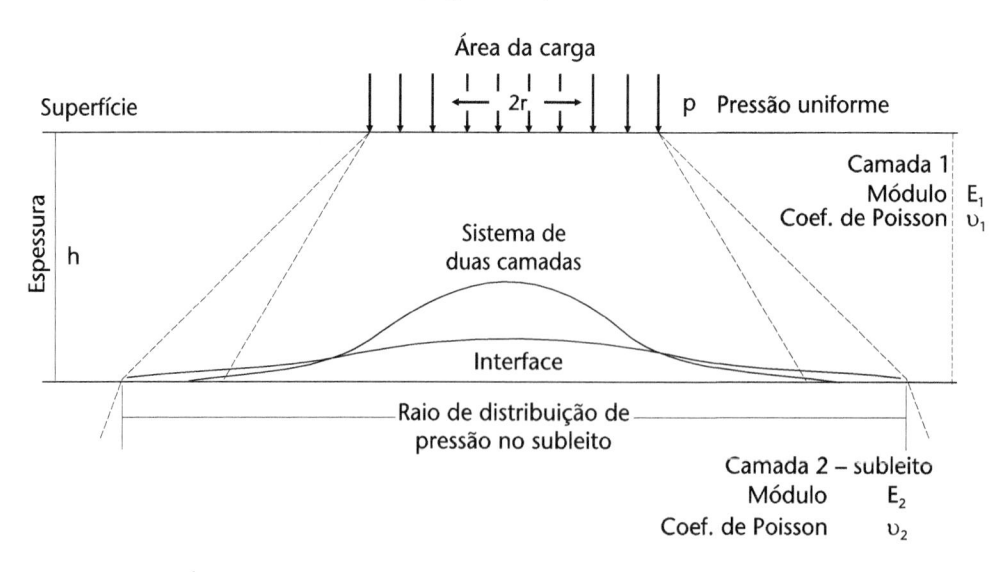

Fig. 8.6 *Adaptação de figura de próprio punho do artigo original de Donald Burmister (1944)*

Burmister partiu do equacionamento geral da Teoria da Elasticidade em três dimensões para a formulação do problema. As hipóteses que nortearam sua formulação, embora ele reconhecesse que fossem "apenas imperfeitamente satisfeitas" em problemas reais, foram:

1. Materiais: cada camada é homogênea, elástica e isotrópica, sendo a Lei de Hooke aplicável aos materiais que as constituem.
2. Dimensões de camadas: a primeira camada tem espessura finita, sendo, porém, horizontalmente infinita – o subleito é infinito em todas as direções.
3. Condição de superfície: na superfície (da primeira camada), não existem tensões de cisalhamento, sendo livre de tensões normais fora dos limites de aplicação da carga circular distribuída.

Ele também explorou as possibilidades da existência ou não de continuidade de tensões de cisalhamento (existência ou não de fricção plena) entre a camada superior e o subleito. As equações de tensões e de deslocamentos foram então determinadas empregando-se uma função de tensões que satisfizesse as equações de compatibilidade da Teoria da Elasticidade, sendo definidas como funções de Bessel. As análises permitiram a construção de equações para o cálculo de deslocamentos verticais, do raio de curvatura da superfície, das tensões normais e de cisalhamento, que serão aqui omitidas. Burmister demonstrou que:

◆ (a) Quando as constantes elásticas E e ν das camadas fossem idênticas, as equações se reduziam à equação original de Boussinesq.
◆ (b) Quando a camada inferior (subleito) tivesse E muito elevado e ν = 0,5, o deslocamento sobre a superfície da camada se anularia e as tensões horizontal e vertical se igualariam; as equações das tensões normais na superfície da camada rígida eram idênticas às equações anteriormente propostas por Biot e Pickett.
◆ (c) A equação para cálculo dos deslocamentos abaixo da carga circular (no centro) se reduziria a uma forma próxima daquela de Boussinesq (para ν = 0,5):

$$w = 1,5 \cdot \frac{p.a}{E_2} \cdot F_d \qquad [8.27]$$

O coeficiente de deflexão de Burmister, para duas camadas, foi calculado e apresentado graficamente pelo próprio autor, para o caso de $v_1 = v_2 = 0,5$, em função da espessura da primeira camada, dos módulos de elasticidade de ambas as camadas e do raio da área de suporte (Figura 8.7).

Em uma série de três artigos de Burmister, o primeiro deles tratou do problema de duas camadas com aderência plena. No segundo, o autor investigou o problema da ausência de aderência entre as duas camadas, na interface de contato. No terceiro artigo, Burmister amplia sua TSCE para o caso de três camadas, já fazendo referência explícita a análises de pavimentos com revestimento, base e subleito. Emprega também o termo *deflexão* para se referir a deslocamento.

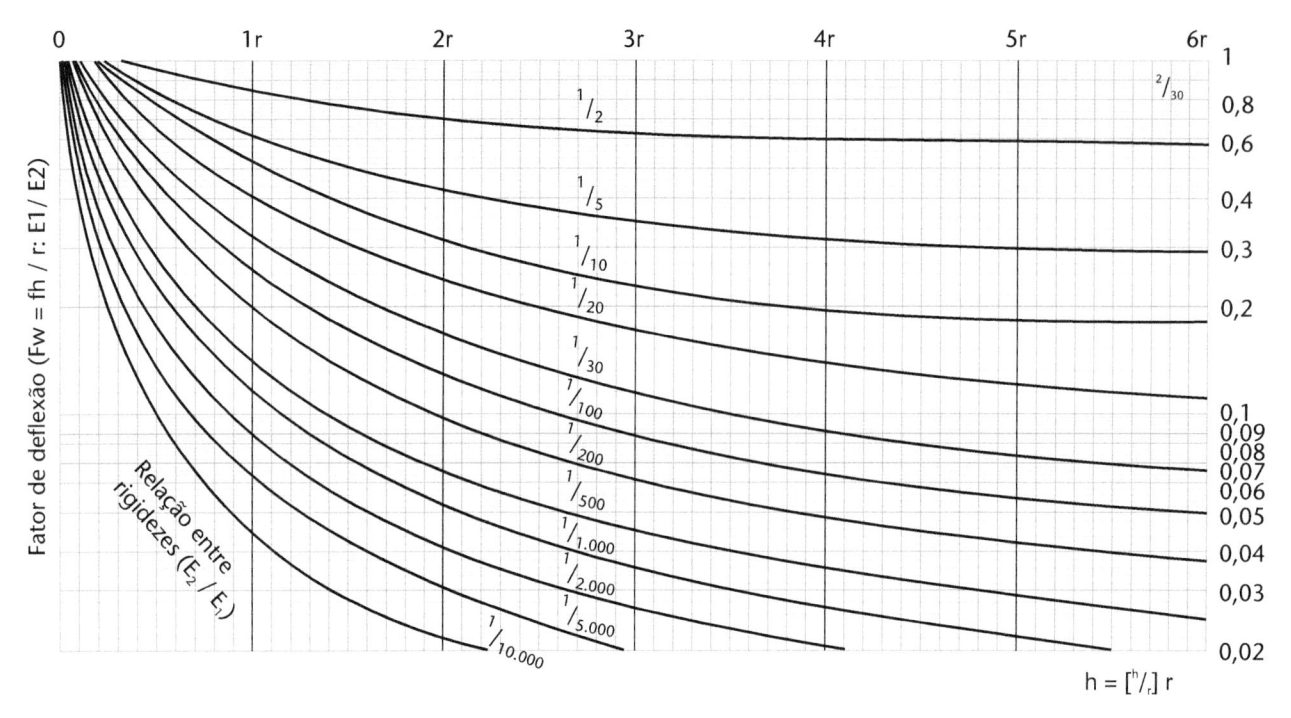

Fig. 8.7 Solução gráfica de Burmister (1945) para duas camadas e $v_1 = v_2 = 0,5$

Espessura h do reforço ou da camada 1, expressa como múltiplo do raio da área de suporte

A solução para sistemas de três camadas requeria tediosas simulações dos modelos, em uma época que computadores não eram disponíveis, sendo necessária a adoção de faixas de variação para os diversos parâmetros. Muitos engenheiros, como Peattie, Jones e Ahlvin, apresentaram soluções gráficas clássicas para as equações de Burmister, para que o uso prático da TSCE fosse disseminado em projetos e análises de pavimentos, em uma época que a informática disseminada vislumbrava um sonho ainda distante, razão pelas quais tais ábacos faziam sentido de utilidade nos anos 1950.

8.2.1 Modelo básico de Burmister (uma "leve" introdução)

A TSCE de Burmister assume uma função biarmônica para a determinação das respostas (esforços e deflexões) em camadas e pontos de interesse. De modo simplificado, assumindo uma carga axissimétrica circular, as coordenadas cilíndricas são convenientes para representar essas funções. As camadas são numeradas sequencialmente de cima para baixo como de 1 até n, sendo a enésima camada um semiespaço infinito. Seguindo a dedução de Burmister, é conveniente a definição das soluções da TSCE para cada camada i em termos da seguinte função biarmônica $\Phi_i(r, z)$:

[8.28]

$$\Phi_i(r,z) = \int_0^\infty \left(A_i(m)e^{mz} - B_i(m)e^{-mz} + C_i(m)ze^{mz} - D_i(m)ze^{-mz} \right) J_0(mr) dm$$

sendo z a coordenada vertical medida do topo da superfície da camada i; r é a distância do ponto avaliado até o eixo vertical de coordenadas; m é um parâmetro de integração; $A_i(m)$, $B_i(m)$, $C_i(m)$ e $D_i(m)$ são funções independentes das coordenadas r e z; J_0 é uma função de Bessel de ordem zero. As respostas em cada ponto de interesse são calculadas pelas funções:

$$u_i = -\frac{1+\gamma_i}{E_i} \cdot \frac{\partial^2 \Phi_i}{\partial z \partial r} \qquad [8.29]$$

$$w_i = \frac{1+\gamma_i}{E_i}\left(2(1-\gamma_i)\nabla^2\Phi_i - \frac{\partial^2\Phi_i}{\partial z^2}\right) \qquad [8.30]$$

$$\sigma_{zi} = \frac{\partial}{\partial z}\left((2-\gamma_i)\nabla^2\Phi_i - \frac{\partial^2\Phi_i}{\partial z^2}\right) \qquad [8.31]$$

$$\sigma_{ri} = \frac{\partial}{\partial z}\left(\gamma_i\nabla^2\Phi_i - \frac{\partial^2\Phi_i}{\partial r^2}\right) \qquad [8.32]$$

$$\sigma_{ti} = \frac{\partial}{\partial z}\left(\gamma_i\nabla^2\Phi_i - \frac{1}{r}\frac{\partial\Phi_i}{\partial r}\right) \qquad [8.33]$$

$$\tau_{rzi} = \frac{\partial}{\partial r}\left((1-\gamma_i)\nabla^2\Phi_i - \frac{\partial^2\Phi_i}{\partial z^2}\right) \qquad [8.34]$$

em que u_i é o deslocamento radial; w_i é o deslocamento vertical; σ_{zi} é a tensão vertical; σ_{ri} é a tensão radial no plano horizontal; σ_{ti} é a tensão tangencial no plano horizontal; τ_{rzi} é a tensão de cisalhamento; E_i é o módulo de Young, e μ_i é o coeficiente de Poisson para cada camada i. Substituindo-se a função biarmônica $\Phi_i(r, z)$ nas Equações 8.29 a 8.34, as respostas das camadas, em cada ponto, podem ser escritas nas formas:

[8.35]
$$u_i = \frac{1+\gamma_i}{E_i}\int_0^\infty (A_i(m)me^{mz} + B_i(m)me^{-mz} + C_i(m)(1+mz)e^{mz} - D_i(m)(1-mz)e^{-mz})J_1(mr)\,mdm$$

[8.36]
$$w_i = \frac{1+\gamma_i}{E_i}\int_0^\infty (-A_i(m)me^{mz} + B_i(m)me^{-mz} + C_i(m)(2-4\gamma-mz)e^{mz} + D_i(m)(2-4\gamma+mz)e^{-mz})J_0(mr)\,mdm$$

[8.37]
$$\sigma_{zi} = -\int_0^\infty (A_i(m)me^{mz} + B_i(m)me^{-mz})J_0(mr)m^2dm - C_i(m)(1-2\gamma-mz)e^{mz} + D_i(m)(1-2\gamma+mz)e^{-mz}$$

$$\sigma_{ri} = \int_0^\infty \begin{pmatrix} A_i(m)me^{mz} + B_i(m)me^{-mz} \\ + C_i(m)(1+2\gamma+mz)e^{mz} - D_i(m)(1+2\gamma-mz)e^{-mz} \end{pmatrix} J_0(mr)\,m^2 dm$$

[8.38]
$$-\frac{1}{r}\int_0^\infty \begin{pmatrix} A_i(m)me^{mz} + B_i(m)me^{-mz} \\ + C_i(m)(1+mz)e^{mz} - D_i(m)(1-mz)e^{-mz} \end{pmatrix} J_1(mr)\,mdm$$

$$\sigma_{\theta i} = \int_0^\infty (-C_i(m)\gamma e^{mz} - 2D_i(m)\gamma e^{-mz}) J_0(mr) m^2 dm + \frac{1}{r}\int_0^\infty \binom{A_i(m) me^{mz} + B_i(m) me^{-mz}}{+ C_i(m)(1+mz)e^{mz} - D_i(m)(1-mz)e^{-mz}} J_1(mr) mdm \quad [8.39]$$

$$\tau_{rzi} = \int_0^\infty (A_i(m)me^{mz} - B_i(m)me^{-mz} + C_i(m)(2\gamma + mz)e^{mz} + D_i(m)(2\mu - mz)e^{-mz}) J_1(mr) m^2 dm \quad [8.40]$$

Essas respostas satisfazem as equações de equilíbrio, a compatibilidade entre deslocamentos e deformações e a Lei de Hooke generalizada em coordenadas cilíndricas (Ugural; Fenster, 2003). As funções $A_i(m)$, $B_i(m)$, $C_i(m)$ e $D_i(m)$ são escolhidas para satisfazer as condições de contorno de cada camada da estrutura. A solução é possível com a satisfação dos contornos das camadas, aplicando-se a transformada de Hankel às condições de contorno, para posteriormente resolver o sistema de equações lineares gerado para determinação dos coeficientes de Burmister, e, finalmente, realizar uma transformada inversa de Hankel para determinar deformações, tensões e deflexões em qualquer ponto desejado de um sistema de quantas camadas permitir a solução numérica adotada.

O MODELO DE BURMISTER (TSCE) APOIA-SE NAS SEGUINTES HIPÓTESES:

- Todas as camadas são elásticas e lineares em termos de respostas dos materiais.
- Todas as camadas são infinitas na direção horizontal.
- Todas as camadas possuem espessura constante.
- Não existem descontinuidades a menos na superfície do pavimento.
- Não existem forças de gravidade agindo no sistema.
- Não existem nem deformações nem tensões iniciais residuais.

A TSCE REQUER OS SEGUINTES DADOS PARA ANÁLISE DE PROBLEMAS:

- Coeficiente de Poisson e módulo de elasticidade de cada material de cada camada.
- Espessuras das camadas.
- Magnitude e distribuição de cargas.

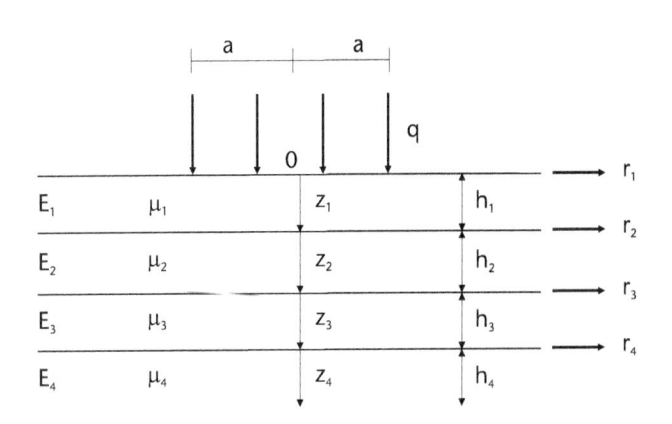

Fig. 8.8 *Parâmetros de entrada para a TSCE*

Na Figura 8.8, mostra-se um exemplo de modelo elástico de pavimento. O sistema local de coordenadas é usado para cada camada. Assim, z é a coordenada local vertical em cada camada, positiva para baixo. A distância entre o ponto de avaliação e o eixo de coordenadas vertical denomina-se r.

As respostas oferecidas pela TSCE são as deformações, as tensões e as deflexões no pavimento. Em geral, há poucas posições críticas que são comumente avaliadas em pavimentos flexíveis, em comparação ao caso de pavimentos de concreto, sendo as mais comuns indicadas no Quadro 8.1.

Nas últimas três décadas, vários programas de computador foram desenvolvidos baseados na TSCE. Esses programas foram extensamente empregados na formulação de análises e de métodos de projeto de pavimentos flexíveis,

Quadro 8.1 *Posições críticas de análises em pavimentos flexíveis*

Posição	Resposta	Emprego da resposta
Revestimento (superfície)	Deflexão	Projetos de reforço de pavimentos
Revestimento (fundo)	Deformação horizontal	Análise de fadiga
Fundo de camadas tratadas	Tensão horizontal	Análise de fadiga
Meia-altura de camadas	Deformação vertical de compressão	Análise de deformação plástica
Topo do subleito	Deformação vertical de compressão	Análise de deformação plástica

como aquele do Asphalt Institute (Huang, 1993), MnPave (Chadbourn, 2002) e no método da FAA (Hayhoe, 2002). Até recentemente, os programas mais populares nos EUA para resolução da TSCE eram:

- Bisar (desenvolvido pela Shell International Petroleum Company em 1978), o mais robusto entre os antigos;
- Elsym 5 (Kopperman et al., 1986), o mais popular no Brasil entre os antigos;
- Kenlayer (Huang, 1993), na versão DOS, disponível mediante compra;
- Weslea (Van Cauwelaert; Lequeux, 1986);
- Julea (Uzan, 1991), empregado no método da Federal Aviation Administration.

No início da década de 1960, com a conjugação da programação eletrônica associada ao emprego do Método das Diferenças Finitas, foi possível o desenvolvimento de programas computacionais para *mainframes*, e a TSCE foi expandida para casos de n camadas. Datam daqueles tempos os programas Dama 2 e mais tarde o programa Elastic Layer System Model 5 (Elsym 5), que, como já indicava o nome, tratava dos problemas de pavimentos com até cinco camadas, tendo se tornado um dos programas de análise mais populares do mundo.

O Elsym 5, escrito em linguagem Fortran, ganhou, em 1986, uma versão para microcomputadores adaptada para operar no sistema DOS, sob o patrocínio da Federal Highway Administration. Atualmente, tal programa se encontra em domínio público, podendo ser obtido pela Internet (disponível em <http://www.carreteros.com>, acesso em março de 2006). Há vários outros programas que foram desenvolvidos empregando a TSCE, com destaque para o Bisar (da Shell, com dez camadas), o Vesys 3AM, o Cyrcle, o Diplomat, entre versões locais que continuam até hoje a ser desenvolvidas, desconhecidas do público técnico em geral. Pela facilidade de obtenção por qualquer interessado (por US$ 45 na MacTrans, Flórida), simplicidade de utilização e conhecimento disseminado mundialmente, o Elsym 5 é usado nesta obra (licenciado pela MacTrans em 1993, em nome do autor) para o cumprimento de seus objetivos precípuos.

8.3 Introdução ao Emprego da TSCE com o Elsym 5

O programa Elsym 5, depois de instalado, abre o *prompt* do sistema DOS para sua simulação (pois a versão é de 1986). É necessário um mínimo de

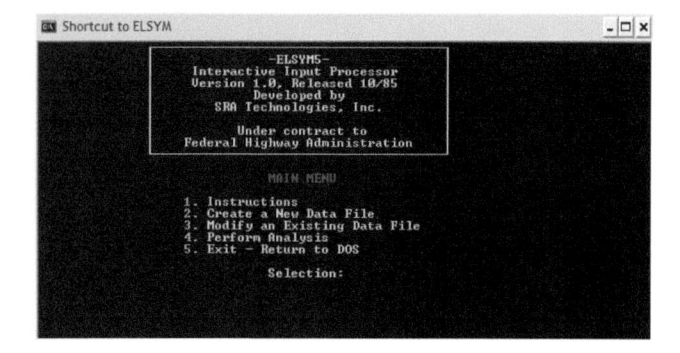

Fig. 8.9 *Tela de entrada do Elsym 5*

Fig. 8.10 *Tela para entrada do sistema de camadas (pavimento)*

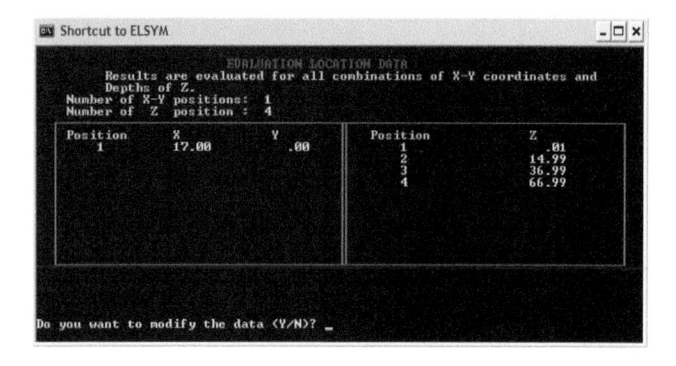

Fig. 8.11 *Tela para entrada das cargas do veículo de análise*

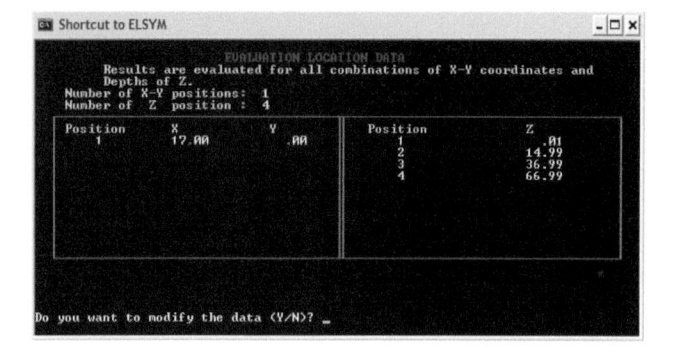

Fig. 8.12 *Tela para entrada dos pontos de análise desejados*

conhecimento de inglês técnico de engenharia civil para sua operação, que tem entrada na tela apresentada na Figura 8.9, em que as opções são: instruções; criar um arquivo; modificar um arquivo existente; perfazer a análise; sair. O programa é adimensional, bastando que os valores de parâmetros sejam informados em unidades coerentes.

Na Figura 8.10, é mostrada a tela de entrada dos dados sobre as camadas dos pavimentos. O programa aceita até cinco camadas, o que é um limitante quando se deseja simular condições diferenciadas em uma mesma camada, que podem não ser poucas e exigiriam dez, 15 camadas pelo menos. Não é o caso aqui. Nessa tela, devem ser informadas ao programa as espessuras das camadas acima do subleito, bem como seus módulos e Poissons. O subleito não requer informação de espessura, sendo considerado semi-infinito.

As cargas de roda, no número máximo de dez (idênticas), são fornecidas na tela mostrada na Figura 8.11, na qual a entrada de dados permite indicar a carga por roda, a pressão da área de contato, o raio da carga circular (não obrigatório se a pressão é informada), o número de cargas e suas posições em um sistema de coordenadas planas de referência a ser adotado pelo usuário e adequado para seu problema. Há uma última tela de entrada de dados na qual o usuário especifica as posições de análises desejadas na estrutura (Figura 8.12).

Seguindo o menu, dá-se início à simulação do programa, que leva de fração de segundos a poucos segundos, conforme o tamanho do problema em Pentium 4 256 MHz. A primeira tela de saída do programa indica a camada (*layer*) e a profundidade do primeiro ponto de análise (Figura 8.13). As opções para escolha são: (1) tensões normais e principais; (2) deformações normais e principais; (3) deflexões, (4) voltar ao menu principal ou continuar com as respostas da próxima profundidade de análise.

Na Figura 8.14, são apresentadas as respostas quanto às deflexões, indicando as coordenadas do ponto em questão e os deslocamentos em cada direção: x, y e z.

Na Figura 8.15, exibe-se uma tela relacionada às deformações, sendo fornecidas as deformações

Fig. 8.13 *Tela inicial de saída*

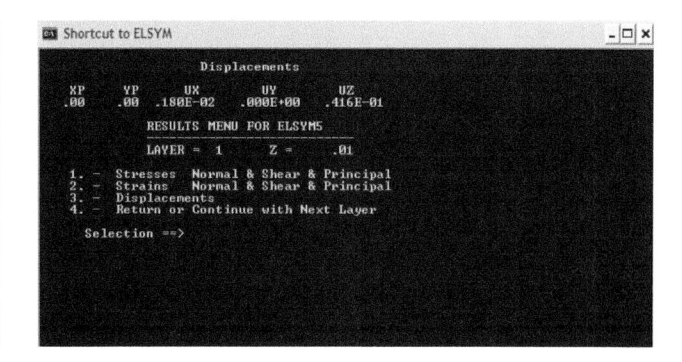

Fig. 8.14 *Tela de saída de deflexões*

Fig. 8.15 *Tela de saída de deformações específicas*

Fig. 8.16 *Tela de saída de tensões*

específicas normais, principais, bem como as distorções (*shear*), ou seja, deformações em cisalhamento. Da mesma forma, na Figura 8.16, mostra-se uma tela com saída de tensões correspondentes às deformações no ponto considerado.

O programa permite gravar os dados de entrada e de saída, bem como a impressão dos relatórios, conforme exemplo apresentado no Quadro 8.2, com dados de entrada e saída do programa.

Ao considerar-se a necessidade de o engenheiro discernir com clareza sobre o significado dos parâmetros e variáveis de entrada e de saída do programa, nos itens que se seguem, são apresentados, formalmente, alguns conceitos da Teoria da Elasticidade e da Resistência dos Materiais. Quem não estudou ou não se recorda aproveite a oportunidade!

8.4 Tensões Normais e Principais – Interpretando as Saídas de Programas

Em um espaço tridimensional, um elemento infinitesimal da matéria pode ser representado pelo cubo na Figura 8.17; nas faces ortogonais, apresentam-se dois tipos de tensões: normais (σ), perpendiculares a cada face; tangentes (τ) às faces, que são decompostas em duas tensões perpendiculares e contidas no plano de cada face. Tais tensões são chamadas, respectivamente, de tensões normais e tensões de cisalhamento. Para que sejam satisfeitas as condições de equilíbrio no sistema, as forças atuantes em cada face devem resultar estaticamente nulas, bem como os momentos fletores em relação a cada eixo coordenado, passando pelo centro do corpo, deverão estar equilibrados.

Quadro 8.2 *Saída (parcial) impressa típica do programa Elsym 5*

```
ELASTIC SYSTEM -
ELASTIC   POISSONS
 LAYER    MODULUS   RATIO    THICKNESS
   1       35000.   .350     15.000 IN
   2      110000.   .200     22.000 IN
   3        1200.   .450     10.000 IN
   4        2250.   .500     20.000 IN
   5         450.   .500     SEMI-INFINITE
FOUR LOAD(S), EACH LOAD AS FOLLOWS
TOTAL LOAD.....   2050.00 LBS
 LOAD STRESS....     6.40 PSI
 LOAD RADIUS....    10.10 IN
 LOCATED AT
 LOAD    X        Y
  1     .000     .000
  2   34.000     .000
  3  181.000     .000
  4  215.000     .000
RESULTS REQUESTED FOR SYSTEM LOCATION(S)
DEPTH(S)
Z = .01  14.99  36.99  66.99
X-Y POINT(S)
 X       Y
.00     .00
Z=   .01 LAYER NO, 1
 X       Y
.00     .00
NORMAL STRESSES
SXX   -.6252E+01
SYY   -.6677E+01
SZZ   -.6435E+01
SHEAR STRESSES
SXY    .0000E+00
SXZ    .1458E-03
SYZ    .0000E+00
PRINCIPAL STRESSES
PS 1  -.6252E+01
PS 2  -.6435E+01
PS 3  -.6677E+01
PRINCIPAL SHEAR STRESSES
PSS 1  .2126E+00
PSS 2  .9161E-01
PSS 3  .1209E+00
DISPLACEMENTS
UX     .1801E-02
UY     .0000E+00
UZ     .4163E-01
NORMAL STRAINS
EXX   -.4750E-04
EYY   -.6390E-04
EZZ   -.5457E-04
SHEAR STRAINS
EXY    .0000E+00
EXZ    .1125E-07
EYZ    .0000E+00
```

Para tal situação de equilíbrio, será necessário escrever:

$$\tau_{xy} = \tau_{yx} \quad [8.41]$$

$$\tau_{xz} = \tau_{zx} \quad [8.42]$$

$$\tau_{yz} = \tau_{zy} \quad [8.43]$$

Em termos de tensão, podemos dizer que em cada face (de corte do sistema) há um vetor de tensão S atuando na parte exposta na Figura 8.17, bem como um vetor oposto na face de corte da fatia ao lado dessa face do cubo. Dizemos que há um estado uniforme de tensões quando o vetor S, em qualquer seção, é somente função da direção dessa seção não dependendo do ponto onde ele atua. Se o peso próprio do elemento descrito puder ser ignorado e existirem cargas por unidade de área idênticas atuando em faces opostas, respeitadas as condições anteriores, o elemento estará em equilíbrio. Segue, daí, que as tensões devem ser constantes em todo o volume e em qualquer fatia do elemento.

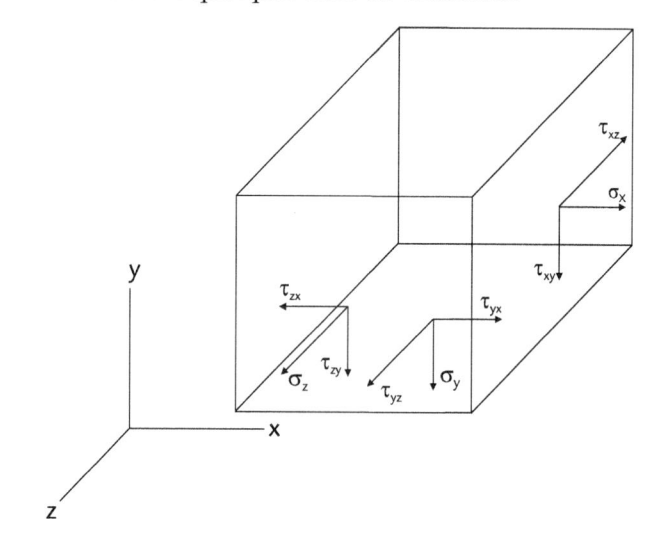

Fig. 8.17 *Tensões atuantes nas faces de elemento infinitesimal*

Existe uma condição particular de solicitação do elemento estrutural chamada de "estado plano de tensões", que ocorre em uma situação tal que:

$$\sigma_z = 0$$

$$\tau_{zx} = 0$$

$$\tau_{zy} = 0$$

Na Figura 8.18, apresenta-se a generalização das tensões normais e de cisalhamento para um sistema de coordenadas qualquer, assumindo-se um estado de tensões uniformes. Para que nas condições expostas seja preservado o equilíbrio de momentos, então se tem obrigatoriamente que $\tau_{xy} = \tau_{yz}$. As tensões normais podem ser calculadas para qualquer plano que sofra uma rotação θ em relação a xy. Na Figura 8.19, são esquematicamente representadas, com seus elementos gráficos, as relações entre as tensões nos sistemas anterior e posterior à rotação, bem como as relações entre áreas, tensões e forças, uma vez que é necessária a interpretação do sistema sob o enfoque de equilíbrio de forças. Considera-se que na direção z, perpendicular à direção xy, a profundidade do elemento infinitesimal é igual à unidade.

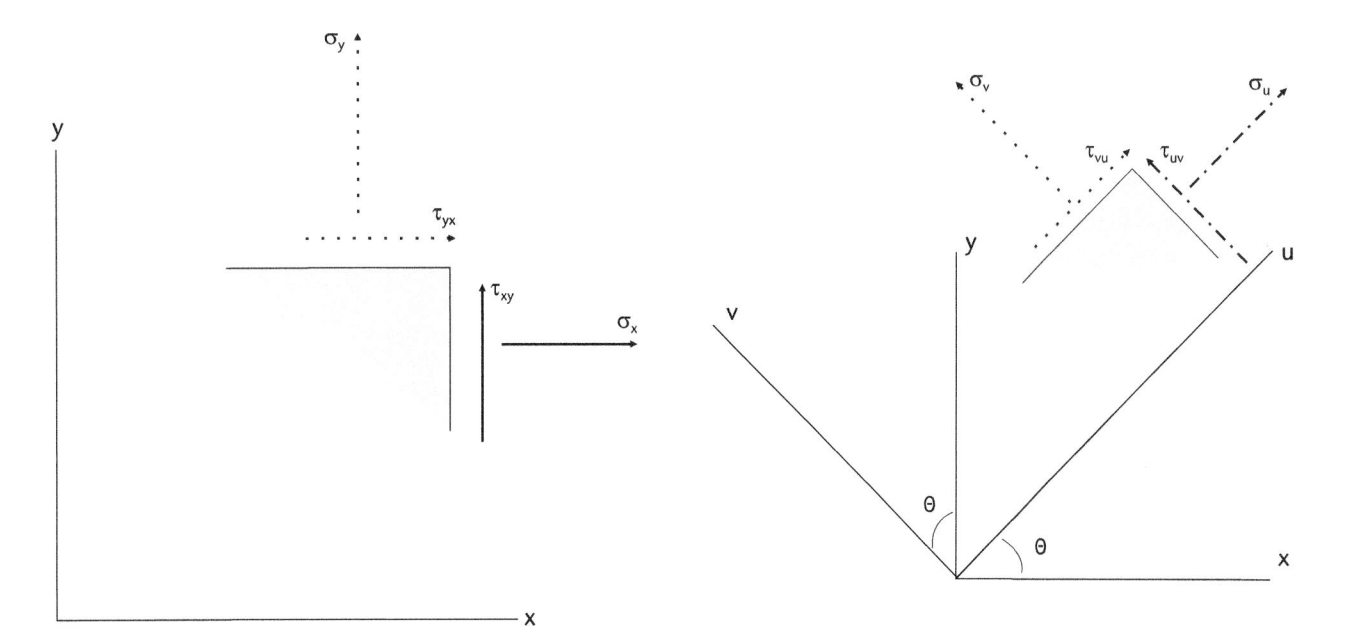

Fig. 8.18 *Tensões atuantes nas faces de elementos em faces de cortes com rotação em relação a xy*

Assim, tomando-se o comprimento infinitesimal na direção v (e em u também) como unitário, para o equilíbrio de forças nas direções u e v, são necessárias as seguintes equações:

$$\sigma_u - \sigma_x \cdot \cos\theta \cdot \cos\theta - \tau_{xy} \cdot \cos\theta \cdot \mathrm{sen}\theta - \tau_{xy} \cdot \mathrm{sen}\theta \cdot \cos\theta - \sigma_y \cdot \mathrm{sen}\theta \cdot \mathrm{sen}\theta = 0 \quad [8.44]$$

e

$$\tau_{uv} - \sigma_x \cdot \cos\theta \cdot \mathrm{sen}\theta + \tau_{xy} \cdot \mathrm{sen}\theta \cdot \mathrm{sen}\theta - \tau_{xy} \cdot \cos\theta \cdot \cos\theta - \sigma_y \cdot \mathrm{sen}\theta \cdot \cos\theta = 0 \quad [8.45]$$

que resultam:

$$\sigma_u = \sigma_x \cdot \cos^2\theta + \sigma_y \cdot \mathrm{sen}^2\theta + 2 \cdot \tau_{xy} \cdot \mathrm{sen}\theta \cdot \cos\theta \quad [8.46]$$

e

$$\tau_{uv} = (-\sigma_x + \sigma_y) \cdot \mathrm{sen}\theta \cdot \cos\theta + \tau_{xy} \cdot (\mathrm{sen}^2\theta - \cos^2\theta) \quad [8.47]$$

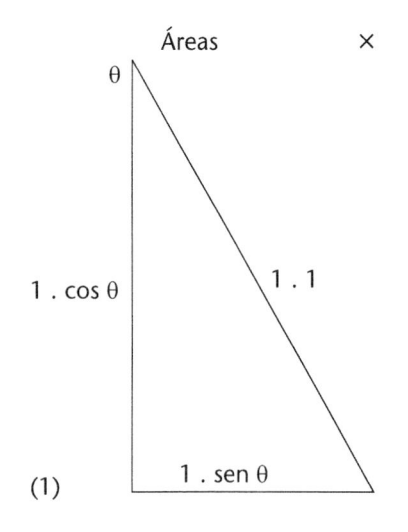

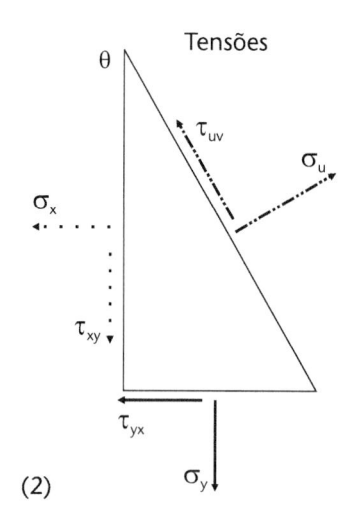

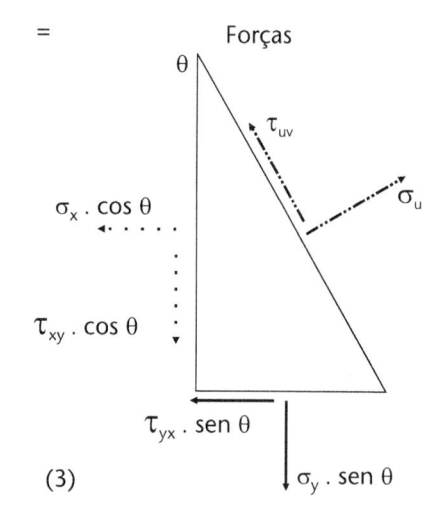

Fig. 8.19 *Relações entre áreas, tensões e forças atuantes no sistema*

Recordando-se as identidades trigonométricas:

$$\text{sen}^2\theta = \frac{1}{2}(1-\cos 2\theta) \qquad [8.48]$$

$$\cos^2\theta = \frac{1}{2}(1+\cos 2\theta) \qquad [8.49]$$

Substituindo-se nas Equações 8.46 e 8.47, obtém-se:

$$\sigma_u = \frac{\sigma_x+\sigma_y}{2} + \frac{\sigma_x-\sigma_y}{2} \cdot \cos 2\theta + \tau_{xy} \cdot \text{sen} 2\theta \qquad [8.50]$$

$$\tau_{uv} = -\frac{\sigma_x-\sigma_y}{2} \cdot \text{sen} 2\theta + \tau_{xy} \cdot \cos 2\theta \qquad [8.51]$$

De forma análoga, com equilíbrio na face perpendicular na direção u, obtém-se:

$$\sigma_v = \frac{\sigma_x+\sigma_y}{2} - \frac{\sigma_x-\sigma_y}{2} \cdot \cos 2\theta - \tau_{xy} \cdot \text{sen} 2\theta \qquad [8.52]$$

Com base nas equações anteriores, demonstra-se facilmente que:

$$\sigma_u + \sigma_v = \sigma_x + \sigma_y \qquad [8.53]$$

$$\frac{d\sigma_u}{d\theta} = 2 \cdot \tau_{uv} \qquad [8.54]$$

Na situação particular quando a tensão de cisalhamento na face se anula, ou seja, quando $\tau_{xy} = 0$, tem-se que:

$$\sigma_u = \frac{\sigma_x + \sigma_y}{2} + \frac{\sigma_x - \sigma_y}{2} \cdot \cos 2\theta = \sigma_3 \qquad [8.55]$$

$$\sigma_v = \frac{\sigma_x + \sigma_y}{2} - \frac{\sigma_x - \sigma_y}{2} \cdot \cos 2\theta = \sigma_1 \qquad [8.56]$$

Nas Equações 8.55 e 8.56, σ_3 e σ_1 são chamados, respectivamente, tensão principal maior e tensão principal menor. No caso em que as condições de estado plano de tensões não ocorrem (são nulas as tensões na direção z), as Equações de 8.50 a 8.56 ainda se aplicam às tensões nas seções perpendiculares ao plano xy, e σ_3 e σ_1 não serão mais as tensões principais, porém a maior e a menor tensão naquela seção particular. As seguintes equações complementares existem para esta situação:

$$\tau_{uz} = \tau_{xz} \cdot \cos\theta + \tau_{yz} \cdot \operatorname{sen}\theta \qquad [8.57]$$
e
$$\tau_{yz} = -\tau_{xz} \cdot \operatorname{sen}\theta + \tau_{yz} \cdot \cos\theta \qquad [8.58]$$

No caso de programas que empregam a TSCE, como o Elsym 5, o significado das tensões normais e das principais fica claro a partir da exposição apresentada neste item. Quando existir simetria no carregamento em relação ao ponto de análise, as tensões principais e normais serão concordantes nas respostas estruturais do programa. Para problemas em duas ou três dimensões, chamamos de *primeiro invariante de tensões* ao escalar:

$$\theta = \sigma_1 + \sigma_2 + \sigma_3 \qquad [8.59]$$

e, por exemplo, em um ensaio triaxial com tensão de confinamento constante em qualquer direção de um plano horizontal, o valor do primeiro invariante de tensões ficará:

$$\theta = \sigma_1 + 2 \cdot \sigma_3 \qquad [8.60]$$

8.5 Deformações e Deflexões – Dois Conceitos Inconfundíveis

A elasticidade de um material está relacionada com sua propriedade fundamental: sua capacidade de absorver energia de deformação, que é completamente dissipada após a remoção de forças externas que agem sobre a matéria. Portanto, sob essas condições, chamamos a deformação de *deformação elástica*. A energia absorvida pelo material durante sua deformação em fase elástica, portanto uma energia elástica, é denominada, em Ciência dos Materiais, *resiliência*.

Por analogia à denominação da energia elástica, ou resiliência, a deformação elástica sofrida pelo material é também conhecida por *deformação resiliente*. Aqui fica implícita a expressão *módulo de resiliência* para representar o parâmetro relacionando tensão aplicada e deformação sofrida, da mesma maneira, sem sofismas, que a expressão módulo de elasticidade; essas são portanto, diferentes formas de denominar o parâmetro dado pela Equação 6.11 e mensurado pelas maneiras sucintamente apresentadas no Capítulo 6.

Também fica permitido, para uma maior abertura mental, o emprego de expressões como *módulo de Young* (médico e físico inglês que primeiro definiu o que seria módulo de elasticidade) ou *módulo de deformação*. É fundamental ressaltar que esse módulo representa a resistência intrínseca do material à deformação imposta. Ainda é preciso ter em mente que a forma de medida desse parâmetro resulta na necessidade de denominação do parâmetro: *módulo de elasticidade em flexão, módulo resiliente em compressão diametral* etc.

8.5.1 Deslocamento e deformação

No que diz respeito à deformação sofrida pelos materiais nas camadas dos pavimentos, alguns conceitos sólidos evitariam confusões entre termos: devem ser assim, bem entendidos, os termos deslocamento, deformação, distorção e deformação volumétrica. Por deslocamento, que pode ser representado pela letra grega ρ, entende-se como vetor de posição entre dois pontos: o ponto inicial e o ponto final, após a deformação da matéria, de um ponto P qualquer do material.

Ao imaginar-se o ponto P qualquer como um elemento infinitesimal (Figura 8.20), o vetor de deslocamentos ρ pode ser representado por vetores de projeção ortogonal nos eixos cartesianos, denominados ξ, η e ζ, o que resulta em:

$$\rho = i \cdot \xi + j \cdot \eta + k \cdot \zeta \qquad [8.61]$$

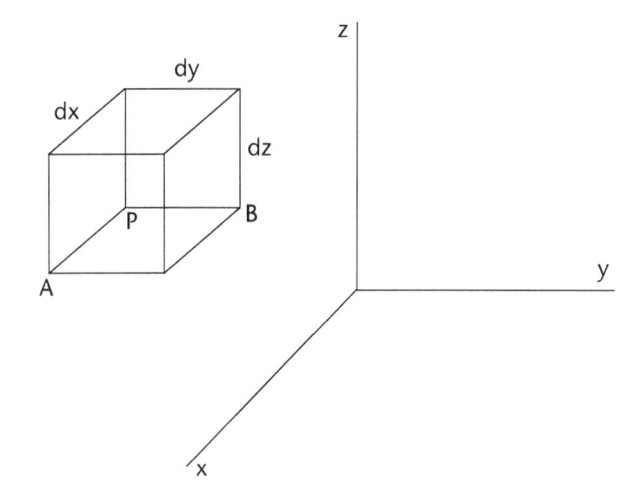

Fig. 8.20 *Ponto infinitesimal em coordenadas cartesianas*

No campo da elasticidade, assume-se que os deslocamentos são tão pequenos, que ρ e suas derivadas primeiras são elementares ou infinitesimais. Um ponto qualquer próximo ao ponto P teria sua posição relativa ao eixo x, representada por:

$$P + i \cdot dx \qquad [8.62]$$

Consequentemente, esse ponto teria seu deslocamento no eixo x, representado por:

$$\rho + \frac{\partial \rho}{\partial x} \cdot dx \qquad [8.63]$$

Observe na expressão anterior que dx é o comprimento elementar, e o *alongamento* total desse ponto na direção x, mantidas mínimas rotações dessa linha dx, seria a componente em x do deslocamento ρ, que é:

$$\left(\frac{\partial \xi}{\partial x}\right) \cdot dx \qquad [8.64]$$

Por *deformação*, entende-se uma quantidade escalar com magnitude definida, isto é, o *alongamento por unidade de comprimento*, sendo denotada pela letra grega ε e também chamada *deformação específica*. Assim, as deformações em cada direção serão:

$$\varepsilon_z = \frac{\partial \zeta}{\partial x} \qquad [8.65]$$

$$\varepsilon_y = \frac{\partial \eta}{\partial y} \qquad [8.66]$$

$$\varepsilon_x = \frac{\partial \xi}{\partial z} \qquad [8.67]$$

Note que deslocamento é o vetor resultante do conjunto de deformações sofridas, no caso, por todas as camadas do pavimento. Quando é medido em uma linha vertical em relação à superfície do pavimento, preferencialmente abaixo do centro de aplicação de cargas, esse deslocamento recebe o nome de *deflexão*; embora formalmente não apropriado, esse termo é entendido universalmente como deslocamento total na superfície do pavimento causado por ação de cargas externas.

8.5.2 Deformação volumétrica

Essa deformação representa aumento ou diminuição de volume da matéria, de natureza elástica, ou seja, dilatação ou contração, considerando-se as três dimensões cartesianas do problema. A deformação volumétrica, denotada por ε_{vol}, é definida pela relação entre os volumes finais (V_f) e iniciais (V_i) dos materiais:

$$\varepsilon_{vol} = \frac{V_f - V_i}{V_i} \qquad [8.68]$$

Com base na Figura 8.20, os deslocamentos sofridos em cada direção do elemento infinitesimal serão dados por:

$$\rho_x = \varepsilon_x \cdot dx \qquad [8.69]$$

$$\rho_y = \varepsilon_y \cdot dy \qquad [8.70]$$

$$\rho_z = \varepsilon_z \cdot dz \qquad [8.71]$$

O volume inicial (V_i) é dado pelo produto das dimensões iniciais do volume elementar, ou seja, dx . dy . dz. Portanto, o volume final será:

$$V_f = (dx + \varepsilon_x \cdot dx) \cdot (dy + \varepsilon_y \cdot dy) \cdot (dz + \varepsilon_z \cdot dz) \qquad [8.72]$$

Ao expandir-se os termos da equação anterior, chega-se a:

$$V_f = [(1+\varepsilon_x) \cdot (1+\varepsilon_y) \cdot (1+\varepsilon_z)] \, dx \cdot dy \cdot dz \qquad [8.73]$$

Finalmente, substituindo-se os valores de $V_i = dx \cdot dy \cdot dz$ e V_f (Equação 8.73) na Equação 8.68, a deformação volumétrica resulta:

$$\varepsilon_{vol} = (1+\varepsilon_x) \cdot (1+\varepsilon_y) \cdot (1+\varepsilon_z) - 1 \qquad [8.74]$$

A partir da hipótese inicial de que as deformações específicas são elementares, os seguintes termos seriam suficientes para exprimir a deformação volumétrica:

$$\varepsilon_{vol} \approx \varepsilon_x + \varepsilon_y + \varepsilon_z \qquad [8.75]$$

8.5.3 Distorção

As deformações ainda apresentam componentes essenciais para a formulação da Lei de Hooke generalizada aos materiais. Retomando-se o elemento infinitesimal na Figura 8.20, sabe-se que, em estado múltiplo de tensões, o ponto P se desloca de tal forma que esse deslocamento pode ser decomposto em componentes u, v e w. O ponto A, adjacente ao ponto P, mantidas as componentes de deslocamento citadas, desloca-se:

$$u + \frac{\partial u}{\partial x} \cdot dx \qquad [8.76]$$

O primeiro termo da equação anterior representa o quanto P se deslocou na direção u qualquer; o segundo termo, naturalmente, representa a taxa de variação do deslocamento u na direção x multiplicada por dx, a distância de P até A. Portanto, entre P e A, o aumento do comprimento é denominado alongamento unitário, deformação linear unitária ou, como se prefere, deformação específica. Admita-se agora que, durante o trabalho de deformação daquele volume elementar da matéria, ocorra uma *distorção* do ângulo entre PA e PB, conforme elementos vetoriais e escalares indicados na Figura 8.21.

Observe-se que, após as deformações, a direção PA, assim como a direção PB, não são mais as direções iniciais; as retas tracejadas indicam as direções iniciais (portanto, paralelas a x e y). Assim, a distorção angular faz com que A se desloque para uma posição A' e B para uma posição B'. O deslocamento em A' passa a ter uma componente em y que varia com a direção x; o deslocamento em B', por sua vez, possui uma componente em x que cresce com y. Nas condições do problema, os deslocamentos em A' e B' são dados pelos termos:

$$v + \frac{\partial v}{\partial x} \cdot dx \qquad [8.77]$$

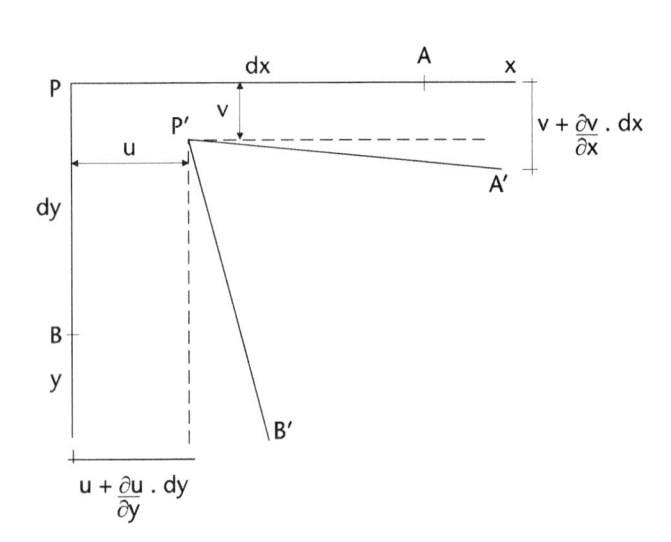

Fig. 8.21 *Distorções angulares no elemento infinitesimal (apenas no plano x - y)*

$$u + \frac{\partial u}{\partial y} \cdot dy \qquad [8.78]$$

Os termos $\partial v/\partial x$ e $\partial u/\partial y$ são as taxas de crescimento, respectivamente, do deslocamento v em relação à direção x e do deslocamento u em relação à direção y. Assim, o ângulo reto original de 90° entre PA e PB foi reduzido para:

$$\frac{\pi}{2} - \frac{\partial v}{\partial x} - \frac{\partial u}{\partial y} \qquad [8.79]$$

A distorção angular sofrida no plano x - y é denotada pela letra grega γ, sendo também chamada de *deformação cisalhante* ou *distorção*, que, para cada plano do elemento infinitesimal, será:

$$\gamma_{xy} = \frac{\partial v}{\partial x} + \frac{\partial u}{\partial y} \qquad [8.80]$$

$$\gamma_{xz} = \frac{\partial w}{\partial x} + \frac{\partial u}{\partial z} \qquad [8.81]$$

$$\gamma_{yz} = \frac{\partial v}{\partial z} + \frac{\partial w}{\partial y} \qquad [8.82]$$

Dos conceitos apresentados, é de extrema importância, na interpretação de programas de cálculo de esforços em pavimentos, que não se criem confusões quanto ao que venha a ser deslocamento (*displacement*), deformação (*strain*) e distorção ou deformação cisalhante (*shear strain*). Na Figura 8.22, uma tela de saída para valores de deformações em um dado ponto. Analisado o pavimento pelo programa Elsym 5, note-se que são indicadas as deformações nas direções normais (em x, y e z), denotadas por EXX, EYY e EZZ. As deformações nas direções principais estão denotadas por PE1, PE2 e PE3. As tensões de cisalhamento (distorções) são indicadas à direita da tela, para os planos normais (xy, xz e yz) e também para os planos principais (PSE1, PSE2 e PSE3).

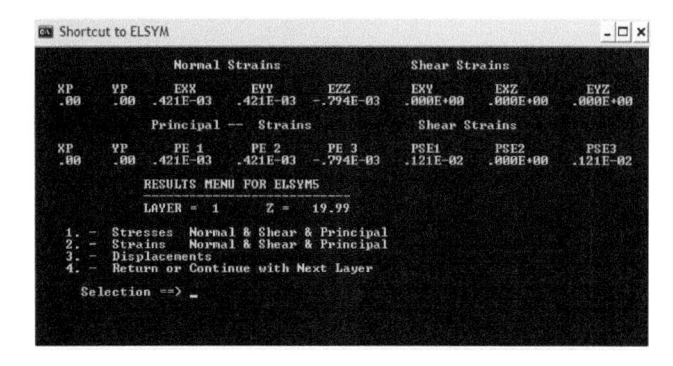

Fig. 8.22 *Saídas das deformações no programa de TSCE Elsym 5*

8.5.4 Módulo de deformação em cisalhamento ou módulo de distorção

A determinação da relação entre distorção e tensão de cisalhamento, conceituando um parâmetro elástico que correlaciona ambos, é demonstrável com auxílio de um arranjo estrutural e geométrico simples, conforme apresentado na Figura 8.23, situação para a qual se dá o nome de *cisalhamento puro*. A tensão de cisalhamento (τ) é descrita pela equação:

$$\tau = G \cdot \gamma \qquad [8.83]$$

em que γ é a distorção e G é o módulo de distorção.

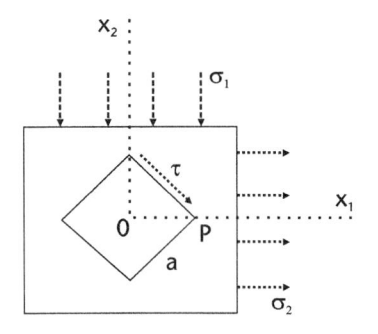

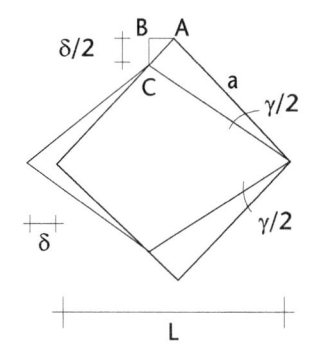

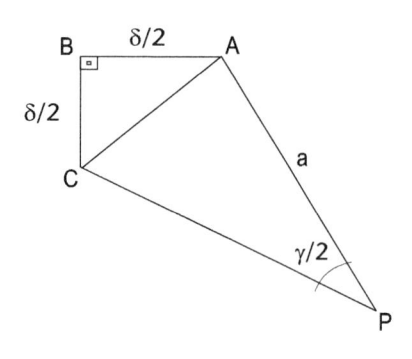

Fig. 8.23 Condição de cisalhamento puro

Observe-se que o quadrilátero central ao quadrado externo está inclinado 45°, o que impõe uma condição especial em que, relativamente à tensão de cisalhamento (τ) na face do quadrilátero interno, σ_1 e σ_2 são as tensões principais, além de $\sigma_1 = -\sigma_2$. A deformação na direção X_1 é dada pela Lei de Hooke, conforme segue:

$$\varepsilon_1 = \frac{1}{E}(\sigma_1 - \nu \cdot \sigma_2) = \frac{1}{E}(\sigma_1 + \nu \cdot \sigma_1) = \frac{\sigma_1}{E}(1+\nu) \qquad [8.84]$$

Como no quadrilátero central σ_1 e σ_2 são as tensões principais, então tem-se, no círculo de Mohr, que $\tau = -\sigma_1$. Assim, pode-se escrever, nesse caso, em termos absolutos:

$$\sigma_1 = G \cdot \gamma \qquad [8.85]$$

No quadrilátero interno, geometricamente, tem-se:

$$L^2 = a^2 + a^2 = 2a^2 \qquad [8.86]$$

No Δ ABC, tem-se:

$$\overline{AC}^2 = \left(\frac{\delta}{2}\right)^2 + \left(\frac{\delta}{2}\right)^2 = \frac{\delta^2}{2} \qquad [8.87]$$

No Δ CAP, tem-se:

$$\operatorname{tg}\frac{\gamma}{2} = \frac{\gamma}{2} = \frac{\overline{AC}}{a} \qquad [8.88]$$

ou

$$\overline{AC}^2 = \frac{\gamma^2 \cdot a^2}{4} \qquad [8.89]$$

Então:

$$\frac{\delta^2}{2} = \frac{\gamma^2 \cdot a^2}{4} \qquad [8.90]$$

e ainda:

$$\delta^2 = \frac{\gamma^2 \cdot L^2}{4} \qquad [8.91]$$

que resulta:

$$\frac{\gamma^2}{4} = \frac{\delta^2}{L^2} = \varepsilon_1^2 \qquad [8.92]$$

Da Equação 8.92, extrai-se que:
$$\gamma = 2\varepsilon_1 \qquad [8.93]$$

Pode-se escrever, portanto, a igualdade:

$$\sigma_1 = G \cdot \gamma = G \cdot 2 \cdot \varepsilon_1 = 2 \cdot G \cdot \frac{\sigma_1}{E} \cdot (1+\nu) \qquad [8.94]$$

Sendo finalmente definido o valor da constante G:

$$G = \frac{E}{2 \cdot (1+\nu)} \qquad [8.95]$$

como se queria demonstrar. Note-se que as três constantes elásticas apresentam interdependência entre si, sendo apenas duas entre ambas independentes.

8.5.5 Módulo de deformação volumétrica

Define-se por módulo de deformação volumétrica (K) o parâmetro relacionando a tensão média aplicada no volume do domínio em estudo pela deformação volumétrica sofrida, conforme segue:

$$K = \frac{\frac{1}{3} \cdot (\sigma_1 + \sigma_2 + \sigma_3)}{\varepsilon_{vol}} = \frac{\theta}{3 \cdot \varepsilon_{vol}} = \frac{E}{3(1-2\nu)} \qquad [8.96]$$

O módulo de compressibilidade (B) é definido como o recíproco de K; portanto:

$$B = \frac{1}{K} = 3 \cdot \frac{\varepsilon_{vol}}{\theta} = \frac{3(1-2\nu)}{E} \qquad [8.97]$$

8.6 Conceito Elementar de Curvatura (Flexão Pura) – Efeito Placa

As relações entre curvatura e deformação para elementos estruturais é de notável importância na interpretação de dados de campo; conhecida a propriedade (deformação) ou a linha elástica (curvatura) da superfície, muito se pode dizer sobre o comportamento de determinada camada de uma estrutura de pavimento. Por essa razão, empenhamos algum tempo na elucidação das relações entre ambas na condição da Teoria Elementar de Flexão Pura.

Considere-se um elemento de superfície linear, com um comprimento dx e sua espessura constante, definida pelos segmentos A'A'' ou B'B'' na Figura 8.24. Pela hipótese de Navier, os planos perpendiculares ao eixo do elemento permanecem planos após a deformação em flexão, conforme representado.

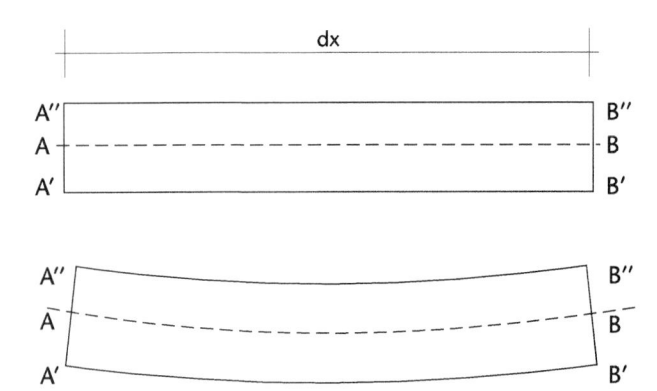

Fig. 8.24 *Viga antes e após sua flexão*

Após a deformação da viga, ocorrem os arcos entre A" e B", A e B e finalmente A' e B'. Nessas condições, intui-se que A'B' > AB, ou seja, após a deformação (em flexão), a fibra inferior A'B' estica enquanto a fibra superior A"B" encolhe. O arco A'B' pode ser representado então pela extensão original AB somada à deformação ocorrida, o que pode ser assim escrito:

$$A'B' = AB + \frac{\partial A'B'}{\partial x} \cdot dx \qquad [8.98]$$

sendo a segunda parcela da equação acima a deformação total sofrida no comprimento A'B'. A deformação específica na direção x, nas condições do problema, será:

$$\varepsilon_x = \frac{\partial A'B'}{\partial x} = \frac{A'B' - AB}{dx} \qquad [8.99]$$

ou simplesmente:

$$\varepsilon_x = \frac{A'B' - AB}{AB} \qquad [8.100]$$

Na Figura 8.25, são observados os elementos geométricos da viga em flexão, como seu raio de curvatura, medido de um ponto de interseção entre duas linhas perpendiculares ao arco central AB após deformação, sendo a profundidade z tomada a partir desse arco central como um eixo de coordenadas radiais. O parâmetro w representa, por sua vez, o afastamento entre um ponto da superfície original não deformada e sua posição após a deformação, variando portanto na direção x. Se w for escrito como uma função de x (coordenada horizontal), dá-se a w o nome de deslocamento da linha elástica, e w se torna, portanto, uma função que representa a linha elástica.

Da Figura 8.25, por trigonometria de arcos, tem-se:

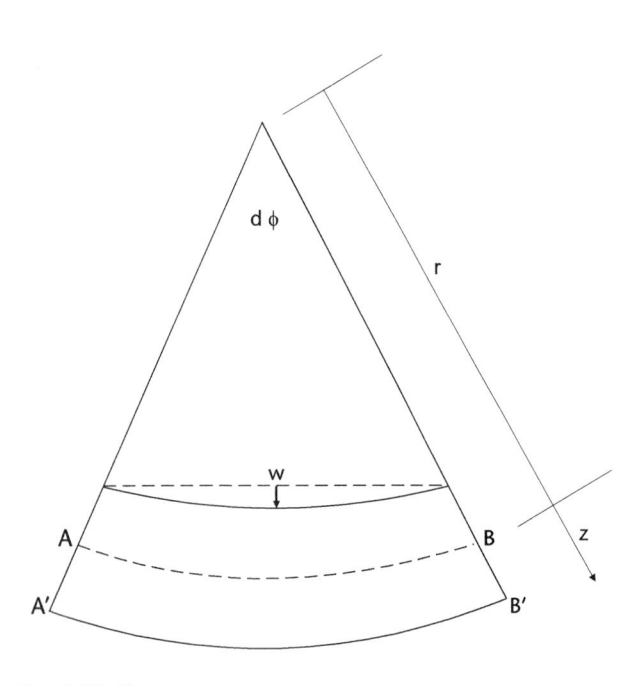

Fig. 8.25 *Elementos geométricos da viga em flexão*

$$\text{tg}(d\phi) = \frac{\text{arco oposto}}{\text{arco adjacente}} = \frac{AB}{r} \qquad [8.101]$$

E também:

$$\text{tg}(d\phi) = \frac{A'B'}{r+z} \qquad [8.102]$$

Ao considerar-se que dφ é muito pequeno, pode-se escrever:

$$\operatorname{tg}(d\phi) = d\phi \quad [8.103]$$

Das relações anteriores, resultam, sucessivamente:

$$AB = r \cdot d\phi \quad [8.104]$$

$$A'B' = (r+z) \cdot d\phi \quad [8.105]$$

Que, por substituição na Equação 8.100, resulta:

$$\varepsilon_x = \frac{(r+z) \cdot d\phi - r \cdot d\phi}{r \cdot d\phi} = \frac{z \cdot d\phi}{r \cdot d\phi} \quad [8.106]$$

Portanto, a relação entre a deformação e a curvatura na direção x será:

$$\varepsilon_x = \frac{z}{r} \quad [8.107]$$

O raio de curvatura da superfície, ou seja, o inverso da curvatura (1/r) será, pela Geometria Analítica, para pequenos deslocamentos ou fechas, a segunda derivada do deslocamento em z (vertical) em função de x. No estado plano de tensões, o raciocínio é válido também para a direção y, perpendicular a x e a z. Portanto:

$$\frac{1}{r} = \frac{\partial^2 w}{\partial x^2} \quad [8.108]$$

Observe-se que, pela Equação 8.108, conhecidos os parâmetros geométricos do elemento estrutural, quais sejam, sua altura e seu raio de curvatura, as deformações, para estado plano de tensões, ficam facilmente determinadas para as direções x e y. Teoricamente, é necessária a determinação da função que represente adequadamente a linha elástica do elemento em flexão para que seja posteriormente possível a determinação das deformações em um ponto a dada profundidade z. A solução dessa função de deslocamentos (linha elástica) não é nada trivial ao tratar-se de estruturas de camadas.

Recorde-se que, da Geometria Analítica Diferencial, o raio de curvatura em qualquer ponto de dada curva (com perpendicularidade nesse ponto), sendo a curva descrita como y = F(x), será:

$$r(x) = \frac{\left[1 + \left(\frac{dy}{dx}\right)^2\right]^{\frac{3}{2}}}{\frac{d^2 y}{dx^2}} \quad [8.109]$$

8.7 Carga de Roda Equivalente – Superposição de Efeitos de Múltiplas Cargas

Diversas simplificações, como serão vistas, foram realizadas no passado para que se tornasse atraente o emprego das teorias elásticas, em especial de Boussinesq, ao considerar-se os efeitos combinados de várias rodas, pois eram assim compostos os eixos de aeronaves e de caminhões. Um dos conceitos mais relevantes trata-se, sem dúvida, daquele de Carga de Roda Simples Equivalente (CRSE), desenvolvido sob alguns matizes. Aqui, apresenta-se a variante do U.S.

Corps of Engineers (USACE) na avaliação dos efeitos nos pavimentos em termos de deflexões resultantes da combinação de várias rodas superpostas. Também conhecida no meio técnico por *teoria das deflexões*, o que não é nem de longe conveniente, trata-se da simples aplicação da Teoria de Boussinesq no cálculo de deslocamentos.

Agora imaginem duas rodas que possuem a mesma geometria e carga aplicadas sobre si (em que os pneus apresentam pressões idênticas), porém afastadas uma certa distância entre si, conforme sugerido na Figura 8.26.

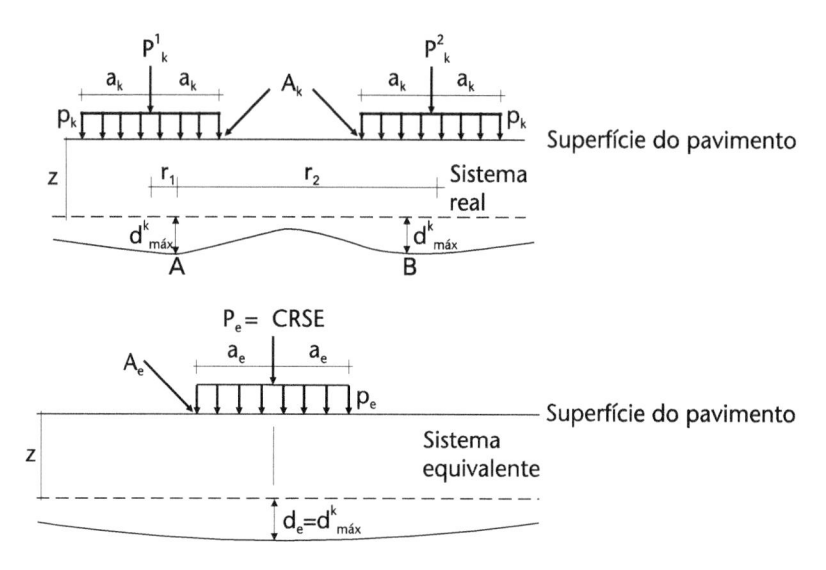

Fig. 8.26 *Sistemas equivalentes em termos da deflexão total (máxima)*

O sistema real é um pavimento solicitado por duas rodas que aplicam a mesma pressão sobre a superfície, resultando em mesma área de carga. A deflexão máxima, nesse caso, ocorre a uma distância r_1 do centro da roda da esquerda e a uma distância r_2 do centro da roda da direita, pois a superposição dos efeitos implica que a máxima deflexão não obrigatoriamente ocorra mais sob o centro de uma das rodas. No sistema equivalente, a deflexão máxima é idêntica, por hipótese, àquela máxima no sistema real, de modo que se pode escrever:

$$d_k^{máx} = d_e \qquad [8.110]$$

As áreas de contato de cada roda no sistema real são idênticas (cargas e pressões idênticas nas rodas múltiplas) e serão assumidas também como idênticas à área do sistema equivalente, de tal maneira que se torna possível escrever também:

$$A_k = A_e \qquad [8.111]$$

portanto:

$$a_k = \sqrt{\left[\frac{A_k}{\pi}\right]} = \sqrt{\left[\frac{A_e}{\pi}\right]} = a_e \qquad [8.112]$$

Vale ressaltar que, segundo a Teoria de Boussinesq, a deflexão pode ser representada pela equação:

$$w_z = \frac{p \cdot a}{E} \cdot F_d \qquad [8.113]$$

em que p é a pressão sobre a superfície aplicada pela carga circular distribuída, a é o raio de contato da área circular, E é o módulo de elasticidade do meio e F_d foi chamado de *fator de deflexão*, que representa o restante dos termos da equação original.

De volta à questão, o sistema real é composto no exemplo de duas cargas, sendo cada uma delas responsável por uma parcela da deflexão ao longo, por exemplo, do segmento horizontal AB (Figura 8.25). Tais deflexões, por analogia, em qualquer ponto da horizontal, podem ser descritas pelas equações:

$$d_1 = \frac{p_k \cdot a_k}{E} \cdot F_1 \qquad [8.114]$$

$$d_2 = \frac{p_k \cdot a_k}{E} \cdot F_2 \qquad [8.115]$$

sendo F_1 e F_2 os fatores de deflexão correspondentes às cargas P_k^1 e P_k^2 (idênticas, no caso), afastadas do ponto de deflexão máxima de r_1 e de r_2, respectivamente. O deslocamento total do sistema no ponto A será dado então pela superposição das duas deflexões, conforme segue:

$$d_k^{máx} = \frac{p_k \cdot a_k}{E} \cdot (F_1 + F_2) \qquad [8.116]$$

Ao se estender a deflexão crítica ou máxima para um sistema de n rodas idênticas, a deflexão total máxima em dado ponto seria obtida, para distâncias r_i a partir dos centros das rodas, pela expressão:

$$d_k^{máx} = \frac{p_k \cdot a_k}{E} \cdot \sum_1^n F_i^{máx} \qquad [8.117]$$

Note-se que a expressão acima, dependente das distâncias entre os centros de cargas e o ponto considerado, serve para o cálculo da deflexão em qualquer ponto. Porém, um conjunto de cargas levará um ponto a uma deflexão máxima, o que exige que vários pontos sejam estudados para se identificar para qual combinação de distâncias se chega a uma deflexão máxima. Considerada uma profundidade z, a CRSE, no sistema equivalente, *será aquela para a qual o somatório de valores de F_i for máximo*. A deflexão causada na profundidade z pela CRSE pode ser descrita pela equação:

$$d_e = \frac{p_e \cdot a_e}{E} \cdot F_e \qquad [8.118]$$

Ao considerar-se que a CRSE é aquela que produz a mesma deflexão máxima causada pelo conjunto de rodas no sistema real, podemos escrever:

$$\frac{p_e \cdot a_e}{E} \cdot F_e = \frac{p_k \cdot a_k}{E} \cdot \sum_{1}^{n} F_i^{máx} \qquad [8.119]$$

Com base na igualdade acima e que:

$$p_e = \frac{P_e}{\pi \cdot a_e^2} \qquad [8.120]$$

e

$$p_k = \frac{P_k}{\pi \cdot a_k^2} \qquad [8.121]$$

resulta que:

$$P_e \cdot F_e = P_k \cdot \sum_{1}^{n} F_i^{máx} \qquad [8.122]$$

ou

$$CRSE = P_e = P_k \cdot \frac{\sum_{1}^{n} F_i^{máx}}{F_e} \qquad [8.123]$$

O cálculo da CRSE é realizado considerando-se diversas posições para análise de deflexões, tomando-se inúmeras verticais no sistema real, de maneira a se encontrar a vertical que sofre o maior deslocamento na profundidade desejada, que representa a espessura do pavimento (sistema de uma camada apenas, isotrópica, linear, homogênea). Para a fixação do conceito, nada melhor que um exemplo, com suas discussões intrínsecas.

Considere-se um conjunto de duas rodas de um eixo traseiro de um caminhão, simples com rodas duplas, nas condições de análise pelo Usace no início da década de 1960, que adotava a carga de 9.000 lb para rodas duplas como padrão para um eixo completo (quatro rodas), pressão dos pneus de 0,492 MPa, afastamento entre centro de rodas de 0,34 m e coeficiente de Poisson de 0,5 m para o meio homogêneo. Nessas condições, o raio da roda será:

$$a_k = \sqrt{\left[\frac{A_k}{\pi}\right]} = \sqrt{\left[\frac{P_k}{\pi \times p_k}\right]} = 11,52 \, cm$$

Vamos admitir três situações de cálculo, dada a proximidade entre as faces da roda, conforme a Figura 8.27: uma condição na vertical passando pelo centro da roda (A); uma condição na vertical tangenciando a face interna de uma roda (B); uma condição na vertical passando pelo centro geométrico de ambas as rodas (C). No primeiro caso, a distância da primeira roda é nula e a da segunda roda, 34 cm; no segundo caso, a distância da roda da esquerda é de

11,52 cm e a da roda da direita, 22,48 cm; no último caso, as distâncias de ambas as rodas são idênticas, de 17 cm. Observe-se que, na determinação da CRSE, o módulo de elasticidade do meio não aparece na expressão, sendo dependente apenas dos fatores de deflexão.

Para a vertical abaixo da carga de uma roda, com base na Teoria de Boussinesq, o fator de deflexão é:

$$F_d = \frac{1,5}{\sqrt{1+\left(\frac{z}{a}\right)^2}}$$

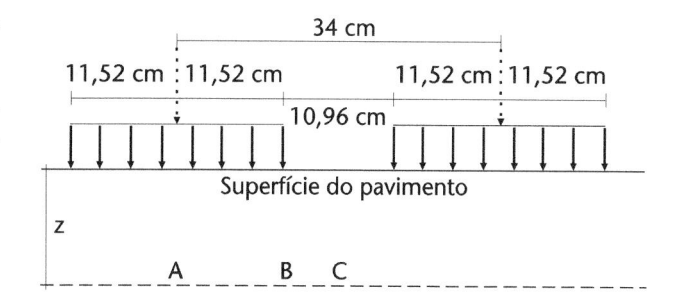

Fig. 8.27 *Posições para a condição de duas rodas de eixo traseiro padrão de caminhão*

Para a vertical tangenciando a carga da roda, o fator de deflexão é:

$$F_d = 4 \cdot (1-v^2) \cdot \frac{a}{2 \cdot r} \cdot (1 + \frac{1}{8} \cdot \frac{a^2}{r^2} + \frac{3}{64} \cdot \frac{a^4}{r^4} + ...)$$

Para uma carga afastada da vertical de interesse, o fator de deflexão poderá ser estimado por meio da equação de carga concentrada, que será:

$$F_d = \frac{a}{2} \cdot [(1+v) \cdot z^2 \cdot (r^2+z^2)^{-3/2} + 2 \cdot (1-v^2) \cdot (r^2+z^2)^{-1/2}]$$

Na Tabela 8.1, são apresentados os valores individuais de cada carga, bem como os somatórios de F_d para cada ponto considerado (A, B ou C na Figura 8.27). Observa-se que os fatores de deflexão, para uma só carga, diminuem com a

Tabela 8.1 *Fatores de deflexão no exemplo de cálculo*

z (mm)	Ponto A			Ponto B			Ponto C		
	Roda 1	Roda 2	ΣF_d	Roda 1	Roda 2	ΣF_d	Roda 1	Roda 2	ΣF_d
10	1,49438	0,254227	1,748608	1,757813	0,38472	2,142533	0,509108	0,509108	1,018216
100	1,132755	0,263202	1,395956	1,332439	0,409174	1,741613	0,550679	0,550679	1,101357
200	0,748683	0,275339	1,024023	0,880663	0,414015	1,294677	0,520251	0,520251	1,040502
300	0,537718	0,273958	0,811676	0,632508	0,378071	1,010579	0,44023	0,44023	0,88046
400	0,415127	0,260125	0,675252	0,488306	0,331403	0,819709	0,36717	0,36717	0,734339
500	0,336777	0,240604	0,577381	0,396144	0,288706	0,684851	0,310252	0,310252	0,620504
600	0,282834	0,220115	0,502949	0,332692	0,253093	0,585786	0,266797	0,266797	0,533594
700	0,243581	0,200857	0,444438	0,286519	0,224048	0,510567	0,233204	0,233204	0,466408
800	0,213795	0,183585	0,39738	0,251483	0,200337	0,45182	0,206718	0,206718	0,413436
900	0,190446	0,168395	0,358841	0,224018	0,180808	0,404826	0,185414	0,185414	0,370828
1.000	0,171665	0,155126	0,326791	0,201926	0,164538	0,366464	0,167963	0,167963	0,335927
1.100	0,156236	0,143541	0,299777	0,183778	0,150825	0,334603	0,153437	0,153437	0,306874
1.200	0,143341	0,133398	0,276739	0,168609	0,139139	0,307748	0,141174	0,141174	0,282348
1.300	0,132404	0,124481	0,256885	0,155745	0,129078	0,284822	0,130693	0,130693	0,261386
1.400	0,123013	0,116602	0,239615	0,144698	0,120336	0,265034	0,121638	0,121638	0,243277
1.500	0,114862	0,109605	0,224467	0,13511	0,112676	0,247786	0,113741	0,113741	0,227483

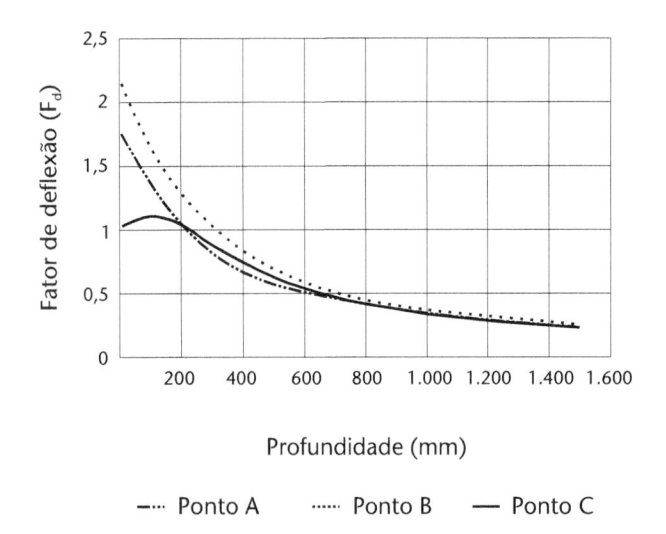

Fig. 8.28 *Posições para a condição de duas rodas de eixo traseiro padrão de caminhão*

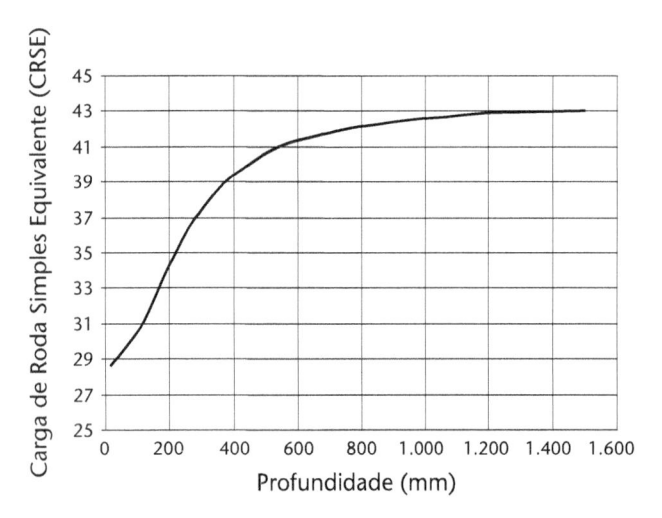

Fig. 8.29 *CRSE em função da profundidade para o estudo apresentado*

profundidade e também quando o ponto de interesse está a uma distância além do raio da roda. Na Figura 8.28, pode-se verificar que, para o caso em análise, o ponto B revelou-se mais crítico em termos de superposição de deflexões que os demais, embora para profundidades (espessuras) superiores a cerca de 1 m os resultados aproximem-se dos demais. Nos pontos A e C, têm-se efeitos mais semelhantes para profundidades acima de 200 mm, portanto pequenas, embora no ponto A a deflexão na superfície resulte superior àquela do ponto C.

Para a determinação da CRSE no caso em análise, diante dos resultados obtidos, adotou-se o caso do ponto B (mais crítico). A roda equivalente terá a mesma área de contato da roda no sistema real, porém deverá variar com a profundidade, posto que os valores de F_d também variam com a profundidade. Os fatores de deflexão para a roda equivalente também podem ser considerados aqueles mais críticos para uma roda isolada, para o ponto B, conforme os fatores da roda 1 (ponto B) da Tabela 8.1. Com base nesses resultados, a carga de roda simples equivalente (CRSE) é descrita em função da profundidade na Figura 8.29.

Observa-se, portanto, que o valor da CRSE não é idêntico à carga isolada para uma profundidade nula, rente à superfície do pavimento, enquanto o valor da CRSE aumenta com a profundidade (efeitos combinados e, portanto, superposição de efeitos) até atingir certo limite, apresentando uma função descritível por um modelo do tipo *logit*. A estabilização da CRSE ocorre à medida que as cargas têm menos efeito na estrutura, isto é, em profundidade. O exemplo aqui apresentado será útil para o entendimento do método de projeto de pavimentos vigente no País.

8.8 Equivalência Estrutural entre Camadas – um Conceito do Passado ainda Presente

A AASHTO Road Test propunha, entre questões importantes para a formulação de modelos de desempenho e de dimensionamento de pavimentos, a questão básica da proteção de camadas inferiores e pouco resistentes contra esforços (pressões) excessivos que trouxessem oportunidades de ruptura dos subleitos e solos de reforço. Trocando em miúdos, a questão seria:

> se devemos proteger o subleito para dado conjunto de cargas em dado horizonte de projeto, teria que ser considerado, para seleção de materiais em projetos, o fato de diferentes materiais, com propriedades diferentes, resultarem, para uma mesma espessura desses materiais, em diferentes pressões sobre o subleito.

Em decorrência de tal raciocínio, intuitivo e empírico, era então possível que dois ou mais materiais servissem como base, porém de diferentes espessuras, para cumprir uma mesma tarefa de impor um dado-padrão de pressão sobre o subleito, que seria idêntico para qualquer situação.

Em uma época que não estavam disseminados nem computadores para o emprego de métodos numéricos que solucionassem a TSCE, nem técnicas e normas de testes para determinação de parâmetros elásticos associados aos materiais de pavimentação, não restaria outra solução que um tratamento empírico mas com bases racionais. Ainda hoje, normas oficiais de projeto, em diversos países, bem como no Brasil, empregam o conceito de equivalência estrutural entre as camadas, razão pela qual aqui abordamos a questão.

O método de dimensionamento de pavimentos asfálticos, com bases e sub-bases granulares ou cimentadas, de emprego oficial pela agência rodoviária federal no país, bem como suas variações encontradas em documentos normativos de agências rodoviárias estaduais e até municipais, com caráter de método oficial ou de projeto regulamentado, tratam de procedimentos de determinação de espessuras de camadas constituintes das estruturas de pavimentos com base no conceito de *equivalência estrutural* entre materiais de pavimentação. A versão do extinto Departamento Nacional de Estradas de Rodagem (Souza, 1981) esclarece que tal método se consolidou "com base na experiência do Corpo de Engenheiros do Exército dos Estados Unidos da América do Norte e em algumas conclusões obtidas na Pista Experimental da AASHTO".

Ainda no corpo da normativa, não é apresentada uma definição formal para o que venha a ser um Coeficiente de Equivalência Estrutural (CE), tão somente sendo indicados seus valores para diversos materiais de pavimentação. Batista (1978) esclarece que "os coeficientes de equivalência estrutural [...] foram adotados com base nos resultados da Pista Experimental da AASHTO com modificações julgadas do lado da segurança". Extrai-se, assim, do autor que os CE empregados no método em questão se tratavam de valores extraídos da AASHTO Road Test, sem, no entanto, esclarecer nem o conservadorismo nem os valores em si, que são mais bem esclarecidos por Medina (1997).

Tem-se, por razões de natureza didática e de modo intuitivo, transmitido que tais coeficientes representam a capacidade relativa de dado material em distribuir pressões sobre as camadas inferiores, sendo assim também intuitivo imaginar que, quanto maior fosse a rigidez do material, menor pressão resultaria sobre uma camada subjacente a este e, em cascata, que tal capacidade relativa de distribuição de pressões seria maior para esse material.

Todavia, essa maneira de refletir o que seja um CE, racionalizada em conceitos teóricos e até mesmo práticos, poderia não representar adequadamente o real conceito embutido na definição do que viria a ser um CE. Tal modo de interpretação deriva, textualmente, da leitura do DNER-PRO 10-79 (DNER, 1979), quando, ao apresentar valores para "fatores de equivalência estrutural", define que tal coeficiente é a relação entre a espessura de uma camada de pedregulho equivalente (conforme padrão criado na Califórnia, em finais da década de 1920) e a espessura real da camada do material em questão. Tal espessura de pedregulho equivalente é "[...] a espessura capaz de proporcionar uma distribuição de carga e um efeito sobre a superfície subjacente idênticos aos suscitados pela ação de placa desenvolvida pela espessura h do material considerado" (DNER, 1979).

Ao recorrer à fonte do conceito sobre CE, o guia de projeto de pavimentos da AASHTO (1993) esclarece que

> [...] os coeficientes estruturais são fundamentados nos valores de módulos resilientes (dos materiais) e foram determinados baseados em análises de tensões e de deformações em sistemas de camadas elásticas. Usando tais conceitos, o coeficiente estrutural pode ser ajustado, aumentado ou diminuído, de maneira a preservar invariante o valor de tensão ou de deformação para resultar em igual desempenho.

Duas ideias ficam então claras: (1) o ajuste mecanicista de tais coeficientes tendo em vista uma teoria de análise estrutural; (2) a dependência de tais coeficientes no e do desempenho funcional desejado para o pavimento, diretriz básica de projeto do método.

Para o melhor entendimento da aplicabilidade e da natureza desses CE, a AASHTO (1993) ainda indica que eles "[...] retratam a relação empírica entre o Número Estrutural (SN) e as espessuras das camadas, sendo uma medida da habilidade relativa de um material atuar como componente estrutural do pavimento". O Número Estrutural, por sua vez, deve ser entendido como

> [...] um número abstrato que expressa a resistência estrutural de um pavimento exigida para dada combinação de condição de suporte do subleito, do tráfego total no horizonte de projeto traduzido por um número de repetições equivalentes do eixo-padrão de 80 kN, do nível terminal de serventia admitido e de condições ambientais.

Tal natureza empírica do conceito de CE, resultante de análises empírico-estatísticas baseadas em avaliações de desempenho das seções experimentais da AASHTO Road Test, é, portanto, evidente; o valor do SN, calculado com base no somatório dos produtos entre espessuras de camadas e CE, é um parâmetro a ser definido na equação de desempenho (ou de projeto) do referido método (o método da AASHTO é apresentado em capítulo específico).

Afirma ainda a AASHTO (1993) que "pesquisas e estudos de campo indicam que muitos fatores influenciam os coeficientes estruturais, como a espessura da camada, a condição de suporte oferecida pela camada inferior, a posição relativa da camada no pavimento". Contudo, tais condicionantes não se encontram explicitamente indicados no guia da AASHTO (1993), que se limita a fornecer expressões ou ábacos para determinação dos coeficientes estruturais em função de outros parâmetros relacionados a propriedades mecânicas, em especial do valor do módulo de elasticidade ou de resiliência do material.

Nesse contexto, conforme indicado por Medina (1997), na Tabela 8.2, são apresentados os valores individuais para o CE, de acordo com o critério da AASHTO (1993), e convertidos para os padrões de Souza (1981), tendo-se por critério CE = 1,0 para uma base (ou sub-base) em material granular bem graduado, com base em valores de módulos de resiliência possíveis para os materiais indicados. Os valores de CE estabelecidos por conversão foram obtidos no guia

Tabela 8.2 *Valores de coeficientes estruturais*

MATERIAL	MÓDULO DE RESILIÊNCIA (MPa)	COEFICIENTES ESTRUTURAIS		
		AASHTO	CONVERSÃO	DNER
Brita graduada	200	0,13	1,0	1,0
Concreto asfáltico	3.164	0,44	3,4	2,0
Pedregulho arenoso (sub-base)	n.d.	0,11	0,85	n.d.
Solo-cimento	6.000	0,20	1,54	1,7
Brita graduada tratada com cimento	12.000	0,22	1,69	1,7
Pré-misturado a frio	1.500	0,23	2,1	1,4

Fonte: AASHTO (1993) e Souza (1981).

de projeto de pavimentos da AASHTO (1993) para valores típicos de módulos resilientes dos materiais indicados.

Observa-se, pela Tabela 8.2 uma postura não apenas rigorosa com relação a concretos asfálticos, mas também a pré-misturados asfálticos a frio (densos) no que tange aos valores efetivamente indicados no método preconizado pelo extinto DNER (Souza, 1981). Os valores para bases cimentadas preconizados pelo DNER são aplicáveis a materiais com resistência à compressão simples superior a 4,5 MPa aos sete dias.

Como a AASHTO (1993) admite, tais valores de CE seriam variáveis dependentes de outros fatores e não diretamente apenas do módulo de resiliência do material, porém da rigidez da camada inferior, da posição do material, de sua espessura; isso seria natural de entender a partir do fato de que tais valores de CE, como se abordou, teriam sido determinados também com base na teoria elástica de sistemas de camadas.

O método de projeto de pavimentos asfálticos do DNER preconiza a proteção de camadas inferiores pelo critério de verificação da compatibilidade entre tensão ou pressão aplicada sobre o topo da camada inferior e sua taxa admissível, ou a pressão sobre si admissível, ditada em contrapartida pelo valor do California Bearing Ratio (CBR). De tal sorte que, avaliando intuitivamente com base em conceitos advindos de teorias de estruturas, quanto mais rígida for a camada superior que recebe a carga transiente aplicada pelo tráfego, menor seria a pressão sobre a camada inferior (efeito placa, arqueamento, resposta em flexão).

Nessas condições, um material mais rígido deveria ter uma capacidade natural de, colocado sobre um solo de fundação, impor menor pressão sobre este que um material mais flexível, de maneira que seria necessária uma espessura menor deste material mais rígido, comparada à espessura de material mais flexível, para que, considerada uma mesma carga sobre o topo dos sistemas, as pressões sobre o topo da camada subjacente resultassem idênticas para ambas as situações.

8.8.1 Análise geométrica da equivalência estrutural

Na Figura 8.30, é apresentada uma hipotética distribuição (média) de pressões sobre a superfície da camada superior (no caso, a própria roda do

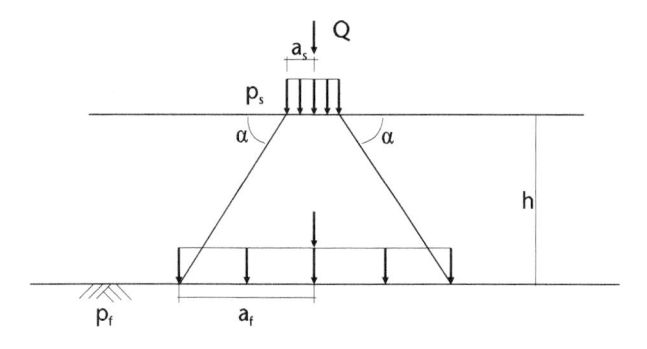

Fig. 8.30 *Esquema geométrico hipotético de distribuição de pressões*

veículo) e a distribuição sobre o topo da camada inferior, sendo p_s e p_f para cada uma das referidas pressões, respectivamente. O raio da área de contato, supostamente circular, da carga sobre a superfície, é designado por a_s, enquanto o raio do círculo de pressão sobre a camada inferior é designado por a_f. A carga aplicada sobre a superfície e a espessura da primeira camada são, respectivamente, Q e h. O ângulo de mergulho médio definido pelo bulbo de tensões imposto na estrutura a partir da borda da carga aplicada sobre a superfície é chamado de α; o sistema é de duas camadas elásticas. A pressão aplicada sobre a superfície é dada pela expressão:

$$p_s = \frac{Q}{\pi \cdot a_s^2} \qquad [8.124]$$

Da mesma forma, a pressão média no fundo da camada superior (igual àquela no topo da camada de fundação) é dada por:

$$p_f = \frac{Q}{\pi \cdot a_f^2} \qquad [8.125]$$

Na Figura 8.30, pode ser observado que o raio da área circunscrita ao "cone" de pressões no fundo da primeira camada pode ser determinado pela expressão:

$$\operatorname{tg}\alpha = \frac{h}{(a_f - a_s)} \qquad [8.126]$$

da qual se extrai que:

$$a_f = \frac{h}{\operatorname{tg}\alpha} + a_s \qquad [8.127]$$

A Equação 8.124, sendo reescrita com a_s como variável dependente de Q e de p_s, resulta:

$$a_s = \sqrt{\frac{Q}{\pi \cdot p_s}} \qquad [8.128]$$

Após substituir [8.27] e [8.28] em [8.125], chega-se a:

$$p_f = \frac{Q}{\dfrac{\pi \cdot h^2}{\operatorname{tg}^2\alpha} + \dfrac{\pi \cdot h}{\operatorname{tg}\alpha} \cdot \sqrt{\dfrac{4 \cdot Q}{\pi \cdot p_s}} + \dfrac{Q}{p_s}} \qquad [8.129]$$

Observa-se na equação anterior que, com o aumento do ângulo de mergulho, a pressão no fundo da primeira camada aumenta. Se adotar-se a condição-padrão de carregamento, tomando a carga de um lado do eixo simples de rodas duplas e a pressão de 0,64 MPa na superfície, a Equação [8.129] ficará reduzida a:

$$p_f = \frac{4083}{\dfrac{\pi \cdot h^2}{tg^2 \alpha} + \dfrac{28,5 \cdot \pi \cdot h}{tg \alpha} + 638}$$ [8.130]

Essa expressão seria a estimativa para o cálculo de uma pressão média exercida sobre o topo do subleito do pavimento indicado na Figura 8.30. Considerada tal expressão para um ângulo de mergulho (que transforma o bulbo em cone médio de pressões) e aplicando-se, por exemplo, os resultados aferidos experimentalmente por Childs e Nussbaum (1962), sobre pressões presentes sob bases compostas por britas graduadas (caso a) e tratadas com cimento (caso b), que seriam equivalentes para camadas com 100 mm e 250 mm, respectivamente, para uma mesma carga, a Equação 8.130 seria descrita para a camada em brita graduada por:

$$p_f^a = \frac{4083}{\dfrac{1963,5}{tg^2 \alpha_a} + \dfrac{2238,4}{tg \alpha_a} + 638}$$ [8.131]

e para a camada tratada com cimento por:

$$p_f^b = \frac{4083}{\dfrac{314,2}{tg^2 \alpha_b} + \dfrac{895,4}{tg \alpha_b} + 638}$$ [8.132]

Ao considerar-se que, para ambas as situações, as pressões aferidas sobre o subleito foram idênticas, é possível escrever:

$$\frac{1}{p_f^a} = \frac{1}{p_f^b}$$ [8.133]

Após a substituição, finalmente, das Equações 8.131 e 8.132 em 8.133, obtém-se, em função das condições do problema, a seguinte função identidade:

$$\frac{tg \alpha_b}{tg \alpha_a} = \sqrt{\frac{314,2 + 895,4 \cdot tg \alpha_b}{1963,5 + 2238,4 \cdot tg \alpha_a}}$$ [8.134]

A redução relativa de pressão (Δp) que uma camada proporciona sobre a camada inferior, para o problema, poderá ser determinada pela relação:

$$\Delta p = \frac{p_s - p_f}{p_s} \cdot 100$$ [8.135]

Nessas condições, de acordo com a definição anteriormente descrita para o conceito de Coeficiente Estrutural (CE), que é a capacidade relativa (em relação a um padrão) de um material distribuir pressão sobre o topo da camada imediatamente subjacente, o valor de tal coeficiente de equivalência estrutural poderia ser tomado pela relação:

$$CE = \frac{\Delta p^j}{\Delta p^{ref}} \qquad [8.136]$$

ou seja, como a relação entre a redução relativa de pressão causada por um material qualquer e a redução relativa de pressão causada pelo material de referência.

Na Tabela 8.3, são apresentados valores resultantes de busca de valores de ângulos de mergulho, para os quais se verifica a identidade na Equação 8.134. Tais valores foram buscados experimentalmente, com aproximações de 0,5°, fazendo-se α_b variar entre 5° e 89°, de 5° em 5°. Para cada um desses resultados, são apresentados outros parâmetros de interesse, incluindo as reduções relativas de pressão resultantes para cada material analisado (o material a é a base granular; o material b é a base cimentada), além de valores teóricos de cálculo de CE, conforme proposto pela Expressão 8.136.

Para a busca de valores aceitáveis dentro das soluções de cálculo para CE apresentadas na Tabela 8.3 (veja última coluna), por tratar-se da análise de uma base cimentada, recorreu-se novamente a critérios de natureza estrutural, conforme se discorre adiante. Primeiramente, para efeito de analogia de treliças (em lajes) na placa composta por base cimentada (que era BGTC no caso analisado), ângulos de mergulho superiores a 45° não seriam razoáveis; em segundo lugar, o limite de distribuição de pressões no círculo inferior no fundo da camada cimentada, dado seu comportamento de placa, seria estimado em função da distância na qual o momento fletor estaria próximo de se anular; tal distância é, na teoria de placas isótropas, determinada pelo raio de rigidez relativa do material, dado pela expressão:

$$\ell = \sqrt[4]{\frac{E.h^3}{12.k.(1-\gamma^2)}} \qquad [8.137]$$

em que a placa de material cimentado apresenta E como módulo de elasticidade, h como espessura e γ como coeficiente de Poisson; k é o módulo de reação do subleito imediatamente abaixo da placa. Para as condições do problema, foram empregados os seguintes valores de cálculo: E = 12.000 MPa, h = 0,10 m; γ = 0,2; e finalmente k = 50 MPa/m, representativo de solo arenoso.

O raio de rigidez relativo, nessas condições, resulta em 0,38 m, que, assumido como valor de a_f (ver Figura 8.30, a partir do centro da carga), em função de h e de a_s (que no caso é calculado pela Equação 8.128 para p_s = 0,64 MPa e Q = 40,8 kN), permite que seja calculado o valor do ângulo de mergulho mínimo para o cone de pressão na base cimentada (α_b), que resultaria em aproximadamente 15°.

Ao considerar-se tais limites para o ângulo de mergulho α_b, seriam aceitáveis apenas os valores de coeficientes estruturais para a base cimentada entre 1,2 e 1,7, aproximadamente; as condições do problema impõem base cimentada de elevada resistência, para a qual o DNER aponta um coeficiente estrutural de 1,7. A interpretação geométrica e física do problema, conforme apresentado, indica que valores de CE inferiores poderiam ser considerados. Constatações dessa natureza requerem o emprego da TSCE para uma análise mais aprofundada.

Tabela 8.3 *Análise de ângulos de mergulho de cones de pressão e de coeficientes estruturais*

α_a	α_b	a_F (a)	a_f (b)	P_F (A)	P_F (B)	α_a / α_b	Δ_p (a)	Δ_p (b)	CE
12,5	5	59,4	128,6	0,369	0,079	2,50	94,2	98,8	1,048
24	10	36,7	71,0	0,964	0,258	2,40	84,9	96,0	1,130
34	15	29,1	51,6	1,537	0,489	2,27	76,0	92,4	1,216
42,5	20	25,2	41,7	2,053	0,747	2,13	67,9	88,3	1,300
49,5	25	22,8	35,7	2,502	1,020	1,98	60,9	84,1	1,380
55,5	30	21,1	31,6	2,913	1,304	1,85	54,5	79,6	1,461
60,5	35	19,9	28,5	3,279	1,597	1,73	48,8	75,1	1,539
65	40	18,9	26,2	3,633	1,898	1,63	43,2	70,3	1,627
68,5	45	18,2	24,2	3,928	2,210	1,52	38,6	65,5	1,695
71,5	50	17,6	22,6	4,198	2,535	1,43	34,4	60,4	1,755
74,5	55	17,0	21,3	4,485	2,878	1,35	29,9	55,0	1,839
77	60	16,6	20,0	4,740	3,242	1,28	25,9	49,4	1,903
79,5	65	16,1	18,9	5,012	3,633	1,22	21,7	43,2	1,993
82	70	15,7	17,9	5,303	4,061	1,17	17,1	36,5	2,132
84	75	15,3	16,9	5,551	4,535	1,12	13,3	29,1	2,198
86	80	14,9	16,0	5,816	5,068	1,08	9,1	20,8	2,278
88	85	14,6	15,1	6,098	5,681	1,04	4,7	11,2	2,378
89,5	89	14,3	14,4	6,323	6,246	1,01	1,2	2,4	1,986

8.8.2 Análise da equivalência estrutural com base na Teoria de Sistemas de Camadas Elásticas

A análise de equivalência estrutural, conforme definições iniciais, pode ser mais bem elaborada com base na Teoria de Sistemas de Camadas Elásticas, para a qual existem diversos programas de computador disponíveis.

Uma alternativa é usar o programa computacional Elsym 5 (de domínio público), como se faz adiante, quando foi realizada a análise de materiais com módulos de resiliência bastante diferentes, apoiados sobre idênticos subleitos, mas variando-se também o módulo de resiliência da camada de fundação (sempre duas camadas).

A análise contempla a configuração geométrica de metade de um eixo de 80 kN, com duas rodas em cada extremidade, com pressão de 0,64 MPa nos pneumáticos, aplicada sobre a superfície das camadas apoiadas sobre os subleitos. De modo complementar, foram variadas as espessuras dos materiais considerados, dentro de padrões construtivos comumente empregados e tolerados. Na Tabela 8.4, são sumariamente descritas as condições analisadas para o estudo de coeficientes estruturais por meio de uma teoria elástica consistente.

Tabela 8.4 *Resumo das condições gerais empregadas nas análises com o Elsym 5*

Material	Espessuras (mm)	Módulo de resiliência (MPa)	Módulo de resiliência do subleito (MPa)
BGS	100, 150, 200	100	30, 60, 90
BGTC	100, 150, 200	12.000	30, 60, 90
Solo-cimento	100, 150, 200	6.000	30, 60, 90
CAUQ	100, 150	3.300	30, 60, 90

Após as simulações realizadas, foram recuperados os valores de tensões no topo do subleito resultantes em cada sistema estrutural, conforme apresentados na Tabela 8.5. A partir desses resultados, com emprego das Equações 8.135 e 8.136, foi possível a determinação dos Coeficientes de Equivalência Estruturais (CE) teóricos pautados pela redução de pressões causada sobre o topo da camada inferior, de acordo com resultados indicados na Tabela 8.6.

Tabela 8.5 *Tensões verticais no topo do subleito (MPa) obtidas com o Elsym 5*

Espessura (mm)	Módulo de Resiliência do Subleito (MPa)	Material			
		BGS	BGTC	SC	CBUQ
		Tensões resultantes no topo do subleito (MPa)			
100	30	0,305	0,074	0,103	0,132
100	60	0,313	0,104	0,142	0,176
100	90	0,312	0,126	0,167	0,203
150	30	0,248	0,038	0,056	0,075
150	60	0,281	0,057	0,081	0,106
150	90	0,294	0,071	0,100	0,128
200	30	0,196	0,023	0,035	–
200	60	0,236	0,035	0,052	–
200	90	0,256	0,045	0,066	–

Quanto à interferência na redução de pressões e consequentemente nos CE teoricamente calculados, por meio dos resultados na Tabela 8.6, pode ser constatado que, sistematicamente, o aumento da rigidez da camada inferior resultou no aumento da pressão sobre o topo desta camada, para quaisquer dos casos analisados. Também se observa que, à medida que aumenta o módulo de resiliência da primeira camada, as pressões sobre o subleito diminuem, denotando o incremento de efeito de placa de materiais muito rígidos.

Quanto a tal efeito, verifica-se que o concreto asfáltico provoca pressões na camada inferior com magnitude mais próxima ao solo-cimento que aos casos da

Tabela 8.6 *Reduções de pressão sobre o subleito (%) e coeficientes estruturais (CE)*

Redução de pressão proporcionada (%)				CE calculados			
BGS	BGTC	SC	CAUQ	BGS	BGTC	SC	CAUQ
52,3	88,4	83,9	79,4	1,00	1,69	1,60	1,52
51,1	83,8	77,8	72,5	1,00	1,64	1,52	1,42
51,3	80,3	73,9	68,3	1,00	1,57	1,44	1,33
61,3	94,1	91,3	88,3	1,00	1,54	1,49	1,44
56,1	91,1	87,3	83,4	1,00	1,62	1,56	1,49
54,1	88,9	84,4	80,0	1,00	1,64	1,56	1,48
69,4	96,4	94,5	–	1,00	1,39	1,36	–
63,1	94,5	91,9	–	1,00	1,50	1,46	–
60,0	93,0	89,7	–	1,00	1,55	1,49	–

BGTC ou da BGS. Da análise da Figura 8.31, quanto à BGS, pode-se concluir que pequenas espessuras do material, em relação à redução de pressões, não sofrem interferências de variações na rigidez da fundação. O concreto asfáltico resultou em reduções de pressão intermediárias entre BGS e os similares resultados para SC e BGTC. Por fim, os materiais bem mais rígidos mostraram menor sensibilidade à rigidez do subleito no que tange às reduções de pressão induzidas naquela camada de fundação. Em todos os casos, o aumento de espessura da primeira camada resultou em melhoria na redução de pressões sobre a camada inferior.

Os CE teoricamente calculados mostraram-se sensíveis ao incremento do módulo resiliente da fundação. A análise dos CE com base na Teoria de Sistemas de Camadas Elásticas revelou resultados bastante interessantes para uma releitura dos coeficientes estruturais empregados no método da AASHTO (1993) e, por consequência, do DNER (Souza, 1981).

Verifica-se na Tabela 8.6 que os valores de CE oscilaram entre 1,4 e 1,7 para a BGTC, entre 1,3 e 1,6 para o SC e entre 1,4 e 1,5 para o CAUQ. Confrontando tais resultados com os valores indicados na Tabela 8.2, há uma boa consistência no que tange às bases cimentadas, o que indica na proposta estabelecida no método do extinto DNER de variação do CE em função da própria resistência da base cimentada, e portanto, de sua rigidez. Tais resultados também se aproximam bastante dos padrões para CE obtidos por meio da análise geométrica e com a inferência de resultado experimental apresentada, o que leva, no final, a uma compatibilidade bastante acentuada entre todos os valores indicados.

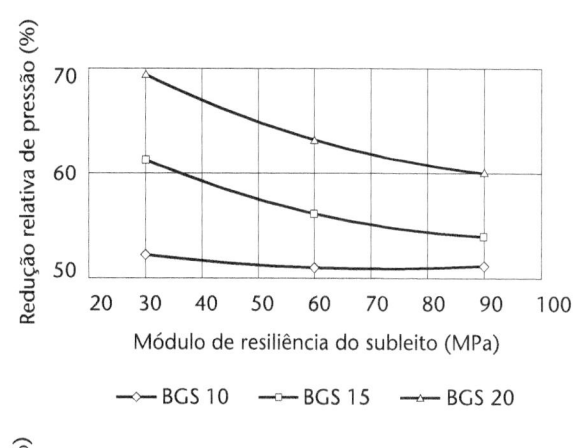

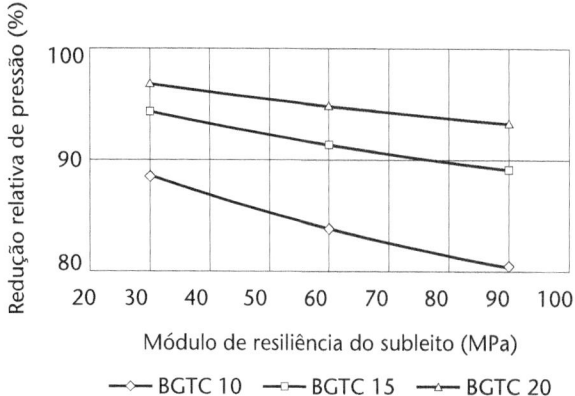

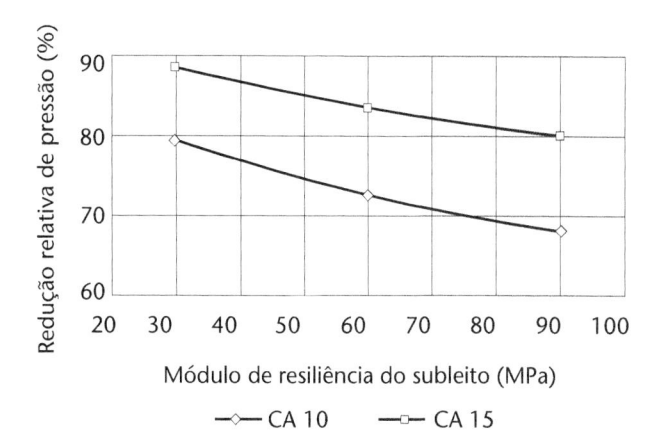

Fig. 8.31 *Redução de pressões sobre o subleito em função de seu módulo resiliente e da espessura da camada considerada*

Todavia, não se verificam os mesmos padrões de compatibilidade nem entre os valores empiricamente definidos, em função também do desempenho observado no AASHTO Road Test, nem daquele "minorado" no critério do DNER, com a faixa de valores obtidos teoricamente para o concreto asfáltico. Evidentemente, a rigidez do material, como se mostrou, interfere bastante na redução de pressões sobre camadas inferiores e, por consequência, na determinação de um CE teórico baseado nesse critério.

A explicação mais razoável para tal diferença, em especial entre o critério da AASHTO (1993) e os valores teoricamente definidos, reside no âmago da condição local do experimento nos EUA: temperaturas rigorosas durante os invernos, em geral com picos médios entre 10°C e 20°C, considerado o efeito redutor do vento, no Estado de Illinois. A AASHTO (1993), como mencionado, previa a dependência dos CE de fatores ambientais.

Tal situação impõe, durante meses, um incremento expressivo na rigidez de misturas asfálticas, atingindo valores superiores àqueles apresentados por bases cimentadas, minorando as possibilidades de deformação plástica no material. Considerado o ano todo, com verões amenos no local, o módulo de resiliência médio do material seria bem mais elevado que aquele valor médio encontrado em outras situações climáticas como ocorre no Brasil.

Isso justifica, em grande parte, a seleção de CE inferior àquele sugerido pela AASHTO (1993) durante a elaboração do método preconizado pelo DNER: para uma condição média de módulo de resiliência de 3.300 MPa durante o ano todo, justifica-se uma redução no valor preconizado pela AASHTO. Além disso, tal redução seria ainda mais recomendada à medida que solos de fundação de elevado módulo de resiliência, como no caso dos solos lateríticos comuns no País, resultariam em menor redução relativa de pressões sobre o próprio subleito, reduzindo o CE teoricamente determinado. Há, portanto, indicativos de que os valores de CE para concretos asfálticos possam ser reavaliados para as condições brasileiras, pelo somatório de esforços de formulação laboratorial, bem como por medidas consistentes de deflexões em pistas em serviço.

Ao considerar-se, no entanto, os coeficientes estruturais indicados no DNER-PRO 10-79 (DNER, 1979) e apresentados na Tabela 8.7, observa-se que os valores para solo-cimento e BGTC são bem mais condizentes com aqueles anteriormente avaliados (limitando-se f_{c7} em 4,5 MPa). Além disso, o valor de CE para concreto asfáltico é limitado a 1,7, também mais compatível com os resultados obtidos com base em conceitos de redução de pressão sobre camada subjacente, que, aliás, como já visto, é explicitado no próprio critério do DNER em questão.

Entre os critérios ainda em vigência no Brasil, recorda-se aquele preconizado pela Companhia do Metropolitano de São Paulo (CMSP, 1988), que sugere

Tabela 8.7 *Coeficientes estruturais sugeridos no DNER-PRO 10-79*

MATERIAL	POSIÇÃO	DEPENDÊNCIA DO CE	FAIXA DE VALORES
GRANULARES	REFORÇO DE SUBLEITO	CBR	0,5 a 1,1
GRANULARES	SUB-BASE	CBR ≥ 20%	0,85 a 1,1
Granulares	Base	CBR ≥ 60%	1,0 a 1,1
Macadame hidráulico	Base	Fixo	1,1
BGTC	Base	$4,5 \leq f_{c7} \leq 7$ MPa	1,55 a 1,95
Solo-cimento	Base	$1,5 \leq f_{c7} \leq 4,5$ MPa	1,0 a 1,55
PMF	Base e revestimento	Fixo	1,33 a 1,36
Tratamentos superficiais	Revestimento	Fixo	1,1
Macadame betuminoso	Base	Fixo	1,2
Areia-asfalto a quente	Revestimento	Fixo	1,42
PMQ	Revestimento e base	Fixo	1,58
CAUQ	Revestimento	Fixo	1,7

o uso de valores de coeficientes estruturais entre 2,0 e 4,0 para os concretos asfálticos. Ao que tudo indica, diante dos conceitos explorados, isso não se trata de recomendação segura, não apenas quanto aos valores propriamente ditos, mas também pelo fato de que, quanto mais resiliente for o solo do subleito, menor é o valor do coeficiente estrutural do concreto asfáltico (conforme sugere a CMSP), frontalmente contra a expectativa baseada em conceitos mecanicistas.

Tanto a análise geométrica quanto a análise elástica do problema endossaram os valores de coeficientes estruturais na faixa de variação preconizada pelo DNER no caso de bases cimentadas. Além disso, a comparação dos valores de coeficientes estruturais de materiais preconizados pela AASHTO e pelo DNER também endossaram a definição didática dos coeficientes estruturais com base em conceitos de redução de pressões proporcionadas pelo material sobre camadas inferiores.

Consequentemente, o uso de tais conceitos na definição de coeficientes estruturais é bem mais recomendado, considerando ser este um argumento de fácil esclarecimento com base na intuição, ao menos, do mecanismo estrutural dos pavimentos; muito mais difícil seria a intelecção de tal conceito com base em um parâmetro empírico e abstrato, como é o caso do número estrutural proposto pela AASHTO.

Também é uma indicação dos resultados que, mantidos os CE verificados para o concreto asfáltico, um pequeno incremento de espessuras de bases granulares ou cimentadas seria, em algumas situações de projeto, necessário, uma vez que convencionalmente tem sido empregado CE = 2,0 para concretos asfálticos.

Consideração do Tráfego Misto Rodoviário e Urbano em Projetos de Pavimentos

9.1 Veículos Comerciais Rodoviários

Os veículos comerciais rodoviários (caminhões e ônibus) são aqueles que efetivamente interessam para situações de dimensionamento e análise de pavimentos, tendo em vista que os veículos leves causam danos insignificantes às estruturas se comparados aos demais, como ficará mais claro adiante, após a introdução de conceitos sobre equivalência entre cargas. Na Tabela 9.1, para exemplificar diferentes situações de carregamento, são apresentados os resultados da simulação por TSCE de um pavimento que emprega revestimento em CAUQ e base em CCR, com módulos da resiliência de 3.500 e 21.000 MPa, respectivamente, apoiados sobre subleito com módulo resiliente de 150 MPa.

Tabela 9.1 *Esforços solicitantes em pavimento asfáltico rígido-híbrido por causa de diferentes cargas*

Pavimento	Tipo de Roda	Carga e Pressão	Deformação Total (10^{-2} mm)	Tensão de Tração na Base (MPa)	Tensão de Compressão no Subleito (MPa)
CAUQ 100 mm / CCR 250 mm	Caminhão	30 kN e 0,65 MPa	9,7	0,41	−0,01
	Aeronave	250 kN e 1,3 MPa	66,6	2,87	−0,07
	Automóvel	5 kN e 0,2 MPa	1,9	0,07	−0,002

É notável observar que a aeronave causa uma deformação vertical total cerca de seis vezes superior à provocada por caminhão, bem como sete vezes mais esforço de tração na flexão no fundo da camada de CCR. A tensão de tração causada pela roda de automóvel é muito baixa (cerca de 20 vezes inferior à resistência do material) e a pressão sobre o topo do subleito é insignificante, o que demonstra o efeito desprezível de rodas de automóveis sobre os pavimentos rodoviários.

O tráfego rodoviário é composto por veículos que apresentam diversas configurações de eixos com relevantes diferenças de magnitude de cargas. Na Figura 9.1, são apresentados os tipos de eixos de veículos comerciais e suas nomenclaturas no meio rodoviário. Um eixo isolado é denominado simples e eixos em conjunto são denominados tandem. Se na extremidade do eixo há apenas uma roda, ela é simples; se existirem duas rodas, então é dupla. Há combinações de eixos simples de rodas simples com eixos simples de rodas duplas em ônibus, configurando um eixo traseiro que não é do tipo tandem duplo.

Um aspecto básico a ser considerado é o espaçamento entre eixos em tandem. No Brasil, no caso de eixos tandem duplos e triplos, o afastamento entre os centros de cada um deles é cerca de 1,3 m; para os pneumáticos de aro 22 (raio de 22 polegadas), deve ser considerado o valor de 1,36 m como representativo para o afastamento entre eixos.

Assim, com essa dimensão, o espaço livre entre dois pneumáticos de um conjunto em tandem é cerca de 240 mm. O caso dos eixos tandem triplos é bastante incomum nos EUA, e, quando ocorrem, é maior o afastamento entre eixos isolados, o que ocasiona efeitos bastante diversos comparados aos eixos tandem triplos empregados no Brasil. As distâncias entre rodas ou centros de roda apresentadas na Figura 9.1 são valores típicos empregados em análises, tendo, em geral, algumas pequenas variações, dependendo do aro do pneumático.

Na década de 1960, o padrão de pressão de pneumáticos de veículos comerciais do United States Army Corps of Engineers para fins de análise de pavimentos era de 0,5 MPa, aproximadamente. Atualmente, pressões típicas em rodas de caminhões e de ônibus são da ordem de 0,6 a 0,7 MPa. Note-se que tais pressões nominais são as mesmas que serão impostas sobre a superfície dos pavimentos pelos pneus, em sua área de contato, exceto pequenos efeitos referentes à histerese da borracha e excluídas situações anormais de contato entre pneu e pavimento. Observe-se que, regra geral, ao ser aumentada a carga, os efeitos de degradação nas camadas serão incrementados, razão pela qual existem limites legais para os pesos de veículos comerciais rodoviários.

No Brasil, a legislação vigente a partir de 1998 estabelece valores máximos permissíveis de carga de acordo com o tipo de eixo, conforme apresentado na Tabela 9.2. Até 1999, o DNER indicava a existência de 40 postos de pesagem (controle) construídos e inoperantes, havendo apenas um posto em operação, nas rodovias federais. Normalmente, em vias sem controle de cargas com postos fixos ou móveis de pesagem, há grande quantidade de caminhões trafegando com carga em excesso, o que evidentemente traz danos incontestes às estruturas de pavimentos; tal fato é observado em grande número de rodovias no País. Para exemplificá-lo, apresenta-se, na Tabela 9.3, a faixa de valores de uma contagem em balança móvel realizada na BR-101/SC em 1986. Na ocasião, foram verificados excessos de mais de 100% especialmente em eixos simples de rodas duplas e de eixos tandem triplos. Tais situações também representam riscos de acidentes de trânsito.

Tendo em vista os critérios implícitos nos métodos de dimensionamento de pavimentos flexíveis que vigoram no País, os excessos de carga normalmente

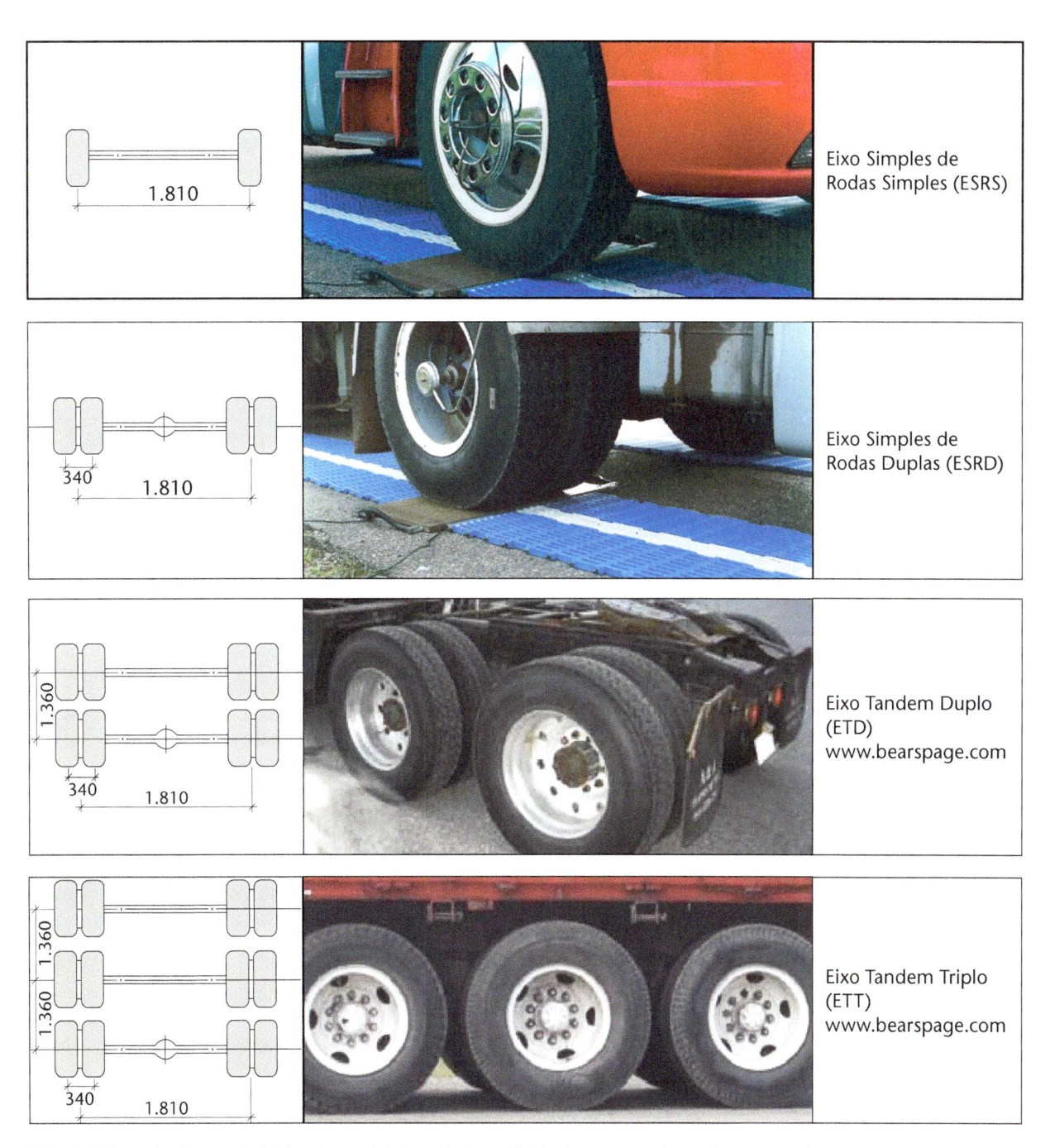

9 • Consideração do Tráfego Misto Rodoviário e Urbano em Projetos de Pavimentos

1.810		Eixo Simples de Rodas Simples (ESRS)
340 1.810		Eixo Simples de Rodas Duplas (ESRD)
1.360 340 1.810		Eixo Tandem Duplo (ETD) www.bearspage.com
1.360 1.360 340 1.810		Eixo Tandem Triplo (ETT) www.bearspage.com

Fig. 9.1 *Tipos de eixos rodoviários de caminhões e ônibus (distâncias entre rodas e eixos em mm)*

Tabela 9.2 *Cargas máximas legais vigentes no Brasil (válidas para todo o território)*

Eixo	Carga máxima legal (kN)	Carga possível por pneu (kN)
ESRS	60	30
ESRD	100	25
ETD	170	21,25
ETT	255	21,25

observados nas rodovias não fiscalizadas são bastante nocivos ao desempenho esperado para os pavimentos. O controle de cargas é desejável para uma melhor garantia de prorrogação da vida útil de um pavimento. Em muitos casos, os pavimentos de vias urbanas são bastante prejudicados pelos efeitos danosos de veículos que trafegam com carga em excesso, quando conectadas a rodovias que não dispõem de controle de cargas. Negar os efeitos destrutivos exponenciais de eixos com sobrecargas, em pavimentos não dimensionados para tais excessos, é negar toda a investigação notável de engenharia realizada na AASHO Road Test, cujo objetivo principal era exatamente entender os efeitos distintos de cargas diferentes sobre estruturas de pavimentos iguais.

Tabela 9.3 *Exemplo de faixa de carga por eixo encontrada em rodovia federal*

Eixo (kN)	Carga mínima (kN)	Carga máxima
ESRS	5	70
ESRD	10	220
ETD	40	200
ETT	50	540

Na Tabela 9.4, são apresentadas algumas características de tipos diferentes de vias que circunstanciam o tráfego circulante. Os exemplos são úteis para indicar a existência de verdadeiras rodovias urbanas e de corredores de ônibus que superam, de longe, o tráfego diário de veículos comerciais de inúmeras rodovias brasileiras. Também se observa que, em vias para ônibus e caminhões, há uma canalização geométrica do tráfego, já que sua faixa de variação de posicionamento transversal é muito limitada pela própria largura da faixa de rolamento. Por fim, embora nos aeroportos os veículos sejam muito mais pesados, a repetição de cargas no tempo é muito menor que em rodovias. Esse é um primeiro indicativo de que degradação por fadiga é mais expressiva em pavimentos rodoviários.

Tabela 9.4 *Características peculiares de alguns tipos de vias de transporte pavimentadas*

Tipo de via	Largura típica da faixa (m)	Volume diário de veículos de projeto	Exemplo
Rodovia	3,6	50.000	Avenida Marginal do Tietê (SP)
Corredor de ônibus	3,0	4.000	Avenida 9 de Julho (SP)
Avenida de ligação	3,3	10.000	Avenida dos Bandeirantes (SP)
Pista de decolagem	40	620	Aeroporto de Congonhas

Um aspecto de relativa importância para as análises de tráfego em rodovias é o deslocamento lateral dos veículos em relação ao centro da faixa de rolamento. Na Figura 9.2, são apresentados dados comuns de medidas de deslocamento dessa natureza, no caso simulado em pista experimental. Na realidade, o tráfego rodoviário é muito mais canalizado na faixa, em relação ao tráfego de aeronaves em pistas de pouso e decolagem, por exemplo. Por essa razão, admite-se, no desenvolvimento de modelos, que esses deslocamentos estão implícitos ao longo de uma série de repetições de carga dos eixos rodoviários, sem levá-los em consideração numérica, como no caso de pistas de aeroportos.

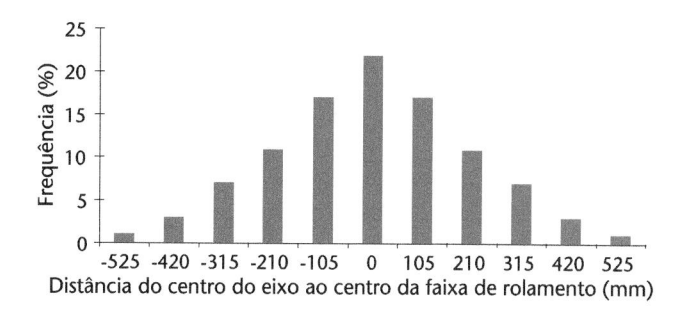

Fig. 9.2 *Exemplo típico de distribuição do tráfego de caminhões em faixas de rolamento de rodovias*

Por quanto tempo a carga atua sobre um ponto de pavimento na rodovia?

A pergunta diz respeito a cargas em movimento, na velocidade diretriz. Se admitirmos que a carga em um pneumático é de 20 kN e a pressão aplicada sobre a superfície do pavimento de 0,65 MPa, chega-se a um diâmetro da área de contato circular de aproximadamente 20 cm. O tempo de atuação da carga em um ponto da superfície pode ser admitido como o tempo decorrido entre o contato da extremidade inicial do pneumático e o da extremidade final (a 20 cm). Se a velocidade de percurso é 80 km/h, considerando o espaço percorrido de 0,0002 km, o tempo de atuação do pneumático sobre o ponto em questão será de 0,009 s, ou seja, 1 centésimo de segundo!

Por outro lado, em vias urbanas, há congestionamento, paradas de ônibus, interseções semaforizadas etc.

9.2 Equivalência entre Cargas

O conceito de *equivalência entre cargas* surge da simples observação de que, para estruturas idênticas de pavimento, os efeitos destrutivos ocasionados ao longo do tempo, por veículos diferentes, são desiguais, emergindo então um critério comparativo entre veículos. Definir e quantificar numericamente esses efeitos foi o principal objetivo da AASHO Road Test.

Yoder e Witczak (1975) indicam que os fatores de equivalência de cargas definem o dano causado pela passagem de um veículo qualquer, para um tipo específico de pavimento, em relação ao dano causado pela passagem de um veículo, arbitrariamente tomado como padrão, para o mesmo tipo de pavimento considerado. Na AASHO Road Test, foi estabelecido como padrão o eixo simples de rodas duplas (ESRD) com 80 kN sobre si.

Pereira (1985) discute tal ideia de deterioração (ou dano) como correspondente "à evolução total que o estado do pavimento pode sofrer, considerando-se um tipo específico de degradação". Fica, neste caso, bem explícito que fatores de equivalência entre cargas têm correspondência biunívoca com determinado *modo de ruptura* considerado.

Logicamente, métodos de dimensionamento que adotem diferentes *critérios de ruptura* de um pavimento (*evolução total de seu estado*) implicam conceitos de dano diferentes, fato que se reflete implicitamente em suas equações de dimensionamento. Portanto, é de se esperar que, por exemplo, métodos de dimensionamento de pavimentos flexíveis e rígidos apresentem diferentes valores para tais fatores de equivalência entre cargas, já que os critérios de ruptura adotados por esses métodos são absolutamente distintos.

O efeito pontual destrutivo de uma carga individual, a cada passagem sua, pode ser chamado simplesmente dano, e a ruptura do pavimento, considerada por meio de algum critério que define seu fim de vida útil, ocorrerá por efeito do acúmulo de dada quantidade consecutiva de danos. Assim, por dano pode ser entendido qualquer plastificação ocorrida e ocasionada pela passagem de uma carga: aplicação de uma tensão de cisalhamento no subleito; aplicação de uma tensão de tração em camada betuminosa ou cimentada.

Nessas condições, o *dano total* ($d_{t,p}$) causado por dado número de passagens de um veículo-padrão (Np) sobre uma estrutura de pavimento é consequência do efeito cumulativo de danos unitários ($d_{u,p}$), resultantes de cada uma das passagens individuais desse mesmo veículo-padrão sobre a seção de pavimento, relacionando-se com as demais variáveis pela expressão:

$$d_{t,p} = N_p \cdot d_{u,p} \qquad [9.1]$$

Em termos de um veículo qualquer (j) diferente do veículo-padrão (p), ao menos quanto à magnitude de carga sobre si, a expressão acima seria escrita na forma:

$$d_{t,j} = N_j \cdot d_{u,j} \qquad [9.2]$$

em que Nj é o número de passagens do veículo qualquer (j), que causaria a mesma deterioração (ou evolução final das condições) do pavimento, tendo em vista determinado critério de ruptura adotado como premissa de dimensionamento para tal estrutura (fadiga, deformação plástica, contaminação, perda de serventia etc.). Como o critério de ruptura implicitamente assumido é idêntico para quaisquer eixos, então os valores $d_{t,p}$ e $d_{t,i}$ serão obrigatoriamente idênticos, de onde se infere a seguinte expressão:

$$N_p \cdot d_{u,p} = N_j \cdot d_{u,j} \qquad [9.3]$$

O fator de Equivalência de Cargas (FEC) entre um veículo qualquer e outro tomado arbitrariamente como padrão, pela própria definição, pode ser descrito por meio da relação entre danos unitários causados por uma passagem individual de cada um dos eixos sobre dada seção de pavimento, pela expressão:

$$FEC_{j,p} = \frac{d_{u,j}}{d_{u,p}} \qquad [9.4]$$

Isolando N_p e N_j na Equação 9.3 e substituindo-os na Equação 9.4, o fator de equivalência de cargas pode ser definido numericamente pela relação entre o número de repetições de carga do veículo-padrão e do veículo qualquer que levem ao mesmo e exatamente idêntico estado de ruína dada seção de pavimento, por meio da expressão:

$$FEC_{j,p} = \frac{N_p}{N_j} \qquad [9.5]$$

Assim, a relação entre o número de repetições de carga de um veículo (ou eixo) padrão que leva o pavimento à ruína e o número de repetições de carga de um veículo (ou eixo) qualquer que também leva o mesmo pavimento à ruína (idênticos estados de ruína) define o valor do fator de equivalência de cargas entre o segundo e o primeiro tipo de veículo (eixo).

Os métodos de dimensionamento que empregam o conceito de FEC consideram todos os efeitos resultantes da repetição de cargas de eixos de diversas configurações, transformando-os em repetições do eixo-padrão equivalente. Assim, por meio dos FECs, todo o tráfego será convertido em um *número N* de repetições equivalentes ao eixo-padrão. É importante fixar a expressão "número N" para projetos de pavimentos.

Uma segunda forma de consideração do tráfego no dimensionamento é a definição do veículo mais crítico de projeto, o que é feito pela determinação da Carga de Roda Simples Equivalente (CRSE) para cada veículo de projeto. A CRSE pode ser definida como a carga de uma roda isolada que, apresentando as mesmas dimensões da maior roda que compõe dado tipo não trivial de eixo múltiplo, causa um dano equivalente a esse último. Tal procedimento de consideração das cargas é usual em dimensionamento de pavimentos para veículos muito pesados e com eixos de grande complexidade, como são os casos de aeronaves e de veículos especiais para transporte de cargas muito pesadas (empilhadeiras de contêineres, transtêineres etc.).

Os Fatores de Equivalência entre Cargas (FECs), como mostra a Equação 9.5, podem ser obtidos experimentalmente em pista, por monitoração do tráfego e dos defeitos e patologias emergentes ao longo do tempo nos pavimentos. Isso seria denominado experimento monitorado, sendo necessária, contudo, a passagem repetitiva de diferentes eixos sobre pavimentos idênticos para as análises exigidas.

Durante a AASHO Road Test, as inúmeras seções de pavimentos que existiam nos circuitos (de 1 a 5) eram solicitadas diariamente por caminhões com diferentes eixos e diferentes cargas, de modo independente. Avaliações quinzenais de valor da serventia atual permitiram descrever a evolução dos defeitos em cada seção de pavimento até a evolução final especificada para eles, que foram valores de serventia de 2,5 e de 2,0, como condições finais de degradação.

Para cada uma dessas condições, foram contabilizados, para cada seção de pavimento idêntica, quantos eixos haviam passado durante o período. A relação entre tais números de eixos, o eixo-padrão fixado como o ESRD com 18.000 libras-força (80 kN) e os números de repetições de outros eixos com outras cargas permitiram a fixação dos FECs após os experimentos.

9.2.1 Formulação clássica dos FECs

Dos conceitos de equivalência de carga, surge a definição para Fator de Equivalência de Carga (FEC), que é uma constante numérica utilizada para quantificar o dano causado no pavimento pela passagem de dado veículo ou eixo em relação ao dano causado pelo veículo ou eixo-padrão adotado em projeto.

Na Figura 9.3, é representado graficamente o posicionamento de veículos na pista de rolamento adotado no método dedutivo mais genérico para a análise de tráfego misto (Yoder e Witczak, 1975), com o objetivo de se determinarem as relações entre as passagens de veículos e seus respectivos fatores de equivalência de cargas.

Admitam-se dois veículos V1 e V2, usuários de uma seção de pavimento. Os valores X(V1) e X(V2) representam as distâncias entre a borda do pavimento e os centros médios de cargas dos veículos. Considere-se que cada veículo desloca-se em posições tais que a frequência de repetições de carga do i-ésimo veículo no intervalo x será F(Vix). Para cada veículo que se utiliza do pavimento, existirá certo número de repetições Nf(Vi) que causará a deterioração da estrutura. O dano unitário, causado pelas passagens do veículo Vi sobre a seção de pavimento hipotética, será a razão entre o dano total ($D_{T,i}$) ocasionado por Nf(Vi) para causar a condição final do pavimento:

$$d_{u,i} = \frac{D_{T,i}}{Nf(Vi)} \qquad [9.6]$$

Note-se que a condição anterior sugere uma relação de degradação linear, isto é, o mesmo dano unitário a cada passagem da carga. Por conseguinte, o dano unitário causado pelo veículo assumido arbitrariamente como padrão será:

$$d_{u,p} = \frac{D_{T,p}}{Nf(Vp)} \qquad [9.7]$$

Ora, o dano total de cada veículo será, por hipótese, o mesmo para uma mesma condição final, a qual pode ser admitida como um valor abstrato de 100% de dano. Então, podem ser escritas novamente as Expressões 9.4 e 9.5, em uma somente:

$$FEC_{i,p} = \frac{d_{u,i}}{d_{u,p}} = \frac{Nf(Vp)}{Nf(Vi)} \qquad [9.8]$$

A partir de cada veículo, o dano total acumulado ao longo do tempo pelos p(Vi) ciclos (ou passagens) desse veículo, em cada intervalo possível para x, pode ser assim escrito:

$$d_{t,i} = d_{u,i} \cdot p(Vi) \cdot F(Vix) \qquad [9.9]$$

O dano total acumulado por todos os veículos que se utilizam do intervalo x será:

$$Dt(x) = \sum_{i=1}^{n} d_{u,i} \cdot p(Vix) \cdot F(Vix) \qquad [9.10]$$

Substituindo-se a Expressão 9.4 na 9.10, tem-se:

$$Dt(x) = \sum_{i=1}^{n} d_{u,p} \cdot FEC_{i,p} \cdot p(Vix) \cdot F(Vix) \qquad [9.11]$$

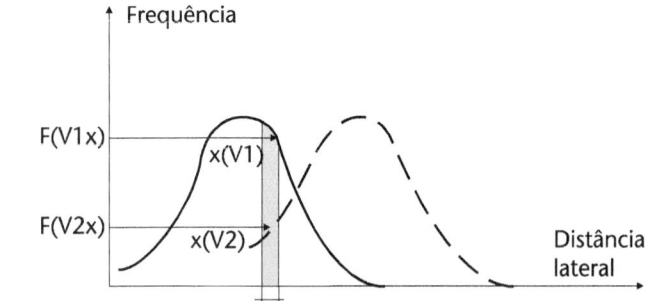

Fig. 9.3 *Posicionamento de veículos em relação à borda do pavimento*

O dano total no intervalo x – Dt(x) – causado por Nf(Vp) repetições do veículo-padrão, abstraindo-se linearmente, seria o produto entre o número de solicitações e o dano unitário causado pelas solicitações de tal veículo-padrão:

$$Nf(Vp) = \frac{Dt(x)}{d_{u,p}} \qquad [9.12]$$

Substituindo-se 9.11 em 9.12, tem-se que:

$$Nf(Vp) = \sum_{i=1}^{n} FEC_{i,p} \cdot p(Vix) \cdot F(Vix) \qquad [9.13]$$

Assim, o número de repetições de um veículo ou de um eixo-padrão adotado na análise pode ser escrito em função dos parâmetros relativos a cada tipo de veículo, considerados o número de ciclos, a frequência de passagens pelo intervalo x de interesse e os fatores de equivalência de cargas dos eixos relativos ao eixo-padrão adotado.

Para rodovias, todavia, considera-se um fluxo canalizado de veículos ao longo do tempo dentro de uma faixa de rolamento, pelo fato de a faixa possuir pequena largura; ou seja, admite-se que, praticamente em 100% dos casos, os veículos (ou eixos) trafegam dentro do intervalo x. Assim, a expressão anterior, com F(Vix) = 100%, leva à equação final:

$$N = Nf(Vp) = \sum_{i=1}^{n} FEC_{i,p} \cdot p(Vix) \qquad [9.14]$$

Como se verifica, o número de repetições de um eixo-padrão que, ao fim de determinado período de tempo, levará o pavimento à deterioração (considerado um tipo específico de ruptura), pode ser calculado em função da composição do tráfego previsto, desde que sejam conhecidos os fatores de equivalência de carga dos eixos previstos na análise, em relação ao eixo admitido como padrão. O segundo termo da Equação 9.14 pode ser chamado de Equivalência de Operações (EO).

9.2.2 Equivalência de cargas no critério do Usace

Vimos, entre os modelos de degradação, aquele oferecido pelo Usace para a correção de uma espessura-padrão (para um dado número de repetições de carga) para outra espessura necessária em função do número real de repetições de carga, que, para o caso de operações de veículos rodoviários, seria:

$$\%t = 0{,}04661 + 0{,}231 \cdot \log_{10} N \qquad [9.15]$$

Este modelo será mais bem analisado no Capítulo 10, quando se tratar do dimensionamento dos pavimentos. Por ora, basta recordar que, para se obter o valor unitário, o modelo anterior admite 13.300 repetições de carga de rodas duplas em rodovias. Como será visto também, a espessura do pavimento pelo critério do Usace, para consideração do caso rodoviário, é dada pela equação:

$$t = (0{,}04661 + 0{,}231 \cdot \log_{10} N) \cdot \sqrt{P_e \left(\frac{1}{8{,}1 \cdot CBR} - \frac{1}{p_e \cdot \pi} \right)} \qquad [9.16]$$

sendo N o número de ciclos de carga do eixo em consideração, P_e a CRSE, p_e a pressão da roda equivalente e CBR o valor do CBR do extrato inferior do pavimento. Tomemos duas cargas P_1 e P_2 que, *para uma mesma espessura de pavimento*, causam uma condição final de ruína observada, respectivamente, para N_1 e N_2 repetições das respectivas cargas. Considere ainda que as pressões aplicadas por cargas diferentes são idênticas.

Ao adotar-se a referência de 13.300 aplicações da carga N_1 para o dano final do pavimento, a espessura do pavimento necessária para a carga P1 em suas N_1 repetições seria, portanto:

$$t_1 = (0{,}04661 + 0{,}231 \cdot \log_{10} 13{.}300) \cdot \sqrt{P_1 \left(\frac{1}{8{,}1 \cdot CBR} - \frac{1}{p_e \cdot \pi} \right)} = \sqrt{P_1 \left(\frac{1}{8{,}1 \cdot CBR} - \frac{1}{p_e \cdot \pi} \right)} \qquad [9.17]$$

Vale recordar que, embora as espessuras dos pavimentos em comparação sejam idênticas para cargas e números de repetições diferentes, os danos unitários causados por cada carga diferente continuam sendo diferentes. Apenas o dano total final é idêntico para um número de repetições de cargas diferentes em cada caso. A espessura necessária para a repetição da carga P_2 em N_2 ciclos de carregamento será:

$$t_2 = (0{,}04661 + 0{,}231 \cdot \log_{10} N_2) \cdot \sqrt{P_2 \left(\frac{1}{8{,}1 \cdot CBR} - \frac{1}{p_e \cdot \pi} \right)} \qquad [9.18]$$

Pela definição de fator de equivalência entre cargas, a Equação 9.18 deve ser respeitada, o que nos informa que o FEC entre a carga P_1 e a carga P_2 é descrito por:

$$FEC_{1,2} = \frac{d_{u,1}}{d_{u,2}} = \frac{N_2}{N_1} \qquad [9.19]$$

Portanto, substituindo-se a Equação 9.19 em 9.18, tendo-se em conta que $N_1 = 13{.}300$ (como considerado anteriormente), chega-se a:

$$t_2 = (0{,}04661 + 0{,}231 \cdot \log_{10} (FEC_{1,2}) \cdot N_1) \cdot \sqrt{P_2 \left(\frac{1}{8{,}1 \cdot CBR} - \frac{1}{p_e \cdot \pi} \right)} \qquad [9.20]$$

e, portanto:

$$t_2 = (1 + 0{,}231 \cdot \log_{10} (FEC_{1,2})) \cdot \sqrt{P_2 \left(\frac{1}{8{,}1 \cdot CBR} - \frac{1}{p_e \cdot \pi} \right)} \qquad [9.21]$$

Por hipótese inicial, consideramos que o pavimento seria o mesmo em termos de espessura, o que permite igualar as Equações 9.21 e 9.17, o que nos fornece:

$$(1+0,231.\log_{10}(\text{FEC}_{1,2})).\sqrt{P_2\left(\frac{1}{8,1.\text{ CBR}} - \frac{1}{p_e.\pi}\right)} = \sqrt{P_1\left(\frac{1}{8,1.\text{ CBR}} - \frac{1}{p_e.\pi}\right)} \quad [9.22]$$

Que após desenvolvida, isolando-se $\text{FEC}_{1,2}$, resulta:

$$\text{FEC}_{1,2} = 10^{\left[\frac{\sqrt{\frac{P_1}{P_2}}-1}{0,231}\right]} \quad [9.23]$$

Na Figura 9.4, é representada graficamente a Equação 9.23, de onde se conclui o grande incremento de danos causados por cargas excessivas sobre o ESRD. A relação é exponencial, e um acréscimo de 50% na carga-padrão seria capaz de causar um dano unitário por uma passagem de cerca de dez vezes o dano causado pelo eixo-padrão.

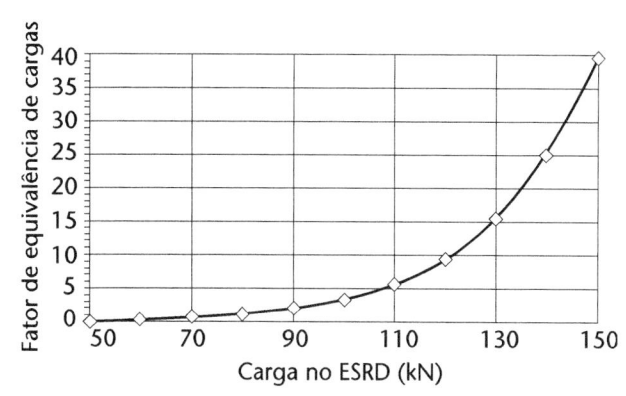

Fig. 9.4 *Fatores de equivalência de cargas para o eixo simples de rodas duplas*

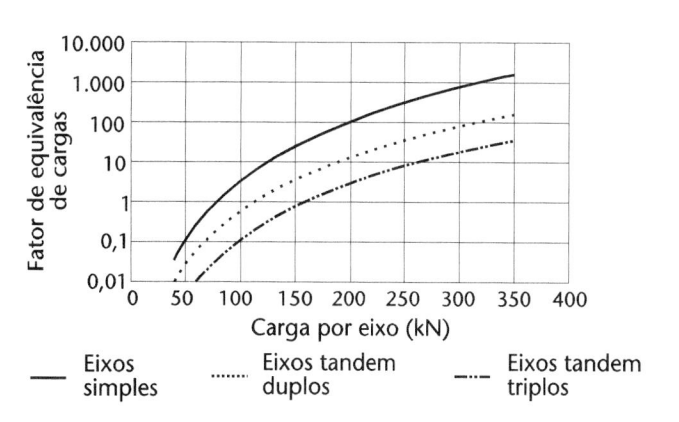

9.2.3 Fatores de equivalência de cargas na norma brasileira

As metodologias para projeto de novos pavimentos flexíveis, como também para projeto de reforços de pavimentos flexíveis vigentes no Brasil, apresentam, em geral, fatores de equivalência de carga que seguem uma lei aproximada de quarta potência relacionando os pesos entre eixos. Por exemplo, as curvas representativas dos fatores de equivalência de cargas (Figura 9.5) para eixos simples, tandem duplo e tandem triplo, sugeridas pelo extinto DNER (Souza, 1981) para projeto de pavimentos asfálticos, foram geradas a partir das relações estabelecidas pelo Usace (conforme apresentado anteriormente), tendo em vista critérios de deflexões geradas em substratos inferiores de pavimentos solicitados por diferentes cargas e o dano cumulativo por deformação plástica nas camadas. Alternativamente, para projetos de reforço de pavimentos, o DNER (1985) sugere equações para o cômputo dos fatores de equivalência de cargas, conforme apresentadas no Quadro 9.1. A curva para ESRD representa exatamente a função de equivalência de carga da Equação 9.23.

Fig. 9.5 *Fatores de equivalência de cargas na norma brasileira*
Fonte: Souza, 1981.

No Brasil, Pereira (1985) apresentou uma avaliação crítica dos fatores de equivalência de carga adotados pelo DNER (Souza, 1981), com uma extensiva pesquisa de campo que verificou dimensões de eixos, pneumáticos e cargas típicas de rodovias nacionais. Uma crítica evidente que pode ser feita às relações entre cargas admitidas pelo Usace é o fato de exatamente não considerarem, nem ao menos implicitamente, as espessuras e características das camadas constituintes dos pavimentos, que certamente afetam os valores dos FECs.

Quadro 9.1 *Fatores de equivalência de carga*

TIPO DE EIXO	EXPRESSÃO PARA CARGAS EM (KN) DNER – 1985	EXPRESSÃO PARA CARGAS EM (KN) DNER – 1981
ESRS	$\left[\dfrac{Q}{76,20}\right]^{4,32}$	$\left[\dfrac{Q}{80}\right]^{5,01}$
ESRD	$\left[\dfrac{Q}{80,12}\right]^{4,32}$	$\left[\dfrac{Q}{80}\right]^{5,01}$
ETD	$\left[\dfrac{Q}{147,88}\right]^{4,14}$	$\left[\dfrac{Q}{114}\right]^{4,46}$
ETT	$\left[\dfrac{Q}{225,06}\right]^{4,22}$	$\left[\dfrac{Q}{163}\right]^{4,65}$

Fonte: DNER, 1985 e Souza, 1981.
Obs.: Q é a carga sobre o eixo

9.2.4 Fatores de equivalência de cargas na norma americana

O guia para projeto de pavimentos da AASHTO (1993) trata do método oficial de dimensionamento de pavimentos, qualquer que seja sua natureza, asfáltico ou de concreto, para as agências rodoviárias públicas nos EUA. Tal guia apresenta fatores de equivalência de carga para pavimentos flexíveis e também para pavimentos rígidos, cujas premissas se fundamentam em conceitos de ruptura funcional (perda de serventia) e na parametrização da estrutura do pavimento por intermédio de um *número estrutural* (SN).

O método da AASHTO procura sanar o aspecto da dependência dos FECs no tipo de estrutura de pavimento, o que não é considerado, por exemplo, no critério brasileiro, por meio da diferenciação entre FEC para pavimentos com diferentes números estruturais, o que aparentemente não resolve bem o problema, pois todos os seus fatores giram em torno de regras de quarta potência, não sendo muito diferentes entre si. Para exemplificar o significado da expressão, basta recordar que, a partir dos valores de FEC apresentados pela AASHTO para cada tipo de eixo, pode-se definir (com técnica estatística de regressão) tais valores de FEC conforme a expressão:

$$\text{FEC} = \left[\dfrac{Q_j}{Q_p}\right]^{\gamma} \qquad [9.24]$$

em que Q_j é a carga sobre o eixo qualquer, Q_p, a carga sobre o eixo-padrão (80 kN) e γ, a constante de regressão. Por exemplo, seguindo esse procedimento, para um pavimento flexível com número estrutural SN = 6, seriam obtidos resultados indicados no Quadro 9.2 para as expressões dos FECs.

Observe que o critério da AASHTO trabalha com valores de FEC ditado por $\gamma \cong 4$, o que é chamado de Lei de Quarta Potência. O mesmo acontece para o critério estabelecido pelo DNER para os FECs, conforme se observa nas expressões indicadas no Quadro 9.2.

Quadro 9.2 *Fatores de equivalência de carga*

Tipo de eixo	Expressão para cargas em (kN)
ESRD	$\left[\dfrac{Q}{80}\right]^{3,998}$
ETD	$\left[\dfrac{Q}{154}\right]^{4,052}$
ETT	$\left[\dfrac{P}{222}\right]^{3,987}$

Fonte: AASHTO, 1993.
Obs.: Q é a carga sobre o eixo

9.2.5 Fatores de equivalência de cargas semiteóricos

No caso dos pavimentos asfálticos, nas últimas décadas, os fatores da AASHTO vinham sendo empregados indistintamente para pavimentos asfálticos puramente flexíveis e para pavimentos semirrígidos. Trata-se de um procedimento arriscado, posto que haviam pouquíssimas seções experimentais com bases cimentadas e revestimentos asfálticos (em torno de 5% apenas) analisadas na AASHO Road Test, se comparadas à grande quantidade de seções de pavimentos flexíveis.

Os FECs, como discutido, são dependentes da estrutura do pavimento (espessuras e propriedades mecânicas). Na metodologia da AASHTO (1993), os FECs são apresentados com base em dois parâmetros: o nível de serventia final desejado para o pavimento e o número estrutural (SN), número abstrato que indica a capacidade de uma estrutura solicitar um dado número de repetições de carga do eixo-padrão.

É conveniente recordar, nesse ponto, que a definição de fatores de equivalência de cargas mais apropriados às estruturas de pavimentos ainda é objeto de inúmeras pesquisas; a definição de valores de fatores de equivalência de carga por intermédio de qualquer critério de dano sempre diz respeito a um processo bastante complexo, dependente até mesmo das espessuras das camadas e tipos de materiais de um dado pavimento.

Não existe um critério universalmente aceito para o cômputo dos fatores de equivalência de cargas, mesmo porque o pavimento pode apresentar ruptura determinada por diversos processos, como se observou anteriormente. Alguns pesquisadores têm proposto, por exemplo, a utilização de relações de danos com base nas solicitações de tração em camadas betuminosas e cimentadas, tendo em vista o processo de fadiga, pois, geralmente, tal processo resulta em fatores de equivalência entre cargas superiores aos tradicionais fatores ditos de quarta potência, como aqueles do método brasileiro e da AASHTO.

Balbo (1993) demonstrou o montante de tal discrepância. A partir do emprego do TSCE para a análise de tensões de tração na flexão nas fibras inferiores de camadas de base de BGTC em pavimentos semirrígidos, foi possível determinar o número de repetições de cargas esperado para cada tipo de eixo rodoviário com diversas cargas, tomando-se um modelo experimental (de laboratório) de previsão de fissuras em BGTC. Por comparação entre os FECs oferecidos pela AASHTO (1993) e aqueles resultantes de análise teórico-experimental de degradação por fadiga, foi estabelecida a seguinte relação entre repetições de carga, para o eixo-padrão de 80 kN:

$$N_f = N_{AASHTO} \cdot \left[\frac{Q}{80}\right]^{-14,617} \qquad [9.25]$$

Empregando-se a expressão anterior, resulta que, para um ESRD com 120 kN sobre si, o N à fadiga é apenas 0,27% do valor do N calculado pelo critério da AASHTO! Em outras palavras, um N de projeto de um milhão de repetições de carga desse eixo seria, na realidade, um N de 2.700 repetições de carga para a fadiga da BGTC, o que indica fortemente a falta de licitude no emprego do critério da AASHTO para pavimentos semirrígidos, resultando, geralmente, em seu subdimensionamento.

Na realidade, para pavimentos novos, apenas o uso da TSCE apoiada em valores, mais próximos possíveis daqueles encontrados em pista, de parâmetros de elasticidade e de resistência dos materiais, poderá compensar o excesso de empirismo de algumas formulações tradicionais, que, embora bastante coerentes para muitas situações, não podem ser generalizadas para outras condições fora de sua abrangência de formulação.

9.3 Composição do Tráfego Misto

A definição de uma estrutura de pavimento para sua posterior construção está intimamente relacionada às magnitudes das cargas que a solicitarão. No caso dos pavimentos asfálticos flexíveis rodoviários, o esquema geral de tratamento das solicitações do tráfego é a conversão de todo seu universo de eixos e cargas em um número equivalente de repetições de um eixo-padrão.

Para os pavimentos de concreto, considerados os métodos oficiais empregados para seu projeto, seja aquela da PMSP, seja da American Association of State Highway and Transportation Officials, exigem-se, respectivamente, dois diferentes modos de tratamento, conforme o caso: verificação isolada do efeito ou dano causado pelos tipos de eixo e carga e pelo posterior somatório de todos os danos, ou transformação de todo o universo de veículos comerciais em um número equivalente de repetições de um eixo-padrão, como no caso dos pavimentos flexíveis.

A utilização dos fatores de equivalência entre cargas para o cômputo do número de solicitações N do eixo-padrão depende do conhecimento do tipo de tráfego que utilizará a via. Deve-se lembrar que, durante o horizonte de projeto de um pavimento (tempo de análise ou período de projeto), o tráfego é resultante de uma interação mútua entre a via e as regiões servidas. O crescimento socioeconômico das regiões induz à implantação das vias; por outro lado, a pavimentação de uma via, por si só, induz o crescimento do tráfego, existindo muitas vezes demandas reprimidas de difícil quantificação em fases de projeto.

Assim, a projeção do volume de tráfego durante dado período de tempo deverá, de alguma forma, exprimir os índices de crescimento anual da movimentação de cargas, portanto, dos veículos comerciais; tais índices correlacionam-se com outros índices de crescimento socioeconômico das regiões servidas pela via.

9.3.1 Classificação e contagem volumétrica dos veículos rodoviários

A melhor maneira de quantificar os volumes de veículos que se utilizam da via são as contagens em campo, que, no entanto, são apenas viáveis quando a via já existe, e aqui ainda cabem algumas restrições. As contagens são muito empregadas quando se projetam duplicações, melhoramentos, restauração de pavimentos etc.

As contagens classificatórias e volumétricas são geralmente realizadas em períodos de sete dias, cobertas as 24 horas por dia, empregando-se equipamentos automatizados instalados em pista ou a partir de levantamentos visuais em campo. No último caso, é conveniente a adoção da nomenclatura indicada pelo extinto DNER para a classificação dos veículos (Quadro 9.3) e a utilização de planilhas auxiliadas por contadores manuais em que são anotados, hora a hora, os volumes observados para cada tipo de veículo (Figura 9.6).

Os levantamentos visuais com equipes de campo são realizados em períodos sequenciais de uma hora, o que permite a verificação de flutuações horárias ocorridas nos volumes de tráfego. É importante que a contagem seja realizada em semana ou período que não seja atípica, por exemplo, feriados intermediários e às vezes prolongados, épocas de férias em cidades etc.

É importante notar, em função da assertiva anterior, que os volumes variam a cada dia da semana, e a cada mês de um ano; ocasionalmente, são também verificadas sensíveis flutuações semanais, como no caso de feriados ou ainda quando grandes eventos atraem a população para determinada localidade. As variações sazonais deverão estar bem caracterizadas nos estudos de tráfego, o que pode ser feito, por exemplo, pelo uso de fatores de expansão (horários, diários, semanais, mensais etc.).

9.3.2 Fatores de expansão para as contagens

Os fatores de expansão podem ser também obtidos por meio de séries históricas, quando conhecidas, ou por métodos indiretos. Os fatores de expansão são parâmetros de quantificação da flutuação do tráfego no tempo, em geral definidos mensalmente.

Quadro 9.3 *Terminologia de veículos*

TIPO	CONFIGURAÇÃO	EIXOS DE PROJETO	CLASSIFICAÇÃO
AUTOMÓVEL		–	2C
ÔNIBUS		ESRS; ESRD OU ESRS	2C
UTILITÁRIO		–	2C
CAMINHÃO		ESRS; ESRD	2C
CAMINHÃO		ESRS; ETD	3C
CAMINHÃO		ESRS; ETT	4C
SEMIRREBOQUE		ESRS; ESRD (2)	2S1
SEMIRREBOQUE		ESRS; ESRD; ETD	2S2
SEMIRREBOQUE		ESRS; ESRD; ETT	2S3
SEMIRREBOQUE		ESRS; ETD; ETD	3S2
SEMIRREBOQUE		ESRS; ETD; ETT	3S3
REBOQUE		ESRS; ESRD (3)	2C2
REBOQUE		ESRS; ESRD (2); ETD	2C3

Fonte: DNER (atual DNIT).

9 • Consideração do Tráfego Misto Rodoviário e Urbano em Projetos de Pavimentos

Cód.	Classi-ficação	Tipo de veículo	16-17	17-18	18-19	19-20	20-21	21-22	22-23	23-24				Total
2C	Leve	(carro)	11	13	11	9	6	1	4	2				57
2C	Leve	(picape)	1	1	3	3	1	0	1	0				10
2C	Médio		6	4	5	2	5	3	1	1				27
2C	Médio		8	8	2	2	3	2	1	3				29
3C	Pesado		33	27	30	23	28	22	15	23				201
4C	Pesado		0	0	1	0	0	0	0	0				1
2S1	Semirreboque		0	1	0	0	3	0	0	0				4
2S2	Semirreboque		1	0	1	0	6	2	1	2				13
2S3	Semirreboque		9	10	5	9	12	8	8	1				62
3S2	Semirreboque		0	1	0	0	0	0	0	0				1
3S3	Semirreboque		2	0	0	0	0	0	1	0				3
3C-3	Reboque		0	0	0	0	0	0	0	0				0
3S3-5	Reboque		0	0	0	0	0	0	0	0				0
	Total		71	65	58	48	64	38	32	32				408

Fig. 9.6 *Extrato de contagem manual realizada há 20 anos em rodovia*

A Estrada Fantasma... Veja este caso de contagem

Situação da ligação OM: pavimento muito deteriorado com índice de 20 buracos por km, velocidade de trajeto de 40 km/h e risco de acidentes.

Situação da ligação OAM: pavimento bem conservado, com incremento de percurso de 40 km e velocidade de operação de 80 km/h.

Resultado: raríssimos caminhões circulando por OM; a preferência dos motoristas era pelo trajeto OAM.

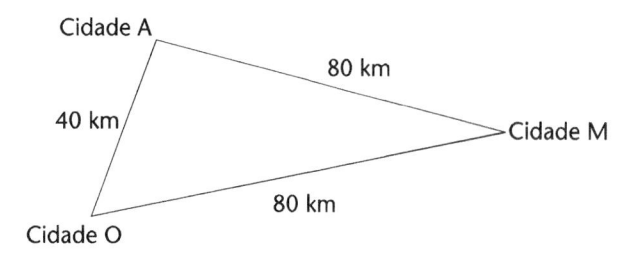

Conclusão: como o projeto versava sobre a restauração do trecho OM, foi necessário programar entrevistas presenciais com motoristas de caminhão circulando por OAM para verificar quais deles, partindo de O ou M, buscavam atingir M ou O, respectivamente.

Como a contagem é realizada em uma semana (ou menos) concentrada em dado mês do ano, pode-se, primeiramente, expandir a contagem (que indica as flutuações nos sete dias da semana) para o mês em questão. Posteriormente, é necessária a expansão do volume apurado para um mês específico para todos os meses do ano.

Quando há dados provindos de postos de contagens dos departamentos estaduais ou municipais de trânsito disponíveis ou, ainda, dos pedágios das rodovias, a determinação dos fatores de expansão consiste em tarefa relativamente simples. Um exemplo prático é apresentado na Tabela 9.5. Considerando a existência de dados do ano anterior, ou ainda de médias de anos anteriores, quanto aos volumes de veículos em operação mensalmente, é possível a determinação de Fatores de Expansão (Fex) para a estimativa atual de veículos no ano de realização de contagem para projeto.

Imagine que a pesquisa de campo foi realizada em setembro (atualmente) e foram determinados, semanalmente, 75.460 veículos, abrangendo aqueles de passeio e os veículos comerciais (caminhões e ônibus); e ainda, que, desse total, 21.270 fossem veículos comerciais. A primeira informação que nos é dada por tais dados de contagem é que a porcentagem de veículos comerciais sobre a frota (o que designaremos por Fator de Frota, FF) é de 28,19%.

No tocante aos fatores de expansão, eles poderão ser determinados partilhando-se a frota atual em veículos de passeio e comerciais ou, ainda, tomando-se a frota como um todo. Se, na média histórica (colunas 2, 3 e 4 da Tabela 9.5), têm-se os valores para o mês de setembro, basta considerá-lo como referência e calcular a relação entre o volume de cada mês e o volume de referência (do mês de setembro). Nas colunas 5, 6, e 7 da tabela, encontram-se os fatores de expansão mensais calculados dessa maneira.

Se o tráfego aferido em uma semana típica de setembro for expandido para o mês de setembro inteiro e esse fator de expansão for numericamente igual a 4,286, ele poderá ser aplicado independentemente para cada tipo de veículo. O resultado dessa expansão para o mês de setembro multiplicado pelo fator de sazonalidade mensal permitirá a estimativa do tráfego por tipo de veículo e total, mês a mês. Na última coluna da Tabela 9.5, é apresentada a estimativa total do VDM mensal no exemplo.

Tabela 9.5 *Exemplo de cálculo de fatores de expansão*

Mês	Volume de veículos de passeio	Volume de veículos comerciais	Veículos totais	Fex dos veículos de passeio	Fex dos veículos comerciais	Fex geral	Volumes expandidos
Janeiro	220.554	74.037	294.591	1,0616	0,9284	1,0247	331.206
Fevereiro	202.858	73.157	276.015	0,9764	0,9174	0,9601	310.417
Março	220.198	75.354	295.552	1,0599	0,9449	1,0280	332.314
Abril	216.197	75.419	291.616	1,0406	0,9457	1,0143	327.915
Maio	218.482	77.946	296.428	1,0516	0,9774	1,0311	333.358
Junho	216.126	73.324	289.450	1,0403	0,9195	1,0068	325.441
Julho	219.554	79.583	299.137	1,0568	0,9980	1,0405	336.428
Agosto	210.507	75.675	286.182	1,0133	0,9490	0,9954	321.847
Setembro	207.753	79.746	287.499	1,0000	1,0000	1,0000	323.422
Outubro	220.629	85.329	305.958	1,0620	1,0700	1,0642	344.199
Novembro	222.401	80.750	303.151	1,0705	1,0126	1,0544	340.945
Dezembro	246.029	83.450	329.479	1,1842	1,0464	1,1460	370.447
Total	2.621.288	933.770	3.555.058	–	–	–	3.997.938

FATORES DE EXPANSÃO SEM ESTATÍSTICAS DE TRÂNSITO

Em um projeto de restauração de rodovia, pode ocorrer de os dados de tráfego passados não estarem disponíveis ou não existirem. Nesses casos, deve-se proceder à contagem volumétrica e classificatória normal e buscar opções para a determinação de fatores de expansão do tráfego. Algumas das alternativas para determinação dos fatores de expansão são:

- ◆ Zonas turísticas: consultar empresas de transporte de passageiros para verificar alterações de demandas segundo diferentes épocas do ano.
- ◆ Postos de gasolina: consultar postos existentes no trecho de rodovia ou proximidades, para verificação da variação mensal no consumo (venda) de óleo diesel para caminhões e ônibus.
- ◆ Áreas de produção agrícola: determinar volumes de veículos de transporte de produtos regionais durante meses de safra e entressafra.

9.3.3 Cálculo do Volume Diário Médio Anual (VDM)

Por *volume diário médio*, entende-se o volume total de veículos que passam por uma seção completa da via, ou seja, não estando descontados, nessa definição, os veículos leves (desprezados para a análise de pavimentos). Além disso, o VDM, conforme definido, engloba todos os veículos em ambos os sentidos da via, o que exigirá, para a análise de pavimentos, algumas considerações (reduções) posteriores.

O VDM é geralmente obtido com base de cálculo de 365 dias para abrigar todas as condições de sazonalidade semanais ou mensais do tráfego que se utiliza de uma seção da via, compreendidos os veículos de passeio, os ônibus e os caminhões (leves, médios e pesados). Por essa razão, o VDM é frequentemente denominado *VDM anual*.

A contagem dos veículos e a utilização de fatores de expansão permitem, como vimos, a definição do perfil do tráfego ao longo de um ano inteiro, o que servirá de base para a projeção do tráfego para qualquer ano do horizonte de projeto. Para tanto, é necessária a definição do Volume Diário Médio (VDM) no ano de abertura da via, de acordo com algum processo de contagem e expansão de dados.

O VDM anual é, portanto, calculado, após a determinação do somatório de todos os veículos que trafegam pela via em um ano, dividindo-se esse valor por 365 dias. Assim, o valor de VDM não obrigatoriamente expressa o volume real em um dia qualquer do ano, como uma segunda-feira na terceira semana do mês de setembro, mas um volume médio diário sobre uma base de cálculo anual:

$$\text{VDM} = \frac{\sum \text{total dos veículos em um ano}}{365} \qquad [9.26]$$

Ao retomar-se o exemplo dado na Tabela 9.5, o volume total de veículos estimado para o ano em que foi realizada a contagem resultaria 3.997.938. O VDM da via, nesse caso, bidirecional, é, portanto, de 10.953 veículos por dia, compreendidos todos os tipos de veículos circulantes.

9.3.4 Estimativa do tráfego desconhecido – Alguns estudos de caso

A determinação do perfil de tráfego que implicará um novo pavimento nem sempre consiste em tarefa de fácil ponderação, na época do estudo básico de implantação ou do projeto executivo propriamente dito. Isso ocorre por diversas situações, por exemplo: não existir, ainda, a rodovia; a via estar tão deteriorada que o tráfego atual evita o trajeto; o tráfego ocorre apenas sazonalmente e não se dispõe de informações históricas.

Nesses casos, as estimativas deverão ser realizadas empregando-se outros artifícios, como pesquisas do tipo origem-destino entre as localidades servidas pela futura via. Em outros casos, o perfil de tráfego poderá ser obtido mediante analogias com vias de natureza semelhante. Quando, por outro lado, trata-se de projeto de manutenção e recuperação de pavimentos (geralmente designados por projetos de restauração de pavimentos), o perfil do tráfego usuário pode ser determinado com maior precisão com base nas distribuições passadas (na ausência de dados atuais) de veículos, obtidas de estatísticas de trânsito a partir de séries históricas, se disponíveis.

Muitos fatores podem contribuir para dificultar a definição do tráfego exato, o que refletirá no cálculo do número N de repetições de eixos-padrão a ser solicitada pela estrutura de pavimento. Um deles é a existência de demandas reprimidas, que, por vezes, são de difícil ponderação ou mesmo preteridas nos cálculos. Um exemplo real desse fato ocorreu em uma rodovia vicinal de ligação a uma região no sul do País, onde solos residuais de calcário são explorados para finalidades agrícolas. Durante a fase de projeto, com base em contagens volumétricas realizadas em 1994, foram previstos em projeto valores para o número N, conforme apresentados na Tabela 9.6 (Valle; Balbo, 1997).

Na mesma tabela, são apresentados valores reais obtidos a partir de contagens volumétricas e classificatórias realizadas em 1995, 1996 e 1997 na rodovia. O tráfego previsto para dez anos, em termos de número N, seria então atingido com seis anos de antecedência. O caso ilustrado é interessante, sendo a explicação dada pelos fatos observados após a abertura da rodovia: caminhões pesados e semirreboques, que anteriormente não se utilizavam da rodovia não pavimentada e dessa forma não foram considerados em projeto, que se pautou pelo tráfego existente, passaram a ser frequentes após a pavimentação da estrada.

É possível empregar outras alternativas na determinação de volumes de tráfego. Um caso simples é a estimativa de produção, em peso, de grãos de soja ou de corte de cana-de-açúcar que serão transportados em uma rodovia vicinal de ligação entre as áreas produtoras e as rodovias principais ou depósitos de grãos e destilarias (o caso se aplica a diversas outras situações na agricultura).

Nesse caso, as áreas das fazendas de produção são estimadas e transformadas em peso da biomassa, sendo também verificados os tipos de caminhões que farão o transporte dos produtos, quanto aos eixos e carga. Estima-se assim o número de veículos que circularão na via durante os períodos de safra e de entressafra. Com base nesse tipo de estimativa, é possível a elaboração de um perfil de tráfego condizente com a via em questão.

Tabela 9.6 *Caso real de valores de N aferidos após projeto em rodovia vicinal*

Ano	N (10^6) PROJETADO	N (10^6) PROJETADO ACUMULADO	N (10^6) REAL	N (10^6) REAL ACUMULADO
1995	0,16	0,16	0,50	0,50
1996	0,18	0,34	0,52	1,02
1997	0,18	0,52	0,53	1,55
1998	0,18	0,70	0,55	2,10
1999	0,19	0,89	0,56	2,66
2000	0,20	1,09	0,58	3,24
2001	0,20	1,29	0,60	3,84
2002	0,21	1,50	0,61	4,45
2003	0,21	1,71	0,63	5,08
2004	0,22	1,93	0,65	5,74

9.4 Pesagem de Eixos de Veículos Comerciais

Como foi visto, a determinação dos fatores de equivalência entre cargas (que se prestará ao cálculo do número de repetições do eixo-padrão no horizonte de projeto) depende do conhecimento do perfil de cargas oferecido pelos eixos de veículos comerciais que circularão pela via. Essa é uma tarefa inglória em projetos, visto que, na grande maioria das estradas brasileiras, não existe controle de cargas, o que resulta na indisponibilidade de dados estatísticos dessa natureza para emprego em projetos.

O critério mais comumente empregado, portanto, trata-se da hipótese de atendimento às cargas máximas legais previstas em lei. É possível também o emprego de "fatores de segurança", um tanto quanto subjetivos nesse caso, para majorar essas cargas máximas, na expectativa de algum excesso de carga sobre eixos no futuro. Em projetos de restauração de vias, contudo, a determinação de perfis estatísticos de pesos sobre eixos poderá ser realizada por meio de equipamentos móveis, como aquele mostrado na Figura 9.7.

Para despertar o senso crítico do leitor, na Figura 9.8, é apresentado o resultado, em termos de distribuição por eixos e por cargas, de uma pesagem realizada em 1998 em uma rodovia onde não existia controle de cargas por meio de postos de pesagem. A pesagem, realizada com 192 caminhões, eixo a eixo, foi suficiente para revelar situações de excessos em eixos traseiros nas seguintes proporções: em mais de 60% dos eixos simples de rodas duplas; em mais de 40% dos eixos tandem duplos; em mais de 70% dos eixos tandem triplos.

Fig. 9.7 *Pesagem automatizada de veículos comerciais com equipamento móvel*

Ao considerar-se que os pavimentos são dimensionados, muitas vezes, para atender aos critérios de cargas máximas legais, não é de se estranhar que, em muitas rodovias, a durabilidade dos pavimentos venha a ser medíocre. Excessos de carga combinados com outros fatores, como baixos níveis de manutenção preventiva e corretiva nas rodovias e vias urbanas, decretam a incapacidade das estruturas de pavimento em oferecer qualidade de rolamento adequada. Para se ter uma ideia da importância do fato, em muitos Estados norte-americanos, na época do desgelo, entre março e abril, os departamentos de transporte restringem o tráfego de veículos comerciais limitando cargas, para serem minimizados os efeitos de bombeamento de finos e contaminação de bases de pavimentos.

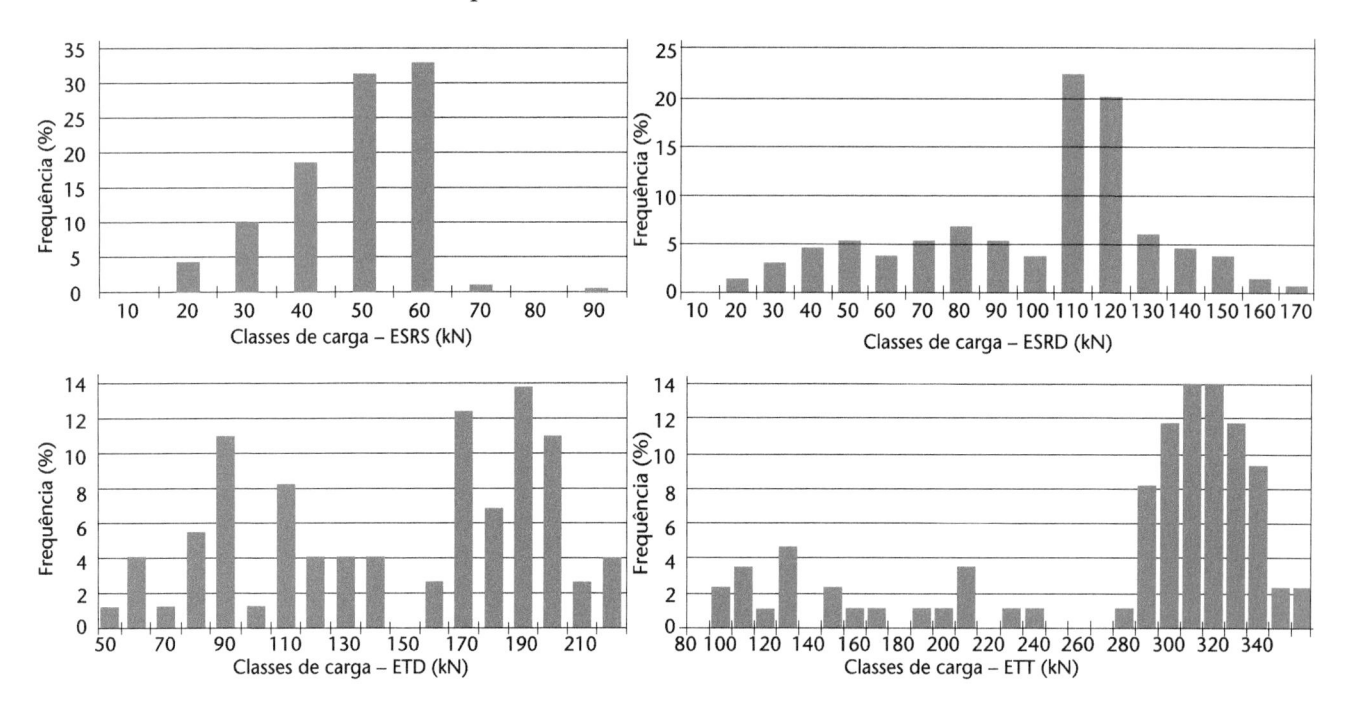

Fig. 9.8 *Frequência de distribuição de pesos por eixo (pesagem em 1998) Fonte: Balbo, 1999.*

9.5 Estimativa do Número de Repetições de Carga do Eixo-padrão (N)

Para a determinação da equivalência de operações de toda a frota, em termos de um eixo-padrão arbitrado (trabalha-se em rodovias e vias urbanas com ESRD de 80 kN), emprega-se a segunda parte da Equação 9.14 para o cálculo desse coeficiente global de conversão, denominado Fator de Carga (FC), que representa um fator de equivalência entre cargas médio ponderado para toda a frota de projeto:

$$FC = \frac{\sum_{i=1}^{n} FEC_i \cdot p_i}{100} \quad [9.27]$$

O produto da frequência de dado eixo por seu FEC é denominado Equivalência de Operações ou, simplesmente, EO, que será dependente dos valores de FEC (critério de ruptura implícito no método em uso) e, portanto, variável conforme o método de dimensionamento empregado, em especial aqueles do DNER e da AASHTO. Da Equação 9.27, observa-se que, para o cálculo de FC, é necessário o prévio conhecimento das frequências com as quais cada eixo com a respectiva carga se utilizará do pavimento na via.

A determinação do número N é realizada, em projetos, para um período de tempo de serviço do pavimento geralmente determinado por quem opera e administra a via de transporte (órgão público, agência reguladora, concessionária etc.). Conhecido o valor do VDM, o volume anual de veículos que solicitam a via no primeiro ano (Vo) de referência do projeto será:

$$Vo = 365 \cdot VDM \qquad [9.28]$$

Observa-se que o primeiro ano do projeto poderá não ser obrigatoriamente o período em que se realizam os estudos de tráfego para o projeto ou mesmo o ano sucessivo; o primeiro ano de projeto é aquele de abertura da via ao tráfego comercial. O volume anual de veículos em um ano futuro qualquer (Vf), calculado em geral no último ano do horizonte ou período de projeto, será obtido em função da forma de crescimento do tráfego prevista, com base em séries históricas ou índices socioeconômicos relacionados à região da via ou rodovia. Para os casos de crescimento linear e geométrico, o valor de Vf é calculado respectivamente por:

$$Vf = Vo \cdot (1 + P \cdot t) = 365 \cdot VDM \cdot (1 + P \cdot t) \qquad [9.29]$$

e

$$Vf = Vo \cdot (1 + t)^P = 365 \cdot VDM \cdot (1 + t)^P \qquad [9.30]$$

sendo P o período de tempo decorrido em anos e t, a taxa anual de crescimento do tráfego, linear ou geométrica, conforme o caso. O volume acumulado de tráfego ao longo do horizonte ou período de projeto P (Vp) pode ser calculado pela integração das equações anteriores para intervalos definidos, conforme indicado a seguir, para crescimento linear e geométrico, respectivamente:

$$Vp = \int_0^P 365 \cdot VDM \cdot (1 + P \cdot t) \cdot dP = 365 \cdot VDM \cdot \frac{(1 + P \cdot t)^2 - 1}{2t} \qquad [9.31]$$

e

$$Vp = \int_0^P 365 \cdot VDM \cdot (1 + t)^P \cdot dP = 365 \cdot VDM \cdot \frac{(1 + t)^P - 1}{\ln(1 + t)} \qquad [9.32]$$

Para fins de projetos de pavimentação, o volume total de veículos acumulado decorridos P anos deverá ser transformado em um número de repetições de um eixo-padrão (N) de 80 kN. Para tanto, todos os eixos previstos com base em contagens (ou com base em outro processo) dos veículos usuários da via deverão ser transformados em eixos-padrão equivalentes pela adoção de fatores de equivalência de cargas coerentes com o método de projeto adotado.

Quando é possível o processo de cálculo do número N com base em pesagens realizadas em local onde o tráfego existente seja representativo do perfil de veículos usuários da via (ou na própria via, se já existente), a equivalência de operações (FEO) poderá ser calculada pela seguinte rotina, com emprego de tabelas semelhantes à Tabela 9.7:

Tabela 9.7 *Esquema de cálculo das equivalências de operações*

Tipo de eixo	Carga (kN)	Quantidade	PI (%)	FEC	EO
ESRD (i)	< 60	n 1	p 1 = n1/Σ n i+Σ n j+Σ n k	FEC 1	FEC 1 x p 1
	60 - 70	n 2	p 2 = n2/Σ n i+Σ n j+Σ n k	FEC 2	FEC 2 x p 2
	70 - 80	n 3	p 3 = n3/Σ n i+Σ n j+Σ n k	FEC 3	FEC 3 x p 3
	...	...	...	...	...
	110 - 120	n i	p i = ni/Σ n i+Σ n j+Σ n k	FEC i	FEC i x p i
		Σ n i	Σ p i		
ETD (j)	< 100	n' 1	p' 1 = n'1/Σ n i+Σ n j+Σ n k	FEC' 1	FEC' 1 x p' 1
	100 - 110	n' 2	p' 1 = n'2/Σ n i+Σ n j+Σ n k	FEC' 2	FEC' 2 x p' 2
	110 - 120	n' 3	p' 1 = n'3/Σ n i+Σ n j+Σ n k	FEC' 3	FEC' 3 x p' 3
	...	...	...	...	...
	220 - 230	n' j	p' j = n'j/Σ n i+Σ n j+Σ n k	FEC' 4	FEC' j x p' j
		Σ n j	Σ p j		
ETT (k)	< 150	n'' 1	p'' 1 = n''1/Σ n i+Σ n j+Σ n k	FEC'' 1	FEC'' 1 x p'' 1
	150 - 160	n'' 2	p'' 1 = n''2/Σ n i+Σ n j+Σ n k	FEC'' 2	FEC'' 2 x p'' 2
	160 - 170	n'' 3	p'' 1 = n''3/Σ n i+Σ n j+Σ n k	FEC'' 3	FEC'' 3 x p'' 3
	...	...	...	...	...
	280 - 290	n'' k	p'' k = n''k/Σ n i+Σ n j+Σ n k	FEC'' k	FEC'' k x p'' k
		Σ n k	Σ p k		
Todos		Σ n i+Σ n j+Σ n k	Σp i+Σ p j+Σ p k		Σ(EOi+EOj+EOk)

- Tabulação das categorias de eixos encontrados em amostragem de veículos durante as pesagens, por intervalo de carga verificado (classes de cargas).
- Tabulação do número de eixos na amostragem que se enquadram em cada uma das categorias e classes indicadas.
- Cálculo da porcentagem de eixos tabulados em relação ao número total de veículos. Nesse caso, se a porcentagem de cada classe de carga por categoria de eixo for calculada em relação ao total de eixos da categoria (Σni ou Σnj ou Σnk, representando as categorias de ESRD, ETD e ETT, respectivamente), então será necessário o emprego posterior de um fator de eixo no cálculo do número N, conforme explicado adiante; alternativamente, as porcentagens de cada eixo podem ser calculadas imediatamente em relação ao número total de veículos que foram pesados na amostragem; nesse caso, o fator de eixo ficará implícito no cálculo ("por dentro") e a soma não resultará 100%.
- Tabulação, com base na metodologia de projeto adotada, dos fatores de equivalência de cargas de cada categoria de eixo indicada (FEC).
- Cômputo dos produtos (FECi x pi) para cada categoria de eixo indicada, que resulta na equivalência de operações.

O somatório dos valores (FECi x pi) computados fornece a Equivalência de Operações de cada categoria de eixo por carga, relativo ao perfil de tráfego verificado em pesagens por 100 veículos da amostra. O valor absoluto do Fator de Carga (FC) será calculado, portanto, conforme a Equação 9.27 modificada:

$$FC = \frac{\sum_{i=1}^{n} EOi + \sum_{j=1}^{n} EOj + \sum_{k=1}^{n} EOk}{100} \qquad [9.33]$$

Resta, então, o esclarecimento sobre o que seria Fator de Eixo (FE). Na realidade, quando se calculam as frequências em relação ao número total de eixos contados na amostragem, por categoria, não se define quantos eixos possui um caminhão em média. Definem-se apenas as equivalências de operações individuais e um Fator de Carga (FC) médio ponderado para a frota, que será aplicado na multiplicação do número de veículos. Esse FC, portanto, representa quantas passagens do eixo médio são equivalentes ao eixo-padrão. Assim, com esse cálculo, tem-se a conversão do eixos em eixos-padrão, a não ser pelo fato de que não está implícito o número médio de eixos de cada caminhão na frota.

Portanto, fica ausente um fator que transforme o número de veículos em número de eixos, que é exatamente o que se define por fator de eixo. O FE, portanto, é um valor médio que indica quantos eixos possuem, em média, os caminhões da frota.

Em geral, nos cálculos, os ESRS são desprezados por possuírem carga baixa e, por conseguinte, valores de FEC também baixos, o que pouco perturbaria os resultados. Assim, um caminhão com um ESRD traseiro, ou ainda um ETT traseiro, teria apenas um eixo traseiro. Interessa, portanto, o número de eixos traseiros de cada caminhão da frota. A contagem classificatória permite definir quanto e, consequentemente, quais são as porcentagens de caminhões que possuem um eixo traseiro (f1), dois eixos traseiros (f2), três eixos traseiros (f3), quatro eixos traseiros (f4) etc. Com base nessas porcentagens, a média ponderada de eixos por veículo na frota é calculada por:

$$FE = \frac{f1 \times 1 + f2 \times 2 + ... + fn \times n}{f1 + f2 + f3 + f4} = \frac{f1 \times 1 + f2 \times 2 + ... + fn \times n}{100\%} \qquad [9.34]$$

na qual fn é a frequência de veículos com n eixos traseiros, sendo n = 1, ..., m.

Por Fator de Veículo (FV) ou fator de caminhão, define-se o produto FC x FE. Então, ao multiplicar-se o número de veículos comercias na frota de projeto (caminhões médios, pesados, reboques, semirreboques e ônibus) por FE, determina-se o número de eixos total no horizonte de projeto, que, por sua vez, multiplicado por FC, irá fornecer o número de repetições de carga equivalente ao eixo-padrão (N).

Porém, ainda devem ser adotados alguns cuidados na manipulação dos dados no cálculo de N. O número de solicitações equivalentes do eixo-padrão será determinado tendo-se em conta as seguintes condições:

♦ O VDM calculado com base nas contagens volumétricas e classificatórias é representativo de uma seção de via, independentemente de ser a mesma composta por pista simples ou dupla, de possuir sentido de tráfego monodirecional ou bidirecional. O volume acumulado de veículos deverá ser considerado em apenas um sentido (caso a via apresente dois sentidos) para fins de projetos de pavimentos, pela inclusão de um fator de sentido (Fs). Assim, ter-se-á Fs = 1,0 para vias com um sentido apenas e Fs = 0,5 para vias com dois sentidos de tráfego. Outras condições de partição do VDM são possíveis em casos específicos.

♦ O VDM é representativo da frota total de veículos. Para fins de projeto de pavimentação, devem ser considerados apenas os veículos comerciais (ônibus, caminhões médios, caminhões pesados, reboques e semirreboques), sendo desprezados os veículos de passeio, utilitários e caminhões leves e motocicletas. Isso é realizado mediante a inclusão de um *fator de frota comercial* (Ff), que representa a porcentagem de veículos comerciais existentes em relação ao universo da frota, o que é obtido pela contagem classificatória (sempre disponível em pedágios).

♦ Caso a via possua mais de uma faixa de tráfego por sentido, o volume acumulado de veículos deverá ainda ser estimado apenas para a faixa supostamente mais carregada, ou *faixa de projeto*, mediante a inclusão de um *fator de distribuição de frota por faixa* (Fd), que representa a porcentagem dos veículos comerciais que se utiliza de tal faixa. Valores de Fd entre 0,8 e 1,0 são comumente adotados em projetos rodoviários, embora constituam informações empíricas e não bem sistematizadas. Para o caso de acostamentos, o dimensionamento é comumente realizado empregando-se Fd entre 0,01 e 0,05, ou ainda até inferiores.

A expressão geral para o cálculo do número de repetições equivalentes do eixo-padrão (N) será, portanto, para crescimento linear e geométrico, respectivamente:

$$N = 365 \cdot VDM \cdot \frac{(1+P \cdot t)^2 - 1}{2t} \cdot FV \cdot Ff \cdot Fs \cdot Fd \qquad [9.35]$$

e

$$N = 365 \cdot VDM \cdot \frac{(1+t)^P - 1}{\ln(1+t)} \cdot FV \cdot Ff \cdot Fs \cdot Fd \qquad [9.36]$$

Muitas vezes, em projetos, por absoluta falta de dados, tempo e recursos para a realização de estudos de tráfego mais detalhados, aplicam-se valores padronizados de FV definidos previamente por órgãos rodoviários, para determinados tipos de veículos (caminhões médios, ônibus, caminhões pesados, reboques e semirreboques). Assim, para exemplificar, o DER-SP sugere os fatores de veículo para fases de anteprojeto (conforme indicados na Tabela 9.8), conhecida uma distribuição percentual do tráfego. Para os diferentes tipos de veículos comerciais, na ausência de informações precisas, podem ser empregados os fatores de equivalência entre cargas sugeridos na Tabela 9.9.

Tabela 9.8 *Fatores de veículos estimativos conforme composição do tráfego*

Caminhões médios (%)	Caminhões pesados + reboques e semirreboques (%)	FV
50	50	6,8
60	40	5,8
70	30	4,7
80	20	3,7

Fonte: DER – SP.

Tabela 9.9 *Fatores de veículos estimativos conforme tipos de veículos*

Tipo de veículo	FEC eixos dianteiros	FEC eixos traseiros	FV veículo
Ônibus	0,1	3,5	3,6
Caminhões médios	0,1	3,5	3,6
Caminhões pesados	0,1	8,0	8,1

Fonte: extinto DNER.

O DNER sugeria, na ausência de dados de pesagem de eixos, os seguintes valores para FV: 0,79 para ônibus; 1,149 para caminhões médios; 4,767 para caminhões pesados e 12,078 para reboques e semirreboques. Recorde-se de que, no entanto, tais fatores médios podem variar em função do tipo de rodovia e de seu emprego. Com base em pesagens realizadas, por exemplo, na BR-101/SC, em 1986, chegou-se aos fatores de veículo apresentados na Tabela 9.10, segundo dois critérios distintos para equivalência entre cargas apresentados anteriormente.

Tabela 9.10 *Fatores de veículos para a BR-101/SC*

Tipo de veículo	FEC (DNER, 1981)	FEC (DNER, 1985)
Ônibus e caminhões leves (toco)	2,522	1,315
Caminhões trucados	5,007	1,119
Semirreboque com eixo traseiro simples	4,08	3,19
Semirreboque com eixo traseiro duplo	5,17	2,36
Semirreboque com eixo traseiro triplo	7,06	4,18

É importante ressaltar que cada método de projeto apresenta fatores de equivalência de carga específicos, em função do critério de ruptura adotado pelo método, o que leva a diferentes resultados para o número N se calculado, para uma mesma frota de veículos, com base em metodologias diversas. É o caso do critério da AASHTO, que sistematicamente encaminha valores de FEC menores, portanto FV menores e, consequentemente, valor de N reduzido em relação à norma brasileira.

Há órgãos públicos, como a Secretaria de Infraestrutura Urbana do Município de São Paulo, que, em suas normas, em caso de ausência de pesagens e contagens classificatórias e volumétricas, indicam o emprego de faixas de valores para o número N. No caso da norma paulistana, a Tabela 9.11 apresenta, por categoria de via, os valores sugeridos. Na composição de tais valores, a PMSP empregou o critério de horizonte de projeto de 12 anos para vias de tráfego muito pesado e corredores de ônibus (o período de dez anos vale para todas as demais vias).

Tabela 9.11 *Valores de N tabelados por tipo de via*

Função Predominante da Via	Tipo de Tráfego Previsto	Período de Projeto (anos)	Volume Inicial na Carregada Faixa Mais (Vo)		Faixa para N	N Característico
			Veículos Leves	Caminhão ou Ônibus		
Via local	Leve	10	100 a 400	4 a 20	$2{,}70 \times 10^4$ a $1{,}40 \times 10^5$	10^5
Via local e coletora secundária	Médio	10	401 a 1.500	21 a 100	$1{,}40 \times 10^5$ a $6{,}80 \times 10^5$	5×10^5
Vias coletoras e estruturais	Meio pesado	10	1.501 a 5.000	101 a 300	$1{,}4 \times 10^6$ a $3{,}1 \times 10^6$	2×10^6
	Pesado	12	5.001 a 10.000	301 a 1.000	$1{,}0 \times 10^7$ a $3{,}3 \times 10^7$	2×10^7
	Muito pesado	12	> 10.000	1.001 a 2.000	$3{,}3 \times 10^7$ a $6{,}7 \times 10^7$	5×10^7
Faixa exclusiva de ônibus	Volume médio	12	–	< 500	3×10^6	10^7
	Volume pesado	12	–	> 500	5×10^7	5×10^7

Fonte: PMSP, 2004.

Quanto ao período de projeto, é muito comum surgirem opiniões genéricas de que "os pavimentos são projetados para dez anos", o que não é uma regra rígida e verdadeira. Pavimentos, dependendo da agência viária, já foram projetados para 15 ou 20 anos no Brasil. Nos EUA, há uma tendência de se ampliar o período de projeto para até 40 a 50 anos, em função de disponibilidade de tecnologia e de fundos para as construções. Portanto, período ou horizonte de projeto não deve ser confundido com vida útil ou vida de serviço, que depende de uma série de fatores que concorrem simultaneamente, até mesmo a insuficiência dos critérios de projeto.

Há que compreender que o desempenho de um pavimento não está subordinado exclusivamente ao projeto, à sua concepção. Modo de execução, materiais empregados, controle de execução, manutenção preventiva e corretiva são chaves para o sucesso de um projeto bem elaborado; não se pode prescindir de nenhum dos componentes anteriormente mencionados.

À parte tal fato, condições de tráfego não previstas em projeto (volume excessivo ou cargas excedentes), e condições inadequadas de drenagem contribuem sobremaneira para a deterioração precoce dos pavimentos, concedendo vidas de serviço aquém daquelas estipuladas na fase de projeto.

Os valores representativos médios de fatores de equivalência para os vários tipos de veículos comerciais anteriormente indicados e sugeridos por órgãos rodoviários brasileiros constituem um bom termômetro para se ter uma

GLOSSÁRIO DE TERMOS SOBRE TRÁFEGO PARA PAVIMENTOS

Eixo Simples de Rodas Simples (ESRS): o eixo dianteiro dos caminhões, com uma roda em cada extremidade.
Eixo Simples de Rodas Duplas (ESRD): o eixo traseiro dos caminhões, isolado, com duas rodas em cada extremidade.
Eixo Tandem Duplo (ETD): dois ESRDs em conjunto.
Eixo Tandem Triplo (ETT): três ESRDs em conjunto.
Eixo-padrão: o ESRD com 80 kN de carga.
Fator de Equivalência de Cargas (FEC): o número abstrato que indica o quanto uma passagem de dado eixo é potencialmente mais danosa para o pavimento em comparação ao eixo-padrão de 80 kN.
Volume Diário Médio (VDM): o volume total de veículos que passa por uma seção completa da via.
Equivalência de Operações (EO): o produto entre o número previsto, em termos de frequência, de dado eixo, multiplicado por seu fator de equivalência de cargas.
Fator de Veículo (FV): o somatório de todas as equivalências de operações dos eixos previstos em projeto dividido por 100.
Fator de Eixo (FE): número que representa a média de eixos de um veículo da frota de caminhões e ônibus, descontado o eixo dianteiro.
Horizonte de Projeto (P): o período de tempo escolhido para o dimensionamento do volume acumulado de tráfego, para se dimensionar o pavimento.
Volume de Projeto (Vp): o somatório acumulado de todos os veículos que operarão na via durante o horizonte de projeto.
Fator de Sentido (Fs): a fração numérica que reduz o volume total para a pista de projeto.
Fator de Frota (Ff): a fração de veículos comerciais do volume diário médio.
Fator de Distribuição (Fd): a fração numérica que reduz o volume para a faixa de projeto.
Número de Repetições do Eixo-padrão (N): o parâmetro de projeto que indica o número total de repetições equivalente do ESRD com 80 kN, que ocorrerá em todo o horizonte de projeto, na faixa de rolamento de projeto.
Caminhão Toco: o caminhão com apenas um ESRD traseiro.
Caminhão Trucado: o caminhão com um eixo em tandem.

ideia das condições de operações de tais veículos. Verificam-se, a partir dos dados, significativas relações entre danos causados por caminhões do tipo reboque e caminhões médios e pesados, sendo evidente o poder de deterioração dos primeiros em relação aos últimos.

Situações especiais de projeto podem se configurar diversas vezes, como no caso de rodovias vicinais, onde, com muita frequência, pode haver um sentido de tráfego para o qual os veículos comerciais estão normalmente mais carregados do que quando trafegando em outro sentido; isso poderia implicar o dimensionamento dos pavimentos com base na faixa mais carregada, o que se aplica também a vias em fábricas, depósitos, terminais graneleiros, portuários etc.

9.6 A PRÁTICA DO DIMENSIONAMENTO DO TRÁFEGO PARA ANÁLISES E PROJETOS DE PAVIMENTOS

Cálculo do número N em via urbana

Calcular o número de repetições de carga de um eixo-padrão de 80 kN, para um horizonte de projeto de dez anos, com base nos fatores de equivalência de cargas do DNER (Souza, 1981), para uma via urbana na qual os veículos comerciais circulam com eixos-toco dentro da carga máxima legal.

Carga por eixo (kN)	ESRD	ETD	ETT
< 50	27		
50 – 60	4		
60 – 70	7	1	
70 – 80	5	3	
80 – 90	18	8	
90 – 100	21	17	
100 – 110	34	19	
110 – 120	15	21	
120 – 130	4	12	
130 – 140	2	11	
140 – 150	2	9	
150 – 160		31	
160 – 170		26	
170 – 180		16	
180 – 190		13	
190 – 200		13	2
200 – 210		5	3
210 – 220		2	2
220 – 230		3	2
230 – 240		2	3
240 – 250		3	11
250 – 260		–	7
260 – 270		1	6
270 – 280			5
280 – 290			9
290 – 300			3
300 – 310			2
310 – 320			6
320 – 330			1
330 – 340			3
340 – 350			1

- VDM = 5.700 veículos (atuais), sendo 4.350 de passeio e utilitários.
- Avenida com duas pistas e duas faixas de rolamento por pista.
- Crescimento anual linear de 1%.

Cálculo do número N em rodovia federal

Calcular o número de repetições de carga de um eixo-padrão de 80 kN, para um horizonte de projeto de 20 anos, com base nos fatores de equivalência de cargas do DNER (Souza, 1981) para o perfil de tráfego cujos dados são apresentados a seguir.

- VDM = 1.300 veículos no ano de abertura da via.
- Tipo de via: com pista dupla, dois sentidos de tráfego e duas faixas por pista.
- Distribuição do VDM: 35% de automóveis e caminhões leves.
- Distribuição por faixa dos veículos comerciais: 80% na faixa mais carregada.
- Crescimento do tráfego: linear, com taxa anual de 2,5%.
- Distribuição de cargas dos veículos: ver quadro ao lado, resultante da pesagem de 341 caminhões.

Solução

O cálculo do Fator de Veículo (FV) é realizado por meio da tabulação e do cômputo das Equivalências de Operações (EO), conforme indicado nas tabelas seguintes (os valores de FEC foram extraídos graficamente das curvas na Figura 9.5). As frequências por tipo de eixo foram calculadas não em relação ao número total de eixos por categoria, mas pela divisão do número de eixos pelo total de veículos pesados (341), o que embute o Fator de Eixo (FE) automaticamente por dentro dos cálculos. O fator de veículo será portanto:

$$FV = \frac{154{,}047 + 367{,}877 + 285{,}091}{100} = 8{,}07 \quad [9.37]$$

O número N, admitido o crescimento linear do tráfego e as demais hipóteses indicadas, calculado pela Equação 9.23, será:

$$N = 365 \cdot VDM \cdot \frac{(1+P \cdot t)^2 - 1}{2t} \cdot FV \cdot Ff \cdot Fs \cdot Fd \quad [9.38]$$

$$N = 365 \times 1300 \times \frac{(1+20 \times 0{,}025)^2 - 1}{2 \times 0{,}025} \times 8{,}07 \times 0{,}65 \times 0{,}5 \times 0{,}8 = 2{,}49 \times 10^7 \qquad [9.39]$$

Observe-se que, nesse caso, o fator de eixo (número de eixos em média por veículo) pode ser calculado pela divisão entre a soma de todos os eixos (traseiros) pesados pelo número de veículos pesados, que resultaria no valor de FE = 1,231672. Ao efetuar-se os cálculos para as equivalências de operações, como sugerido na Tabela 9.7, é encontrado o valor de FC = 6,5522. Verifique que o produto FE x FC leva ao valor FV = 8,07, exatamente igual ao cálculo apresentado na tabela com o fator de eixo "por dentro".

Tipo	Carga (kN)	Quantidade	Pi(%)	FECi	EO
ESRD	< 50	27	7,9	0,1	0,79
	50 – 60	4	1,2	0,2	0,24
	60 – 70	7	2,1	0,4	0,84
	70 – 80	5	1,5	0,8	1,20
	80 – 90	18	5,3	1,5	7,95
	90 – 100	21	6,2	3,0	18,60
	100 – 110	34	10,0	4,5	45,00
	110 – 120	15	4,4	8,0	35,20
	120 – 130	4	1,2	13,0	15,60
	130 – 140	2	0,6	20,0	12,00
	140 – 150	2	0,6	30,0	18,00
					ΣEO=155,42
ETD	60 – 70	1	0,3	0,04	0,01
	70 – 80	3	0,9	0,08	0,07
	80 – 90	8	2,3	0,16	0,37
	90 – 100	17	5,0	0,30	1,50
	100 – 110	19	5,6	0,50	2,80
	110 – 120	21	6,2	0,70	4,34
	120 – 130	12	3,5	1,00	3,50
	130 – 140	11	3,2	1,50	4,80
	140 – 150	9	2,6	2,40	6,24
	150 – 160	31	9,1	3,00	27,30
	160 – 170	26	7,6	5,00	38,00
	170 – 180	16	4,7	7,00	32,90
	180 – 190	13	3,8	9,50	36,10
	190 – 200	13	3,8	13,00	49,40
	200 – 210	5	1,5	18,00	27,00
	210 – 220	2	0,6	25,00	15,00
	220 – 230	3	0,9	33,00	29,70
	230 – 240	2	0,6	41,00	24,60
	240 – 250	3	0,9	50,00	45,00
	250 – 260	–	–	–	–
	260 – 270	1	0,3	75,00	22,50
					ΣEO=371,13

Tipo	Carga (kN)	Quantidade	PI(%)	FECi	EO
ETT	19 – 20	2	0,6	2,23	1,34
	20 – 21	3	0,9	2,85	2,57
	21 – 22	2	0,6	3,62	2,17
	22 – 23	2	0,6	4,53	2,72
	23 – 24	3	0,9	5,58	5,02
	24 – 25	11	3,2	7,05	22,56
	25 – 26	7	2,1	8,94	18,77
	26 – 27	6	1,8	11,12	20,02
	27 – 28	5	1,5	13,59	20,39
	28 – 29	9	2,6	16,32	42,43
	29 – 30	3	0,9	19,31	17,38
	30 – 31	2	0,6	23,85	14,31
	31 – 32	6	1,8	29,95	53,91
	32 – 33	1	0,3	36,45	10,94
	33 – 34	3	0,9	43,35	39,02
	34 – 35	1	0,3	52,60	15,78
					ΣEO=289,33

Cálculo do número N para um condomínio residencial

Determine o número de repetições de carga do eixo-padrão para 20 anos na rua principal de um condomínio residencial, supondo as seguintes condições:

◆ Dois caminhões toco por semana (coleta de lixo), dois caminhões toco por mês (gás), um caminhão trucado duplo de mudanças a cada seis meses e um caminhão trucado duplo a cada dois meses para outros serviços. Cargas máximas legais obedecidas.
◆ Taxa de crescimento: nula.

Cálculo do número N para o corredor de ônibus 9 de Julho

No corredor de ônibus, tem-se, nos trechos mais carregados, 3.900 ônibus por sentido por dia (média semanal). O crescimento será linear, de 1,5% ao ano. Os ônibus são distribuídos da seguinte forma: 86% com ESRD traseiro e 14% do tipo articulado, com três ESRDs traseiros. Faça o cálculo para o horizonte de projeto de 20 anos.

Cálculo do número N para rodovia vicinal

O VDM previsto para uma rodovia vicinal a ser pavimentada com duas faixas de rolamento é de 450 veículos por dia, sendo 150 de passeio, 25 ônibus e 275 caminhões. Todos os ônibus e caminhões têm ESRD traseiro, e não há informações disponíveis sobre cargas. O período de projeto será de 15 anos, e a taxa de crescimento, de 3,5% ao ano.

Cálculo do número N para a Marginal do Rio Tietê

Um trecho da Marginal do Rio Tietê, em São Paulo, recebe VDM de 750 mil veículos por dia; desse montante, 33% são de caminhões pesados, na seção completa. A seção completa possui, de cada lado do rio, duas pistas. A pista lateral é coletora e concentra 40% do tráfego naquele sentido. A pista expressa é composta por quatro faixas de rolamento, sendo que os caminhões empregam as faixas central esquerda, central direita e direita, sendo distribuídos em 35% nas duas primeiras. Calcule o número N na faixa mais carregada da pista expressa, considerando que o fator de veículo é aquele sugerido pelo extinto DNER (Tabela 9.9), bem como a taxa de crescimento geométrico anual de 2,1%.

Comparação de diferentes FECs

1. Calcule o número N, para os dados do exercício sobre uma rodovia federal, empregando os fatores de equivalência indicados nos Quadros 9.1 e 9.2 (na forma de regras de potência). Compare os resultados para N pelos critérios do DNER (1981 e 1985) e da AASHTO com aquele do exercício. Verifique qual tipo de eixo é crítico no cálculo de N no exemplo dado.

2. Compare os efeitos destrutivos de um eixo tandem duplo com 300 kN em relação ao eixo-padrão de 80 kN, empregando todos os critérios do DNER e da AASHTO.

3. Segundo o critério indicado na Figura 9.5, quais as cargas necessárias sobre um eixo tandem duplo e sobre um eixo tandem triplo para causar o mesmo dano que o eixo-padrão?

Estudo de caso de FEC com base na TSCE e na fadiga do revestimento asfáltico

Para compreender, com auxílio numérico, a importância da consideração de diferentes efeitos de danos resultantes de ação de diversos tipos de veículos sobre as estruturas de pavimentos, podem ser considerados os seguintes elementos para uma comparação:

Pavimento A: Trata-se de uma estrutura comum de pavimento asfáltico flexível composta por revestimento com mistura asfáltica densa e camada de base com comportamento de material granular. Tais bases poderiam ser enquadradas como macadames hidráulicos, britas graduadas, misturas solo-brita, ou bica corrida. Em tais situações, são consideradas, para fins de análise, espessuras de revestimento asfáltico variando na faixa de 70 mm a 150 mm, procurando retratar, assim, uma amostra significativa de pavimentos de rodovias estaduais e federais no Brasil.

Pavimento B: Trata-se de uma estrutura de pavimento semirrígida invertida, no caso com camada de sub-base cimentada, com revestimento em mistura asfáltica densa e também com base granular. Os diversos parâmetros considerados para a análise mecanicista são apresentados no quadro a seguir.

Estrutura	Concreto asfáltico	Base granular	Sub-base cimentada	Subleito
A	Espessuras = 150 mm, 110 mm, 80 mm e 70 mm M_r = 3.000 MPa Poisson = 0,35	Espessura = 200 mm M_r = 2.000 MPa Poisson = 0,4	–	M_r = 150 MPa Poisson = 0,45
B	Espessuras = 70 mm, 100 mm e 120 mm M_r = 3.000 MPa Poisson = 0,35	Espessura = 150 mm M_r = 4.000 MPa Poisson = 0,4	Espessura = 150 mm M_r = 15.000 MPa Poisson = 0,2	M_r = 150 MPa Poisson = 0,45

Eixos considerados

Os eixos rodoviários considerados para análise tomaram por base dois tipos de veículos. Um deles, o caminhão do tipo toco, com um eixo simples dianteiro e um eixo de rodas duplas traseiro, sendo para tanto cotejados dois valores de carga sobre o eixo traseiro: 80 kN para o eixo-padrão de projeto e 100 kN para um eixo com a carga máxima legal. Os centros de pares de rodas estão afastados 350 mm entre si, e a bitola do eixo é 1.800 mm. A pressão exercida pelos pneumáticos é 0,6 MPa.

O outro veículo considerado foi um semirreboque, que, além de um eixo dianteiro simples, possui um eixo de rodas duplas no cavalo e um eixo tandem triplo no reboque. A carga máxima legal para o eixo tandem triplo é 255 kN, o qual, formado na realidade por três eixos de rodas duplas conjugados, apresenta afastamento de 1.300 mm entre eixos.

Modelo de fadiga para o revestimento asfáltico

Há, nas literaturas nacional e internacional, diversos modelos que retratam o comportamento à fadiga de misturas betuminosas. Estes relacionam, em geral, o número de repetições permissíveis que levam o material à fratura (Nf) com a deformação específica de tração (εt) máxima na mistura asfáltica decorrente da interação carga-estrutura. Considerou-se o modelo de Brown et al. (1977) para a análise do processo de fadiga de forma comparativa. Tal modelo é descrito pela equação:

$$Nf = 8,9.10^{-13} \cdot \left(\frac{1}{\varepsilon t}\right)^{4,9}$$
[9.40]

Análise de deformações pela TSCE – Programa Elsym 5

Na tabela a seguir, são apresentados os resultados recebidos de uma análise estrutural com emprego do modelo computacional para estruturas de pavimentos Elsym 5 (versão da Federal Highway Administration, EUA, 1986). Com base em tal modelo e nos parâmetros de análise anteriormente indicados, foram calculadas as deformações específicas de tração no fundo dos revestimentos asfálticos para os pavimentos A e B e, a partir dessas deformações, com base no modelo de previsão de fadiga anterior, foi calculado o número de repetições de carga de cada eixo considerado individualmente, que leva o material ao estado de fissuração final.

Verificou-se que o fator de equivalência entre diferentes cargas, assumida uma delas como padrão (no caso brasileiro, o eixo de 80 kN), é definido como a relação entre o número de repetições de carga com o qual o eixo-padrão leva o material à fadiga e o número de repetições de carga com o qual um eixo qualquer leva o mesmo material, nas mesmas condições, à mesma situação de fadiga.

Estrutura	Espessura de revestimento (mm)	Eixo	Carga (kgf)	ε_T (10^{-4} mm/mm)	NF	FEC
A	70	ESRD	80	0,000264	304460	1
		ESRD	100	0,000315	128135	2,376
		ETT	255	0,000350	76463	3,98
	80	ESRD	80	0,000258	340763	1
		ESRD	100	0,000307	145348	2,344
		ETT	255	0,000324	111614	3,053
	110	ESRD	80	0,000223	696139	1
		ESRD	100	0,000267	288061	2,416
		ETT	255	0,000253	375058	1,856
	150	ESRD	80	0,000174	2348003	1
		ESRD	100	0,000208	979218	2,398
		ETT	255	0,000181	1935374	1,213
B	70	ESRD	80	0,000114	18644735	1
		ESRD	100	0,000136	7853248	2,374
		ETT	255	0,000196	1310192	14,230
	100	ESRD	80	0,000115	17863665	1
		ESRD	100	0,000136	7941148	2,250
		ETT	255	0,000161	3435130	5,200
	120	ESRD	80	0,000119	23227376	1
		ESRD	100	0,000129	10174203	2,283
		ETT	255	0,000138	7311095	3,177

Com base nos resultados anteriores, podem ser concluídas as seguintes relações entre danos dos dois veículos analisados (toco e semirreboque), consideradas cargas máximas legais:

◆ **Pavimento A** – o caminhão toco apresenta uma relação de danos na faixa de 2,376 a 2,416 vezes, se comparado ao veículo-padrão; o caminhão semirreboque apresenta relação de danos de 4,272 a 6,356 vezes, se comparado ao veículo-padrão. As relações entre danos causados por um veículo semirreboque em relação ao caminhão toco, ambos com eixos nos limites legais, para espessuras de revestimento que variam entre 70 e 150 mm, ficam entre 2,7 e 1,4. Com base em espessuras de concreto asfáltico típicas de no máximo 70 mm para concretos asfálticos em pavimentos novos ou restaurados, espera-se que as relações entre danos na ordem de 2,5 vezes entre semirreboques e caminhões tocos sejam bastante razoáveis e representativas da questão.

◆ **Pavimento B** – o caminhão toco apresenta uma relação de danos que varia de 2,250 a 2,374 vezes, se comparado ao veículo-padrão; o caminhão semirreboque apresenta relação de danos de 5,460 a 16,604 vezes, se comparado ao veículo-padrão. A relação entre danos causados por um veículo semirreboque em relação ao caminhão toco, ambos com eixos nos limites legais, será, portanto, de 2,392 a 6,994, em função da espessura de concreto asfáltico empregada. Como, para tais tipos de estruturas, normalmente são empregadas camadas associadas de concreto asfáltico, 10 cm é uma espessura a ser considerada típica para os revestimentos, de onde se infere que *a relação entre danos em média é superior a 3,3*.

Fica assim evidenciado que, do ponto de vista de surgimento de trincas por fadiga, o caminhão semirreboque estaria condicionando algo em torno de 150% a 230% de acréscimo, em uma relação direta de incremento de deterioração se comparado ao caminhão toco. Isso significa que, em média, 100 passagens de um caminhão semirreboque sobre o pavimento teriam um efeito destrutivo equivalente a uma média de 250 a 330 passagens de um caminhão toco, considerado o processo de fadiga do revestimento asfáltico, dependendo do tipo de estrutura de pavimento em questão.

Os valores de relação entre danos mencionados no parágrafo anterior tendem a crescer de maneira significativa para cargas em excesso, tomando-se por padrão as cargas máximas estabelecidas pela legislação brasileira sobre o assunto.

PORTANTO, ATENÇÃO! Quanto mais pesado o eixo:

- maior será sua capacidade de destruição do pavimento em relação a um eixo de menor peso;
- menor vai ser a durabilidade do pavimento;
- mais breve será a necessidade de manutenção do pavimento.

10

Dimensionamento de Pavimentos Asfálticos

10.1 Métodos Empíricos, Semiempíricos e Empírico-Mecanicistas

Dimensionar um pavimento significa determinar espessuras de camadas e os tipos de materiais a serem utilizados em sua construção, de modo a conceber uma estrutura capaz de suportar um volume de tráfego preestabelecido, nas condições climáticas locais, oferecendo o desempenho desejável para suas funções. No passado, inúmeros métodos de dimensionamento de pavimentos foram elaborados com o intuito de oferecer aos engenheiros um instrumento simples de cálculo, com abrangência relativamente ampla, de modo que pudessem ser aplicados em diversas situações de projeto.

O conhecimento detalhado da forma de utilização de cada método poderá ser adquirido pelo engenheiro rodoviário por meio da leitura de diversos manuais para projeto e trabalhos específicos amplamente divulgados, o que permitirá aos técnicos a averiguação do campo de aplicações de cada um dos métodos. Caso fossem catalogados os diversos métodos de dimensionamento de pavimentos desenvolvidos no século XX em vários países, chegar-se-ia à ordem de dezenas; em muitos dos casos, eles constituiriam adaptações de métodos básicos, sempre levando em conta certa dose de empirismo e experiência no trato das condições locais adquiridos pelos diversos órgãos rodoviários ao longo dos anos.

A existência de métodos de dimensionamento distintos pode ser atribuída às diversas condições ambientais, geológicas, pedológicas e de tráfego, além de diferentes opiniões entre técnicos. Entretanto, a principal razão para essas diferenças deve ser atribuída à não existência de uma descrição unânime e precisa, em termos quantitativos, da maneira como efetivamente se constitui a ruptura de um pavimento. Assim, pode-se citar como diferença fundamental entre muitos métodos a utilização de critérios distintos de ruptura das estruturas.

São três os tipos básicos de ruptura que permeiam os critérios de dimensionamento. Primeiramente, aquela ruptura na qual se verifica que a estrutura do pavimento não mais suporta adequadamente as cargas aplicadas e apresenta excessiva deformabilidade plástica, o que caracteriza uma ruptura plástica e estrutural. A ruptura de natureza estrutural mais explícita em muitos métodos é a ruptura por fadiga.

Quando o pavimento não serve mais ao usuário, em termos de conforto e segurança ao rolamento, independentemente da existência de problemas de ordem estrutural, fica caracterizada uma ruptura de natureza funcional ou operacional.

No decorrer dos anos, observaram-se muitas mudanças e avanços na filosofia de projeto de pavimentos asfálticos; atualmente, pode-se afirmar que pavimentos se rompem por diversos fatores. Entre as causas mais intimamente associadas à repetição de cargas sobre as estruturas de pavimentos, destacam-se:

- ◆ o fenômeno da fadiga, responsável pelo trincamento de revestimentos betuminosos e de bases cimentadas;
- ◆ o acúmulo de deformações plásticas (permanentes) pela ação das deformações cisalhantes que ocorrem em camadas de misturas asfálticas, em materiais granulares e nos solos do subleito.

Os métodos de projeto existentes foram, via de regra, concebidos de duas maneiras distintas: com base nos últimos resultados ou no desempenho observado ao longo do tempo, obtidos pelas experiências em campo (modelos empíricos) ou a partir de teoria elástica considerada adequada para a interpretação dos fenômenos físicos quantificados em campo (modelos semiempíricos e semiteóricos).

Os modelos empíricos são aqueles oriundos da observação da evolução do estado de condição dos pavimentos, sendo os parâmetros medidos em campo tabulados periodicamente e associados a grandezas como a repetição de cargas e a resistências dos materiais. Sua expressão mais intensa é o método da American Association of State Highway and Transportation Officials (1993), oriundo da AASHO Road Test. Os critérios empíricos têm como limitação seu campo de aplicação, uma vez que sua reprodutibilidade é restrita a áreas que apresentam condições naturais relativamente semelhantes às condições da área que foi alvo de experimentação observacional.

Outros métodos de projeto são denominados semiempíricos, uma vez que foram gerados de extrapolações teóricas e racionais de modelo observacional obtido pelo acúmulo de dados e experiências. O exemplo mais importante são os critérios que se pautam pela parametrização das estruturas de pavimento por meio de valores de California Bearing Ratio (CBR) de suas camadas. O critério do CBR é amplamente empregado por agências federais, estaduais e municipais no Brasil, com pequenas variações.

Os critérios semiteóricos, ou empírico-mecanicistas, são aqueles que procuram avaliar, de forma coerente e analítica, o comportamento estrutural de sistemas de camadas como pavimentos, sendo, contudo, a parametrização dos materiais realizada por meio do conhecimento empírico, laboratorial ou de pista, em termos de características mecânicas dos materiais. Atualmente, trata-se do esquema mais promissor de evolução dos critérios de projeto, mesmo porque é o único a permitir que futuramente aspectos relacionados à progressão de fratura dos materiais sejam absorvidos.

10 • Dimensionamento de Pavimentos Asfálticos

Não se pode afirmar que um critério seja absolutamente válido, ou, ainda, completamente satisfatório. Cada critério apresenta vantagens e desvantagens inerentes à consideração de parâmetros físicos e numéricos, campo de aplicação e simplicidade de utilização. Portanto, estamos muito distantes de critérios universais. Neste texto, são apresentados métodos de dimensionamento considerados de fundamental importância para o desenvolvimento das técnicas de projeto de pavimentos e compreensão dos principais conceitos desenvolvidos no século passado para o tratamento das estruturas de pavimentos.

> **Resumo da ópera**
>
> *Método empírico* – fruto da modelagem estatística da evolução de parâmetros físicos observados nos pavimentos em serviço.
>
> *Método semiempírico* – fruto da extrapolação e expansão de resultados empíricos com base em uma teoria analítica consistente.
>
> *Método empírico-mecanicista* – fruto da calibração de modelos teóricos com dados experimentais obtidos em campo e em laboratório.

10.2 Breve Histórico do Desenvolvimento do Critério do CBR

10.2.1 O nascimento do critério (1929)

O critério do CRB é atribuído ao engenheiro O. J. Porter (Ahlvin, 1991), do California Division of Highways (CDH), tendo sido o primeiro método de dimensionamento de pavimentos flexíveis criado sobre bases estritamente empíricas, com considerável número de avaliações experimentais e laboratoriais. O critério básico de ruptura adotado é aquele por cisalhamento do subleito e camadas granulares, que causariam o aparecimento de sulcos nas trilhas de rodas (deformações permanentes) ou mesmo rupturas plásticas no subleito.

Embora o método do CBR em sua concepção tenha sido baseado em correlações empíricas, ainda nos últimos anos tem sido utilizado com frequência em diversos métodos variantes para o dimensionamento de pavimentos flexíveis, como é o caso do método do extinto DNER (atual DNIT), um critério normativo oficial para projeto de pavimentos asfálticos.

Como se sabe, o valor CBR exprime uma porcentagem da resistência à penetração de dado material, tido como valor de referência, na época de sua concepção, o resultado de penetração obtido em inúmeros materiais britados e bem graduados, que foi tratado como "valor-padrão" (o CBR de britas ou pedregulhos graduados é tomado genericamente como 100%). Deve-se lembrar que o resultado é válido quando a maior fração de penetração do pistão é resultante de deformações cisalhantes que ocorrem nos extratos superiores do corpo de prova que está sendo ensaiado.

O ensaio do CBR foi adotado inicialmente pelo CDH no final da década de 1920, quando testes em pista e ensaios laboratoriais em grande escala foram realizados com o objetivo de se fazer previsões sobre o desempenho dos materiais de pavimentação então utilizados. Os materiais britados, usados em bases, forneceram uma média de valor de resistência à penetração que, a partir de então, foi designada como CBR = 100%.

Os experimentos realizados objetivaram, também, a quantificação de espessuras de materiais mais nobres a serem colocadas sobre o subleito, tendo em vista o CBR desse solo de subleito, para que ficasse protegido contra efeitos de deformações cisalhantes plásticas excessivas sob a ação das cargas. As observações e análises de materiais de subleito retirados de pistas de rolamento permitiram que fossem delineados alguns aspectos do comportamento dos pavimentos asfálticos, que, naquela época, na Califórnia, eram constituídos de camada de base de brita ou pedregulho bem graduado sobre o subleito, com um delgado revestimento asfáltico.

O grupo de trabalhos do CDH, além de coletar amostras de subleito e reproduzir as condições de umidade e de peso específico prevalecentes para os materiais em pista, relatou o valor do CBR desses solos com a espessura de base existente nos locais de coleta sobre os subleitos, levando em conta também o fato de o pavimento apresentar afundamentos ou não. Deste experimento, surgiu a curva designada pela letra B ("curva B") na Figura 10.1, que seria representativa para tráfego composto de pequenos caminhões com eixo carregado com 7.000 libras (30 kN, aproximadamente), média daquela época.

A curva B, historicamente, é considerada o primeiro modelo de projeto de espessura de pavimentos, pois limitava sob si as combinações de CBR do solo de subleito com espessuras de base em brita graduada que não resistiram à ação dos veículos. Note-se que, na época, não se cogitava a questão do dano cumulativo por repetições de cargas (deformação permanente ou fadiga). Trata-se, assim, de uma relação essencialmente empírica entre o CBR do subleito e a espessura de material granular sobre este, separando combinações que haviam funcionado ou não nas rodovias californianas onde os estudos se detiveram.

Assim, os pontos abaixo da curva B indicam pavimentos que apresentaram ruptura (do ponto de vista de deformações plásticas) durante os experimentos; os pontos acima da curva B são representativos de pavimentos com desempenho satisfatório. Com a chegada do engenheiro Hveem (que acreditava basicamente apenas na coesão dos materiais como medida de resistência) à chefia do laboratório do CDH, esse critério do CBR foi "engavetado", reaparecendo no início dos anos 1940 por uma razão peculiar.

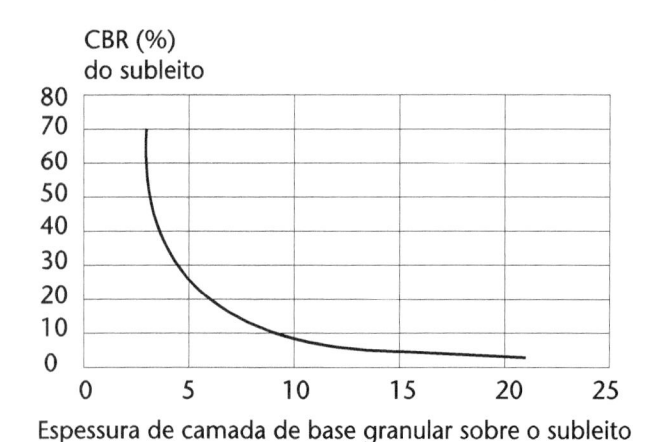

Fig. 10.1 *Primeira curva (B) de dimensionamento de espessuras de pavimentos "flexíveis"*

10.2.2 A expansão dos aeroportos na Segunda Guerra Mundial (1942)

O estopim para a consolidação do critério do CBR como método de projeto de pavimentos flexíveis (métodos para pavimentos de concreto encontravam-se em pleno uso desde primórdios da década de 1920) foi a necessidade da construção de aeroportos militares durante a Segunda Guerra Mundial, em especial nas ilhas do Pacífico. Era necessário um critério simples, rápido e eficiente de avaliação da capacidade portante de solos, com equipamentos transportáveis pelos *mariners*, para que se determinassem as necessidades de pavimentação de pistas de pouso e decolagem para as pesadas aeronaves de transporte de equipamentos, como os B-29. A retomada dos estudos, ainda de forma empírica, coube ao United States Army Corp of Engineers (Usace), cujos resultados datam de 1942.

Em experimentação semelhante àquela realizada pelo CDH, em finais dos anos 1920, foi estabelecida a curva A (Figura 10.2), que seria representativa para cargas de 12.000 libras de trens de pouso individuais de aeronaves pesadas, que haviam sido empregados, durante a década de 1930, em diversos aeroportos civis e militares, cujos pavimentos foram também avaliados, amostras coletadas e espessuras de camadas medidas.

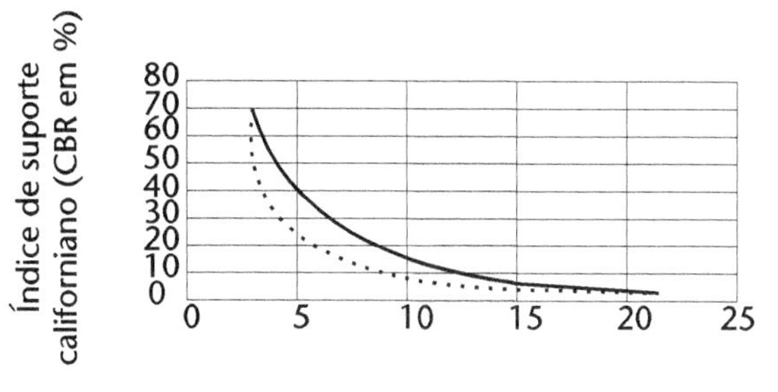

Após o experimento, as tensões de cisalhamento teóricas causadas pela carga de 12.000 libras foram calculadas em função da profundidade do meio elástico, conforme estabelecido por Boussinesq. Tal procedimento considera o estado de tensões no pavimento independente das diferentes características das diversas camadas, pois o meio elástico deveria ser isotrópico, homogêneo e linear. Na Figura 10.3, a curva da direita representa a tensão de cisalhamento nesse caso. A extrapolação para outras cargas, uma vez que as aeronaves militares apresentavam carregamentos superiores àquele de 12.000 libras, procedeu da seguinte maneira:

Espessura da camada de base granular sobre o subleito (polegadas)

— Curva A - carga média típica de 12.000 lbs (1942) - United States Army Corps of Engineers

·· Curva B - carga média típica de 7.000 lbs (1929) - Porter, Calofornia Division of Highways

Fig. 10.2 *Curva A (aeronaves, 1942) e curva B (caminhões, 1929) para dimensionamento de pavimentos*

- Descrita a curva tensão x profundidade, nela foram associados os valores de CBR em função da espessura (profundidade), colhidos da Curva A.
- Foram então representadas graficamente as curvas tensão x profundidade para as várias cargas desejadas, empregando-se a mesma equação de Boussinesq.
- Em cada uma dessas curvas, associou-se o valor de CBR para a mesma tensão de cisalhamento equivalente da curva de 12.000 libras, isso porque a hipótese era que o CBR, empiricamente, representaria a resistência ao cisalhamento do material (solo).

Assim, por exemplo, na curva para 12.000 libras, a tensão de cisalhamento à profundidade de 12 polegadas é de 14 libras/pol^2. Na Curva A (Figura 10.2), o valor do CBR para a espessura de 12 polegadas é 10%; assim, as espessuras correspondentes aos valores de CBR de 3%, 5%, 7% e 10% foram lançadas na curva de tensão de cisalhamento x profundidade. Para a extrapolação, por exemplo, da curva para cargas de 25.000 libras, considerou-se que a tensão de cisalhamento de 14 libras/pol^2 correspondesse a um valor de CBR do subleito igual a 10%.

Da curva de 25.000 libras, verifica-se que a tensão de cisalhamento de 14 libras/pol^2 ocorre a uma profundidade de 16 polegadas; neste caso, um

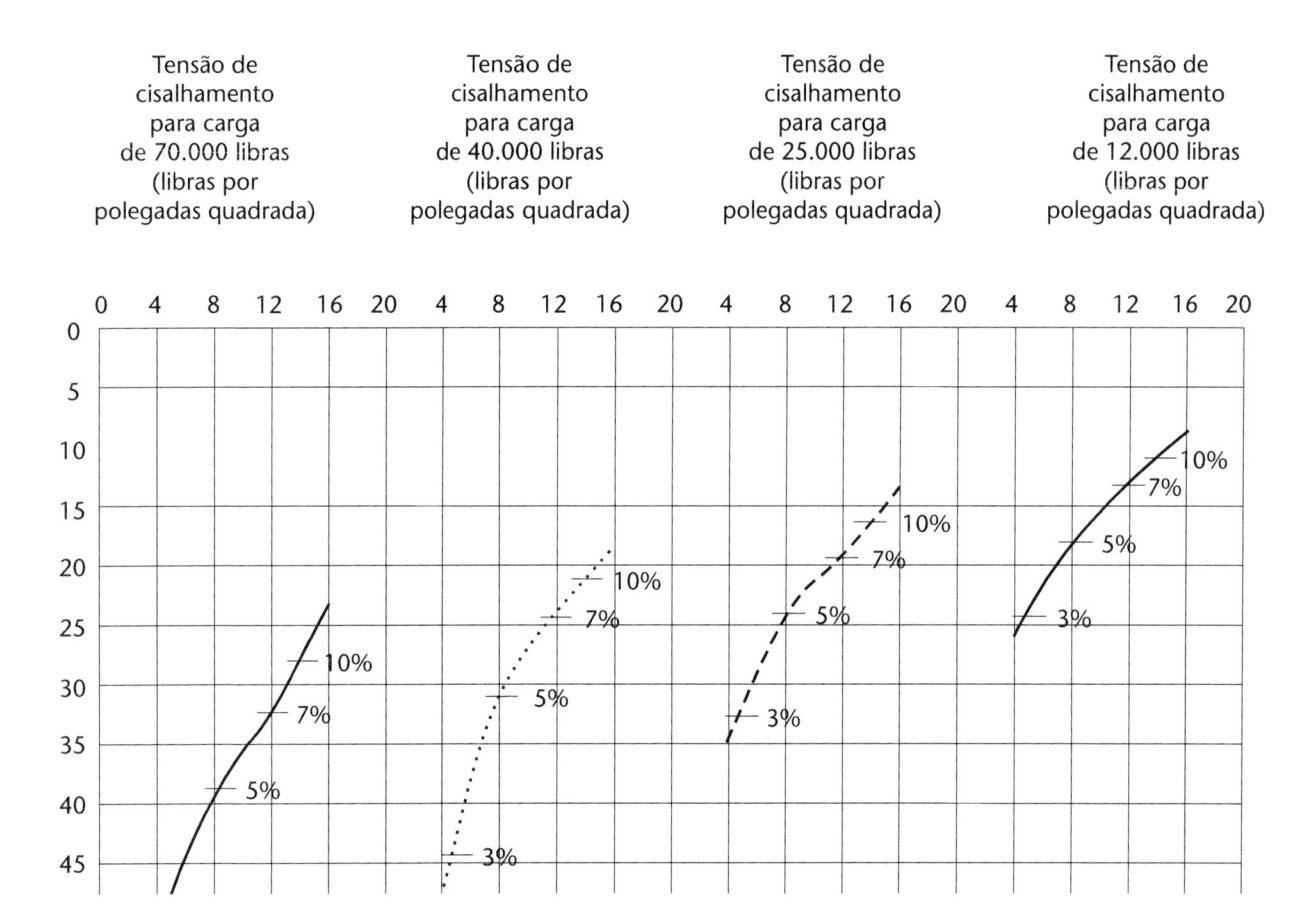

Fig. 10.3 *Esquema de extrapolação da curva A para outras cargas pela equação de Boussinesq*

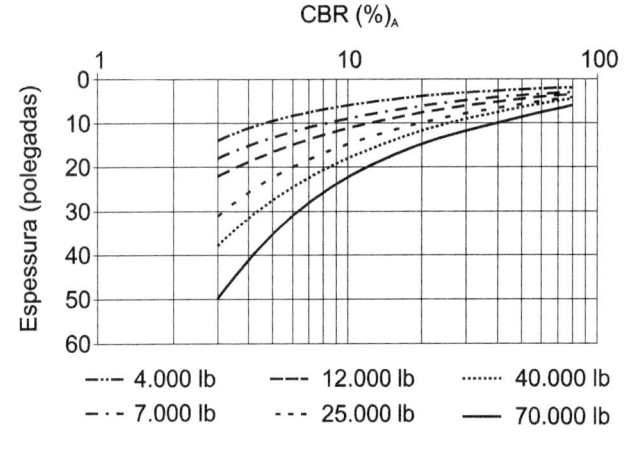

Fig. 10.4 *Curvas de dimensionamento para pavimentos de aeroportos do Usace (1942)*

pavimento sobre um subleito com CBR igual a 10% necessitaria de uma espessura de 16 polegadas, aproximadamente, de material granular, para a proteção do subleito. Essa técnica de extrapolação da Curva A (empírica), com o emprego de um conceito da teoria da elasticidade, foi utilizada para o estudo de diversas condições de carga, o que possibilitou a criação de "curvas de projeto", como aquelas indicadas na Figura 10.4, para pavimentos de aeroportos com base no critério do CBR.

10.2.3 O equacionamento espessura x CBR

Segundo Ahlvin (1991), em 1956, o Usace apresentou a primeira equação de dimensionamento de espessuras de pavimento em função do valor do CBR da camada inferior que correlaciona a espessura necessária de material sobre o subleito, levando-se em conta o CBR do solo de fundação, a carga de roda e a pressão de contato (pressão da roda equivalente). A equação seguinte só seria válida para valores de CBR não superiores a 12% (faixa de observação empírica):

$$t = \sqrt{P\left(\frac{1}{8,1.\,CBR} - \frac{1}{p_e.\pi}\right)} \qquad [10.1]$$

em que:

t = espessura de material granular sobre o subleito;
P = carga de roda simples equivalente;
p_e = pressão de contato.

Observe que essa equação dimensiona uma espessura tal que a *camada subjacente fique protegida contra rupturas plásticas por cisalhamento*. Este é o conceito implícito no modelo de cálculo fundamentado no CBR da camada inferior. Assim, os métodos baseados no ensaio do CBR consistem, em linhas gerais, na determinação de curvas de dimensionamento para uma CRSE a determinado eixo, correlacionando a pressão equivalente (p_e), a espessura do pavimento (t), a área de contato da roda equivalente (A) e o valor do CBR da camada subjacente.

Esse modelo (Equação 10.1) pode ser aplicado ao caso de análise de carga de roda simples equivalente, apresentado no Capítulo 8. Para valores de CBR variando de 2% a 20%, na Figura 10.5, são apresentadas as espessuras (ou profundidades) determinadas conforme a equação anterior sobre a curva CRSE x profundidade, anteriormente apresentada na Figura 8.29 (Capítulo 8). Observe que, com o aumento do valor do CBR, é reduzida a espessura de material granular sobre o subleito para sua proteção contra ruptura por cisalhamento ou deformações plásticas excessivas, conforme equacionamento do Usace; e também que os valores de CBR acima de 12% foram lançados na Figura 10.5 de forma a extrapolar resultados.

Os pontos de interseção entre as curvas CRSE x profundidade e CBR x espessura, já considerada a variação da CRSE com a profundidade, determinam as espessuras necessárias para cada valor de CBR, de tal forma que se torna possível relacionar o valor dessa espessura com o valor de CBR, a partir desses pontos. Isso é apresentado na Figura 10.6, que, a bem da verdade, é um modelo de dimensionamento de espessura de camada granular sobre o subleito para o ESRD com 80 kN, nos padrões do Usace.

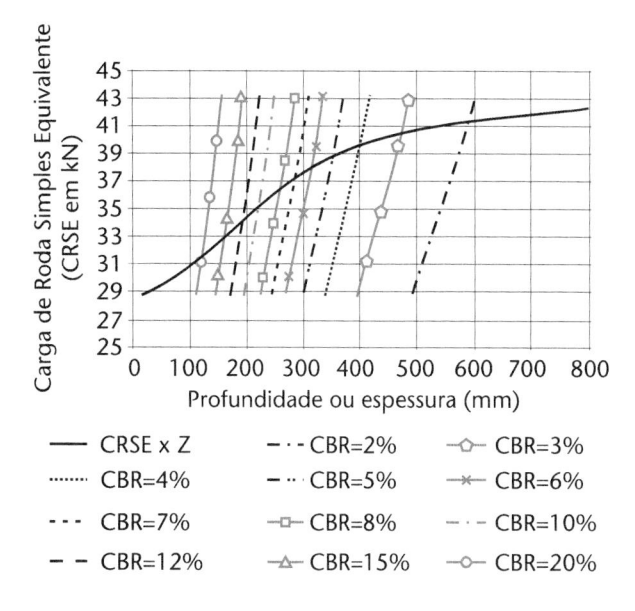

Fig. 10.5 *CRSE x profundidade sobreposta a CBR x espessura para ESRD de 80 kN*

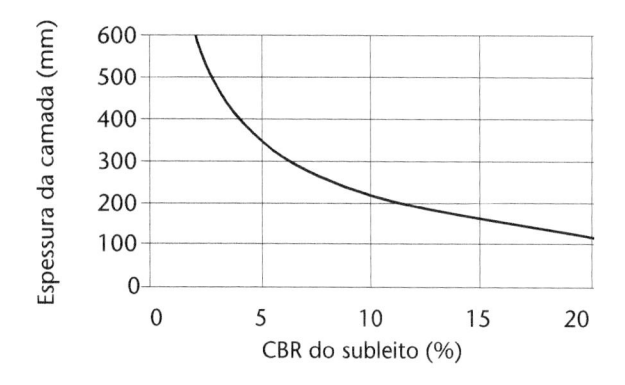

Fig. 10.6 *Modelo espessura x CBR para ESRD de 80 kN, nos padrões do Usace*

10.2.4 A repetição de cargas no modelo de ruptura do Usace

O Usace, por meio da monitoração da degradação de pavimentos de aeroportos militares e civis, verificou que as curvas de dimensionamento originais eram suficientes para determinar as espessuras de pavimento necessárias para a passagem de aproximadamente 5.000 coberturas (C) de aeronaves na época, sem a ocorrência de deformações e afundamentos plásticos importantes. Para aeroportos com número de coberturas superior a esse, seria necessária uma correção na espessura do pavimento dada pela Equação 10.1. Turnbull et al. (1962) apresentaram uma relação gráfica entre a porcentagem de espessura requerida em relação à espessura dada para a mesma equação (para 5.000 coberturas) para um outro número qualquer de coberturas, que pode ser representada matematicamente conforme segue (segundo Yoder; Wictzak, 1975):

$$\%t = 0{,}144 + 0{,}231 \cdot \log_{10} C \qquad [10.2]$$

Essa relação, graficamente apresentada pelo Usace, teria sua validade para o limite de 25.000 coberturas, dentro do espectro de observações em pistas realizadas até aquela data. Tal relação, multiplicada pela espessura obtida na Equação 10.1, impõe o acréscimo necessário na espessura para um número de coberturas diferente de 5.000. Cabe aqui uma pausa para o esclarecimento do conceito de cobertura.

A Figura 10.7 descreve uma aeronave posicionando-se em relação ao centro da pista de rolamento. Evidentemente, em sucessivas operações de aterrissagem e de decolagem, a aeronave não se posiciona exatamente centralizada, apresentando, portanto, uma faixa de variação lateral de seu posicionamento. Pois bem, dizemos que ocorre uma cobertura (C) quando todos os pontos de uma faixa lateral útil de contato dos pneus *foram solicitados pelo menos uma vez*. Ou seja, há um dado número de operações (N) que causa uma cobertura no pavimento.

No caso rodoviário, Souza (1978) dá indicações de que, para o eixo padrão, uma cobertura (C) ocorreria a cada 2,64 operações do eixo simples de rodas duplas (N). Assim, extrapolando-se para o caso da rodovia, a Equação 10.2 se torna:

$$\%t = 0{,}144 + 0{,}231 \cdot \log_{10} \frac{N}{2{,}64} = 0{,}04661 + 0{,}231 \cdot \log_{10} N \qquad [10.3]$$

Ao considerar-se que a Equação 10.1 havia sido desenvolvida para um número de coberturas de 5.000, seria aplicável, portanto, a 13.200 operações de eixos (levando-se para o caso rodoviário), entrando-se no campo da extrapolação de seu uso para um número superior de operações. A Equação 10.2, por sua vez, determinada para um limite de 25.000 coberturas, teria assim uma equivalência a 66.000 operações no caso rodoviário, sendo extrapolação do resultado empírico para valores de operação superiores. Tem-se

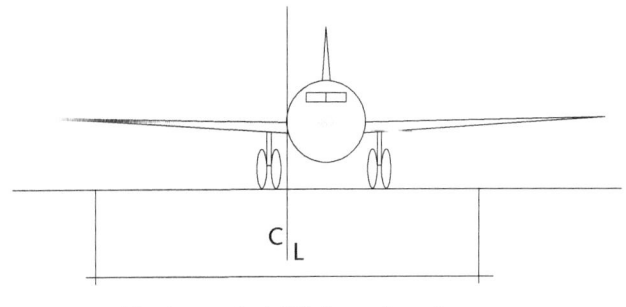

Trecho central útil do pavimento

Fig. 10.7 *Posicionamento de aeronaves em relação ao centro da pista de pouso*

assim, com base na Equação 10.2, uma faixa de observação empírica válida até cerca de 7 x 10^4 operações ou repetições de carga do ERSD.

Turnbull et al. (1962) apresentaram curvas de dimensionamento de pavimentos flexíveis determinadas por meio dos conceitos anteriormente apresentados. Os engenheiros do Usace empregaram, na época, o critério de que o par de rodas com 9.000 libras, por se tratar de rodas tão próximas, atuaria como uma roda equivalente de 9.000 libras, tomando-se a pressão de 0,492 MPa nos pneus. A montagem de curvas de dimensionamento, considerando-se a Equação 10.1 (com a análise ou não de CRSE) e sucessivamente a Equação 10.3 (para correção da espessura em função do número N de repetições de carga do eixo-padrão de 80 kN), é muito simples a descrição da espessura do pavimento sobre dado subleito (expresso em termos do valor do CBR do solo), conforme apresentado na Figura 10.8, para a qual valem os seguintes comentários:

♦ Foi empregado o conceito de Carga de Roda Simples Equivalente (CRSE), que, embora teórico, seria mais razoável que a simplificação para uma carga única.

♦ A área hachurada no gráfico representa os limites de experimentação em campo na época, ou seja, 25.000 coberturas e CBR = 12% no máximo. O restante do gráfico é entendido como *extrapolação* dos resultados.

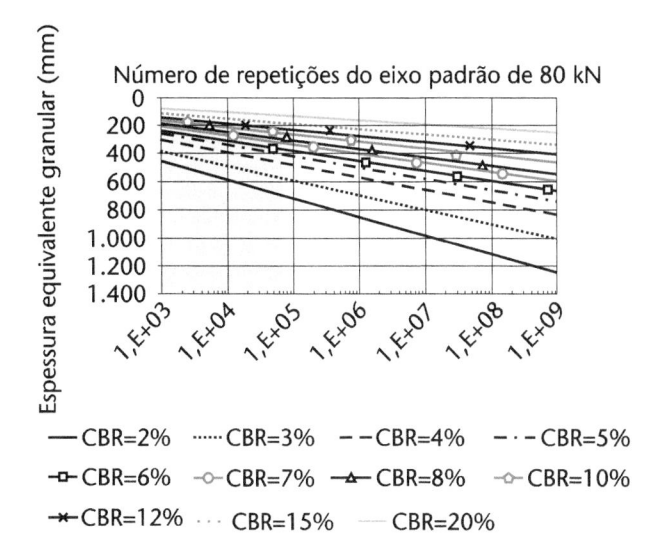

Fig. 10.8 *Ábaco para dimensionamento de pavimentos flexíveis gerado com a CRSE, conforme valores na Fig. 10.5*

10.3 Método do Extinto Departamento Nacional de Estradas de Rodagem

O método do DNER (Souza, 1981) é uma variante do critério do CBR, simulando os efeitos de repetições de carga de um eixo-padrão de 18.000 libras (80 kN), tendo sido concebido pelo prof. Murilo Lopes de Souza, do Instituto Militar de Engenharia, no Rio de Janeiro, em meados de 1960, com última edição em 1981. O autor empregou, em sua concepção, as mesmas formulações adotadas por Turnbull et al. (1962), com pequenas adaptações (quanto à variação de carga com profundidade e adoção de uma carga única em vez de um par de rodas duplas), consolidado no ábaco apresentado na Figura 10.9. O número de repetições de carga do eixo-padrão de 80 kN, durante o período de projeto estabelecido, é calculado com base nos fatores de equivalência de carga do próprio método do extinto DNER (Souza, 1981).

Definidos os valores estatísticos de CBR do subleito e da camada de reforço do subleito (caso venha a ser utilizada), para um trecho homogêneo em termos do solo do subleito, o dimensionamento é realizado com base no ábaco apresentado na Figura 10.9, tendo-se sempre em conta que, para as camadas de base e de sub-base, são exigidos no método valores mínimos de CBR, respectivamente, de

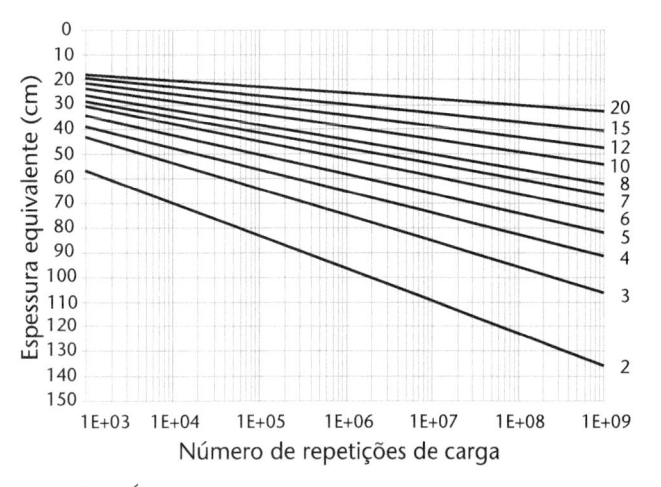

Fig. 10.9 *Ábaco para dimensionamento de pavimentos flexíveis do DNER*
Fonte: Souza, 1981.
Obs.: na vertical à direita, estão os valores dos respectivos CBR (%) para cada linha

R x Kr + B x Kb ≥ H20
R x Kr + B x Kb + h20 x Ks ≥ Hn
R x Kr + B x Kb + h20 x Ks + hn x Kn ≥ Hm

Restrições estruturais:
CBR da base ≥ 80%
CBR da sub-base ≥ 20%

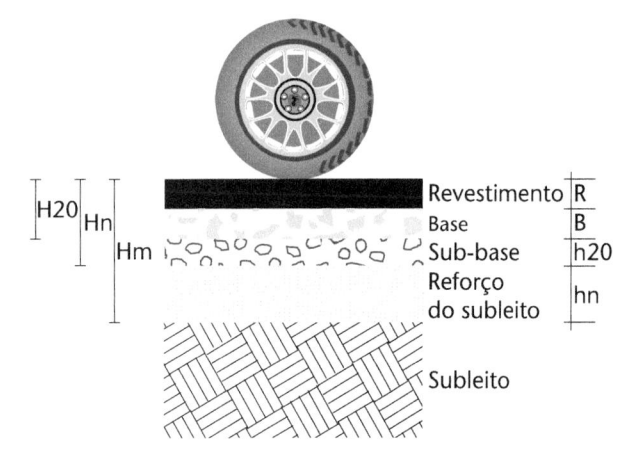

Fig. 10.10 *Princípio de solução das espessuras das camadas com base no valor de CBR*

80% e 20%. O dimensionamento é feito na solução sucessiva das inequações descritas na Figura 10.10.

As curvas de dimensionamento apresentadas no ábaco da Figura 10.9 podem ser consolidadas em uma única expressão obtida por regressão linear múltipla, conforme segue:

$$H_{eq} = 77{,}67 \times N^{0,0482} \times CBR^{-0,598} \qquad [10.4]$$

Nas inequações apresentadas anteriormente, Kr, Kb, Ks e Kn são os coeficientes de equivalência estrutural dos materiais de revestimento, base, sub-base e reforço do subleito, respectivamente. Os valores de espessuras das camadas são, assim, também respectivamente, R, B, h20 e hn. As espessuras H20, Hn e Hm, respectivamente, espessuras equivalentes (em termos de pedra britada graduada) sobre a sub-base, o reforço do subleito e o subleito, são determinadas em função do CBR dessas camadas (a de sub-base tem sempre seu CBR fixado em 20%) e do número de repetições de carga do eixo equivalente.

Os coeficientes estruturais a serem utilizados no método do extinto DNER são aqueles indicados na Tabela 10.1. A espessura da camada de revestimento asfáltico é, por sua vez, determinada em função do número N (nível do tráfego de projeto), com base na experiência de campo e nos valores recomendados após o AASHO Road Test, os quais estão especificados na Tabela 10.2.

O método do extinto DNER, tendo em vista fundamentar-se no critério do CBR, apresenta, como modo de ruptura, o acúmulo de deformações plásticas causado pelos esforços de cisalhamento que ocorrem no subleito e nas demais camadas granulares do pavimento ao longo do período de projeto. Observe que aspectos relacionados à fadiga de misturas asfálticas e de bases cimentadas não são levados em consideração, nem mesmo implicitamente, no método de Souza (1981). Fica claro, pela exposição do método, que este se trata de critério semiempírico.

Há outras exigências que devem ser verificadas no documento oficial, como o cálculo do valor do CBR pelo Índice de Grupo e os valores de expansão toleráveis para os materiais de base e de sub-base. Entre estas, recorde-se que no método o grau de compactação dos solos de fundação é requerido como, no mínimo, 100% da energia normal de compactação. As condições gerais exigidas para os materiais são as apresentadas no Quadro 10.1, a seguir.

Tabela 10.1 *Coeficientes de equivalência estrutural dos materiais*

Tipo de material	Coeficiente de equivalência estrutural (K)
Base ou revestimento de concreto asfáltico	2,0
Base ou revestimento pré-misturado a quente de graduação densa	1,7
Base ou revestimento pré-misturado a frio de graduação densa	1,4
Base ou revestimento asfáltico por penetração	1,2
Camadas granulares	1,0
Solo-cimento com resistência aos 7 dias superior a 4,5 MPa (compressão)	1,7
Solo-cimento com resistência aos 7 dias entre 2,8 e 4,5 MPa (compressão)	1,4
Solo-cimento com resistência aos 7 dias entre 2,1 e 2,8 MPa (compressão)	1,2
Bases de solo-cal	1,2

Fonte: Souza, 1981.

Tabela 10.2. *Espessuras mínimas de revestimentos asfálticos*

N (repetições do ESRD de 80 kN)	Tipo de revestimento	Espessura (mm)
$\leq 10^6$	Tratamentos superficiais	15 a 30
$10^6 < N \leq 5 \times 10^6$	CA, PMQ, PMF	50
$5 \times 10^6 < N \leq 10^7$	Concreto asfáltico	75
$10^7 < N \leq 5 \times 10^7$	Concreto asfáltico	100
$N > 5 \times 10^7$	Concreto asfáltico	125

Fonte: Souza, 1981.

Quadro 10.1 *Condições e restrições gerais para o dimensionamento do pavimento*

Material	Restrições básicas
Solo de subleitos (CFT) ou para reforços de subleitos	Expansão máxima, no ensaio de CBR (com imersão de quatro dias) de 2% Se CBR < 2% preferível substituição de 1 m por material com CBR > 2%
Reforços granulares para subleitos (misturas solo-agregado)	CBR superior ao subleito; expansão $\leq$ 2%
Sub-bases granulares ou melhoradas com cimento	CBR $\geq$ 20%; Índice de grupo = 0; expansão $\leq$ 1% (sobrecarga de 4,536 kg)
Bases granulares	CBR $\geq$ 80%, o qual, para N $\leq 10^6$, admite-se CBR $\geq$ 60% Expansão $\leq$ 0,5% (sobrecarga de 4,536 kg); LL $\leq$ 25 e IP $\leq$ 6 (se LL e IP forem superiores, poderá ser empregado o material que, respeitando as demais condições, apresente equivalente de areia superior a 30%) Há restrições de granulometria. Recomenda-se aumentar 20% de H20 quando N > 10^7; admite-se (0,2.H20) para sub-base com material de CBR > 40% e N $\leq 10^6$
Qualquer camada granular (restrições de compactação)	Espessura mínima de 150 mm e máxima de 200 mm

10.4 Método da AASHTO (Versões de 1986 e 1993) – uma Visão Geral do Modelo

10.4.1 Breve histórico

O método para dimensionamento de pavimentos flexíveis da AASHTO (1993) fundamenta-se principalmente na análise estatística dos resultados obtidos da Pista Experimental da AASHO, planejada a partir de 1951, construída entre agosto de 1956 e setembro de 1958, e monitorada sob tráfego entre outubro de 1958 e novembro de 1960, em Ottawa, no Estado de Illinois (EUA). Durante a AASHO Road Test, foram avaliados os efeitos de cargas do tráfego, o que, por meio de fatores de equivalência estrutural definidos ao final dos experimentos, consubstanciou-se no estabelecimento da relação entre a repetição de cargas (expressa em termos de um ESRD com 18.000 libras, ou seja, 80 kN, o eixo-padrão) com as espessuras das camadas e a perda de qualidade de rolamento expressa em termos da variação da serventia. No Quadro 10.2 e na Figura 10.11, são apresentadas algumas informações sobre o maior experimento mundial de pavimentação.

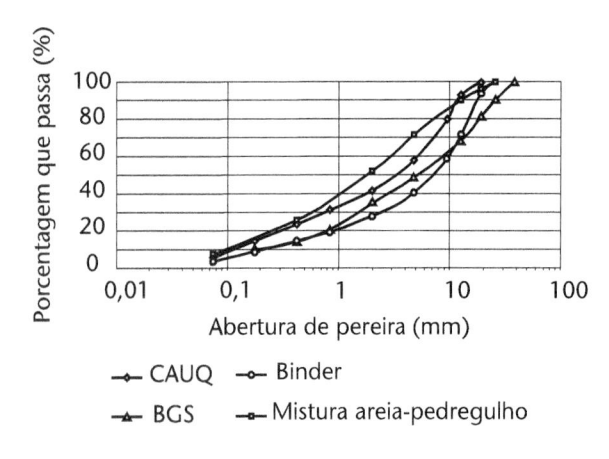

Fig. 10.11 *Granulometria média dos materiais em pavimentos asfálticos na AASHO Road Test*

Entre os diversos resultados obtidos das pesquisas, o experimento se destacou pelo estabelecimento de um modo de quantificar a condição de ruptura de um pavimento, baseado na opinião subjetiva dos usuários e na mensuração objetiva de determinados defeitos nos pavimentos. Este modo de avaliação da condição de ruptura consiste na aferição da condição de serventia do pavimento. A serventia (p) pode ser definida como uma medida de quão bem um pavimento em dado instante do tempo serve ao tráfego usuário, com conforto e segurança de rolamento, considerando-se a existência de tráfego misto, sob qualquer condição climática. Tal medida varia dentro de uma escala de 0 a 5, e o valor 5 representa o melhor índice de serventia possível (AASHTO, 1993).

10.4.2 Equações de desempenho

As equações para dimensionamento do método da AASHTO estão baseadas no binômio serventia-desempenho: *serventia* é uma medida da habilidade de um pavimento de cumprir suas funções em um momento particular do tempo; *desempenho* é a medida da história de serventia de um pavimento no decorrer do tempo.

A equação que relaciona o tráfego (número N), a serventia e as espessuras de camadas para descrever o desempenho de dado pavimento no tempo, para pavimentos flexíveis, é:

$$\log_{10} N = Z_r \times S_0 + 9{,}36 \times \log_{10}(SN+1) - 0{,}20 + \frac{\log_{10}\frac{p_0 - p_t}{p_0 - 1{,}5}}{0{,}40 + \frac{1094}{(SN+1)\times 5{,}19}} + 2{,}32 \times \log_{10} M_r - 8{,}07 \quad [10.5]$$

Quadro 10.2 *Algumas informações sobre a AASHO Road Test*

INFORMAÇÃO	DETALHES
Temperaturas e clima	Média no mês de julho = 24,5°C Média no mês de janeiro = –2,8°C Índice pluviométrico anual = 837 mm Profundidade média de congelamento do pavimento = 711 mm
Pistas	Seis circuitos Circuitos 2 a 6 submetidos ao tráfego Circuito 1, apenas para estudo de efeitos do clima
O que se mediu durante os testes	Irregularidade Serventia Defeitos (visualmente) Deflexões Deformações
Tráfego durante os testes	Loop 2 – ESRD com 8,9 kN e ETD com 26,7 kN Loop 3 – ESRD com 53,3 kN e ETD com 106,7 kN Loop 4 – ESRD com 80 kN e ETD com 142,2 kN Loop 5 – ESRD com 99,6 kN e ETD com 177,8 kN Loop 6 – ESRD com 133,3 kN e ETD com 213,3 kN
Misturas asfálticas	Revestimentos em CAUQ com agregado de calcário, areia silicosa natural e cal como material de enchimento, empregando-se um CAP 80-100. Material dosado pelo ensaio Marshall com 50 golpes por face. O teor de asfalto foi de 5,4%, e os vazios, em torno de 7,7%. Camadas de ligação (binder) em PMQ com agregado de calcário, areia silicosa natural e cal como material de enchimento, empregando-se um CAP 80-100. Material dosado pelo ensaio Marshall com 50 golpes por face. O teor de asfalto foi de 4,4%, e os vazios, em torno de 7,7%
Bases e sub-bases	Bases de BGS (principal estudo) com CBR de 107% em laboratório, porém entre 52 e 160% em pistas, umidade variando entre 5,6% e 6,1%, e massa específica aparente seca máxima entre 22,42 kN/m^3 e 22,75 kN/m^3. Sub-bases com misturas de areia natural e pedregulhos naturais com CBR entre 28% e 51%, umidade variando entre 6,1% e 6,8%, e massa específica aparente seca máxima entre 22,27 kN/m^3 e 22,59 kN/m^3. Estudos secundários com bases tratadas com asfalto e com cimento e também com pedregulho não britado
Subleito na área	A CFT foi construída em 1 m de espessura com solo tipo total das pistas A-6 (HRB-AASHO), LL de 31%, IP de 16% e umidade de compactação de 13%, com CBR variando entre 1,9% e 3,5% e grau de compactação de 98%

A Equação 10.5 foi determinada para os testes que compreenderam, em cada seção, 1.114.000 aplicações de cargas (não equivalentes). Todas as seções que atingiam o valor de serventia igual a 1,5 eram imediatamente recapeadas (reforçadas) com novo CAUQ antes da continuação dos testes. Na equação empírico-estatística anteriormente representada, os parâmetros possuem os seguintes significados:

- SN é o número estrutural do pavimento – um valor abstrato que expressa a capacidade estrutural de dado pavimento, necessária para dada combinação de suporte do subleito (por intermédio de seu módulo de resiliência), número total de repetições de um eixo-padrão de 80 kN, serventia desejada para o final do período de projeto (vida útil) e condições ambientais (AASHTO, 1986). O número estrutural é calculado pela expressão:

$$SN = a_1 \times D_1 + a_2 \times D_2 \times m_2 + a_3 \times D_3 \times m_3 \qquad [10.6]$$

em que:
a_i = coeficiente estrutural da i-ésima camada;
D_i = espessura (em polegadas) da i-ésima camada;
m_i = coeficiente de drenagem da i-ésima camada.

- p_0 é a serventia inicial (após construção) do pavimento asfáltico, cujo valor é definido por meio da qualidade construtiva; na AASHO Road Test, o valor médio resultou em 4,2.
- p_t é a serventia terminal (no final do período de projeto) desejada para o pavimento asfáltico, com o valor definido em função do tipo de via e por recomendações das agências viárias; na AASHO Road Test, o valor de 1,5 para a serventia foi considerado "ponto de limite trafegável", ou seja, condição-limite de uso dos pavimentos. Os níveis finais de serventia sugeridos pela AASHTO são: para vias principais, pt = 2,5 a 3,0; para vias secundárias, pt = 2,0.
- M_r é o módulo de resiliência efetivo do subleito, em libras por polegada quadrada, calculado conforme critérios apresentados adiante.
- Z_r é o nível de confiança embutido no processo de dimensionamento, para assegurar que a alternativa de projeto atente para o período de vida útil estipulado, levando em conta simultaneamente possíveis variações nas condições de tráfego e na previsão de desempenho. O valor de S_0, desvio-padrão associado, para pavimentos flexíveis, foi de 0,35. Z_r é definido em função da classificação funcional e do tipo de via em questão, conforme Tabela 10.3.

Tabela 10.3 *Nível de confiança de projeto (valores para Z_r)*

CLASSIFICAÇÃO FUNCIONAL DA VIA	URBANA	RURAL
Interestaduais e autoestradas	85 – 99,9	80 – 99,9
Arteriais principais	80 – 99	75 – 95
Coletoras	80 – 95	75 – 95
Locais	50 – 80	50 – 80

Conhecidos o número de repetições de carga do eixo-padrão ao longo do horizonte de projeto, o nível de confiança de projeto e as condições de suporte do subleito, a Equação 10.5 possibilita a determinação do valor do número estrutural (SN) que deverá possuir o pavimento. O método exige que os fatores de equivalência de cargas da AASHTO (ver Capítulo 9), dependentes do número estrutural do pavimento, sejam empregados. Nas Figuras 10.12 e 10.13, são apresentadas algumas simulações da Equação 10.5 para diferentes parâmetros de análise, mostrando a sensibilidade do modelo a esses parâmetros.

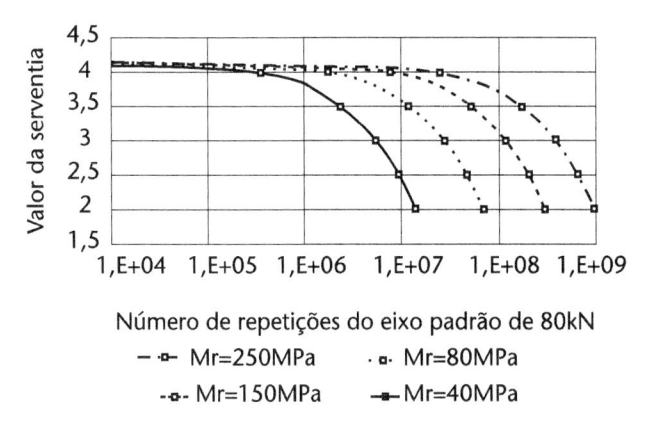

Fig. 10.12 *Perda de serventia em função do módulo resiliente do subleito (SN = 4)*

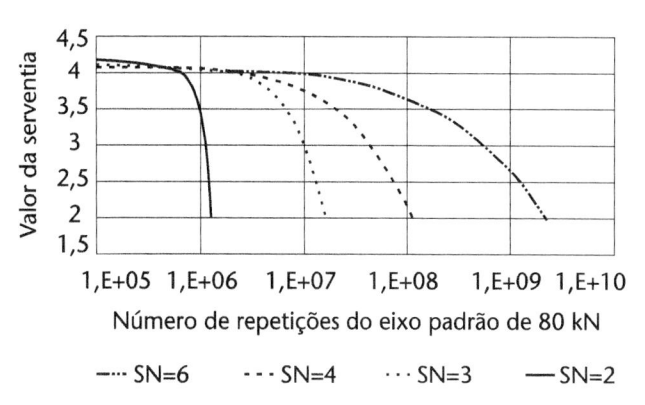

Fig. 10.13 *Perda de serventia em função do número estrutural (M_r = 100 MPa)*

10.4.3 Coeficientes de equivalência estrutural

Como já foi mostrado, o coeficiente de equivalência estrutural de um material que compõe uma camada expressa uma relação empírica entre o número estrutural (SN) e a espessura da própria camada, sendo uma medida da capacidade relativa do material para atuar como componente estrutural de dado pavimento, dissipando pressões sobre as camadas inferiores. A AASHTO apresenta diversas formas de se obter o valor do coeficiente estrutural, em geral, por meio de correlações com outras propriedades mecânicas dos materiais (CBR, módulo de resiliência etc.). Na Tabela 10.4, são apresentados valores e faixas de valores para os coeficientes estruturais (a_i) a serem empregados na Equação 10.6.

Tabela 10.4 *Coeficientes de equivalência estrutural dos materiais*

MATERIAL	PARÂMETRO DE CONTROLE	CE
CBUQ, PMQ, a 20°C	M_r = 3.160 MPa	0,44
	M_r = 2.110 MPa	0,37
	M_r = 1.406 MPa	0,30
Bases granulares	CBR = 100%	0,14
	CBR = 33%	0,10
Sub-bases granulares	CBR = 100%	0,14
	CBR = 23%	0,10
Materiais cimentados (aos sete dias)	$R_{c,7}$ = 5,6 MPa	0,22
	$R_{c,7}$ = 3,1 MPa	0,16
	$R_{c,7}$ = 1,4 MPa	0,13

Fonte: AASHTO, 1993.

10.4.4 Coeficientes de drenagem

O método da AASHTO propõe a utilização de coeficientes modificados para as camadas do pavimento, em função das características drenantes dos materiais. Para tanto, a qualidade de drenagem é definida em função do tempo exigido para a remoção da água do pavimento (de suas camadas granulares), da seguinte forma: excelente, em duas horas; boa, em um dia; regular, em uma semana; pobre, em um mês; muito pobre, a água acumula e não é drenada.

Os efeitos de drenagem em revestimentos betuminosos e bases cimentadas não são considerados no método. Na Tabela 10.5, são apresentados os valores para modificação (m_i) dos coeficientes estruturais de camadas granulares de bases e sub-bases.

Tabela 10.5 Coeficientes de drenagem (multiplicadores dos coeficientes de equivalência estrutural)

Qualidade de drenagem	Porcentagem de tempo a que o pavimento estará sujeito a condições de umidade próximas da saturação			
	< 1%	1% a 5%	5% a 25%	> 25%
Excelente	1,40–1,35	1,35–1,30	1,30–1,20	1,20
Boa	1,35–1,25	1,25–1,15	1,15–1,00	1,00
Regular	1,25–1,15	1,15–1,05	1,00–0,80	0,80
Pobre	1,15–1,05	1,05–0,80	0,80–0,60	0,60
Muito pobre	1,05–0,95	0,95–0,75	0,75–0,40	0,40

10.4.5 Variações sazonais no módulo de resiliência do subleito

Nos países de clima temperado, há uma grande preocupação com a parametrização da capacidade portante dos subleitos, em função dos períodos de congelamento (inverno) e descongelamento (primavera), com consequente saturação das camadas inferiores. Durante a AASHO Road Test, as profundidades de subleito congelados atingiram mais de 1 m, causando efeitos de bombeamento de finos durante a primavera.

Na versão original do método da AASHTO (1972), a condição portante do subleito era considerada a partir de um parâmetro concebido durante o experimento: o valor de suporte do solo (S). Os efeitos das diversas condições climáticas foram então avaliados pela introdução de um fator regional (R) na equação geral. Após diversos estudos, na equação geral de 1986 (mantida em 1993), foi embutido o conceito de módulo de resiliência efetivo (M_r) do subleito como condição de suporte dessa camada.

O módulo de resiliência efetivo do subleito é calculado com base nos valores modulares sazonais associados aos respectivos danos unitários sofridos pela estrutura em função de tais valores. A equação de danos unitários (u_f) associados aos valores de módulos de resiliência sazonais do subleito é dada por:

$$u_f = 1,18 \times 10^8 \times M_r - 2,32 \qquad [10.7]$$

Para o cálculo do valor de M_r efetivo, é necessário, primeiramente definirem-se as condições modulares sazonais do subleito, admitindo-se, no máximo, 24 períodos quinzenais. Com base na Equação 10.7, para cada período considerado, procede-se ao cálculo do dano unitário correspondente. O dano médio anual é posteriormente calculado pela expressão:

$$\bar{u}_f = \frac{\sum_{1}^{n} u_f}{n} \qquad [10.8]$$

sendo n o número de períodos sazonais considerados. Calculado o valor médio do dano unitário anterior, o módulo de resiliência efetivo é obtido pelo uso da Equação 9.6 invertida. Os valores sazonais de módulos de resiliência do subleito podem ser obtidos por ensaios triaxiais dinâmicos realizados nas condições de umidade e densidade representativas dos períodos. Todavia, tendo em vista as discrepâncias encontradas entre valores obtidos em laboratório e o real comportamento elástico dos subleitos em campo, indicadas por diversos levantamentos, a AASHTO aconselha a determinação do módulo de resiliência *in situ*, por meio de ensaios não destrutivos, ou seja, determinando valores de módulos retroanalisados (Capítulo 13).

10.4.6 Espessuras mínimas para as camadas

A Equação 10.6 não apresenta solução única; diversas combinações de tipos e espessuras de materiais são possíveis para o atendimento do valor de SN requerido. A AASHTO sugere os valores mínimos apresentados na Tabela 10.6 para as espessuras das camadas, como ponto de partida da solução.

Tabela 10.6 *Espessuras mínimas de camadas de pavimentos*

NÚMERO DE REPETIÇÕES DO EIXO-PADRÃO DE 80 kN (N)	REVESTIMENTOS EM CONCRETO ASFÁLTICO (mm)	BASES GRANULARES (mm)
$\leq 5 \times 10^4$	25*	100
$5 \times 10^4 < N \leq 1,5 \times 10^5$	50	100
$1,5 \times 10^5 < N \leq 5 \times 10^5$	65	100
$5 \times 10^5 < N \leq 2 \times 10^6$	75	150
$2 \times 10^6 < N \leq 7 \times 10^6$	90	150
$N > 7 \times 10^6$	100	150

*possível o emprego de tratamentos superficiais
Fonte: AASHTO, 1993.

10.4.7 Restrições ao emprego do método da AASHTO

Tendo em vista as modernas técnicas de análise mecanicista de pavimentos em programas computacionais, é sempre aconselhável a verificação da estrutura dimensionada do ponto de vista de compatibilidade de tensões e deformações, bem como de fadiga dos materiais; tal sugestão parte do princípio de que o método da AASHTO ainda possui fundamentos notoriamente empíricos, sendo válida também a recomendação para os demais métodos, empíricos ou semiempíricos, disponíveis na literatura técnica.

Em que pese tal fato, ainda são agravantes algumas limitações encontradas no experimento da AASHO, entre as quais podem ser citadas:

◆ Pequena variabilidade de materiais e de tipos de pavimentos (ver Quadro 10.2).
◆ Subleito único e constante para todas as seções experimentais.
◆ Pouca diversidade de cargas aplicadas e configurações de eixos (ônibus não simulados nos testes).
◆ Não tratamento da inter-relação entre a idade do pavimento e o tráfego nos modelos de previsão de desempenho, o que impediu maior controle da variável implícita, que é o clima local.
◆ Não variação das condições ambientais, ou seja, o experimento ocorreu em clima francamente temperado, com verões amenos e invernos rigorosos.

Tendo em vista que os fatores de equivalência de cargas foram definidos com um pequeno universo de veículos comerciais utilizados durante os experimentos, estudos especiais sobre cargas de eixos devem ser realizados para a aplicação deste método em alguns casos (AASHTO, 1993), entre os quais para os pavimentos urbanos onde o tráfego predominante for composto por ônibus e caminhões leves.

Assim, o método da AASHTO, embora tenha sido um grande marco para a modernização da filosofia de análise de pavimentos, apresenta restrições quanto à sua aplicação, especialmente em condições de clima não compatíveis com os experimentos da AASHO, como é o caso brasileiro.

10.4.8 Determinação das espessuras

As espessuras das camadas são determinadas pelos seguintes passos:

(a) Determinação dos números estruturais necessários sobre o subleito (SN_3), sobre a sub-base (SN_2) e sobre a base (SN_1), conforme indicado na Figura 10.14. Para tanto, deverá ser utilizada a Equação 10.5. O cálculo dos números estruturais necessários sobre o subleito, a sub-base e a base é realizado com a utilização do módulo de resiliência (M_r) representativo de cada uma dessas camadas.

(b) A espessura do revestimento é então calculada pela expressão:

$$D_1 = \frac{SN_1}{a_1}$$

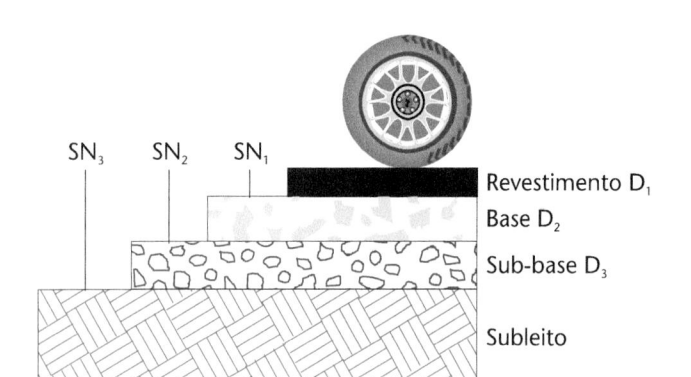

Fig. 10.14 *Esquema de apoio para resolução do número estrutural*

(c) A espessura da base é calculada pela expressão:

$$D_2 = \frac{SN_2 - SN_1}{a_2 \times m_2}$$

(d) A espessura da sub-base é calculada pela expressão:

$$D_3 = \frac{SN_3 - SN_2}{a_3 \times m_3}$$

É importante lembrar que, caso as espessuras obtidas por essas equações não respeitem as espessuras mínimas indicadas na Tabela 10.6, as espessuras mínimas deverão ser adotadas, o que obriga a definição de novos valores de SN_1 e de SN_2, com base nas espessuras mínimas requeridas e nos valores dos coeficientes estruturais, para o cálculo definitivo de D_3.

10.4.9 Evoluções posteriores no método da AASHTO

O método da AASHTO de 1986 era bastante dedicado ao projeto de novas estruturas de pavimento. Em 1993, em sua nova edição, o método detalhava melhor a questão de projetos de reforços de pavimentos (recapeamentos), pois se tratava da nova necessidade de normalização nos EUA, no início da década de 1980. Já em 1998, foi editado um guia suplementar voltado exclusivamente para pavimentos de concreto, tornando o modelo mais mecanicista e menos empírico, incorporando o cálculo de tensões e degradação por fadiga, bem como os diferentes efeitos sazonais e regionais do clima nas tensões de empenamento nas placas de concreto.

10.5 Método da AASHTO (Versão 2002) – Conceito geral

O critério empírico elaborado na década de 1960 com base nos resultados da AASHO Road Test, embora tenha, durante anos, servido bem às agências estaduais e federal nos EUA, foi desenvolvido com base em pouco mais de um milhão de repetições de eixos-padrão sobre as pistas experimentais. O volume de tráfego nas rodovias americanas, após a década de 1960, cresceu exponencialmente, além de as configurações de veículos e pressões aplicadas sobre as superfícies por pneumáticos terem evoluído. Além disso, o antigo método não contemplava intrinsecamente a enorme variedade de tecnologias de materiais surgida após os testes em Ottawa, Illinois, que contemplaram quase exclusivamente pavimentos flexíveis com bases granulares. O problema maior de pavimentação se configurava naquele momento na reabilitação das rodovias, uma vez consolidado o Interstate System.

Os técnicos nos EUA passaram então a buscar novos procedimentos que considerassem fatores críticos, como as diferentes condições climáticas sazonais no país, a necessidade de controle dos processos de danificação mais críticos nos pavimentos, bem como procedimentos que realizassem a previsão de desempenho dos pavimentos.

Um novo método de projeto mecanicista, o AASHTO 2002, foi desenvolvido pelo National Cooperative Highway Research Program (NCHRP) e

Pavimentação Asfáltica

Fig. 10.15 *Procedimento sequencial no método de projeto da AASHTO 2002*

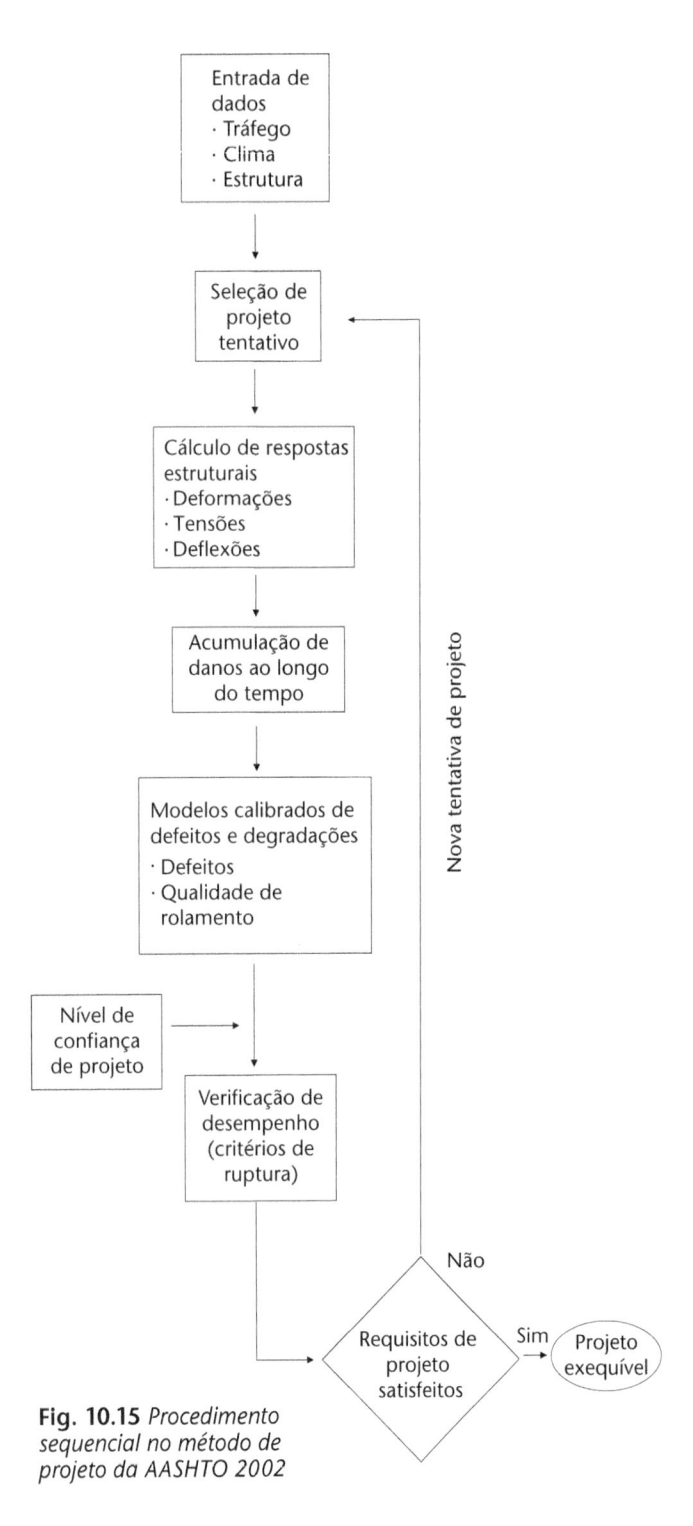

Fluxograma: Entrada de dados (Tráfego, Clima, Estrutura) → Seleção de projeto tentativo → Cálculo de respostas estruturais (Deformações, Tensões, Deflexões) → Acumulação de danos ao longo do tempo → Modelos calibrados de defeitos e degradações (Defeitos, Qualidade de rolamento) → Verificação de desempenho (critérios de ruptura) → Requisitos de projeto satisfeitos? Sim → Projeto exequível; Não → Nova tentativa de projeto (retorna a Seleção de projeto tentativo). Nível de confiança de projeto alimenta a Verificação de desempenho.

patrocinado pela AASHTO (NCHRP Project 1-37A, 2004). O método requer sucessivas análises elásticas (mais de mil vezes) para a simulação de um projeto de estrutura de pavimento flexível, o que o torna um método de projeto bastante criterioso e de lenta determinação. Para empregá-lo, é necessária a recorrência à TSCE para a determinação de esforços solicitantes e, a partir desses, com modelos constitutivos de fadiga e de deformação permanente nos materiais, perfazerem-se inúmeras análises estruturais (objeto de estudos no Capítulo 13). Na Figura 10.15, é apresentado um fluxograma genérico dos procedimentos adotados pelo método da AASHTO 2002 (que pode ser obtido, na forma de software, diretamente da home page do Transportation Research Board: <http://www.trb.org>).

O guia de projetos 2002 da AASHTO é o mais moderno critério disponível na atualidade, com abordagem francamente empírico-mecanicista. Atualmente, tal método encontra-se em fase de avaliação pelas agências rodoviárias estaduais dos EUA; trouxe novidades e muito avanço comparado aos métodos de projeto existentes. As respostas estruturais no método são calculadas pelo programa de camadas elásticas Julea (tensões, deformações e deflexões) para permitir a previsão de degradação dos pavimentos com o emprego de modelos empírico-mecanicistas.

O método emprega uma abordagem de dano incremental, sua maior novidade, permitindo a variação de inúmeros parâmetros de projeto ao longo do período de análise, que é subdividido em pequenos incrementos de subperíodos, que variam de duas semanas a um mês. Assim, em uma análise de 20 anos, ao menos 240 incrementos são efetuados nos cálculos, para se ter em conta tanto as variações sazonais nos módulos de elasticidade das camadas, no período de um ano, como sua degradação progressivamente ao longo de muitos anos. Para cada subperíodo, é efetuada uma análise estrutural, em busca de respostas mecanicistas. Assim, as propriedades dos materiais variam durante todo o período, não se tratando do dano linear como normalmente admitido em todos os critérios de projeto e análise anteriormente empregados no mundo.

Pelas variações sazonais e pela degradação diferencial ao longo da altura de camadas, cada uma delas necessita ser subdividida muitas vezes em até

20 camadas (Figura 10.16), para uma análise estrutural mais precisa. No entanto, o software de TSCE deve permitir uma versatilidade de tempo para a solução do problema, uma vez que, conforme descrito, uma infinidade de análises sucessivas são necessárias, além da exigência de dezenas de subcamadas. Isso, com o software do FHWA, o Elsym 5, muito empregado no Brasil, não é possível se realizar. Ainda, considerando as variações laterais das cargas, o método atual avalia 70 pontos em cada subcamada, o que gera, para um estudo apenas, milhares de análises, dependendo do caso. Nessas circunstâncias, o tempo de processamento é fundamental na otimização de projetos.

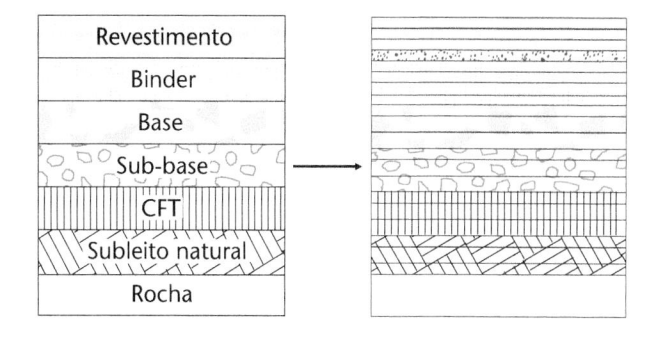

Fig. 10.16 *Estrutura real do pavimento e camadas subdivididas no modelo analítico*

Os efeitos do clima são avaliados em termos de variações sazonais em módulos de resiliência dos materiais, na ocorrência de fissuras de retração térmica, na modelagem à fadiga e da deformação permanente de camadas, bem como dos efeitos da umidade na deformação permanente de materiais não tratados. O tráfego, por sua vez, é analisado em nível de detalhamento de cargas por tipo de eixo, bem como em termos de seus efeitos em vista de sua variação lateral em uma mesma faixa de rolamento.

Conclui-se que o nível de sofisticação dos métodos de projeto no exterior está cada vez maior, estando previsto que, em 2015, os métodos de dimensionamento venham a incorporar os conceitos teóricos e experimentais de fratura não linear na estrutura interna dos materiais, o que poderá representar um salto de qualidade de magnitude inimaginável. Pesquisas em nível microestrutural nos materiais de construção têm sido conduzidas em experimentações científicas de tal forma que é plenamente razoável que lentamente venham a ser incorporadas em métodos de projeto.

10.6 Método da Prefeitura de São Paulo (Vias Públicas) – 2004

Em dezembro de 2002, por decisão do secretário de Infraestrutura da PMSP, foi constituído um grupo de trabalho cujo objetivo era estudar e fixar normas oficiais para projeto e análise estrutural de pavimentos que substituíssem a normalização recorrente aos anos 1960, que já não atendia, por diversas razões, às necessidades tecnológicas vigentes. Este grupo se reuniu praticamente a cada semana para a discussão e fixação dos critérios, a partir de janeiro de 2003; em 17 de junho de 2004, eram publicadas, no *Diário Oficial do Município*, as novas normas para estudos e projetos de pavimentação urbana, sob a forma de nove instruções de projeto. O grupo de trabalho instituído pela portaria 248/SIURB-G/2002 era coordenado pelo engenheiro Ricardo Resende e pela geóloga Dirce Carregã e composto pelos seguintes membros (engenheiros): Flávio Galletti, Jorge Ogata, Laerte Pires, Ricardo Calil, Rosária Domingos, Vera de Melo e Zaira Rosa, bem como por José Balbo (representante da USP).

Após inúmeras discussões e formulações, o critério de projetos para pavimentos asfálticos flexíveis e semirrígidos foi dividido em duas instruções de projeto: IP-04/2004 (Dimensionamento de Pavimentos Flexíveis para Tráfego

Leve e Médio) e IP-05/2004 (Dimensionamento de Pavimentos Flexíveis para Tráfego Meio Pesado, Pesado, Muito Pesado e Faixa Exclusiva de Ônibus). Em ambos os critérios, tornou-se obrigatória a análise mecanicista à fadiga de camadas asfálticas e cimentadas, o que é realizado por meio da instrução de projeto IP-08/2004 – Análise Mecanicista à Fadiga de Estruturas de Pavimentos (abordada no Capítulo 13).

Basicamente, as normas especificam o dimensionamento, seguindo o critério do CBR, que concede abertura para o emprego de outros materiais em camadas de base que não exclusivamente os macadames hidráulicos e betuminosos, tradicionalmente sugeridos pelo antigo (e atualmente restritivo) procedimento de 1967 da PMSP. O método incorpora a possibilidade de revestimentos asfálticos modificados com polímeros e uso de bases cimentadas e alternativas como misturas solo-agregado e agregado Reciclado de Construção e Demolição (RCD). Algumas das particularidades do método estão indicadas na Tabela 10.7. As sub-bases devem possuir CBR ≥ 30%

O método da PMSP (2004) está disponível para os usuários em formato eletrônico, como planilha de cálculo, conhecida por DIMPAV, que pode ser obtida na Internet (<http://www.ptr.poli.usp.br/lmp/downloads>). Um exemplo dessa planilha é apresentado na Figura 10.17.

Tabela 10.7 *Parâmetros e informações sobre as normas de projeto da SIURB-PMSP*

Tipo de tráfego	N típico para dez anos	Revestimento mínimo	Instrução de projeto
Leve	10^5	40 mm de PMQ ou 35 mm de CAUQ	IP-04/2004
Médio	5×10^5	50 mm de CAUQ	IP-04/2004
Meio pesado	2×10^6	50 a 75 mm de CAUQ	IP-05/2004
Pesado	2×10^7	100 mm de CAUQ	IP-05/2004
Muito pesado	5×10^7	125 mm de CAUQ	IP-05/2004
Faixa exclusiva de ônibus (médio)	10^7	100 mm de CAUQ	IP-05/2004
Faixa exclusiva de ônibus (pesado)	5×10^7	100 mm de CAUQ	IP-05/2004

Fonte: PMSP, 2004.

10.7 Exercícios Resolvidos

Dimensionamento 1

Dimensione um pavimento pelo método da AASHTO (1993), considerando os seguintes parâmetros de projeto:

◆ $N = 6,8 \times 10^7$;
◆ Tipo de via: via arterial urbana, nível de serventia inicial 4,2.
◆ Módulo de resiliência efetivo do subleito = 3.500 lbs/pol².
◆ Materiais disponíveis: CAUQ (M_r = 500.000 lbs/pol²), BGS (CBR = 70%) e sub-base granular (CBR = 30%).
◆ Condição de drenagem do pavimento: excelente (admitir que o pavimento não atingiria condições de saturação).

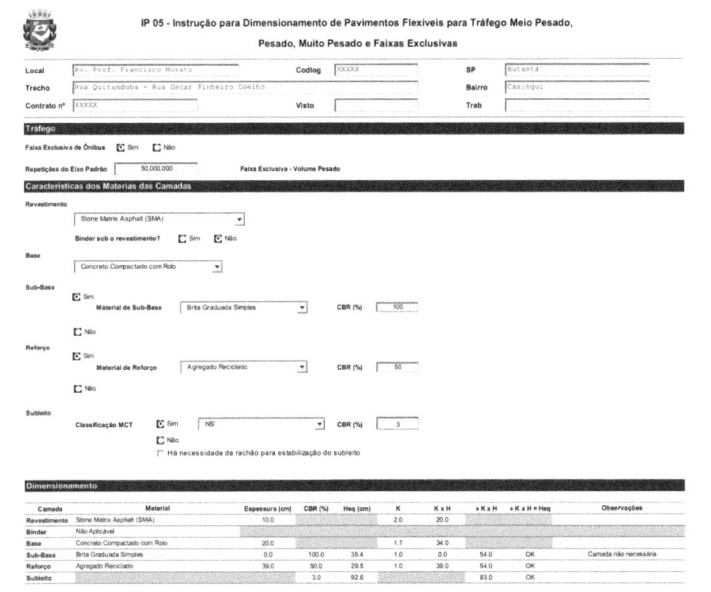

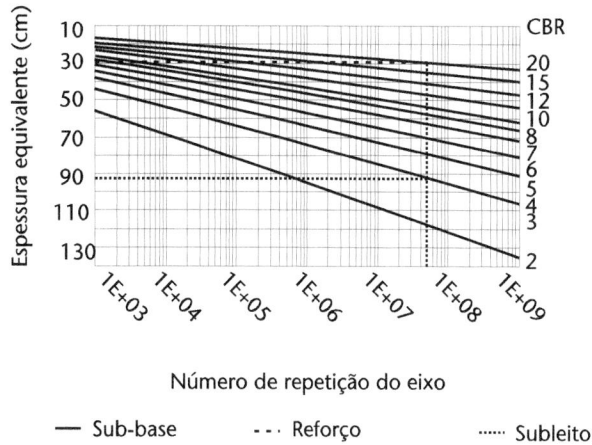

Fig. 10.17 *Exemplo de planilha de dimensionamento DIMPAV*
Fonte: SIURB-PMSP.

Solução

Com base no tipo de via, o grau de confiança do projeto será:

$$Z_r \times S_o = 90\% \times 0{,}35 = 0{,}315$$

O nível de serventia final do pavimento, uma vez que se trata de uma via principal, será considerado 2,5.

Com base na equação de desempenho, chega-se à seguinte igualdade:

$$\log_{10}(6{,}8 \times 10^7) = 0{,}315 + 9{,}36 \times \log_{10}(SN+1) - 0{,}20 + \frac{\log_{10}\frac{4{,}2-2{,}5}{4{,}2-1{,}5}}{0{,}40 + \frac{1094}{(SN+1) \times 5{,}19}} + 2{,}32 \times \log_{10} 3500 - 8{,}07$$

De forma simplificada:

$$7{,}8325 = 0{,}2672 + 9{,}36 \times \log_{10}(SN+1) + \frac{0{,}2009}{0{,}40 + \frac{1094}{(SN+1) \times 5{,}19}}$$

ou ainda:

$$\frac{0{,}2009}{0{,}40 + \frac{1094}{(SN+1) \times 5{,}19}} = 9{,}36 \times \log_{10}(SN+1) - 7{,}5653$$

Ao considerar-se, por simplicidade, X = SN+1, a solução é encontrada quando o valor de X anula a equação (ou indica igualdade de ambos os termos de cada lado). Montando-se o quadro ao lado, o valor de X é encontrado por sucessivas tentativas e aproximações.

X	Lado esquerdo	Lado direito
6,00	0,4017	-0,2818
7,00	0,4515	0,3448
7,50	0,4657	0,6253
7,10	0,4547	0,4025
7,20	0,4578	0,4593
7,25	0,4592	0,4875
7,21	0,4581	0,4650

Considera-se, então, X = 7,205, que leva a SN = 6,205. Lembre-se de que esse valor é obtido para a espessura total de pavimento sobre o subleito, sendo designado SN_3. O processo é então repetido para a verificação das espessuras necessárias sobre a base e sobre a sub-base do pavimento. Para tanto, devem ser obtidos os valores dos módulos de resiliência das camadas de base e sub-base por correlações com os valores de CBR indicados no problema. Assim, tem-se:

- Base granular com CBR = 70% terá Mr = 27.500 lbs/pol^2;
- Sub-base granular com CBR = 30% terá Mr = 15.000 lbs/pol^2.

A partir de sucessivas soluções, são encontrados $SN_1 = 3,9$ e $SN_2 = 4,8$ (sobre a base). As espessuras mínimas requeridas para as camadas, em função de N de projeto, serão: revestimento com 4" em CAUQ e base com 6" (BGS). Os coeficientes estruturais dos materiais a serem utilizados serão: CAUQ, $a_1 = 0,46$; BGS, $a_2 = 0,13$; sub-base granular, $a_3 = 0,11$. Assim, a solução para a camada de revestimento será:

$$D_1 = \frac{SN_1}{a_1} = \frac{3,9}{0,46} = 8,5 \text{ polegadas (atendendo à espessura mínima)}$$

Dadas as condições indicadas no problema para a drenagem, tem-se $m_3 = m_2 = 1,35$. A espessura de cálculo da camada de base será:

$$D_2 = \frac{SN_2 - SN_1}{a_2 \times m_2} = \frac{4,8 - 3,9}{0,13 \times 1,35} = 5,1 \text{ polegadas}$$

Todavia, a espessura mínima exigida para a camada de base é 6", que deverá ser adotada. O valor de SN_2, dada a espessura de base adotada, será:

$$SN_2 = a_1 \times D_1 + a_2 \times D_2 \times m_2 = 0,46.8,5 + 0,13.6.1,35 = 4,96$$

A espessura da sub-base será, portanto:

$$D_3 = \frac{SN_3 - SN_2}{a_3 \times m_3} = \frac{6,205 - 4,96}{0,11 \times 1,35} = 8,4 \text{ polegadas}$$

Dessa forma, obtêm-se as espessuras finais das camadas, que serão 215 mm de CAUQ, 150 mm de BGS e 215 mm de sub-base granular.

Dimensionamento 2

Um novo pavimento deve ser dimensionado para um tráfego previsto de $3,5 \times 10^7$ repetições do eixo-padrão de 80 kN. Dimensione esse pavimento pelo método do DNER, sabendo-se que:

♦ O CBR do subleito apresenta valor característico de 3%.
♦ A base a ser utilizada na estrutura é o macadame betuminoso. Como sub-base, poderá ser adotada a mistura solo-agregado (CBR > 20%).
♦ Há disponibilidade de solo para reforço do subleito com CBR = 9%.
♦ Como materiais de revestimento, estão o concreto asfáltico e o pré-misturado a quente (binder).

Solução

Em função do CBR do subleito e do número N, determina-se a espessura total do pavimento, em termos de material granular, para a proteção do subleito, que resulta em H_{eq} = 92 cm.

A espessura mínima de revestimento para o número N considerado é:
R = 10 cm (CAUQ).

A espessura de base é determinada por meio da inequação seguinte, sendo H_{20} obtida em função de N, e CBR = 20% (exigência mínima para a sub-base):

$R \times Kr + B \times Kb \geq H20$

ou

$10 \times 2,0 + B \times 1,2 \geq 30$

da qual se extrai B = 8,5 cm. Adota-se 10 de base em MB por razões de construção (múltiplos de 2,5 cm).

A espessura da sub-base é determinada pela inequação a seguir, tendo-se em vista o CBR do reforço e o número N.

$R \times KR + B \times KB + h20 \times Ks \geq Hn$

ou

$10 \times 2,0 + 10 \times 1,2 + h20 \times 1,0 \geq 48,5$

da qual se extrai que h20 = 16,5 cm em solo-brita. Adota-se 17 cm de sub-base em solo-agregado.

A espessura de reforço necessária é obtida pela inequação seguinte, na qual Hm é definido com base no valor de N e no CBR do subleito (3%):

$R \times Kr + B \times Kb + h20 \times Ks + hn \times Kn \geq Hm$

ou

$10 \times 2,0 + 10 \times 1,2 + 17 \times 1,0 + hn \times 1,0 \geq 93$

da qual se extrai que hn = 44 cm em solo selecionado com CBR ≥ 9%. Por fim dimensionamento resultou em:

CAMADA	MATERIAL	ESPESSURA (mm)
Revestimento	Concreto asfáltico	100
Base	Macadame betuminoso	100
Sub-base	Solo brita	170
Reforço	Solo selecionado	440

10.8 Exercícios Propostos

1. Faça a distinção entre ruptura estrutural e ruptura funcional de um pavimento.

2. Quais são os critérios de ruptura adotados como premissas básicas de dimensionamento pelos métodos do CBR e da AASHTO?

3. Dimensione um pavimento flexível, com base no método do DNER, para as condições indicadas a seguir:

- $N = 9 \times 10^5$
- CBR do subleito = 5%
- Material disponível para execução de bases e sub-bases: solo arenoso fino laterítico (material granular) com CBR = 40% (energia normal) e CBR = 90% (energia modificada)

4. Dimensione um pavimento semirrígido, com base no método do DNER, para as condições seguintes:

- $N = 5 \times 10^8$
- CBR do subleito = 5%
- Materiais disponíveis para revestimento: CAUQ e PMQ (binder)
- Material para base: solo-cimento com fc,7 = 5 MPa
- Reforço do subleito: solo selecionado com CBR = 12%

5. Dimensione um pavimento flexível, com base no método da AASHTO (1993), para as condições indicadas a seguir:

- $N = 1,5 \times 10^6$
- $p_0 = 4,2$
- $p_t = 2,0$
- condições sazonais para o subleito:
    i. 1º período: $M_r = 7.000$ psi
    ii. 2º período: $M_r = 5.500$ psi
    iii. 3º período: $M_r = 4.100$ psi
    iv. 4º período: $M_r = 6.200$ psi
- $Zr \times S_0 = 0,3$

6. Defina a curva (represente-a graficamente) p *versus* N de desempenho de um pavimento flexível que apresenta os seguintes parâmetros:

- SN = 5,72 (SN = $SN_1 + SN_2 + SN_3$)
- $p_0 = 4,0$
- subleito: MR = 2.500 psi (efetivo)
- $Zr \times S_0 = 0,25$

7. Qual é o valor de N que causará uma condição p = 2,0 para o pavimento apresentado no exercício anterior?

8. Qual é o valor de N que levará o pavimento do exercício anterior a uma condição de intrafegabilidade?

9. Um pavimento foi dimensionado por um critério não normativo para o número N no período de projeto de 7 x 10^8. O CBR do subleito apresenta, na rodovia, um valor característico de 4%, e as camadas e os materiais de projeto resultaram em: revestimento em CAUQ com 125 mm; base em BGS com 130 mm; sub-base em BGTC com 170 mm; reforço com solo selecionado com espessura de 250 mm e CBR de 8%. Verifique se tal estrutura de pavimento atende ao critério normativo do DNER (1981).

10. Consulte as instruções de projetos de pavimentos asfálticos do Departamento de Estradas de Rodagem (ou de Infraestrutura) de seu Estado ou da Secretaria de Vias Públicas (ou de Infraestrutura) de sua cidade e analise o tipo de critério existente quanto às premissas de ruptura dos pavimentos. Há particularidades se comparado com aquele do DNER (1981)?

11. Obtenha na Internet o programa para projeto de pavimentos da AASHTO 2002 e faça uma análise de sensibilidade dos principais parâmetros (módulos resilientes e complexos, espessuras, resistências, tráfego, clima etc.) nos resultados de dimensionamento. Essa é uma sugestão cabível para exercícios de final de curso com aproveitamento.

12. Obtenha na Internet o programa DIMPAV da PMSP (download em <http://www.ptr.poli.usp.br/lmp>) e faça diversos dimensionamentos para diferentes valores de N, considerando distintas possibilidades de materiais para cada camada.

Avaliação Estrutural de Pavimentos Asfálticos

11.1 Necessidade e Objetivos da Avaliação Estrutural

A expressão *avaliação estrutural*, em seu sentido mais amplo, abrange a caracterização completa de elementos e variáveis estruturais dos pavimentos que possibilite uma descrição objetiva de seu modo de comportamento em face das cargas do tráfego e ambientais, de modo a possibilitar a emissão de julgamento abalizado sobre a capacidade portante de um pavimento existente diante das futuras demandas do tráfego. Assim, caracterizar a estrutura de pavimento existente implica a determinação dos materiais e espessuras que constituem cada camada do pavimento, incluindo solos de subleitos, bem como a verificação, por meios e métodos de engenharia, das condições de integridade dos materiais existentes no pavimento em análise, por meio de parâmetros estruturais, em particular, da medida de deformações.

Tais avaliações, combinadas com a avaliação dos defeitos superficiais, possibilitam ao engenheiro a definição dos padrões e causas de patologias existentes nos pavimentos, visando à sua completa reparação, sendo, portanto, complementar à avaliação de defeitos por processos visuais. Além disso, a avaliação estrutural permite emitir conclusões sobre a integridade de camadas de materiais subjacentes ao revestimento, cujos defeitos, muitas vezes, não são detectados pela avaliação visual superficial, como no caso de intensas deformações plásticas, rupturas e contaminação em camadas granulares, ou mesmo fissuras de retração e fadiga em bases cimentadas (que ainda não se propagaram para a superfície do revestimento asfáltico).

A caracterização da capacidade portante da estrutura (e, portanto, dos materiais existentes) é realizada, em engenharia de pavimentação, por meio da determinação das deformações sofridas na superfície da estrutura de pavimento (superfície) quando esta é solicitada por uma carga conhecida. A medição dos padrões de deformabilidade *in situ* permite, entre outros estudos, a determinação de indicadores de qualidade sobre o comportamento estrutural (resposta mecânica imediata) do pavimento, bem como a inferência de parâmetros mais complexos por retroanálise, como valores dos módulos de elasticidade (ou de resiliência) dos materiais de cada camada, o que já faz parte do Capítulo 13.

Os serviços de avaliação estrutural para finalidades de projeto de reforço de pavimentos englobam a coleta de materiais existentes nas camadas, quando necessário, para a determinação de algumas propriedades como, por exemplo, a massa específica aparente *in situ* de solos, a umidade dos materiais, os ensaios de granulometria e caracterização MCT, a extração de amostras indeformadas (de concretos, de materiais cimentados e de misturas asfálticas) para ensaios de resistência, o módulo de elasticidade etc.

Por fim, a avaliação estrutural permitirá a subdivisão de um trecho de rodovia em estudo em segmentos homogêneos que apresentem características pouco variáveis, para fins de projeto. As avaliações estruturais podem ser separadas, de forma simplificada, em avaliações destrutivas e não destrutivas, conforme se aborda na sequência.

11.2 Avaliação Estrutural Destrutiva (Prospecções)

A avaliação estrutural destrutiva tem por finalidade a completa caracterização física da estrutura do pavimento: determinação das camadas existentes, definição dos materiais que as compõem e suas espessuras, bem como indicação do estado de degradação presente de todas as camadas (Figura 11.1), em geral inviável com apenas avaliações de defeitos superficiais. Esse conhecimento preliminar, porém já com certo detalhamento do pavimento, é o ponto de partida dos estudos para avaliação de necessidades de restauração.

Uma avaliação destrutiva pode ser realizada por meio de processos manuais ou mecânicos. Os processos mais empregados são: abertura de cavas à pá e picareta; abertura de furos a trado, concha ou helicoidal; abertura de trincheiras transversais à pista; extração de amostras de revestimentos e bases com sondagens rotativas.

Efetivamente, em tese, seria possível a determinação dos aspectos mencionados sobre o pavimento existente com recorrência a elementos da seguinte natureza: relatórios e desenhos de projeto original, desenhos *as built*, relatórios de projetos e obras de restauração anteriores porventura existentes, bancos de dados de sistemas de gerência de pavimentos (sonho nosso!) etc. A bem da verdade, não é tarefa fácil tal tipo de abordagem para a obtenção dos dados procurados; além disso, a condição do material tem de ser verificada em campo (ao vivo e em cores!). Resta-nos, nessas condições, recorrer a inspeções de pista, que geralmente são do tipo destrutiva em que são realizadas aberturas nos pavimentos).

Um desses métodos destrutivos é a abertura de cavas laterais à faixa de rolamento da direita (portanto, no acostamento), tangenciando o bordo da faixa. Tais poços de inspeção, abertos à pá e picareta, possuem normalmente dimensões aproximadas de 0,8 m x 0,8 m, permitindo, assim, as medidas de espessuras de camadas, o reconhecimento visual e a avaliação das condições dos materiais, a coleta de amostras (até a profundidade de 0,6 m abaixo do topo do subleito), bem como a determinação de massas específicas e umidades *in situ*. Sua produção normal é de quatro a oito cavas diárias por equipe de dois homens trabalhando. Na Figura 11.1, são apresentados exemplos típicos de sondagem a pá e picareta e do respectivo boletim de sondagem feito em campo.

Fig. 11.1 *Escavação com abertura lateral do pavimento e respectivo boletim de campo*

Boletim de sondagem

CAMADA	OCORRÊNCIA	MATERIAL	ESPESSURA (mm)	CONDIÇÃO	OBS.
Revestimento	Sim	CAUQ	70	Trincas (FC-2)	Amostra E-7A
Binder	Sim	PMQ	55	Fissurada E-7B	Amostra
Base	Sim	SC	160	Fissurada em blocos	–
Sub-base	Sim	SMC	140	–	–
Reforço	Não	–	–	–	–
Subleito	–	Areia argilosa	–	Muito úmido	Amostra E-7C Amostra E-7D

Normalmente, de acordo com as normas específicas do operador ou agência viária, na fase preliminar de projeto, tais poços de identificação devem ser locados com espaçamento de 2 km; na fase complementar, quando necessário, maior detalhamento se faz, e é sugerido o espaçamento de 200 m entre cavas. Tais indicações de ordem prática poderão ser alteradas, o aumento ou a diminuição de tais espaçamentos, em função de uma justificativa conclusiva, levando-se em conta a possível homogeneidade de características ao longo da via, em trechos mais longos ou mais curtos; além disso, trechos em cortes com pavimentos problemáticos podem ser merecedores de mais detalhamentos geotécnicos tendo em vista os problemas de drenagem local.

A abertura de trincheiras em pista de rolamento só é justificável quando a avaliação e a análise estrutural do pavimento exijam um nível de detalhamento muito grande, que permita, por exemplo, observar deformações plásticas nas camadas nas trilhas de roda, densidade de fissuração de bases cimentadas, rupturas de camadas de solo inferiores; são serviços mais abrangentes e normalmente empregados por setores de pesquisa e não de projeto.

Sondagens rotativas (Figura 11.2) são, por sua vez, realizadas com emprego de brocas com coroas diamantadas (industrialmente), para a extração de amostras de misturas asfálticas, bases cimentadas e concretos (CCP ou CCR), para posteriores testes laboratoriais. É imperativo reconhecer que tal tipo de

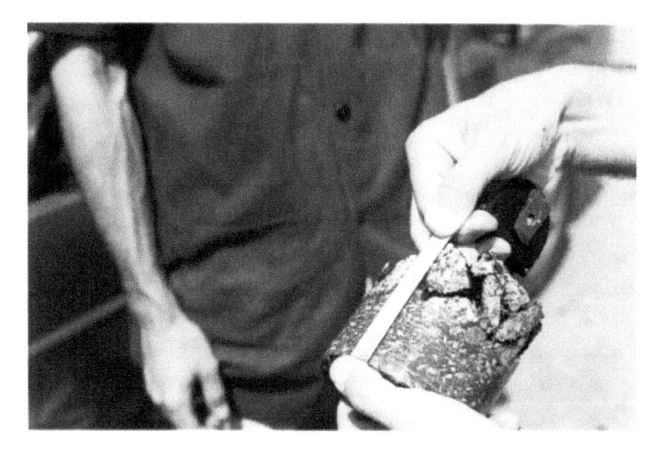

Fig. 11.2 *Extração de amostras por sondagem rotativa*

sondagem, empregando até mesmo água sob pressão para refrescar a coroa que se aquece muito por atrito, não se presta à amostragem de materiais granulares ou solos para extração de amostras, posto que a excessiva vibração da broca, bem como a injeção de água no material, impedem seu uso para determinação de massas específicas e de umidades *in situ*. A produção diária pode atingir cerca de 20 furos, conforme a dureza dos materiais em questão.

Sondagens a trado, seja do tipo concha, seja helicoidal, prestam-se à determinação da presença de materiais saturados ou ainda de lençol freático em camadas dos pavimentos, incluindo os subleitos, para posterior postulação de melhorias de drenagem subsuperficial ou profunda em regiões que apresentem padrões de degradação expressivos, com suspeita de ação de água. Em geral, tais sondagens são realizadas em bordos externos de acostamentos, próximos a taludes de corte.

11.3 Prospecção Não Destrutiva de Pavimentos

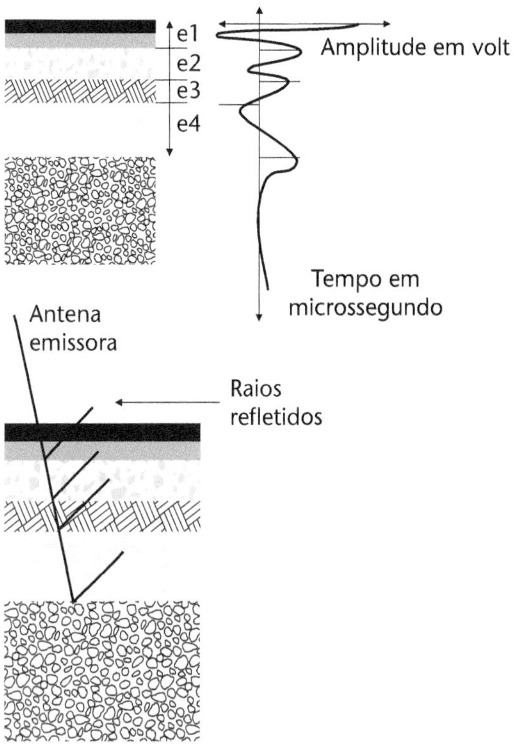

Equipamentos de alta tecnologia para identificação de espessuras de camadas e tipos de materiais existentes no pavimento são denominados *ground penetrating radar*, que, baseados em processos geofísicos, por meio de uma antena emissora de ondas e outra antena receptora, permitem a detecção de alterações em padrões de reflexão de ondas conforme a profundidade dos pontos registrados. Tais processos permitem primariamente a determinação de espessuras de camadas (Figura 11.3).

O processo, realizado em movimento do veículo que transporta o equipamento, consiste na emissão de sinais por uma antena sobre a superfície do pavimento; a cada mudança de constantes dielétricas nas camadas, a forma de onda refletida sobre a superfície da camada se modifica, permitindo a determinação de espessuras. A determinação do tipo de material existente em cada camada já é um processo menos imediato uma vez que, considerada a diversidade de tipos de materiais, bem como a dos estados de degradação (fissuração, contaminação), é necessária previamente a calibração de resultados para os inúmeros materiais, de maneira a tornar possível sua identificação pelos padrões de respostas eletromagnéticas obtidas pelo equipamento.

Fig. 11.3 *Esquema do radar de penetração*

11.4 Medidas de Deflexões

Além da determinação de tipos, espessuras e condições presentes de camadas, que nos trazem diversas informações estruturais, é necessária a determinação da capacidade estrutural do pavimento, o que se faz por meio de provas de carga. Nesse caso, a estrutura é submetida a uma carga conhecida e realiza-se uma medição das deformações que lhe são impostas. Dois tipos de equipamentos são amplamente empregados no Brasil (e no mundo) para tal finalidade:

a viga de Benkelman e o defletômetro de impacto Falling Weight Deflectometer (FWD). Tais equipamentos medem os deslocamentos verticais sofridos na superfície de um pavimento quando submetido a um carregamento. No meio rodoviário, por influência da escola americana, tais deslocamentos foram alcunhados deflexões (portanto, deflexão = deformação vertical total = deslocamento vertical).

11.4.1 Deflexões estáticas com viga de Benkelman (DNER-ME 24/1978)

A viga de Benkelman foi e é, de longe, o equipamento de medida de deflexões mais difundido no Brasil. Até mesmo as normas vigentes no País para projetos de restauração de rodovias têm seus modelos de cálculo fundamentados em padrões de deflexão medida com a viga de Benkelman (referência ao engenheiro do Bureau of Public Roads dos EUA, que inventou o dispositivo na década de 1950).

O princípio de funcionamento do equipamento é simplesmente aquele de um braço de alavanca. Uma haste rígida encontra-se com a ponta de prova entre um par de rodas do eixo traseiro de um caminhão do tipo toco (ESRD), carregado com a carga-padrão (80 kN) e 100 psi de pressão nos pneumáticos de aro 10 x 20, com ranhuras dos pneus em boas condições. Tal haste está articulada em um corpo de apoio para esta viga, e, na outra extremidade da viga, há um extensômetro (relógio comparador), analógico ou digital, com precisão mínima de centésimos de milímetro (Figura 11.4).

Quando o caminhão se afasta da ponta de prova entre as rodas, a superfície do pavimento vai retornar (após algum tempo) a seu plano original quando não estava carregada. Isso faz com que a outra extremidade da viga (haste) desloque-se para baixo, o que implica alteração na leitura fornecida pelo extensômetro (Figura 11.5). Tratando-se de um braço de alavanca, por semelhança de triângulo, pode ser escrito:

$$\frac{d_0}{a} = \frac{|L_0 - L_f|}{b} \quad \rightarrow \quad d_0 = |L_0 - L_f| \times \frac{a}{b} \qquad [11.1]$$

sendo:
d_0 = deflexão total ou máxima medida sob a roda (0,01 mm)
a/b = relação de braços da viga de Benkelman
L_0 = leitura inicial no extensômetro (0,01 mm)
L_f = leitura final no extensômetro (0,01 mm)

A aplicação do processo em pista merece algumas considerações de ordem prática. A articulação central da haste deverá possibilitar rotações sem atrito significativo, de modo que não sejam afetadas as leituras no extensômetro. Sempre se usa um dispositivo, acoplado ao corpo de apoio da haste, que cause vibração em sua estrutura, o que auxilia a evitar que tal articulação sofra alguma espécie de bloqueio. Como a viga é transportada manualmente, há uma trava para a parte interna da haste que é empregada após as leituras, evitando que o braço menor da haste seja brutalmente levantado contra o extensômetro, o que o danificaria.

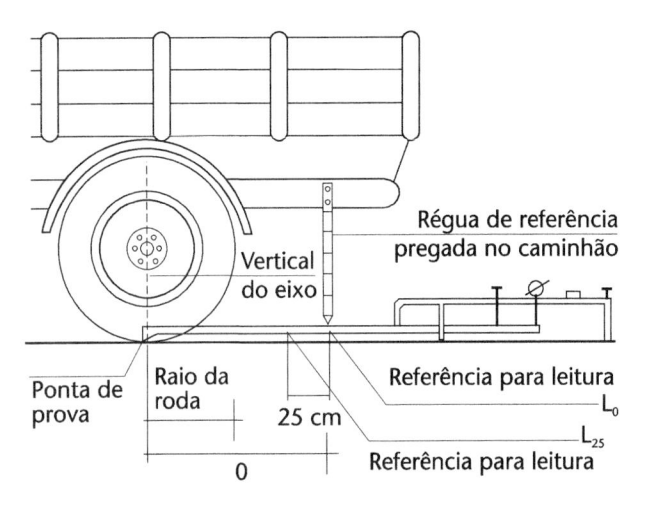

Fig. 11.4 *Esquema de operação da viga de Benkelman*

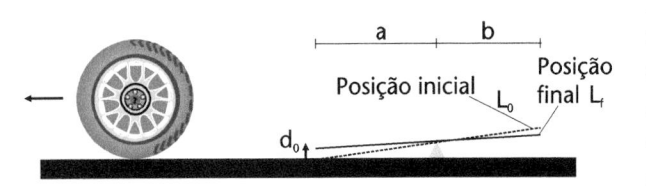

Fig. 11.5 *Relações geométricas no braço de alavanca da viga de Benkelman*

Fig. 11.6 *Deflexões em função da distância da carga*

O processo de leituras permite que seja determinada experimentalmente a linha de influência da carga (Figura 11.6). À medida que o caminhão se movimenta para a frente, a superfície do pavimento tende a retornar à sua posição original; se vários pares de leituras relacionados à distância percorrida pelo eixo são registrados, é possível ser traçada a *linha de influência longitudinal da carga*, também denominada bacia de deflexões. Como se verá, tal bacia de deflexões traz importantíssimas informações sobre o comportamento do pavimento, em complemento ao valor da deflexão máxima medida.

A determinação das deflexões intermediárias, de maneira a tornar possível o traçado do contorno dessa bacia de deflexões, é realizada de modo semelhante àquele empregado para o cálculo da deflexão máxima no centro da bacia (DNER, 1978; DNER, 1979). Tais deflexões intermediárias são sempre calculadas em função de cada leitura intermediária e da leitura final, levando-se em conta a relação de braços da haste empregada nos ensaios, conforme exemplo de cálculo em planilha de campo apresentado na Figura 11.7. As deflexões intermediárias são medidas a 125 mm, 250 mm, 400 mm, 600 mm, 800 mm, 1.000 mm, 1.200 mm, 1.400 mm, 1.600 mm, 1.800 mm, 2.000 mm e 2.200 mm do ponto inicial de aplicação de carga.

INFORMAÇÕES BÁSICAS	
Interessado	LMP-ABCP
Via	Castelo Branco
Jurisdição	DER-SP
Trecho	Tatuí - WTUD
Estaca 1-T	km 156
Faixa direita	
TRE [x]	TRI [ ]
Temperatura atmosférica	28°C
Tempo do revestimento	35°C
Relações de braços	2,1
Operador	Rodrigo / Marcos
Data	20/8/1998
Folha	
Código	

Leitura	Posição (cm)	Leitura no extensômetro	Diferença (Ln-Lf)	Deflexão (0,01mm)
L0		2	22	46
L1	12,5	3	21	44
L2	25	5	19	40
L3	40	6	18	38
L4	60	9	15	32
L5	80	14	10	21
L6	100	18	6	13
L7	120	20	4	8
L8	140	22	2	4
L9	160	23	1	2
L10	180	23	1	2
L11	200	24		
L12	220	24		
Lf	240	24		

Um aspecto importante a ser recordado quanto às medidas de deflexões com a viga de Benkelman é o arranjo do ensaio. Observe que se trata, basicamente, de um ensaio estático, ou seja, as medidas (leituras) são realizadas em cada ponto, com o veículo estacionário. Isso implica, para a grande maioria dos pavimentos asfálticos, uma condição de teste na qual as parcelas viscoelásticas das deformações de cada material (revestimento asfáltico, bases granulares ou cimentadas já fissuradas, solos de fundação) são mobilizadas, dado que há tempo suficiente de aplicação de cargas para tanto.

Por tal razão, é necessário, durante leituras visuais com anotações manuais, que se espere, a cada ponto, pela estabilização do ponteiro do relógio comparador, aguardando-se assim a completa deformação ou recuperação elástica do pavimento. Tais procedimentos consomem um tempo em torno de 5 min. para a realização de um conjunto completo de leituras de deflexões em dado ponto da superfície do pavimento.

Há possibilidade, contudo, de melhoria em todo esse processo operacional, com emprego de uma viga de Benkelman que simultaneamente forneça leituras eletrônicas (digitais) de deformações e distâncias percorridas pelo eixo do caminhão, o que faz com que o ensaio, a partir do início, deixe de ser estático; em outras palavras, a leitura inicial é de uma carga estática, porém, posterior-

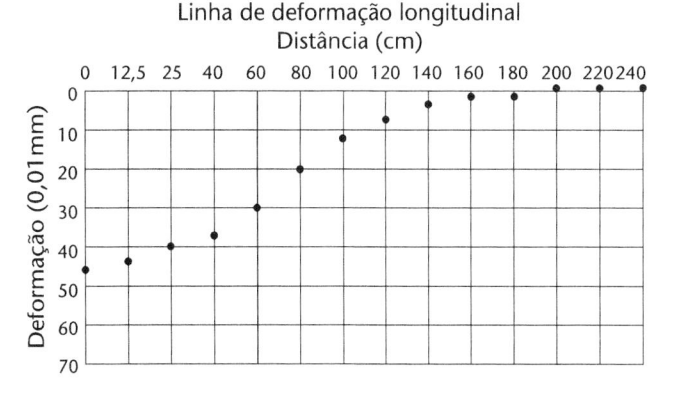

Fig. 11.7 *Cálculo das deflexões para delimitação da bacia de deflexões*

mente, a carga se move. Nessas circunstâncias, dizemos que a viga de Benkelman é automatizada, com exceção que, de ponto para ponto, deverá ser transportada manualmente.

Existem alguns aspectos limitantes no emprego da viga de Benkelman, que merecem ao menos menção para conhecimento dos usuários do equipamento. No Quadro 11.1, procuram-se sistematizar tais questões e apontar como tirar maior proveito dos ensaios com a viga de Benkelman quanto às limitações apontadas.

Quadro 11.1 Aspectos relacionados ao emprego da viga de Benkelman

Aspecto limitante	Problemas	Soluções possíveis
Precisão de leitura no extensômetro	Erros sistemáticos (acuidade visual) ou grosseiros (posição de leitura, anotações); precisão de leitura estimada em dez centésimos de milímetros	Emprego de relógio comparador digital possivelmente com precisão de milésimos de milímetro
Posicionamento da ponta de prova	Não centralizado (longitudinalmente) entre as rodas é um erro grosseiro	Verificação precisa do posicionamento
Temperatura	Medidas realizadas manualmente	Evitar óleos e furos no revestimento; dar preferência a termômetro digital com haste medidora ou a termômetro infravermelho
Emissão de gases pelo caminhão	De saúde para operador em trabalho constante	Máscara
Tráfego	Segurança para o tráfego e operadores do equipamento	Apoio policial intensivo
Pavimentos com elevada rigidez	Pés de apoio da viga posicionados dentro da área de influência da carga	Emprego de vigas com relação de braços de no mínimo 3:1
Produção	Dependente de fatores humanos, apoio e tráfego	Automatização Buscar produção de 4 km a 5 km diários para medidas a cada 40 m
Repetibilidade das leituras	Dependente de fatores humanos e operacionais	Trabalhar com médias ajustadas por métodos estatísticos

11.4.2 Deflexões por impacto com *falling weight deflectometer* (DNER – PRO 273/1979)

O *Falling Weight Deflectometer* (FWD) é um equipamento concebido a partir de conceitos anteriormente desenvolvidos para testes geofísicos, tratando-se de um ensaio no qual uma carga dinâmica, aplicada instantaneamente por impacto (pulso de carga) sobre uma placa de dimensões conhecidas, procura simular a aplicação de carga de um par de rodas do caminhão (Figura 11.8). Por se tratar de um teste dinâmico e instantâneo de aplicação de carga, naturalmente, durante sua realização, há condições reduzidas de mobilização de parcelas de deformação viscoelásticas nos materiais.

A força de impulso contra a superfície do pavimento é aplicada sobre uma placa rígida de 300 mm de diâmetro, com onda senoidal de duração de 25 ms a

30 ms, sendo a massa do martelo variável (a ser definida na operação) de 50 kg, 100 kg, 200 kg e 300 kg; a altura de queda é regulada de 20 mm a 381 mm, conforme o padrão de medida desejável. O pico de força aplicada será de 7 kN a 107 kN (medido por célula de carga no equipamento). Após a aplicação de carga, sete (este número pode ser menor) transdutores de velocidade (ou geofones) dispostos longitudinalmente captam as ondas de resposta ao impacto, estando um desses geofones localizado no centro da placa de aplicação da carga. O último geofone está em geral disposto até 2,25 m desse ponto de aplicação de carga.

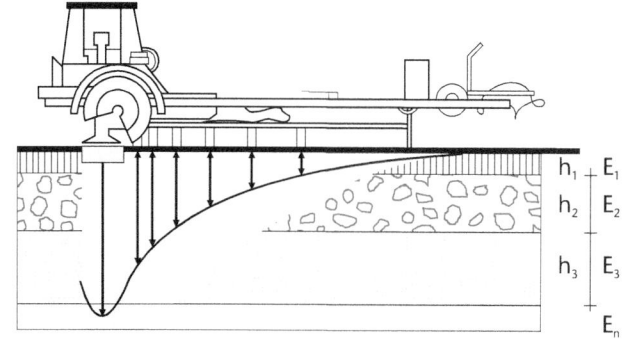

Fig. 11.8 *Defletômetro de impacto FWD (cedido por Dynatest)*

No processo de análise, as ondas resultantes dos deslocamentos da superfície nos vários pontos são captadas e suas acelerações integradas para definição da distância percorrida, o que fornece a deflexão em cada geofone. Dessa maneira, muito rapidamente são determinadas e registradas digitalmente as bacias de deformação em cada ponto analisado, o que permite ao equipamento uma produção elevada (de até 40 km por dia), além de uma precisão louvável nas leituras, de cerca de ±0,5 centésimo de milímetro, o que permite uma determinação acurada de deflexões em especial sobre pavimentos semirrígidos e rígidos.

Evidentemente, as medidas de deflexões com FWD (DNER, 1996) são diferentes (menores em geral) daquelas medidas com a viga de Benkelman, sobre um mesmo pavimento. Para finalidades práticas de engenharia, tal circunstância requereria, em cada obra, em função de suas peculiaridades, uma calibração inicial com o uso de ambos os equipamentos para estabelecer correlações, posto que as normas de projeto vigentes têm como referência os padrões de deflexão Benkelman.

Rocha Filho (1996) apresenta importantes dados sobre repetibilidade de medidas executadas com viga de Benkelman e com FWD, em que são evidentes as vantagens do FWD sobre tal aspecto. Embora aponte a possível dificuldade de correlações, incluindo para pavimentos semelhantes, entre valores de deflexões FWD e Benkelman, sua pesquisa resultou no seguinte modelo relacional:

$$\frac{d_{FWD}}{d_{BK}} = 0,87 \text{ a } 0,93 \qquad [11.2]$$

Extrai também Rocha Filho (1996) da pesquisa que uma possível correlação (com $R^2=0,94$ e desvio-padrão de 0,248) entre tais diferentes bases de medida de deflexões, considerando-se outros dois experimentos além daquele que realizou, seria dada por:

$$\frac{d_{FWD}}{d_{BK}} = \frac{1}{6,136\times10^{-3}\times(h_{rev})^{1,756}+1} \quad [11.3]$$

em que h_{rev} é a espessura do revestimento asfáltico existente (em centímetros). Com base em tal resultado, a relação seria próxima de 0,9 para revestimentos asfálticos esbeltos (50 mm) e de 0,6 para espessas camadas asfálticas (150 mm).

De acordo com a norma em vigência, as deflexões intermediárias devem ser determinadas de maneira a permitir um adequado delineamento da bacia de deflexões, deixando em aberto, embora na prática diária sejam comumente empregadas no País, as posições 200 mm, 300 mm, 450 mm, 650 mm, 900 mm e 1.200 mm.

11.4.3 Parâmetros da bacia de deflexões

Embora o emprego de valores individuais de deflexões fosse rotineiro nos anos 1950, a partir dos anos 1960, passou-se cada vez mais a dar um valor mais expressivo para a análise de deflexões como um todo, ou seja, considerada toda a bacia de deflexões. Para se exemplificar, tomemos os seguintes exemplos: um pavimento semirrígido (com base tratada com cimento) poderia, ao ser construído, apresentar níveis de deflexão entre 20 e 30 centésimos de milímetros; em um pavimento de placas de concreto, tal valor poderia cair abaixo dos 10 centésimos de milímetros; e, em um pavimento flexível esbelto, poderia, por exemplo, ser de 60 centésimos de milímetros.

Evidentemente, os valores máximos de deflexão em bacias nos dão uma ideia de como é a resposta do pavimento em termos de sua deformação sob ação de cargas (maior ou menor, e em qual caso). Porém, como se extrai da Figura 11.9, na qual são apresentados resultados de medidas de

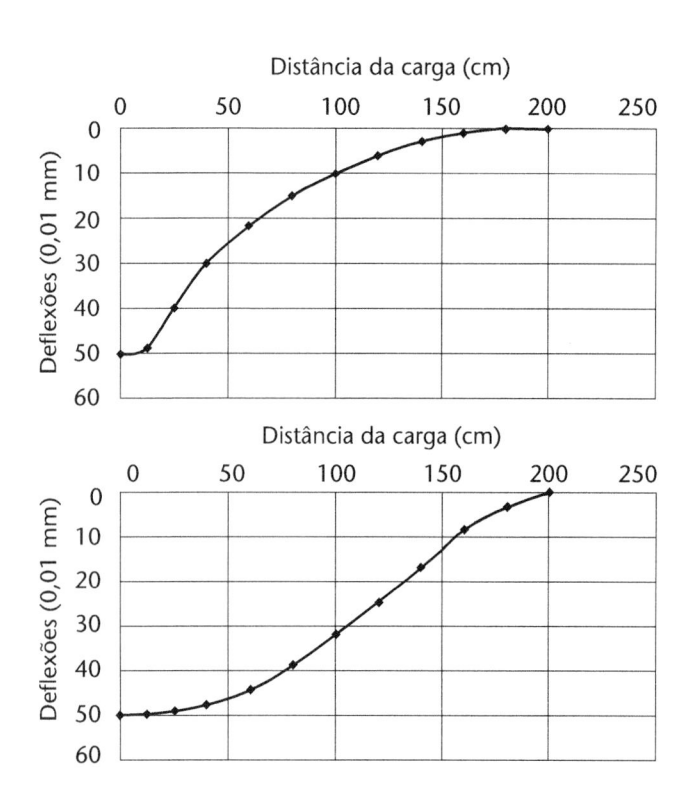

Fig. 11.9 *Comparação entre bacias de deflexões*

bacias de deflexões, apenas valores de deflexões máximas não são capazes de trazer maior luz para o esclarecimento do comportamento estrutural de um dado pavimento. No caso em questão, a primeira bacia, com deflexão máxima de 50 centésimos de milímetros, denota uma boa distribuição de esforços sobre as camadas inferiores, uma vez que há uma redução paulatina no valor da deflexão à medida que a carga é afastada do ponto de prova.

A segunda bacia, por sua vez, apresenta um ponto de inflexão brusco pouco depois de um pequeno afastamento da carga do ponto de prova, revelando um pavimento que, embora com a mesma deflexão total em relação a outro caso, concentra a reação à carga em área muito próxima ao ponto de aplicação de cargas, denotando assim um comportamento mais flexível.

Pode-se, observando tais bacias de deflexão, notar ser possível a inscrição de uma circunferência a partir do ponto de deflexão máxima, que tangencie até certo ponto o contorno da bacia de deflexão. Assim, a segunda bacia revelaria um raio de curvatura (da circunferência inscrita) muito menor que o caso da primeira bacia. Tal *raio de curvatura* passou a ser, a partir dos anos 1970, referência em normas nacionais para a avaliação da qualidade estrutural dos pavimentos flexíveis e semirrígidos.

O cálculo de tal raio de curvatura da circunferência inscrita no trecho da bacia tomado como parabólico pode ser feito, analiticamente, pela fórmula:

$$R = \frac{10 \times x^2}{2 \times (d_0 - d_x)} \quad [11.4]$$

sendo x a distância do ponto inicial de aplicação de carga até um ponto qualquer da bacia (na abscissa) e dx, a deflexão medida nesse ponto qualquer. O extinto DNER adotou, em sua norma para a determinação do raio de curvatura da bacia, a distância de 25 cm a partir do ponto de carga inicial, o que leva à fórmula:

$$R = \frac{6.250}{2 \times (d_0 - d_x)} \, [m] \quad [11.5]$$

11.5 Estimativa do Número Estrutural (SNC) do Pavimento

11.5.1 Cálculo direto

Vimos no Capítulo 10 (Dimensionamento) que o número estrutural é um conceito abstrato, sendo, portanto, denotado por um valor abstrato que expressa a capacidade estrutural de dado pavimento, necessária para uma dada combinação de suporte do subleito (por meio de seu módulo resiliente), do número total de repetições de um eixo-padrão de 80 kN, da serventia desejada para o final do período de projeto (vida útil) e das condições ambientais (AASHTO, 1993). De acordo com a norma PRO-159/85 do extinto DNER (1985), o número estrutural é calculado pela função:

$$SN = \sum_{i=1}^{n} a_i \times h_i \quad [11.6]$$

sendo a_i e h_i, respectivamente, os coeficientes estruturais e as espessuras das camadas (em polegadas), conforme apresentados na Tabela 11.1 (para entrada posterior de h_i em polegadas, conhecendo-se os valores de módulo de resiliência das camadas, ou então, conforme a Tabela 11.2, para cálculos de espessuras em centímetros, com base em valores fixos ou pautados pelo CBR de cada camada). O extinto DNER (1985) propunha também a correção do valor do número estrutural, para um número estrutural corrigido que incorporasse a capacidade portante do subleito, dado pela fórmula:

$$\text{SNC} = \sum_{i=1}^{n} a_i \times h_i + 3{,}52 \times \log_{10} \text{CBR} - 0{,}85 \times (\log_{10} \text{CBR})^2 - 1{,}43 \qquad [11.7]$$

Tabela 11.1 *Valores de coeficientes estruturais para camadas – com M_r em MPa*

MATERIAL	EQUAÇÃO PARA DETERMINAÇÃO DE a_i	LIMITES PARA a_i
CAUQ	$a_i = 0{,}4 \times \log_{10} \dfrac{M_r}{3000} + 0{,}44$	entre 0,20 e 0,44
Bases cimentadas	$a_i = 0{,}51 \times \log_{10} \dfrac{M_r}{3000} + 0{,}08$	entre 0,10 e 0,28
Bases granulares	$a_i = 0{,}25 \times \log_{10} \dfrac{M_r}{160} + 0{,}11$	entre 0,06 e 0,20
Sub-bases granulares	$a_i = 0{,}23 \times \log_{10} \dfrac{M_r}{160} + 0{,}15$	entre 0,06 e 0,20

Fonte: Pinto e Preussler, 2001.

Observe que, para a determinação do SNC, conforme os modelos anteriores, fica subentendida a necessidade de coleta do material de cada camada em campo, no pavimento, e posterior elaboração de ensaios laboratoriais que permitam a determinação dos parâmetros de cálculo necessários. Por tratar-se de método trabalhoso e oneroso, foram sendo desenvolvidas em pesquisas inter-relações entre o número estrutural e as medidas de deflexões das bacias, como se discorre adiante.

11.5.2 Determinação do número estrutural com base nas deflexões

Embora com viés bastante empírico, foram estabelecidas diversas vezes correlações entre o número estrutural e deflexões a partir de medidas com viga de Benkelman ou com FWD. A primeira dessas relações, dada sua aplicação de abrangência internacional, trata-se daquela desenvolvida por Paterson (1987) para o Banco Mundial, empregada no desenvolvimento do programa HDM-4 de análise de degradação e custos rodoviários.

O número estrutural ajustado (SNP) pode ser definido com base na deflexão máxima (em 0,01 mm), obtida por meio de viga de Benkelman com carga de ESRD de 80 kN e pressão nos pneus de 0,52 MPa, com temperatura de 30°C, conforme apresentado na Tabela 11.3. As equações apresentadas também possuem igualmente validade para aplicação de deflexões na placa central de aplicação de carga do FWD, desde que a pressão de impacto seja de 700 kPa.

Danilo Martinelli Pitta (1998) apresentou equações alternativas para cálculo do SN para pavimentos de comportamento essencialmente flexíveis, com base em medidas com FWD com aplicação de carga de 40 kN, com extensas avaliações em rodovias federais na Região Sul do Brasil (em especial, Rio Grande

Tabela 11.2 *Valores de coeficientes estruturais para camadas*

MATERIAL	EQUAÇÃO PARA DETERMINAÇÃO DE a_i	OBSERVAÇÕES
CAUQ > 30 mm	$a_i = 0{,}181 \times (1 - e^{-8{,}4 \times 10^{-4} \times M_r})$	M_r em MPa
CAUQ até 30 mm	$a_1 = 0{,}07$	–
TS	$a_1 = 0{,}04$	–
MB	$a_1 = 0{,}06$	–
Bases e sub-bases cimentadas	$a_1 = 0{,}04$	SC
Bases granulares	$a_i = (11{,}47 \times CBR - 0{,}07783 \times CBR^2 + 1{,}772 \times 10^{-4} \times CBR^3) \times 10^{-4}$	CBR da camada
Sub-bases granulares e reforços de subleito	$a_i = 0{,}00394 + 0{,}02559 \times \log_{10} CBR$	CBR da camada

Fonte: DNER, 1985.

Tabela 11.3 *Relações entre número estrutural e deflexões medidas nos pavimentos asfálticos*

FONTE	TIPO DE BASE NA ESTRUTURA DO PAVIMENTO	EQUAÇÃO DE CÁLCULO (D_0 em 0,01 mm)
Paterson, 1987	Granular	$SNP = 58{,}23 \times (D_0)^{-0{,}63}$
Paterson, 1987	Cimentada	$SNP = 40{,}03 \times (D_0)^{-0{,}63}$
Pitta, 1998	Granular	$SNP = 59{,}27 \times (D_0)^{-0{,}676}$
Pitta, 1998	Granular	$SNP = 16{,}38 \times (D_0 - D_{90})^{-0{,}3874}$

do Sul e Santa Catarina). Na Figura 11.10, são apresentadas comparações entre as equações apresentadas, da qual se infere que os valores de SN definidos por Pitta são ligeiramente inferiores aos definidos por Paterson, o que se justifica pela menor carga aplicada pelo primeiro em avaliações com FWD.

Outro aprendizado extraído dessas relações diz respeito aos valores de SN que determinados pavimentos podem assumir. Pelas curvas, cerca de SN = 6 seria um limite superior para pavimentos asfálticos flexíveis, mais robustos e sem degradação estrutural das camadas, o que pode cair drasticamente para valores pouco acima de SN = 1 para pavimentos esbeltos ou com camadas muito deterioradas.

Os pavimentos semirrígidos apresentam, pelo modelo de Paterson, número estrutural entre 4 e 9, aproximadamente; no limite superior, certamente quando não estão deteriorados. Pavimentos asfálticos comuns com SN superior a 10, pelos níveis de deflexões apresentados na Figura 11.10, não seriam reais.

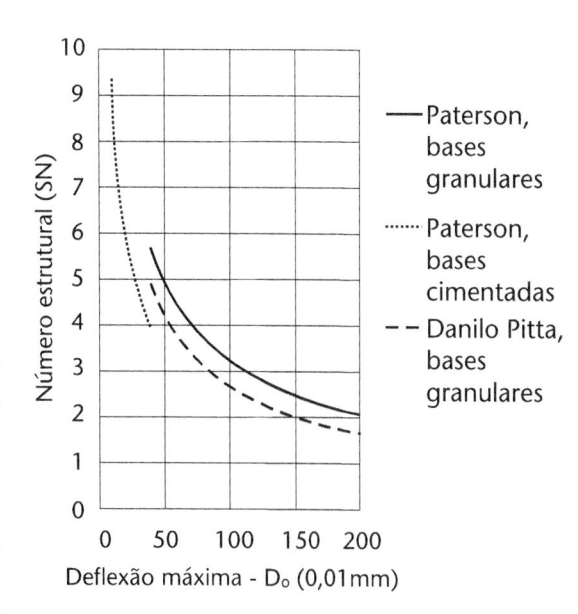

Fig. 11.10 *Diversas funções para o número estrutural*

11.6 Determinação de Parâmetros em Segmentos Homogêneos de Pavimentos

11.6.1 Parâmetros gerais

Um segmento homogêneo pode ser definido como um trecho de pavimento que apresenta, dentro de seus limites, similaridade em termos funcionais, estruturais e de tráfego. Uma maneira prática de visualização dos segmentos homogêneos é inserir os dados obtidos em campo (espessuras de camadas, parâmetros geotécnicos, condições funcionais e estruturais etc.) em planilha eletrônica, de forma a permitir uma visualização gráfica das alterações existentes ao longo do trecho de via em estudo. A primeira subdivisão do trecho poderá ter como ponto de partida essa representação gráfica, procedimento muito usual em projetos.

Um dos serviços iniciais normalmente desenvolvidos em projetos de reabilitação de pavimentos é a coleta de dados em campo para que sejam conhecidas as atuais condições de trabalho das estruturas de pavimentos. Dependendo da extensão do trecho e de seu histórico construtivo e de manutenção, podem ocorrer diferenças significativas entre estruturas de pavimento no que tange aos tipos de materiais utilizados e às espessuras de camadas, em uma mesma via ou trecho de via.

Os ensaios não destrutivos (levantamento deflectométrico e inventário do pavimento) são realizados simultaneamente ou não, dependendo da conveniência; as condições climáticas devem ser favoráveis para a realização desses serviços. Em todos os locais onde são previstas sondagens de reconhecimento, aconselha-se a execução de levantamentos completos das bacias de deformação para posterior retroanálise da estrutura de pavimento para determinação dos módulos de resiliência das camadas.

Um procedimento salutar de campo é a delimitação e registro de áreas que forçosamente devam sofrer alguma espécie de manutenção corretiva antes mesmo de receber a aplicação de camada de reforço, por exemplo, correções de buracos e de escorregamentos. De posse dos dados de campo, será possível a delimitação dos segmentos homogêneos de maneira metódica, em escritório.

O estabelecimento de valores representativos para os parâmetros de projeto de cada segmento homogêneo poderá ser realizado com auxílio de estatísticas correntemente utilizadas no controle tecnológico de serviços de pavimentação. Como exemplo, o valor numérico de um parâmetro característico qualquer poderá ser obtido pela expressão:

$$X_c = X_m + 1,29 \times \frac{s}{\sqrt{n}} \qquad [11.8]$$

na qual:
X_c = parâmetro característico (CBR do subleito, espessura de uma camada etc.)
X_m = média da amostra
s = desvio-padrão da amostra
n = número de elementos da amostra

11.6.2 Deflexão característica de um segmento homogêneo

No que diz respeito aos segmentos homogêneos do ponto de vista de deformabilidade, os valores de deflexões características (d_c) podem ser determinados por intermédio de metodologia preconizada pelo extinto DNER, conforme indicado na sequência. Por deflexão característica, entende-se um valor estatístico representativo para todo o segmento homogêneo.

O cálculo de d_c é efetuado após a tabulação da sequência de deflexões encontradas para um segmento que, a princípio, considera-se homogêneo. Essa tabulação pode ser realizada graficamente (ver exemplo na Figura 11.11) para permitir uma melhor visualização dos segmentos homogêneos. Calculados os valores de d_m (deflexão média) e s (desvio-padrão da média das deflexões), para cada segmento selecionado, procede-se à seguinte verificação:

◆ Calculam-se os limites dm + z . s e dm − z . s, sendo z determinado em função do número de elementos da amostra(n), conforme indicado no Quadro 11.2.

Quadro 11.2 *Cálculo de Z em função do tamanho da amostra (n)*

N	Z
3	1,0
4	1,5
5 – 6	2,0
7 – 19	2,5
≥ 20	3,0

◆ Verifica-se se existem valores fora dos limites acima calculados; em caso positivo, tais valores deverão ser desconsiderados da amostra, recalculando-se então os novos limites como indicados no parágrafo anterior, repetindo-se o processo tantas vezes quanto necessário, até que não ocorram valores fora dos limites.

◆ Quando todos os valores da amostra estiverem dentro do intervalo considerado, a deflexão característica do segmento será dada por $d_c = d_m + s$, onde d_m é a deflexão média no segmento e s, o desvio-padrão da amostra.

◆ Para se verificar a acurácia da estatística, deve ser calculado o coeficiente de variação da amostra (CV) pela expressão:

$$CV = \frac{s}{x_m} \qquad [11.9]$$

Como critério de aceitação da estatística, podem-se limitar os valores de CV em torno de 30%, acima do qual se teria uma amostra com razoável dispersão, o que deve ser analisado minuciosamente a fim de verificar a possibilidade de outra forma de agrupamento dos valores das deflexões medidas em campo.

O método anteriormente exposto poderá ser modificado com a utilização de outra estatística a critério do projetista, existindo, para tanto, outras formas possíveis de tratamento dos dados. Outras características definidas para cada estação de ensaio, como a porcentagem de área fissurada (trincada) e a rugosidade, podem receber o tratamento descrito para a definição de segmentos homogêneos e parâmetros característicos.

Muitas vezes, ocorrem situações em que, mesmo não sendo verificadas alterações significativas nos valores de deflexão entre diversas estações consecutivas, há variações em termos de tipos de defeitos cadastrados no inventário. Nesses casos, a alteração na condição funcional obriga a delimitação do subtrecho em dois segmentos homogêneos. É imediato o raciocínio de que duas situações funcionais distintas mereçam tratamento diferenciado e estudos particularizados.

O princípio básico da subdivisão é o tratamento isolado de cada tipo de dado obtido em campo: deflexões, defeitos, rugosidade, espessuras de camadas, tráfego incidente etc. Assim, todos os dados de análise fornecerão segmentos homogêneos independentes, tendo em vista cada parâmetro de projeto.

Para a subdivisão final dos segmentos, considerados todos os parâmetros em questão, pode-se recorrer a representações gráficas conforme exemplo apresentado na Figura 11.11, para auxílio na decisão final quanto aos limites de segmentos homogêneos e seus parâmetros representativos.

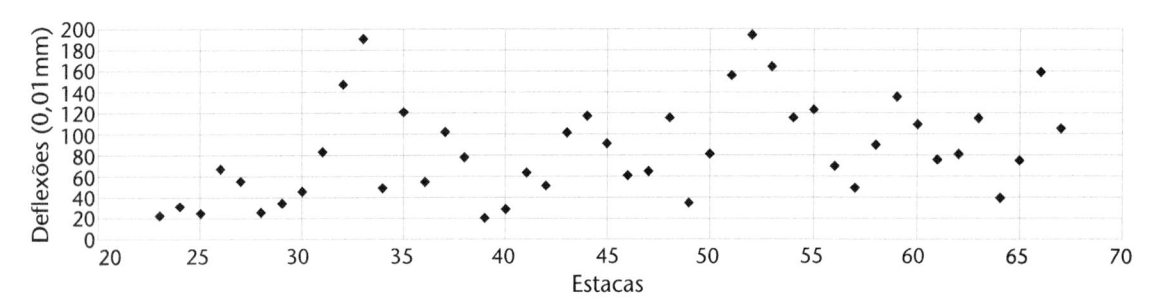

Fig. 11.11 *Representação gráfica de deflexões máximas e delimitação de segmentos homogêneos*

É importante ressaltar que não é obrigatória a ocorrência simultânea de elevada deflexão característica e de elevada irregularidade, por exemplo. Após a realização das análises de campo, é possível, em alguns casos, estabelecer uma tendência de comportamentos, mas é muito difícil o estabelecimento de correlações entre os diversos parâmetros mencionados. Como tendência, entenda-se, por exemplo, que trechos de pavimento muito trincados (fissuras do tipo FC-2 ou FC-3) podem ocasionalmente apresentar valores de deflexão mais elevados.

É aconselhável que sempre se realize uma verificação em campo dos limites obtidos para os segmentos homogêneos, uma vez que estes são determinados em escritório, de maneira a sanar qualquer discrepância verificada, antes do emprego de dados e parâmetros definidos.

11.7 Determinação de Deformações nas Camadas – Uma Breve Apresentação do Conceito

Uma técnica bastante sofisticada de avaliação estrutural é a instrumentação de camadas dos pavimentos para a determinação de deformações, pressões e deflexões nos materiais como resultado da aplicação dos esforços externos. A propriedade fundamental da matéria a ser medida é normalmente a deformação, sendo possível, por seu valor, a determinação das tensões presentes nos pontos de interesse das camadas, uma vez conhecidos os correspondentes parâmetros elásticos, por aplicação da Lei de Hooke generalizada; empregam-se *strain gages* (medidores de deformação) para tal tarefa (Figura 11.12). No caso de medidas de pressão, são usadas as células de carga; para medidas de deflexão, extensômetros.

Na realidade, o emprego de tais recursos é realizado de maneira esparsa e geralmente em ambientes de pesquisa, quando cientistas em engenharia de pavimentação buscam a determinação de modelos físicos (reais, em verdadeira grandeza), com objetivo de calibração de modelos analíticos ou numéricos para o cálculo de deformações, tensões e deslocamentos nas estruturas de pavimentos. Trata-se de um recurso dispendioso em termos econômicos e de tempo, além de exigir preparação específica dos pesquisadores na operação e compreensão de grandezas elétricas e eletrônicas.

O princípio geral dos instrumentos de medida de deformação é a determinação da variação da resistência que ocorre no material ao sofrer tração ou ao ser comprimido, e o instrumento em questão compõe um grupo de resistências dentro de uma "Ponte de Weatstone". Medidas as diferenças de potencial entre as extremidades dessa ponte, conhecidas as propriedades elétricas das demais resistências, o equilíbrio do sistema para pequenos valores de corrente e potencial (em geral, de 2V a 5V) permite determinar a resistência do *strain gage* que sofre deformação. Essa possibilidade resulta de um processo de calibração do instrumento, sendo as medidas condicionadas e amplificadas por outro equipamento.

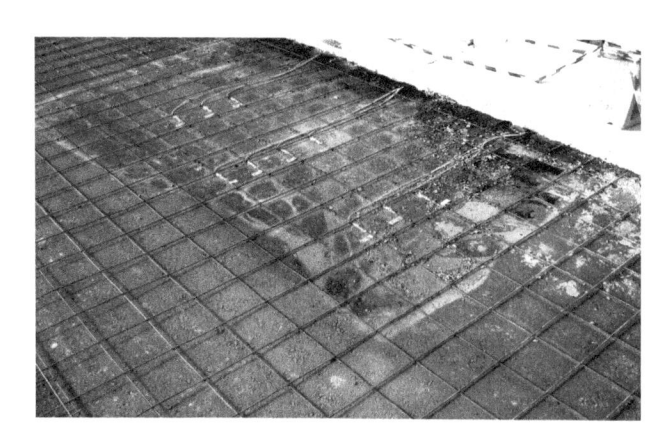

Fig. 11.12 Strain gages *aplicados em pavimentos de concreto nas pistas experimentais da USP*

Quando o equipamento permite a realização de leituras em alta frequência (em geral, superior a 20 Hz), é possível descrever a deformação sofrida no tempo durante a passagem da carga solicitante na estrutura de pavimento. Um exemplo é apresentado na Figura 11.13, quando se verificam os efeitos da passagem dos ESRS (dianteiro), ESRD (no cavalo) e ETT (traseiro) na fibra inferior de uma placa de concreto de cimento Portland de pavimento. As defor-

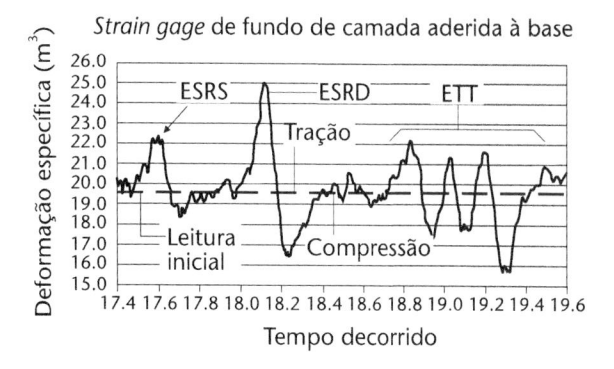

Fig. 11.13 *Deformações medidas em pavimento com a passagem sequencial de três eixos*
Fonte: Pereira, 2003.

mações máximas sofridas consistem na diferença entre base e pico de leituras, sendo então possível determinar, por exemplo, as tensões planas em x e y na placa de concreto, desde que sejam determinadas, nesse ponto, as deformações também nas direções consideradas.

11.8 Agora é sua Vez... Acompanhe Atentamente o Exercício Resolvido

Após uma auscultação com viga de Benkelman em um trecho de 1.960 m de pavimento, foram calculados os valores indicados a seguir para a deflexão total (máxima) em cada estaca. Analise os valores de deflexões para a divisão do trecho em segmentos homogêneos, definindo, para cada um deles, a deflexão média, o desvio-padrão, o coeficiente de variação e a deflexão característica.

Estaca	Deflexão (0,01 mm)	Estaca	Deflexão (0,01 mm)	Estaca	Deflexão (0,01 mm)	Estaca	Deflexão (0,01 mm)	Estaca	Deflexão (0,01 mm)
0	32	21	66	42	58	63	71	84	65
1	34	22	61	43	51	64	32	85	66
2	34	23	62	44	56	65	52	86	67
3	38	24	67	45	59	66	48	87	62
4	37	25	71	46	55	67	43	88	66
5	33	26	65	47	21	68	49	89	62
6	31	27	71	48	14	69	46	90	66
7	39	28	71	49	21	70	51	91	61
8	37	29	71	50	15	71	46	92	36
9	35	30	56	51	22	72	52	93	31
10	41	31	53	52	15	73	78	94	26
11	32	32	55	53	20	74	70	95	36
12	43	33	54	54	25	75	72	96	33
13	48	34	55	55	22	76	72	97	39
14	55	35	61	56	27	77	64		
15	55	36	63	57	27	78	58		
16	71	37	61	58	24	79	61		
17	65	38	75	59	27	80	59		
18	71	39	59	60	75	81	56		
19	65	40	58	61	77	82	64		
20	67	41	57	62	87	83	68		

Após o lançamento de todos os valores de deflexão por estaca com auxílio de planilha eletrônica, pode-se visualizar a variação das deflexões ao longo do trecho, conforme o gráfico seguinte.

Ao observar a tabela de dados e o gráfico a seguir, pode-se propor a separação do trecho nos segmentos homogêneos conforme representados por conjuntos de pontos idênticos neste gráfico.

Ao perfazerem-se os cálculos para cada segmento visualizado, pode-se melhorar a seleção de tais segmentos. Uma boa regra é que, para se obter um segmento homogêneo razoável, o coeficiente de variação da média dos pontos selecionados não ultrapasse 30%, o que nem sempre é possível. Recomenda-se sempre escolher a distribuição de segmentos que leve aos menores desvios-padrão das amostras. Os resultados apresentados na tabela abaixo indicam uma boa seleção dos segmentos analisados.

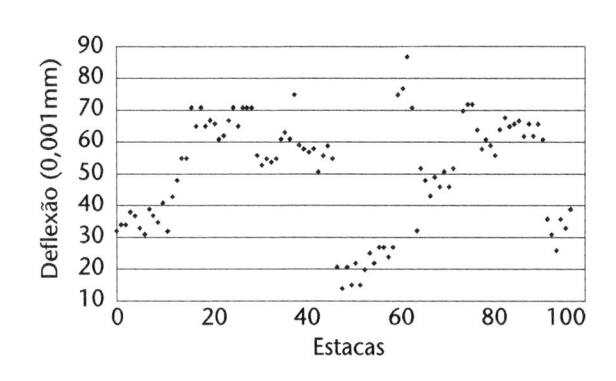

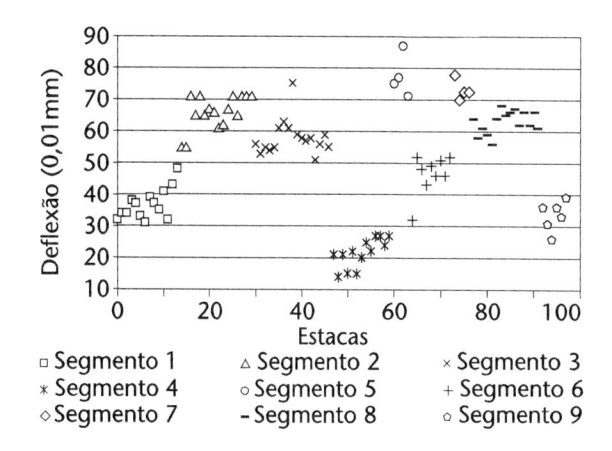

Segmento Homogêneo	Média (0,01 mm)	Desvio-padrão (0,01 mm)	Coeficiente de Variação (%)	Deflexão Característica (0,01 mm)
1	37	5	13	42
2	66	5	8	69
3	58	5	9	63
4	22	5	21	27
5	78	7	9	85
6	47	6	13	53
7	73	3	5	76
8	63	4	6	67
9	34	5	14	39

Reforços Estruturais para Pavimentos Asfálticos

12.1 Critérios de Projeto de Camadas Asfálticas de Reforço

Reforço do pavimento é o nome dado à nova camada de rolamento aplicada sobre a superfície de um pavimento existente, quando este necessita de serviços de restauração ou de reabilitação (é comum sua designação popular por *recapeamento*). Esse novo revestimento proporciona uma melhora estrutural e também devolve aos usuários uma condição satisfatória de rolamento (serventia). Por se tratarem de camadas estruturais, os reforços de pavimentos asfálticos são compostos por misturas asfálticas, devendo ser dimensionados tendo em vista a expectativa de tráfego para um dado horizonte de projeto.

Várias metodologias podem ser aplicadas no dimensionamento de reforços. Tais metodologias apresentam critérios de ruptura específicos para a estrutura de pavimento restaurada, encontrando-se, em alguns casos, a associação de duas ou mais condições de ruptura para o cálculo da espessura necessária de reforço.

O primeiro critério de dimensionamento de reforços é o de resistência, isto é, a consideração da capacidade portante atual das camadas e do subleito do pavimento existente, para a proposição de uma camada complementar de reforço que, por um determinado período de tempo, seja capaz de proteger o subleito e demais camadas granulares (existentes) contra ruptura por cisalhamento ou deformações plásticas excessivas (critério do CBR).

O segundo critério de dimensionamento, no qual se fundamentam diversos métodos, é o de deformabilidade da estrutura existente; de acordo com esse critério, a espessura de reforço é considerada tendo em vista níveis de deformação sob carga apresentados pelo pavimento e a capacidade de o material dessa nova camada de rolamento resistir à degradação estrutural que causaria a perda da qualidade de rolamento (serventia), quando aplicado sobre estrutura que apresenta maior ou menor capacidade de deformação.

Ao imaginar-se um modelo de molas que representem cada uma das camadas de pavimento, interconectadas, é interessante verificar que a mola menos rígida e mais abaixo no sistema (o subleito) seria responsável pela maior parcela do deslocamento vertical sofrido por um pavimento flexível sob a ação de uma carga. Pode-se também concluir, por meio desse modelo, que o deslocamento da camada superior (revestimento) ocorre em grande parte em razão do somatório dos deslocamentos sofridos pelas demais camadas, já que estas se deslocam de maneira solidária.

Os critérios de deformabilidade surgiram da preocupação em limitar esse deslocamento vertical (deflexão) que ocorre na estrutura, de modo que não se manifestem, antes de um dado número de aplicações de carga, processos de fissuração ou mesmo de deformação plástica e perda de serventia na nova camada de revestimento (reforço).

Assim, nos critérios de deformabilidade ou *deflectométricos*, há uma preocupação com os fenômenos de degradação aos quais ficam sujeitos os reforços asfálticos, o que é tratado de maneira indireta, por meio da análise dos níveis de deflexão existentes antes e após a execução da camada de reforço. As metodologias que se utilizam desse tipo de critério adotam também modelos analíticos, empíricos ou experimentais para a previsão da redução da deformabilidade da estrutura de pavimento após a aplicação do reforço, bem como para a verificação do seu critério de ruptura implícito.

O conceito básico dos critérios de deformabilidade reside na definição de uma deflexão de projeto ou deflexão admissível, ou seja, em obter um nível de deformabilidade associado a uma espessura de reforço requisitada, tendo em vista o número de solicitações previsto para o tráfego. A espessura de reforço a ser aplicada no pavimento existente é então definida por dois passos básicos:

◆ verificação do nível de deflexão admissível para a nova camada de revestimento, tendo em vista o tráfego previsto, para que, limitando-se tal nível de deflexão, seja possível atingir um determinado nível de serviço final (serventia) para tal tráfego; ou
◆ verificação do nível de deflexão admissível para a nova camada de revestimento, tendo em vista o tráfego previsto, para que, limitando-se tal nível de deflexão, seja possível atingir um determinado horizonte de projeto sem ocorrência precoce de determinados padrões de fissuração por fadiga (FC-2); e
◆ verificação da espessura necessária para essa camada, de forma a trazer a deflexão atualmente existente aos níveis da deflexão admissível, por meio de uma equação de redução de deflexão.

Logicamente, ao se limitar o nível de deflexões após o reforço estrutural, indiretamente estarão também sendo limitadas as deformações específicas de tração que virão a ocorrer na nova camada betuminosa, que concorrerão mormente para a fissuração do material. Porém ambos os critérios mencionados, de resistência e de deformabilidade, não abordam, de maneira explícita, o estado de tensões do pavimento submetido à ação de cargas. Contudo, os critérios de deformabilidade são ainda frequentemente utilizados, uma vez que os níveis de deflexões encontrados em muitos pavimentos podem espelhar, de maneira satisfatória, o desempenho destes.

Um terceiro critério de ruptura a ser indicado é aquele que considera os pavimentos sob um enfoque de serventia e desempenho. Da mesma forma que no método de dimensionamento da AASHTO, a serventia ou condição de irregularidade pode ser considerada premissa básica para o dimensionamento de reforços, sendo a estrutura existente parametrizada por seu número estrutural (SN). As metodologias que utilizam o critério de ruptura considerando sua serventia estabelecem requisitos mínimos de desempenho desejáveis para camadas de reforço de pavimentos. A espessura de reforço necessária é calculada levando-se em conta diversos fatores de natureza funcional e estrutural.

12.1.1. Desempenho quanto à serventia com base na deflexão do pavimento

Os estudos que se seguiram aos experimentos da AASHO Road Test propiciaram a calibração de modelos empíricos relacionando o nível de serventia final (p_t) dos pavimentos asfálticos com padrões de deflexões médias existentes nas seções experimentais, levando em conta o número de repetição de cargas dos eixos com vários carregamentos que solicitaram os *loops* (circuitos 2 a 6) da pista experimental.

Nessas correlações, dois padrões de deflexões foram analisados, considerando-se os diferentes comportamentos observados durante a fase de congelamento das camadas inferiores dos pavimentos (no final do outono) e a fase após o descongelamento das camadas, em primavera adiantada. No Quadro 12.1, são apresentadas tais correlações, sendo a deflexão admissível (D_{adm}, dada em milésimos de polegada) definida como o nível de deflexão permissível ou tolerável para que o pavimento suporte um dado número de repetições de carga N_p do eixo-padrão (para L_1 = 18.000 libras), para um dado padrão de serventia (p_t) no final do horizonte de projeto.

Quadro 12.1 *Modelos empíricos de desempenho em função da deflexão no pavimento*

SERVENTIA FINAL (Pt)	ESTAÇÃO EM CLIMA TEMPERADO	MODELO DE RUPTURA POR SERVENTIA BASEADO EM DEFLEXÃO	OBSERVAÇÕES
2,5	Primavera	$\log_{10} N_{2,5} = 9,40 + 1,32 \times \log_{10} L_1 - 3,25 \times \log_{10} D_{adm}$	D_{adm} em 0,001 polegada
2,5	Outono	$\log_{10} N_{2,5} = 7,98 + 1,72 \times \log_{10} L_1 - 3,07 \times \log_{10} D_{adm}$	
1,5	Primavera	$\log_{10} N_{1,5} = 10,18 + 1,36 \times \log_{10} L_1 - 3,64 \times \log_{10} D_{adm}$	L_1 é a carga do eixo simples em 10^3 libras
1,5	Outono	$\log_{10} N_{1,5} = 8,48 + 1,76 \times \log_{10} L_1 - 3,32 \times \log_{10} D_{adm}$	

Fonte: HRB, 1962.

Finalizado o experimento, tendo em vista que o afundamento em trilha de roda (RD = *rut depth*, a média dos valores de afundamentos em trilhas de roda na seção considerada) possui influência direta no valor da serventia (p), as análises da AASHO Road Test forneceram a seguinte expressão, relacionando as deflexões medidas e o surgimento de afundamentos em trilhas de roda:

$$D_{adm} = 0{,}0096 + 0{,}0617 \times RD \qquad [12.1]$$

A expressão anterior possui $R^2 = 0{,}60$ e desvio-padrão de 0,0084 polegada, ambas as variáveis medidas em polegada. Para unidades no SI, a equação anterior resulta:

$$D_{adm} = 24{,}43 + 6{,}16 \times ATR \qquad [12.2]$$

sendo D_{adm} dada em centésimos de milímetro e ATR, o *valor do afundamento médio em trilha de roda*, tolerável (como critério de ruptura) na unidade de milímetros, conforme se mede em pista de acordo com as normas nacionais. Essa última expressão apresenta um desvio-padrão de aproximadamente 21 centésimos de milímetro na previsão da deflexão admissível, restando sempre recordar sua natureza observacional, e portanto, empírica, o que resulta na não transferência imediata de sua acurácia para outras situações diversas daquelas nas quais teve sua formulação consolidada.

12.1.2 Desempenho quanto à fadiga com base na deflexão do pavimento

Preussler e Pinto (1984) apresentaram um procedimento para análise de reforços com misturas asfálticas densas sobre pavimentos flexíveis, que permite considerar explicitamente as propriedades resilientes de materiais que constituem estruturas de pavimentos, com base em suas experiências no Instituto de Pesquisas Rodoviárias do extinto DNER. Esse procedimento está fundamentado em modelos de fadiga de misturas asfálticas, definidos por meio de ensaios laboratoriais em deformação controlada. Tal critério de fadiga é dado em função das deflexões no topo do revestimento asfáltico, conforme se segue:

Para a espessura do revestimento < 100 mm:

$$N = 5{,}548 \times 10^{16} \times d_0^{-5{,}319} \qquad [12.3]$$

Para a espessura do revestimento > 100 mm:

$$N = 3{,}036 \times 10^{13} \times d_0^{-3{,}922} \qquad [12.4]$$

em que d_0 é a deflexão esperada expressa em 10^{-2} mm.

12.1.3 Desempenho quanto à fadiga com base na deformação da mistura asfáltica

A fadiga de misturas asfálticas está intimamente associada à ocorrência de deformações (específicas) elásticas de tração, em geral tomadas no fundo da camada do revestimento; os valores de deformação podem ser mensurados com base em instrumentação apropriada em pista. Tais valores podem também ser estimados em função de propriedades elásticas do sistema de camadas (estrutura de pavimento) por meio de simulação das condições de contorno e de carregamento da estrutura, o que chamamos de análise mecanicista.

Um interessante modelo de fadiga para misturas asfálticas densas (CAUQ) é apresentado por Finn et al. (1983), pois trata-se de um modelo de previsão de ocorrência de área fissurada maior que 10% da área da trilha de roda em uma seção de pavimento asfáltico (flexível), admitindo-se que a fissuração se dá do fundo para o topo da camada do revestimento asfáltico, conforme segue:

$$\log_{10} N_f = 15{,}947 - 3{,}291 \times \log_{10}\left(\frac{\varepsilon_t}{10^{-6}}\right) - 0{,}854 \times \log_{10}(0{,}142232 \times M_r) \quad [12.5]$$

sendo:
N_f = número de repetições de carga à fadiga do material (calibrado para condições de pista, para 10% de área fissurada na trilha de roda como limiar);
ε_t = deformação específica de tração na fibra inferior do revestimento asfáltico denso (em 10^{-6} mm/mm);
M_r = módulo de resiliência da mistura asfáltica (em MPa).

Observa-se que tal equação está empiricamente calibrada e não foi desenvolvida visando avaliar desempenho de misturas abertas ou mesmo de SMA. Foi estabelecida para misturas asfálticas convencionais densas (concretos asfálticos).

O emprego de modelos de ruptura dessa natureza depende da determinação do módulo de resiliência do CAUQ a ser empregado, bem como da determinação dos níveis de deformação específica de tração gerada pelo perfil do tráfego previsto, o que somente é possível com o emprego de análise mecanicista, tema abordado no Capítulo 13.

12.1.4 Desempenho quanto à formação de fissuras no CAUQ

O primeiro modelo de desempenho para a determinação da formação de fissuras relacionando repetição de cargas e deflexões foi definido com base em dados de desempenho observados durante a AASHO Road Test (1958-1960), quando foram definidas como limite de repetições de carga para a formulação dos modelos empíricos as ocorrências de fissuras de classe 2 (FC-2), ou seja, formação de trincas interligadas imediatamente antes da ocorrência de erosão nas bordas dessas trincas, essencialmente relacionadas com a fadiga de misturas asfálticas dos revestimentos sobre pavimentos flexíveis. O modelo relacional adotado nos trabalhos originais foi do tipo:

$$N = \frac{A_0 \cdot SN^{A_1} \cdot L_2^{A_3}}{(L_1 + L_2)^{A_2}}. \quad [12.6]$$

sendo SN o número estrutural do pavimento; L_1, a carga total sobre o eixo; L_2 valendo 1 para ESRD e 2 para ETD; e as constantes de regressão A_0, A_1, A_2 e A_3. O modelo genérico resultante (com $R^2 = 0{,}79$), reduzido para o caso do eixo-padrão (ERSD de 18.000 lb), foi:

$$\log_{10} N = 1{,}474 + 7{,}275 \log_{10}(SN + 1) \quad [12.7]$$

com:

$$SN = 0{,}33.D_1 + 0{,}10.D_2 + 0{,}08.D_3 \qquad [12.8]$$

sendo D_1, D_2 e D_3, respectivamente, as espessuras de misturas asfálticas densas do revestimento, de bases e de sub-bases granulares. Tais modelos foram também desenvolvidos para a consideração da relação entre as deflexões (dinâmicas) medidas em pista com ESRD de 12.000 lb e o número de repetições de cargas até antes do surgimento de fissuras de classe três, para deflexões (característica ou de projeto ou admissível, conforme o uso) medidas em períodos de outono (início do congelamento) e na primavera (descongelamento e saturação das camadas inferiores). Admitindo ser linear a relação deflexão/carga, as equações podem ser escritas, para deflexões em 0,01 mm e para a carga-padrão de 80 kN, para deflexões de outono ($R^2 = 0{,}84$) e de primavera ($R^2 = 0{,}85$), respectivamente, nas seguintes formas:

$$\log_{10} N = 4{,}39 + 5{,}92.\log_{10}(SN+1) + 1{,}106.\log_{10} d \qquad [12.9]$$

$$\log_{10} N = 5{,}77 + 4{,}526.\log_{10}(SN+1) + 1{,}296.\log_{10} d \qquad [12.10]$$

As Equações 12.9 e 12.10 são representadas graficamente na Figura 12.1, de onde se observa que a maior sobrevida do pavimento flexível, em termos de fissuração do revestimento asfáltico, é garantida por maiores espessuras de pavimento, bem como pela redução da deflexão da estrutura, o que se faz enrijecendo-a.

Enquanto o modelo da Figura 12.1 apresentado para a ocorrência de fissuras tem seu nível de fissuração estabelecido *a priori*, existem modelos que permitem a determinação da evolução da fissuração, sob a forma de área trincada ou porcentagem da área total trincada, desenvolvidos também sobre bases estritamente empíricas. São diversos os modelos desenvolvidos no mundo; para rodovias brasileiras, César Augusto Vieira Queiroz (1981) propôs pioneiramente algumas equações de previsão de desempenho, entre elas:

$$TR = -57{,}7 + 53{,}5.\frac{\ln N}{SNC} + 0{,}313.IDADE.\ln N \qquad [12.11]$$

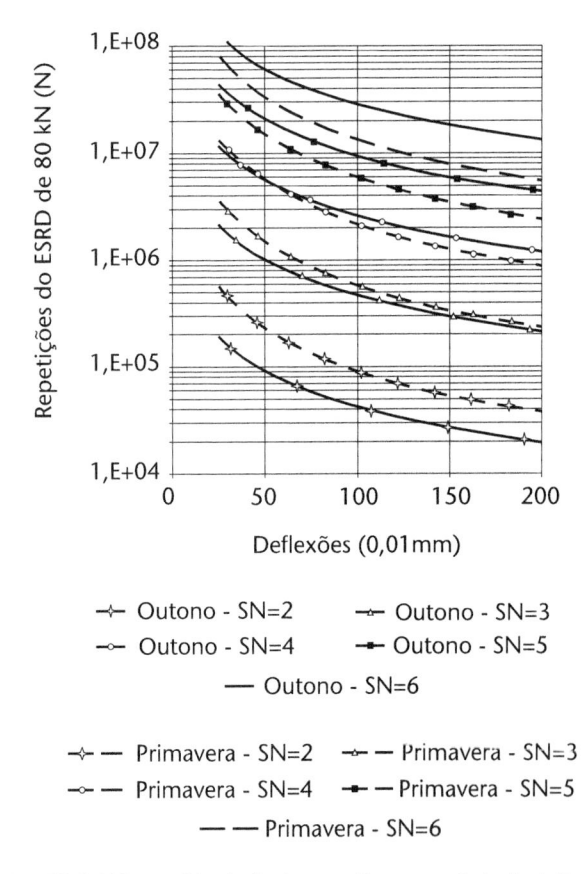

Fig. 12.1 *Número N tolerável para diferentes níveis de deflexão e SN*

em que TR é a porcentagem de área trincada em determinado momento futuro (expressa em relação à área total do pavimento em uma faixa de rolamento). Essa equação teve por base seis anos de análises em oito rodovias localizadas na região de MG, RJ e SP. A espessura do reforço, na equação acima, fica considerada implicitamente quando é determinado o número estrutural corrigido (SNC) do pavimento existente acrescido da camada de reforço.

Mais recentemente, Suyen Matsumara Nakahara (2005) desenvolveu modelos empíricos de degradação para vias urbanas com tráfego essencialmente rodoviário e pavimentos flexíveis degradados sujeitos à restauração com emprego de fresagem e reforço estrutural de espessuras idênticas, sendo um dos modelos o seguinte:

$$\ln TR = -3,994 + 3,102 . \ln IRI + 0,354 . D . \ln N \qquad [12.12]$$

sendo IRI a irregularidade longitudinal em m/km e D a deflexão (FWD) após reforço em 0,01 mm. Quando são empregados esses modelos de desempenho para análises de espessuras de reforço, é necessário estabelecer qual padrão de trincamento seria aceitável para o final da vida de serviço do pavimento em consideração.

12.1.5 Desempenho quanto ao incremento da irregularidade longitudinal

A espessura de reforço em CAUQ também poderá ser selecionada fixando-se o padrão final (critério de ruptura) tolerável para a irregularidade longitudinal que ocorrerá no pavimento. Queiroz (1981), no mesmo trabalho, avaliou também a progressão da irregularidade longitudinal em pavimentos rodoviários, usando, na época, o padrão de medida conhecido por Quociente de Irregularidade (QI), tendo proposto o seguinte modelo de desempenho:

$$QI = 7,47 + 0,393 . IDADE + \frac{8,66 . \ln N}{SNC} + 0,0000717 . (B . \ln N)^2 \qquad [12.13]$$

Para vias urbanas com tráfego comercial pesado e sujeitas a restauração com reforço precedido de fresagem do revestimento existente com mesma espessura, Nakahara (2005) chegou ao seguinte modelo para expressar a evolução da irregularidade após reforço em termos do International Roughness Index (IRI):

$$IRI = \frac{1}{[0,497 + 0,086 . REF - 7,8 . 10^{-9} . D . N]} \qquad [12.14]$$

em que REF é a espessura de reforço, D a deflexão FWD após reforço e N o número de repetições do eixo-padrão conforme os FEC indicados por Souza (1981).

12.2 Métodos de Dimensionamento de Reforços

Inúmeros métodos de dimensionamento de reforços foram desenvolvidos por diversos órgãos rodoviários e institutos de pesquisa, variando de simples aplicações de modelos empíricos até a utilização de modelos empírico-mecanicistas. Os dois métodos de dimensionamento de reforços mais empregados no Brasil têm origem em experiências estrangeiras, americana e latino-americana. Como será visto, algumas metodologias de dimensionamento de reforços adotam simultaneamente mais de um critério de ruptura dentre os discutidos anteriormente. Também deve ser considerado que, muitas vezes, os resultados fornecidos por metodologias distintas são diferentes.

Atualmente, é possível e aconselhável que, antes da adoção pura e simples de uma solução resultante da utilização de um determinado método, seja realizada uma retroanálise da estrutura existente, determinando-se os módulos de resiliência das camadas, e a posterior introdução de camada de reforço no modelo de análise de deformações e tensões, de maneira que permita uma verificação das condições de trabalho do novo revestimento asfáltico, com emprego de programas computacionais compatíveis para o caso (Capítulo 13).

Deve ser lembrado também que as soluções de reforço não podem ser encaradas apenas de um ponto de vista matemático, merecendo atenções especiais as condições de geometria da pista de rolamento e as características de drenagem necessárias em cada situação, além da viabilidade econômica. Aspectos como faixas granulométricas a teores de asfalto a serem adotados devem ser tomados como essenciais para a especificação de um bom projeto. Projeto não é tão somente dimensionamento de espessuras, como muitas vezes inocentemente somos levados a acreditar; hão de ser detalhadamente especificados os materiais. Isso deve ser bem entendido e propalado pelos engenheiros de boa formação.

Neste texto, são apresentadas as metodologias de dimensionamento de reforços de pavimentos normalizadas pelo extinto DNER, hoje respaldadas pelo DNIT (Departamento Nacional de Infraestrutura de Transportes); sempre que conveniente será discutida sua formulação conceitual. Além disso, por ser de interesse conceitual, apresenta-se o método do Asphalt Institute (1983). Outras metodologias poderão ser encontradas em abundante literatura técnica existente sobre o assunto. Recomenda-se aos engenheiros e estudantes não considerarem que a justeza se encontra na média de soluções individuais de dois ou mais métodos de projeto, bem como outras digressões semelhantes; sejam tais critérios infantis desde o princípio evitados e desconsiderados.

12.3 Método de Resistência (ou Método do CBR)

O critério de resistência nada mais é do que a aplicação dos conceitos básicos de proteção do subleito contra deformações plásticas excessivas ou ruptura por cisalhamento. Quando se dimensiona um pavimento asfáltico flexível, por exemplo, pelo método preconizado pelo extinto DNER (Capítulo 10), são aplicados às camadas os chamados coeficientes de equivalência estrutural (CE), que provocam, como consequência, a minoração de espessuras de camadas "mais rígidas", uma vez que estas proporcionam uma melhor distribuição da tensão vertical sobre o subleito.

A espessura total de material granular sobre o subleito é determinada em função do CBR do subleito e também do tráfego esperado, representado pelo número de repetições do eixo-padrão de 80 kN. O processo é repetitivo para o dimensionamento das espessuras de cada camada, considerados seus valores característicos de CBR e seus coeficientes de equivalência estrutural. O dimensionamento do reforço necessário para um pavimento pode ser efetuado por meio do critério do CBR, tendo-se em conta os seguintes condicionantes:

◆ Conhecimento dos materiais componentes do pavimento e de suas espessuras (avaliação estrutural).

◆ Conhecimento das condições atuais de trabalho, em termos de CBR do subleito, do reforço e da sub-base do pavimento (determinação de parâmetros de resistência e elasticidade atuais).

◆ Redefinição dos coeficientes de equivalência estrutural (CE) das camadas componentes do pavimento (o que muitas vezes é realizado de maneira subjetiva) em função das atuais condições encontradas para as camadas granulares e para as misturas asfálticas e cimentadas existentes.

O conhecimento das características de suporte atuais dos subleitos e das camadas granulares pode ser adquirido com base em ensaios *in situ* ou em ensaios laboratoriais que reproduzam as condições encontradas em campo (de densidade e de umidade). Para as misturas betuminosas e cimentadas, os coeficientes de equivalência estrutural podem ser obtidos por comparação entre as resistências reais dos materiais existentes com aquelas ideais para os mesmos materiais, caso mantivessem suas condições originais. Uma forma de enfrentar essa questão é a recorrência aos valores de CE dados pelo método da AASHTO (1993) para diversas condições de resistência e de elasticidade dos materiais (ver Capítulo 10).

Como já se apontou, metodologias baseadas no critério de resistência não consideram explicitamente o fenômeno da fadiga ao qual estará sujeita a camada de reforço sob a ação do tráfego. Entretanto, o critério do CBR pode ser aplicado na ausência de demais dados que permitam a utilização de critérios de deformabilidade.

12.4 Método DNER-PRO 11/79 B

O procedimento de cálculo de espessuras de reforço 11/79 do DNER (1979), também conhecido nos meios rodoviários por PRO-B, foi concebido originalmente pelo engenheiro argentino Celestino Ruiz. O método tem como fundamento a hipótese de que a deflexão máxima permissível ou admissível para uma mistura asfáltica é função exclusiva da repetição de cargas, ou seja, do tráfego aplicado no tempo. Pinto e Preussler (2001), do Instituto de Pesquisas Rodoviárias, afirmam textualmente que o critério de deflexão admissível empregado no método "foi extraído do Asphalt Institute, para pavimentos flexíveis constituídos de base granular e revestidos com concreto betuminoso". A deflexão admissível sobre a camada de reforço do pavimento, durante o horizonte de projeto, deverá ser limitada ao valor calculado pela equação:

$$d_{adm} = 10^{(3,01 - 0,176 \times \log_{10} N)} \qquad [12.15]$$

em que N é o número de repetições de um eixo-padrão de 80 kN durante o horizonte de projeto especificado. Tal equação representa uma relação empírica entre o número de ciclos toleráveis do eixo-padrão (N) em função da deflexão após o reforço (ou vice-versa), tendo em vista um limite de ruptura por perda de serventia. A relação conecta, portanto, a deformabilidade elástica sofrida (no

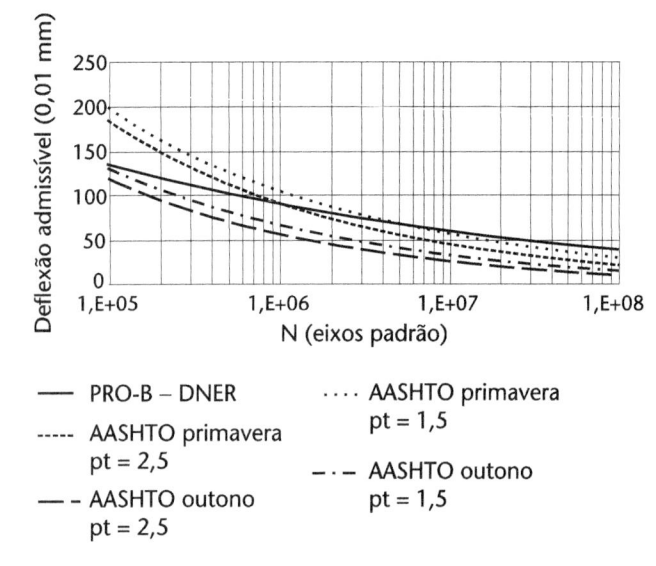

Fig. 12.2 *Comparação entre as equações de desempenho em função da deflexão da AASHO e do PRO-B*

topo) da estrutura do pavimento asfáltico flexível com sua vida de serviço esperada.

Tal equação, comparada às equações resultantes da AASHO Road Test anteriormente apresentadas (Quadro 12.1), resulta próxima da equação da AASHO para $p_t = 1,5$ na primavera, para valores de N entre 10^6 e 10^8, sendo sutilmente mais otimista, conforme se verifica por meio de sua representação gráfica na Figura 12.2. Na Figura 12.3, é apresentada a equação acima descrita contra aquela indicada pelo Asphalt Institute (1983), abaixo ajustada para deflexões em centésimos de milímetro:

$$d_{adm} = 10^{(3,42 - 0,244 \times \log_{10} N)} \quad [12.16]$$

Não basta apenas o critério acima, que define qual deflexão um pavimento deverá apresentar ao receber reforço que torna possível a ele suportar o tráfego previsto em projeto de restauração. Como as deflexões medidas hoje representam a condição atual do pavimento, é necessária a introdução de um critério que permita, conhecida a deflexão atual (característica do segmento homogêneo), a previsão da deflexão após a execução de uma dada espessura de reforço em mistura asfáltica densa. A equação complementar que sugere o método PRO-B, chamada de *equação de redução da deflexão* (Δ), é dada por:

$$\Delta(\%) = \frac{d_c}{d_{adm}} = 10^{\left(\frac{h_r}{K}\right)} \quad [12.17]$$

em que:

d_c = deflexão característica no segmento homogêneo (0,01 mm);

d_{adm} = deflexão admissível para suportar N repetições do eixo-padrão (0,01 mm);

h_r = espessura necessária de reforço (em CAUQ) em centímetros;

K = constante de regressão obtida experimentalmente em função de dados de campo (deflexões antes e depois da execução do reforço), assumida muitas vezes com o valor de 40.

Observe-se que a determinação da deflexão após reforço, nesse método, possui um viés bastante empírico, e a constante K, pela natureza da expressão, deve ao menos resguardar e representar propriedades elásticas ou de deformabilidade da estrutura do pavimento existente e da nova mistura asfáltica que servirá como camada de reforço. Intui-se, portanto, que um reforço com maior módulo de

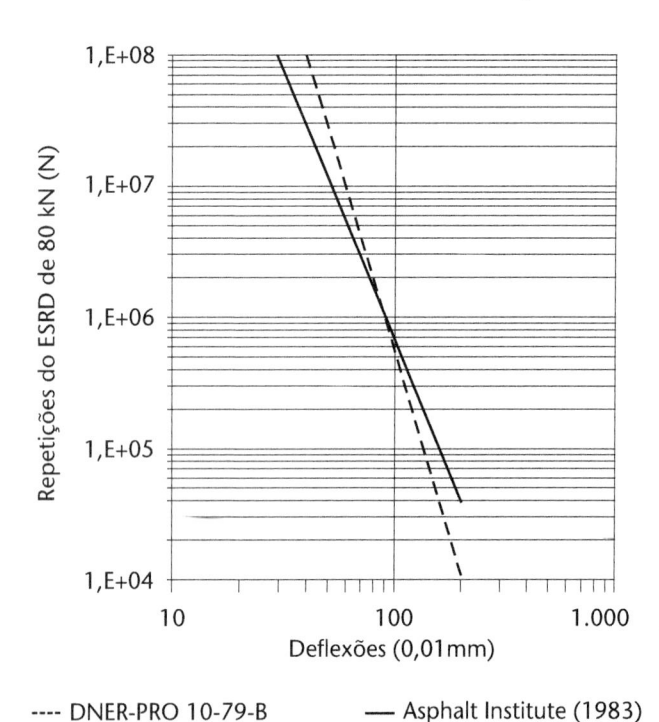

Fig. 12.3 *Comparação entre as equações de desempenho do PRO-B e do AI (1983)*

resiliência poderia implicar um valor de K inferior àquele para uma mistura asfáltica convencional. Há autores que procuram relacionar tal valor K até mesmo com o CBR do subleito, de forma a simplificar o problema.

A equação de redução de deflexão do PRO-B tem sua origem, conforme esclarecimentos magistrais de Medina e Motta (1995), em uma digressão de dr. Celestino Ruiz, engenheiro argentino que acumulou grande experiência com medidas em pavimentos de rodovias próximas à província de Buenos Aires, Argentina. A formulação analítica original de Ruiz consistia em uma elaboração apoiada no fato de que existia uma relação entre a espessura de reforço e a variação (redução) na deflexão existente, representada pela equação:

$$-\frac{dD}{dh} = \frac{D}{R} \quad [12.18]$$

sendo D a função "deflexão" sobre a superfície do pavimento e R uma constante que congrega propriedades de deformabilidade implícitas da mistura asfáltica de reforço e do próprio pavimento existente, justificando-se o sinal negativo na taxa de variação, pois à medida que h aumenta D diminui. Invertendo-se a Equação 12.18 e integrando-a em relação a D e h, obtém-se:

$$-\ln D + C = \frac{h}{R} \quad [12.19]$$

sendo C a constante de integração para a integral indefinida. Nessa equação, sabe-se que quando h = 0 (espessura de reforço nula), a deflexão D é a própria deflexão característica d_c do pavimento existente. Substituindo-se tal condição de contorno na equação, obtém-se:

$$C = \ln d_c \quad [12.20]$$

o que permite escrever:

$$-\ln D + \ln d_c = \frac{h}{R} \quad [12.21]$$

ou

$$\ln \frac{d_c}{D} = \frac{h}{R} \quad [12.22]$$

A equação anterior, expressa em termos de logaritmo de base dez no lugar do logaritmo natural, resulta em:

$$h = \frac{R}{0,4343} \times \log_{10} \frac{d_c}{D} \quad [12.23]$$

Observe que o fator R/0,4343 pode ser substituído por uma constante K, e D pode ser tomada como deflexão admissível (após reforço, ou seja, a deflexão de projeto), sendo h a espessura de reforço, o que nos leva à equação de redução de deflexão do PRO-B do DNER. R é chamado na literatura de *fator de redução de deflexão*.

Celestino Ruiz (segundo Medina e Motta, 1995), no início da década de 1960, avaliando em campo pavimentos com revestimentos asfálticos, bases asfálticas e sub-bases em solo-cimento, chegou experimentalmente a valores de R em média de 12. Ainda com base em outros dados estrangeiros, Ruiz observou o valor de R variando na faixa de 10 a 49, o que foi bem consistente com outros estudos. Engenheiros do Pennsylvania Department of Transportation, também nos anos de 1960, chegaram ao valor de R = 18, sempre para espessura do reforço em centímetros e deflexões em centésimos de milímetro. O valor de K = 40 adotado pelo DNER reflete um valor de R = 17.

Quando prevista a utilização de mistura asfáltica densa como camada de reforço, o extinto DNER sugeria adotar K = 40 como valor médio em projetos nacionais, na ausência de mais informações. O valor de K é variável em função das características intrínsecas do pavimento existente, em especial de sua deformabilidade, sendo mais conveniente a execução de trechos experimentais de reforço em campo para refinar esse parâmetro, o que raramente é realizado durante as obras. Assim, K é uma variável, geralmente tomada como constante e igual a 40 em projetos, a ser calibrada em campo, para compor a equação acima denominada equação de redução de deflexões.

Quando o valor de h_r resultante dessa equação resulta negativo, significa que não há necessidade de reforço adicional para a redução da deflexão existente, pois, do ponto de vista estrutural, a deflexão é menor do que aquela admissível, o que sugere que o pavimento apresenta vida residual. Entretanto outros aspectos devem ser analisados nesses casos para a definição do tipo de manutenção necessária, por exemplo, as condições funcionais verificadas (fissuração, irregularidade, excesso de buracos ou remendos, trilhas de roda etc.).

Por outro lado, considerando-se aspectos técnicos e econômicos, quando espessuras elevadas de reforço são requeridas, este poderá ser concebido em duas camadas de materiais diferentes. Como a espessura h calculada é referente ao CAUQ, a subdivisão desta deverá ser efetuada tomando-se os coeficientes de equivalência estrutural especificados pelo DNER (Capítulo 10) em seu método de dimensionamento de pavimentos flexíveis (Souza, 1981).

O PRO-B, conforme o DNER especifica, deve ainda levar em consideração a escolha do critério de cálculo da espessura do reforço tendo em conta os aspectos indicados no Quadro 12.2. Entre eles, verifica-se a necessidade de determinação do valor do Índice de Gravidade Global (IGG) do segmento homogêneo, um parâmetro composto por pesos dos defeitos inventariados em pista, conforme discorrido largamente em Balbo (1997). Tais critérios sugerem, sabiamente, um agravamento das condições estruturais dos pavimentos na medida em que as deflexões existentes são elevadas e o raio de curvatura (característico do segmento homogêneo) é pequeno, adotado subjetivamente o valor limiar de 100 m para esse parâmetro.

12.5 Método do Asphalt Institute

O método de projeto de reforços do Asphalt Institute (1983) se apoia em um procedimento analítico para a determinação da *deflexão após reforço* bastante

Quadro 12.2 *Critérios para a análise de necessidades de reforço e manutenção dos pavimentos asfálticos*

Situação	Deflexões	Qualidade estrutural	Realizar estudos complementares?	Critério de determinação de h_r	Medidas corretivas
I	$d_c \leq d_{adm}$ $R \geq 100$ m	Boa	Não	Dispensável	Melhorias superficiais
II	$d_c > d_{adm}$ $R \geq 100$ m	Regular caso $d_c \leq 3 \times d_{adm}$	Não	Deflectométrico	Reforço
II		Má caso $d_c > 3 \times d_{adm}$	Sim	Deflectométrico e resistência (CBR)	Reforço ou reconstrução
III	$d_c \leq d_{adm}$ $R < 100$ m	Regular para má	Sim	Deflectométrico e resistência (CBR)	Reforço ou reconstrução
IV	$d_c > d_{adm}$ $R < 100$ m	Má	Sim	Resistência (CBR)	Reforço ou reconstrução
V	–	Má se IGG > 180	Sim	Resistência (CBR)	Reconstrução

divergente do critério empírico apresentado pelo PRO-B. A deflexão característica do segmento homogêneo, devidamente ajustada em função de fatores de temperatura (vistos no Capítulo 7) e do fator de correção sazonal, serve para a determinação de um módulo de elasticidade equivalente (E_1) do pavimento existente, determinado com auxílio da equação reduzida de Boussinesq, para deflexão sob o centro do carregamento de uma roda (Capítulo 8), como se segue:

$$E_1 = 1,5 \frac{p.a}{d_c} \qquad [12.24]$$

sendo p a pressão do pneu e a o raio de uma roda equivalente, que represente duas rodas que compõem uma extremidade de um ESRD. Note-se que a deflexão, nesse caso, deverá ser empregada em unidades coerentes. O semiespaço é admitido como isotrópico e homogêneo, com coeficiente de Poisson equivalente a ½. A deflexão após a aplicação da camada de reforço é então calculada pela seguinte equação (de Kirk) aproximada (determinada com base na TSCE para duas camadas), mantida a condição de deflexão sob a mesma carga anterior:

$$d_p = 1,5 \frac{p.a}{E_2} \times \left\{ \left\{ 1 - \left[1 + 0,8 \cdot \left(\frac{h_r}{a}\right)^2\right]^{-\frac{1}{2}} \right\} \frac{E_2}{E_1} + \left\{ 1 + \left[0,8 \frac{h_1}{a}\left(\frac{E_1}{E_2}\right)^{\frac{1}{3}}\right]^2 \right\}^{-\frac{1}{2}} \right\} \qquad [12.25]$$

Conhecida (estimada) a deflexão após reforço (admissível) para a espessura de reforço h_r e para o módulo de resiliência da nova mistura asfáltica da camada de reforço (E_2), determina-se o número de repetições de eixos-padrão toleráveis para a espessura cotejada pela equação:

$$\log_{10} N = 14{,}028 - 4{,}1017 \cdot \log_{10} d_p \quad [12.26]$$

O processo é iterativo, ou seja, repete-se o procedimento até que a espessura h_r resulte em um número de repetições do eixo-padrão que seja igual ou superior ao valor de N determinado em projeto nos estudos de tráfego.

12.6 Método DNER-PRO 10/79-A

O procedimento 10/79 do DNER (1979) é também conhecido por PRO-A, tendo sido estabelecido mediante estudos realizados com base no método TEST METHOD 356-A do California Division of Highways (CDH). Nesse método são fixados critérios funcionais, deflectométricos e de resistência para a verificação da exequibilidade do reforço em camada única ou em camadas múltiplas de misturas asfálticas.

Algumas adaptações foram realizadas para sua utilização dentro dos padrões de projeto de vias brasileiras. O método original adota as medidas de deflexão referidas a um eixo-padrão de 6,8 t (15.000 libras) empregado pelo CDH. A deflexão característica de projeto (d_0) para a utilização do método é calculada pela expressão aproximada:

$$d_0 = 0{,}7 \times d_c \quad [12.27]$$

em que d_c é a deflexão característica do segmento, referida ao eixo-padrão de 80 kN. O número de solicitações do tráfego pelo eixo de referência do CDH é empregado nos cálculos representado pelo parâmetro IT, o *índice de tráfego californiano*, calculado em função do número N (para ESRD de 80 kN) por meio da expressão:

$$IT = 10^{(0{,}127 \times \log_{10} N + 0{,}166)} \quad [12.28]$$

12.6.1 Determinação da espessura efetiva (estruturalmente) do revestimento asfáltico existente

A espessura do revestimento asfáltico existente (h_e) é considerada ou não camada estrutural, de acordo com os seguintes condicionantes:

◆ Tratamentos superficiais, macadames betuminosos, por penetração e misturas asfálticas abertas possuem, para fins de cálculo, $h_e = 0$; ou seja, não possuem função estrutural para finalidades de cálculo de reforço.
◆ Misturas asfálticas densas (CAUQ, PMQ etc.) têm como valor h_e a própria espessura da camada (ou a soma total das espessuras de camadas que apresentem materiais dessa natureza).

Ao empregar-se um critério de dano estrutural, um dos parâmetros envolvidos no cálculo é a espessura efetiva (h_{ef}) do revestimento asfáltico. Por espessura efetiva, deve ser entendida a parcela de revestimento que ainda resiste aos esforços de tração ou contribuem estruturalmente para a redução da deflexão na estrutura existente, devendo ser calculada da seguinte forma:

$$h_{ef} = h_e \times f_r \qquad [12.29]$$

em que f_r é chamado de fator de redução da espessura existente. Tal fator é calculado em função do índice de fissuração (IF), um parâmetro obtido por meio das condições de fissuração visualmente observadas e quantificadas no segmento homogêneo:

$$f_r = 1 - 0,007 \times IF \qquad [12.30]$$

sendo o valor de IF dado pela seguinte combinação entre índices de defeitos:

$$IF = 0,25 \times FC1 + 0,625 \times FC2 + FC3 \qquad [12.31]$$

Trata-se, novamente, de um critério empírico de redução da espessura existente de misturas asfálticas para uma espessura efetiva. Assim, a espessura efetiva só poderá ser calculada com base em valores obtidos pelo inventário do pavimento, para porcentagens de fissuração nas classes 1, 2 e 3.

É interessante mencionar que, muitas vezes, durante a execução da obra de reforço, precedida por fresagem, percebe-se que a deflexão após fresagem não se alterou; isto é indicativo de um estado de degradação do revestimento asfáltico removido que, apesar de ter mistura densa e eventualmente não possuir índices de fissuração extremados, não estaria, de fato, contribuindo estruturalmente para o comportamento do pavimento. Nesses casos, a espessura efetiva deveria ser nula, prescindindo-se dos cálculos anteriormente indicados para a espessura efetiva.

12.6.2 Determinação da espessura mínima de CAUQ para proteção da base existente

Na sequência, primeiramente deverá ser estabelecida a espessura mínima de reforço (h_{cb}) necessária, levando-se em conta um critério de resistência (proteção da camada de base do pavimento existente contra ruptura por cisalhamento ou deformação excessiva, para o novo conjunto de tráfego no horizonte de projeto após o reforço estrutural), o que se faz utilizando-se as equações indicadas no Quadro 12.3, no qual se determina o valor de h_{cb}.

Note que, para tanto, é necessária alguma estimativa do valor do CBR da camada de base do pavimento existente, que muitas vezes não é algo fácil de ser inferido subjetivamente, devido ao estado de contaminação de uma base granular (BGS, MH) após muitos anos de serviço do pavimento existente, ou mesmo da degradação sofrida ao longo dos anos por misturas asfálticas abertas (MB, PMF), que poderiam, até mesmo, ter perdido o ligante asfáltico por lavagem.

Em tal determinação de h_{cb}, considera-se o valor do IT e o tipo de material subjacente ao revestimento existente, sendo assim determinada a espessura mínima de reforço em concreto asfáltico que deveria existir para a proteção do material subjacente contra deformações plásticas ou degradação granulométrica. O valor dessa espessura mínima é ajustado, considerando-se a espessura efetiva de mistura asfáltica densa que ainda contribui estruturalmente, chegando-se então à seguinte espessura mínima ($h_{cb,mín}$), referenciada em termos de mistura asfáltica densa (ou concreto betuminoso):

$$h_{cb,mín} = h_{cb} - h_{ef} \qquad [12.40]$$

Quadro 12.3 *Equações e regras para cálculo da espessura mínima de CAUQ para proteção da base*

Material da base	Condições	Equação para cálculo de $h_{cb,mín}$ (cm)	Restrições para $h_{cb,mín}$	Equação
Granular	CBR = 60%	$h_{cb,mín} = 1,2429 \times IT - 0,0643$	≥ 5 cm	[12.32]
Granular	CBR = 65%	$h_{cb,mín} = 1,1667 \times IT - 0,0833$	≥ 5 cm	[12.33]
Granular	CBR = 70%	$h_{cb,mín} = 1,0595 \times IT + 0,0774$	≥ 5 cm	[12.34]
Granular	CBR = 75%	$h_{cb,mín} = 0,9904 \times IT - 0,051$	≥ 5 cm	[12.35]
Granular	CBR = 80%	$h_{cb,mín} = 0,94 \times IT - 0,17$	≥ 5 cm	[12.36]
Granular	CBR ≥ 80%	$h_{cb,mín} = 0,875 \times IT - 0,1625$	≥ 5 cm	[12.37]
Macadame betuminoso	Íntegro	$h_{cb,mín} = 0,6557 \times IT - 0,1639$	≥ 4 cm	[12.38]
Pré-misturado aberto (a frio ou a quente)	Íntegro	$h_{cb,mín} = 0,5166 \times IT - 0,1066$	≥ 4 cm	[12.39]

12.6.3 Determinação da espessura mínima para controle de fissuras existentes

Em seguida, ainda para a avaliação da espessura mínima de reforço em concreto asfáltico, deverão ser contempladas as seguintes situações possíveis para o revestimento existente, em termos funcionais:

- Condição A: FC-3 < 20% e FC-2 + FC-3 > 80%
- Condição B: FC-3 < 20% e FC-2 + FC-3 < 80%
- Condição C: FC-3 > 20% e FC-2 + FC-3 > 80%
- Condição D: FC-3 > 20% e FC-2 + FC-3 < 80%

Quando o segmento homogêneo se apresentar nas condições A ou B, ou seja, quando as trincas de fadiga interligadas não apresentarem desagregação importante (< 20%), deve-se tomar $h_{cb,mín}$ = 4 cm. Nas demais condições, quando a desagregação de trincas interligadas é expressiva, adota-se $h_{cb,mín}$ = 10 cm. Esse critério, novamente empírico, é justificável com base na necessidade de maiores espessuras para evitar propagação precoce de fissuras abertas do revestimento existente para a camada de reforço nova.

Nas condições A e B, não se leva em conta a possibilidade de ocorrência de reflexão de trincas (ou propagação das fissuras existentes no revestimento asfáltico atual) para a nova camada de reforço. Já nas condições C e D, com FC-3 > 20%, essa possibilidade é considerada.

A espessura mínima de reforço, calculada no item anterior, é comparada a esses valores mínimos necessários em função da fissuração presente no revestimento, e prevalecem estes últimos quando forem superiores aos cálculos de espessuras mínimas anteriores.

12.6.4 Análise de espessuras exequíveis por critério deflectométrico

O dimensionamento nesta fase tem prosseguimento por intermédio de uma análise das espessuras exequíveis de reforço, considerando-se duas possibilidades:

- *Primeira possibilidade*: O segmento se encontra nas condições A ou C anteriormente mencionadas, e a porcentagem de área fissurada é uma indicação de que o revestimento existente não mais trabalha à tração e, portanto, que o reforço mobilizará todas as condições críticas de tração. Nesse caso, a deflexão admissível é definida em função da espessura do reforço.
- *Segunda possibilidade*: Para as condições B e D, admite-se que o revestimento existente suportará, conjuntamente com a camada de reforço, as tensões de tração solicitantes. Neste caso, a análise da deflexão admissível será realizada tendo-se em conta a espessura total de reforço e de revestimento existente.

Esse procedimento, por meio de uma busca das deflexões admissíveis, permite escolher os intervalos de soluções satisfatórias em termos de espessura de reforço. O roteiro de cálculo para as duas possibilidades acima descritas é indicado no Quadro 12.4.

Na Figura 12.5 é apresentada esquematicamente a forma de emprego do ábaco da Figura 12.4. Definida a espessura $h_{cb,\,mín}$, da ordenada dessa espessura parte uma linha paralela à abscissa que cruza com a equação de redução de deflexão correspondente à deflexão d_0 (característica convertida) e com a curva que relaciona IT e d_{adm}.

Por uma vertical no ponto A, define-se $d_{h,\,máx}$ (redução da deflexão), e no ponto B, $d_{adm,\,máx}$ (em função do tráfego). O valor $d_{h,\,mín}$ é aquele quando as equações de redução de deflexão (linha d_0) e do índice de tráfego (IT) se cruzam, o que permite a determinação na ordenada do valor de $h_{cb,\,máx}$.

Na Figura 12.6, a forma do uso do mesmo ábaco é apresentada para a segunda possibilidade. Note-se que, neste último caso, a única diferença consiste em "descontar" previamente o valor de h_e, pois se admite então que o

Quadro 12.4 *Possibilidades para análise de espessuras de reforço*

(a) Primeira possibilidade

(a.1) Tabulação dos valores de d_0, IT e $h_{cb, mín}$.

(a.2) Utilizando-se o ábaco da Figura 12.4, determinam-se os valores de $d_{h, máx} = f(d_0, h_{cb, mín})$ e $d_{adm, máx} = f(IT, h_{cb, mín})$ sobre o reforço, cuja espessura é $h_{cb, mín}$.

(a.3) Caso $d_{h, máx} > d_{adm, máx}$, não é possível um reforço exclusivo em concreto asfáltico, o que inviabiliza esse roteiro de cálculo.

(a.4) Se $d_{h, máx} < d_{adm, máx}$, será viável a execução de reforço exclusivamente com concreto asfáltico, sendo a espessura mínima exigível igual a $h_{cb, mín}$.

(b) Segunda possibilidade

(b.1) Igual ao item (a.1) da primeira possibilidade.

(b.2) Por meio do ábaco da Figura 12.4, adota-se uma curva auxiliar cujas ordenadas serão aquelas correspondentes ao IT de projeto diminuído do valor de h_e.

(b.3) Utilizando-se a curva auxiliar, procede-se como indicado no item (a.2) da primeira possibilidade.

(b.4) Igual ao item (a.3) da primeira possibilidade.

(b.5) Igual ao item (a.4) da primeira possibilidade.

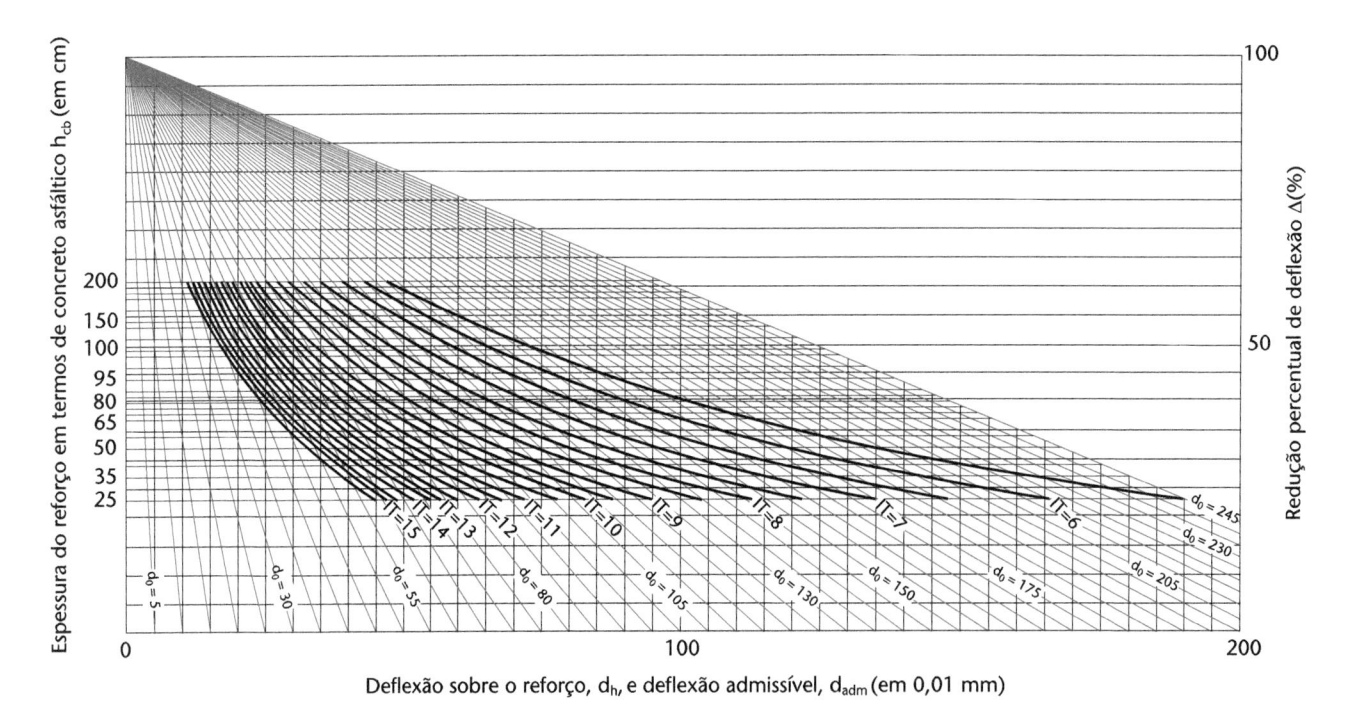

Fig. 12.4 *Ábaco de projeto de espessura de reforço do PRO-A do DNER*

reforço dividirá as respostas estruturais (intuição empírica) com o revestimento existente na sua espessura efetiva.

Essa redução prévia é levada a cabo na solução gráfica por uma redução também gráfica na curva, relacionando o índice de tráfego com a deflexão admissível; em outras palavras, a espessura efetiva existente contribui para o consumo de um dado montante do tráfego acumulado, "liberando" o tráfego restante para o papel do reforço, usando figuras de linguagem.

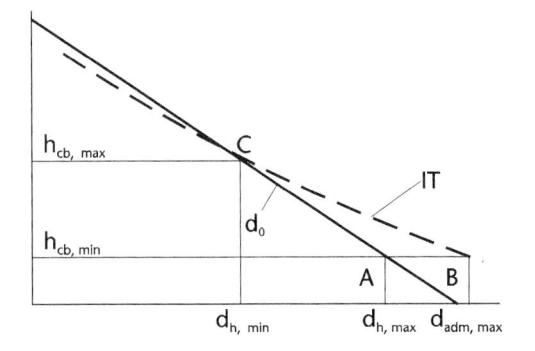

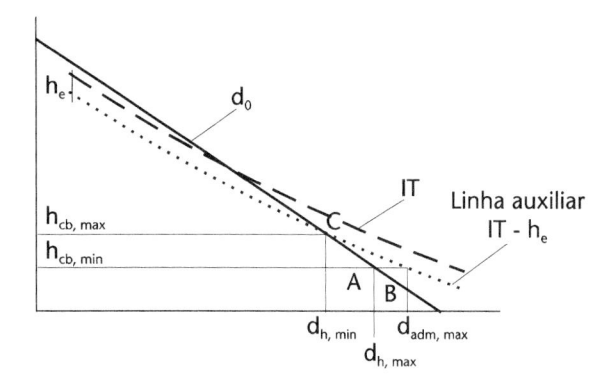

Fig. 12.5 *Uso do ábaco de projeto de espessura de reforço na primeira possibilidade*

Fig. 12.6 *Uso do ábaco de projeto de espessura de reforço na segunda possibilidade*

12.6.5 Solução em camadas integradas de misturas asfálticas

Como se verificou, quando $d_{h,\,máx} > d_{adm,\,máx}$ não se considera exequível uma solução composta por camada única de CAUQ, devido à deformabilidade supostamente excessiva encontrada. Nesses casos, é recomendada a adoção de uma camada intermediária composta por material mais flexível que o CAUQ, até mesmo para oferecer uma camada intermediária mais resistente quanto à propagação de fissuras. O dimensionamento do reforço segue então o seguinte procedimento:

- Tabulação dos parâmetros IT e d_0.
- Seleção do material (granular, macadame betuminoso ou PMQ) para a camada intermediária subjacente ao CBUQ, a ser aplicado diretamente sobre o revestimento existente antes da camada de reforço superior.
- Cálculo do valor de $h_{cb,\,mín}$, por intermédio das equações oferecidas no Quadro 12.3, tendo-se em conta o valor de IT e também o material escolhido para a camada subjacente.
- Cálculo da espessura H_{cb} equivalente, em termos de pedregulho (material granular), ao valor $h_{cb,\,mín}$ encontrado, por meio da expressão:

$$H_{cb} = 1,7 \times h_{cb,mín} \quad [12.41]$$

em que 1,7 é o coeficiente de equivalência estrutural californiano para o concreto betuminoso em relação ao pedregulho.

- Cálculo do valor de d_{adm}, que é função exclusiva da espessura de CAUQ e do parâmetro IT, usando o ábaco da Figura 12.4; o nível de deflexão máximo admissível sobre a superfície do reforço (d_h) será igual a d_{adm}.
- Cálculo da redução percentual requerida para que se obtenha a condição $d_h = d_{adm}$, por meio da expressão:

$$\Delta(\%) = \frac{d_0 - d_h}{d_0} \times 100 \qquad [12.42]$$

◆ Cálculo da espessura total requerida (H) em termos de pedregulho, em função de Δ(%), interativamente, por meio da seguinte equação:

[12.43]

$$\Delta(\%) = -0{,}00000005 \times H^6 + 0{,}00001 \times H^5 - 0{,}0008 \times H^4 + 0{,}0302 \times H^3 - 0{,}6126 \times H^2 + 7{,}3602 \times H$$

◆ Cálculo da espessura da camada subjacente à camada de CBUQ, em termos de pedregulho (H_i), sendo:

$$H_i = H - H_{cb} \qquad [12.44]$$

neste caso, é obrigatório $H > H_{cb}$.

◆ Cálculo da espessura da camada intermediária, em termos do material selecionado para esta, por meio de emprego de seu coeficiente de equivalência estrutural californiano (f_i) em relação ao pedregulho (valores tomados da Tabela 12.1 ou das Figuras 12.7, 12.8 e 12.9), pela expressão:

$$h_i = \frac{H_i}{f_i} \qquad [12.45]$$

Como se verifica, o PRO-A fornece uma solução de reforço, levando em conta simultaneamente critérios funcionais, de resistência e de deformabilidade.

Tabela 12.1 *Coeficientes de equivalências estruturais californianos*

MATERIAL ESTRUTURAL	COEFICIENTE DE EQUIVALÊNCIA
Macadame hidráulico	1,10
Solo-cimento ($f_{ck,7} \geq 2{,}1$ MPa)	1,10
Tratamento superficial	1,10
Macadame betuminoso por penetração	1,20
Pré-misturado a frio aberto	1,33
Pré-misturado a quente aberto	1,35
Pré-misturado a frio semidenso	1,36
Areia-asfalto a quente	1,42
Pré-misturado a quente semidenso	1,58
Concreto asfáltico usinado a quente	1,70

Fonte: DNER, 1979.

Na Figura 12.10, é apresentada uma comparação ilustrativa entre as equações de redução de deflexões dos três métodos do DNER (PRO-A, PRO-B e PRO 159), simuladas para espessuras de 70 mm de reforço, da qual se conclui que as reduções em deflexões estimadas pelos dois primeiros critérios são muito semelhantes, ao passo que as do método PRO 159 (introduzido no item a seguir) são menores.

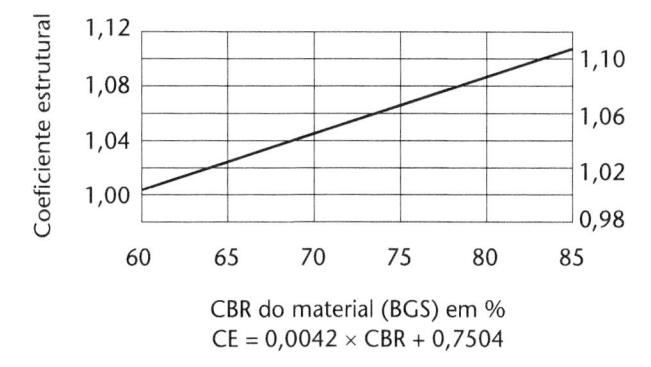

Fig. 12.7 *Coeficientes estruturais para bases de britas graduadas*
Fonte: DNER, 1979.

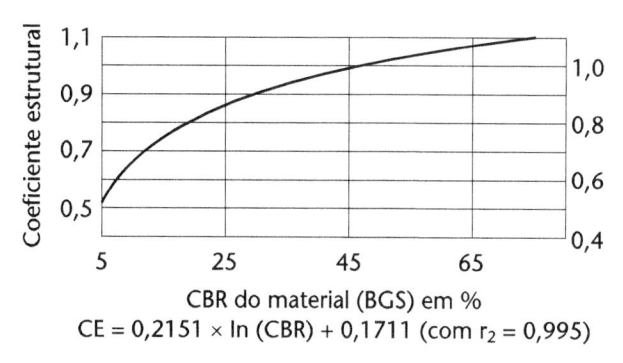

CBR do material (BGS) em %
CE = 0,0042 × CBR + 0,7504

Fig. 12.8 *Coeficientes estruturais para sub-bases e reforços granulares*
Fonte: DNER, 1979.

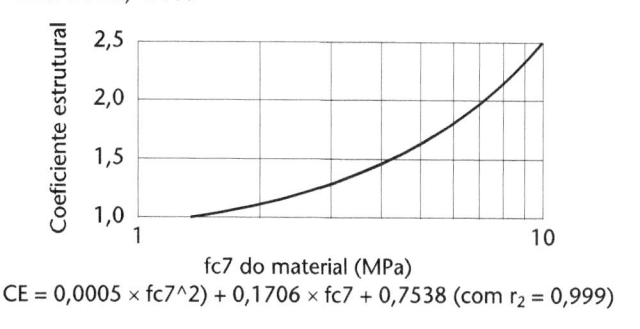

CBR do material (BGS) em %
CE = 0,2151 × ln (CBR) + 0,1711 (com r_2 = 0,995)

O PRO-A, como no caso do PRO-B, também apresenta restrições para a análise da estrutura, conforme indicadas no Quadro 12.5. Entre estas, observa-se a introdução de restrições quanto a Afundamentos Médios em Trilhas de Roda (ATR) e Afundamentos Plásticos (AP) presentes no segmento homogêneo, valores resultantes do inventário de superfície do pavimento em pista, conforme esclarece Balbo (1997), sendo também necessária a determinação do valor do Índice de Gravidade Global (IGG) do segmento homogêneo.

12.7 Método DNER-PRO 159/85

A metodologia conhecida por PRO 159 do DNER (1985), além de se tratar de um procedimento alternativo para o dimensionamento de reforços de pavimentos, é composta de uma série de modelos de comportamento de pavimentos de grande aplicação para o estabelecimento de processos gerenciais de malhas viárias, apresentando relações particulares para a consideração do desempenho, baseadas na evolução da irregularidade, da porcentagem de área com fissuras e do desgaste superficial (exclusivo para tratamentos superficiais).

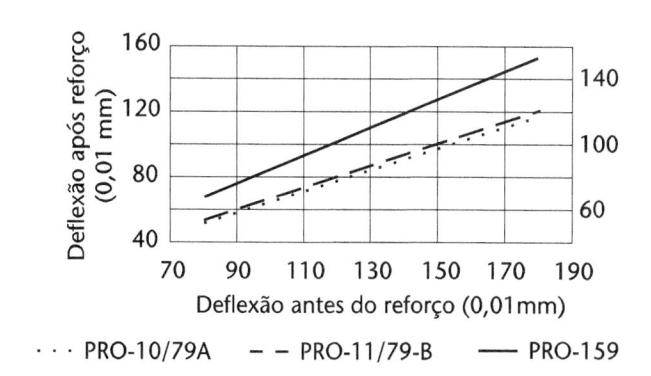

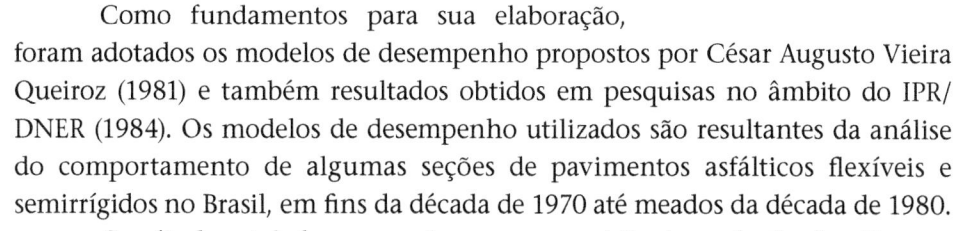

fc7 do material (MPa)
CE = 0,0005 × fc7^2) + 0,1706 × fc7 + 0,7538 (com r_2 = 0,999)

Fig. 12.9 *Coeficientes estruturais para bases tratadas com cimento*
Fonte: DNER, 1979.

Deflexão antes do reforço (0,01mm)
··· PRO-10/79A – – PRO-11/79-B —— PRO-159

Fig. 12.10 *Redução de deflexões nos métodos do DNER*

Como fundamentos para sua elaboração, foram adotados os modelos de desempenho propostos por César Augusto Vieira Queiroz (1981) e também resultados obtidos em pesquisas no âmbito do IPR/DNER (1984). Os modelos de desempenho utilizados são resultantes da análise do comportamento de algumas seções de pavimentos asfálticos flexíveis e semirrígidos no Brasil, em fins da década de 1970 até meados da década de 1980.

O método estabelece equações para a previsão da evolução dos diversos tipos de defeitos ao longo da utilização de um pavimento e permite a proposição de medidas de manutenção (restauração) ao longo dos anos, buscando soluções de menor custo global. Considerado o número de equações e variáveis existentes para a solução de espessuras de reforço, abandonaremos sua apresentação em detalhes neste texto, aconselhando o leitor a recorrer à norma original. Mesmo porque tais equações entraram em desuso no País a partir da década de 1990, em especial, com o advento do modelo HDM-4 do Banco Mundial, em 2000.

Quadro 12.5 *Critérios para a análise de necessidades de reforço e manutenção dos pavimentos asfálticos*

IGG	ATR e AP*	Deflexões	Decisões inerentes a reaproveitamento do pavimento e medidas corretivas a serem consideradas
≤ 180	ATR ≤ 30 mm e AP ≤ 33%	$d_0 \leq d_{adm}$	1. Aproveitamento total do pavimento existente 2. Programar reparos localizados, se necessário 3. Apenas rejuvenescimento de superfície (TSS, TSD, LA, MCA) se necessário
		$d_{adm} < d_0 \leq 3 \times d_{adm}$	1. Aproveitamento total do pavimento existente 2. Programar reparos localizados, se necessário 3. Reforço com base no critério deflectométrico
		$d_0 > 3 \times d_{adm}$	1. Aproveitamento total ou parcial do pavimento existente 2. Programar reparos localizados, se necessário 3. Reforço com base nos critérios deflectométrico e de resistência de aproveitamento, se for total; se parcial, com base no critério de resistência (CBR)
	ATR > 30 mm e AP > 33%	—	1. Aproveitamento total ou parcial do pavimento existente 2. Programar reparos localizados 3. Reforço com base nos critérios deflectométrico e de resistência de aproveitamento, se for total; se parcial, com base no critério de resistência (CBR)
> 180	—	—	1. Remoção completa ou parcial do pavimento existente e projeto de nova estrutura com base no critério de resistência (CBR)

* ATR = Afundamento na Trilha de Roda; AP = Afundamento Plástico (critérios funcionais)

Em linhas gerais, esse método, em função dos dados observados em campo (tráfego, deflexão, irregularidade longitudinal, área de fissuras etc.), apresenta equações que simulam o comportamento do pavimento ao longo do tempo, que podem ser chamadas de modelos de desempenho. Na Figura 12.11, são apresentadas curvas hipotéticas de desempenho e evolução do trincamento (melhor seria da fissuração) e da irregularidade presente em um pavimento ao longo de sua vida de serviço. Decorrido um período de tempo i desde a abertura do pavimento ao tráfego, verifica-se um valor TRi de trincamento; nesse ponto, o pavimento em questão recebe serviços de restauração, o que torna o valor do trincamento nulo; daí para diante, inicia-se novo processo de evolução do estado do pavimento, e em uma data j o novo revestimento apresentará um valor TRj de trincamento, quando então novamente será restaurado, e assim por diante.

As curvas representam a evolução da irregularidade longitudinal que, neste método, é tratada como *quociente de irregularidade* (QI). Os mesmos comentários são válidos nesse caso, com exceção ao fato de que o valor QI não assume um valor mínimo igual a zero em razão da própria definição de irregularidade e dos processos construtivos inerentes à pavimentação.

As equações de desempenho consideram o fato relevante de que, entre a data da coleta de dados funcionais e estruturais em campo e a data de sua efetiva restauração e abertura ao tráfego, o pavimento ainda sofrerá processo de deterioração. Portanto, podem ser previstas em projeto as condições funcionais e estruturais futuras, no momento da reabilitação, para fins de cálculo do reforço, com base em parâmetros supostamente representativos dessas condições.

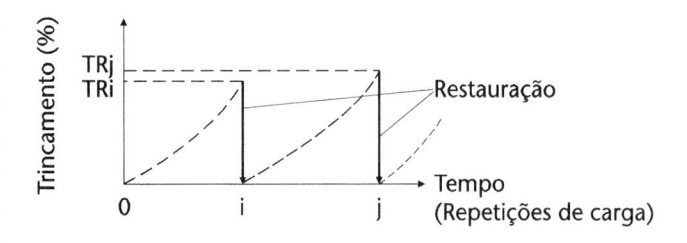

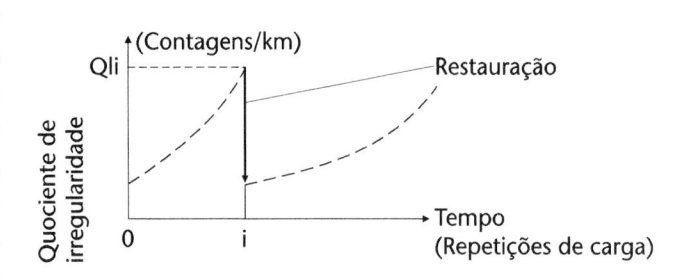

Fig. 12.11 *Evolução da condição de trincamento e de irregularidade na superfície de um pavimento*

12.7.1 Tipos de equações de previsão de desempenho

Inicialmente, o critério prevê a determinação das condições futuras do pavimento asfáltico em função da situação atual, o que pode ser realizado por meio das Equações de I a III, conforme apresentadas no Quadro 12.6. O método pressupõe que o desgaste não é um condicionante de cálculo para revestimentos em concreto asfáltico. As equações se servem do valor atual do parâmetro para a predição do valor futuro do mesmo parâmetro, imediatamente antes da reabilitação do pavimento. O processo de cálculo tem sequência considerando-se os objetivos finais preestabelecidos para os parâmetros funcionais do pavimento restaurado; em outras palavras, são estabelecidos os valores máximos para irregularidade, trincamento e desgaste para o final do horizonte de projeto, e as equações de desempenho permitem verificar se uma dada solução de manutenção (preventiva ou reabilitação) atenderá a tais condições de projeto.

Quadro 12.6 *Objetivos das equações de desempenho do método DNER-PRO-159/85*

EQUAÇÃO	OBJETIVO DE PREVISÃO DA EQUAÇÃO
I	Trincamento para revestimentos existentes em concreto asfáltico
II	Irregularidade para revestimentos existentes em concreto asfáltico e tratamento superficial
III	Desgaste para revestimentos existentes em tratamento superficial
IV	Irregularidade imediatamente após a restauração (reforço)
V	Irregularidade futura para reforço em concreto asfáltico
VI	Trincamento futuro para reforço em concreto asfáltico
VII	Irregularidade futura quando se utiliza tratamento superficial ou lama asfáltica como solução de manutenção
VIII	Desgaste futuro quando se utiliza solução de manutenção com tratamento superficial
IX	Trincamento futuro quando se utiliza solução de manutenção com lama asfáltica

Ao prever-se uma restauração em concreto asfáltico, é ainda necessário verificar qual o nível de irregularidade que apresentará o pavimento imediatamente após a restauração, visto que tal parâmetro não se anula com a aplicação de camada de reforço; para tanto, é utilizada a Equação IV. Adotada a espessura inicial admitida para a restauração do pavimento em concreto asfáltico, ou ainda as alternativas em tratamento superficial ou em lama asfáltica, a verificação da evolução dos parâmetros funcionais até o final do horizonte de projeto é realizada por meio das Equações V a IX.

Assim, por exemplo, para verificar os parâmetros funcionais no fim da vida útil desejada para uma restauração em lama asfáltica, devem ser utilizadas as Equações VII e IX. Caso uma das equações conduza o parâmetro funcional, dada a solução escolhida, para valores superiores aos prefixados, devem ser observadas as seguintes condições:

(a) Nos casos em que se pretendia realizar a restauração em tratamento superficial ou lama asfáltica, é indicativo que não seria viável a solução adotada, dadas as restrições impostas para o fim do horizonte de projeto. Deve-se partir, portanto, para solução com reforço em CAUQ.

(b) Em caso de reforço em concreto asfáltico, indica-se que a espessura adotada não é suficiente para limitar os níveis finais dos parâmetros funcionais às restrições impostas. Nesta situação, deverá ser adotada uma espessura maior de reforço, procedendo-se novamente aos cálculos. Deve-se recordar que existirá uma solução de mínimo custo que atenderá às restrições impostas.

É importante observar que a solução adotada *a priori* (reforço, tratamento superficial ou lama asfáltica) é consequência de uma arbitragem do projetista em função de seu conhecimento e interpretação da condição atual do pavimento. Para a escolha inicial do tipo de manutenção a ser adotado (preventiva ou reabilitação), sugere-se a alternativa de reforço para pavimentos que apresentem valores de irregularidade superiores a 60 contagens/km, como ponto de partida para os cálculos. A seguir, são apresentados os modelos que devem ser utilizados para o dimensionamento de reforços com o uso dessa metodologia.

12.7.2 Parametrização da estrutura

A capacidade estrutural das camadas do pavimento, incluindo o subleito, é neste método parametrizada mediante um número estrutural corrigido (SNC), cujo conceito é semelhante àquele proposto pelo método de dimensionamento de pavimentos flexíveis da AASHTO (Capítulos 10 e 11). O valor do SNC para um dado segmento homogêneo é calculado pela expressão:

$$SNC = \sum_{i=1}^{n} a_i \cdot h_i + 3,51 \cdot \log_{10} CBR + 0,85 \cdot (\log_{10} CBR)^2 - 1,43 \qquad [12.46]$$

sendo CBR o valor representativo do índice de suporte californiano do subleito, a_i, o coeficiente de equivalência estrutural da camada i (em cm^{-1}) e h_i o valor da espessura da camada i. Os valores a serem adotados para os coeficientes estruturais das camadas existentes devem ser selecionados do Quadro 12.7.

Quadro 12.7 *Coeficientes de equivalência estrutural do método DNER-PRO-159/85*

CAMADA	MATERIAL	COEFICIENTE DE EQUIVALÊNCIA ESTRUTURAL (a_i)
Revestimentos	Tratamentos superficiais	0,04
	CAUQ (espessura < 3 cm)	0,07
	CAUQ (espessura > 3 cm)	$0,181 \cdot (1 - e^{-8,56 \times 10^{-4} \times M_r})$ com M_r em MPa
Bases	Granulares	$11,47 \cdot CBR_2 - 0,07783 \cdot (CBR_2)^2 + 1,772 \cdot 10^{-4} \cdot (CBR_2)^3 \cdot 10^{-4}$ sendo CBR_2 o índice de suporte californiano do material
	Solo-cimento	0,04
	Macadame betuminoso	0,06
Sub-bases	Granulares	$0,00394 + 0,02559 \cdot \log_{10} CBR_3$ sendo CBR_3 o índice de suporte californiano do material
	Solo-cimento	0,04
	Macadame betuminoso	0,06
Reforço do subleito	Solos	$0,00394 + 0,02559 \cdot \log_{10} CBR_4$ sendo CBR_4 o índice de suporte californiano do material

12.7.3 Consideração do tráfego

O número de repetições de carga representativo do tráfego solicitante é considerado nesta metodologia por meio do cômputo do número de repetições de eixos-padrão de 80 kN que solicitam o pavimento *no período de um ano* a partir da data em que são realizados os estudos de campo para o projeto de reforço. O tráfego é então representado pelo valor Np_1, calculado da seguinte maneira (Capítulo 9):

$$Np_1 = 365 \cdot VDM \cdot FV \cdot Ff \cdot Fs \cdot Fd \qquad [12.47]$$

Deve-se recordar que o valor do fator de veículo é, neste caso, calculado em função dos fatores de equivalência de cargas indicados pelo PRO-159 (DNER, 1985). A taxa de crescimento anual do tráfego será um dado utilizado nas equações de desempenho para a progressão do valor Np_1 para as datas de execução dos serviços de manutenção e de fim do horizonte de projeto.

12.7.4 Restrições de projeto

No que tange às condições de projeto, devem ser determinados os seguintes elementos para o dimensionamento de reforços: (a) a idade do pavimento existente em anos; (b) o período de análise em anos; (c) a vida útil mínima desejada para a solução; (d) o prazo previsto entre a data da coleta de elementos em campo e a efetiva execução dos serviços projetados.

As restrições de natureza funcional e estrutural que deverão ser respeitadas pela solução de manutenção devem ser estabelecidas *a priori*, referindo-se aos valores máximos permissíveis no final da vida útil dessa manutenção, no que tange à irregularidade (em contagens/km), ao trincamento (em porcentagem) e ao desgaste (em porcentagem). Deve ser lembrado que, ao se estabelecer *a priori* uma solução em concreto asfáltico, a espessura mínima exequível será dada em função da distribuição granulométrica do material, podendo-se adotar o valor de 3 cm como limite inferior.

12.7.5 Notações adotadas nas equações de projeto

Como já se pode notar, esta metodologia trabalha simultaneamente com diversos parâmetros, dos quais alguns são dependentes do tempo (número de repetições de solicitações). Para melhor compreensão do significado das notações a seguir indicadas, no Quadro 12.8 é apresentada uma listagem explicativa dos parâmetros dos modelos de desempenho do PRO 159.

Quadro 12.8 *Significados dos parâmetros das equações de desempenho do método DNER-PRO 159/85*

Parâmetro	Significado
A_0	Data inicial referente à construção do pavimento ou ao último serviço de manutenção preventiva ou reabilitação
A_E	Idade do pavimento, a partir de A_0, na data de coleta dos dados em campo para avaliação (idade atual)
A_{RO}	Idade do pavimento, a partir de A_0, na data efetiva de início do serviço de manutenção (ou liberação ao tráfego)
A'	Idade do pavimento, a partir de A_0, em um período qualquer posterior a A_F (no caso de análise do pavimento existente); ou idade do pavimento, a partir de A_{RO}, em um período qualquer após o serviço de manutenção
A_R	Idade do pavimento, a partir de A_0, em um período qualquer após o serviço de manutenção
A	Idade do pavimento, a partir de A_E, em um período qualquer anterior ao serviço de manutenção
A_F	Idade do pavimento, a partir de A_{RO}, no último ano do período de análise do serviço de manutenção
AITR	Número de anos decorridos entre o reforço e o início de trincamento
B_E	Deflexão característica do pavimento antes do serviço de manutenção
B_D	Deflexão do pavimento após o serviço de manutenção
D_E	Desgaste do pavimento existente na idade A_E
$D_{A'}$	Desgaste do pavimento existente na idade A'
D_{AR}	Desgaste do pavimento existente na idade A_R
D_F	Desgaste do pavimento existente na idade A_F
D_M	Desgaste máximo admitido (restrição de projeto)
QI_E	Irregularidade do pavimento existente na idade A_E
QI_A	Irregularidade do pavimento antes da aplicação do reforço em CAUQ
$QI_{A'}$	Irregularidade do pavimento existente na idade A'
QIIA	Irregularidade do pavimento imediatamente após o serviço de manutenção
QI_{AR}	Irregularidade do pavimento após o serviço de manutenção no ano A_R
QI_F	Irregularidade do pavimento no último ano de análise após o serviço de manutenção
QI_M	Irregularidade máxima admitida (restrição de projeto)
TR_E	Trincamento do pavimento existente na idade A_E
$TR_{A'}$	Trincamento do pavimento existente na idade A'
TR_{AR}	Trincamento do pavimento após o serviço de manutenção na idade A_R
TR_F	Trincamento do pavimento no último ano de análise após o serviço de manutenção
TR_C	Valor máximo entre os valores atingidos de trincamento e de desgaste imediatamente antes do serviço de manutenção, ou seja, na idade A_{RO}
TR_M	Trincamento máximo admitido (restrição de projeto)
SNC_1	Número estrutural corrigido resultante da aplicação de dada espessura de reforço em concreto asfáltico como serviço de manutenção

12.7.6 Equações de projeto

A seguir, são transcritas as equações de projeto do método PRO-159/85 no Quadro 12.9, conforme apresentadas e discutidas na norma original; no final, é apresentado um exemplo ilustrativo para uma melhor compreensão da forma de utilização dessas equações. As taxas de crescimento anual do tráfego (t) nas equações se prestam a progressões geométricas; quando se tiver crescimento linear, deve-se determinar a taxa de progressão geométrica correspondente.

Quadro 12.9 *Equações de desempenho do PRO 159*

EQUAÇÃO	MODELOS	CÁLCULOS AUXILIARES
I ($TR_{A'}$) [12.48]	$TR_{A'} = -18,53 + 0,0456 \cdot B_E \log_{10} N_{A'} + 0,00501 \cdot B_E \cdot A' \cdot \log_{10} N_{A'} + \Delta TR$ *Determinação de* ΔTR: Se $TR_E > 0$ $\Delta TR = TR_E + 18,53 - 0,0456 \cdot B_E \log_{10} N_{A''} - 0,00501 \cdot B_E \cdot A'' \cdot \log_{10} N_{A''}$ Se $TR_E = 0$ $TR' = -18,53 + 0,0456 \cdot B_E \log_{10} N_{A''} + 0,00501 \cdot B_E \cdot A'' \cdot \log_{10} N_{A''}$ Se $TR' \leq 0 \Rightarrow \Delta TR = 0$ Se $TR' > 0 \Rightarrow \Delta TR = -TR'$	$A' = A + A_E$ (para $A + A_E > 1,5$) $A' = \frac{2}{3}\cdot(A + A_E) + 0,5$ (para $A + A_E \leq 1,5$) $N_{A'} = \frac{Np_1}{t(t+1)^{A_E}}\cdot[(t+1)^{A'} - 1]$ $A'' = A_E$ (para $A_E > 1,5$) $A'' = \frac{2}{3}\cdot A_E + 0,5$ (para $A_E \leq 1,5$)
II ($QI_{A'}$) [12.49]	$QI_{A'} = 12,63 + 0,393 \cdot A' + 8,66\dfrac{\log_{10} N_{A'}}{SNC} + 7,17 \cdot 10^{-5} \cdot (B_E \cdot \log_{10} N_{A'})^2 + \Delta QI_1$ $\Delta QI = QI_E \cdot [12,63 + 0,393 \cdot A'' + 8,66\dfrac{\log_{10} N_{A''}}{SNC} + 7,17 \cdot 10^{-5} \cdot (B_E \cdot \log_{10} N_{A''})^2]$	$N_{A''} = \dfrac{Np_1}{t(t+1)^{A_E}}\cdot[(t+1)^{A''} - 1]$ ΔTR e ΔQI_1 são constantes e calculados apenas para o ano A_E
III ($D_{A'}$) [12.50]	$D_A = R_D \cdot (A' - A_D)$, sendo obrigatório $0 \leq D_{A'} \leq 100$ $R_D = 2,226 \cdot HVA + 16,6$ $HVA = 1,327 \cdot 10^{-5} \cdot \dfrac{N_{A'}}{A'}$ $A_D = A_{D1} + \Delta A$ $A_{D1} = 1,28 \cdot e^{(2,218 - 0,45 \cdot CF - 0,189 \cdot HVA_E)}$ CF = 0, se o revestimento existente for TSD de boa qualidade CF = 1, se o revestimento existente for TSD de má qualidade $HVA_E = 1,327 \cdot 10^{-5} \cdot \dfrac{N_{A_E}}{A_E}$ *Determinação de* ΔA: Para DE = 0 Se $A_{D1} < A_E \Rightarrow \Delta A = A_E - A_{D1}$ Se $AD_1 \geq A_E \Rightarrow \Delta A = 0$ Para DE > 0 $\Delta A = A_E - A_{D1} - \dfrac{D_E}{R_{D_{AE}}}$ $R_{D_{AE}} = 2,226 \cdot HVA_E + 16,6$	$A' = A + A_E$ $N_{A'} = \dfrac{Np_1}{t(t+1)^{A_E}}\cdot[(t+1)^{A'} - 1]$ $N_{A_E} = \dfrac{Np_1}{t(t+1)^{A_E}}\cdot[(t+1)^{A_E} - 1]$

Equação	Modelos	Cálculos auxiliares
IV (QIIA) [12.51]	$QIIA = 19 + \dfrac{QI_A - 19}{0,602.H + 1}$	H = espessura de reforço
V (QI_{AR}) [12.52]	$QI_{AR} = QIIA + 0,393.A'_R + 8,66 \dfrac{\log_{10} N_{A'R}}{SNC_1} + 7,17.10^{-5}.(B_D.\log_{10} N_{A'R})^2$ $SNC_1 = SNC + a_1.H$ $B_D = B_E^{(1-0,0687.H^{0,415})}$ $\Delta QI_2 = 0,1965 + 8,66 \dfrac{\log_{10} N_{0,5}}{SNC_1} + 7,17.10^{-5}.(B_D.\log_{10} N_{0,5})^2$	$A'_R = A_R - A_{RO}$ (para $A_R - A_{RO} > 1,5$) $A'_R = \dfrac{2}{3}.(A_R - A_{RO}) + 0,5$ (para $A_R - A_{RO} \leq 1,5$) $N_{A'} = \dfrac{Np_1}{t(t+1)^{A_E}}.[(t+1)^{A_{RO}+A'_R} - (t+1)^{A_{RO}}]$ $N_{0,5} = \dfrac{Np_1}{t(t+1)^{A_E}}.[(t+1)^{A_{RO}+0,5} - (t+1)^{A_{RO}}]$
VI (TR_{AR}) [12.53]	$TR_{AR} = (0,248.A'_R + 2,257).H^{-1,806}.B_D.\log_{10} N_{A'R} - \Delta TR$ $AITR = \dfrac{(212,8 - 0,917.TR_C).H^{0,681}}{[(B_D - 19,45).NMA]^{0,336}}$ com $B_D \geq 20$ $NMA = \dfrac{N_{AITR}}{A_R - A_{RO}}$ Se $AITR > A_R - A_{RO} \Rightarrow TR_{AR} = 0$ $\Delta TR = (0,248.A''_R + 2,257).H^{-1,806}.B_D.\log_{10} N_{A''R}$	$N_{AITR} = \dfrac{Np_1}{t(t+1)^{A_E}}.[(t+1)^{A_R} - (t+1)^{A_{RO}}]$ $A''_R = AITR$ (para $AITR > 1,5$) $A''_R = \dfrac{2}{3}.AITR + 0,5$ $N_{A''_R} = \dfrac{Np_1}{t(t+1)^{A_E}}.[(t+1)^{A_{RO}+A''_R} - (t+1)^{A_{RO}}]$ ΔTR é constante e calculado apenas quando se encontra $AITR < A_R - A_{RO}$ pela primeira vez
VII ($QI_{A'}$ ou QI_{AR}) [12.54]	Se o pavimento anterior é o pavimento existente, usar a Equação II Se o pavimento anterior já foi restaurado uma vez: a) se o foi em CAUQ, usar equação V b) se o foi com TS ou LA, usar equação II	O tratamento superficial deve alterar o valor do SNC
VIII (D_{AR}) [12.55]	$D_{AR} = R_D.(A' - A_D)$ $R_D = 2,226.HVA + 16,6$ $HVA = 1,327.10^{-5}.\dfrac{N_{A'}}{A'}$ $A_D = 1,28.e^{(2,218 - 0,189.HVA)}$	$A'_R = A_R - A_{RO}$ $N_{A'} = \dfrac{Np_1}{t(t+1)^{A_E}}.[(t+1)^{A_R} - (t+1)^{A_{RO}}]$ Calcula-se A_D ano a ano do início da etapa de restauração até se verificar $A_D \leq A'$, permanecendo A_D depois constante até o final da etapa de análise

EQUAÇÃO	MODELOS	CÁLCULOS AUXILIARES
IX (TR_{AR}) [12.56]	$TR_{AR} = (0,219 \cdot B_A + 1,43 \cdot TR_C) \cdot TDP$ B_A não se altera após aplicação da LA $TR_{AR} \leq 100\%$ $TDP = A' - \dfrac{10}{TR_C}$ $TDP \geq 0$	$A'_R = A_R - A_{RO}$

Fonte: DNER, 1985.

12.8 MÉTODO DNER-PRO 269/94

Esse critério de dimensionamento de reforços para pavimentos asfálticos tem como fundamento diversos estudos desenvolvidos principalmente no âmbito do Instituto de Pesquisas Rodoviárias do extinto DNER e na Universidade Federal do Rio de Janeiro, na década de 1980. O método acumula um certo grau de verificação dos modelos propostos em pista, bem como simplificações na tratativa das propriedades resilientes dos materiais. As equações de projeto consideram, intrinsecamente, o estado tensional dos materiais e explicitamente o comportamento à fadiga de misturas asfálticas sujeitas a níveis de deflexão repetitivos.

12.8.1 Deformabilidade dos subleitos

Inicialmente, o critério esclarece a necessidade de classificação, quanto à deformabilidade ou resiliência, dos solos de fundações. Para tanto, exige a determinação da porcentagem de silte em relação à fração total do solo que passa pela peneira de abertura #200, bem como a determinação do CBR do material. Em função dessas características, os solos são categorizados nos tipos I (baixo grau de resiliência, portanto baixa deformabilidade), tipo II (grau de resiliência intermediário) e tipo III (alto grau de resiliência), segundo Pinto e Preussler (2001) e DNER (1994). No Quadro 12.10, são apresentados os limites para tal categorização.

Quadro 12.10 Categorização dos solos por tipos resilientes

VALOR DO CBR (%) DO SOLO	PORCENTAGEM DE SILTE (%) NA FRAÇÃO PASSANTE PELA PENEIRA 0,075 mm		
	≤ 35	35 a 65	≥ 65
≥ 10	I	II	III
6 a 9	II	II	III
2 a 5	II	III	III

Como estudado no Capítulo 13, nos pavimentos flexíveis, a deformabilidade dos subleitos exerce um papel de primeira relevância na solicitação à tração de misturas asfálticas e de bases cimentadas. Tal categorização, conforme apresentada anteriormente, procura, em termos práticos de projetos de engenharia, estabelecer uma condição boa, mediana ou ruim para a deformabilidade do subleito, sendo válida para muitas situações, em especial quando a fração fina do solo apresenta atividade e é suscetível a alterações. No entanto, como todo reducionismo em engenharia, tal categorização apresenta limitações que devem estar presentes na mente do engenheiro.

Não nos aprofundando na questão microscópica e físico-química, por exemplo, o solo arenoso fino laterítico (SAFL) poderá apresentar CBR muito elevado (acima de 20% ou mesmo acima de 100% após compactação, na dependência da energia de compactação), além do fato de que, na fração que passa pela peneira #200, há uma areia muito fina (quartzo) com granulometria de silte, em porcentagem muito elevada. Assim, poderia ser categorizado como de deformabilidade intermediária (tipo II) quando, na verdade, apresenta baixíssimo grau de deformabilidade (o que se enquadraria, na simplificação do método, em tipo I). Um outro caso, para não nos alongarmos demais, poderia ser um solo de alteração de quartzito, com CBR muito elevado (> 25%) e eventualmente distribuição equilibrada entre frações argilosa e siltosa, o que encaminharia um enquadramento do material no tipo II, quando, a bem da verdade, o material é muito resiliente (muito deformável).

12.8.2 Parâmetros de projeto

Essa norma ainda necessita, para fins de análise de reforço, na determinação, para cada segmento homogêneo do pavimento, dos seguintes parâmetros: (1) espessura do revestimento asfáltico existente; (2) porcentagem de trincamento (% TR) do pavimento existente (calculada conforme a ES-123/85 do DNER); (3) porcentagem de área com fissuras de classe 2 ou 3 (FC2 e FC3), conforme a norma DNER-ES-08-78; (4) espessura das camadas granulares existentes no pavimento, entendendo-se por granulares as camadas constituídas por BGS, BC, MH, solo arenoso, SB etc., quaisquer que sejam as camadas (base, sub-base ou reforço do subleito), sendo materiais que contenham menos de 35% em peso passando pela peneira #200; (5) deflexão característica do segmento homogêneo, com valor de referência para a viga de Benkelman.

O período de análise ou horizonte de projeto é fixado dentro dos critérios estabelecidos pelo administrador ou operador da via, devendo ser definido o número de repetições de carga do eixo-padrão de 80 kN (N) neste período de serviço do novo reforço em mistura asfáltica. O número N deve ser calculado em termos de fatores de equivalência de carga do DNER (Souza, 1981).

O pavimento existente, após a parametrização, é tratado como constituído por um revestimento de espessura h_e, por uma camada intermediária granular com espessura total igual a H_{cg} e pelo subleito conforme categorias acima definidas. Após a definição de todos os parâmetros mencionados, é necessário definir uma espessura efetiva (h_{ef}) teórica, que representa, em função dos parâmetros acima expostos, uma espessura que, de fato, ainda trabalha, sob ação das cargas, em flexão, como um meio contínuo e não fissurado. Tal espessura efetiva é definida em função das condições indicadas no Quadro 12.11.

Note que, quanto maior a deflexão característica, menor a espessura efetiva teórica, denotando maior degradação estrutural do revestimento. Além disso, quanto maior a deformabilidade do solo do subleito, categorizado por tipos, maior a espessura efetiva do revestimento, revelando uma hipótese de que a estrutura para uma dada condição deveria reagir melhor às deficiências do subleito.

Quadro 12.11 *Rotina para definição da espessura efetiva do revestimento asfáltico existente*

Condição a ser verificada no segmento homogêneo	Espessura efetiva a ser adotada (cm)	Condições para definição de I_1 e I_2
Se % TR > 50%	$h_{ef} = 0$	
Se FC2 + FC3 > 80% e FC3 > 30%	$h_{ef} = 0$	Se $H_{cg} > 45$ cm $I_1 = 0$ e $I_2 = 1$ ou se $H_{cg} < 45$ cm, então: Solo tipo I: $I_1 = 0$ e $I_2 = 0$ Solo tipo II: $I_1 = 1$ e $I_2 = 0$ Solo tipo III: $I_1 = 0$ e $I_2 = 1$
Não ocorrendo as situações acima	$h_{ef} = -5{,}737 + \dfrac{807{,}961}{D_c} + 0{,}972\, I_1 + 4{,}101\, I_2$ [Equação 12.57]	
Se $h_{ef} < 0$ (após cálculo acima)	$h_{ef} = 0$	
Se $h_{ef} > h_e$ (após cálculo acima)	$h_{ef} = h_e$	

12.8.3 Critério de fadiga e determinação da espessura do reforço

O modelo de fadiga proposto pelo método se fundamenta na relação entre o número de repetições de carga do eixo-padrão (N) e a deflexão admissível (D_{adm}) para que seja viável tal número N, conforme a equação:

$$\log_{10} D_{adm} = 3{,}148 - 0{,}188 \times \log_{10} N \qquad [12.58]$$

Determinada a deflexão admissível, pode então ser calculada a espessura de reforço que atende do ponto de vista de fadiga causada pelas sucessivas deflexões oriundas das repetições de carga, sendo descontada a participação da parcela de revestimento asfáltico existente, que ainda contribui estruturalmente (h_{ef}), tendo-se em conta o nível de deformabilidade do solo (categorizado em pouco, mediano ou muito deformável), conforme a equação:

$$HR = -19{,}015 + \dfrac{238{,}14}{\sqrt{D_{adm}}} - 1{,}357\, h_{ef} + 1{,}016\, I_1 + 3{,}893\, I_2 \qquad [12.59]$$

Dessa equação, verifica-se que quanto menor a deflexão admissível maior a espessura de reforço resultante, e que quanto mais deformável elasticamente ou resiliente o solo do subleito, maior a espessura de reforço necessária. Os valores das variáveis categóricas I_1 e I_2 são determinados em conformidade com o critério apresentado no Quadro 12.11. No Quadro 12.12, são apresentadas as situações de cálculo finais para definição das espessuras de reforço com misturas asfálticas sobre pavimentos existentes.

O método também oferece opção de determinação de reforço integrado por uma mistura asfáltica reciclada a quente e camada nova de CAUQ, cujo conceito de camadas integradas é explorado no Capítulo 13.

Quadro 12.12 *Rotina para solução final do cálculo de reforço (recapeamento asfáltico)*

CONDIÇÃO DE CÁLCULO	DESCRIÇÃO DA CONDIÇÃO	POSSIBILIDADES, EXIGÊNCIAS E PROCEDIMENTOS
Caso 1	30 mm < HR ≤ 125 mm	Subdivisão em CAUQ + PMQ ou CAUQ + Binder de CAUQ pode ser considerada
Caso 2	125 mm < HR ≤ 250 mm	Adotar camadas $H_{PMQ} = 0,6 \times HR$ [12.60] integradas de $H_{CAUQ} = HR - H_{PMQ}$ e CAUQ + PMQ [12.61]
Caso 3	HR > 250 mm	O reforço não pode se constituir exclusivamente de camadas asfálticas; verificar necessidades de remoção parcial ou total de revestimentos e bases existentes
Caso 4	HR > 30 mm	Estudar a viabilidade de emprego de tratamentos superficiais, lamas asfálticas ou microrrevestimentos asfálticos
Caso 5	Espessura de reforço imposta < HR por razões econômicas	Se a espessura de reforço possível for menor que HR, determinar o valor da deflexão após reforço, impondo-se o valor HR possível e, em seguida, avaliar o número de repetições (N) permissível para tal condição, com a finalidade de verificar a durabilidade da nova camada de reforço (inferior ao horizonte de projeto inicialmente estabelecido)
Caso 6	$D_c > 140 \times 0,01$ mm e solos dos tipos I e II	Verificar reforço pelo critério de resistência (CBR). Verificar necessidade de reconstrução do pavimento
Caso 7	$D_c > 160 \times 0,01$ mm e solo do tipo III	Verificar reforço pelo critério de resistência (CBR). Verificar necessidade de reconstrução do pavimento

12.9 ALGUNS EXERCÍCIOS SOBRE REFORÇOS

1. Um pavimento urbano que anteriormente havia passado por serviços de restauração, incluindo ajustes geométricos e de dispositivos de drenagem, deverá receber serviços de reabilitação. Durante a tabulação dos dados de campo,

em 1991, um dos segmentos homogêneos definidos apresentou os parâmetros abaixo indicados. Utilizando os critérios PRO-A e PRO-B, proponha uma solução viável para o reforço do pavimento. São dados:

a. $N = 8{,}75 \times 10^7$
b. FC-1 = 17%
c. FC-2 = 24%
d. FC-3 = 59%
e. $d_c = 139 \times 0{,}01$ mm
f. $h_e = 29{,}6$ cm (resultante de diversos serviços anteriores)
g. base em macadame betuminoso com 15 cm

2. Em 1987, durante os estudos realizados para a restauração de uma rodovia, alguns dos segmentos homogêneos definidos apresentaram os parâmetros característicos indicados a seguir. Estudar soluções de reforço para esses segmentos, tomando o valor $N = 3{,}2 \times 10^7$ e utilizando as metodologias PRO-A e PRO-B do DNER; admitir base granular com CBR ≥ 60% para todos os casos.

Segmento Homogêneo	FC-1 (%)	FC-2 (%)	FC-3 (%)	h_e (cm)	d_c (10^{-2} mm)
4	25	13	0	5,7	44
5	12	35	23	9,8	30
12	31	0	8	10	62
16	0	18	0	5,5	71
21	6	41	49	6	47

3. Um pavimento flexível que apresentava $d_c = 65 \times 10^{-2}$ mm foi reforçado com 5 cm de PMQ como camada de ligação e 4 cm de CBUQ como camada de rolamento. Sabendo que o VDM (reduzido a caminhões) bidirecional da via é de 12.500 veículos (comerciais) por dia e estima-se um fator de veículo FV = 2,35, faça uma verificação da vida útil do reforço aplicado sobre o pavimento utilizando os critérios do PRO-B.

4. Após dois anos de sua construção e utilização, uma rodovia vicinal deve ser restaurada para suportar um novo tráfego de $N = 5 \times 10^6$. Estudos de campo e laboratório forneceram as estatísticas apresentadas abaixo para o pavimento existente. Com base no critério de resistência do DNER (1981), redimensionar o pavimento para suportar o tráfego previsto, definindo a espessura de reforço necessária.

Camadas originais	Material	Espessura (cm)	CBR (%)	R_c (MPa)	Avaliação visual
Revestimento	TSD	1,5	–	–	Falta de ligante
Base	SC	20	–	3,5	Pouco trincado
Subleito	LG'	–	10	–	–

Solução

Primeiramente, deve-se observar que o método de projeto de pavimentos flexíveis do DNER (1981) recomenda revestimentos betuminosos com espessura mínima de 5 cm para N = 5 × 10⁶. A avaliação subjetiva oferecida indica que o TSD se apresenta com pouco ligante asfáltico; em outras palavras, o material original já perde muito em qualidade e, além disso, apresenta-se com espessura reduzida em torno de 1 cm, com evidente desagregação e desgaste.

Quanto à base cimentada, não foi verificada fissuração excessiva, o que permitiu a retirada de corpos de prova para ensaios de compressão, sendo indicativo de que apresenta desempenho satisfatório, possuindo, em média, uma resistência à compressão que sugere que o material ainda se comporta como mistura cimentada.

A partir da consulta ao método do DNER, pode-se admitir um coeficiente de equivalência estrutural de 1,4 para o solo-cimento, dado o valor de sua resistência à compressão. Quanto ao TSD, não se admite que possua funções estruturais, pesando ainda as restrições apontadas. A espessura necessária sobre o subleito para que fique protegido contra deformações permanentes será:

$$H_m = f(N, CBR_{subleito}) = 42 \text{ cm}$$

A espessura de reforço em concreto betuminoso (H_{ref}) necessária será calculada pela inequação:

$$H_{ref} \cdot K_{ref} + R \cdot K_r + B \cdot K_b \geq H_m$$

na qual K_{ref} = 2,0 (reforço em CAUQ), R = espessura de TSD (desprezada), K_r = desprezado, B = 20,0 (espessura da base) e K_b = 1,4. A espessura de reforço em CBUQ, necessária para o pavimento em questão, será então de 7 cm, considerando-se as hipóteses assumidas. Caso se opte por uma solução mista em CBUQ + PMQ, basta realizar a conversão de parte da espessura de reforço encontrada, utilizando-se o coeficiente de equivalência estrutural para o PMQ fornecido pelo método do DNER.

5. Determine o valor de K a ser empregado em projeto, na equação de redução de deflexão do método DNER-PRO 11/79-B. Para tanto, cinco trechos de segmentos restaurados, na mesma obra, em semanas imediatamente anteriores, apresentaram os seguintes valores de deflexões antes e após a execução da camada de reforço.

Segmento Experimental	Deflexão antes do reforço (0,01 mm)	Deflexão após o reforço (0,01 mm)	Espessura do reforço empregada (cm)
1	75	60	4
2	89	67	5,5
3	66	55	4
4	95	70	7
5	75	50	6,5

Solução

Os valores de K para cada trecho experimental podem ser obtidos pela equação:

$$K = \frac{h_r}{\log_{10}\dfrac{d_c}{d_{adm}}}$$

Sendo d_{adm} tomada como a deflexão resultante após o reforço, a média dos valores de K calculados pela expressão anterior resulta em K = 45,2 (com s = 6,5 e CV = 14,4%). Esse é o valor de K a ser empregado para o dimensionamento do reforço para o restante da obra, mantidas similares as demais condições de subleito.

6. Estudar as possíveis soluções de reforço para um segmento homogêneo constituído de pavimento flexível com revestimento em CAUQ, que apresenta deflexão característica de 82 (0,01 mm). O tráfego previsto para o horizonte de projeto é $N = 10^8$. Apresentar soluções em duas camadas, considerados os materiais indicados, adotando-se o valor de 7 cm como espessura mínima de CAUQ. Use o valor de K calibrado no exercício anterior para os cálculos.

Material	Coef. Equiv. Est. (DNER)
CAUQ	2,0
PMQ	1,7
PMF	1,4
MB	1,2

Solução

A deflexão admissível sobre o reforço será:
$d_{adm} = 10^{(3,01 - 0,176 \times 8 \times \log_{10} 10)} = 40$ (0,01 mm)

A espessura de reforço para a redução da deflexão existente ao nível desejado será:

h = 45,2 × $\log_{10}$ (82/40) = 14,1 cm

As soluções alternativas são obtidas adotando-se 7 cm em CAUQ e definindo-se as espessuras equivalentes aos 5,5 cm restantes, tendo em vista o material desejado como camada de ligação. Note bem que as diversas soluções de reforço possuem diferentes e progressivas implicações na alteração do nível do greide da pista de rolamento, com inevitáveis interferências com calçamentos, soleiras, canteiros centrais, gabaritos de túneis, pontes e viadutos, passarelas, sinalização suspensa vertical, e daí afora. Muitas vezes, por tais razões, além dos custos envolvidos, administrações municipais atuam com soluções de reforços, em termos de espessuras, muito aquém do necessário conforme os critérios vigentes.

Alternativas	CAUQ	PMQ	PMF	MB	Total (cm)
1	14,5	–	–	–	14,5
2	7	9	–	–	16
3	7	–	11	–	18
4	7	–	–	12,5	19,5

7. Durante os trabalhos de projeto para a restauração de dada rodovia em 1989, foi determinado um segmento homogêneo cujas características principais são indicadas a seguir. Pede-se determinar, para tal segmento, de forma detalhada, a solução de restauração de acordo com o PRO-A.

Fissuração: FC-1 = 7,7%
   FC-2 = 20,5%
   FC-3 = 59%
Deflexão característica: 70 (0,01) mm
Revestimento existente: 12,7 cm de CAUQ
Base do pavimento existente: 29 cm de BGS com CBR > 60%
Tráfego previsto após restauração (10 anos): $N = 6,75 \times 10^7$

Solução

(a) deflexão de cálculo
$d_0 = 0,7 \times d_c = 0,7 \times 70 = 49$ (0,01 mm)

(b) índice de tráfego californiano
$IT = 10^{[0,127 \times \log(6,75 \times 10^7) + 0,16]/6} = 14,5$

(c) espessura efetiva do revestimento existente
Índice de fissuração
$IF = 0,25 \times 7,7 + 0,625 \times 20,5 + 59 = 73,7\%$
Fator de redução
$fr = 1,0 - 0,007 \times 73,7 = 0,4841$
Espessura efetiva
$h_{ef} = 12,7 \times 0,4841 = 6,1$ cm

(d) espessura mínima de reforço
$h_c = f$ (IT, tipo de base do pavimento reforçado) = 18 cm

(e) espessura mínima ajustada
$h_{cb, mín} = 18 - 6,1 = 11,9$ cm

(f) condição de fissuração
FC-3 = 59% > 20%
FC-2 + FC-3 = 79,5% (considera-se 80%)

Portanto, condição C de fissuração, o que indica 10 cm de espessura mínima de reforço, respeitada no item anterior.

(g) cálculo de deflexões admissíveis

Nas condições verificadas, recai-se na primeira possibilidade. Entra-se no ábaco da Figura 12.4, considerando-se os valores de d_0, IT e $h_{cb, mín}$ encontrados; assim, são determinados os seguintes valores:
$d_h = 26$
$d_{adm} = 24$

Portanto não é viável a execução do reforço em camada constituída exclusivamente por CAUQ.

(h) o material selecionado para a camada subjacente ao CAUQ é o pré-misturado a quente semidenso (PMQ), cujo fator de equivalência estrutural em relação ao pedregulho tem o valor $f_i = 1,58$.

(i) cálculo do novo valor de $h_{cb,\,mín}$
$h_{cb,\,mín} = f\,(IT, PMQ) = 7,4$ cm

(j) espessura equivalente
$H_{cb} = 7,4 \times 1,7 = 12,6$ cm

(k) deflexão admissível
$d_{adm} = f\,(IT, h_{cb,\,mín}) = 24$
$d_h = 24 * (0,01$ mm$)$

(l) redução de deflexão requerida
$$\Delta(\%) = \frac{49 - 24}{49} \times 100 = 51\%$$

(m) espessura total requerida
Em termos de pedregulho, a espessura total requerida é de $H = 24$ cm.

(n) espessura equivalente da camada subjacente (PMQ)
$H_i = 24 - 12.6 = 11,4$ cm

(o) espessura real do PMQ
$$h_i = \frac{11,4}{1,58}$$

Assim, a solução mista de 7,5 cm de CAUQ sobre 7,5 cm de PMQ aplicados sobre o pavimento existente atenderá aos critérios do PRO-A.

8. Um pavimento existente, com revestimento em CAUQ, apresenta as características descritas na sequência, sendo que se deseja proceder à sua reabilitação. A data de levantamentos de campo foi o mês de julho de 1991, e a previsão para a abertura ao tráfego (após reabilitação) é de dois anos. A espessura mínima de reforço a ser considerada é de 3 cm de CBUQ, adotando-se $QI_M = 55$ contagens/km, $TR_M = 30\%$ e um horizonte de projeto de dez anos. Utilize o PRO-159 para avaliar a espessura de reforço necessária para o pavimento.
Dados básicos:
SNC = 4,39
$QI_E = 85,8$ contagens/km
$TR_E = 69,8\%$

$B_E = 95$ (× 0,01) mm
$A_E = 11$ anos
$Np_1 = 324.000$ eixos-padrão
t = 3,5% ao ano (taxa de crescimento)

Solução

(a) Equação I: Previsão da % de área com trincas classe 2 ou maior em um pavimento existente
1. Idade, em anos, do pavimento existente: $A_E = 11$
2. % de área com trincas classe 2 ou maior: $TR_E = 69,8\%$
3. Deflexão Benkelman, em 0,01 mm: $B_E = 95$ (0,01 mm)
4. Número N entre A_E e $A_E + 1$: $Np_1 = 324.000$
5. Taxa de crescimento do tráfego em % ao ano/100: t = 0,035

(a.1) Cálculo de TR
$A'' = A_E = 11$
$N(A'') = 6.340.640 \times [(1,035)^{11} - 1] = 2.916.502$
$TR = 18,53 - 0,0456 \times 95 \times 6,4649 - 0,00501 \times 11 \times 6,4649 + 69,8 = 26,5\%$

(a.2) Estimativa da % de área com trincas classe 2 ou maior na idade AE + A
$A' = A_E + A = 11 + 2 = 13$
$N(A') = 6.340.640 \times [(1,035)^{13} - 1] = 3.575.842$
$TR_{A'} = -18,53 + 0,0456 \times 95 \times 6,5534 + 0,00501 \times 95 \times 13 \times 6,5534 + 26,5 = 76,9\%$

(b) Equação II: Previsão de irregularidade em um pavimento existente
1. Idade, em anos, do pavimento existente: $A_E = 11$
2. Quociente de irregularidade, em contagem/km: $QI_E = 85,8$
3. Deflexão Benkelman, em 0,01 mm: $B_E = 95$
4. Número N entre A_E e $A_E + 1$: $Np_1 = 324.000$
5. Taxa de crescimento do tráfego, em % ao ano/100: t = 0,035
6. Número estrutural corrigido: SNC = 4,39

(b.1) Cálculo de QI1
$A'' = A_E = 11$
$N(A'') = 2.916.502$
$\Delta QI1 = 12,63 + 0,393 \times 11 + 8,66 \times 6,4649/4,39 + 7,17 \times 10^{-5} \times (95 \times 6,4649)^2 = 56,7$
QI1 = 85,8 - 56,7 = 29,1 contagem/km

(b.2) Estimativa de QI na idade $A_E + A$
$A' = A_E + A = 13$
$N(A') = 3.575.842$
$QIA' = 12,63 + 0,393 \times 13 + 8,66 \times 6,5534/4,39 + 0,0000717 \times (95 \times 6,5534)^2 + 29,1 = 87,6$ contagem/km

(c) Equação V: Previsão do cociente de irregularidade em um pavimento restaurado com CA.
1. Idade, em anos, do pavimento existente: $A_E = 11$
2. Idade, em anos, do pavimento ao ser restaurado: $A_{RO} = 13$
3. Quociente de irregularidade, em contagem/km: QIA = QIA' = 87,6
4. Deflexão Benkelman, em 0,01 mm: $B_E = B_A = 95$
5. Número N entre A_E e $A_E + 1$: $Np_1 = 324.000$
6. Taxa de crescimento do tráfego em % ao ano/100: t = 0,035
7. Número estrutural corrigido: SNC = 4,39
8. Espessura da restauração de CAUQ em cm: H = 3, com $a_1 = 0,07$

(c.1) Cálculo do número estrutural corrigido após a restauração
$SNC_1 = 4,39 + 0,07 \times 3 = 4,6$

(c.2) Estimativa da deflexão Benkelman após a restauração
$B_D = 95^{(1-0,0687 \times 3^{0,415})} = 58$ (0,01 mm)

(c.3) Cálculo do tráfego a ser suportado pelo pavimento restaurado entre A_{RO} e $A_{RO} + 0,5$
$N(0,5) = 6.340.640 \times [(1,035)^{13,5} - (1,035)^{13}] = 172.046$

(c.4) Cálculo de $\Delta QI2$
$\Delta QI2 = 0,1965 + 8,66 \times 5,2356/4,6 + 7,17 \times 10^{-5} \times (58 \times 5,2356)^2 = 16,7$

(c.5) Cálculo de QIIA
$QIIA = 19 + (87,6 - 19)/(0,602 \times 3 + 1) = 43,4$ contagem/km

(c.6) Estimativa do quociente de irregularidade na idade A da restauração
$A'_R = A_R - A_{RO} = 23 - 13 = 10$
$N(A_R) = 6.340.640 \times (1,035)^{23} - (1,035)^{13} = 4.071.695$
$QIA'R = 43,4 + 0,393 \times 10 + 8,66 \times 6,6098/4,6 + 7,17 \times 10^{-5} \times (58 \times 6,6098)^2$
$-16,7 = 53,6$ contagem/km

Visto que, com a espessura de 3 cm de CAUQ, a restrição quanto a QI foi respeitada, qualquer espessura acima desta levará a resultados satisfatórios no tocante a QI.

(d) Equação VI: Previsão da % de área com trincas de classe 2 ou maior após restauração
1. Idade, em anos, do pavimento existente: $A_E = 11$
2. Idade, em anos, do pavimento ao ser restaurado: $A_{RO} = 13$
3. % da área do pavimento com trincas classe 2 ou maior: $TR_A = 76,9\%$
4. Deflexão Benkelman, em 0,01 mm: $B_A = 95$
5. Número N entre A_E e $A_E + 1$: $Np_1 = 324.000$
6. Taxa de crescimento do tráfego em % ao ano/100: t = 0,035
7. Espessura da restauração em cm: H = 3

(d.1) Estimativa da deflexão após a restauração
$B_D = 95^{(1 - 0,0687 \times 3 \wedge 0,415)} = 58$

(d.2) Estimativa da idade de início das trincas
$C1 = (212,8 - 0,917 \times 76,9) \times 3^{0,681} = 300,7$
$C2 = [(58 - 19,45) \times NMA]^{0,336}$
AITR = 1,21 ano, após restaurar

IDADE (1)	N (2)	NMA (3) (2):(1)	C2 (4)	C1/C2 (5)
1	347.077	347.077	248,02	1,21
1,21	421.492	348.341	248,32	1,21

(d.3) Cálculo de ΔTR
AITR = 1,21
$A''_R = (2/3) \times 1,21 + 0,5 = 1,31$
$N(A''_R) = 6.340.640 \times [(1,035)^{14,31} - (1,035)^{13}] = 457.118$
$\Delta TR = (0,248 \times 1,31 + 2,257) \times 3^{(1,806 \times 58 \times 5,66)} = 116,5$

(d.4) Estimativa da % de área com trincas classe 2 ou maior na idade AR do pavimento
$A'_R = A_R - A_{RO} = 23 - 13 = 10$
$N(A'_R) = 6.340.600 \times [(1,035^{23} - 1,035^{10})] = 4.071.695$
$TR_{A'R} = (0,248 \times 10 + 2,257) \times 3^{(1,806 \times 58 \times 5,66)} - 116,5 = 133,3\% > 30\%$

Portanto, a espessura de 3 cm não atende ao requisito máximo de trincas de projeto. Considera-se uma nova espessura H = 5 cm para os cálculos.
$B_D = 95 (1 - 0,0687 \times 5\wedge 0,415) = 51,6$
$C1 = (212,8 - 0,917 \times 76,9) \times 5^{0,681} = 425,75$

IDADE (1)	N (2)	NMA (3) (2):(1)	C2 (4)	C1/C2 (5)
1	347.077	347.077	233,3	1,82
1,82	640.726	352.047	234,5	1,82

$C2 = [(51,6 - 19,45) \times NMA]^{0,336}$
AITR = 1,82 ano após restaurar
$N(A''_R) = 6.340.640 \times [(1,035)^{14,82} - (1,035)^{13}] = 640.726$
$\Delta TR = (0,248 \times 1,82 + 2,257) \times 5^{(1,806 \times 51,6 \times 5,8067)} = 44,4\%$
$A'_R = 10$
$N(A'_R) = 4.071.695$
$TR_{A'R} = (0,248 \times 10 + 2,257) \times 3^{(1,806 \times 51,6 \times 6,6098)} - 44,4 = 43,9\% > 30\%$

Portanto, novamente, a espessura de 5 cm não atendeu ao requisito máximo de trincas de projeto. Considera-se uma nova espessura H = 7 cm para os cálculos.

$B_D = 95^{(1-0,0687 \times 7^{0,415})} = 47,1$

$C1 = (212,8 - 0,917 \times 76,9) \times 7^{0,681} = 535,38$

IDADE (1)	N (2)	NMA (3) (2):(1)	C2 (4)	C1/C2 (5)
1	347.077	347.077	233,3	2,29
2,29	812.809	354.938	223,5	2,40
2,40	853.487	355.620	223,6	2,39
2,39	849.783	355.558	223,6	2,39

$C2 = [(47,2 - 19,45) \times NMA]^{0,336}$

AITR = 2,39 anos, após restaurar

$N(A''_R) = 6.340.640 \times [(1,035)^{14,82} - (1,035)^{13}] = 849.783$

$\Delta TR = (0,248 \times 2,39 + 2,257) \times 7^{(1,806 \times 47,1 \times 5,9293)} = 23,7\%$

$A'_R = 10$

$N(A'_R) = 4.071.695$

$TR_{A'R} = (0,248 \times 10 + 2,257) \times 7^{(1,806 \times 47,1 \times 6,6098)} - 23,7 = 20,2\% < 30\%$

Faz-se um gráfico com os valores de $TR_{A'R}$ em função de H e determina-se a espessura do pavimento em função do trincamento máximo admissível (30%). Com base nos resultados obtidos pela Equação 6, para espessuras de restauração com CBUQ de 3,5 cm e 7 cm, pode-se determinar graficamente uma curva na qual se apresenta a porcentagem de trincamento na idade A_R do pavimento restaurado em função dessas mesmas espessuras. Ressalta-se que o valor $TR_{A'R} = 133,3\%$ para H = 3 cm foi utilizado apenas para fins de determinação da curva (não existe trincamento superior a 100%!). Dos estudos dos modelos, concluiu-se que H = 6 cm é a espessura de restauração mais econômica que respeita as restrições preestabelecidas.

Análise Mecanicista de Estruturas de Pavimentos com a Teoria de Sistemas de Camadas Elásticas

13.1 Necessidade da Análise Estrutural de Pavimentos

Os critérios de dimensionamento fundamentados no método do CBR e na perda de serventia, o primeiro de natureza semiempírica e o segundo de natureza empírica, não consideram, de maneira explícita, o fato de camadas de revestimentos asfálticos e de bases e sub-bases, asfálticas ou cimentadas, trabalharem em flexão e ficarem assim sujeitas a esforços de tração na flexão, e, portanto, à fadiga.

Do ponto de vista puramente de resistência dos materiais, elementos da estrutura sujeitos a esforços de quaisquer natureza devem ser verificados quanto à sua capacidade de resistir a tais esforços. Além disso, conhecemos o mecanismo de crescimento de fissuras e a ocorrência de fadiga nessas camadas tratadas com ligantes asfálticos e hidráulicos, de tal maneira que os métodos apresentados revelam deficiências, sumariamente indicadas no Quadro 13.1.

Esse quadro permite uma visão panorâmica sobre as impossibilidades de cada método de dimensionamento citado. Tais dificuldades foram paulatinamente sendo vencidas com o tempo, ao longo das últimas quatro décadas, e o esforço no Brasil já vem de ao menos duas décadas. Contemplar os critérios de resistência à ruptura e de resistência à fadiga para camadas asfálticas e tratadas com cimento veio se tornando o foco de várias pesquisas, em especial entre 1983 e 1993. Os avanços futuros vão se concentrar na questão da progressiva deformação plástica dos materiais.

Um ferramental básico para a análise mais completa das estruturas de pavimento, como sabemos, é a Teoria de Sistemas de Camadas Elásticas (Capítulo 8), que permite a determinação de estados de deformações e tensões em vários pontos das camadas. Conhecidos tais esforços, eles podem, então, ser relacionados com os modelos de degradação por fadiga ou por deformação plástica dos materiais de pavimentação.

Contudo, alguns passos são fundamentais para que a associação entre um modelo teórico (TSCE) e os modelos experimentais (de laboratório, em especial) seja de fato útil para a especificação de um projeto de maneira racional. Por coerência, julgamos necessário, como juízo de valor, consubstanciar em um projeto o conhecimento teórico, ou, pelo menos, o uso correto de ferramental teórico, com a indispensável necessidade de se conhecer a fundo os materiais de pavimentação. Se não ocorrer esse casamento, os resultados poderão não ser satisfatórios, não passando de aplicação simples de critérios normativos que geralmente possuem limitações. Embora não oficiais, são determinados critérios de análise estrutural, muito difundidos no meio técnico, que poderão denotar a essência do trabalho de engenharia. Os passos básicos para uma análise estrutural completa de pavimentos asfálticos são indicados na Figura 13.1.

Quadro 13.1 *O que os métodos de dimensionamento permitem fazer*

Método	Objetivo	Fadiga em misturas asfálticas	Fadiga em misturas cimentadas	Proteção de solos e materiais granulares ao cisalhamento	Deformação plástica em trilha de roda	Previsão de perda de serventia do pavimento
DNER (1981)	Nova estrutura	Não*	Não	Sim	Não***	Não
DER-SP (1992)	Nova estrutura	Não*	Não	Sim	Não***	Não
AASHTO (1993)	Nova estrutura ou reforço	Não*	Não	Sim	Não***	Sim
AASHTO (2002)	Nova estrutura ou reforço	Sim	Sim	Sim	Sim	Sim
DNER (1979-A)	Reforço estrutural	Não**	Não	Sim	Não***	Não
DNER (1979-B)	Reforço estrutural	Não**	Não	Não	Não	Não
DNER (1985)	Reforço estrutural	Não	Não	Não	Não***	Sim
DNER (1994)	Reforço estrutural	Sim	Não	Sim	Não	Não
PMSP (2004)	Nova estrutura	Sim	Sim	Sim	Não***	Não
PMSP (2004)	Reforço estrutural	Não	Não	Sim	Não	Não

* Apenas empiricamente.
** Apenas por controle da deflexão.
*** Apenas implicitamente.

A análise funcional, ou seja, perda de serventia, também poderá ser formulada sob um viés estrutural, em termos de evolução da deformação plástica na superfície dos pavimentos. A avaliação de materiais disponíveis na região da obra é fundamental para se explorar um universo, ainda que restrito, de soluções alternativas de pavimentação. Em uma etapa posterior, os critérios de normas técnicas vigentes devem ser empregados para o dimensionamento das possíveis alternativas de pavimentação. O passo seguinte consiste de várias atividades complementares, a saber: análise de atendimento a critérios de fadiga; previsão do desempenho de cada alternativa; determinação dos custos implícitos de cada solução. Somente assim, é possível uma escolha consistente da estrutura de pavimento, bem como sua completa especificação, atendendo a critérios técnicos e econômicos.

Vamos nos pautar, neste capítulo, pelo encaminhamento das análises estruturais, que denominamos análises mecanicistas, visando o atendimento de critérios de fadiga, ainda que não normativos. É necessário, contudo, fixar algumas ideias básicas, pois mesmo esses critérios possuem limitações bastante visíveis. Devem-se considerar os seguintes questionamentos para uma análise mecanicista consistente:

- ◆ O modelo de cálculo de tensões e deformações é adequado ao meu problema?
- ◆ A estrutura de pavimento possui respostas lineares com boa aproximação ou respostas notadamente não lineares?
- ◆ Se o pavimento é novo, existem fissuras transversais presentes que imponham zonas que não podem ser tratadas como semiespaço elástico?
- ◆ Em caso de reforço estrutural, os padrões de fissuração existentes pressupõem a ocorrência de fissuras por reflexão, ou seja, os meios são descontínuos no contato revestimento novo/revestimento antigo?
- ◆ Os modelos de fadiga a serem empregados nas análises estruturais possuem relação com os materiais que serão empregados ou especificados para as obras?
- ◆ Os limites de resistência dos materiais à deformação ou à tensão de tração são, de fato, característicos para os materiais que serão empregados nas obras?
- ◆ Existem relações precisas para a calibração do número de repetições de cargas fornecido pelo modelo de fadiga (quando experimental, de laboratório) e o número real que o material suportaria em campo, ou seja, existe calibração laboratório/campo para o modelo de fadiga empregado nas análises estruturais?

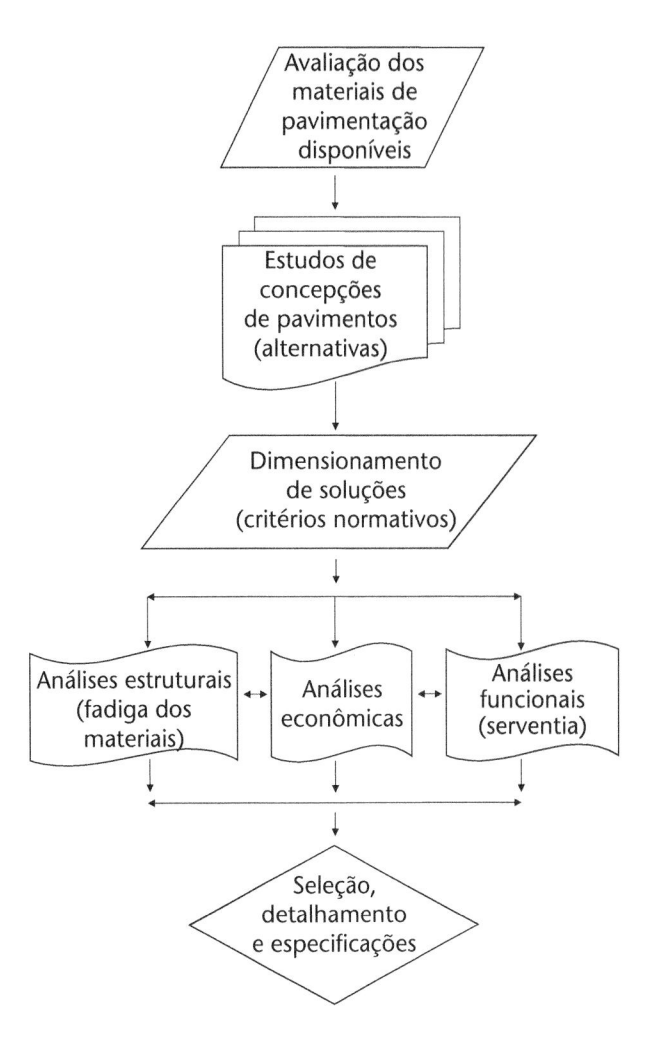

Fig. 13.1 *Processo de seleção de estruturas de pavimentos*

Respondidas às questões acima, ter-se-ia melhor consciência nos processos de análise estrutural, com a escolha de programas de computador adequados, bem como na especificação *a priori* de materiais cujo comportamento à fissuração seja algo mais tangível, analisado anteriormente. Em obras de responsabilidade, urbanas e rurais, que demandam investimentos pesados, nada melhor que estudos básicos para a determinação dos materiais passíveis de emprego e um programa consistente, com apoio de laboratório especializado, na análise de fadiga e de plastificação dos materiais em questão.

Para as finalidades didáticas aqui contidas, será empregado o programa Elsym 5 (TSCE) nos exemplos de rotinas de análises estruturais, não esgotando as questões. Inicialmente, serão apresentadas análises preconcebidas de diversas estruturas de pavimento, de maneira a se aprender a diferenciá-las adequadamente do ponto de vista de respostas estruturais.

13.2 Aprender com as Respostas Estruturais Pautadas pela TSCE

A simulação da TSCE para vários tipos de estruturas de pavimentos permite uma melhor compreensão das respostas estruturais recolhidas durante as análises, o que é apresentado para alguns tipos de pavimentos na sequência. Sugere-se que o leitor simule o programa Elsym 5 com as estruturas de pavimento indicadas, bem como com outras a sua escolha. Os valores de módulos de resiliência adotados nos exemplos para os materiais foram selecionados arbitrariamente com base em informações típicas da literatura nacional das últimas décadas, conforme se apresentou no Capítulo 6.

13.2.1 Pavimentos asfálticos flexíveis

Para uma análise geral de comportamento estrutural de pavimentos asfálticos flexíveis, foi escolhida a estrutura indicada da Figura 13.2. A nomenclatura para os parâmetros de análise é a seguinte:

e_1 = espessura do revestimento, em mm;

e_2 = espessura da base, em mm;

E_1 = módulo de resiliência do revestimento, em MPa;

E_2 = módulo de resiliência da base, em MPa;

E_3 = módulo de resiliência do subleito, em MPa;

δ_1 a δ_6 = deflexões a 0 mm, 300 mm, 600 mm, 900 mm, 1.200 mm e 1.500 mm distantes do ponto de aplicação da carga, no topo do revestimento, em 10^{-2} mm;

εt = deformação específica de tração no fundo do revestimento, em 10^{-4} mm/mm;

δb = deflexão sobre o topo da base, em 10^{-2} mm;

σv = tensão vertical sobre o topo do subleito, em MPa;

δs = deflexão sobre o topo do subleito, em 10^{-2} mm.

As simulações foram realizadas com variações de espessuras de camadas e módulos de resiliência típicos de materiais de pavimentação empregados em obras rodoviárias e urbanas nacionais, e, na Tabela 13.1, são apresentados os resultados obtidos. As estruturas simuladas apresentaram análises para revestimentos em CAUQ convencional (3.500 MPa), para um CAMP (2.000 MPa) e para CAUQ de alto módulo (6.000 MPa, modificado com EVA, por exemplo), contemplando algumas situações-limite. As análises foram realizadas para se obterem as respostas estruturais em linha vertical que passa pelo centro geométrico de um dos pares de roda do eixo.

Contribuição relativa de cada camada na deflexão total

Na Tabela 13.2, são apresentadas as contribuições, em termos porcentuais, de cada camada das estruturas de pavimento analisadas para a deflexão

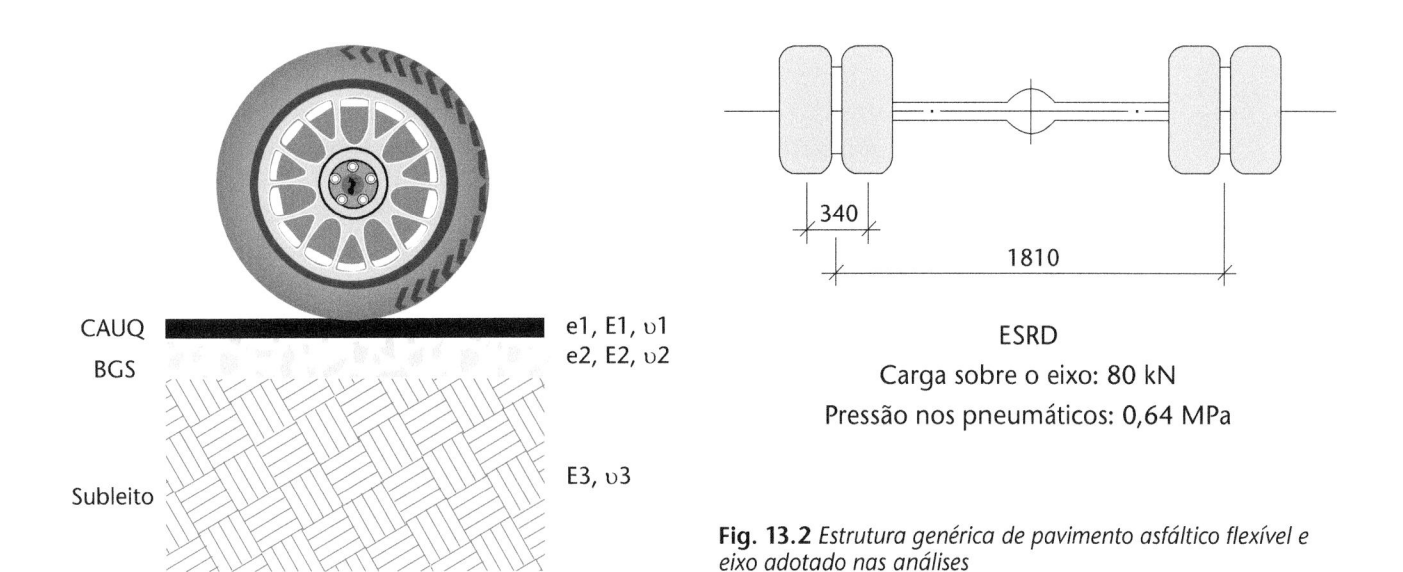

Fig. 13.2 Estrutura genérica de pavimento asfáltico flexível e eixo adotado nas análises

ESRD
Carga sobre o eixo: 80 kN
Pressão nos pneumáticos: 0,64 MPa

Tabela 13.1 Resultados de análises de pavimentos asfálticos flexíveis com a TSCE

Caso	e1	E1	e2	E2	E3	δ_1	δ_2	δ_3	δ_4	δ_5	δ_6	ε_t	δ_b	σ_v	δ_s
1	50	3.500	150	150	50	75	41	30	26	23	21	4,61	74	-1,43	57
2	100	3.500	150	150	50	58	42	31	26	23	21	2,86	57	-0,83	48
3	150	3.500	150	150	50	49	39	31	26	23	20	1,87	48	-0,55	42
4	50	2.000	150	150	50	80	41	31	26	24	21	5,67	79	-1,56	59
5	50	6.000	150	150	50	70	41	30	26	23	21	3,62	70	-1,29	55
6	50	3.500	150	150	150	58	25	15	11	9	7	4,68	58	-1,43	40
7	50	3.500	150	150	250	54	21	11	7	6	4	4,70	54	-1,43	36
8	50	3.500	200	150	50	71	38	28	24	21	19	4,63	71	-1,14	50
9	50	3.500	300	150	50	67	35	24	20	18	17	4,65	66	-0,79	39

total. As contribuições das camadas de base e de subleito são calculadas, respectivamente, pelas expressões:

$$\left[\frac{\delta_b - \delta_s}{\delta_1}\right] \times 100\,[\%] \qquad e \qquad \left[\frac{\delta_s}{\delta_1}\right] \times 100\,[\%] \qquad [13.1]$$

Observa-se dos resultados que, primeiramente, as deflexões totais em pavimentos asfálticos flexíveis mantiveram-se na faixa entre 50 e 80 centésimos de milímetros, um padrão comum de deflexões em rodovias brasileiras.

Os revestimentos asfálticos, elementos mais rígidos das estruturas analisadas, praticamente não sofrem deformações específicas verticais em suas camadas de maneira que sua contribuição para a deflexão total é quase inexistente.

Os subleitos, elementos mais deformáveis elasticamente, respondem pela maior parcela de contribuição para a formação das deflexões totais, que, nos casos analisados, variaram entre 60% e 85%.

Nos casos 6 e 7, a menor contribuição do subleito ocorreu pelo aumento de seu módulo de resiliência, o que torna, obviamente, a estrutura menos deformável. O aumento do módulo de resiliência da base, como nos casos 8 e 9, gerou uma melhor distribuição de pressões sobre os subleitos (menores valores de σv), o que garante níveis de deformação menores do subleito, que está menos solicitado, reduzindo sua contribuição.

Portanto, verifica-se que, quanto menos deformável for a base, mais esta passa a contribuir na mobilização de deformações (casos 8 e 9). Vale citar que a base é mais exigida nesse quesito quando apoiada sobre subleitos menos resilientes (menos deformáveis). O aumento da espessura de revestimento, por sua vez, alivia pressões sobre as bases de tal sorte que estas se deformam menos, contribuindo menos para a deflexão total; em contrapartida, os revestimentos apresentam ligeiro aumento em sua contribuição quando são mais espessos (casos 2 e 3). O efeito dessa espessura é inverso no caso dos subleitos, pois, com bases contribuindo menos, as camadas de fundação arcam com o ônus (casos 2 e 3).

Tabela 13.2 *Contribuição percentual na deflexão total de cada uma das camadas dos pavimentos (%)*

Caso	Revestimento	Base	Subleito
1	1	23	76
2	1	16	83
3	2	12	86
4	1	25	74
5	0	21	79
6	0	31	69
7	0	33	67
8	0	30	70
9	2	40	58

Formas das bacias de deflexões

Na Figura 13.3, observam-se alterações importantes nos valores de deflexões centrais nas bacias com o aumento da espessura do revestimento asfáltico: quanto maior é a deflexão, menos deformável é a estrutura. Por outro lado, também se conclui que essa redução na deformabilidade proporcionada pela espessura do revestimento se reflete muito pouco a distâncias a partir de 0,3 m da carga, resultando em bacias semelhantes. Isso ajuda interpretar, a princípio, que as deflexões distantes da carga são mais afetadas pelos parâmetros das camadas inferiores, que, no caso, foram mantidos invariáveis.

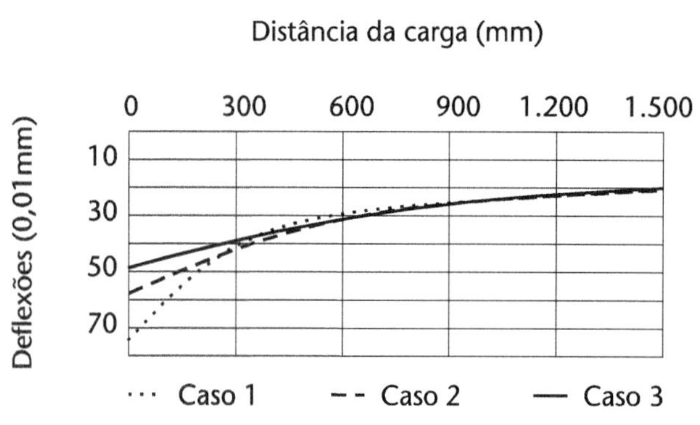

A variação do módulo de resiliência do revestimento asfáltico, por sua vez, traz conseqüências importantes para as análises, pois, como verificado na Figura 13.4, é pouco significativa a influência do

Fig. 13.3 *Bacias de deflexões segundo as espessuras de revestimento*

módulo de elasticidade do revestimento no resultado das distribuições de esforços nas camadas inferiores. Verifica-se assim que, para a diminuição da deformabilidade das estruturas, é mais importante a espessura do revestimento asfáltico que o próprio módulo de resiliência. Isso se nota nos resultados da Tabela 13.1 por comparação entre os casos de 1 a 5. Neles, é evidente que o aumento de espessura reduz, expressivamente, as pressões sobre o subleito, ao contrário do incremento modular do revestimento, que causa reduções, porém muito menos apreciáveis.

A Figura 13.5 descreve as variações nas deflexões em função de alterações no módulo de resiliência do subleito. Como era de se esperar, intuitivamente, quando o módulo do subleito aumenta, as deflexões diminuem e tal decréscimo é sentido em toda a área de influência da carga. Todavia os decréscimos são menos sensíveis à medida que os módulos aumentam. Observe-se que o módulo de resiliência do subleito condiciona as deflexões em todos os pontos. Na Tabela 13.1, verifica-se que não variam as pressões que ocorrem sobre o subleito com aumento de seu módulo de resiliência quando mantidos invariáveis os demais parâmetros.

O efeito da espessura da base na bacia de deflexões é apresentado na Figura 13.6. A variação de 150 mm para 300 mm em sua espessura causa uma pequena melhora na resposta do pavimento, com redução das deflexões. A forma geral das bacias não se altera com variações na espessura da base granular. Observa-se, na Tabela 13.1, que as pressões sobre o subleito se reduzem com o aumento da espessura da base.

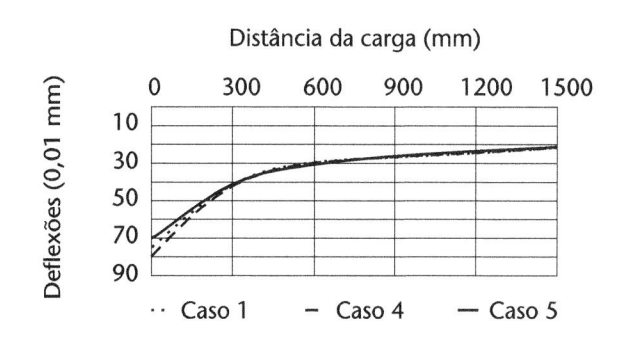

Fig. 13.4 *Bacias de deflexões segundo o módulo de resiliência do revestimento*

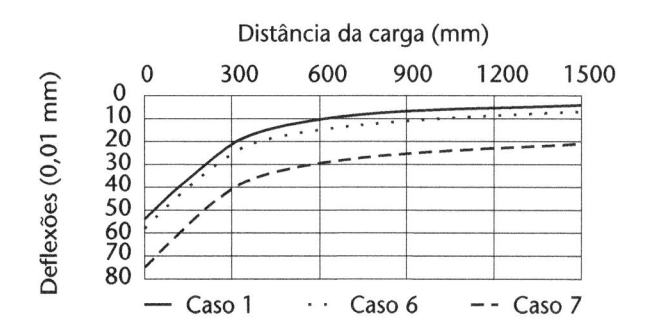

Fig. 13.5 *Bacias de deflexões segundo o módulo de resiliência do subleito*

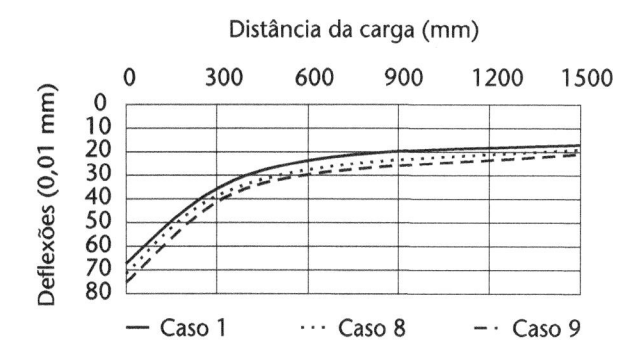

Fig. 13.6 *Bacias de deflexões segundo a espessura da base*

Deformações de tração no revestimento asfáltico

Com base nos resultados apresentados na Tabela 13.1, pode-se afirmar que:

◆ As deformações específicas de tração no revestimento asfáltico são menores quando sua espessura aumenta, mantidas idênticas as demais variáveis.
◆ O aumento do módulo de resiliência na camada de revestimento ocasiona uma redução nas deformações específicas de tração nessa camada; aumentam, quando o módulo é reduzido, ou seja, quando aumenta a flexibilidade (elasticidade) do material.

- ◆ O aumento de espessura na base pouco afetou as deformações específicas de tração na fibra inferior do revestimento asfáltico.
- ◆ Aumentos no módulo de resiliência do subleito pouco contribuíram para as alterações nas deformações do revestimento.
- ◆ Quanto menor for E1/E2, menores serão os esforços no revestimento.

13.2.2 Pavimentos asfálticos semirrígidos convencionais

Na análise de pavimentos asfálticos semirrígidos convencionais, foi escolhida a estrutura indicada da Figura 13.7, sendo esta a nomenclatura adotada para as variáveis:

e1 = espessura do revestimento, de 50 mm, 100 mm ou 150 mm;
e2 = espessura da base, de 150 mm, 200 mm ou 250 mm;
E1 = módulo de resiliência do revestimento, fixado em 3.500 MPa;
E2 = módulo de resiliência da base, de 5.000 MPa ou 10.000 MPa;
E3 = módulo de resiliência do subleito, de 30 MPa, 90 MPa ou 150 MPa;
$\delta1$ = deflexão sob a carga, em uma vertical no centro geométrico das duas rodas, em 10^{-2} mm;
εt = deformação específica de tração no fundo do revestimento, em 10^{-4} mm/mm;
δb = deflexão sobre o topo da base, em 10^{-2} mm;
σh = tensão horizontal no fundo da base cimentada, em MPa;
σv = tensão vertical sobre o topo do subleito, em MPa;
δs = deflexão sobre o topo do subleito, em 10^{-2} mm.

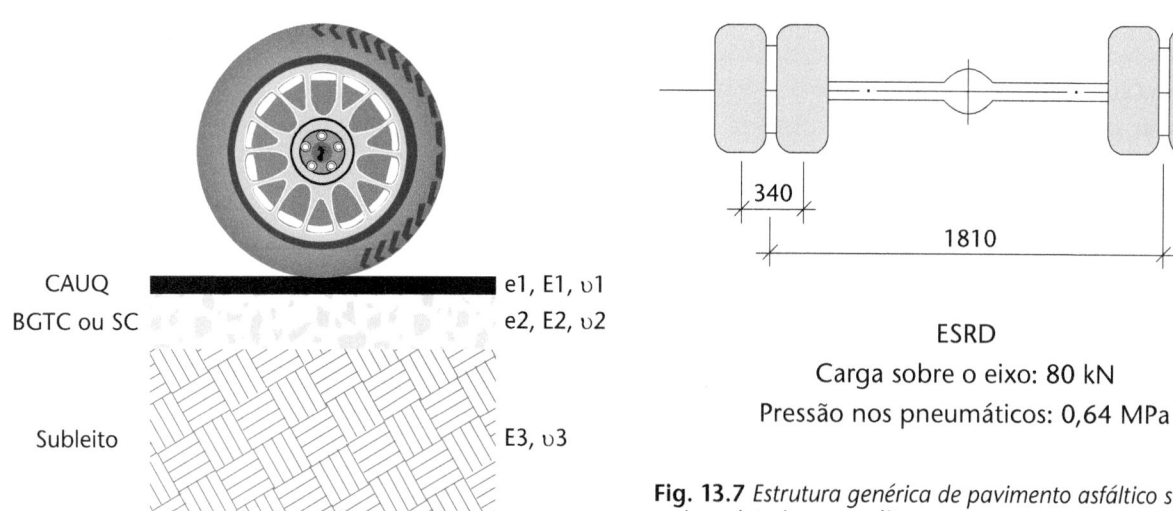

Fig. 13.7 *Estrutura genérica de pavimento asfáltico semirrígido e eixo adotado nas análises*

Na Tabela 13.3, são apresentados de modo resumido os resultados obtidos com as simulações requeridas para o estudo com o programa Elsym 5. Neste caso, foram suprimidas apresentações das deflexões em distâncias diferentes do centro de aplicação de cargas, como no caso anterior, que, porém, foram representadas graficamente em diversas bacias de deflexão relacionadas a seguir.

O primeiro ponto a ser observado nos resultados é, mantidas todas as condições idênticas, que as deformações na camada de revestimento sofrem decréscimos com o aumento de sua espessura. Além disso, as deformações são de compressão na fibra inferior, o que indica que a camada de concreto asfáltico encontra-se em plena compressão. Essa situação é transitória nesse tipo de pavimento porque, como já vimos, à medida que a base cimentada sofre fadiga, o efeito-placa diminui, seu módulo de elasticidade diminui, e surgem as tensões de tração no fundo do revestimento. Com o aumento da espessura do revestimento, também diminuem os esforços de tração na flexão no fundo da base cimentada, as pressões sobre o subleito e as deflexões no topo da estrutura para a carga-padrão.

Tabela 13.3 *Resultados de análises de pavimentos asfálticos semi-rígidos convencionais com a TSCE*

Caso	e1	E1	e2	E2	E3	δ_1	ε_t	δ_B	σ_H	σ_V	δ_S
1	50	3.500	150	5.000	150	26	-0,45	26	0,62	-0,05	26
2	100	3.500	150	5.000	150	23	-0,28	23	0,48	-0,04	23
3	150	3.500	150	5.000	150	20	-0,12	21	0,39	-0,03	20
4	150	3.500	200	5.000	150	18	-0,16	18	0,31	-0,02	18
5	150	3.500	250	5.000	150	17	-0,16	17	0,25	-0,02	17
6	150	3.500	150	10.000	150	19	-0,13	19	0,54	-0,02	19
7	150	3.500	200	10.000	150	17	-0,14	17	0,42	-0,02	17
8	150	3.500	250	10.000	150	15	-0,17	15	0,34	-0,01	15
9	150	3.500	200	10.000	90	25	-0,15	25	0,48	-0,01	25
10	150	3.500	200	10.000	30	61	-0,17	61	0,60	-0,01	61

Uma consideração importante consiste nas alterações verificadas do caso 3 para os casos 4 e 5. Observe-se que a única alteração foi o emprego de maiores espessuras de base cimentada, quando se verificam decréscimos nas deflexões, porém o fato importante foi o decréscimo nas tensões de tração na flexão na própria base cimentada. Por tratar-se da única camada em tração na flexão, o aumento de espessura reflete positivamente a seu favor, raciocínio que não pode ser assumido para pavimentos de concreto, quando aumentos em espessura representam aumento de rigidez na estrutura que possui um elemento rígido (placa) acima da base cimentada. No caso dos pavimentos asfálticos semi-rígidos, o aumento da espessura da base cimentada representaria maior durabilidade (à fadiga), mantido um padrão de tráfego.

Quanto às deflexões, de início se observa que, nesse tipo de pavimento, o subleito arca com praticamente 100% dos deslocamentos verticais sob carga. Isso é um forte indicativo de que subleitos muito resilientes causariam maiores deflexões e maiores tensões na base cimentada, um ponto a ser bem cuidado em projetos de pavimentos com bases e sub-bases cimentadas. Os casos 9 e 10 são gritantes ao denunciarem acréscimo excessivo nas deflexões com o aumento da deformação resiliente do subleito. As deflexões, excluídos o caso 10 de solos de subleito muito resilientes, apresentam-se cerca de 50% ou mais inferiores às deflexões observadas anteriormente no caso do pavimento flexível.

Na Figura 13.8, observa-se a pouca alteração no comportamento do pavimento com modificações na espessura dos revestimentos quanto às deflexões. O mesmo se observa na Figura 13.9 para variações quanto ao aumento da espessura da base cimentada. Contudo, as variações de tensões nas camadas são sensíveis, razão pela qual apenas bacia de deflexão não é ferramenta exclusiva para uma precisa análise da questão.

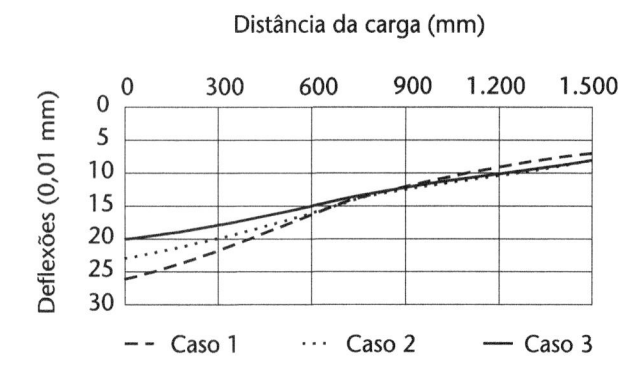

Fig. 13.8 *Bacias de deflexões segundo a espessura do revestimento*

Fig. 13.9 *Bacias de deflexões segundo a espessura da base cimentada (SC)*

Os casos 5 e 8 representados na Figura 13.10 apresentam como diferença apenas a variação no módulo de resiliência da base, de um solo-cimento para uma brita graduada tratada com cimento. Essa alteração causa um deslocamento de extensa parte da bacia de deflexões para cima, o que denota um enrijecimento da estrutura. Recorde-se apenas de que a modificação impõe maiores tensões na base cimentada.

Na Figura 13.11, observam-se os efeitos de subleitos mais resilientes nas deflexões, o que mostra, com clareza, a importância demasiada da consideração correta das características dos subleitos nesses casos. Contudo, o efeito de placa ainda está presente no pavimento, com bacias sem pontos de inflexão notáveis. Por fim, a Figura 13.12 diferencia, em termos de bacia de deflexão, um pavimento asfáltico semirrígido daquele flexível, que apresenta não apenas deflexões mais elevadas, como também tendência de aumento importante das deflexões nas proximidades da região de aplicação de cargas.

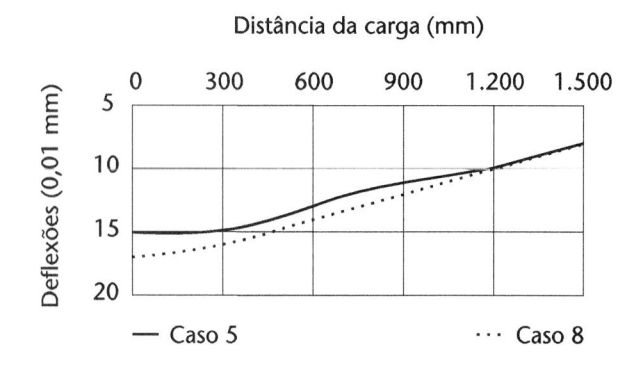

Fig. 13.10 *Bacias de deflexões segundo o módulo de resiliência da base (SC e BGTC)*

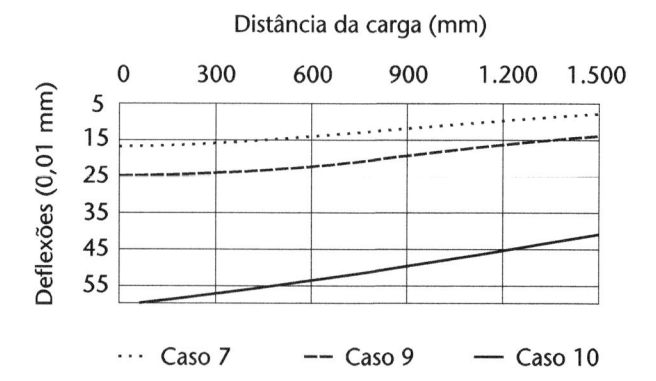

Fig. 13.11 *Bacias de deflexões segundo o módulo de resiliência do subleito (base em BGTC)*

13.2.3 Pavimentos asfálticos perpétuos

Com base na TSCE, pode-se também avaliar o pavimento asfáltico perpétuo, que, nesse caso, foi parametrizado de acordo com padrões apresentados na Figura 13.13. Para tais simulações, foram empregados dois casos extremos: com as espessuras e módulos de resiliência mínimos e máximos, conforme abaixo indicados:

- SMA com espessuras de 40 mm e 80 mm; módulos de 2.800 MPa e 3.800 MPa; Poisson de 0,35.
- Base de elevado módulo com espessuras de 120 mm e 180 mm; módulos de 10.000 MPa e 20.000 MPa; Poisson de 0,25.
- CAMP com espessuras de 60 mm e 120 mm; módulos de 1.500 MPa e 2.500 MPa; Poisson de 0,40.
- Subleito com módulo de 25 MPa e 75 MPa; Poisson de 0,45.

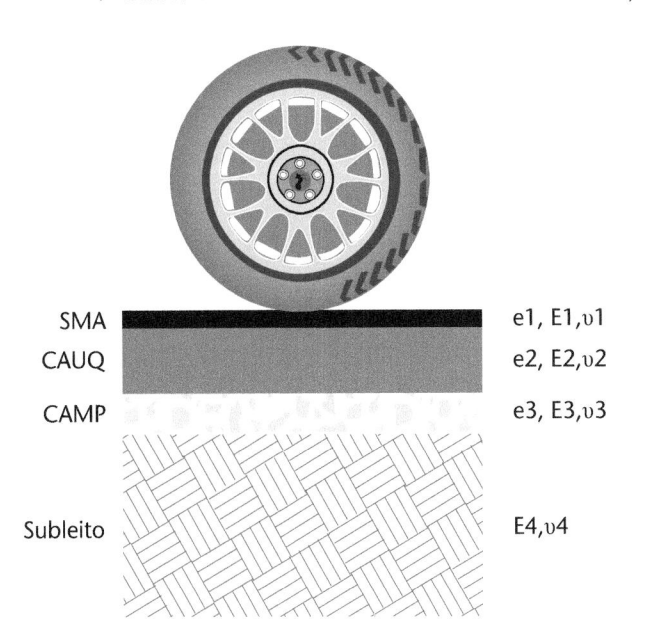

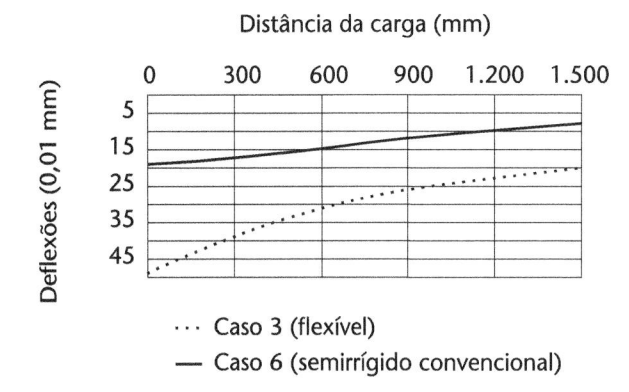

Fig. 13.12 *Bacias de deflexões de pavimento asfáltico flexível e semi-rígido convencional (base em BGTC)*

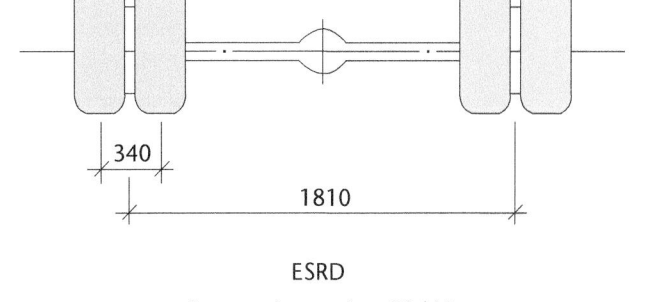

ESRD
Carga sobre o eixo: 80 kN
Pressão nos pneumáticos: 0,64 MPa

Fig. 13.13 *Estrutura genérica de pavimento asfáltico perpétuo e eixo adotado nas análises*

Nas Figuras 13.14 e 13.15, são apresentados gráficos que descrevem a variação da deformação específica de tração ao longo da profundidade das camadas cotejadas, onde se verificou que a linha neutra da estrutura se encontra sempre na camada rígida da base negra. Tal circunstância impõe, na camada superior de SMA, uma condição de completa compressão, resposta bastante similar ao pavimento semirrígido com base cimentada.

Ora, evidentemente a mistura asfáltica em SMA, se comprimida durante a fase íntegra de comportamento estrutural, não fica submetida à degradação por fadiga pela plastificação por tração do material asfáltico componente da mistura. Além disso, por sua matriz pétrea, é altamente resistente à deformação plástica por comparação ao CAUQ tradicional. Por outro lado, é possível que a camada de sub-base, constituída por mistura do tipo concreto asfáltico com asfalto modificado por polímeros (CAMP), seja de fato muito resistente à fadiga, pois se encontra, a seção plena, solicitada por deformações de tração, o que exige boa flexibilidade e elevada recuperação elástica da mistura.

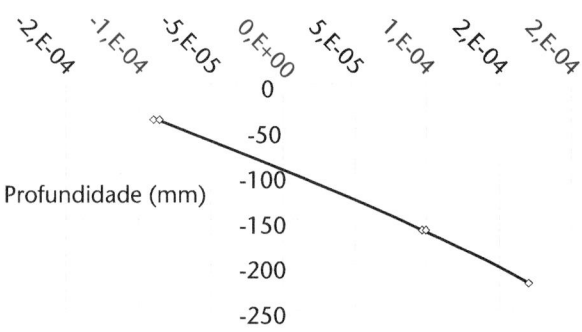

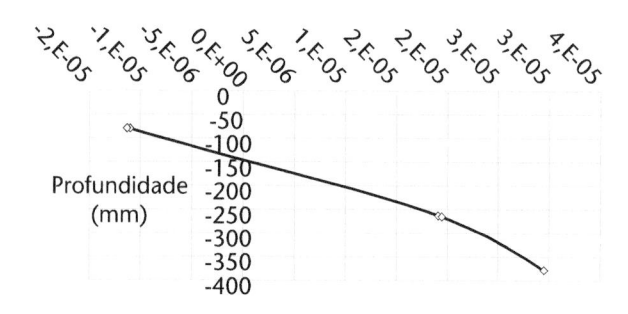

Fig. 13.14 *Estrutura de pavimento asfáltico perpétuo com módulos e espessuras inferiores*

Fig. 13.15 *Estrutura de pavimento asfáltico perpétuo com módulos e espessuras superiores*

Na Tabela 13.4, são apresentados os valores obtidos para deflexões totais ($\delta 0$), a pressão sobre o subleito ($\sigma_{v,3}$) e as deformações específicas de tração no fundo da base negra ($\varepsilon_{2,f}$) e da sub-base asfáltica ($\varepsilon_{3,f}$), bem como os valores de parâmetros para quais foram simulados alguns casos, considerada a espessura do SMA de 50 mm e seu módulo de resiliência de 3.300 MPa, a espessura da sub-base de 90 mm e seu módulo de resiliência de 2.100 MPa, bem como o módulo de resiliência do subleito de 100 MPa.

Tabela 13.4 *Análise de sensibilidade de alguns parâmetros no pavimento asfáltico perpétuo*

E2 (MPa)	e2 (mm)	$\delta 0$ (0,01mm)	$\sigma_{v,3}$ (MPa)	$\varepsilon_{2,f}$ (mm/mm)	$\varepsilon_{3,f}$ (mm/mm)
10.000	120	31,0	-0,026	5,43E-05	9,32E-05
15.000		29,7	-0,024	4,65E-05	8,04E-05
20.000		28,9	-0,022	4,16E-05	7,24E-05
10.000	140	29,2	-0,023	4,78E-05	7,87E-05
15.000		28,0	-0,020	4,09E-05	6,79E-05
20.000		27,2	-0,019	3,66E-05	6,11E-05
10.000	160	27,8	-0,020	4,28E-05	6,79E-05
15.000		26,7	-0,018	3,66E-05	5,86E-05
20.000		25,9	-0,016	3,27E-05	5,28E-05
10.000	180	26,6	-0,017	3,88E-05	5,97E-05
15.000		25,5	-0,016	3,32E-05	5,15E-05
20.000		24,8	-0,015	2,97E-05	4,64E-05

A Figura 13.16 mostra como a deflexão total na superfície do pavimento varia em função da rigidez da base negra (pelo aumento de espessura ou de módulo de resiliência). Conclui-se que a variação de espessura impõe redução mais importante nos valores de deflexões que alterações no módulo de resiliência na faixa considerada. Observe-se que os valores de deflexões resultantes são típicos de valores encontrados, tanto teoricamente quanto na prática, para pavimentos semirrígidos com base tratada com cimento.

Na Figura 13.17, é verificada graficamente a sensibilidade das pressões aplicadas sobre o subleito em função do aumento da rigidez da base negra, da qual se extrai que, como em um pavimento semirrígido, o aumento da rigidez da base, seja resultante de módulos de resiliência maiores, seja de espessuras maiores, ocasiona sensíveis diminuições nas tensões verticais, incrementando o efeito de placa da estrutura sobre a fundação. Além disso, os níveis de pressão vertical sobre o subleito são bastante baixos em comparação ao caso de pavimentos asfálticos com bases granulares (flexíveis).

Observa-se, por meio dos elementos gráficos apresentados nas Figuras 13.18 e 13.19, que as deformações específicas de tração (horizontais) no fundo da base e da sub-base asfáltica sofrem sensíveis decrementos à medida que a rigidez da base aumenta, seja em termos de espessura, seja em termos de módulo de resiliência. No entanto, cabe observar que as deformações na camada de sub-base com CAMP (mais flexível) tendem a apresentar magnitude cerca de duas vezes superior às deformações presentes na camada superior, o que enfatiza a necessidade de tal material ser altamente resistente à fadiga.

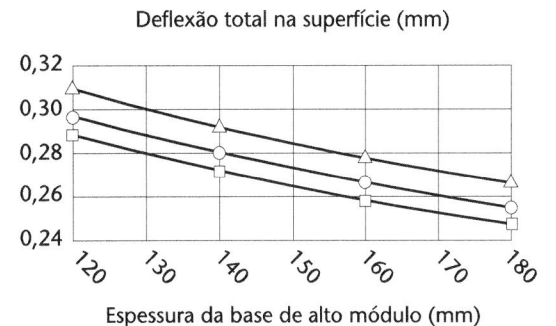

Fig. 13.16 *Deflexões totais como função da espessura e do módulo de resiliência da base*

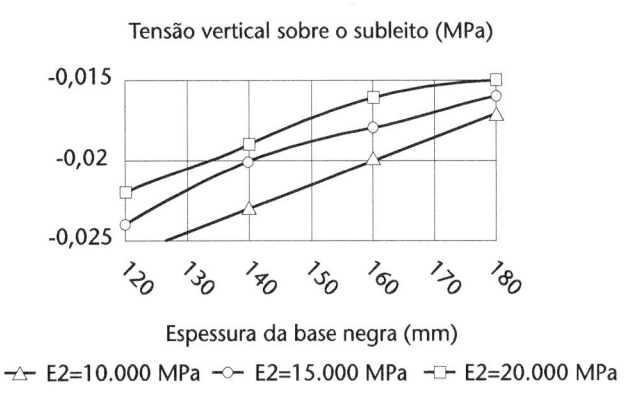

Fig. 13.17 *Pressões sobre o subleito como função da espessura e do módulo de resiliência da base*

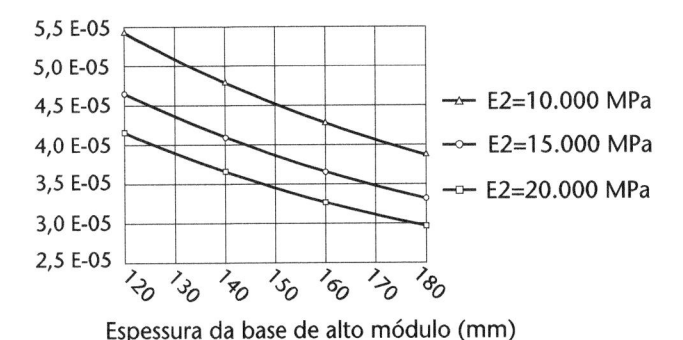

Fig. 13.18 *Deformação específica no fundo da base em função de sua espessura e módulo de resiliência*

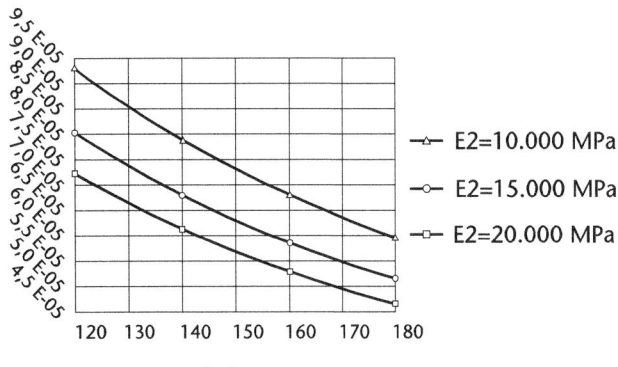

Fig. 13.19 *Deformação específica no fundo da sub-base de CAMP em função da espessura e do módulo de resiliência da base*

13.3 Retroanálise de Módulos de Resiliência com a TSCE

Os valores de módulo de resiliência obtidos em laboratório geralmente refletem uma condição de preparação do material, bem como de aplicação de carga *sui generis*, diferentes das condições normais observadas em pista. Módulos de resiliência medidos por meio de ensaios sobre amostras recolhidas de pista poderiam, em certos casos, melhor expressar suas reais características e com maior precisão seus parâmetros elásticos. Reflita-se, por exemplo, quanto ao caso de uma brita graduada compactada em laboratório por meio de soquetes e aquele de uma mesma brita graduada compactada em pista por meio de rolos vibratórios, nas quais são presentes o confinamento e tensões residuais de compactação.

Como agravante da possibilidade de medida do módulo de resiliência, de maneira confiável, em laboratório, apresentam-se os inúmeros casos de estudos de restauração de rodovias, quando necessitamos dos parâmetros resilientes que os materiais apresentam em pista. Ora, os materiais granulares sofreram degradação por erosão e bombeamento de finos. Os materiais cimentados, quanto menos resistentes, sofreram fissuração intensa por fadiga, originando um conjunto de blocos e peças que podem até mesmo estar trabalhando de maneira independente.

Nessas situações, torna-se um contrassenso se "estimar" valores em laboratório, mesmo com amostras retiradas de pista, já que tais amostras não refletem o *comportamento conjunto* de todas as peças que compõem uma camada. Seria necessário muito esforço criativo para se encontrar um valor de módulo de resiliência para uma camada de base de solo-cimento fissurada, que já sofreu fadiga. Em campo, é a camada inteira que responde elasticamente, com suas mazelas intrínsecas. Como proceder em tal situação, se se deseja empregar a TSCE para uma análise do pavimento existente para finalidades de verificação de esforços em camadas de reforço estrutural em CAUQ?

Tomemos o caso dos pavimentos. Como já se verificou, a maneira mais direta e simples de avaliação da capacidade mecânica da estrutura, em face das cargas aplicadas, é a medida de deflexões por meio de instrumento adequado (viga de Benkelman ou FWD). Na Figura 13.20, temos uma representação da deformação de superfície do pavimento sob ação da carga do tráfego. Essa deformação de superfície, a bacia de deflexões, é determinada com uma simples prova de carga sobre o pavimento existente com uma das duas técnicas de medida de deflexões citadas.

A carga atuante sobre o pavimento cria um campo de tensões ou pressões na estrutura de pavimento. Como se nota na representação desse bulbo de pressões na Figura 13.20, nas proximidades do ponto de aplicação da carga, todas as camadas, em todos os seus pontos, da superfície a um ponto-limite em profundidade no subleito, deformam-se,

---

Em inúmeras situações em engenharia, realizamos o que se chama de retroanálise. Retroanálise é um processo pelo qual, conhecendo-se as respostas em termos de deformações ou tensões da estrutura real, medidas por meio de algum instrumento, procura-se simular uma teoria condizente com o comportamento da estrutura em questão, verificando-se para quais parâmetros (em geral, os parâmetros geométricos e de carregamento são conhecidos *a priori*) o modelo teórico (analítico ou numérico) consegue representar, com a maior fidelidade possível, as medidas reais obtidas em campo.

e portanto, deslocam-se. À medida que se afasta da carga, há inúmeros pontos na superfície que se deslocam, porém, praticamente não se deformam, dada a distância da carga.

Contudo, abaixo desses pontos mais superficiais que não se deformam (embora se desloquem verticalmente, pois a estrutura é monolítica), há pontos das camadas que ainda se encontram sob efeito do bulbo de pressões, do campo de tensões imposto pela carga ou pelas cargas. Quanto mais se afasta da carga, há mais pontos, da superfície para o fundo, que não se deformam, porém ainda se deslocam, pois há materiais e camadas se deslocando abaixo destes. Vão ocorrendo então, a determinadas distâncias, condições nas quais o campo de tensões não afeta a primeira camada; portanto, os deslocamentos verticais (deflexões) na superfície são consequência apenas das deformações sofridas pelas camadas de base, sub-base e de subleito, por exemplo. Quanto mais se afasta, menos as camadas mais superiores contribuem nas deflexões de superfície, pois não se deformam (apenas se deslocam monoliticamente com os deslocamentos subjacentes).

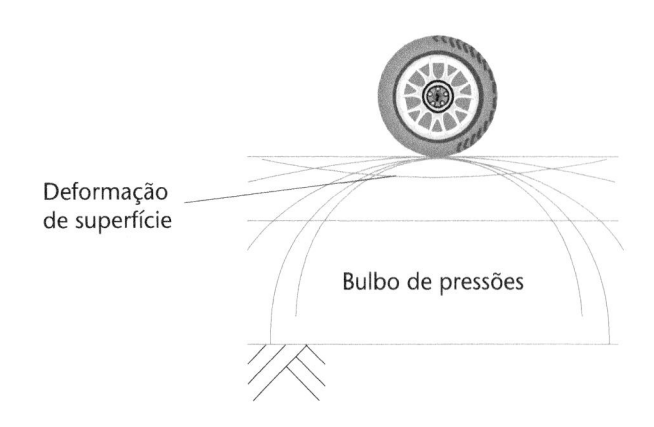

Fig. 13.20 *Representação esquemática do bulbo de pressões no conjunto e na bacia de deflexões*

Nesse raciocínio intuitivo e progressivo, tem-se que a uma grande distância da carga, por exemplo, apenas o subleito sofre ações de deformação e se desloca verticalmente por efeito do campo de tensões. Um pouco mais próximo da carga, subleito e sub-base se deformam, e a base e o revestimento apenas acompanham os deslocamentos verticais. Isso ocorre sucessivamente, até que, debaixo do centro da roda, cada camada apresentará sua deformação máxima, impondo naquele ponto da superfície o deslocamento vertical (deflexão) máximo.

A retroanálise consiste na representação teórica da bacia de deflexões obtida em campo. Para se realizar essa tarefa, normalmente são empregados os seguintes critérios e condições:

- ◆ Admitem-se conhecidas as espessuras das camadas do pavimento em análise, pois é bastante simples a determinação dessas alturas em campo, o que se faz por meio de abertura de poço de inspeção (nunca acredite piamente em informações de terceiros sobre espessuras de um pavimento existente: a vítima pode ser você!).
- ◆ A abertura de poços de inspeção permite a avaliação, pelo menos subjetiva, da existência de contaminação em bases granulares, o que é importante para uma estimativa mental de seu módulo de resiliência nas condições de pista.
- ◆ A avaliação de defeitos na superfície do pavimento permite detectar a ocorrência de fadiga em revestimentos e muitas vezes em bases cimentadas (fissuras de reflexão em blocos), o que é fundamental para um pré-julgamento das possíveis faixas de módulos de elasticidade dessas camadas em pista.

♦ Devem ser conhecidas, com precisão, a carga aplicada sobre rodas (normalmente emprega-se o eixo-padrão com 80 kN) e a pressão dos pneumáticos durante os testes. No caso do FWD, regula-se o nível de aplicação de carga desejado.

13.3.1 Processo de retroanálise manual

A despeito da existência de diversos programas de computador para a retroanálise automatizada de módulos de resiliência de camadas de pavimentos (os mais populares são os programas Modulus e Elmod), eles nem sempre estão disponíveis para todos os usuários. Nessas situações, o emprego do programa Elsym 5 para solução da TSCE é bastante razoável, quando se trabalha dentro das hipóteses de linearidade de comportamento dos materiais (é o que se faz na prática com análises estruturais e projetos na atualidade). Atualmente, há programas de retroanálise automatizados disponíveis e gratuitos na Internet.

> **RETROANÁLISE**
> Recurso em que são testados analiticamente valores de módulos de elasticidade das camadas do pavimento de maneira que, também analiticamente, as respostas das deflexões simuladas se aproximem o máximo possível das medidas de deflexões obtidas em campo para uma condição de carregamento conhecido.

Obtidos todos os dados de campo (espessuras e condições de camadas e deflexões para várias distâncias a partir do ponto de aplicação de cargas), o engenheiro precisa, inicialmente, com base em sua experiência, fazer uma conjectura realista sobre os valores de módulos de elasticidade de cada material nas camadas do pavimento: o revestimento asfáltico encontra-se íntegro ou fissurado? A base está contaminada? E a sub-base? A base já sofreu fadiga? Qual é o tipo de subleito, laterítico ou saprolítico? Essas e outras inúmeras indagações devem ser feitas pelo analista para que ele faça um julgamento inicial sobre a faixa de valores possíveis para os módulos de resiliência das camadas.

Quanto ao programa para TSCE em uso, o engenheiro deverá ter consciência prévia de seu funcionamento, bem como boa sensibilidade de como o programa responde às deflexões em função de variações nos parâmetros elásticos, como se procurou enfatizar no item anterior.

Após ter tudo em mão e refletido bastante sobre os possíveis valores para módulos de resiliência, o avaliador impõe todas essas condições como entrada do programa, tendo fixado valores de partida para os módulos de elasticidade das camadas, simulando então o programa e analisando a saída de dados referentes às deflexões teóricas, para as mesmas coordenadas de avaliação em pista. Então, compara os resultados teóricos com aqueles obtidos em campo (deflexões). A partir desse julgamento, em um processo interativo de tentativa e erro, por aproximação dos valores de módulos, a análise permite que se aproxime cada vez mais dos valores de deflexões obtidas em pista. O critério de parada das interações é definido pelo engenheiro que realiza as análises, em geral, não se tolerando mais que 10% de variação entre cada deflexão para cada coordenada de medida.

13.3.2 Recomendações úteis para retroanálises

◆ Temperaturas extremas são importantes para a parametrização de camadas asfálticas.

◆ O módulo do subleito é inicialmente ajustado para as deflexões mais distantes da carga, assumindo-se módulos de resiliência críveis para bases e revestimentos.

◆ Em um pavimento com resposta flexível em termos de deflexões, recorde-se que o subleito poderá ser responsável por mais de 75% da deflexão total.

◆ Ajuste-se posteriormente o módulo das camadas de base intermediárias para as deflexões centrais.

◆ Módulos de revestimentos asfálticos, quando não muito deteriorados (M_r > 1.800 MPa), costumam afetar pouco os resultados. Os ajustes de módulos de revestimentos são mais finos para situações de degradação mais avançadas.

◆ Trabalhar com bacias de deflexão médias somente agrava as dificuldades. Procure sempre trabalhar com uma bacia real e com valores de espessuras compatíveis para o local onde foram medidas as deflexões em pista.

◆ Analisar sempre duas ou mais seções de segmentos homogêneos como forma de checagem das retroanálises realizadas. Depois, admite-se supor condições idênticas para todo o segmento homogêneo.

◆ Quanto mais não linear no mundo real forem as respostas das camadas, mais difícil será uma retroanálise adequada.

◆ Para apoio na definição de valores de módulos de elasticidade, modelos constitutivos de solos e agregados podem ser úteis se disponíveis, desde que os materiais se encontrem íntegros em pista.

◆ Criar sempre, cumulativamente, bancos de dados referentes a retroanálises, para determinações em situações futuras. É um grande aprendizado.

◆ Cuidados com presença de camadas rígidas (rochas) como subleito. Usar módulos elevadíssimos (> 100.000 MPa) para representar camadas dessa natureza.

13.3.3 O caso de um pavimento flexível recém-construído

O pavimento flexível, cuja retroanálise de módulos de resiliência é apresentada na Tabela 13.5, era o pavimento original de uma rodovia de baixo volume de tráfego, constituído por revestimento em CAUQ (40 mm), base em BGS (150 mm), sub-base em solo granular saprolítico (cascalho com 150 mm) e subleito em solo argiloso não laterítico (NG' na classificação MCT). As medidas de campo de deflexões foram realizadas com viga de Benkelman e ESRD com 80 kN.

As camadas de base e de sub-base apresentam, nesse caso, comportamento resiliente aferido em laboratório bastante semelhantes, dependentes apenas das tensões de confinamento. Em campo, observaram-se módulos de

Tabela 13.5 *Retroanálise dos módulos de resiliência das camadas em pavimento flexível novo*

#	Módulos de Resiliência (MPa)				Deflexões a partir da carga (x 0,01 mm) (valores em negrito são de pista)						
	Rev.	Base	Sub-base	Sub.	δ_0	δ_{125}	δ_{250}	δ_{400}	δ_{600}	δ_{800}	$\delta_{1.000}$
	Valores tentativos				**42,4**	**29,5**	**21,5**	**13,9**	**9,6**	**5,9**	**2,6**
A	3.300	415	350	150*	40,3	25,1	18,8	14,1	11,4	8,1	4
B	3.300	375	350	150*	41,8	25,1	18,8	14,1	11,4	8,1	4
C	3.300	350	325	150*	43,5	26,5	19,3	14,2	11,4	8	4
D	3.300	360	340	150*	42,7	26,1	19,1	14,1	11,4	8	4

* São possíveis ajustes mais finos para o subleito.

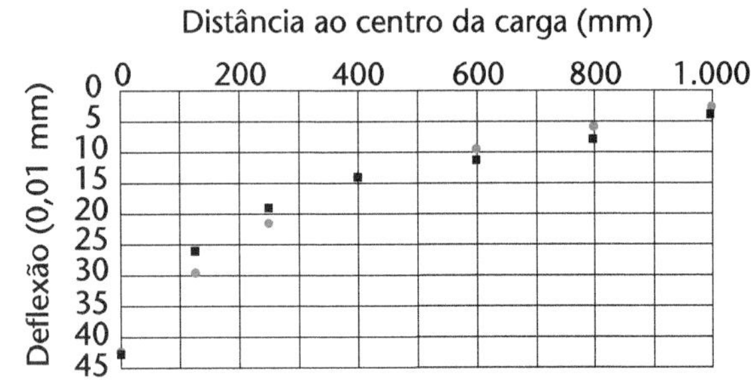

Fig. 13.21 *Comparação entre bacias de deflexões teórica e de pista em pavimento flexível novo*

resiliência retroanalisados muito parecidos também, apenas um pouco inferiores para as sub-bases, em consequência de estarem em posição relativa inferior, onde as tensões de confinamento são evidentemente menores. As bacias de deflexões medidas e calculadas são apresentadas na Figura 13.21.

13.3.4 Diferentes condições de bases cimentadas com BGTC em rodovia

Valores de deflexões e módulos de resiliência retroanalisados são bastante úteis para se diferenciarem pavimentos aparentemente idênticos em uma mesma rodovia. Na Tabela 13.6, são apresentados resultados de retroanálises sobre pavimento asfáltico semirrígido convencional em suas faixas de rolamento da direita (mais carregada) e da esquerda (veículos de passeio mais rápidos). As medidas foram obtidas com o auxílio de equipamento FWD para carga de 40 kN aplicada sobre a placa de 300 mm de diâmetro.

Nas análises, o problema foi tratado como um pavimento de três camadas: revestimento em CAUQ com 170 mm de misturas, base em BGTC com 160 mm de espessura e subleito com solo residual de quartzito. Dos resultados obtidos, é evidente que, na faixa da direita, por onde trafegam as cargas

Tabela 13.6 *Retroanálise dos módulos das camadas em pavimento semirrígido com base em BGTC*

Faixa	Deflexões de pista a partir da carga (x 0,01 mm)							Módulos de Resiliência (MPa)		
	δ_0	δ_{300}	δ_{600}	δ_{900}	δ_{120}	δ_{150}	δ_{180}	Revestimento	Base	Subleito
Direita	63	50	40	29	19	9	5	1.200	45	110
	59	46	37	26	18	9	5	1.300	45	120
	60	43	36	25	17	9	5	1.500	45	130
	43	34	29	23	17	11	7	3.000	80	110
	40	33	28	22	17	10	7	3.300	110	110
Esquerda	16	13	12	11	10	7	6	7.400	3.200	160
	21	17	15	13	11	8	5	4.000	1.200	150
	22	17	16	14	13	10	7	2.300	4.300	120
	23	18	16	14	13	9	7	2.000	4.100	125

pesadas, há completo estado de falência da BGTC que já estava em exaustão de fadiga havia tempo, denotando que responde como uma mera base granular. Boa capacidade elástica, contudo, é ainda observada na faixa de rolamento da esquerda, em que a BGTC apresenta módulos de elasticidade ainda razoáveis para um material cimentado.

Na Figura 13.22, são apresentadas as bacias de deflexões médias para a faixa de rolamento da direita e da esquerda, a partir dos dados da Tabela 13.6. Fica claro que a faixa da direita, com a camada de base degradada, que não mais responde como uma BGTC recém-construída, tem características de pavimento flexível e não de semirrígido convencional. A perda de rigidez implica maiores esforços sobre o subleito. Observe-se que, em ambos os casos, os subleitos possuem aproximadamente os mesmos valores de módulo de resiliência retroanalisado, mostrando a coerência dos dados.

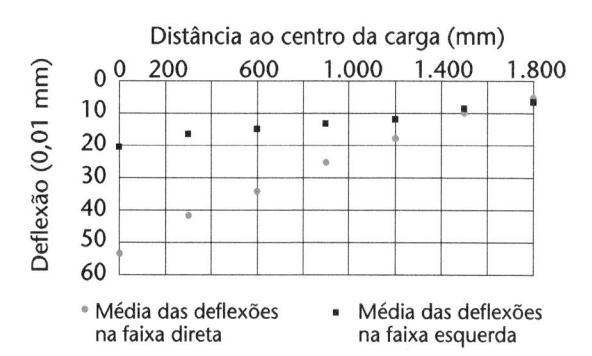

Fig. 13.22 *Comparação das bacias de deflexões para as faixas esquerda e direita da pista*

13.3.5 Rodovia com revestimento em fadiga e base cimentada em solo-cimento

Observe o caso de retroanálise seguinte, com dados levantados em 1998, em uma rodovia que já havia recebido reforço (recapeamento). O pavimento original possuía revestimento em CAUQ, que se encontrava certamente fissurado após 30 anos de serviço. Sobre o revestimento original, havia outra camada de CAUQ com 60 mm. Sob o revestimento original, existia uma camada de PMQ muito aberta, que, durante sondagens rotativas, mostrou-se bastante desagregada, como se fosse uma brita simples. A base em solo-cimento encontrava-se naturalmente em fadiga, e o subleito era composto de solo arenoso quartzoso da depressão periférica do Estado de São Paulo (tipo LA na classificação MCT).

Na Tabela 13.7, são apresentados os resultados de módulos de resiliência retroanalisados (até uma dada precisão) para uma bacia de deflexões medida sobre esse pavimento com o ESRD com 83,3 kN e pressão nos pneus de 0,703 MPa. Na Figura 13.23, é apresentada a comparação entre a bacia de deflexões teórica e a medida em pista para a melhor aproximação apresentada na Tabela 10.7.

A primeira tentativa (A) resultou em deflexões teóricas bastante superiores àquelas verificadas em pista, em especial nos pontos afastados da carga, que representam a resposta exclusiva do subleito. Na tentativa B, as distorções foram corrigidas, atestando os módulos admitidos inicialmente para revestimento e *binder*, conforme as condições observadas em pista. O ajuste mais preciso obtido no exemplo é o do caso F, com módulo de base de 570 MPa. Observe-se que os resultados são, de fato, compatíveis com revestimentos e bases fissuradas, não

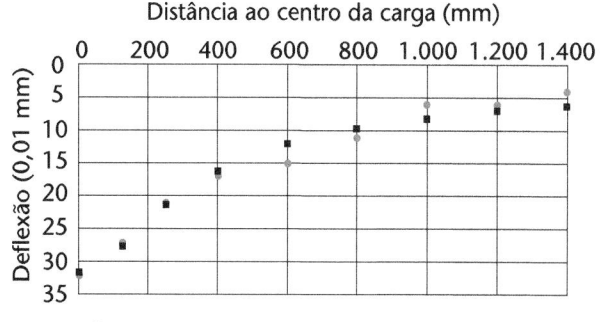

Fig. 13.23 *Comparação entre bacias de deflexões teórica e a de pista em pavimento semirrígido antigo*

trabalhando mais em flexão. Ajustes melhores são possíveis, tentativamente refinando-se os resultados anteriores.

Tabela 13.7 *Retroanálise dos módulos de resiliência das camadas em pavimento semirrígido antigo*

#	Módulos de Resiliência (MPa)				Deflexões a partir da carga (x 0,01 mm) (valores em negrito são de pista)								
	Rev.	Bin.	Base	Sub.	δ_0	δ_{125}	δ_{250}	δ_{400}	δ_{600}	δ_{800}	$\delta_{1.000}$	$\delta_{1.200}$	$\delta_{1.400}$
	Valores tentativos				**32**	**27**	**21**	**17**	**15**	**11**	**6**	**6**	**4**
A	1.100	100	1.000	125	39,4	35,8	29,6	24	19	15,6	13,2	11,5	10,1
B	1.100	100	1.000	200	29,3	25,8	20,2	15,5	11,9	9,7	8,2	7,1	6,3
C	1.100	100	500	200	32,1	28,1	21,7	16,2	12,1	9,8	8,2	7,1	6,3
D	1.100	100	300	200	34,6	30,2	23	16,8	12,2	9,7	8,2	7,1	6,3
E	1.050	100	500	220	30,4	26,4	20	14,8	11	8,9	7,5	6,5	5,7
F	1.100	100	570	200	31,7	27,7	21,4	16,1	12,1	9,8	8,2	7,1	6,3

13.3.6 Pavimento urbano dois anos após restauração

Em um pavimento urbano de São Paulo, na Avenida dos Bandeirantes, em meados de 2005, foram avaliadas várias seções homogêneas de pavimentos asfálticos que sofreram fresagem do revestimento em meados de 2002 (portanto, após três anos de uso dos pavimentos pelo tráfego pesado). O FWD foi empregado, com carga dinâmica de 40 kN; na Tabela 13.8, são apresentados os resultados de retroanálises para quatro pontos de medidas afastados 20 m entre si, sucessivamente. A espessura de revestimento no local era de 150 mm de CAUQ, e a espessura de material de base atingia 300 mm. O problema foi analisado como um sistema de três camadas.

Retroanálises com medidas estáticas ou dinâmicas

Uma aplicação de carga estática, como é o caso da viga de Benkelman tradicional, implica a possibilidade de as camadas sofrerem deformações viscoelásticas importantes, ou seja, dependentes do tempo de aplicação da carga. Contrariamente, aplicações instantâneas, como as feitas pelo FWD, implicam a não mobilização de deformações dependentes do tempo, mais propriamente. Em outras palavras, as deflexões FWD surgem, naturalmente, quando o pavimento apresenta importante viscoelasticidade, inferiores a deformações estáticas. Isso resulta em módulos de resiliência superiores no caso de retroanálises com FWD, o que nos parece mais adequado para a grande maioria dos casos de rodovias. Vias urbanas com tráfego lento (congestionamento), corredores de ônibus, pátios de estacionamento de aeronaves, pátios portuários etc. podem ser repensados para cargas estáticas, quando mesmo deformações plásticas frequentemente são muito mais intensas que no caso rodoviário.

Na Figura 13.24, são observadas as bacias de deflexões para a média das quatro medidas em pista e para a média das quatro retroanálises referentes às medidas em pista. Nesse caso, a condição de semelhança dos quatro pontos de aferição em pista era rigorosa, com base em sondagens no local. Nota-se uma grande homogeneidade nos resultados, o que leva a um alto grau de confiança nos valores de módulos retroanalisados na Tabela 13.8. Os valores de módulos retroanalisados revelam que, após três anos de uso do pavimento pelo tráfego pesado na avenida, ocorria grande degradação estrutural do CAUQ, o que, em pista, era notável pela presença de fissuração interligada na superfície. O subleito, por sua vez, denotava-se medíocre pelos valores de módulo retroanalisado, congruente com o padrão siltoarenoso de solo existente no local (NS' na classificação MCT).

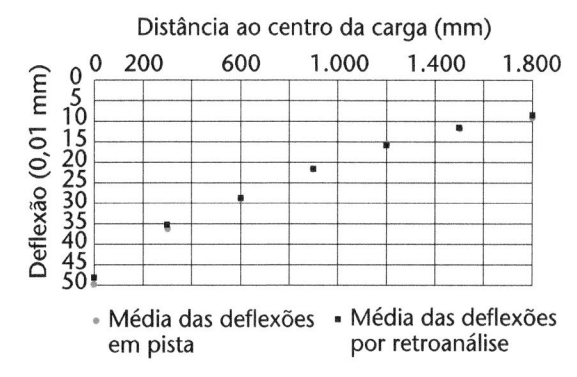

Fig. 13.24 *Comparação entre bacias de deflexões teórica e de pista em pavimento semirrígido antigo*

Tabela 13.8 *Retroanálise dos módulos das camadas em pavimento restaurado na Avenida dos Bandeirantes (SP)*

Ponto	Deflexões a partir da carga (x 0,01 mm) (valores em negrito são de pista)							Módulos de Resiliência (MPa)		
	δ_0	δ_{300}	δ_{600}	δ_{900}	δ_{120}	δ_{150}	δ_{180}	Revest.	Base	Subleito
1	**55,3**	**39,5**	**31,9**	**23**	**15,9**	**10,8**	**7,4**	1.218	203	56
	56,3	40,5	32	22,9	15,6	10,5	7			
2	**48,6**	**34,5**	**28,5**	**22**	**17,3**	**14,1**	**11,3**	1.816	272	97
	44,2	34,1	28,8	22,9	17,7	13,7	10,7			
3	**39,7**	**31,4**	**25,2**	**18,8**	**13,5**	**9,9**	**7,7**	1.732	362	81
	40,1	29,5	24	18,2	13,6	9,9	7,5			
4	**55,5**	**39,3**	**30,1**	**21,7**	**15,8**	**11,7**	**9,2**	1.201	225	82
	52	37,5	30,3	22,7	16,5	12,3	9			

13.3.7 Modelos fechados para retroanálise de bacias de deflexões

Danilo Martinelli Pitta (1998) propôs alguns modelos fechados para a determinação do módulo de resiliência de bases granulares e solos de fundação (subleitos) a partir de dados obtidos em extensiva pesquisa de campo e em sucessivas retroanálises elaboradas a partir das deflexões medidas. Os estudos envolveram essencialmente pavimentos asfálticos flexíveis do Estado do Rio Grande do Sul. No Quadro 13.2, são apresentados os modelos de Pitta com os respectivos coeficientes de determinação, e tais modelos foram determinados para as deflexões indicadas em função da distância do ponto de aplicação de carga do FWD com 40 kN.

A título de recordação na pesquisa nacional, Régis Martins Rodrigues (1991), empregando o método das camadas finitas, desenvolveu um modelo para estimativa do módulo de resiliência do subleito em pavimentos asfálticos, com base nas deflexões Benkelman sob um ESRD com 80 kN, conforme segue abaixo:

$$\ln\left(\frac{M_r}{d_{90}}\right) = a_0 + a_1 . \ln(d_{90}) + a_2 . \ln(d_{60}) + a_3 . \ln(d_{25}) + a_4 . [\ln(d_{90})]^2 \quad [13.2]$$

Quadro 13.2 *Modelos* fechados para determinação de módulos de resiliência em camadas*

MATERIAL	MODELO FECHADO	DETERMINAÇÃO ESTATÍSTICA
Base granular	$M_r = 5369 \times (D_{60} - D_{120})^{-1,4796}$	$R^2 = 0,70$
Base granular	$M_r = 1812 \times (D_{60} - D_{90})^{-1,3425}$	$R^2 = 0,67$
Base granular	$M_r = 8346 \times (D_0 - D_{90})^{-1,3089}$	$R^2 = 0,55$
Subleito	$M_r = 424 \times e^{-0,2055 \times D_{180}}$	$R^2 = 0,65$

* *Úteis para análises de seções com camadas fixas.*

sendo o modelo com $r^2 = 0,97$, d_i, a deflexão correspondente à distância i entre o ponto de aplicação de carga e aquele indicado na equação, apresentando os seguintes valores para seus índices:

$a_0 = 9,43752$
$a_1 = -1,58227$
$a_2 = 0,129138$
$a_3 = -0,14290$
$a_4 = -0,11139$

A AASHTO (1993) apresenta um critério analítico e mais amplo diretamente baseado na aplicação da TSCE para duas camadas na determinação do módulo de resiliência por retroanálise para pavimentos asfálticos flexíveis. A equação, que deve ser resolvida interativamente para a determinação do módulo de resiliência da camada de revestimento (E_p), é:

$$\frac{M_r \cdot d_0}{p \cdot a} = 1,5 \cdot \left\{ \frac{1}{\sqrt{1 + \left[\left(\frac{D}{a}\right) \times \sqrt[3]{\frac{E_p}{M_r}}\right]^2}} + \frac{1 - \frac{1}{\sqrt{1 + \left(\frac{D}{a}\right)^2}}}{\left(\frac{E_p}{M_r}\right)} \right\} \quad [13.3]$$

sendo M_r o módulo de resiliência do subleito; d_0, a deflexão central; p, a pressão sobre área circular aplicada; a, o raio da área circular; e D, a espessura do pavimento sobre o subleito. O módulo de resiliência do subleito deverá ser previamente calculado com base na deflexão mais afastada (ou nas finais) daquelas medidas, em geral, aquela a 900 mm ou 1.200 mm da placa de aplicação de carga no caso do FWD. A equação para tanto, baseada na TSCE, é:

$$M_r = \frac{P.(1-\upsilon^2)}{\pi.d_{120}.r} \qquad [13.4]$$

na qual r é a distância entre o centro de aplicação da carga e o ponto considerado, no caso, a 1.200 mm de distância.

13.3.8 Princípios para automatização da retroanálise

Uma das maneiras de se realizar uma boa estimativa em termos de retroanálise pode ser experimentada com o recurso dos bancos de dados preparados *a priori*. Como sabemos que a retroanálise consiste na identificação de uma bacia de deformação o mais similar possível àquela medida em campo, desde que conhecidas as camadas (materiais) e suas espessuras existentes, bem como a carga e a pressão aplicadas no teste de campo; a prova de carga, como vimos, é geralmente realizada com caminhão e viga de Benkelman ou com equipamento de impacto tipo FWD.

Com base na TSCE, pode ser preparado um banco de dados amplo, acumulado em planilha eletrônica, que seja dedicado aos vários tipos de pavimentos, abrangendo condições de possíveis níveis de degradação dos materiais, representado por amplas faixas de variação, dentro do razoável, de módulos de resiliência das camadas. Para a carga de teste, a TSCE é simulada inúmeras vezes, determinando-se as bacias teóricas. Por exemplo, uma simulação de três camadas (revestimento, base e subleito) exigiria uma dada combinação de três valores de módulos de resiliência e de três coeficientes de Poisson, para cada combinação de duas espessuras das camadas superiores.

Assim, o banco de dados possuiria o seguinte número de arranjos: (a) n.m.p arranjos para n espessuras de revestimento diferentes, m módulos de resiliência e n coeficientes de Poisson; (b) i.j.k arranjos para i espessuras de base diferentes, j módulos de resiliência e k coeficientes de Poisson possíveis; (c) t.u arranjos para t módulos de resiliência do subleito e u coeficientes de Poisson. O número de simulações necessárias pela TSCE para a criação do banco de dados de bacias teóricas seria, portanto, n.m.p.i.j.k.t.u.

Isso representaria, por exemplo, para 15 espessuras de revestimento asfáltico, 20 padrões de módulo de resiliência do revestimento e cinco valores de coeficiente de Poisson, considerados ainda 20 espessuras de base, 20 padrões de módulo de resiliência de base e cinco valores de coeficiente de Poisson dessas mesmas bases, além de 20 padrões de módulo de resiliência do subleito e cinco valores de coeficiente de Poisson para essa camada, a bagatela de 300 milhões de simulações da TSCE. Essa é a primeira dificuldade de se montar bancos de dados, ou seja, o incrível número de simulações necessárias, seguida de sua consequência natural, que é o tamanho do banco de dados a ser disponibilizado.

De qualquer maneira, o banco de dados poderá ser simplificado em termos de dimensão, para os casos mais limitados. O processo de análise exige, nesses casos, a comparação das deflexões obtidas em campo com um conjunto de deflexões teóricas que constituem cada bacia de deformação, de maneira a se definir qual é a combinação entre parâmetros elásticos que levaria à bacia de deformações mais próxima àquela obtida em campo.

Escolhida tal bacia no banco de dados, restariam ajustes finos *a posteriori*. Várias regras mnemônicas podem ser pensadas para o processo de busca, por exemplo, buscando-se primeiramente as deflexões mais próximas da central; em seguida, as deflexões mais próximas da deflexão a 300 mm (consideradas as bacias que se aproximaram mais da deflexão central) e assim sucessivamente, em um processo de eliminação, quando se fixa um erro de determinação ponto a ponto, por exemplo, de 1% para a deflexão máxima e de 10% para a menor deflexão ao final da linha de influência longitudinal da carga.

O problema poderá ser resolvido de maneira mais simples com o emprego de programas de computador dedicados, que, fornecida a bacia de deflexões, por algoritmos pré-programados faz-se a busca de módulos de elasticidade que gerem uma bacia muito próxima, como o caso dos programas Modulus e Elmod. O usuário mais interessado poderá acessar o programa BAKFAA da Federal Aviation Administration dos EUA, disponível gratuitamente na Internet.

O Programa BAKFAA apresenta apenas uma página gráfica em Windows que contém todas as informações necessárias para a retroanálise, conforme se apresenta na Figura 13.25. O único inconveniente para os usuários do Sistema Internacional de Unidades é que o programa exige unidades costumárias americanas, como polegadas, libra-força etc. Todas as camadas do pavimento são indicadas, devendo-se inserir na planilha eletrônica o módulo de elasticidade da camada (1MPa = 142,232 libras-força por polegada quadrada – *psi*), o coeficiente de Poisson, um parâmetro de condição de interface (plenamente aderida = 1,00) e a espessura em polegadas (*inches*).

A espessura da camada de subleito deve ser nula. O programa permite análise de até dez camadas. O *box* denominado Layer Changeable deverá estar marcado para todas as camadas em análise e não marcado para as demais; se existir uma camada para a qual se deseja fixar o valor do módulo e a retroanálise prosseguir para as demais camadas, o *box* deverá ser desabilitado para a camada em questão.

Para a aplicação do programa, deve ser fornecido o raio da placa de aplicação de cargas (FWD) em polegadas e a carga em libras-força (1 libra-força = 0,4536 kgf). Para os sete sensores do FWD (fundo da planilha à esquerda), devem ser fornecidas suas posições (em polegadas) e as respectivas deflexões medidas, que, em unidades americanas, são frequentemente tomadas em milésimos de polegadas (*mils*).

Na Figura 13.26, são apresentados os resultados de uma retroanálise de medidas com FWD realizadas em pavimento asfáltico flexível dentro do *campus* da Cidade Universitária (USP) em São Paulo, em julho de 2006. O pavimento possui 50 mm de revestimento em CA antigo e sem fissuras, 100 mm de base granular (MH) sobressolo de fundação do tipo LG' (MCT). A carga empregada do FWD foi de 73 kN sobre placa de raio de 150 mm. Observa-se sempre que, em unidades americanas, o ponto decimal é ponto e a separação entre milhares é vírgula! Configurar o microcomputador (configurações regionais) para o idioma inglês (EUA). Lançados os dados (Figura 13.26), basta rodar (*backcalculate*) que no *box* abaixo, à esquerda da planilha, surgirão uma bacia fixa (traçada com os pontos fornecidos) e uma que se movimenta, indicando graficamente as aproximações sucessivas.

Observe-se que, na Figura 13.26, são, no caso dos módulos de resiliência das camadas, fornecidos os valores iniciais (chamados de "sementes") que permitirão a continuidade das interações do processo. Em função desses módulos iniciais, podem ocorrer pequenas diferenças nos resultados. Na Figura 13.27, é apresentada a planilha resultante da retroanálise, que ofereceu módulos de 8.045 MPa para o revestimento asfáltico, 760 MPa para a base e 208 MPa para o subleito.

Observe-se que poderá ocorrer certa estranheza no valor encontrado para o módulo de resiliência da base, motivo pelo qual o usuário deverá fazer um julgamento de engenharia correto sobre tais valores. No caso analisado, a base granular, além de íntegra em pista (não contaminada) é muito pouco espessa (100 mm). Isso, combinado com uma pequena espessura de revestimento (50 mm), acaba resultando em valores elevados de tensão de confinamento na camada, o que explica o elevado valor obtido para o módulo; além disso, a carga aplicada do FWD era bem elevada (73 kN). No caso, foram necessárias 79 interações para conclusão do processo automatizado.

O programa BAKFAA, além disso, permite a análise de tensões e de deformações em estruturas de pavimento, para determinados tipos de carregamentos preestabelecidos em sua rotina de trabalho (aeronaves Boeing e Airbus, por exemplo). Nesse caso, fornecidos os valores de módulos de resiliência e de espessuras de camadas, o programa fornece as deformações, tensões e deflexões para o ponto definido a uma dada profundidade. O programa emprega a TSCE com o uso do programa LEAF do FAA.

13.4 Modelos Fechados Desenvolvidos com a TSCE

Nas décadas de 1980 e 1990, houve uma tendência de modelagem numérica de estruturas de pavimentos, com simulações em grande quantidade, para se gerarem modelos de regressão estatísticos que permitissem o cálculo de deformações e tensões em estruturas de pavimentos, em função das cargas

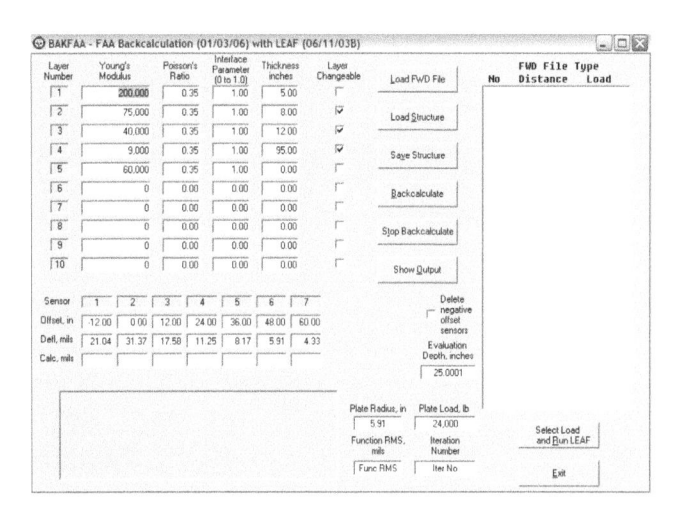

Fig. 13.25 *Página de abertura do programa de retroanálise BAKFAA*

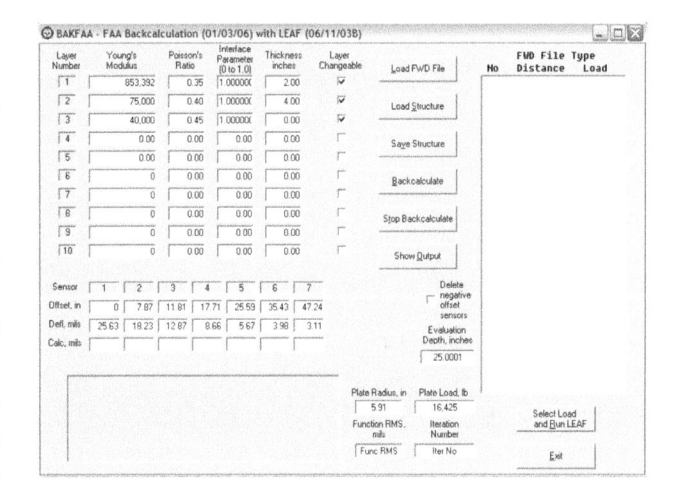

Fig. 13.26 *Exemplo de retroanálise com o BAKFAA*

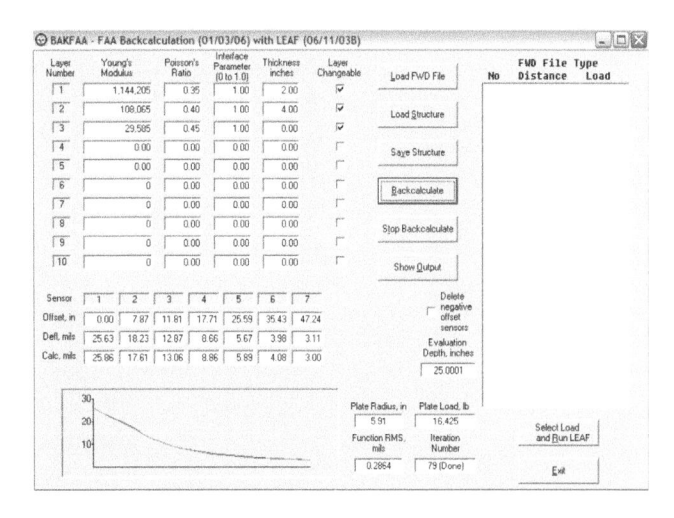

Fig. 13.27 *Resultado de retroanálise com o BAKFAA*

aplicadas. Tais modelos faziam sentido para facilitar os trabalhos de análise estrutural, com emprego de calculadoras eletrônicas e de planilhas de computador.

Esses modelos, que ainda podem ser úteis em algumas circunstâncias, apresentam campo de validade de aplicação dentro dos limites de parâmetros para os quais foram simulados. Apresentam-se na sequência alguns dos modelos desenvolvidos, a partir do programa Elsym 5, devidamente licenciado naquela época, para alguns tipos de pavimentos, materiais e de cargas de eixos rodoviários. Tais modelos foram já empregados no desenvolvimento de programas de computador para dimensionamento e análise de pavimentos do Departamento de Estradas de Rodagem do Estado de São Paulo e da prefeitura de São Paulo.

13.4.1 Pavimentos asfálticos flexíveis

Rodolfo e Balbo (1996), do Laboratório de Mecânica de Pavimentos da Escola Politécnica da USP (LMP-Epusp), apresentaram a série de modelos para cálculo da deformação específica de tração na fibra inferior do concreto asfáltico. Os parâmetros e os modelos foram divididos em quatro lotes por causa da falta de linearidade das respostas desse tipo de pavimento, o que exigiu a divisão de modelos para lhes preservar coeficientes de correlação estatística elevados. Os lotes de estudo paramétricos são apresentados na Tabela 13.9. Os modelos para cargas sobre eixos simples de rodas duplas são os que seguem:

LOTE 1
$$\varepsilon_{tf} = 10^{-1,955202} \times e_{CAUQ}^{-1,091635} \times e_{BGS}^{-0,015906} \times E_{CAUQ}^{-0,584777} \times E_{BGS}^{-0,308633} \times E_{SUB}^{-0,084054} \times Q_{ESRD}^{0,701806} \quad [13.5]$$

LOTE 2
$$\varepsilon_{tf} = 10^{-5,164279} \times e_{CAUQ}^{-0,151697} \times e_{BGS}^{-0,0199476} \times E_{CAUQ}^{-0,318480} \times E_{BGS}^{-0,531454} \times E_{SUB}^{-0,121409} \times Q_{ESRD}^{0,915419} \quad [13.6]$$

LOTE 3
$$\varepsilon_{tf} = 10^{-3,546541} \times e_{CAUQ}^{-0,717727} \times e_{BGS}^{-0,163944} \times E_{CAUQ}^{-0,472859} \times E_{BGS}^{-0,355946} \times E_{SUB}^{-0,149334} \times Q_{ESRD}^{0,920915} \quad [13.7]$$

LOTE 4
$$\varepsilon_{tf} = 10^{-3,74136} \times e_{CAUQ}^{-0,742618} \times e_{BGS}^{-0,016173} \times E_{CAUQ}^{-0,505633} \times E_{BGS}^{-0,336315} \times E_{SUB}^{-0,137855} \times Q_{ESRD}^{0,912476} \quad [13.8]$$

em que:
ε_{tf} = deformação de tração na fibra inferior do revestimento (mm/mm);
e_{CAUQ} = espessura de revestimento asfáltico (mm);
e_{BGS} = espessura da base granular (mm);

E_{CAUQ} = módulo de resiliência do revestimento asfáltico (MPa);
E_{BGS} = módulo de resiliência da base (MPa);
E_{SUB} = módulo de resiliência do subleito (MPa);
Q_{ESRD} = carga total sobre o eixo considerado (kN).

Tabela 13.9 *Parâmetros considerados nos modelos de Rodolfo (1998)*

Lote de simulação	Camada	M_r (MPa)	Espessuras (mm)
1	Revestimento (CA)	2.250 a 3.750	50 a 100
	Base (BGS)	100 e 300	100 a 300
	Subleito	25 a 125	Semi-infinito
2	Revestimento (CA)	2.250 a 3.750	50 a 100
	Base (BGS)	100 e 300	100 a 300
	Subleito	125 a 225	Semi-infinito
3	Revestimento (CA)	2.250 a 3.750	100 a 150
	Base (BGS)	100 e 300	100 a 300
	Subleito	25 a 125	Semi-infinito
4	Revestimento (CA)	2.250 a 3.750	100 a 150
	Base (BGS)	100 e 300	100 a 300
	Subleito	125 a 225	Semi-infinito

Régis Martins Rodrigues (1991), em estudo paramétrico no qual empregou modelagem por elementos finitos e trabalhou com uma carga circular, apresentou a seguinte equação para cálculo ou estimativa da deflexão sob a carga em pavimento asfáltico flexível:

[13.9]

$$\delta = 8{,}142315 \times 10^5 \times e_{CAUQ}^{-0,9672} \times e_{Base}^{0,2124} \times E_{CAUQ}^{-0,4414} \times K_1^{-0,2243} \times K_2^{0,6817} \times E_{SUB}^{-0,3312} \times Q^{0,8779}$$

A equação anterior estima o valor da deflexão (δ em centésimos de milímetros) para valores de espessura de revestimento asfáltico e base granular em cm, módulos de resiliência em kgf/m_2 (incluindo a constante K_1) e a carga em tf. Os limites dos parâmetros empregados em 146 simulações para a determinação da equação são descritos na Tabela 13.10.

Tabela 13.10 *Faixa de parâmetros para emprego da equação de Rodrigues (1989)*

Parâmetro analisado	Faixa de variação
Espessura do revestimento em CAUQ	2,5 a 40 cm
Espessura da base granular	10 a 60 cm
Módulo de resiliência do CAUQ	20.000 a 80.000 kgf/cm^2
Módulo de resiliência do subleito	300 a 5.000 kgf/cm^2
K_1 (constante do modelo constitutivo da base)	2.500 a 10.000 kgf/cm^2
K_2 (constante do modelo constitutivo da base)	0,4 a 1,1
Carga de roda	2 a 23 tf

13.4.2 Pavimentos asfálticos semirrígidos convencionais

Com bases em solo-cimento

O Laboratório de Mecânica de Pavimentos da Escola Politécnica da USP, em 1998, desenvolveu o seguinte modelo, para três camadas com a base em solo-cimento, e o cálculo de tensões de tração na flexão na fibra inferior da camada cimentada e eixos simples de rodas duplas com 80 kN:

$$\sigma_{tf}^{(80kN)} = 10^{2,053484} \times e_{CAUQ}^{-0,390563} \times e_{SC}^{-0,959921} \times E_{CAUQ}^{-0,141666} \times E_{SC}^{0,421768} \times E_{SUB}^{-0,25802} \quad [13.10]$$

em que:

σ_t = tensão de tração na flexão na fibra inferior da base em solo-cimento (MPa);
e_{CBUQ} = espessura de revestimento (mm);
e_{SC} = espessura da base (mm);
E_{CAUQ} = módulo de resiliência do revestimento em concreto asfáltico (MPa);
E_{SC} = módulo de resiliência da base em solo-cimento (MPa);
E_{SUB} = módulo de resiliência do subleito (MPa).

Ainda para o caso de sistemas de três camadas com base em solo-cimento, o seguinte modelo para cálculo da deflexão (δ em milímetros) sobre a superfície da estrutura é disponível:

$$\delta^{(80kN)} = 10^{3,019694} \times e_{CAUQ}^{-0,137129} \times e_{SC}^{-0,370613} \times E_{CAUQ}^{-0,118338} \times E_{SC}^{-0,126027} \times E_{SUB}^{-0,767296} \quad [13.11]$$

As faixas de variação dos parâmetros considerados para os modelos acima são apresentados na Tabela 13.11.

Tabela 13.11 *Parâmetros considerados nos modelos do LMP-USP*

CAMADA	E (MPa)	υ	E (mm)
Revestimento (CA)	1.500 a 4.500	0,35	50 a 150
Base (SC)	2.500 a 7.500	0,25	150 a 300
Subleito	20 a 250	0,40	Semi-infinito

Com bases em BGTC

Balbo (1993) propôs o seguinte modelo, de quatro camadas, para cálculo de tensões de tração na flexão na fibra inferior da base cimentada (BGTC ou CCR), em pavimentos semirrígidos convencionais:

$$\sigma_{tf}^{ESRD} = 59,463847 \times e_{CAUQ}^{-0,323205} \times e_{BGTC}^{-1,178098} \times e_{BGS}^{-0,007887} \times E_{SUBLEITO}^{-0,214274} \times Q_{ESRD}^{0,970153} \quad [13.12]$$

$$\sigma_{tf}^{ETD} = 9,301950 \times e_{CAUQ}^{-0,267539} \times e_{BGTC}^{-0,883009} \times e_{BGS}^{-0,008576} \times E_{SUBLEITO}^{-0,340332} \times Q_{ETD}^{0,927047} \quad [13.13]$$

$$\sigma_{tf}^{ETT} = 2{,}288453 \times e_{CAUQ}^{-0,227463} \times e_{BGTC}^{-0,705838} \times e_{BGS}^{-0,009278} \times E_{SUBLEITO}^{-0,392020} \times Q_{ETT}^{0,940948} \quad [13.14]$$

em que:

σ_{tf} = tensão de tração na flexão na base (MPa);
e_{CAUQ} = espessura de concreto asfáltico do revestimento (mm);
e_{BGTC} = espessura da base em BGTC (mm);
e_{BGS} = espessura da sub-base granular (mm);
E_{sub} = módulo de resiliência do subleito (MPa);
Q_{ESRD} = carga total sobre o eixo simples de rodas duplas (kN).
Q_{ETD} = carga total sobre o eixo tandem duplo (kN).
Q_{ETT} = carga total sobre o eixo tandem triplo (kN).

Os coeficientes de determinação dos modelos acima são elevados, de 0,999. As faixas de variação dos parâmetros considerados para o desenvolvimento desses modelos são apresentadas na Tabela 13.12.

Tabela 13.12 *Parâmetros considerados nos modelos de Balbo (1993)*

CAMADA	M_r (MPa)	υ	ESPESSURAS (mm)
Revestimento (CAUQ)	3.000	0,35	100, 125, 150
Base (BGTC)	15.000	0,25	200, 250, 300, 350, 400
Sub-base (BGS)	100	0,35	150, 200, 250
Subleito	25, 50, 75, 100, 125	0,40	Semi-infinito

13.4.3 Pavimentos asfálticos perpétuos

Balbo e Rodolfo (2004) simularam pela TSCE as deflexões, deformações específicas e tensões nas camadas dos materiais constituintes de pavimentos asfálticos perpétuos em estudo paramétrico. Para a construção de modelos teórico-estatísticos, foi concebido um fatorial de simulações independentes do programa Elsym 5, conforme apresentado na Tabela 13.13. O estudo contemplou a análise de esforços causados por eixo-padrão de 80 kN e pressão de 0,64 MPa nos pneumáticos.

Tabela 13.13 *Variáveis e valores simulados para o projeto fatorial de modelagem*

CAMADA	VARIÁVEL	UNIDADE	VALORES
SMA	e1	[mm]	40, 60, 80
	E1	[MPa]	2.800, 3.300, 3.800
	υ1		0,35
Base negra	e2	[mm]	120, 150, 180
	E2	[MPa]	10.000, 15.000, 20.000
	υ2		0,25
CA modificado	e3	[mm]	60, 90, 120
	E3	[MPa]	1.500, 2.000, 2.500
	υ3		0,4
Subleito	E4	[MPa]	25, 75, 125, 175, 225
	υ4		0,45

Após a realização das simulações numéricas, os resultados obtidos para cada uma das variáveis dependentes foram tabulados com as variáveis de entrada estabelecidas durante as simulações. Por tratar-se de uma estrutura que apresentava resposta bastante linear (fisicamente), buscou-se imediatamente a correlação entre as variáveis desejadas e os parâmetros de entrada (a saber, módulos de resiliência de todas as camadas e suas respectivas espessuras). A equação de busca empregada, dadas as peculiaridades do problema, foi:

$$\text{Variável} = k \times E_1^a \times e_1^b \times E_2^c \times e_2^d \times E_3^e \times e_3 \times M_s^g \quad [13.15]$$

sendo as constantes de regressão designadas pelas letras k, a, b, c d, e, f, com valores numéricos conforme indicados na Tabela 13.14. Os parâmetros E são os módulos de resiliência de cada camada asfáltica e M_s do subleito; as variáveis e_i representam as espessuras das três camadas acima do subleito (revestimento, base e sub-base). Observe que os valores dos coeficientes de correlação ajustados foram bastante elevados e que todas as regressões realizadas atenderam ao teste de Snecdor. Os significados das variáveis dependentes indicados no cabeçalho da Tabela 13.14 são os que seguem:

$\delta 0$ = deflexão máxima;

$\delta 30$ = deflexão a 300 mm da carga;

$\delta 60$ = deflexão a 600 mm da carga;

$\delta 90$ = deflexão a 900 mm da carga;

$\sigma_{v,3}$ = pressão vertical sobre o topo da camada de subleito;

$\varepsilon_{1,f}$ = deformação específica de tração no fundo da camada de SMA;

$\varepsilon_{2,t}$ = deformação específica de tração no topo da base asfáltica de alto módulo;

$\varepsilon_{2,f}$ = deformação específica de tração no fundo da base asfáltica de alto módulo;

$\varepsilon_{3,t}$ = deformação específica de tração no topo da sub-base em CAMP;

$\varepsilon_{3,f}$ = deformação específica de tração no fundo da sub-base em CAMP.

Tabela 13.14 Constantes de regressão obtidas

Parâmetro Desejado	$\delta 0$ (mm)	$\delta 30$ (mm)	$\delta 60$ (mm)	$\delta 90$ (mm)	$\sigma_{V,3}$ (MPa)	$\varepsilon_{1,F}$ (mm/mm)	$\varepsilon_{2,T}$ (mm/mm)	$\varepsilon_{2,F}$ (mm/mm)	$\varepsilon_{3,T}$ (mm/mm)	$\varepsilon_{3,F}$ (mm/mm)
k	2,969750	2,700681	2,062697	1,492208	2,310765	2,394621	2,1878958	1,760170	1,808393	2,094844
a	-0,0768776	-0,04028	-0,02432	-0,00965	-0,11358	-0,416834	-0,4484016	-0,073828	-0,075729	-0,115578
b	-0,0555725	-0,07391	-0,04114	-0,01409	-0,21551	-0,932328	-0,8726377	-0,232102	-0,234089	-0,255130
c	-0,1015891	-0,07498	-0,04096	-0,01382	-0,25303	-0,119037	-0,0996888	-0,386297	-0,384572	-0,364738
d	-0,3783682	-0,34476	-0,20167	-0,07553	-1,02288	-0,871054	-0,8304423	-0,830628	-0,845495	-1,098132
e	-0,0540491	-0,05017	-0,02916	-0,01039	-0,12264	-0,137046	-0,131882	-0,313080	-0,311187	-0,200056
f	-0,0897871	-0,08917	-0,05778	-0,02594	-0,27977	-0,207363	-0,201017	-0,324393	-0,328530	-0,150170
g	-0,7828109	-0,82674	-0,89118	-0,95036	0,484566	-0,302732	-0,297248	-0,212371	-0,214035	-0,292548
R^2	0,999	0,999	0,999	0,999	0,995	0,962	0,961	0,984	0,984	0,989

13.5 Introdução ao Critério do Dano Contínuo por Fadiga

Ainda no século XIX, Wöhler, engenheiro alemão, ao estudar os efeitos de cargas repetitivas em trilhos ferroviários, foi o primeiro técnico a observar e modelar fenômenos de fadiga nos materiais. Como vimos, a fadiga é o fenômeno ou processo de danificação, degradação ou deterioração das características mecânicas de determinados materiais que acabam por ocasionar sua falha como componente estrutural. Fadiga é, portanto, sinal de mudança de comportamento, de falha em relação a um padrão inicial; essa modificação é danosa e, às vezes, catastrófica.

Com o andamento do processo de fadiga, há coalescência de fissuras na microestrutura dos materiais e quando os comprimentos dessas fissuras ultrapassam um chamado comprimento crítico culminam na fratura do material. O fenômeno ocorre em condições de carregamentos cíclicos quando as deformações impostas são inferiores à capacidade de deformação oferecida pelo material, não podendo, portanto, ser confundida com uma ruptura por resistência estática.

13.5.1 Parâmetros empregados ao descrever o fenômeno

Na definição da resistência à fadiga, alguns parâmetros durante ensaios cíclicos de danificação à fadiga devem ser descritos, conforme apresentado na Figura 13.28:

- $\Delta\sigma = \sigma_{máx} - \sigma_{mín}$ é chamado de faixa de tensão cíclica;
- $\sigma_a = (\sigma_{máx} - \sigma_{mín})/2$ é a amplitude de tensão cíclica;
- $\sigma_m = (\sigma_{máx} + \sigma_{mín})/2$ é a tensão média;
- $\sigma_{máx}$ é o máximo valor da tensão aplicada;
- $\sigma_{mín}$ é o mínimo valor da tensão aplicada.

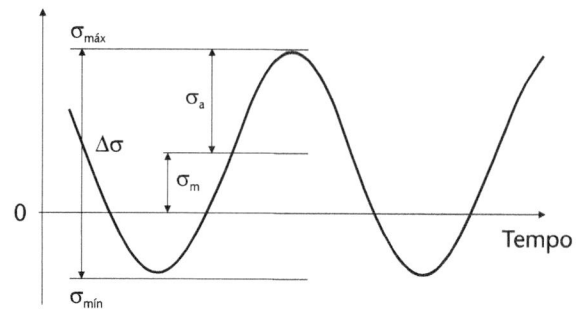

Fig. 13.28 *Tensões aplicadas durante ciclos de carga repetidos em ensaios de fadiga*

Wöhler foi o primeiro a descrever as relações entre valores de tensão aplicados com o número de repetições suportado pelos materiais; tais relações ficaram conhecidas como curvas de Wöhler, que podem ser genericamente observadas na Figura 13.29. As curvas σ-N não são funções determinísticas, servindo, contudo, para uma determinação da tendência estatística do fenômeno durante testes em laboratório.

Muitos estudos foram realizados no século XX para o entendimento do comportamento à fadiga, principalmente de materiais metálicos. Na Figura 13.29, notam-se duas curvas, A e B. A curva A representa um comportamento para o qual existe uma tensão-limite (σ_L), inferior à tensão de ruptura, para a qual o fenômeno de fadiga não se manifesta nos materiais. Esse limite foi bem estabelecido para materiais com estruturas cristalinas homogêneas; contrariamente, não há indicativos de que tal comportamento seria comum para materiais de pavimentação, com estruturas heterogêneas, como os concretos, estabilizados com cimento e misturas asfálticas, para os quais nada se pode

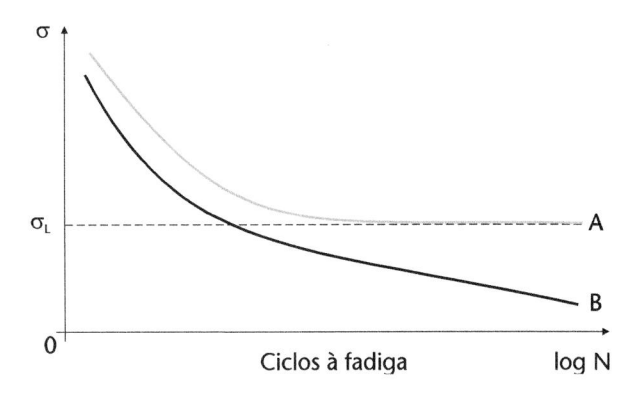

Fig. 13.29 *Tipo das curvas σ-N*

afirmar até hoje. Os estudos em metais mostraram que metais não ferrosos não apresentam essa tensão-limite durante testes.

Uma das grandes limitações dessas curvas ou modelos de fadiga tipo σ-N ou ε-N é que uma pura descrição estatística não é capaz de determinar zonas de iniciação de propagação das fissuras preexistentes nos materiais.

13.5.2 Resistência à fadiga ou vida de fadiga

Resistência à fadiga é, portanto, a habilidade intrínseca de um material resistir a condições de carregamento cíclico antes de sua ruptura. Um aspecto importante na avaliação dessa resistência diz respeito às propriedades plásticas dos materiais. Quando ocorrem deformações plásticas durante ciclos sucessivos de aplicação de cargas (mais notável em misturas asfálticas e de maneira intermediária em SC e BGTC), os materiais apresentam diferentes respostas quando testados em condições de tensão cíclica (constante ou variável) ou de deformação cíclica.

Ao chamar-se de N_f o número de ciclos de carga para a ocorrência da falha (fissura) é de $2N_f$, portanto, o número de reversões durante o ensaio para a ocorrência desta falha, a componente elástica da deformação será dada por:

$$\frac{\Delta \varepsilon}{2} = \frac{\sigma_a}{E} = \left(\frac{\sigma'_f}{E}\right) \cdot (2N_f)^b \qquad [13.16]$$

em que $\Delta\varepsilon/2$ é a amplitude da deformação elástica; σ'_f é o coeficiente de tensão ou a tensão a $2N_f = 1$ ciclo; E, o módulo de elasticidade do material; e b, um coeficiente experimental, chamado *coeficiente de resistência à fadiga*, admitido normalmente como linear na representação log-log, sendo b a inclinação da reta de interpolação dos pontos obtidos (ε em função de N_f).

No tocante à componente plástica da deformação, escreve-se:

$$\frac{\Delta \varepsilon_p}{2} = \frac{\sigma_a}{E} = \varepsilon'_f \cdot (2N_f)^c \qquad [13.17]$$

em que ε'_f é o chamado coeficiente de ductilidade, que equivale à deformação plástica para $2N_f = 1$ ciclo, e c é chamado de *expoente de ductilidade em fadiga* (ver Figura 13.30). Quanto menor o valor de c, maior será a ductilidade à fadiga do material em estudo, ou seja, quanto menos dúctil ou plástico o material se apresentar, para materiais de natureza semelhante, melhor resistirá (ou sobreviverá) à fadiga.

13.5.3 Dano cumulativo e exaustão de vida

A teoria do dano cumulativo linear é também denominada hipótese de Palmgren-Miner em homenagem aos dois precursores que independentemente trabalharam, teórica e experimentalmente, no assunto. Não obstante tratarmos a seguir do problema com uma abordagem *linear*, é conveniente recordar que, no mundo real, os processos de fadiga ocorrem sob condições de carregamento variável tanto quanto a seu valor quanto a seu tempo de aplicação ou ocorrência (frequência); os materiais alteram-se em presença de umidade e temperaturas aos quais são expostos; os danos não são lineares, ou seja, os materiais não se danificam de forma idêntica ou proporcionais para cargas diferentes.

Ao empregar-se a teoria de dano cumulativo, entende-se que o material vai acumulando danos sequenciais até atingir um limite de dano possível ou tolerável. A diferenciação entre possível e tolerável, nesse caso, é importante nos materiais. O dano possível é o surgimento de uma condição de fratura; o dano tolerável é, muitas vezes, empregado como critério de parada de teste em laboratório por impossibilidade física de continuidade, mesmo sem ocorrência de fratura. É, no último caso, aplicado amplamente em testes de misturas asfálticas quando se considera "dano final" ou "dano tolerável" a diminuição em 50% no valor do módulo de resiliência da amostra em teste, por exemplo.

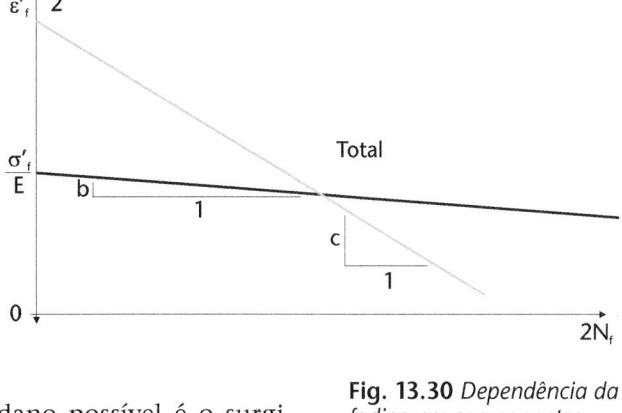

Fig. 13.30 *Dependência da fadiga em componentes elastoplásticos*

Vamos admitir um teste em ensaio de tensão controlada, ou seja, em que não há uma preocupação imediata com o nível de deformação sofrida mesmo porque este é muito pequeno (materiais quase frágeis como o concreto). Na Figura 13.31, é apresentado um esquema para essas respostas de um dado material testado em situação de tensão controlada, razão pela qual se define uma curva do tipo σ-N.

Ao observarmos o comportamento apresentado pelo material, nota-se que, para um nível de tensão σ_1, o material sobrevive $N_f^1 = 1.200$; para um nível de tensão σ_2, sobrevive $N_f^2 = 2.400$. Segundo a teoria dos danos cumulativos, indo do ponto A para o ponto B ou do ponto C para o ponto D, atinge-se, da mesma maneira, a exaustão da vida de fadiga do material. Por conseguinte, assume-se que, nos pontos A e C, tem-se disponível 100% da vida de fadiga do material. Nos extremos, pontos B e D, é atingida a exaustão, ou seja, esgota-se a vida de fadiga do material.

Ao admitir-se que esse dano cumulativo seja linear ao longo da vida de serviço do material, tem-se, em consequência dessa hipótese, que em um dado nível de tensão σ_i qualquer, cada ciclo de carregamento contribui de forma idêntica para causar o montante de dano final; a cada ciclo tem-se uma mesma participação de dano (unitário) para se atingir o dano total, à fadiga, à fratura.

Assim, de A para E, ponto intermediário a AB, consome-se 1/3 da vida disponível de fadiga no nível de tensão σ_1. Do ponto C para o ponto F, intermediário a CD, por sua vez, consome-se igualmente 1/3 da vida de fadiga disponível em σ_2.

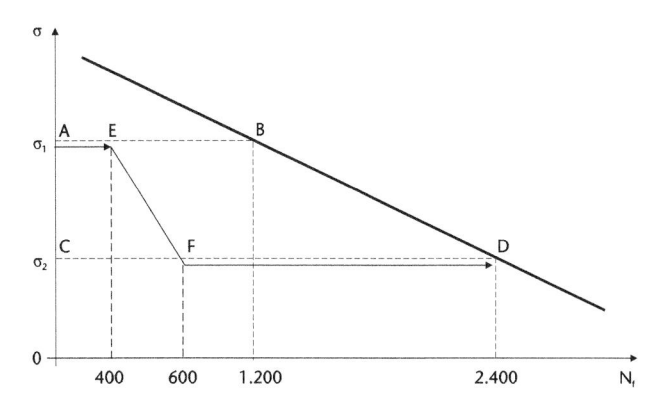

Fig. 13.31 *Efeitos de cargas diferentes sobre a fadiga de um mesmo material*

Quando, durante um teste de fadiga, altera-se o nível de tensão, migrando-se de E para F, ou seja, de σ_1 para σ_2, a vida disponível de fadiga, que já havia sido parcialmente consumida em σ_1 (1/3), seria equivalente ao mesmo porcentual de 1/3 consumido em σ_2. Em outras palavras, 1/3 da vida de fadiga em σ_2 é equivalente a um terço da vida de fadiga em σ_1, em matéria de dano. No exemplo apresentado, ao descer de E para F, vai-se de 400 para 800, e 1/3 da vida de fadiga (400 ciclos) já havia sido consumido no nível σ_1. Portanto, em σ_2, restam ainda 2/3 da vida de fadiga disponível em σ_2.

Esse modelo de dano linear constitui uma maneira empírica de previsão da fadiga após uma sequência complexa de carregamentos e é conhecido por Hipótese de Palmgren-Miner. No caso em questão, para os níveis de tensão σ_1 e σ_2, pode ser escrito que a porcentagem de fadiga consumida é, respectivamente:

$$\frac{n_1}{N_1} = \frac{\text{número de ciclos reais em } \sigma_1}{\text{número de ciclos disponíveis em } \sigma_1} = \frac{400}{1.200} = \frac{1}{3} \qquad [13.18]$$

e

$$\frac{n_2}{N_2} = \frac{\text{número de ciclos reais em } \sigma_2}{\text{número de ciclos disponíveis em } \sigma_2} = \frac{1.600}{2.400} = \frac{2}{3} \qquad [13.19]$$

Assim, pode-se dizer que:

$$\frac{n_1}{N_1} + \frac{n_2}{N_2} = \frac{1}{3} + \frac{2}{3} = 1 = 100\% \qquad [13.20]$$

Nessa equação, afirma-se que quando o somatório dos consumos em cada nível de tensão atinge 100%, atinge-se simultaneamente a exaustão à fadiga do material. A equação anterior, generalizada para todos os níveis i de tensão possíveis para o material, conduz à hipótese de Palmgren-Miner:

$$\frac{n_1}{N_1} + \frac{n_2}{N_2} + \ldots + \frac{n_i}{N_i} = 100\% \qquad [13.21]$$

ou

$$\sum_{i=1}^{k} \frac{n_i}{N_i} = 1 \qquad [13.22]$$

As hipóteses contidas nessas expressões são assim resumidas:

◆ A taxa de acumulação de danos não depende da história de carregamento sofrida; o dano por ciclo não se altera, estando o teste no início do consumo à fadiga ou no final, próximo à exaustão do material.

◆ Em consequência da hipótese anterior, ter-se-ia que a magnitude e sentido de troca de carregamentos não poderiam afetar os resultados do teste.

Note que a segunda hipótese acaba por anular a validade da primeira, ao se considerar que, em muitos testes de fadiga com materiais de pavimentação, com conjuntos de "blocos" de aplicações de carga com carregamentos, amplitudes e número de aplicações idênticas, mudanças de amplitudes mais altas para blocos com amplitudes mais baixas mostraram-se muito mais críticas para o processo de fadiga que aplicações no sentido oposto.

Tal discrepância é naturalmente bem entendida em Ciências dos Materiais, pois as fissuras preexistentes cresceriam e se propagariam mais com a aplicação de um bloco de carregamento mais rigoroso do que o contrário, quando as fissuras talvez nem mesmo se formassem com cargas de pequena magnitude. Recordemos aqui que as fissuras de fadiga começam a se nuclear nas singularidades (estruturais ou geométricas) e descontinuidades (na superfície ou no interior) da maioria dos materiais.

Os materiais poliméricos possuem algumas peculiaridades que valem a pena mencionar aqui. Durante os ciclos de carregamento sucessivos, ocorre aquecimento pelos ciclos de histerese no material (em uma curva tensão--deformação, a área entre os caminhos de carga e relaxamento é a energia dissipada por histerese). Isso torna difícil o controle interno da temperatura na mostra submetida aos testes, o que afeta os resultados.

Se houver aumento de temperatura no material, no caso dos asfaltos, ter-se-ia um amolecimento diferencial do corpo de prova ciclo a ciclo. Além disso, agravando o fenômeno, os materiais termoplásticos possuem baixa difusividade térmica e viscosidade não linear (tixotropia). Também, quanto maior a frequência de aplicação de cargas e maior a amplitude de tensão, mais o problema descrito se agrava durante os testes.

Por outro lado, quanto menos espesso o corpo de prova, mais o problema diminui, pois mais se perde calor para o ambiente. Portanto, quanto maior a amostra, mais calor ela reterá e menor disponibilidade de vida de fadiga apresentará. Há ainda um fenômeno favorável à vida de fadiga, a autorreparação do material, que está associada à sua plasticidade e à força de adesão do ligante (moléculas) em determinadas temperaturas. Os problemas são complexos e afastam muito os resultados de testes laboratoriais daqueles que, de fato, ocorrem em pista.

13.5.4 Calibração laboratório-campo

Pela incapacidade de os testes em laboratório, com amostras reduzidas e conduzidos a grande frequência de aplicação de cargas, representarem de maneira fidedigna o que ocorre em campo em termos de fissuração, há necessidade de recorrência à calibração dos resultados de laboratório com a fissuração de fadiga em pista. Essa tarefa é muito difícil e muitas vezes inglória. No Quadro 13.3 são apresentadas as principais diferenças entre o comportamento dos materiais em laboratório e em pista e suas consequências em relação aos ensaios de fadiga conduzidos experimentalmente em laboratórios.

Evidentemente, os ensaios de fadiga em laboratório possuem o grande potencial de auxiliar na dosagem e formulação de misturas que apresentem

melhores características quanto à resistência à fissuração por fadiga. Mas para o emprego das relações σ-N ou ε-N obtidas em laboratório diretamente em projetos, é necessário o estabelecimento de fatores de calibração laboratório-
-campo, que, na prática, são muito difíceis de serem determinados. Como regra geral, devem-se recordar os seguintes condicionantes para a aplicação de modelos desenvolvidos em laboratório ao projeto de pavimentos:

◆ Misturas asfálticas sobrevivem muito mais em pista que em testes laboratoriais, mesmo porque a propagação de fissuras do fundo da camada para a superfície demanda maior tempo quanto mais espessa for a camada de revestimento asfáltico. O fator de calibração, dessa forma, deverá ser multiplicativo.

◆ Concretos e materiais estabilizados com cimento se comportam em laboratório de modo muito mais satisfatório que em campo, até mesmo porque amostras em laboratório possuem matrizes mais homogêneas que os materiais trabalhados em pista. Além disso, o tempo de aplicação de carga é muito curto para materiais frágeis nos testes laboratoriais. O fator de calibração, nesse caso, será um redutor do modelo de laboratório.

Raramente calibrados, no Quadro 13.4, são apresentadas possíveis relações que poderão ser consideradas em projetos, mantidos os devidos cuidados de análises das condições de sugestão de tais fatores:

13.6 Linearidade entre Tensão (Deformação) e Carga

Muitas vezes, somos tentados a determinar o valor da deflexão, da deformação ou da tensão em algum ponto da estrutura, tendo por base o fato de que conhecemos um resultado referente a tais esforços para um eixo-padrão de 80 kN, por exemplo. Trata-se de estimar os efeitos de uma carga superior sobre esse mesmo tipo de eixo, conhecidos os efeitos de uma carga qualquer, quando poderíamos admitir linearidade e proporcionalidade entre causas e efeitos, entre carga e tensão, carga e deformação, entre carga e deflexão.

Na Figura 13.32, são apresentados graficamente resultados para a simulação pela TSCE de um pavimento asfáltico flexível com revestimento em CAUQ de 100 mm (3.500 MPa; 0,35), base granular com 200 mm (150 MPa; 0,42), subleito com 50 MPa e Poisson 0,48. Observa-se dos resultados que as deflexões na superfície, estimadas proporcionalmente a partir da carga de 80 kN (por exemplo, a deflexão para 100 kN seria o produto da deflexão analisada para 80 kN pela razão 100/80), resultam inferiores em cerca de 15% às deflexões calculadas, para cada carga, com a TSCE. Quanto às deformações específicas de tração na fibra inferior do CAUQ, os valores estimados afastaram-se entre 0% e 15% dos valores calculados. Tais discrepâncias indicam a aplicabilidade dessas hipóteses somente nos casos de análises preliminares e não definitivas e agravam-se com subleitos não lineares.

O mesmo ocorre quando analisamos a aplicação de proporcionalidade em pavimentos semirrígidos, o que é demonstrado graficamente na Figura 13.33. O pavimento asfáltico semirrígido analisado pela TSCE foi, nesse caso, composto

Quadro 13.3 *Diferenças entre situações de laboratório e situações de campo*

CONDIÇÃO DE TESTE	SITUAÇÃO EM LABORATÓRIO	SITUAÇÃO EM CAMPO	CONSEQUÊNCIA PARA VIDA DE FADIGA EM LABORATÓRIO
Tensão aplicada	Constante	Variável	Superestimar, na maioria dos casos. Em laboratório, as amostras sobrevivem mais se as tensões variam de menores para maiores durante os testes; menos, se as tensões variam das maiores para as menores.
Deformação aplicada	Variável	Variável	Misturas asfálticas: As amostras tendem a sofrer grandes deformações restringindo a vida de fadiga.
Temperatura diária ou sazonal	Constante	Variável	Misturas asfálticas: Não simulam condições de resfriamento restringindo a vida de fadiga em deformação controlada. Concretos: Não simulam perda de contato de placas e acréscimos de tensão, superestimando a vida de fadiga.
Freqüência de cargas	Muito elevada	Baixa	Misturas asfálticas: Não permitem autorreparação e eleva-se a temperatura mais rapidamente, amolecendo o material e agravando a vida de fadiga. No campo, há tempo para os asfaltos oxidarem, alterando suas características. Concretos e cimentados: Não permitem campos mais críticos de tensão (cargas rápidas), diminuindo nucleação de fissuras, superestimando a vida de fadiga.
Estado de tensão	Uniaxial	Biaxial	Não avalia efeitos de tensões aplicadas em outras direções na direção considerada.
Pressão de aplicação	Constante	Variáveis	Altera esforços no material para uma mesma carga.
Posição do carregamento	Constante	Variável	Em pista, quanto menos confinado o tráfego, mais a passagem das cargas sofre uma variação lateral, o que altera o estado de tensão em um dado ponto, carga após carga.

Quadro 13.3 *Diferenças entre situações de laboratório e situações de campo (continuação)*

CONDIÇÃO DE TESTE	SITUAÇÃO EM LABORATÓRIO	SITUAÇÃO EM CAMPO	CONSEQUÊNCIA PARA VIDA DE FADIGA EM LABORATÓRIO
Critério de ruptura por fadiga	Controle por deformação ou fratura	Fratura	Misturas asfálticas: Os materiais não são submetidos à fissuração ou fratura em laboratório; a parada é anterior, subestimando vida de fadiga.
Umidade	Seco	Variável	A umidade na amostra em concretos de baixa porosidade pode ser fator de superestimativa de vida de fadiga em laboratório quando considerada.
Estrutura da matriz do material	Mais homogênea	Mais heterogênea	Pela dispersão inerente dos ensaios de fadiga, para se obterem resultados consistentes em laboratório, as amostras são moldadas com muita homogeneidade. Faz-se necessário recordar que, em campo, ocorrem variáveis que afetam a homogeneidade: temperatura, segregação, compactação.

Quadro 13.4 *Possíveis fatores de calibração laboratório-campo*

MATERIAL	FATORES DE CALIBRAÇÃO
	• O Instituto do Asfalto (EUA) sugere um multiplicador de aproximadamente 20 vezes para a equação experimental de laboratório.
Concretos asfálticos	• Estudos no Brasil (Rodrigues, 1991), embora não documentados sistematicamente, indicam fatores multiplicativos da ordem de 1.000 vezes. • Estudos no Instituto de Pesquisas Rodoviárias (do extinto DNER), conduzidos por Salomão Pinto (1991), indicaram fatores de calibração laboratório-campo para misturas asfálticas convencionais típicas no Brasil de 10^4 a 10^5.
Concretos de cimento Portland	• Em modelo para concreto calibrado no Brasil, comparando-se pista (10% de placas com fissuras) e resultados de laboratório, para um mesmo concreto, chegou-se à seguinte formulação: $$N_{campo} = (RT)^{4,2} \times N_{laboratório}$$ na qual RT é a relação entre a tensão aplicada e a tensão de ruptura em flexão do concreto.
Solo-cimento e brita graduada tratada com cimento	• Sugere-se o emprego de fator redutor de cerca de 20 vezes a 50 vezes para projetos em que as relações entre tensões se encontram na zona de 0,5 a 0,6.

por revestimento com 100 mm (3.500 MPa; 0,35), base cimentada com 200 mm (5.000 MPa; 0,20), subleito com 150 MPa e Poisson 0,48. Para as deflexões estimadas, foram encontrados desvios de 15 a 20%. No caso das tensões de tração na flexão na fibra inferior da base cimentada, os desvios encontrados foram de 5 a 15%. Observe-se que, em todos os casos, o procedimento de adotar um critério de proporcionalidade entre causa e efeito resultou na subestimação dos efeitos das cargas nos pavimentos.

13.7 Modelos de Fadiga Aplicáveis aos Projetos de Pavimentação

13.7.1 Condições gerais de modelos de fadiga brasileiros

Os modelos apresentados e discutidos neste item não podem ser tomados como soluções gerais de análise e verificação estrutural para quaisquer materiais de pavimentação. Entre os aspectos mais simples que afetam o comportamento dos materiais à fadiga, de caráter regional, destacam-se os tipos de solos, natureza e características físicas de agregados, a distribuição granulométrica de agregados, os tipos de cimento empregados, os tipos de CAP usados na formulação dos materiais, para exemplificar.

Assim, todos os modelos a seguir mencionados refletem situações bastante específicas de formulação de materiais de pavimentação, e seu emprego carece de criterioso estudo do projetista de pavimento, para, dentro de juízo de valor racional, decidir-se sobre a aplicabilidade ou não dos modelos de fadiga em seu caso específico. Na realidade, não foram realizados muitos estudos até o momento no Brasil, o que impede a delimitação de faixas e padrões típicos no País. Portanto, antes de mais nada, o usuário de modelos de fadiga deverá identificar a formulação de material empregado para a construção de um dado modelo, bem como analisar, recorrendo a fornecedores e aos executores das obras, as possibilidades de se estabelecerem formulações de materiais o mais próximas possível daquelas definidas para os materiais que já foram alvo de estudos de fadiga.

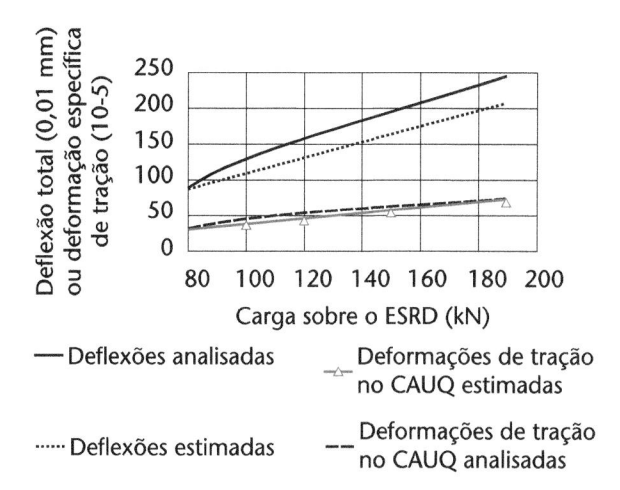

Fig. 13.32 *Comparação entre deflexões e deformações analisadas e estimadas em pavimento flexível*

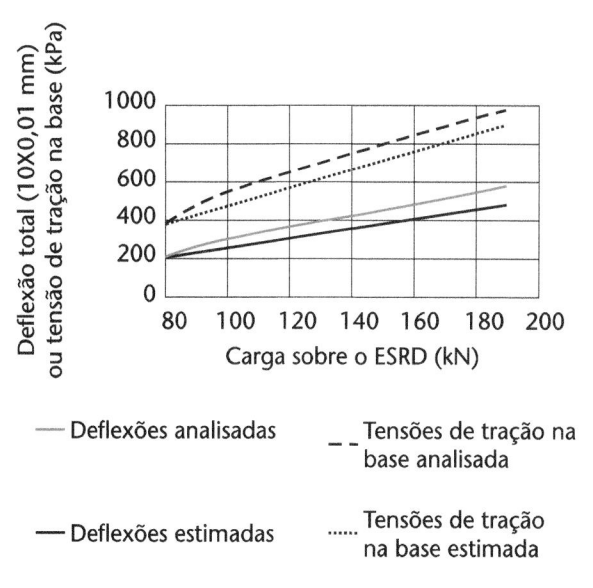

Fig. 13.33 *Comparação entre deflexões e tensões analisadas e estimadas em pavimento semirrígido*

13.7.2 Modelos para concretos asfálticos

Ernesto Simões Preussler (1983) foi pioneiro na proposição de modelo experimental em laboratório. Ao empregar ensaios de compressão diametral, para a previsão da vida de fadiga de misturas asfálticas do tipo CAUQ, ele definiu, para misturas nas faixas A e B do DNER, a seguinte equação:

$$N_f = 2{,}99 \times 10^{-6} \times \left(\frac{1}{\varepsilon_t}\right)^{2{,}153} \qquad [13.23]$$

O modelo aparentemente mais bem elaborado em anos recentes, em termos de preparação laboratorial e número de testes, para concretos asfálticos convencionais feitos, no início da década de 1990, com CAP 50/60, foi aquele proposto por Salomão Pinto (1991), do Instituto de Pesquisas Rodoviárias do Extinto DNER, no Rio de Janeiro. O modelo experimental, elaborado a partir de ensaios de flexão alternada, é dado pela expressão:

$$N_f = 6{,}64 \times 10^{-7} \times \left(\frac{1}{\varepsilon_t}\right)^{2{,}93} \qquad [13.24]$$

Há também dois modelos tradicionais, um do Instituto do Asfalto dos EUA e outro da Shell (Huang, 1993), que embutem o valor do módulo de resiliência da mistura asfáltica na equação para determinação da vida de fadiga do material. São também de natureza experimental, sendo respectivamente:

$$N_f = 0{,}0796 \times \left(\frac{1}{\varepsilon_t}\right)^{3{,}291} \times \left(\frac{1}{M_r}\right)^{0{,}854} \qquad [13.25]$$

e

$$N_f = 0{,}0685 \times \left(\frac{1}{\varepsilon_t}\right)^{5{,}671} \times \left(\frac{1}{M_r}\right)^{2{,}363} \qquad [13.26]$$

Os modelos importados acima necessitam que o valor do módulo de resiliência seja introduzido em libras por polegada quadrada (*psi*). Na Figura 13.34, são apresentados graficamente esses modelos, dos quais se deduz o maior rigor do modelo brasileiro, que gera uma menor vida de fadiga para os mesmos níveis de deformação específica de tração no material. As origens de tais diferenças são várias. Aqui vale recordar que o modelo do Instituto do Asfalto possui um fator de calibração laboratório-campo que é um multiplicador de 20 vezes no valor do N_f encontrado pela equação sugerida.

O modelo do Instituto do Asfalto ainda permite a verificação dos efeitos de maior rigidez ou flexibilidade na vida de fadiga das misturas asfálticas, o que é apresentado na Figura 13.35. Observa-se que, quanto mais rígida a mistura asfáltica, mais suscetível à fadiga se torna o material, isto é, menos resistente à fadiga. Assim, misturas mais flexíveis e que mantenham padrões de deformação de ruptura (de resistência) elevados tenderiam a apresentar melhor comportamento à fadiga.

Salomão Pinto (1991) estudou uma série de misturas asfálticas elaboradas com asfaltos misturados e com asfaltos particulares, conforme se apresentam no Quadro 13.5, executando ensaios de compressão diametral, para a formulação genérica:

$$N_f = K_2 \times \left(\frac{1}{\varepsilon_t}\right)^{n_2} \qquad [13.27]$$

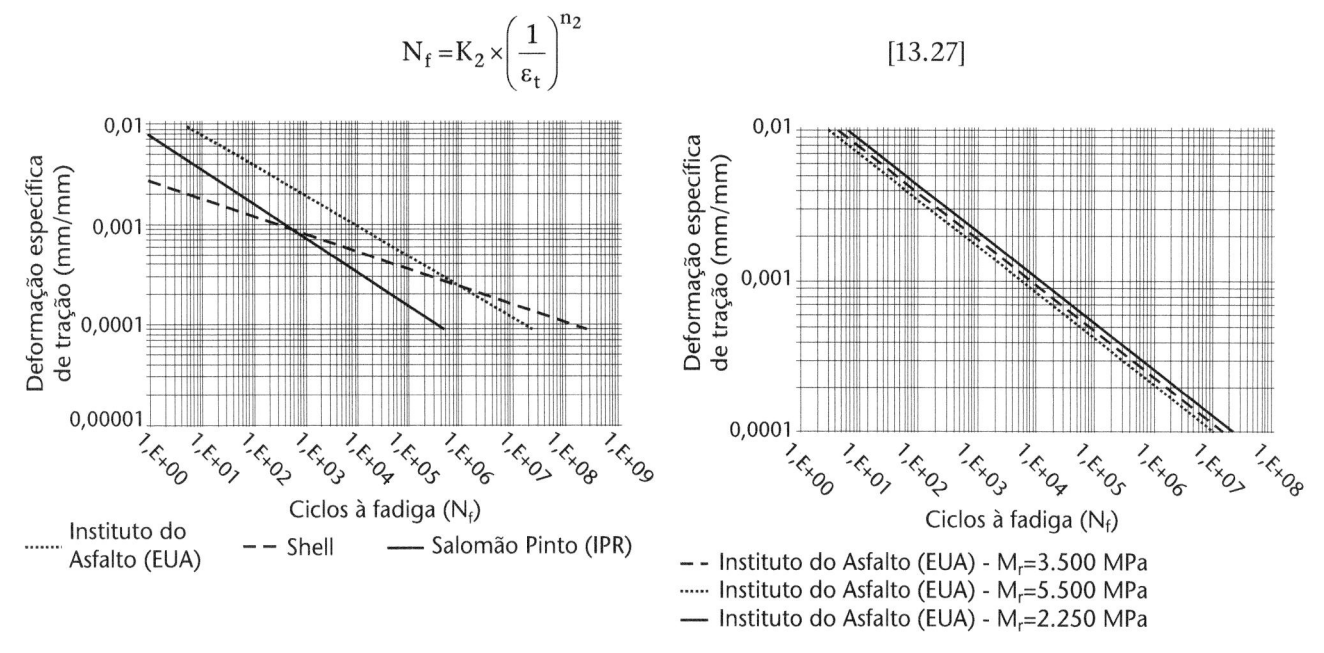

Fig. 13.34 *Comparação entre modelos de fadiga para misturas asfálticas densas*

Fig. 13.35 *Efeito do módulo de resiliência no comportamento à fadiga de misturas asfálticas*

Quadro 13.5 *Constantes de modelos de fadiga de Salomão Pinto (1991)*

Tipo de CAP	Procedência	Processo de fabricação	K_2	N_2
50/60	Bachaquero	Vácuo	$2,5 \times 10^{-9}$	2,77
50/60	Mistura	Vácuo	$1,8 \times 10^{-9}$	2,86
30/45	Árabe leve	Desasfaltação a propano	$1,37 \times 10^{-8}$	2,65
20/45	Árabe leve	Desasfaltação a propano	$4,89 \times 10^{-10}$	1,88
55	Mistura	Vácuo/Desasfaltação a propano	$3,6 \times 10^{-7}$	1,32
20	Mistura	Vácuo	$2,04 \times 10^{-8}$	2,61

O autor investigou também a influência do valor do módulo de resiliência no comportamento à fadiga de misturas asfálticas, tendo verificado, segundo a expressão proposta abaixo, que tal parâmetro pouco influenciou os resultados dos ensaios laboratoriais em compressão diametral:

$$N_f = 9,07 \times 10^{-9} \times \left(\frac{1}{\varepsilon_t}\right)^{2,65} \times \left(\frac{1}{M_r}\right)^{-0,033} \qquad [13.28]$$

Após considerarem as naturais dificuldades de elaboração de ensaios de fadiga com misturas asfálticas, com larga base de dados, Maupin e Freeman (1976) já propunham a determinação das constantes K_2 e n_2 com base nos valores de resistência à tração apresentados pelas misturas asfálticas, tendo-se em conta as seguintes relações:

$$\log_{10} K_2 = 7{,}92 - 0{,}122 \times RT \qquad [13.29]$$

e

$$n^2 = 0{,}0374 \cdot RT - 0{,}744 \qquad [13.30]$$

13.7.3 Modelos para concretos asfálticos modificados com polímeros

O DNER (1998) apresentou estudo com comportamento à fadiga de misturas asfálticas elaboradas com CAP modificado com polímero (CAP-20), para proporções de 4% e 6% de SBS incorporado, à temperatura de 25°C. Na Figura 13.36, são apresentados os resultados obtidos para os estudos, dos quais se observa que, para valores de deformação específica inferiores, há uma melhora no comportamento à fadiga dos CAMP. Tais modelos são representados pelos seguintes resultados experimentais:

- Para CAUQ na faixa B, com CAP-20 original:

$$N_f = 7 \times 10^{-8} \times \left(\frac{1}{\varepsilon_t}\right)^{2,47} \qquad [13.31]$$

- Para CAUQ na faixa B, com CAP-20 e 4% de SBS incorporado:

$$N_f = 2 \times 10^{-11} \times \left(\frac{1}{\varepsilon_t}\right)^{3,39} \qquad [13.32]$$

- Para CAUQ na faixa B, com CAP-20 e 6% de SBS incorporado:

$$N_f = 3 \times 10^{-12} \times \left(\frac{1}{\varepsilon_t}\right)^{3,68} \qquad [13.33]$$

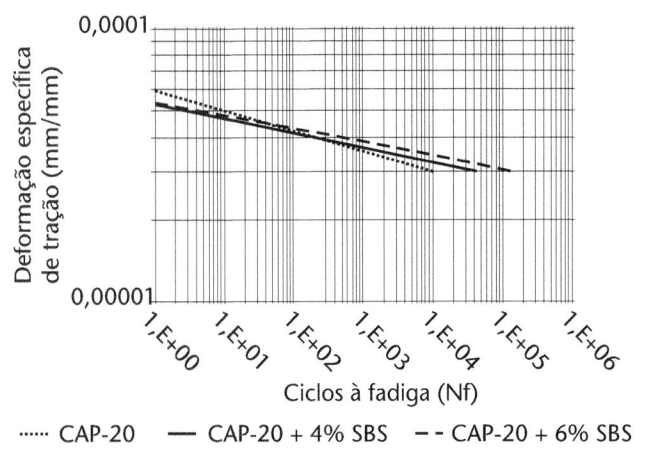

Fig. 13.36 *Resistência à fadiga de CAMP com SBS*
Fonte: adaptado de DNER, 1998.

13.7.4 Modelos para concretos asfálticos com borracha de pneu moída (CAUQ-BPM)

Patriota et al. (2004), analisando os efeitos da adição de borracha de pneu moída (BPM) em CAUQ elaborado com CAP-50/60, elaboraram testes à fadiga para os CAUQs que receberam adições de 1% a 3% de borracha por processo seco, empregando agregado de BPM com distribuição granulométrica entre 0,09 mm e 2 mm. Com isso, obtiveram os modelos experimentais abaixo relacionados, sendo possível observar em sua representação gráfica, na Figura 13.37, que há efeito positivo da incorporação da borracha por via seca e digerida por duas horas após usinagem, na vida de fadiga do material.

- Para CAUQ na faixa C, com CAP-50/60 original:

$$N_f = 2 \times 10^{-15} \times \left(\frac{1}{\varepsilon_t}\right)^{4,46} \quad [13.34]$$

- Para CAUQ na faixa C, com CAP-50/60 mais 1% de BPM incorporada:

$$N_f = 8 \times 10^{-8} \times \left(\frac{1}{\varepsilon_t}\right)^{2,75} \quad [13.35]$$

- Para CAUQ na faixa C, com CAP-50/60 mais 2% de BPM incorporada:

$$N_f = 3 \times 10^{-7} \times \left(\frac{1}{\varepsilon_t}\right)^{2,64} \quad [13.36]$$

- Para CAUQ na faixa C, com CAP-50/60 mais 3% de BPM incorporada:

$$N_f = 8 \times 10^{-18} \times \left(\frac{1}{\varepsilon_t}\right)^{5,48} \quad [13.37]$$

Fig. 13.37 *Resistência à fadiga de CAUQ com BPM incorporada via seca*
Fonte: Patriota et al., 2004.

13.7.5 Modelos para concretos de cimento Portland

Concretos para pavimentação foram estudados sistematicamente por Tatiana Cureau Cervo (2004) e por José Tadeu Balbo (1999). Os estudos tiveram início em 1999, com a formalização de modelo semiempírico de fadiga para concretos de elevada resistência (CAD) empregados por oportunidade de execução do primeiro *whitetopping* ultradelgado no País. Naquela época, o seguinte modelo, em função da relação entre a tensão aplicada e a resistência à tração na flexão do concreto (RT), foi assim formalizado:

$$N_f = 29745 \times \left(\frac{1}{RT}\right)^{3,338} \quad [13.38]$$

Após reprodução completa do traço em laboratório, com materiais das mesmas fontes, conforme havia sido executado em pista, tal CAD foi estudado do ponto de vista de seu comportamento à fadiga, experimentalmente, o que permitiu a sistematização do seguinte modelo:

$$\log_{10} N_f = 14,13 - 12,41 \cdot RT \quad [13.39]$$

Da comparação entre ambos os modelos anteriores, foi estabelecido um fator de calibração laboratório-campo pelos pesquisadores. O concreto convencional de pavimentação, sem aditivos e superplastificantes, foi também estudado, permitindo a descrição do seguinte modelo experimental de fadiga:

$$\log_{10} N_f = 25,858 - 25,142 \cdot RT \qquad [13.40]$$

Na Figura 13.38, são representados graficamente os modelos anteriormente descritos para os concretos estudados, dos quais se infere que o CAD, embora muito sofisticado e elaborado em termos de ligantes hidráulicos (CP-V-ARI e sílica ativa), não possui desempenho superior a um concreto convencional; ao contrário. Tal resultado é facilmente explicado com base na Ciência dos Materiais e na tecnologia do concreto: cimentos mais finos e em maior quantidade sofrem processos internos de retração até mesmo autógena, com dissecação pasta-agregado, além de serem muito mais frágeis. Em conclusão, para os mesmos níveis de tensão os processos de nucleação e de propagação interna de fissuras se tornam muito mais acelerados nesses concretos.

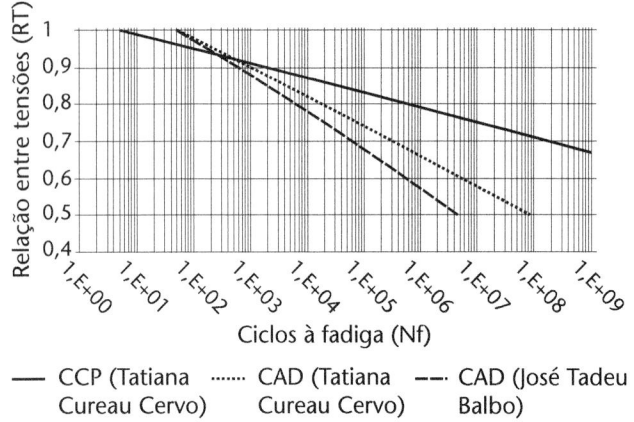

Fig. 13.38 *Comportamento à fadiga de diferentes concretos nacionais*

13.7.6 Modelos para concretos compactados com rolo

Os modelos de comportamento à fadiga, para CCR utilizando cimento Portland especial (CP-II-E) empregado no início dos anos 1990, foram elaborados por Glicério Trichês no ITA/CTA, em São José dos Campos, SP. Os modelos, para consumos de cimento de 120 kg/m³ e 200 kg/m³, respectivamente, são:

$$\log_{10} N_f = 14,911 - 15,074 \cdot RT \qquad [13.41]$$

e

$$\log_{10} N_f = 14,310 - 13,518 \cdot RT \qquad [13.42]$$

Na Figura 13.39, temos representações dos modelos anteriores para o CCR. Verifica-se que as misturas com maiores consumos de cimento apresentam comportamento à fadiga melhorado. Isso se explica pela melhor homogeneidade na matriz de concreto adquirida pelo melhor envolvimento dos agregados pela pasta e argamassa de ligante hidráulico.

13.7.7 Modelo para britas graduadas tratadas com cimento

O modelo de fadiga da BGTC empregado no Brasil, com materiais do Estado de São Paulo

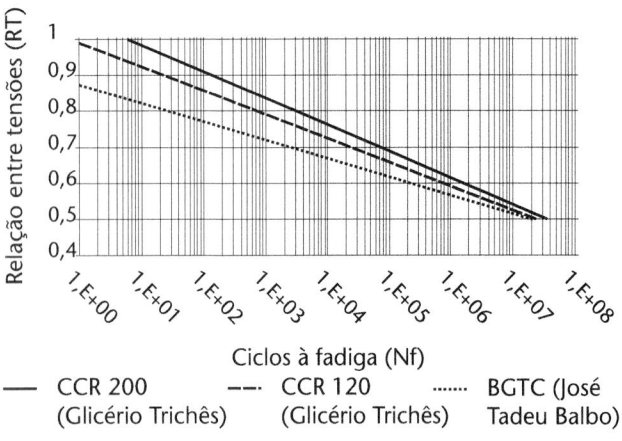

Fig. 13.39 *Comportamento à fadiga do CCR e da BGTC*

(Balbo, 1993), apresenta a seguinte formulação física:

$$\log_{10} N_f = 17{,}137 - 19{,}608 \cdot RT \qquad [13.43]$$

O comportamento à fadiga da BGTC é apresentado de forma comparativa com aquele do CCR na Figura 13.39. A BGTC, com consumo de aproximadamente 75 kg/m³ de material (cerca de 4% em peso) é muito heterogênea, apresentando muitos vazios iniciais que facilitam os processos de crescimento de fissuras na estrutura interna do material, comportando-se de forma bastante inferior ao CCR.

13.7.8 Modelos para solo-cimento

Jorge Augusto Pereira Ceratti (1991) realizou, em laboratório, ensaios de fadiga de misturas de solo-cimento com tensão controlada, pelo modo de atuação das camadas desses materiais em estruturas de pavimentação, para diferentes níveis de tensões em relação à tensão de ruptura, em temperatura ambiente, que variou de 21°C a 23°C, e determinou o número de repetições até a ruptura. Os modelos para quatro tipos de solos coletados no Estado de São Paulo, definidos de acordo com a classificação MCT, são aqueles apresentados no Quadro 13.6, representados graficamente na Figura 13.40. Observe-se que os modelos desenvolvidos apresentam para dois solos NA' respostas dramaticamente diferentes; os melhores resultados obtidos por comparação foram para um solo LA, um solo LA' e um dos solos do tipo NA'. Os resultados aqui apresentados se referem a ensaios realizados em flexão dinâmica.

Quadro 13.6 *Modelos de fadiga para algumas misturas solo-cimento*

Tipo de solo (MCT)	Modelo de fadiga	Equação
NA	$RT = 1{,}2563 - 0{,}14920 \times \log_{10} N_f$	[13.42]
LA	$RT = 0{,}8986 - 0{,}03930 \times \log_{10} N_f$	[13.43]
LG'	$RT = 0{,}6401 - 0{,}00822 \times \log_{10} N_f$	[13.44]
NA'	$RT = 1{,}0346 - 0{,}05056 \times \log_{10} N_f$	[13.45]
LA'	$RT = 0{,}9476 - 0{,}02500 \times \log_{10} N_f$	[13.46]
NA'	$RT = 0{,}6759 - 0{,}01030 \times \log_{10} N_f$	[13.47]

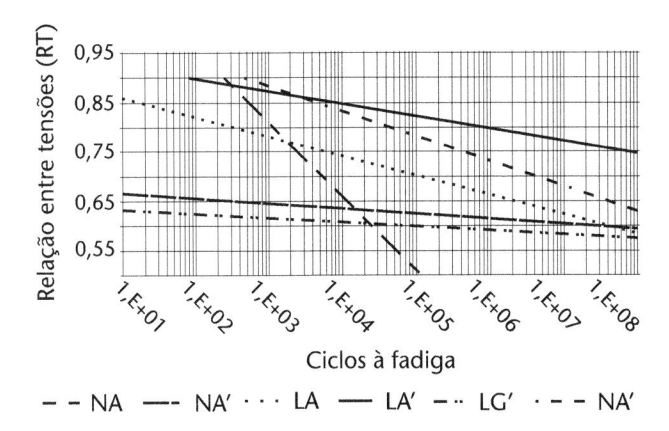

Fig. 13.40 *Comportamento à fadiga de diversas misturas de solo-cimento*
Fonte: Ceratti, 1991.

13.8 Análise de Projetos – Situações Comuns da Experiência Diária

Dois casos de análises estruturais são mais comuns na atualidade: a verificação de atendimento de critérios de fadiga de revestimentos asfálticos, bases em concreto ou bases e sub-bases estabilizadas com cimento, quando o pavimento se trata de um novo projeto, e a verificação à fadiga de reforços com misturas asfálticas de antigos pavimentos (projetos de restauração). Procuramos ilustrar as técnicas de análise com a aplicação de alguns casos práticos, apresentados a seguir.

13.8.1 Módulo equivalente de camadas asfálticas (aplicado a reforço com fresagem)

Ao se trabalhar com modelos fechados para a estimativa de deflexões ou ainda com programas de TSCE que não permitem muitas camadas, pode ser conveniente a adoção de um módulo equivalente de camadas asfálticas, como forma de simplificação dos problemas. Imagine um pavimento com seu subleito, uma camada de reforço, uma camada de sub-base e uma camada de base: já se consumiram quatro camadas na análise, restando somente uma para o revestimento asfáltico (uma limitação, por exemplo, do programa Elsym 5).

Como estimar a deflexão com tal modelo, se fossem necessárias ainda duas camadas de misturas asfálticas para a consideração completa do problema? Em situações como a descrita, normalmente se emprega a Fórmula de Odemark (1949) que se trata de uma aproximação baseada na Teoria de Burmister (TSCE) para a definição de um módulo equivalente, mantidas as espessuras das camadas que obrigatoriamente devem estar aderidas entre si em sua interface:

$$E_{eq} = \left[\frac{h_1 \times \sqrt[3]{E_1} + h_2 \times \sqrt[3]{E_2}}{h_1 + h_2} \right]^3 \qquad [13.44]$$

Na Tabela 13.15, são apresentados os valores de módulos de resiliência equivalentes para diversas situações possíveis, combinando-se espessuras e valores de módulos de resiliência de camadas de revestimento e de ligação com misturas asfálticas novas.

Tabela 13.15 *Módulo de resiliência equivalente para algumas combinações de misturas asfálticas*

Revestimento			Camada de Ligação			Módulo Equivalente (MPa)
Material	Espessura (mm)	M_r (MPa)	Material	Espessura (mm)	M_r (MPa)	
CAUQ	6	3.500	PMQ	7	2.200	2.750
CAUQ	6	3.500	PMF	7	1.200	2.063
CAUQ	6	3.500	CAMP	6	3.000	3.244
CAUQ	6	3.500	CAUQ-AM	6	8.000	5.444
PMQ	5	2.500	PMF	7	1.000	1.516
SMA	4	3.500	PMQ	6	2.000	2.534

O procedimento é algumas vezes útil para análises expeditas, com suporte para a fixação da equação da deflexão após reciclagem do revestimento empregada no método de projeto de reforço de pavimentos asfálticos PRO 269/94, do extinto DNER. Nesse caso, conforme é desenvolvido adiante, supõe-se que uma parcela da camada do revestimento asfáltico existente (h_e) será removida (essa parcela é a espessura removida, h_r). Essa espessura removida será novamente preenchida com uma camada de reforço de idêntica espessura, que será também designada por h_r. Restará uma parcela do revestimento existente que não será removida, denominada espessura remanescente ou h_{rem}.

Existe, antes da elaboração do projeto, uma deflexão característica (D_c) que foi medida e calculada para cada segmento homogêneo. Essa deflexão é função, como já se sabe, de diversos parâmetros, como as espessuras das camadas, seus módulos de resiliência, bem como da carga aplicada. Acontece que, após a execução de fresagem e reforço, na mesma espessura, a deflexão resultante (D_r) será diferente daquela antes dos serviços. Aqui, como as espessuras são iguais, a ordem de grandeza dessa diferença dependeria, primariamente, apenas do módulo de resiliência da nova mistura asfáltica (quanto maior, menor a deflexão) e da própria deflexão presente (característica). Nesse caso, quanto maior é a deflexão característica, para uma mesma espessura de reforço, maior é a deflexão após o reforço.

Essa é uma situação bastante comum em vias urbanas, com as técnicas de fresagem e reforço em espessuras equivalentes. Com base nas afirmações anteriores, podem ser escritas as seguintes funções para as deflexões características e as deflexões resultantes após reforço:

$$D_c = f_1 \times f(E_{ex}) \qquad [13.45]$$

$$D_r = f_1' \times f(E_r; E_{ex}) \qquad [13.46]$$

Note-se que as deflexões foram escritas em função de todos os parâmetros invariantes representados por f_1 e f'_1 e em função dos parâmetros de elasticidade das misturas asfálticas presentes em cada situação. No caso da deflexão característica, há, por hipótese, apenas uma camada de mistura asfáltica que apresenta seu módulo de resiliência E_{ex}, ou seja, o módulo de resiliência da mistura ou revestimento existente. Após a fresagem e reforço, com espessuras idênticas por hipótese, a deflexão resultante será função do módulo de resiliência da camada remanescente de mistura asfáltica, que continua a ser E_{ex}, e também do módulo de resiliência da nova camada de reforço (E_r) com nova mistura asfáltica, esta podendo ser de qualquer natureza (CAUQ, CAMP, SMA, CAUQ de alto módulo, CAUQ reciclado etc.). Assim, a relação entre as deflexões após fresagem e reforço e característica, antes dos serviços, é descrita por:

$$\frac{D_c}{D_r} = \frac{f_1}{f_1'} \times \frac{f(E_{ex})}{f(E_r; E_{ex})} \qquad [13.47]$$

Observe que as funções multiplicativas f_1 e f'_1 devem ser muito parecidas, posto que, por análise da TSCE, as variações na espessura e no módulo de resiliência dos revestimentos asfálticos pouco alteram outras condições estruturais, como tensões de confinamento em bases granulares (portanto, módulos de resiliência de bases granulares), o módulo de resiliência do subleito etc., de tal sorte que podemos assumir $f_1 = f'_1$. Mantidas tais considerações, poderíamos dizer ainda que, após a fresagem e o reforço, as duas camadas asfálticas resultantes (existente remanescente e a nova) apresentarão um módulo de resiliência equivalente (E_{eq}), passível de determinação analítica. Além disso, pode-se recorrer a uma função direta, relacionando as deflexões com os módulos de resiliência e espessuras das camadas, entre outras possibilidades, conforme aquela proposta por Rodrigues (1989), o que leva a:

$$\delta = 8{,}142315 \times 10^5 \times e_{CAUQ}^{-0,9672} \times e_{Base}^{0,2124} \times E_{CAUQ}^{-0,4414} \times K_1^{-0,2243} \times K_2^{0,6817} \times E_{SUB}^{-0,3312} \times Q^{0,8779} \quad [13.48]$$

ou:

$$D_c = f_1 \times E_{ex}^{-0,4414} \quad [13.49]$$

ou ainda:

$$D_r = f'_1 \times E_{eq}^{-0,4414} \quad [13.50]$$

sendo:

$$E_{eq} = \left[\frac{h_r \times \sqrt[3]{E_r} + h_{rem} \times \sqrt[3]{E_{ex}}}{h_r + h_{rem}} \right]^3 \quad [13.51]$$

As igualdades anteriormente mencionadas permitem escrever:

$$\frac{D_c}{D_r} = \frac{(E_{ex})^{-0,4414}}{(E_{eq})^{-0,4414}} = \left(\frac{E_{eq}}{E_{ex}} \right)^{0,4414} \quad [13.52]$$

ou, invertendo:

$$E_{eq} = E_{ex} \times \left(\frac{D_c}{D_r} \right)^{2,2655} \quad [13.53]$$

e portanto:

$$E_{ex} \times \left(\frac{D_c}{D_r} \right)^{2,2655} = \left[\frac{h_r \times \sqrt[3]{E_r} + h_{rem} \times \sqrt[3]{E_{ex}}}{h_r + h_{rem}} \right]^3 \quad [13.54]$$

Como:

$$h_e = h_r + h_{rem} \quad [13.55]$$

resolve-se a igualdade anterior como sequencialmente apresentado:

$$\sqrt[3]{E_{ex}} \times \left(\frac{D_c}{D_r}\right)^{0,7552} = \frac{h_r \times \sqrt[3]{E_r} + (h_e - h_r) \times \sqrt[3]{E_{ex}}}{h_e} \qquad [13.56]$$

$$\left(\frac{D_c}{D_r}\right)^{0,7552} = \frac{h_r \times \sqrt[3]{E_r} + (h_e - h_r) \times \sqrt[3]{E_{ex}}}{\sqrt[3]{E_{ex}} \times h_e} \qquad [13.57]$$

$$\left(\frac{D_c}{D_r}\right)^{0,7552} = \frac{h_r}{h_e} \times \sqrt[3]{\frac{E_r}{E_{ex}}} + \frac{h_e}{h_e} - \frac{h_r}{h_e} \qquad [13.58]$$

$$\left(\frac{D_c}{D_r}\right)^{0,7552} - 1 = \frac{h_r}{h_e} \times \left(\sqrt[3]{\frac{E_r}{E_{ex}}} - 1\right) \qquad [13.59]$$

A equação anterior ainda pode ser reescrita nas formas:

$$\frac{h_r}{h_e} = \frac{\left(\frac{D_c}{D_r}\right)^{0,7552} - 1}{\sqrt[3]{\frac{E_r}{E_{ex}}} - 1} \qquad [13.60]$$

ou

$$D_r = D_c \times \left[\frac{h_r}{h_e} \times \left(\sqrt[3]{\frac{E_r}{E_{ex}}} - 1\right) + 1\right]^{-1,3242} \qquad [13.61]$$

A Equação 13.61 poderá ser mais bem avaliada com o auxílio de representação gráfica, conforme a Figura 13.41. Imagine-se um pavimento existente, que deverá sofrer restauração com emprego de fresagem e reforço, existindo a restrição de que a espessura de fresagem deverá ser igual à espessura de reforço. Como a deflexão característica não varia, à medida que a espessura de fresa e reforço aumenta, a deflexão após fresa e reforço diminui; isso resulta em uma porcentagem cada vez menor, que representa a deflexão após reforço em relação à deflexão característica antes do reforço. A redução de deflexões é também obtida com o aumento da rigidez relativa entre a camada de reforço e a camada remanescente após fresagem: à medida que o módulo de resiliência do reforço é maior, menor será a deflexão após reforço.

Um exemplo simples e real auxilia o emprego dessas relações. Imagine o caso de um revestimento de 150 mm de espessura, com módulo de resiliência retroanalisado de 1.800 MPa antes do reforço sobre um segmento homogêneo com D_c = 115 x 0,01 mm. Por se tratar de uma via urbana, será empregada a técnica de fresagem de 120 mm, seguida de reforço em duas camadas com mistura asfáltica densa, com módulo de resiliência aferido em laboratório de 3.600 MPa. A relação modular futura será, portanto, de 2,0. A espessura total de reforço será de 120 mm, portanto, indica a relação h_r/h_e = 0,67. Com base nessas informações, é possível estimar-se graficamente na Figura 13.41 que a deflexão após reforço seria de cerca de 81% da deflexão inicial, ou seja, cerca de 93 mm x 0,01 mm. Esses dados permitem uma análise de vida restante à fadiga do revestimento após a restauração proposta, com base, por exemplo, na Equação do PRO 269/1994 do extinto DNER:

$$\log_{10} D_{adm} = 3{,}148 - 0{,}188 \times \log_{10} N \quad [13.62]$$

Ao inserir-se o valor de D_{adm} = 93 x 0,01 mm na equação acima, infere-se que o número de repetições de carga tolerável para a nova situação estrutural, após reforço, será estimado em 1,89 x 10^6 repetições de carga. Resta verificar se este N é compatível com o tráfego previsto para cinco, dez, 20 anos, por exemplo. O procedimento é justificável, entre outros fatores, tendo em vista que o módulo do revestimento existente em campo foi retroanalisado, reportando sua condição estrutural real em pista. Além disso, o módulo de resiliência do material a ser empregado na restauração, aferido em laboratório, pelo menos durante a fase não fissurada do material em pista, retrata bem sua condição no pavimento.

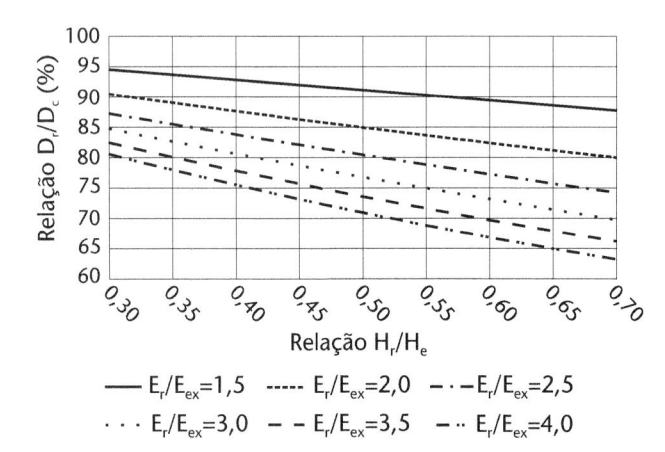

Fig. 13.41 *Relação entre deflexões em camadas integradas*

13.8.2 Critério de dosagem de mistura mediado pela relação módulo de resiliência/resistência à tração

Na Tabela 13.1, apresentamos resultados de simulações sobre pavimentos asfálticos flexíveis, e alguns desses dados são reproduzidos na Tabela 13.16 a seguir. Entre os aspectos observados anteriormente, recorda-se que a deformação específica de tração sofreu decréscimos com o aumento do valor do módulo de resiliência do revestimento, mantidas as demais condições. Isso ocorre porque, como também se extrai dos resultados, uma rigidez maior do revestimento aumenta o efeito-placa, isto é, causa uma melhor distribuição de esforços verticais sobre as camadas inferiores, como no caso do subleito (σv). Isso resulta na diminuição da deflexão total na estrutura ($\delta 1$), e, por consequência, menor flexão no revestimento, e assim, menores deformações de tração. Todavia, o contrário ocorre com as tensões que, diretamente proporcionais ao módulo de resiliência do material, tendem a crescer em oposto às deformações, apesar das reduções nessas mesmas deformações.

No caso, as tensões correspondentes às deformações na fibra inferior do revestimento, desde que se admita $\varepsilon_x = \varepsilon_y$, de modo aproximado, ao se aplicar a Lei de Hooke generalizada, podem ser calculadas pela expressão:

$$\sigma_x = \frac{E \cdot \varepsilon_x}{1-\upsilon} \qquad [13.63]$$

Os valores de σ_t na Tabela 13.16 foram assim calculados, tendo-se os dados anteriores com $\nu = 0{,}35$. Observe, portanto, que, quanto mais rígida a camada de revestimento asfáltica, maior a tensão aplicada em sua fibra inferior.

Do ponto de vista de parcimônia entre módulos de resiliência e tensões aplicadas, é habitual o emprego da relação entre o módulo de resiliência da camada e a tensão estimada, conforme calculados e apresentados na última coluna da Tabela 13.16. Essa relação é denominada relação módulo-tensão, e quanto mais elevada é indicativa de uma condição estrutural mais favorável (para um mesmo pavimento), pois sinaliza uma camada de revestimento que está trabalhando a menor esforço para resistir às cargas aplicadas com melhor distribuição de esforços verticais sobre as camadas inferiores. Tal relação é bastante interessante para a comparação de diferentes dosagens de misturas asfálticas para um projeto específico, dado seu significado.

Tabela 13.16 *Resultados de análises de pavimentos asfálticos flexíveis com a TSCE*

Caso	e_1	E1	e_2	E2	e3	$\delta 1$ (0,01 mm)	εt (10^{-4}mm/mm)	σv (MPa)	σt (MPa)	E1/σt
1	50	3.500	150	150	50	75	4,61	-1,43	2,48	1.411
4	50	2.000	150	150	50	80	5,67	-1,56	1,75	1.143
5	50	6.000	150	150	50	70	3,62	-1,29	3,34	1.796

Relação entre módulo de resiliência e tensão de tração

Para dosagem do material: se um material apresenta elevado módulo de resiliência e baixa resistência à tração na flexão, uma melhoria em sua formulação poderia ser obtida. Isso faz com que venha a apresentar maior resistência à tração, pois, em pista, quanto mais rígido e o efeito-placa aumentando, maior será a tensão ao qual estará submetido, para uma mesma carga, será maior. Assim, valores baixos da relação módulo/resistência à tração seriam mais adequados.

Na análise estrutural: a relação módulo/tensão de tração está evidentemente relacionada à deformabilidade da estrutura como um todo. Quanto mais resiliente o subleito, por exemplo, maiores as deflexões e, em decorrência, maiores as tensões de tração na flexão nas fibras inferiores do CAUQ. Assim o julgamento não é tão simples. Na Figura 13.42, representando os resultados da Tabela 13.16, mantidas todas as condições idênticas a não ser a variação do módulo de resiliência do CAUQ, ocorrem incrementos na relação módulo/tensão com o aumento do valor do módulo de resiliência do CAUQ. Esse aumento é aproximadamente linear, de maneira que o critério de dosagem deve balizar o julgamento.

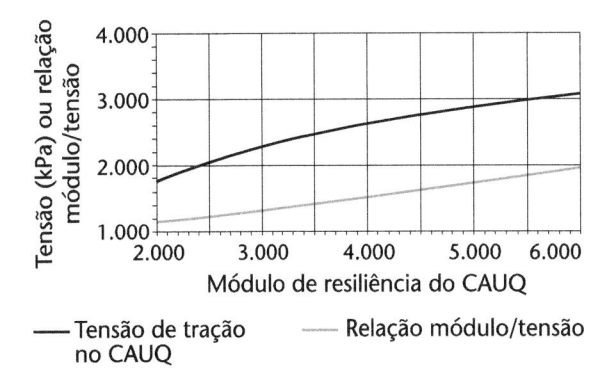

Fig. 13.42 *Relação módulo/tensão*

13.8.3 Análise de pavimentos semirrígidos convencionais

Vamos analisar a situação de um pavimento semirrígido convencional, com base em BGTC, com auxílio de modelo de cálculo de tensão de tração na base em BGTC predefinido. Suponha-se que o dimensionamento, pelo critério de dimensionamento do extinto DNER, tenha resultado em um pavimento com a seguinte estrutura: revestimento com 125 mm de CAUQ; base com 170 mm de BGTC; sub-base com 150 mm em BGS. O solo do subleito é resiliente, apresentando o módulo de 85 MPa.

O pavimento foi dimensionado para um número de repetições de cargas de 5 x 10^7. Não sendo disponível a distribuição do tráfego para a análise à fadiga, tomaremos o eixo-padrão de 80 kN na análise. Com base na equação para cálculo de tensão na base em BGTC, conforme abaixo apresentada, tem-se que:

$$\sigma_{tf}^{ESRD} = 59{,}463847 \times e_{CAUQ}^{-0{,}323205} \times e_{BGTC}^{-1{,}178098} \times e_{BGS}^{-0{,}007887} \times E_{SUBLEITO}^{-0{,}214274} \times Q_{ESRD}^{0{,}970153} \quad [13.64]$$

$$[13.65]$$

$$\sigma_{tf}^{ESRD} = 59{,}463847 \times (125)^{-0{,}323205} \times e_{BGTC}^{-1{,}178098} \times (150)^{-0{,}007887} \times (85)^{-0{,}214274} \times (80)^{0{,}970153}$$

Calculada a tensão de tração na flexão na fibra inferior de BGTC (entre duas rodas), é necessária a verificação do número de repetições de carga à fadiga. Isso será realizado pelo modelo de Balbo (1993) corrigido com redutor de 20 vezes (fator laboratório-campo), que resulta na equação:

$$N_f^{campo} = 0{,}05 * 10^{(17{,}137 - 19{,}608 \cdot RT)} \quad [13.66]$$

Considerada uma dosagem para que a BGTC apresente o valor característico de resistência à tração na flexão de 0,8 MPa, na Tabela 13.17, são apresentados os resultados para diferentes espessuras de BGTC na estrutura de pavimento semirrígido considerada. Observa-se que a espessura que atenderia ao critério de fadiga para a BGTC em estudo seria 290 mm!

Resultados dessa natureza demonstram a necessidade de bases muito mais resistentes para o nível de tráfego proposto. Por exemplo, se o material tivesse resistência característica à tração na flexão de 1,5 MPa, mantido o critério de cálculo de tensões relacionado anteriormente, a espessura de 210 mm atenderia às condições de verificação estrutural. Devemos recordar aqui que resistências dessa magnitude nos levam ao campo dos concretos compactados com rolo e dos pavimentos asfálticos rígido-híbridos, que serão analisados mais adiante.

13.8.4 Dimensionamento e verificação à fadiga de estrutura de pavimento asfáltico flexível

Vamos analisar o caso de um pavimento asfáltico a ser construído em um acesso para aterro sanitário. Os caminhões que levam lixo urbano ao local são trucados, com ETD e carregados com a carga de 170 kN na entrada do local. O afluxo de caminhões ao aterro é de 550 caminhões por dia, cinco dias por

Tabela 13.17 *Tensões e repetições à fadiga na BGTC do pavimento do exemplo*

Espessura de BGTC (mm)	σ_{tf} (MPa)	RT	N_F
170	0,77	0,77	6,47 E+00
180	0,72	0,72	6,16 E+01
190	0,67	0,67	4,53 E+02
200	0,63	0,63	2,69 E+03
210	0,60	0,60	1,32 E+04
220	0,57	0,57	5,58 E+04
230	0,54	0,54	2,05 E+05
240	0,51	0,51	6,72 E+05
250	0,49	0,49	1,98 E+06
260	0,46	0,46	5,34 E+06
270	0,44	0,44	1,33 E+07
280	0,43	0,43	3,09 E+07
290	0,41	0,41	6,72 E+07

semana. O solo argiloarenoso local apresenta valor médio estatístico de CBR de 10%. Deseja-se um horizonte de serviço de 15 anos para o pavimento.

O tráfego (N) de projeto é calculado por:

$$N = 15 \times 52 \times 5 \times 550 \times \left[\frac{170}{114}\right]^{4,46} = 12.747.759 = 1,2 \times 10^7 \qquad [13.67]$$

Para o valor de N anterior e CBR de 5%, pelo critério de projeto para pavimentos asfálticos do extinto DNER (Souza, 1981), chega-se à espessura equivalente de 450 mm. A espessura exigida para o número de repetições do eixo-padrão de projeto é de 100 mm de CAUQ, de tal forma que a espessura de base em brita graduada simples seria de 250 mm. Essa é a solução pelo critério normativo.

Para a simulação do programa Elsym 5, consideraremos as cargas com sua configuração real (ETD com 170 kN), solo do subleito com módulo de resiliência de 100 MPa (0,45), camada de BGS com módulo de resiliência de 90 MPa (0,4) e CAUQ com módulo de 3.200 MPa (0,35). Essas são as condições iniciais dos materiais, que não refletem suas possíveis situações futuras. A carga por roda será de 21,25 kN (8 rodas), e a pressão dos pneus de 0,64 MPa. A avaliação será realizada entre duas rodas e no centro de uma roda interna, e será verificado somente à fadiga no que tange o revestimento asfáltico. A posição de determinação da deformação específica de tração é a fibra inferior do revestimento. O modelo de fadiga adotado para o CAUQ é aquele proposto por Pinto (1991), que deverá ser corrigido pelo fator laboratório-campo sugerido por Rodrigues (1991), que resulta:

$$N_f^{campo} = 6,64 \times 10^{-4} \times \left(\frac{1}{\varepsilon_t}\right)^{2,93} \qquad [13.68]$$

Na Tabela 13.18, são apresentados os resultados para N de fadiga do revestimento asfáltico, ajustando-se (para mais) a espessura do CAUQ até que seja atendida à condição de fadiga representada pela equação anterior.

Observa-se assim que a espessura ajustada, pelo critério de fadiga, de 120 mm, atenderia à análise mecanicista sob tal ponto de vista.

Tabela 13.18 *Modelos de fadiga para algumas misturas solo-cimento*

Espessura do CAUQ (mm)	εt (10^{-6} mm/mm)	N_f de campo
100	379	7,03 E+06
110	343	9,41 E+06
120	311	1,25 E+07

13.8.5 Verificação à fadiga de estrutura de pavimento asfáltico semirrígido invertido

Vamos admitir agora que um pavimento semirrígido invertido tenha sido dimensionado para um tráfego representado por um número N de 10^7 repetições do eixo-padrão, não se dispondo novamente do tráfego de modo detalhado. Os parâmetros esperados para os materiais são: CAUQ com 120 mm, 3.500 MPa e 0,35; BGS na base com 130 mm de espessura, 450 MPa e 0,4; BGTC na sub-base com 160 mm, 11.000 MPa e 0,25; subleito com 125 MPa e coeficiente de Poisson de 0,45. A análise procederá da seguinte maneira: (a) verificação à fadiga da BGTC; (b) verificação à fadiga do CAUQ.

Para o CAUQ e a BGTC, respectivamente, são empregados os modelos de comportamento à fadiga de Pinto (1991) e de Balbo (1993), bem como fatores laboratório-campo de 1.000 vezes e 0,05 vez, respectivamente. Simulando o programa Elsym 5 para os parâmetros anteriores e carga de 80 kN (0,64 MPa), impondo-se posteriormente as condições de fadiga prescritas, são obtidos os valores indicados na Tabela 13.19. Observa-se, pelos valores recebidos, que a espessura da BGTC deverá ser ajustada para 200 mm (alterando-se o projeto, portanto). Não há necessidade de se prosseguir com a análise de fadiga para o CAUQ, uma vez que a espessura de projeto (normativa) já atende ao critério de fadiga considerado.

Tabela 13.19 *Análise à fadiga de pavimento semirrígido invertido*

Espessura da BGTC (mm)	Espessura do CAUQ (mm)	σ_{tf} na BGTC (MPa)	ε_t no CA (mm)	RT para a BGTC	NF para a BGTC	NF para o CAUQ
160	125	0,47	84,6	0,522	3,95 E+05	5,69 E+08
170	125	0,45	84,1	0,500	1,08 E+06	5,79 E+08
180	125	0,43	83,8	0,478	2,94 E+06	5,85 E+08
190	125	0,42	83,5	0,467	4,85 E+06	5,91 E+08
200	125	0,4	83,3	0,444	1,32 E+07	5,95 E+08

13.8.6 Consumo de resistência à fadiga com variação lateral do tráfego

A variação da posição lateral do tráfego rodoviário, dentro de uma faixa de rolamento, interfere no consumo à fadiga? Intuitivamente, sim, mas será de fato importante a diferença entre uma análise para fluxo canalizado?

Somente fazendo contas para assimilar as diferenças. Para tanto, tomemos um ESRD com 100 kN sobre si e pressão nos pneus de 0,6 MPa.

O pavimento hipotético para análise, asfáltico e flexível, será formado por revestimento em CAUQ, com 150 mm de espessura, e o revestimento considerado possuiria módulo de resiliência de 2.250. A base do pavimento será a BGS com módulo de resiliência de 200 MPa e o no subleito, com módulo de resiliência de 100 MPa. Na Tabela 13.20, são apresentados os resultados de deformações específicas de tração na fibra inferior do revestimento asfáltico em função da distância do ponto considerado e do centro de duas rodas (duplas do ESRD). Além disso, são fornecidas as frequências com as quais as cargas estão deslocadas do ponto de referência segundo as distâncias prefixadas.

Tabela 13.20 *Deformações de tração (10^{-3} mm/mm) no CAUQ em ponto no baricentro de duas rodas*

ESPESSURA DO REVESTIMENTO(mm)	M$_R$ (MPa)	DISTÂNCIA DO PONTO DE REFERÊNCIA (mm)					
		0	105	210	315	420	525
150	2.250	0,265	0,275	0,253	0,180	0,110	0,0693
Frequência de passagem no ponto (%) ⇒		44	34	11	7	3	1

De posse desses resultados e tomando-se uma equação de fadiga por tração em misturas asfálticas, por exemplo, aquela do Federal Highway Administration, dada por:

$$N_f = 1{,}092 \times 10^{-6} \times \left(\frac{1}{\varepsilon_t}\right)^{3{,}512} \qquad [13.69]$$

e admitindo-se um fator laboratório-campo de uma vez (apenas para comparações), ter-se-ia que os números de repetições à fadiga no campo, para o caso de fluxo canalizado, seriam os indicados na Tabela 13.21.

Tabela 13.21 *Número de repetições de carga à fadiga para um ponto a partir do baricentro de duas rodas*

DISTÂNCIA DO PONTO DE REFERÊNCIA (mm)					
0	105	210	315	420	525
3.979.084	3.493.704	4.682.344	15.477.670	87.267.297	442.147.851

O número de repetições necessárias para que no ponto 0 ocorra o consumo à fadiga do material, caso o eixo não se desloque lateralmente (fluxo canalizado), seria 3.979.084 repetições do eixo. Imaginando-se agora que o ponto de análise é fixo e que o eixo se desloca (caso real), tem-se que, se estivesse centrado a 105 mm do ponto de análise, com 3.493.705 repetições, o CAUQ teria sua vida de fadiga consumida no ponto.

Vamos admitir que o pavimento havia sido verificado à fadiga para exatamente esse número real de 3.979.084 eixos passantes. Como na posição 0 os eixos repetem-se em 44% do tempo, na vida de fadiga do material estariam ocorrendo 1.750.797 repetições de carga nessa posição, o que representa um consumo de fadiga de 44%.

Para a carga na posição 105 mm, a frequência é de 34%; o consumo de fadiga será então a relação entre o número de repetições reais para aquela posição e o número de repetições permissíveis, que seria 3.493.705. O número de repetições reais para essa posição é 3.979.084 (assumido em projeto), multiplicado pela frequência dessa posição, de 34%, o que representa 1.352.889 passagens. O consumo à fadiga é, portanto, de 1.352.889 dividido por 3.493.705, que resulta em 38,72%.

Fazendo-se da mesma maneira para as demais posições, os consumos individuais à fadiga para as posições restantes serão 9,35%, 1,8%, 0,14% e 0,01%. Aplicando-se a hipótese de dano linear por consumo à fadiga de Palmgren-Miner, o somatório do consumo de resistência à fadiga resultaria, nesse caso, em 94,02%, portanto inferior a 100%. Embora no exemplo tenhamos realizado um cálculo com base em distribuição de frequência por classes, nota-se que o projeto estaria com algum dimensionamento em excesso. Na realidade, o efeito da variação lateral do tráfego não é essencialmente considerado em projetos. Contudo, o modelo de fadiga deveria estar calibrado em campo, o que garantiria implicitamente o efeito estudado (o método da AASHTO de 2002 leva em consideração tais fatores).

13.8.7 Efeitos de se considerar o número N ou o tráfego detalhado

Nesse caso, admite-se um corredor urbano de ônibus, que é usado sistematicamente por ESRD traseiros, cujos eixos dianteiros serão desprezados. Um sistema de pesagem *in-motion* permitiu determinar a distribuição de cargas por veículos, conforme apresentado na Tabela 13.22. O número diário (média anual) de ônibus por sentido é de 2.750 veículos, o que leva aos valores de quantidades por faixa de carga indicados. Empregando-se os fatores de equivalência de cargas do DNER, chega-se ao fator de veículo de FV = 3,1164 conforme indicado na Tabela 13.22. Para um horizonte de projeto de 20 anos com taxa de crescimento anual de 1% (linear), chega-se ao número de repetições de carga do eixo-padrão, conforme segue:

$$N = 365 \times 2750 \times \frac{(1+20\times 0,01)^2 - 1}{2\times 0,01} \times 3,1164 = 68.817.903 = 6,88 \times 10^7 \qquad [13.70]$$

O dimensionamento do pavimento, nesse caso, resultou em uma estrutura de pavimento semirrígido, com CAUQ (125 mm, 3.000 MPa e 0,35), BGTC (200 mm, 15.000 MPa e 0,25), BGS (150 mm, 100 MPa e 0,40), sobre subleito com módulo de resiliência de 175 MPa e Poisson 0,45. Tais parâmetros permitem a consideração do modelo fechado apresentado anteriormente. A verificação estrutural da BGTC será realizada por dois caminhos: (a) emprego do número N; (b) emprego de cargas individualizadas. Para ESRD de 80 kN, tem-se:

$$\sigma_{tf}^{ESRD} = 59,463847 \times e_{CAUQ}^{-0,323205} \times e_{BGTC}^{-1,178098} \times e_{BGS}^{-0,007887} \times E_{SUBLEITO}^{-0,214274} \times Q_{ESRD}^{0,970153} \qquad [13.71]$$

$$\sigma_{tf}^{ESRD} = 59,463847 \times (125)^{-0,323205} \times e_{BGTC}^{-1,178098} \times (150)^{-0,007887} \times (175)^{-0,214274} \times (80)^{0,970153} \qquad [13.72]$$

Tabela 13.22 *Distribuição de cargas em eixos traseiros (ESRD) de ônibus em corredor urbano*

Tipo	Carga (kN)	Frequência (%)	Quantidade Diária	FECi DNER (1981)	EO
ESRD	< 50	2	55	0,1	0,2
	50 – 60	4	110	0,2	0,8
	60 – 70	6	165	0,4	2,4
	70 – 80	12,8	352	0,8	10,24
	80 – 90	25,2	693	1,5	37,8
	90 – 100	23,2	638	3	69,6
	100 – 110	16,8	462	4,5	75,6
	110 – 120	6	165	8	48
	120 – 130	2	55	13	26
	130 – 140	1,9	52	20	38
	140 – 150	0,1	3	30	3
		100	2.750		311,64

Se se admitir que a BGTC possuirá resistência à tração na flexão de 1,0 MPa, na Tabela 13.23 tem-se a simulação de tensões e fadiga. A partir daqui, conclui-se que a espessura adequada para a BGTC seria 260 mm para atendimento do número N de projeto (modelo de fadiga de Balbo com multiplicador de 0,05).

Tabela 13.23 *Verificação à fadiga da BGTC para as condições do problema com emprego do número N*

Espessura da BGTC (mm)	σ_{tf} na BGTC (MPa)	RT	N_f
200	0,54	0,54	1,61E+05
210	0,51	0,51	6,31E+05
220	0,48	0,48	2,16E+06
230	0,46	0,46	6,61E+06
240	0,44	0,44	1,82E+07
250	0,42	0,42	4,61E+07
260	0,40	0,40	1,08E+08
270	0,38	0,38	2,36E+08
280	0,36	0,36	4,84E+08
290	0,35	0,35	9,43E+08

No entanto, uma vez que o tráfego é conhecido e as relações para equivalência entre cargas foram definidas no passado para pavimentos asfálticos flexíveis, levanta-se a questão se a verificação estrutural, com o emprego do valor de N convertendo todos os eixos em eixos-padrão, por equivalência entre cargas, é lícita. Para tanto, seria necessária a verificação do consumo à fadiga individual de cada eixo para suas quantidades no período de projeto e, empregando-se a hipótese de Palmgren-Miner, verificar se o dano acumulado não ultrapassa 100%; a espessura adequada deverá manter o dano acumulado abaixo desse valor. Para a verificação por meio da hipótese de dano cumulativo linear, é necessário o cômputo do número de repetições admissíveis para cada carga e o emprego da expressão apresentada anteriormente:

$$\frac{n_1}{N_1}+\frac{n_2}{N_2}+\ldots+\frac{n_i}{N_i}=100\% \qquad [13.73]$$

Ao considerar-se os mesmos critérios gerais anteriormente definidos para cálculo de tensões e verificação à fadiga, foi montada a Tabela 13.24, que, passo a passo, apresenta os consumos individuais e acumulados de fadiga (CRF) em suas últimas duas colunas (na primeira coluna, são apresentadas as cargas médias por classe de cargas indicadas na Tabela 13.22); os resultados referem-se à espessura de BGTC anteriormente verificada de 260 mm. Observe que a espessura de 260 mm não passa nesse caso, sendo necessária a verificação da espessura que atenderia ao projeto, o que se demonstra na Tabela 13.25 para 340 mm de BGTC e $\Sigma CRF = 64\%$.

Tabela 13.24 *Verificação à fadiga da BGTC (260 mm) com número N*

Carga (kN)	Quantidade diária de eixos	Quantidade total em 20 anos (N_{real})	Espessura da BGTC (mm)	Tensão na BGTC (MPa)	RT	N_f	CRF_i (N_{real}/N_f em %)	ΣCRF (%)
50	55	441.650	260	0,25	0,25	7,8 E+10	0,00	0,00
55	110	883.300	260	0,28	0,28	2,6 E+10	0,00	0,00
65	165	1.324.950	260	0,33	0,33	2,9 E+09	0,05	0,05
75	352	2.826.560	260	0,37	0,37	3,2 E+08	0,88	0,93
85	693	5.564.790	260	0,42	0,42	3,6 E+07	15,33	16,26
95	638	5.123.140	260	0,47	0,47	4,1 E+06	123,75	140,01
105	462	3.709.860	260	0,52	0,52	4,8 E+05	780,52	920,52
115	165	1.324.950	260	0,57	0,57	5,5 E+04	2413,12	3333,64
125	55	441.650	260	0,61	0,61	6,4 E+03	6924,33	10257,97
135	52	419.568	260	0,66	0,66	7,4 E+02	56336,45	66594,42
145	3	22.083	260	0,71	0,71	8,7 E+01	25273,33	**91867,75**

Tabela 13.25 *Verificação à fadiga da BGTC (340 mm) com tráfego detalhado*

Carga (kN)	Quantidade diária de eixos	Quantidade total em 20 anos (N_{real})	Espessura da BGTC (mm)	Tensão na BGTC (MPa)	RT	N_f	CRF_i (N_{real}/N_f em %)	ΣCRF (%)
50	55	441.650	340	0,18	0,18	1,7 E+12	0,00	0,00
55	110	883.300	340	0,22	0,22	3,4 E+11	0,00	0,00
65	165	1.324.950	340	0,25	0,25	6,9 E+10	0,00	0,00
75	352	2.826.560	340	0,29	0,29	1,4 E+10	0,02	0,02
85	693	5.564.790	340	0,33	0,33	2,9 E+09	0,19	0,22
95	638	5.123.140	340	0,36	0,36	5,9 E+08	0,87	1,08
105	462	3.709.860	340	0,40	0,40	1,2 E+08	3,03	4,11
115	165	1.324.950	340	0,43	0,43	2,5 E+07	5,21	9,32
125	55	441.650	340	0,46	0,46	5,3 E+06	8,33	17,65
135	52	419.568	340	0,50	0,50	1,1 E+06	37,79	55,43
145	3	22.083	340	0,53	0,53	2,3 E+05	9,47	**64,90**

Dos resultados apresentados, indicam-se duas conclusões. Primeiramente, que o número N para análises à fadiga deve ser usado em anteprojetos, sendo necessário posterior detalhamento do tráfego, pois as incertezas e os riscos de subdimensionamento são razoáveis. Segundo, e novamente, a BGTC com tais espessuras seria inviável do ponto de vista construtivo, pois ela deverá perfazer uma única camada em compactação, caso contrário, tragédias poderiam ocorrer com facilidade. Isso nos faz recorrer novamente à necessidade de profunda reflexão se tais tipos de pavimentos (semirrígidos) são funcionais para vias de tráfego pesado e muito pesado ou não. A segunda conclusão aponta para a necessidade de bases mais resistentes em CCR, encaminhando para soluções em pavimentos asfálticos rígidos-híbridos.

13.8.8 Reforços estruturais sobre pavimentos flexíveis

Retoma-se aqui o caso da avaliação estrutural com retroanálise de módulos de resiliência para um trecho da Avenida dos Bandeirantes, em São Paulo, conforme apresentada na Tabela 13.8, da qual se extrai que, no segmento homogêneo, o pavimento asfáltico flexível respondia com módulos de resiliência em pista de 1.492 MPa (0,35) para o CAUQ, 267 MPa para a base (0,40) e 79 MPa (0,45) para o subleito. O CAUQ tinha 150 mm e a base, 300 mm. A deflexão FWD média era de 49,8 centésimos de milímetros.

Admita-se que seja necessária a restauração desse pavimento, cujo fator de veículo (estimado a partir de dados da Rodovia dos Imigrantes) seja de aproximadamente 9,5, e o tráfego diário de caminhões na faixa mais carregada de aproximadamente 5.400 veículos. Em termos de número N, as condições anuais de tráfego levam a:

$$N = 365 \times 5400 \times 9{,}5 = 18.724.500 = 1{,}9 \times 10^7 \qquad [13.74]$$

Em cinco anos, para tráfego constante e sem crescimento, o valor de N seria de $9{,}4 \times 10^7$. De acordo com a norma de projeto de reforço do DNER, PRO-11-79-B, a deflexão admissível será:

[13.75]
$$D_{adm} = 10^{(3{,}01 - 0{,}176 \times \log_{10} N)} = 10^{(3{,}01 - 0{,}176 \times \log_{10} 93622500)} = 10^{1{,}607} = 40{,}5 \times 0{,}01 \text{ mm}$$

As equações de projeto da referida norma foram estabelecidas com base em padrões de deflexão Benkelman. Para o caso em questão, a deflexão FWD poderá ser convertida pela equação:

$$D_{FWD} = D_{BK} \times \frac{1}{6{,}136 \times 10^{-3} \times (h_{rev})^{1{,}756} + 1} = 0{,}584 \times D_{BK} \qquad [13.76]$$

Assim, a deflexão na pista, em termos de deflexão de Benkelman, seria de 85,3 centésimos de milímetros. A espessura de reforço (h_{CB}), em termos de CAUQ para o pavimento, nas condições indicadas anteriormente, seria:

$$h_{CB} = 40 \times \log_{10} \frac{D_0}{D_{adm}} = 40 \times \log_{10}\left(\frac{85{,}3}{40{,}5}\right) = 130 \text{ mm} \qquad [13.77]$$

Observe-se que o resultado permite, de modo apertado, em termos construtivos, a fresagem e reposição dos 130 mm de espessura. Suponhamos, em primeira análise, que o reforço fosse sobreposto ao pavimento existente. Esse caso é importante para uma análise posterior da problemática de reflexão de fissuras do revestimento existente para a nova camada de reforço. Por um momento, deixaremos de lado essa questão e passaremos à análise estrutural com a TSCE por meio do Elsym 5.

Para a nova camada de reforço, a mistura asfáltica terá a espessura de 130 mm, módulo de resiliência de 4.000 MPa e as condições do pavimento existente serão aquelas especificadas no início deste item. Simulando o eixo-padrão, a TSCE fornece para a fibra inferior da camada de reforço a deformação de 54,7 µε, e a camada inferior, também em CAUQ já existente, estaria solicitada no nível de deformação de tração de 112 µε. Em primeiro lugar, temos que considerar que a camada de revestimento apresentava fissuras de fadiga quando a avaliação estrutural foi realizada em meados de 2005.

Ao se considerar que a TSEC admite que as camadas são homogêneas, isotrópicas e lineares, não se pode, de modo algum, aceitar a deformação no revestimento antigo calculada pelo Elsym 5 como realística, posto que a camada de CAUQ está fissurada e não mais trabalha em flexão perfeita, isto é, sem descontinuidades. O real comportamento dessa camada é como um conjunto de blocos que se desloca solidariamente por intertravamento; porém, ao arqueamento, não impõe continuidade de deformações entre as linhas verticais de fissuração existentes.

Quanto à deformação de tração na fibra inferior da nova camada de reforço, se a admitirmos como razoável para finalidades de análise estrutural e se tomarmos o modelo de fadiga de Pinto (1991) com multiplicador de 10^3, concluiríamos que a nova camada de reforço em CAUQ, nas condições especificadas, sobreviveria cerca de 2×10^9; portanto, dez anos de horizonte de projeto, ou seja, o dobro do tempo estipulado em projeto. Dessa forma, a análise terminaria por aqui, dando o resultado obtido como satisfatório pela norma.

Em caso de se considerar a eventualidade de fresagem de 130 mm no material existente, a nova deflexão sobre o pavimento poderia ser mantida como a original, em função do estado de fissuração do pavimento; ou ainda, novas deflexões poderiam ser avaliadas após a fresagem do revestimento asfáltico, o que implicaria eventual alteração no cálculo de espessura de reforço. Mantidas as condições anteriores, a nova deformação de tração na fibra inferior do reforço em CAUQ seria de 133 µε. Isso representaria um número de ciclos à fadiga de $1,5 \times 10^8$ em pista, superando em cerca de 60% o valor de projeto, o que nos autorizaria a considerar satisfatório o resultado normativo de 130 mm.

É importante ressaltar o número de hipóteses realizadas para se chegar às conclusões apresentadas. Resta questionar se tais hipóteses poderiam ao menos ser uma representação, ainda que grosseira, de um modelo de cálculo mais real, o que será visto no próximo item.

13.9 Algumas Limitações – Etapas a Superar

Existem situações nas quais, precisamente quando há fissuras em camadas de pavimentos, a análise estrutural via TSCE se tornaria apenas uma digressão, pois sabemos que a presença de fissuras torna o meio não linear, não isotrópico e não homogêneo. Analisam-se dois casos a seguir, para se apontarem as extremas diferenças que resultam do emprego de modelos mais sofisticados e coerentes para análises em que fissuras, isoladas ou interligadas, estão presentes e evidentes para o engenheiro.

13.9.1 Variações em propriedades resilientes em uma mesma camada

O Elsym 5, que emprega a TSCE, suporta cinco camadas. Seria tal limite importante em análises mais aprofundadas e detalhadas sobre as estruturas de pavimentos? Considerem-se as seguintes condições estudadas nesta obra:

- Sabemos, primeiramente, que as tensões e deformações ocorrentes nas fibras das camadas dos pavimentos são dependentes do módulo de resiliência desses materiais.
- Sabemos também que, nos revestimentos asfálticos, o módulo de resiliência varia com a temperatura de operação, a qual, na camada, varia com a profundidade.
- Nas bases granulares, o módulo de resiliência é normalmente dependente da tensão de confinamento. Sabemos que essa tensão de confinamento diminui tanto em termos residuais (de compactação), em posições mais profundas das camadas, quanto em termos de operação, também quanto mais profunda a posição do material.
- O módulo de resiliência dos materiais altera-se em função de condições climáticas distintas, ao longo de um ciclo anual (umidade, temperatura etc.). Além disso, o módulo de resiliência vai, pouco a pouco, alterando-se, na superfície do revestimento, em função de sua oxidação; no fundo do revestimento, em função de sua fissuração; no fundo da camada de base granular, em função de sua contaminação, que caminha progressivamente para seu topo.

Diante dessas condições, é necessário, para mais detalhadas análises de projeto, que se procurem estabelecer horizontes de serviço, tanto à fadiga quanto a deformações permanentes, não apenas a simulação da variabilidade sazonal e de degradação ao longo do horizonte de projeto, mas, também, as diferentes condições de resiliência apresentadas por partes fracionadas das camadas ao longo de sua profundidade. Essas transições somente são consideradas em projetos quando se tem à disposição programas de análise que permitam um grande número de camadas. Para exemplificar, se o revestimento de 125 mm merece subdivisões em três camadas, no mínimo, para tratamento de temperatura, a base e a sub-base em oito camadas e o subleito, em seus extratos superiores, em quatro camadas, seriam necessárias 15 camadas de análise, o que nem mesmo o popular programa Bisar da Shell proporcionaria (limite para dez camadas).

Sugere-se, portanto, que seja empregado um programa computacional muito mais poderoso para análises, como é o caso do MnLAYER (a versão brasileira, em desenvolvimento pelo Laboratório de Mecânica de Pavimentos da Epusp com apoio da Fapesp, estará disponível em meados de 2007 para *download* pela Internet no site: <www.ptr.poli.usp.br/lmp>), que permitirá a análise de até 20 camadas. Uma alternativa, para os mais interessados em análises mecanicistas com profundidade, é o desenvolvimento de programas dedicados com base na teoria original de Donald Burmister, com generalização para n camadas. Recorda-se que a versão 2002 do método da AASHTO emprega análises mecanicistas para o cômputo de respostas estruturais dos pavimentos, e exige a simulação de todas as condições mencionadas, o que tornou necessário o desenvolvimento de programas com possibilidade de emprego de um enorme número de subcamadas, como o Julea. O programa LEAF do FAA, disponível na Internet (aberto), permite a análise de até dez camadas, como já se apresentou.

13.9.2 Presença de fissuras transversais em concretos e bases cimentadas após cura do material

Como vimos, um dos processos de danificação que ocorrem em bases cimentadas e concretos é a formação de fissuras de retração hidráulica durante sua cura. Esse é um problema típico de dimensionamento em situação particular, pois, em uma fissura transversal dessa natureza, em bases de pequena espessura, é duvidosa a eficiência de mecanismos de intertravamento de agregados para a transmissão de esforços de um lado para outro da placa. Caso ocorressem, seriam um montante não superior a cerca de um terço. O emprego do método dos elementos finitos, na solução de descontinuidade, é uma forma de simular, com maior acurácia, a interação entre a carga e a estrutura de pavimento.

Suponhamos para tanto, a estrutura de pavimento asfáltico rígido-híbrido, conforme apresentada na Figura 13.43. O revestimento, em tratamento superficial duplo, embora admitido como camada sem função estrutural significante para as análises (será, portanto, omitida), serve para fornecer uma superfície regular e aderente aos veículos. A base em CCR arcará com a capacidade estrutural quase completa da estrutura. Ao subleito e base, no caso de análise por placas pelo MEF, impõe-se um módulo de reação de 62 MPa/m. As placas de CCR serão então analisadas conforme seu método construtivo, ou seja, construídas por faixa de rolamento de 3,6m, considerando-se espaçamento médio entre fissuras de retração de 9 m, como já verificado em trabalhos de pesquisa.

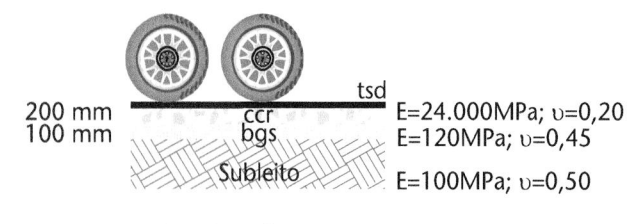

Fig. 13.43 *Projeto hipotético de pavimento híbrido-rígido para análise estrutural*

As tensões de tração na flexão crítica nessas placas foram simuladas com o programa de elementos finitos Everfe 2.24, considerando-se condições diversas de carregamento, que teriam eixos posicionados próximos às bordas de placas resultantes ou da delimitação da faixa de rolamento (critério construtivo), ou da ocorrência de fissuras transversais. Tais posicionamentos de eixos sobre as placas ocorrem sobre a borda transversal, a borda longitudinal, o centro da placa e o canto da placa (tangenciando ambas as bordas).

As análises numéricas pelo MEF foram realizadas para ESRD com 80 kN e 130 kN, ETD com 80 e 190 kN e ETT com 140 kN e 280 kN. Na Figura 13.44, são apresentadas as saídas gráficas, com curvas de isovalores, para as tensões em toda a área das placas de CCR. Na Tabela 13.26, são apresentados os valores de tensões de tração na flexão crítica na placa de CCR.

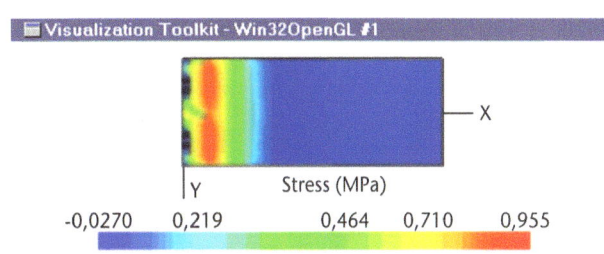

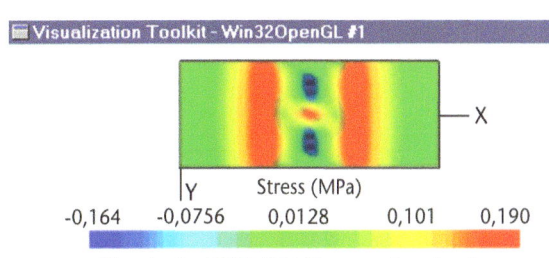

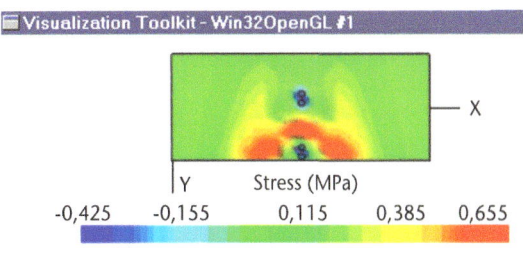

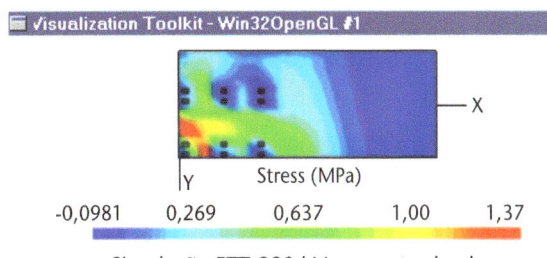

Os resultados obtidos pelo MEF permitem concluir que:

◆ Os efeitos dos ETT, nos casos analisados, são menos críticos que os demais eixos, que preserva certa semelhança entre as tensões resultantes para posicionamento de cargas sobre quaisquer bordas.

◆ Os efeitos de ETD foram mais críticos quando localizados sobre a borda transversal ou o canto da placa.

◆ Os efeitos de ESRD foram mais críticos quando localizados sobre a borda longitudinal da placa.

◆ As tensões resultantes para eixos posicionados sobre bordas longitudinais e cantos de placas tendem a ser mais críticas.

Para uma avaliação crítica do emprego da TSCE no caso apresentado, quando certamente a hipótese de continuidade no meio (camada de CCR) na direção horizontal não existe na realidade, o que seria também válido para vários tipos de bases cimentadas, que é mais incoerente quanto maior a quantidade de cimento na mistura (maior retração), procedeu-se à análise do problema, empregando-se o programa Elsym 5, cujos resultados, em termos de tensão crítica na fibra inferior da camada de CCR, são aqueles indicados na Tabela 13.27.

Os resultados apresentados na Tabela 13.27 são gritantes ao revelar que as tensões calculadas pela TSCE comparadas às tensões calculadas pelo MEF, quando a carga está no centro da placa, no último caso, são, via de regra, inferiores, e as cargas mais críticas de ESRD (isso ocorre com frequência) tendem a afastar mais ainda ambos os resultados; contudo, há até um caso de empate entre tensões, como se verifica para o ETD com 190 kN. As áreas

Fig. 13.44 *Simulações de tensões para diversos eixos e posições com o programa Everfe 2.24*

críticas próximas de fissuras, sujeitas às condições mais extremas de tensões, não podem ser avaliadas pela TSCE, que, no caso, erra em cerca de 50% na estimativa da tensão, subestimando-a. Isso coloca o emprego de programas baseados na TSCE em uma "camisa de força" para casos como aquele aqui analisado. Resta, para reflexão, pensar no caso de ocorrência de deformações de tração no topo do revestimento, nas proximidades dessas juntas. As análises apresentadas não admitiram o intertravamento de agregados entre faces de juntas fissuradas verticais.

Tabela 13.26 *Resultados das tensões (MPa) por simulação pelo MEF (Everfe 2.24) para as placas de CCR*

Eixo	Carga	Borda transversal	Canto	Borda longitudinal	Centro da placa
ESRD	80	1,34	1,54	1,74	1,17
	130	2,18	2,51	2,82	1,90
ETD	80	0,65	0,63	0,48	—
	190	1,55	1,51	1,13	0,79
ETT	140	0,74	0,71	0,74	0,54
	280	1,34	1,37	1,48	1,08

Tabela 13.27 *Resultados das tensões críticas (MPa) por simulação pela TSCE (Elsym 5) para as placas de CCR*

Eixo	Carga	Centro de rodas	% em relação ao MEF no centro	% em relação ao MEF crítico
ESRD	80	0,70	60	40
	130	1,13	59	40
ETD	80	0,34	—	42
	190	0,79	100	50
ETT	140	0,40	74	54
	280	0,79	73	53

13.9.3 Presença de intensa fissuração em revestimentos e bases cimentadas em estado de fadiga

O processo natural de análise mecanicista, como se extrai dos exemplos apresentados, no caso de reforços estruturais de pavimentos asfálticos, possuem uma grave limitação: não avaliam a reflexão de fissuras existentes inicialmente em camadas para a camada superior íntegra (revestimento ou reforço asfáltico). Esse é o caso de bases cimentadas que, sofrendo fadiga, passam a gerar a condição real de esforço com concentração de tensões em fissuras na zona de contato entre a camada íntegra (revestimento asfáltico) e a camada fissurada. O mesmo raciocínio é válido para o caso de revestimentos asfálticos fissurados que recebam sobre si nova camada de reforço asfáltico.

Nesse contato, a concentração de tensões causa um aumento grande do fator de intensidade crítico de tensões, da energia de deformação e, consequentemente, ocasionam um aumento expressivo na velocidade de propagação da fissura para a superfície, atravessando a camada. Modelos baseados em Mecânica da Fratura para o dimensionamento de pavimentos, tendo em vista tais processos de degradação por propagação de fissuras, são esperados nos EUA a partir de

2015, havendo inúmeros estudos incipientes em desenvolvimento na atualidade. Tais pesquisas englobam não apenas a modelagem teórica de fratura em sistemas de camadas, mas também a definição de modelos de dano descontínuo (não linear) para os materiais de pavimentação.

A título de superação (ainda que mínima) inicial do problema, tendo em vista o atual estado da arte, sugere-se a modelagem dos pavimentos por elementos finitos, considerando a presença de fissuras e descontinuidades nas camadas fatigadas, exceto para a estimativa da tensão inicial de flexão nos pontos de contato entre materiais fissurados e íntegros. Para isso, uma boa estratégia é o emprego de programas como o ABACQUS.

13.10 Avaliação da Degradação de Bases Cimentadas – Um Dilema Antigo e Modelos Alternativos

A avaliação em campo de bacias de deflexões ou mesmo de parâmetros mais simples como o tamanho dos blocos fissurados e a abertura de fissuras podem ser um poderoso instrumento na definição de condições de trabalho de camadas cimentadas ou ainda de outras camadas, como revestimentos asfálticos e em elementos modulares, como se mostra na sequência. Há outras possibilidades de avaliação e julgamento de condições de bases cimentadas na literatura, como modelo relacional entre a deflexão total e o raio de curvatura. Estes, no entanto, apresentam um relativo subjetivismo na indicação do que ainda funciona bem ou não, levando em conta até mesmo padrões em clima temperado, razão pela qual não apresentaremos tal modelo e nos limitaremos a um modelo para estimativa de módulos de resiliência e a outro, por nós estudado, para estimativa de tensões, sem finalidade de valores absolutos.

13.10.1 Retroanálise do módulo de camadas cimentadas com modelo analítico

Thom e Cheung (1999) apresentaram uma elaboração prática e relativamente simples, embora prevaleça algum grau de subjetivismos, na determinação do módulo de elasticidade *in situ* de pavimentos semirrígidos em serviço, com boa correlação de valores de módulos retroanalisados e emprego de FWD como método de prova de carga. Para tanto, como se verá, é necessário o conhecimento de quatro parâmetros básicos: (1) o módulo de elasticidade do material da base cimentada, que é aquele original, conforme valor de dosagem em laboratório para o material não fissurado; (2) o espaçamento médio entre fissuras na base; (3) a espessura da base; (4) o grau de transferência de carga entre faces fissuradas de bases cimentadas, que se relaciona com a abertura da fissura, em que reside o maior grau de subjetividade no processo.

A determinação do módulo de resiliência ou de elasticidade efetivo da camada, respondendo às cargas aplicadas em pista, é bastante importante no julgamento do pavimento semirrígido, pois um valor de módulo elevado, normalmente associado a bases não fissuradas ou pouco fissuradas, denota que o pavimento ainda distribui pressões aliviadas sobre o subleito, estando menos sujeito a deformações permanentes nesse caso. No outro extremo, tem-se o caso de uma base muito fissurada, que é fraca e os blocos tendem a afundar, o que solicita exageradamente o subleito e resulta em movimentos relativos entre blocos que penalizam mais ainda o processo de reflexão de fissuras para o revestimento asfáltico (Balbo, 2005).

A meio caminho entre tais situações, a base pode apresentar muitas fissuras, o que reflete em uma redução do módulo de elasticidade *in situ*, porém com bom intertravamento entre as faces das fissuras, por sua pequena abertura. Assim, os processos de aumento de riscos de propagação de fissuras da base cimentada para o revestimento asfáltico estão obrigatoriamente vinculados não somente à presença de fissuras, mas também à sua abertura. Quanto mais heterogêneo for o material aplicado na base cimentada, mais aumenta a tendência de fissuração em maior taxa de ocorrência, tanto em termos de redução do espaçamento entre as fissuras quanto de abertura entre as faces de blocos fissurados, aumentando-se, em muito, a reflexão de fissuras para o revestimento asfáltico.

Uma forma de avaliação do potencial de propagação de fissuras para revestimentos asfálticos sobre bases cimentadas deterioradas é a avaliação de seu módulo de elasticidade efetivo ou *in situ*, ou retroanalisado por meio de bacias de deflexões. Na indisponibilidade de ensaios dessa natureza, há um caminho analítico para estimativas iniciais. O preceito básico para se recorrer à Teoria da Elasticidade refere-se ao fato de que o material em campo, na forma de blocos, sofre dois tipos de efeitos que alteram suas respostas estruturais: o dobramento (flexão dos blocos) e o escorregamento entre os blocos, conforme mostrado na Figura 13.45.

Após considerar-se o material não degradado (internamente ao bloco cimentado) com módulo de elasticidade E_1 e observar-se o efeito de dobramento, pode ser aplicada a Lei de Hooke para relacionar a abertura da fissura (δ) com o comprimento do bloco. A deformação será a relação δ/L, de tal forma que se escreve:

$$E_1 = \frac{\sigma}{\varepsilon} = \frac{\sigma}{\frac{\delta}{L}} = \frac{\sigma \times L}{\delta} \quad [13.78]$$

O momento de dobramento (flexão) do sistema (E_2) é obtido por meio da linha elástica do sistema (assumindo dimensão transversal unitária), que se escreve:

$$M.R = E_2 . I \quad [13.79]$$

Note-se que E_2 é um parâmetro em flexão para a camada como um todo, que deverá ser inferior a E_1 se a camada está admitida como fissurada. Aplicando-se o conceito de raio de curvatura ao sistema em flexão, tem-se que:

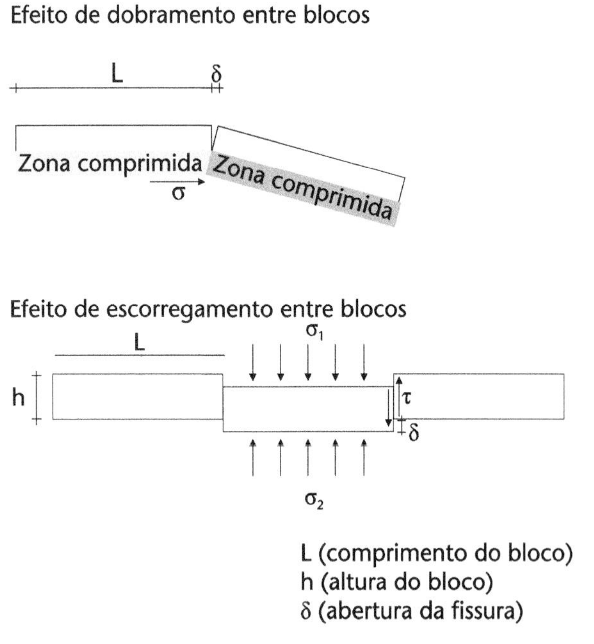

Fig 13.45 *Dobramento e escorregamento entre blocos de base cimentada*

$$R = \frac{z}{\varepsilon} = \frac{\frac{h}{2}}{\frac{\delta}{L}} = \frac{L \times h}{2 \times \delta} \qquad [13.80]$$

O momento em flexão pode ser calculado para o bloco, admitindo-se que a linha neutra encontra-se à meia altura da zona de fato em tensão, ou seja, à meia altura de h/2, o que permite escrever:

$$M = \frac{\sigma \times I}{\frac{h}{4}} = \frac{\frac{E_1 \times \delta}{L} \times \frac{h^3}{12}}{\frac{h}{4}} = \frac{E_1 \times \delta \times h^2}{48 \times L} \qquad [13.81]$$

Ao substituir-se a expressão anterior para o momento fletor e aquela para o raio de curvatura na equação da linha elástica, obtém-se:

$$\frac{E_1 \times \delta \times h^2}{48 \times L} \times \frac{L \times h}{2 \times \delta} = E_2 \times \frac{h^3}{12} \qquad [13.82]$$

ou

$$E_2 = \frac{E_1}{8} \qquad [13.83]$$

Esta equação nos indica que a camada cimentada fissurada, disposta em blocos, apresenta, quando em flexão, uma resposta elástica oito vezes inferior ao material integral, conforme módulo de elasticidade medido em laboratório. Isso significa dizer que uma BGTC íntegra, com E_1 = 10.000 MPa, apresenta, após fissuração, um módulo *in situ* em flexão E_2 = 1.250 MPa. Evidentemente, essa condição é válida para blocos de BGTC ou de solo-cimento muito reduzidos, após muita fissuração. Em função dessa condição extrema analisada pela teoria, Thom e Cheung (1999) impõem uma condição pragmática, de que o divisor 8 na equação anterior não seria razoável para blocos mais largos, de 1 m, por exemplo, quando a resposta em flexão da camada ainda seria mais favorável. Por isso, propõem a seguinte equação, obtida por meio de uma regra de redução do módulo em função do espaçamento entre as fissuras, cuja representação gráfica é mostrada na Figura 13.46:

$$E_2 = E_1 \times 2^{2,5(L-1,2)} \qquad [13.84]$$

Contudo, não basta o efeito do tamanho do bloco, dado por seu comprimento. É necessário entender também a contribuição do intertravamento entre as faces desses blocos na flexão da camada, já que existe um equilíbrio de forças a ser verificado para o caso de escorregamento, conforme ilustrado na Figura 13.45. Admitindo-se os três blocos contíguos com comprimento idêntico L, na Figura 13.47 apresenta-se graficamente a geometria do sistema de blocos, considerando um círculo que passa pelo ponto médio de cada um dos três blocos.

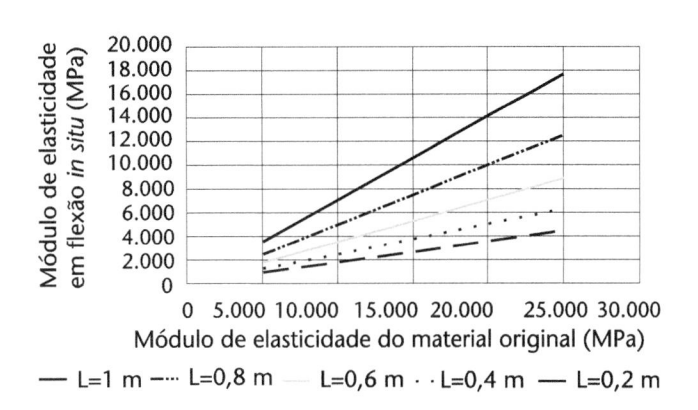

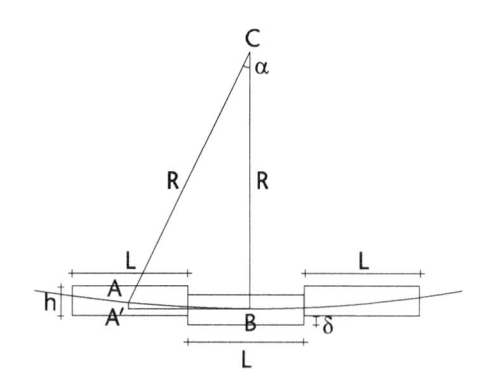

Fig. 13.46 *Módulo de elasticidade da camada com fissuras em blocos*

Fig. 13.47 *Raio de curvatura entre blocos fissurados*

Para o Δ ABC, pode ser escrita a lei dos cossenos, conforme segue abaixo:

$$\overline{AB}^2 = \overline{AC}^2 + \overline{BC}^2 - 2 \times \overline{AC} \times \overline{BC} \times \cos\alpha = R^2 + R^2 - 2 \times R^2 \times \cos\alpha \quad [13.85]$$

Como:

$$\cos\alpha = \frac{R-\delta}{R} \quad [13.86]$$

então:

$$\overline{AB}^2 = R^2 + R^2 - 2 \times R^2 \times \frac{R-\delta}{R} = 2R^2 - 2R^2 + 2R\delta = 2R\delta \quad [13.87]$$

Para o Δ AA'B, pode ser escrito o Teorema de Pitágoras, que resulta em:

$$\overline{AB}^2 = \delta^2 + L^2 \quad [13.88]$$

Sabemos que δ é muito pequeno em relação a R (deslocamento no bloco do pavimento contra o raio de curvatura da bacia de deflexões). Nessas condições, δ^2 é muito menor ainda, o que permite escrever (guardando propriedades da adição e da multiplicação):

$$2R\delta = L^2 \quad [13.89]$$

Fica assim definida a relação entre o comprimento do bloco, sua curvatura na camada e o deslocamento vertical sofrido pelo bloco sob a ação do carregamento. O equilíbrio de forças na situação de escorregamento (Figura 13.45) entre blocos exige:

$$(\sigma_1 - \sigma_2) \times L \times 1 = 2 \times \tau \times h \times 1 \quad [13.90]$$

ou

$$M = \tau \times h \times 1 \times \frac{L}{2} - (\sigma_1 - \sigma_2) \times \frac{L}{2} \times \frac{L}{4} = \tau \times h \times \frac{L}{2} - \frac{2 \times \tau \times h}{L} \times \frac{L}{2} \times \frac{L}{4} = \tau \times h \times \frac{L}{4} \quad [13.91]$$

O equilíbrio de momentos, avaliado no centro do bloco, por sua vez requer:

$$M = \tau \times h \times 1 \times \frac{L}{2} - (\sigma_1 - \sigma_2) \times \frac{L}{2} \times \frac{L}{4} = \tau \times h \times \frac{L}{2} - \frac{2 \times \tau \times h}{L} \times \frac{L}{2} \times \frac{L}{4} = \tau \times h \times \frac{L}{4} \quad [13.92]$$

Com base na equação da linha elástica, e considerando que, nesse momento, a flexão da camada está relacionada apenas aos esforços de escorregamento mobilizados, teríamos então uma resposta estrutural complementar, que caracteriza um outro módulo de elasticidade global da camada associado ao cisalhamento entre os blocos, podendo ser escrito:

$$M.R = E_3 . I \quad [13.93]$$

Por substituição, chega-se a:

$$\tau \times h \times \frac{L}{4} \times \frac{L^2}{2 \times \delta} = E_3 \times \frac{h^3}{12} \quad [13.94]$$

Após admitir-se o módulo em cisalhamento (escorregamento entre as faces), que não é o módulo em cisalhamento do material original, elástico-linear:

$$\tau = G \times \delta \quad [13.95]$$

conclui-se que:

$$E_3 = \frac{3}{2} \times \frac{L^3}{h^2} \times G \quad [13.96]$$

Thom e Cheung (1999) encontraram uma boa aproximação para determinação do módulo de deformação em cisalhamento entre as faces fissuradas por meio de inúmeros testes em pistas com emprego de FWD. A regra verificada foi que, quando os deslocamentos em fissuras eram mínimos, o valor de G era muito elevado contra valores de G muito reduzidos para bases com fissuras mais abertas, resultando em valores de deslocamentos elevados. A variação de G situou-se na faixa entre 100 MPa/m a 10.000 MPa/m.

Assim, fica determinado que a resposta da camada em termos de módulo *in situ*, compreendendo os principais efeitos mecânicos ocorridos, é função do módulo de elasticidade do material original (preservado dentro da integridade de um bloco), do módulo em flexão dos blocos e do módulo em cisalhamento dos blocos. Para a consideração conjunta dos efeitos, temos que abstrair e identificar que três tipos de deformação concorrem simultaneamente para que um determinado estado de tensões unitário ocorra na camada cimentada no pavimento.

Ao chamar-se a tensão unitária pela unidade e impondo-se cada tipo de deformação, a elasticidade de cada fase de resposta da camada teria sua parcela de contribuição, de tal forma que pode ser escrito que as propriedades de deformação de uma mesma camada cimentada relacionam-se pelas expressões:

$$E_1 = \frac{1}{\varepsilon_1}; \quad E_2 = \frac{1}{\varepsilon_2}; \quad E_3 = \frac{1}{\varepsilon_3} \qquad [13.97]$$

Como a camada apresenta uma resposta global, ou seja, um módulo de elasticidade *in situ*, o estado de tensão unitário na camada vai se relacionar com a deformação total, compreendidos os três tipos de efeito estudados, respeitadas as propriedades de deformação (*compliances*), da seguinte maneira:

$$E_{in\,situ} = \frac{1}{\varepsilon_{global}} = \frac{1}{\varepsilon_1 + \varepsilon_2 + \varepsilon_3} = \frac{1}{\frac{1}{E_1} + \frac{1}{E_2} + \frac{1}{E_3}} \qquad [13.98]$$

ou seja:

$$\frac{1}{E_{in\,situ}} = \frac{1}{E_1} + \frac{1}{E_2} + \frac{1}{E_3} \qquad [13.99]$$

Finalmente:

$$\frac{1}{E_{in\,situ}} = \frac{1}{E_1} + \frac{1}{E_1 \times 2^{2,5(L-1,2)}} + \frac{2 \times h^2}{3 \times L^3 \times G} \qquad [13.100]$$

A determinação do módulo de elasticidade *in situ* fica assim explicitada por meio analítico, sendo necessária a estimativa em campo do espaçamento médio entre fissuras para a determinação de L, da espessura da camada de base h e do módulo de elasticidade em cisalhamento das faces entre os blocos. Admitindo-se os valores extremos observados por Thom e Cheung (1999) para G para aberturas de fissuras (f_a) de 0,1 mm (máximo) e 2 mm (mínimo), a seguinte função relacional linear pode ser escrita:

$$G = 10.521 - 5210 \times f_a \qquad [13.101]$$

Na Tabela 13.28, são analisados três casos reais de rodovias no Estado de São Paulo, onde foram identificados os parâmetros necessários para a estimativa analítica do módulo de elasticidade *in situ* da camada cimentada.

Sabemos, por experiência de campo, que, em bases de solo-cimento, quanto maior o consumo de cimento, mais próximas tendem a estar as fissuras transversais de retração (é possível compensar tal efeito com o emprego de cimento de baixo calor de hidratação e cura esmerada). Sabemos também que, quanto maior o consumo de cimento, maior será o módulo de elasticidade do material. Com o modelo analítico apresentado, é possível fazer um balanço comparativo de comportamento entre duas bases de solo-cimento, conforme a Tabela 13.29. Nessa

Tabela 13.28 *Estimativa do módulo* in situ *por meio analítico para alguns casos no Brasil*

Descrição do Pavimento	CAUQ sobre SC	TSD sobre SC	CAUQ sobre BGTC
Módulo de resiliência do material da base (MPa)	5.000	5.000	11.000
Espaçamento médio entre fissuras (m)	0,625	0,3	0,72
Espessura da base cimentada (m)	0,15	0,15	0,15
Abertura média das fissuras (mm)	2	1	2
Módulo em cisalhamento entre faces de blocos (MPa/m)	101	5.311	101
E_2 (MPa)	1.846	1.051	4.788
E_3 (MPa)	1.643	9.559	2.513
Módulo *in situ* estimado	741	796	1.433

comparação, é conveniente recordar que, quanto mais espaçadas forem as fissuras, maior será a tendência para que tenham uma maior abertura (por contração do volume). Para tanto, o módulo de elasticidade inicial foi calculado em função da Equação de Larsen (Capítulo 6):

$$E_1 = 140,62 \times c^{1,85} \text{ [MPa]} \qquad [13.102]$$

Tabela 13.29 *Comparação estimativa de comportamento de base cimentada para fins de dosagem*

Mistura	% de cimento em peso	E_1 (MPa)	L (m)	h (m)	F_a (mm)	G (MPa/m)	E_2 (MPa)	E_3 (MPa)	$E_{in\ situ}$ (MPa)
SC1	5	2.761	2	0,2	0,1	10.000	11.046	3.000.000	2.208
SC2	7	5.146	1,6	0,2	0,2	9.479	10.292	1.455.974	3.423
SC3	10	9.955	1,2	0,2	0,5	7.916	9.955	512.957	4.930

Observa-se que o aumento do consumo de cimento, para patamares próximos de 10%, proporciona um efeito-placa maior na estrutura, fornecendo uma base com módulo de resiliência da camada próximo de 5.000 MPa. Valores de consumo inferiores, na prática, para o espaçamento entre fissuras simulado no exemplo, resultam em camadas com comportamento elástico semelhante aos concretos asfálticos, porém como materiais quase frágeis e de baixa ductilidade.

O modelo também é útil para a análise de camadas de blocos intertravados de concreto, pelo menos do ponto de vista de simulação de estruturas desse tipo com a TSCE, quando é necessária a fixação de módulos de resiliência para a camada de revestimentos em paralelepípedos e em blocos (pavimentos modulares), o que não é tarefa fácil. Os blocos de paralelepípedos e de concreto, em si mesmos, possuem módulos de elasticidade da ordem de 60.000 MPa e 30.000 MPa, sendo possíveis valores maiores para o primeiro.

Considerada a abertura de 1,5 mm entre as juntas intertravadas (preenchidas com areia) e o comprimento do bloco como a dimensão maior, na Tabela 13.30, são apresentados valores de módulos de elasticidade *in situ* estimados para as camadas de revestimento com blocos intertravados ou mesmo paralelepípedos rejuntados. Das análises, fica evidente que os revestimentos modulares

Abertura de juntas

Em blocos de concreto, quanto maior for a proximidade entre as faces, maior será o intertravamento. Isso garante um comportamento mais interativo entre os blocos, e melhora a rigidez da camada de revestimento como um todo.

Em bases e sub-bases cimentadas e em bases de CCR, quanto menor for a abertura da fissura e o maior espaçamento entre fissuras, melhor será o comportamento resiliente da camada. Por decorrência, dois conselhos úteis devem ser lembrados: (1) nunca serrar juntas em bases ou sub-bases cimentadas ou de CCR, mesmo porque juntas serradas possuem abertura muito grande e a reflexão de fissuras para o revestimento asfáltico após abertura ao tráfego é rápida e inevitável. Juntas mais espaçadas e muito finas evitam os fenômenos de reflexão de forma mais satisfatória; (2) empregar misturas cimentadas e CCR o menos retrátil possível, o que passa por dosagem criteriosa preliminar.

não oferecem módulos de elasticidade *in situ* elevados, tratando-se de camadas flexíveis com módulos típicos de CAUQ.

Na Figura 13.48, para blocos retangulares de 200 mm de comprimento e espessura de 80 mm, observa-se queda brutal do módulo da camada *in situ*, em função da abertura média do rejunte entre blocos. Aberturas com mais de 1,5 mm tendem a causar um prejuízo enorme na capacidade estrutural da camada em elementos modulares de distribuir melhor os esforços sobre os subleitos, o que contribui para o afundamento das peças sob ação de cargas. É importante ressaltar que a presença de areia de enchimento bem consolidada nas juntas estabelece o conveniente intertravamento entre os elementos, o que garantiria, na faixa de 0,5 mm a 1 mm, comportamento elástico similar a misturas asfálticas convencionais de revestimentos, sendo os elementos modulares encarados como camadas de revestimento.

Tabela 13.30 *Estimativa de módulo* in situ *para revestimentos modulares*

Tipo de bloco	E_1 (MPa)	L (m)	h (m)	f_a (mm)	G (MPa/m)	E_2 (MPa)	E_3 (MPa)	$E_{in\ situ}$ (MPa)
Paralelepípedo	60.000	0,2	0,13	1,5	101	10.607	1.921	1.584
Bloco retangular	30.000	0,2	0,04	1,5	101	5.303	20.295	3.688
	30.000	0,2	0,06	1,5	101	5.303	9.020	3.005
	30.000	0,2	0,08	1,5	101	5.303	5.074	2.387
	30.000	0,2	0,10	1,5	101	5.303	3.247	1.887
Bloco hexagonal	25.000	0,2	0,10	1,5	101	4.419	3.247	1.741

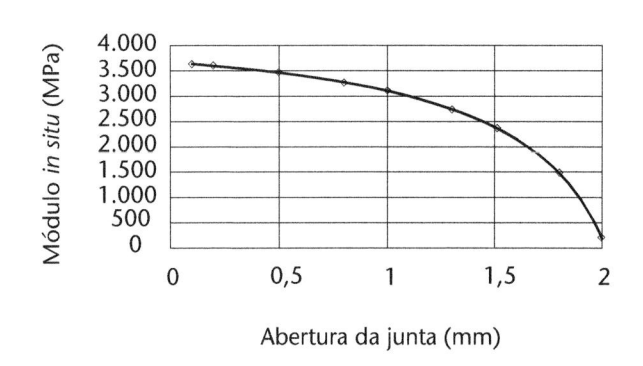

Fig. 13.48 *Variação do módulo com abertura de fissuras*

13.10.2 Modelo analítico sugerido a partir da teoria de flexão e da retroanálise de módulos

Uma maneira de se tirar partido das retroanálises conduzidas sobre pavimentos semirrígidos, novos ou antigos, para finalidades de previsão de vida de serviço restante da base cimentada, é muito simples e pouco empregada. Trata-se de se considerar a curvatura da bacia de deflexões como elemento de resposta estrutural, muito mais se se recordar que, como visto (demonstrado) no Capítulo 8, a deformação na camada pode ser determinada por meio dessa curvatura pela equação:

$$\varepsilon_x = \frac{z}{r} \qquad [13.103]$$

Evidentemente, como o sistema de camadas é infinito em duas direções planas horizontais, é necessário o emprego da Lei de Hooke generalizada para uma estimativa direta da tensão no fundo da camada cimentada, que é escrita:

$$\sigma_x = \frac{E}{1-\upsilon^2}.(\varepsilon_x + \nu\varepsilon_y) \qquad [13.104]$$

Ao substituir-se a Equação 13.93 na Equação 13.104, obtém-se:

$$\sigma_x = \frac{E}{1-\upsilon^2}.\left(\frac{1}{r_x} + \frac{\nu}{r_y}\right).z \qquad [13.105]$$

Quando se realiza o ensaio com uma carga circular e a análise mecanicista (incluindo a retroanálise) é axissimétrica, como no caso do emprego do FWD, tendo em vista as hipóteses que permeiam a teoria empregada (TSCE), tem-se que $r_x = r_y$, o que leva à seguinte simplificação para a tensão normal em qualquer direção plana, na região central da aplicação de carga:

$$\sigma = \frac{E.z}{(1-\upsilon).r} \qquad [13.106]$$

A camada de revestimento asfáltico no revestimento é causadora, em média, de um levantamento da linha neutra para a altura de 45% da espessura da camada cimentada a partir do topo (Balbo, 1993), gerando uma redução (de 1 – 0,50/0,55). Esse redutor poderá ser empregado no cálculo, por força da redução na deformação imposta por uma camada de revestimento sem fissuração classe 2 (trincas interligadas em bloco, no caso), resultando para a estimativa da tensão:

$$\sigma = 0{,}909 \times \frac{E.z}{(1-\upsilon).r} \qquad [13.107]$$

Calculado o valor da tensão dessa maneira, a partir do raio de curvatura (r) e assumindo-se z = h/2, é possível então uma avaliação da vida restante de fadiga da base cimentada, por meio do emprego de uma relação de fadiga (curva S-N) específica para o material que compõe tal base cimentada, não se esquecendo de considerar o fator laboratório-campo no modelo de fadiga.

No entanto, tal procedimento exige algumas etapas simples, mas que requerem cuidados no detalhamento do problema. Primeiramente, é necessário assumir uma expressão para o cálculo do raio de curvatura da camada, em área preferencialmente próxima à carga; por exemplo, a equação de estimativa do raio empregada pelo extinto DNER (como visto no Capítulo 10) é dada pela função:

$$r = \frac{10.x^2}{2.(d_0 - d_x)} \qquad [13.108]$$

em que d_x é a deflexão a uma distância x do ponto de aplicação da carga na bacia de deflexões.

Ora, essa deflexão pode ser calculada, assumindo-se um valor de x fixo ou determinando-se, a partir dos pontos obtidos em pista, uma função que descreva, pelo menos antes da inflexão da linha de influência da carga, com uma boa precisão, a variação da deflexão em função daquela distância. O julgamento da distância adequada para se fazer a análise recai sobre a região inferior à zona de aplicação de carga, uma vez que a deflexão máxima encontra-se nessa área. No entanto, a Equação 13.108 não permite $d_x = d_0$. Sugere-se que se adote uma distância reduzida, não superando cerca de 50 mm do ponto de aplicação de cargas, pois o raio de curvatura tende a aumentar com o aumento da distância, reduzindo a tensão nesse ponto considerado.

Na Tabela 13.31 são apresentados valores de deflexões sobre um pavimento semirrígido com base em BGTC com 160 mm de espessura. São apresentadas duas medidas que aparentemente revelam pavimentos ainda com um bom grau de integridade e outras duas bacias denotando bastante degradação estrutural. Isso pode ser visualizado traçando-se todas as bacias, quando as duas últimas revelam maior concentração de esforços na proximidade da zona de aplicação da carga do FWD, de 40 kN. O primeiro passo tomado na estimativa foi a determinação de uma função que descreve a deflexão, variando a partir do ponto de aplicação da carga, conforme apresentada na Figura 13.49, que, dada a semelhança para os dois primeiros casos, foi manipulada apenas para um deles. Para definir tais funções, é necessária a interpolação gráfica dos dados originais para pontos próximos da carga (até cerca de 500 mm), para se visualizar melhor a bacia nessa região; em seguida, adota-se uma linha de tendência polinomial que se encaixe bem nos pontos.

Tabela 13.31 *Resultados de levantamento de bacias e retroanálise de pavimento semirrígido*

Bacias	d0	d1	d2	d3	d4	d5	d6	Módulos retroanalisados (MPa)		
Distância do ponto de aplicação da carga (mm)	0	300	600	900	1.200	1.500	1.800	Rev.	Base	Sub.
Íntegras	22	17	16	14	13	10	7	2.300	4.300	120
	23	18	16	14	13	9	7	2.000	4.100	125
Degradadas	59	46	37	26	18	9	5	1.300	45	120
	69	43	36	25	17	9	5	1.500	45	130

Na Tabela 13.32, os valores de coeficientes de Poisson para pavimentos considerados íntegros ou degradados, para a camada de BGTC, foram 0,2 e 0,45, respectivamente. As deflexões foram calculadas a partir das equações de linha de tendência para as distâncias especificadas. Os raios de curvatura aumentam em função da distância, como se depreende dos cálculos. Evidentemente, dos resultados apresentados, interessam apenas aqueles que dizem respeito a material com integridade estrutural, para fins de estimativa de perspectivas de vida restante.

Se nos pautarmos pelo raio de curvatura recomendado pelo extinto DNER para as análises, isto é, 250 mm a partir do ponto de aplicação da carga, apenas o pavimento íntegro de fato apresentou resultado coerente, isto é, com tensões de tração na flexão na base palpáveis. Esse tipo de análise faz sentido mais estrito para a confirmação, se ainda existe efeito--placa e base cimentada trabalhando em flexão, de forma menos subjetiva que um olhar para a bacia de deflexões medida em pista. Sugere-se adotar o limite inferior de 0,5 MPa de tensão de tração na flexão retrocalculada (sem valor absoluto, portanto) no caso da BGTC e 0,2 MPa para o solo-cimento, para se estimar se há efeito-placa, com fissuras nas faces verticais dos blocos de base cimentada ainda bastante interconectadas, tomando-se tais condições para o ponto de referência afastado de 125 mm da origem da bacia de deflexões. O motivo de o raio de curvatura aumentar com o distanciamento da carga é que, à medida que se aproxima do ponto de inflexão ou de mudança de concavidade, esse raio tende a um valor muito grande.

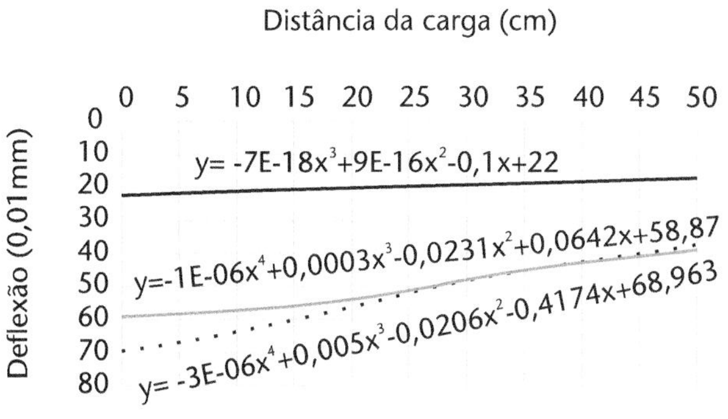

Fig. 13.49 *Interpolação e determinação de equações para pontos próximos ao centro da carga*

Tabela 13.32 *Estimativa de solicitações a partir de parâmetros de curvatura das bacias e de módulos*

Distância a partir da carga (mm) ⇒		50	125	250	300
Pav. íntegro	Deflexão estimada (0,01 mm)	21,5	20,75	19,5	19
Pav. degradado		58,01	55,02	47,12	43,44
		66,42	61,43	52,29	48,97
Pav. íntegro	Raio de curvatura (m)	250	625	1.250	1.500
Pav. degradado		145	203	266	292
		49	104	187	225
Pav. íntegro	Deformação específica (mm/mm)	2,909 E-04	1,164 E-04	5,818 E-05	4,848 E-05
Pav. degradado		5,013 E-04	3,584 E-04	2,734 E-04	2,493 E-04
		1,479 E-03	7,012 E-04	3,879 E-04	3,231 E-04
Pav. íntegro	Tensão (MPa)	1,564	0,625	0,313	0,261
Pav. degradado		0,041	0,029	0,022	0,020
		0,121	0,057	0,032	0,026

Há outras especulações teóricas e outros caminhos possíveis para análises dessa natureza. Outra maneira de fazer esse tipo de avaliação é determinar o raio de curvatura por meio da expressão analítica:

$$r(x) = \frac{\left[1 + \left(\frac{dy}{dx}\right)^2\right]^{\frac{3}{2}}}{\frac{d^2y}{dx^2}} \quad [13.109]$$

Para tanto, é necessária a determinação da função $d(x) = f(x)$ para a descrição da deflexão obtida em campo, em função da distância da carga. Uma provável desvantagem de acerto da curva da bacia estatisticamente, por meio de uma função mais simples, é o possível afastamento maior da bacia teórica daquela de pista, o que se evitou anteriormente ao se encaixar uma linha de tendência com polinômios de muitos graus. Uma forma alternativa aproximada de determinação dessa função é o emprego de uma função tipo *Logit*, dada pela forma genérica:

$$d(x) = \frac{d_0}{1 + a \cdot x^b} \qquad [13.110]$$

na qual d_0 é a deflexão máxima ou total para $x = 0$. Rodrigues (1991) fomenta o emprego de funções dessa natureza, pois garantem condições geométricas adequadas para a descrição da bacia de deflexões, a saber: (a) a primeira derivada da função para o ponto $x = 0$ é nula, garantindo inclinação nula naquele ponto; (b) se o valor de x tende para infinito, o valor da função tende para zero; (c) é possível a determinação do ponto de mudança de concavidade da bacia descrita pela equação acima, igualando-se a segunda derivada da função a zero (na mudança de concavidade, a segunda derivada é nula).

Demonstra-se que o valor da derivada segunda da função d(x), com base nos fundamentos elementares do cálculo diferencial, resulta em:

$$\ddot{d}(x) = d_0 \left[\frac{2a^2 b^2 x^{2b-2}}{(1+ax^b)^3} - \frac{a b(b-1) x^{b-2}}{(1+ax^b)^2} \right] \qquad [13.111]$$

O ponto a partir da aplicação da carga em que há mudança de concavidade será, portanto:

$$x = \left[\frac{b-1}{a \cdot (b+1)} \right]^{\frac{1}{b}} \qquad [13.112]$$

Ao retomar os valores de bacias determinadas em campo no exemplo anteriormente apresentado por regressão linear, é possível a determinação dos coeficientes a e b para descrever tais bacias, conforme o modelo da Equação 13.110, o que é apresentado na Tabela 13.33. Observam-se novamente valores de tensão, estimados significativos para pavimentos com bases cimentadas ainda íntegras em comparação àqueles já degradados. Os valores elevados de raios de curvatura das bacias é claro indicativo de efeito-placa e, portanto, de ocorrência de resposta à tração na flexão nas bases.

13.10.3 Fatores laboratório-campo para calibração de modelos de fadiga de bases cimentadas

O caminho mais razoável para a determinação de fatores de calibração para a equação de fadiga determinada em laboratório, tendo em vista seu emprego na previsão da formação de fissuras nas bases cimentadas em pista, seria a comparação direta do desempenho entre o material submetido a testes dinâmicos no laboratório e o estabelecimento de modelo semiempírico em pista, retratando a formação de fissuras em blocos dessas camadas tratadas com cimento. Esse é um objetivo a ser perseguido individualmente para cada material para que se avance em sua tecnologia.

Tabela 13.33 *Análise de funções* Logit *descrevendo as bacias de deflexões no exemplo*

Bacias	Modelo	Raio de curvatura a 50 mm da carga (m)	Tensão no fundo da base (MPa)
Íntegras	$d(x) = \dfrac{d_0}{1 + 0,03851 \cdot x^{0,446541}}$	2.297	0,34
	$d(x) = \dfrac{d_0}{1 + 0,036021 \cdot x^{0,471625}}$	2.061	0,36
Degradadas	$d(x) = \dfrac{d_0}{1 + 0,01149 \cdot x^{0,4753931}}$	596	0,02
	$d(x) = \dfrac{d_0}{1 + 0,01103 \cdot x^{0,80847}}$	384	0,03

Ullditz (1987) apresenta modelo de fadiga baseado em análises de pista do chamado Extended AASHO Road Test, representando o número de repetições de carga admissível (N_f) até a ocorrência de dado-padrão de fissuração das bases cimentadas, conforme a expressão:

$$N_f = 14.000 \times (RT)^{-4,3} \qquad [13.113]$$

O modelo de fadiga para a BGTC, proposto por Balbo (1993), pode ser reescrito na seguinte forma:

$$N_f = 7,9638 \times (RT)^{-20,844} \qquad [13.114]$$

Ao considerar-se as Equações 13.113 e 13.114 como representativas para o material tratado com cimento, uma em pista e outra em laboratório, é possível se determinar um fator de calibração (*shift factor* – SF) entre laboratório e campo, por meio da expressão:

$$SF = \dfrac{N_f^{\text{pista}}}{N_f^{\text{laboratório}}} \qquad [13.115]$$

Na Figura 13.50, é apresentado um gráfico da variação desse fator de calibração em função da relação entre tensões, obtido dessa comparação direta entre os modelos cotejados. Observa-se que, para relações entre tensões aproximadamente iguais ou inferiores a 0,65, normalmente empregadas para projetos com N superior a 10^6, o valor de SF indica que, em pista, a camada cimentada sofre ruptura por fadiga em prazo menos longo de solicitações de carga que aquele obtido em laboratório.

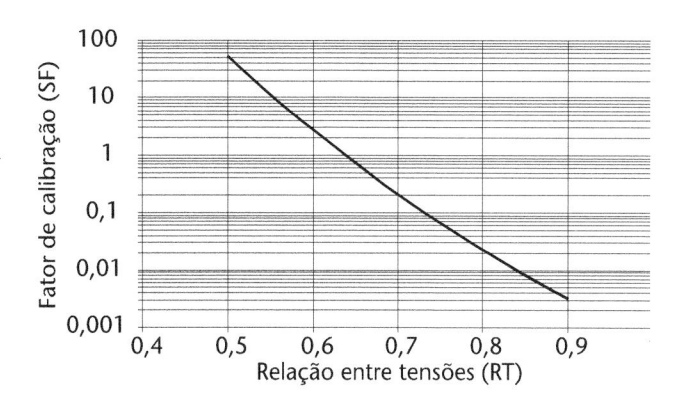

Fig. 13.50 *Fatores de calibração de modelos de fadiga para bases cimentadas*

13.11 Deformação Permanente e Trilha de Roda – Princípios de Verificação Estrutural

13.11.1 Modelos típicos para descrição da deformação plástica

Samuel Hantequest Cardoso (1987) propôs um modelo relacional entre a deformação plástica sofrida e níveis de tensão (em lbf/pol^2) aplicados em amostras de solos lateríticos argilosos típicos de zonas tropicais do Brasil. Um desses modelos é descrito pela função (solos com CBR < 40%):

$$\varepsilon_p = \frac{128748 \times (\sigma_1)^{2,664} \times N^{0,1346}}{(CBR)^{5,55} \times (\theta)^{1,1431}} \qquad [13.116]$$

Trata-se de um modelo bastante completo em sua concepção, embora não genérico, pois relaciona a deformação plástica específica com os níveis de tensão aplicados no material, vertical e de confinamento, bem como fica parametrizada a medida de resistência oferecida pelo solo, dada pelo valor de CBR. No caso de misturas asfálticas, Cardoso ainda sugere o emprego da expressão:

$$\varepsilon_p = 4,49 \times \varepsilon_e^c \times N^{0,25} \qquad [13.117]$$

sendo ε_e^c a deformação específica elástica sofrida por compressão vertical na mistura asfáltica densa.

Backer (1982) propõe um modelo genérico para a determinação de deformações plásticas específicas em solos de subleitos, dado também em função da deformação específica elástica sofrida verticalmente pelo material e de seu módulo de resiliência, conforme a expressão para (M_r em MPa):

$$\varepsilon_p = 0,14 \times \varepsilon_e^c \times \left(\frac{492,15}{M_r}\right)^{\left(0,2 \times N^{0,12}\right)} \qquad [13.118]$$

Laura Maria Goreti da Motta (1991) oferece os modelos simplificados, apresentados na Tabela 13.35, para a determinação da deformação plástica específica em alguns materiais de pavimentação.

Washington Peres Núñez (1997), em abrangente trabalho de pesquisa empregando simulador de tráfego, na UFRGS, estudou o processo de degradação de bases do tipo macadame seco de basalto alterado, em pavimentos flexíveis com tratamento superficial duplo e capa selante como revestimento dos pavimentos. Seus estudos permitiram a determinação de deformação plástica em termos de formação de afundamentos em trilhas de rodas, de grande valia para a análise de pavimentos em rodovias de baixo volume de tráfego no Rio Grande do Sul. Um modelo típico de previsão da deformação plástica (em termos da flecha f após um dado número de repetições do eixo-padrão) nesse tipo de estrutura de pavimento pode ser representado pela função:

$$f_N = 4{,}6 + 0{,}1215 \times \sqrt{N} \qquad [13.119]$$

Tabela 13.34 *Modelos de previsão de deformação plástica para materiais nacionais*

MATERIAL	MODELO DE DEFORMAÇÃO PLÁSTICA
CAUQ	$\varepsilon_p = 0{,}001 \times N^{0{,}1083}$
BGS	$\varepsilon_p = 0{,}00466 \times N^{0{,}0773}$
SLC	$\varepsilon_p = 0{,}0019 \times N^{0{,}0624}$

13.11.2 Formulação do problema com exemplo numérico

Vamos admitir que uma estrutura de pavimento asfáltico flexível foi dimensionada para um número N de 2 x 10^7, resultando em uma camada de revestimento em 80 mm de CAUQ (5.000 MPa; 0,35), uma base de 150 mm em BGS (200 MPa; 0,4) e subleito laterítico (100 MPa; 0,45). Os pontos de análise de parâmetros estruturais escolhidos serão o ponto central de cada camada, englobando uma análise dos primeiros 200 mm do subleito. Isso gera as seguintes profundidades de análise: 40 mm, 115 mm e 290 mm.

Ao empregar a TSCE por meio do programa Elsym 5, com par de rodas duplas com carga individual de 20 kN e pressão nos pneumáticos de 0,64 MPa, e ainda analisando as deformações sob o centro de uma das rodas, as seguintes respostas estruturais são encontradas: (a) deformação vertical elástica específica de compressão no meio da camada de CAUQ – 0,573 x 10^{-4} mm/mm; (b) deformação vertical elástica específica de compressão a 100 mm de profundidade no subleito – 0,540 x 10^{-3} mm/mm. As seguintes deformações plásticas específicas são então previstas pelos modelos indicados a seguir:

$$[13.120]$$

$$\varepsilon_p^{CAUQ} = 4{,}49 \times \varepsilon_e^c \times N^{0{,}25} = 4{,}49 \times 0{,}573 \times 10^{-4} \times (2 \times 10^7)^{0{,}25} = 0{,}01721 \text{ mm/mm}$$

$$[13.121]$$

$$\varepsilon_p^{BGS} = 0{,}00466 \times N^{0{,}0773} = 0{,}00466 \times (2 \times 10^7)^{0{,}0773} = 0{,}01709 \text{ mm/mm}$$

$$[13.122]$$

$$\varepsilon_p^{SUBLEITO} = 0{,}14 \times \varepsilon_e^c \times \left(\frac{492{,}15}{M_r}\right)^{\left(0{,}2 \times N^{0{,}12}\right)} = 0{,}14 \times 0{,}54 \times 10^{-3} \times \left(\frac{492{,}15}{100}\right)^{\left[0{,}2 \times \left(2 \times 10^7\right)^{0{,}12}\right]} = 0{,}00082 \text{ mm/mm}$$

Com base nas espessuras em jogo na análise anteriormente mencionada, pode-se calcular a deformação plástica total esperada ao final do horizonte de análise (N), que resulta:

$$\delta_p^{Total} = \sum_{i=1}^{3} \varepsilon_p^i \times h^i = 0{,}01721 \times 80 + 0{,}01709 \times 150 + 0{,}00082 \times 200 = 4{,}1 \text{ mm} \qquad [13.123]$$

Esse valor determinado deveria, em tese, ser comparado a um valor preestabelecido e tolerável para o horizonte de projeto desejado (N). A previsão mais precisa da deformação permanente na superfície dos pavimentos pode ser muito melhorada em relação ao exemplo apresentado, adotando-se as seguintes medidas:

- Subdividir mais cada uma das camadas do pavimento. No caso analisado, seria permitido, por exemplo, duas subcamadas de CAUQ e duas subcamadas de BGS, uma vez que o programa Elsym 5 suporta apenas cinco camadas. Para melhorar mais ainda, só há a possibilidade de alterar o programa de cálculo, empregando-se, por exemplo, os programas BISAR (Shell) ou LEAF (Federal Aviation Administration), que toleram até dez camadas.
- Como já se sabe, os módulos de elasticidade dos materiais variam de acordo com a estação climática e também com o próprio desgaste e degradação do material. Sugere-se, para as condições médias no Brasil, adotar ao menos de duas a quatro estações climáticas com módulos de resiliência diferenciados para cada situação. Além disso, ao longo do horizonte de projeto, é necessário admitir alterações nesses módulos de resiliência, por exemplo, a cada dois anos, o que exigiria um número de simulações da ordem de 20 vezes. Procedimentos que exigem medidas dessa natureza são empregados no critério de projeto da AASHTO editado em 2002, quando a análise de viscoelasticidade e plasticidade exige pelo menos 200 rodadas de programa de computador com a TSCE.
- Em cada projeto, é melhor procurar o modelo mais adequado de comportamento plástico dos materiais. Caso não haja modelo disponível, se sua exigência é inexorável ao projeto, é conveniente recorrer a laboratório apto para ensaios dinâmicos em compressão e triaxiais.
- A análise do fenômeno em termos de eixos equivalentes não é adequada. Cada tipo de eixo rodoviário deve ser considerado independentemente, sendo analisados os efeitos de cada um deles de modo individual.

Embora seja bastante comum, e até exigência de norma de projeto (PMSP, 2004), a verificação mecanicista à fadiga dos materiais de pavimentação sujeitos a tal fenômeno, as análises de plasticidade e deformação permanente (formação de trilhas de rodas) ainda estão distantes da realidade de projeto no País. Há necessidade, como se fez no passado para o primeiro caso, de investimentos importantes de pesquisa na determinação de propriedades viscoelásticas dos materiais para melhoria dos procedimentos de projeto. A previsão de deformação permanente é o aspecto do projeto em que somos ainda bastante carentes no Brasil.

13.12 Conclusão

A Mecânica Estrutural dos pavimentos permite o tratamento por mecanicismo dos efeitos dos carregamentos externos nas estruturas de pavimentos. Esse modo mecanista ou mecanístico de tratar as estruturas requer o conhecimento de modelos constitutivos e de degradação dos materiais constituintes de cada camada do pavimento, do subleito ao revestimento. A análise mecanicista compreende, então, a abordagem sistemática dos processos mecânicos de interação carga--estrutura, que leva à verificação dos efeitos, em situações futuras, de sua modificação (as causas continuarão atuando sistematicamente), permitindo a previsão de plastificação e fissuração dos materiais. Para tanto, emprega modelos experimentais, empíricos ou semiempíricos, gerando modelos mistos de abordagem, chamados de semiteóricos, semiempíricos e empírico-mecanicistas, dependendo do caso. Os modelos experimentais e empíricos são específicos para cada material considerado, ou seja, não generalizáveis. O mecanicismo para a análise de pavimentos surgiu a partir dos próprios modelos de Boussinesq aplicados a problemas de pavimentação a partir de meados do século XX; a extensão daquela solução por Burmister constituiu um grande salto para a análise de meios contínuos. A degradação, que gera inúmeras descontinuidades nas camadas, exige, em uma análise mais profunda, o emprego de modelos que permitam imposição das condições de contorno reais encontradas nos pavimentos em pista. A associação de modelagem numérica e análise experimental de fratura parece ser o caminho mais interessante para enfrentar essas realidades, embora absolutamente não trivial. O *workshop* intitulado *Fracture Mechanics for Concrete Pavements*, realizado em agosto de 2005, em Copper Mountain, Colorado, EUA, apoiado pela Federal Highway Administration e pela International Society for Concrete Pavements, que reuniu um seleto grupo de especialistas de várias partes do mundo, foi um passo promissor para que cientistas de engenharia se engajassem no desenvolvimento de modelos de fratura consistentes e sua aplicação numérica e analítica em projetos de pavimentos.

◆ REFERÊNCIAS BIBLIOGRÁFICAS

AGÊNCIA NACIONAL DO PETRÓLEO. Resolução n°19 (11/07/05). *Diário Oficial da União*, Brasília, seção 1, p. 79-80, 2005.

AGOPYAN, V. A importância da pureza dos agregados para argamassas e concretos. In: 1° SIMPÓSIO NACIONAL DE AGREGADOS. *Anais...* PCC-EPUSP, 1986. p. 115-119.

AHLVIN, R.G. Origin of developments for structural design of pavements. *Technical Report* GL-91-26, Vicksburg, Waterways Experiment Station, Corps of Engineers, 1991.

AMERICAN ASSOCIATION OF STATE HIGHWAY AND TRANSPORTATION OFFICIALS. *Interim guide for the design of pavement structures*. Washington, D.C., 1972.

____. *Guide for the design of pavement structures*. Washington, D.C.,1993.

____. *Mechanistic-empirical pavement design guide*. Washington, D.C., 2002.

AMERICAN CONCRETE INSTITUTE. Ground granulated blast-furnace slag as a cementitious constituent in concrete. *ACI Manual of Concrete Practice*, Part 1, Materials and General Properties of Concrete, ACI 226.1R.

AMERICAN SOCIETY FOR TESTING AND MATERIALS. Scaling resistance of concrete surfaces exposed to deicing chemicals. *Annual Book of ASTM Standards*, v. 04.02, 1993. Standard Specification C672-92.

ARNOULD, M.; VIRLOGEUX, M. *Granulats et betons legers:* bilan de dix ans de recherches. Paris: Presses de l'École Nationale des Ponts et Chausseés, 1990.

ARQUIE, G.; TOURENQ, C. *Granulats*. Paris: Presses de l'École Nationale des Ponts et Chausseés, 1990.

ASPHALT INSTITUTE. *Asphalt overlays for highway and street rehabilitation*. Lexington: 1983. (Manual series, 17).

____. *Principles of construction of hot-mix asphalt pavements*. Lexington: 1983. (Manual series, 22).

____. *The asphalt handbook*. Lexington: 1989. (Manual series, 4).

____. *Manual del asfalto*. Trad. do inglês: Manuel Velaquez, Bilbao: Urmo, 1973.

ASSOCIAÇÃO BRASILEIRA DAS EMPRESAS DISTRIBUIDORAS DE ASFALTOS. *Manual básico de emulsões asfálticas*. 2003.

ATKINS, P. W. *General chemistry*. New York: Scientific American Books, 1989.

BACKER, W. R. *Prediction of pavement roughness*. Vicksburg, Waterways Experiment Station, U.S. Corps of Engineers, 1982. Final Report.

BALAY, J. M.; GOUX, M. T. Numerical analysis of the experiment of concrete pavement on LCPC's fatigue test track. In: 3th INT. WORKSHOP ON DESIGN THEORIES OF CONCRETE SLABS. *Proceedings...* Krumbach: 1994.

BALBO, J. T. *Estudo das propriedades mecânicas das misturas de brita e cimento e sua aplicação aos pavimentos semi-rígidos*. Tese de doutorado – Escola Politécnica da Universidade de São Paulo, São Paulo, 1993.

____. *Pavimentos asfálticos:* patologias e manutenção. São Paulo: Plêiade, 1997.

____. *Contribuição à análise estrutural de reforços com camadas ultradelgadas de concreto de cimento Portland sobre pavimentos asfálticos*. Tese de livre-docência – Escola Politécnica da Universidade de São Paulo, São Paulo, 1999.

____. Pavimentos asfálticos híbrido-rígidos: perspectivas para baixos e elevados volumes de tráfego. In: 36ª REUNIÃO ANUAL DE PAVIMENTAÇÃO, 2005, Curitiba. *Anais...* Associação Brasileira de Pavimentação. 1 CD-ROM.

____; BODI, J. Reciclagem a quente de misturas asfálticas em usinas: alternativa para bases de elevado módulo de elasticidade. *Panorama Nacional da Pesquisa em Transportes 2004*, Florianópolis. v. 1, p. 174-185, 2004.

____; RODOLFO, M. P. Estudo de deformações e tensões em pavimentos asfálticos perpétuos. In: 35ª REUNIÃO ANUAL DE PAVIMENTAÇÃO, 2004, Rio de Janeiro. *Anais...* 1 CD-ROM.

BAPTISTA, C. N. *Pavimentação*. Porto Alegre: Globo, 1978.

BERNUCCI, L. L. B. *Expansão e contração de solos tropicais compactados e suas aplicações às obras viárias:* classificação de solos tropicais com base na expansão e contração. Dissertação de mestrado – Escola Politécnica da Universidade de São Paulo, São Paulo, 1987.

BOLIS, B.; DI RENZO, A. *Pavimentazioni stradali*. Milano: Editore Ulrico Hoelpi, 1949.

BONZANO, U. *Pratica e tecnica delle pavimentazioni stradali*. Milano: Antonio Vallardi Editore, 1950.

BRANTHAVER, J. F.; ROBERTSON, R. E.; DUVALL, J. J. Relationships between molecular weights and geological properties of asphalts. *Transportation Research Record*, n. 1535, p. 10-14, 1996.

BROWN, E. R. Experiences of corps of engineers in compaction of hot asphalt mixtures. *ASTM STP 829*, Philadelphia. p. 67-79, 1984.

____; PELL, P. S.; STOCK, A. F. The application of simplified, fundamental design procedures for flexible pavements. In: FOURTH INTERNATIONAL CONFERENCE ON THE STRUCTURAL DESIGN OF ASPHALT PAVEMENTS. *Proceedings...* Ann Arbor: University of Michigan, 1977.

BRULÉ, B. Polymer-modified asphalt cements used in road construction industry: basic principles. *Transportation Research Record*, n. 1535, p. 48-53, 1996.

BURMISTER, D. M. The general theory of stresses and displacements in layered systems. *Journal of Applied Physics,* v. 16, n. 2, p. 89-94; n. 3, p. 126-127, n. 5, p. 296-302, 1945.

CAMPOS, O. de S. *Utilização de escorias siderúrgicas em pavimentação.* Dissertação de mestrado – Escola Politécnica da Universidade de São Paulo, São Paulo, 1987.

CANUTO, J. R. *Petróleo.* Disponível em: <http://www.usp.br/busca/petroleo>. Acesso em: 25 nov. 2004.

CARDOSO, S. H. *Procedure for flexible airfield pavement design based on pavement deformation.* Ph.D. Dissertation – University of Maryland, 1987.

CASTRO, L. N. de. *Reciclagem a frio in situ com espuma de asfalto.* Dissertação de mestrado – Universidade Federal do Rio de Janeiro, COPPE, Rio de Janeiro, 2003.

CERATTI, J. A. P. *Estudo do comportamento à fadiga de solos estabilizados com cimento para utilização em pavimentos.* Tese de doutorado – Universidade Federal do Rio de Janeiro, COPPE, Rio de Janeiro, 1991.

CERVO, T. C. *Estudo da resistência à fadiga de concretos de cimento Portland para pavimentação.* Tese de doutorado – Escola Politécnica da Universidade de São Paulo, São Paulo, 2004.

____. *Estudo do comportamento à fadiga de concretos de cimento Portland para pavimentação.* Tese de doutorado – Escola Politécnica da Universidade de São Paulo, São Paulo, 2004.

CHADBOURN. Development of a quick reliability method for mechanistic-empirical asphalt pavement design. In: 81st ANNUAL MEETING OF THE TRANSPORTATION RESEARCH BOAR. 2002, Washington, D.C.

CHILDS, L. D.; NUSSBAUM, P.J. Pressures at foundation soils interfaces under loaded concrete and soil-cement highway slabs. *Bulletin D66*, Skokie, 1962.

CLERMAN, D. de S.; CERATTI, J. A. P. Estudo laboratorial de pré-misturados a frio densos com borracha de pneu como agregado. *Panorama Nacional da Pesquisa em Transportes*, Florianópolis, vol. I, p. 89-100, 2004.

COELHO, V. *Estudo sobre a dosagem pelo método Marshall de misturas asfálticas preparadas a quente.* Dissertação de mestrado – Escola de Engenharia de São Carlos da Universidade de São Paulo, São Carlos, 1992.

COMPANHIA DO METROPOLITANO DE SÃO PAULO. *Diretrizes e critérios para dimensionamento de pavimentos flexíveis.* São Paulo, 1988. Relatório Técnico (minuta).

CORINI, F. *Scienza e tecnica delle costruzioni stradali e ferroviarie.* Milano: Editore Ulrico Hoelpi, 1947.

CORTE, J. F. Development and uses of hard-grade asphalt and high-modulus asphalt mixtures in France. *Transportation Research Circular 503:* perpetual bituminous pavements. p. 12-31, 2001.

CRONEY, D.; CRONEY, P. *The design and performance of pavements*, 2nd ed. London: Her Majesty's Stationery Office, Transport and Road Research Laboratory, 1991.

DAC CHI, N. Étude du comportement en fatigue des matériaux traités aux liants hydrauliques pour assises de chausées. *Bulletin de Liaision des Laboratoires des Ponts et Chaussées*, n. 115, 1981, p. 33-48.

DANA-HURLBUT. *Manual de mineralogia*. Rio de Janeiro: Livros Técnicos e Científicos, 1981.

DE BEER, M.; KLEYN, E. G.; HORAK, E. Behavior of cementitious gravel pavements with thin surfacings. In: 2º. SIMPÓSIO INTERNACIONAL DE AVALIAÇÃO DE PAVIMENTOS E PROJETO DE REFORÇOS. *Anais...* Rio de Janeiro: Associação Brasileira de Pavimentação, 1989. v. 2.

DEPARTAMENTO DE ESTRADAS DE RODAGEM DO ESTADO DE SÃO PAULO. *Revista sobre solo arenoso fino*. 1977.

DEPARTAMENTO NACIONAL DE COMBUSTÍVEIS. *Regulamento técnico DNC n. 01/92*. Anexo à portaria DNC n. 5 de 18 fev. 1993.

DEPARTAMENTO NACIONAL DE ESTRADAS DE RODAGEM. *Avaliação estrutural dos pavimentos flexíveis:* procedimento A. Rio de Janeiro. DNER-PRO 10/79.

____. *Avaliação estrutural dos pavimentos flexíveis:* procedimento B. Rio de Janeiro. DNER-PRO 11/79.

____. *Cimento asfáltico modificado por polímero*. Rio de Janeiro. DNER EM 396/99.

____. *Classificação de solos tropicais para finalidades rodoviárias utilizando corpos-de-prova compactados em equipamento miniatura*. Rio de Janeiro. DNER-CLA 259/94.

____. *Delineamento da linha de influência longitudinal da bacia de deformação por intermédio da viga Benkelman*. Rio de Janeiro. DNER-ME 61-79.

____. *Determinação das deflexões no pavimento pela viga Benkelman*. Rio de Janeiro. DNER-ME 24-78.

____. *Determinação das deflexões utilizando o deflectômetro de impacto tipo "falling weight deflectometer-FWD"*. Rio de Janeiro. DNER-ME 273/96.

____. *Escórias de alto forno para pavimentos rodoviários*. Rio de Janeiro. DNER PRO 260/94.

____. *Pesquisa de asfaltos modificados por polímeros*. Rio de Janeiro: Ministério dos Transportes, Diretoria de Desenvolvimento Tecnológico, 1998. (Tomo I) Relatório Final.

____. *Projeto de restauração de pavimentos flexíveis: TECNAPAV*. Rio de Janeiro. DNER-PRO 269/94.

____. *Projeto de restauração de pavimentos flexíveis e semi-rígidos*. Rio de Janeiro. DNER-PRO 159/85.

____. *Solos compactados com equipamento miniatura:* determinação da perda de massa por imersão. Rio de Janeiro. DNER-ME 256/94.

____. *Solos compactados com equipamento miniatura:* mini-MCV. Rio de Janeiro. DNER-ME 258/94.

____. *Solos compactados com equipamento miniatura:* mini-CBR e expansão. Rio de Janeiro. DNER-ME 254/94.

DOMINGUES, M. P.; BALBO, J. T. *Relatório de pesquisa final*: processo 04. São Paulo: Fapesp, 2005.

FARRAN, J. Contribuition minéralogique à l'étude de l'adhérence entre les constituants hydratés des ciments et les matériaux enrobés. *Revue des Matériaux de Construction*, n. 490-491, p. 155-209, 1956.

FAXINA, A. L.; SÓRIA, M. H. A. Propriedades mecânicas de concretos asfálticos empregando borracha de pneu e óleo de xisto. *Panorama Nacional da Pesquisa em Transportes*, Rio de Janeiro, vol. 1, p. 79-90, 2003.

FEDERAL HIGHWAY ADMINISTRATION. U. S. Department of Transportation. *Silica fume user's manual.* Washington, D.C., 2005.

FINN, F. N.; MONISMITH, C. L.; MARKEVICH, N. J. Pavement performance and asphalt concrete mix design. *Proceedings of the Association of Asphalt Paving Technologists*, v. 52, p. 121-144, 1983.

GEIPOT. *Pesquisa sobre o inter-relacionamento de custos de construção, manutenção e utilização de rodovias.* Brasília: Ministério dos Transportes, 1981. Relatório Final.

GELLER, M. Compaction equipment for asphalt mixtures. *ASTM STP 829*, Philadelphia, p. 28-47, 1984.

GOETZ, W. H.; WOOD, L. E. Bituminous materials and mixtures. In: *Highway Engineering Handbook.* New York: McGraw-Hill, 1960. section 18.

HABERLI, W. WILK, W. Bindmittel. *Schweizer Baudokumentation 0781*, Blauen, 1990.

HAYHOE, G. *LEAF:* A new layered elastic computational program for FAA pavement design and evaluation procedure. Atlantic City: Federal Aviation Administration Technology Transfer Conference, 2002.

HELENE, P. R do L. Dosagem do concreto de cimento Portland. In: *ISAIA*, G. C. (Ed.). *Concreto: ensino, pesquisa e realizações.* São Paulo: Instituto Brasileiro do Concreto, 2005. cap. 15.

____. *Estrutura interna do concreto.* Pós-graduação em Engenharia Civil – Escola Politécnica da Universidade de São Paulo, São Paulo, 1992. Notas de aula.

HIGHWAY RESEARCH BOARD. *The AASHO Road Test. HRB Special Report 61E, Report 5, Pavement Research.* Washington, D.C.: National Academy of Sciences, National Research Council, Highway Research Board, 1962.

HOLLAND, T. *Sílica fume users manual.* Washington, D.C.: U.S. Department of Transportation, Federal Highway Administration, 2005 FHWA-IF-05-016.

HOUBEN, L.; DOHMEN, L.; FRÉNAY, J.; KOK, M. Longitudinal cracking in plain concrete pavements on motorways in the Netherlands. In: 4th INT. WORKSHOP ON DESIGN THEORIES OF CONCRETE SLABS, Buçaco, 1998.

HUANG, Y. H. *Pavement analysis and design.* Englewood Cliffs: Prentice Hall, 1993.

INSTITUTO BRASILEIRO DO PETRÓLEO. *As emulsões asfálticas e suas aplicações rodoviárias.* Trad. Saul Birman. Rio de Janeiro, 1983.

____. *Informações básicas sobre materiais asfálticos.* 4. ed. rev. Rio de Janeiro: Comissão de Asfalto/IBP, 1990.

IOANNIDES, A. M. Pavement fatigue concepts: a historical review. In: 6th International Purdue Conference on Concrete Pavement, Indianapolis, 1997. v. 3, p. 147-159.

KANDHAL, P. S.; KOEHLER, W. C. Pennsylvania's experience in the compaction of asphalt pavements. *ASTM STP 8291*, Philadelphia, p. 93-106, 1984.

KENNEDY, T. W.; ROBERTS, F. L.; MCGENNIS, R. B. Effects of compaction temperature and effort on the engineering properties of asphalt concrete mixtures. *ASTM STP 829*, Philadelphia, p. 48-66, 1984.

KNAPTON, J. The design of concrete block roads. In: *Technical Report TRA 42.515.* Slough: The Cement and Concrete Association, 1976. p. 6

KOPPERMAN, S.; TILLER, G.; TSENG, M. *ELSYM5: interactive microcomputer version, user's manual; IBM-PC and compatible version.* Washington, D.C.: Federal Highway Administration, 1986, Report n. FHWA-TS-87-206, Final Report.

LA ROUTE FRANÇAISE. Developpements actuels des techniques de materiaux traités aux liants hydrauliques (1). *Entreprises*, p. 89-91, 1992.

LARSEN, T. J. *Ensaios de bases de solo-cimento e de solo modificado por cimento em Minnesota.* Trad. Associação Brasileira de Cimento Portland. São Paulo, 1967.

LEA, F. M. *The chemistry of cement and concrete.* 3. ed. New York: Chemical Publishing Co., 1971.

LEWIS, D. W. *History of slag cements.* American Slag Association MF 186-6, april 1981.

LOMBARDI, B. Du pétrole brut au bitume: la longue marche. *Revue Générale des Routes et des Aérodromes,* n. 707, p. 25-28, 1983.

MAUPIN, G. W.; FREEDMAN, J. R. *Simple procedure for fatigue characterization of bituminous concrete.* 1976. Report FHWA – RD – 76.102.

MEDINA, J. de. *Mecânica dos pavimentos.* Rio de Janeiro: UFRJ, 1997.

____; MOTTA, L. M. G. da. Interpretação mecanística da expressão de Ruiz de cálculo de reforço de pavimentos flexíveis. In: *XXIX Reunião Anual de Pavimentação,* Associação Brasileira de Pavimentação, Cuiabá, 1965. v. 3, p. 213-237.

MOMM, L. *Estudo dos efeitos da granulometria sobre a macrotextura superficial do concreto asfáltico e seu comportamento mecânico.* Tese de doutorado – Escola Politécnica da Universidade de São Paulo, São Paulo, 1998.

MONISMITH, C. L.; FINN F. N.; Vallerga, B. A. A comprehensive asphalt concrete mixture design system. *ASTM STP 1041*, Philadelphia, p. 39-71, 1989.

MORRISON, R.; BOYD, R. *Organic chemistry*. 13th print. Boston: Allyn and Bacon, 1972.

MOTTA, L. M. G. da. *Método de dimensionamento de pavimentos flexíveis:* critério de confiabilidade e ensaios de cargas repetidas. Tese de doutorado – Universidade Federal do Rio de Janeiro, COPPE, Rio de Janeiro, 1991.

NAKAHARA, S. M. *Estudo do desempenho de reforços de pavimentos asfálticos em via urbana sujeita a tráfego comercial pesado*. Tese de doutorado – Escola Politécnica da Universidade de São Paulo, São Paulo, 2005.

NEWCOMB, D. E.; BUNCHER, M.; HUDDLESTON, I. J. Concepts of perpetual pavements. *Transportation Research Circular n. 503, Perpetual Bituminous Pavements*, Washington, D. C., p. 4-11, 2001.

NOGAMI, J. S. *A importância da suplementação dos resultados de ensaios geotécnicos para finalidades rodoviárias com dados geológicos e correlatos*. Rio de Janeiro: Instituto de Pesquisas Rodoviárias, Conselho Nacional de Pesquisas, 1971, Publicação 516.

____. *Principais rochas de interesse às obras civis*. São Paulo: Escola Politécnica da Universidade de São Paulo, 1977. Apostila da disciplina PMI-811.

____. *Metodologia MCT e suas aplicações em obras viárias*. São Paulo: Escola Politécnica da Universidade de São Paulo, 1992. Notas de aula da disciplina PTR-786.

____; VILLIBOR, D. F. Caracterização e classificação gerais de solos para pavimentação: limitações do método tradicional. Apresentação de uma nova sistemática. In: 15ª. REUNIÃO ANUAL DE PAVIMENTAÇÃO, 1980, Belo Horizonte, Associação Brasileira de Pavimentação.

____; ____. *Pavimentação de baixo custo com solos lateríticos*. São Paulo: Villibor, 1995.

NOURELDIN, A.S.; MCDANIEL, R. S. *Evaluation of steel slag asphalt surface mixtures*. Washington, D.C., 1990. Paper presented at the 69th Annual Meeting of the Transportation Research Board.

____.; WOOD, L. E. Rejuvenator diffusion in binder film for hot-mix recycled asphalt pavement. *Transportation Research Record*, Washington, D. C. n. 1115, p. 51-61, 1987.

NÚÑEZ, W. P. *Análise experimental de pavimentos rodoviários delgados com basaltos alterados*. Tese de doutorado – Escola de Engenharia da Universidade Federal do Rio Grande do Sul, Porto Alegre, 1997.

NUNN, M.; FERNE, B.W. Design and assessment of long-life flexible pavements. *Transportation Research Circular n. 503, Perpetual Bituminous Pavements*, Washington, D.C., p. 4-11, 2001.

ODA, S. *Análise da viabilidade técnica da utilização do ligante asfalto-borracha em obras de pavimentação*. Tese de doutorado – Escola de Engenharia de São Carlos da Universidade de São Paulo, 2000.

ODEMARK, N. *Investigation as to the elastic properties of soils design of pavements according to the theory of elasticity.* Stockholm: Staten Vaeginstitut, 1949.

OGLESBY, C. H. *Highway engineering.* 3. ed. New York: John Wiley & Sons, 1975.

ORCHARD, D. F. *Concrete technology.* 3. ed. London: Applied Science Publishers, 1976. (Properties and testing of aggregates, 3).

PATERSON, W. D. O. *Road deterioration and maintenance effects:* models for planning and management. Baltimore: John Hopkins University Press, 1987. (The Highway Design and Maintenance Standards Series).

PATRIOTA, M. B.; MOTTA, L. M. G. da; PONTES FILHO, I. D. da S. Efeito da adição de borracha reciclada de pneus pelo processo seco à mistura asfáltica tipo CBUQ. *Panorama Nacional da Pesquisa em Transportes 2004*, Florianópolis, v. 1, p. 65-87, 2004.

PAUTE, N. Comportement des sols de supports de chaussées à l'áppareil triaxial à chargements répétés. *Bulletin de Liaison des Laboratoires des Ponts et Chaussées*, n. 124, 1983.

PENTEADO, T. *Rodovias brasileiras.* Rio de Janeiro, 1929. Contribuição para o 2º Congresso Pan-Americano de Estradas de Rodagem.

PEREIRA, A. M. *Análise crítica dos fatores de equivalência adotados pelo DNER e sua aplicação às rodovias de tráfego pesado.* Curitiba: Universidade Federal do Paraná, 1985.

PEREIRA, D. da S. *Estudo do comportamento de pavimentos de concreto simples em condições de aderência entre placa de concreto e base cimentada ou asfáltica.* Tese de doutorado – Escola Politécnica da Universidade de São Paulo, 2003.

____; BALBO, J. T. Provas de carga dinâmica em placas instrumentadas de WTUD assentes sobre camada asfáltica delgada. *Panorama Nacional da Pesquisa em Transportes*, Florianópolis, vol. 1, p. 285-296, 2004.

PERES, A. R.; BALBO, J. T. *Estudo preliminar de comportamento à fadiga e às deformações permanentes de uma mistura asfáltica reciclada.* São Paulo: Fundação de Amparo à Pesquisa do Estado de São Paulo, 1998. Relatório de Pesquisa (Iniciação científica).

PERMANENT INTERNATIONAL ASSOCIATION OF ROAD CONGRESSES. *Chaussées semi-rigides.* Paris, 1981.

____. *Semi-rigid pavements.* Paris, 1981.

PERRY, C.; GILLOTT, J. E. *The influence of mortar-aggregate bond strength on the behaviour of concrete in uniaxial compression.* [S. L.] Pergamon Press, 1977. p. 553-564. (Cement and Concrete Research, 7).

PETERSON, J. C. Composition of asphalt as related to asphalt durability: state of art. *Transportation Research Record.* Washington, D.C., n. 999, 1984.

PETRUCCI, E. G. R. *Materiais de construção.* Porto Alegre: Globo, 1975.

PINTO, S. *Estudo do comportamento à fadiga de misturas betuminosas e aplicação na avaliação estrutural de pavimentos*. Tese de doutorado – Universidade Federal do Rio de Janeiro, Rio de Janeiro, 1991.

____; PREUSSLER, E. S. *Pavimentação rodoviária:* conceitos fundamentais sobre pavimentos flexíveis. Rio de Janeiro, 2001.

PIRSSON, L. V. *Rocks and rock minerals*. 3. ed. New York: John Wiley & Sons, 1949.

PITTA, D. M. *Contribuição à retroanálise das superfícies deformadas em pavimentos asfálticos típicos da Região Sul do Brasil*. Dissertação de mestrado – Escola Politécnica da Universidade de São Paulo, São Paulo, 1988.

PITTMAN, D. W.; RAGAN, S. A. Drying shrinkage of roller compacted concrete for pavement applications. *ACI Materials Journal*, Farmington Hills. jan./feb., 1998.

PREFEITURA DO MUNICÍPIO DE SÃO PAULO. *Instrução de Projeto 02:* classificação das vias. São Paulo: Secretaria de Infra-estrutura Urbana, 2004.

____. *Instruções de Projeto*: Portaria 084/SIURB G/2004, *Diário Oficial do Município de São Paulo*. São Paulo, Secretaria de Infra-estrutura Urbana, 17. jun. 2004. p. 29-86.

PREUSSLER, E. S. *Estudo da deformação resiliente de pavimentos flexíveis e aplicação ao projeto de camadas de reforço*. Tese de doutorado – Universidade Federal do Rio de Janeiro, COPPE, Rio de Janeiro, 1983.

____; PINTO, S. *Tecnologia nacional para restauração de pavimentos rodoviários e aeroportuários:* Programa Tecnapav. In: XIX Reunião Anual de Pavimentação, 1984, Rio de Janeiro.

PROBISA. *Bitugrip Elastobitugrip*. Madrid, 1985.

____. *Emulsiones asfalticas*. Madrid, 1986.

QUEIROZ, C. A. V. *Performance prediction models for pavement management in Brazil*. Ph. D. dissertation – Faculty of the Graduate School of the University of Texas, Austin, 1981.

REIS, Nestor Goulart dos. *Memória do transporte rodoviário:* desenvolvimento das atividades rodoviárias de São Paulo. São Paulo: CPA, 1995.

REIS, R. M. M de; BERNUCCI, L. B.; ZANON, A. L. Revestimento asfáltico tipo SMA para alto desempenho em vias de tráfego pesado. In: *Transporte em transformação VI*. Brasília: Confederação Nacional dos Transportes, 2004. p. 163-176.

RHODE, L.; CERATTI, J. A. P.; NÚÑEZ, W. P. Comportamento resiliente de misturas asfálticas de módulo elevado. *Panorama Nacional da Pesquisa em Transportes*, Recife, vol. II, p.1274-1282, 2005.

ROCHA FILHO, N. *Estudo de técnicas para avaliação estrutural de pavimentos por meio de levantamentos deflectométricos.* Dissertação de mestrado – Instituto Tecnológico da Aeronáutica, São José dos Campos, 1996.

RODOLFO, M. P; BALBO, J. T. Uma avaliação de fatores de equivalência entre cargas baseados em critério de fadiga de revestimentos asfálticos. In: *X Encontro Nacional da Associação Nacional de Ensino e Pesquisa em Transporte.* Brasília, 1996. v. 2, p. 781-790.

____. *Análise de tensões em pavimentos de concreto com base cimentada e sujeitos a gradientes térmicos.* Dissertação de mestrado – Escola Politécnica da Universidade de São Paulo, São Paulo, 2001.

RODRIGUES, R. M. *Estudo do trincamento dos pavimentos.* Tese de doutorado – Universidade Federal do Rio de Janeiro, COPPE, Rio de Janeiro, 1991.

ROSTOVTZEFF, M. *História de Roma.* 5. ed. Tradução de: Waltenir Dutra. Rio de Janeiro, Guanabara Koogan, 1983.

SAMARA, E. *A evolução das especificações brasileiras dos materiais asfálticos para pavimentação.* Dissertação de mestrado – Escola Politécnica da Universidade de São Paulo, São Paulo, 1990.

SANTANA, H. Os solos lateríticos e a pavimentação. In: *XI Reunião Anual da Associação Brasileira de Pavimentação.* Campinas, 1970.

SCANDIZI, L. A. *Utilização da escória granulada de alto forno como agregado miúdo.* São Paulo: Associação Brasileira de Cimento Portland, ET-95, São Paulo, 1990.

SCHEROCMAN, J. A; MARTENSON, E. D. Placement of asphalt concrete mixtures. *ASTM STP 829*, Philadelphia, p. 3-27, 1984.

SCHILLINGER, B.; MORIZUR, M-F.; CLAVEL, N. Analyse SARA rapide des bitumes par chromatografie liquide haute performance. *Revue Générale des Routes et des Aérodromes*, n. 707, p. 29-31, 1993.

SERRA, P. R. M; BERNUCCI, L. L. B. Misturas de solo argiloso laterítico-agregado como base de pavimentos urbanos de baixo custo: exemplos de utilização. In: 27ª REUNIÃO ANUAL DE PAVIMENTAÇÃO. *Anais...* (Suplemento). Teresina, Associação Brasileira de Pavimentação, p. 13-28, 1993.

SEVERI, A. A. *Estudo dos gradientes térmicos em concretos de cimento Portland no ambiente tropical.* Tese de doutorado – Escola Politécnica da Universidade de São Paulo, São Paulo, 2002.

SIMÕES, C. Q. *As rodovias no Estado de São Paulo.* Rio de Janeiro, 1929. Comunicação ao 2º Congresso Pan-Americano de Estradas de Rodagem.

SOUZA, M. L. de. *Método de projeto de pavimentos flexíveis.* Rio de Janeiro: Departamento Nacional de Estradas de Rodagem, Instituto de Pesquisas Rodoviárias, 1981.

____. *Pavimentação rodoviária.* Rio de Janeiro: Departamento Nacional de Estradas de Rodagem, Instituto de Pesquisas Rodoviárias, 1978.

___. *Método de projeto de pavimentos flexíveis*. Rio de Janeiro: Departamento Nacional de Estradas de Rodagem, Instituto de Pesquisas Rodoviárias, 1981.

SVENSON, M. *Ensaios triaxiais dinâmicos de solos argilosos*. Dissertação de mestrado – Universidade Federal do Rio de Janeiro, COPPE, Rio de Janeiro, 1980.

TAIRA, C.; FURLAN, A. P.; FABBRI, G. T. P. Efeito do asfalto modificado com polímero nas propriedades mecânicas de misturas asfálticas densas. *Panorama Nacional da Pesquisa em Transportes 2003*, Rio de Janeiro, v. 1, p. 178-187, 2003.

TAYEBALI, A. et al. *Fatigue response of asphalt aggregate mixtures*. Washington, D.C.: Strategic Highway Research Program, 1994. Project A-404, Part I.

THOM, N. H.; CHEUNG, L. W. Relating in situ properties of cement bound bases to their performance. In: 78th ANNUAL MEETING OF THE TRANSPORTATION RESEARCH BOARD. *Proceedings*. Washington, D.C., 1999. CD-ROM.

THOMPSON, M R. Lime reactivity of Illinois soils. *Journal of Soil Mechanics and Foundations Division*, 1966. v. 92, n. 5, p. 67-92.

TIMOSHENKO, S.; GOODIER, N. *Theory of elasticity*. New York: McGraw-Hill, 1951.

TRICHÊS, G. *Concreto compactado a rolo para aplicação em pavimentação:* estudo do comportamento na fadiga e proposição de metodologia de dimensionamento. Tese de doutorado – Instituto Tecnológico da Aeronáutica, São José dos Campos: 1993.

TURNBULL, W. J.; FOSTER, C. R.; AHLVIN, R. G. Design of flexible pavements considering mixed loads and traffic volume. In: *International Conference on the Structural Design of Asphalt Pavements*, Arbor, 1962 p. 130-134, Ann Anbor, 1962.

UGURAL, A. C.; FENSTER, S. K. *Advanced strength and applied elasticity*. Upper Saddle River: Prentice Hall, 2003.

ULLDITZ, P. *Pavement analysis*. Lyngby: Technical University Dennmark, Institute of Roads, Transport and Town Planning, 1987.

UNIVERSIDADE DE SÃO PAULO. *Petróleo*. Homepage do Instituto de Química da USP. Disponível em: <http://quimica.fe.usp.br/graduacao/edm431e2/miriam/framiriam.html>. Acesso em: 25.11.2004.

UZAN, J. Performance modeling and validation test results. *SHRP Quarterly Report*, Austin A-005, 1991. Texas Transportation Institute, Texas A & M University.

VAIDERGORIN, E. Y. L. Reação álcali-agregado: ensaios químicos. In: 1º Simpósio Nacional de Agregados. *Anais...* PCC-EPUSP, 1986, p. 121-125.

VALLE, N. *Utilização de solos saprolíticos na pavimentação viária em Santa Catarina*. Dissertação de mestrado – Universidade Federal de Santa Catarina, Florianópolis, 1966.

___.; BALBO, J. T. Estudo preliminar de desempenho de pavimentos com solos saprolíticos de granito em Santa Catarina. In: SIMPÓSIO INTERNACIONAL DE PAVIMENTAÇÃO DE RODOVIAS DE BAIXO VOLUME DE TRÁFEGO, Anais... Rio de Janeiro: Associação Brasileira de Pavimentação, 1997. v. 1, p. 381-394.

VAN CAUWELAERT, F. J.; ALEXANDER, D. R.; WHITE, T. D.; BARKER, W. R. Multilayer elastic program for backcalculating layer moduli in pavement evaluation. *Nondestructive testing of pavements and backcalculation of moduli. ASTM STP 1026*, Philadelphia, 1988.

____.; LEQUEUX, D. *Computer program for determination of stresses and displacements in four layered structures*. Vicksburg: U.S. Corps of Engineers, Water Experiment Station, 1986.

VAN DER POEL, C. Road asphalt. In: REINER, M. (Ed.). *Building Material:* their elasticity and inelasticity. Amsterdam: North-Holland Publishing Company, 1954. p. 361-413.

VARGAS, M. *Introdução à mecânica dos solos*. São Paulo: McGraw Hill do Brasil, 1978.

VERSTRAETEN, J.; FRANCKEN, L. Sur le compromise entre la stabilité e la durabilité des melanges bitumineux. *La Technique Routiére*, vol. XXIV, n. 4, 1979.

VERTAMATTI, E. Perspectivas de uso dos solos plintíticos da Amazônia como um novo material alternativo de pavimentos. In: 23ª REUNIÃO ANUAL DE PAVIMENTAÇÃO. *Anais...* Florianópolis: Associação Brasileira de Pavimentação, 1988a, v. 1, p. 507-532.

____. Características e propriedades resilientes de solos lateríticos concrecionados da Amazônia. In: 23ª REUNIÃO ANUAL DE PAVIMENTAÇÃO. *Anais...* Florianópolis: Associação Brasileira de Pavimentação, 1988b. v. 1, p. 565-594.

VON QUINTUS, H. L.; SCHEROCMAN, J.; HUGHES, C. Asphalt-aggregate mixtures analysis system: philosophy of the concept. *ASTM STP 1041*, Philadelphia, p. 15-38, 1989.

WOODS, K. B. (Ed.). *Highway engineering handbook*. New York: McGraw-Hill, 1960.

YODER, E.; WITCZAK, M. *Principles of pavement design*. 2. ed. New York: John Willey & Sons, 1975.

Este livro foi editado em 2011.
Composto em ITC Stone Sans e ITC Stone Serif.
Miolo em couché – 90g/m²
Capa em Supremo – 250g/m²